国外计算机科学经典教材

数据挖掘概念、模型、方法和算法

(第 3 版)

[美] 哈默德·坎塔尔季奇(Mehmed Kantardzic) 著

李晓峰 刘 刚 译

清华大学出版社

北 京

北京市版权局著作权合同登记号 图字：01-2020-6432

Mehmed Kantardzic

Data Mining Concepts, Models,Methods, and Algorithms，Third Edition

EISBN: 978-1-11951-604-0

图书在版编目(CIP)数据

数据挖掘概念、模型、方法和算法：第 3 版 / (美) 哈默德 • 坎塔尔季奇 (Mehmed Kantardzic) 著；李晓峰，刘刚译. —北京：清华大学出版社，2021.4

书名原文：Data Mining Concepts，Models，Methods，and Algorithms，Third Edition

国外计算机科学经典教材

ISBN 978-7-302-57742-3

Ⅰ. ①数… Ⅱ. ①哈… ②李… ③刘… Ⅲ. ①数据采集－教材 Ⅳ. ①TP274

中国版本图书馆 CIP 数据核字(2021)第 050908 号

责任编辑：王　军

封面设计：孔祥峰

版式设计：思创景点

责任校对：成凤进

责任印制：沈　露

出版发行：清华大学出版社

网　　址：http://www.tup.com.cn，http://www.wqbook.com

地　　址：北京清华大学学研大厦 A 座　　邮　　编：100084

社 总 机：010-62770175　　邮　　购：010-62786544

投稿与读者服务：010-62776969，c-service@tup.tsinghua.edu.cn

质 量 反 馈：010-62772015，zhiliang@tup.tsinghua.edu.cn

印 装 者：三河市中晟雅豪印务有限公司

经　　销：全国新华书店

开　　本：170mm×240mm　　印　　张：29.75　　字　　数：709 千字

版　　次：2021 年 6 月第 1 版　　印　　次：2021 年 6 月第 1 次印刷

定　　价：128.00 元

产品编号：087105-01

译 者 序

互联网上的数据每年都增长 50%，每两年就翻一番，而目前世界上 90%以上的数据是最近几年才产生的。此外，数据又并非单纯指人们在互联网上发布的信息，全世界的工业设备、汽车、电表上有无数的数码传感器，随时测量和传递有关位置、运动、震动、温度、湿度乃至空气中化学物质的变化，也产生了海量的数据信息。

大数据并不在“大”，而在于“有用”。价值含量、挖掘成本比数量更重要。对于很多行业而言，如何利用这些大规模数据是赢得竞争的关键。大数据的价值体现在以下几个方面：对大量消费者提供产品或服务的企业可以利用大数据进行精准营销；做小而美模式的中长尾企业可以利用大数据进行服务转型；面临互联网压力之下必须转型的传统企业需要与时俱进，充分利用大数据的价值。

数据挖掘是数据库知识发现(Knowledge-Discovery in Databases，KDD)中的一个步骤，一般是指通过分析每个数据，从大量数据中寻找其规律的技术，数据挖掘的任务有关联分析、聚类分析、分类分析、异常分析、特异群组分析和演变分析等。主要有数据准备、规律寻找和规律表示 3 个步骤。数据准备是从相关的数据源中选取所需的数据并整合成用于数据挖掘的数据集；规律寻找是用某种方法将数据集所含的规律找出来；规律表示是尽可能以用户可理解的方式(如可视化)将找出的规律表示出来。

本书描述了如何为执行数据挖掘准备环境，并讨论了在揭示大数据集中重要的模式、趋势和模型方面非常关键的方法。主要目的是采取系统、平衡的方法来介绍数据挖掘过程的所有阶段。第 1 章介绍了数据挖掘的基本概念。第 2、3 章解释原始大型数据集的共性和典型的数据预处理技术。第 4 章先介绍所有数据挖掘技术的一般理论背景和可应用的形式，再介绍具体的数据挖掘方法。第 5～11 章概述常见的数据挖掘技术。第 12 章介绍图形挖掘、时间、空间和分布式数据挖掘，还讨论数据挖掘应用中重要的合法限制和规则，以及安全和隐私方面。第 13、14 章介绍遗传算法和模糊系统的大多数技术。第 15 章讨论可视化数据挖掘技术的重要性，尤其是针对大规模样本的表述的可视化技术。

本书包含相关的例子和说明，信息丰富，可读性强。各章都备有复习题和参考书目列表。为了帮助读者深入理解本书中的各种主题，每章的末尾推荐了一组相当全面的参考书，覆盖了数据挖掘和知识发现的各个方面。最后，本书的两个附录为数据挖掘技术的实际应用提供了有用的背景信息。其中，附录 A 概述了影响最大的期刊、会议记录、论坛、博客，以及商用和公用数据挖掘工具列表；附录 B 介绍了许多商业上很成功的数据挖掘应用。

全书分析透彻，富有前瞻性，为构建数据挖掘创新性应用奠定了理论和实践基础，既适用于数据挖掘学术研究和开发的专业人员，也适合作为高等院校计算机及相关专业研究生的教材。

在这里要感谢清华大学出版社的编辑，他们为本书的翻译投入了巨大的热情并付出了很多心血。没有他们的帮助和鼓励，本书不可能顺利付梓。

对于这本经典之作，译者在翻译过程中虽然力求“信、达、雅”，但是由于译者水平有限，失误在所难免，如发现问题，请不吝指正。

译　者

前　言

自 2011 年本书第 2 版出版以来，数据挖掘领域取得了很大的进展。大数据(Big Data)这个术语被引入并被广泛接受，用来描述收集、分析和使用大量不同数据的数量和速度。建立新的数据科学领域，可以描述先进工具和方法的所有多学科方面，可以从大数据中提取有用的和可操作的信息。本书的第 3 版总结了快速变化的数据挖掘领域的这些新发展，并介绍了在学术环境和高级应用程序部署中系统方法所需的最新数据挖掘原则。

虽然第 3 版对核心内容保持不变，但本版中最重要的变化和补充突出了该领域的动态，其中包括：

- 大数据、数据科学、深度学习等新课题；
- 新方法包括强化学习、云计算和 MapReduce 框架；
- 对不平衡数据、数据挖掘模型的公平性和聚类验证的主观性进行了新的强调；
- 附加的高级算法，如卷积神经网络(Convolutional Neural Networks，CNN)，半虚拟支持向量机(Semisupervised Support Vector Machines，S3VM)，Q 学习，随机森林，非平衡数据建模的 SMOTE 算法；
- 每个章节都增加了额外的示例和练习，以及参考书目、供进一步阅读的参考资料，另外还更新了附录。

我要感谢路易斯维尔大学计算机工程与计算机科学系数据挖掘实验室的在校生和往届学生，感谢他们为第 3 版的编写所做的贡献。Tegjyot Singh Sethi 和 Elaheh Arabmakki 根据他们的助教经验，为数据挖掘课程提供了以前版本的教材，并提供了评论和建议。Lingyu Lyu 和 Mehmet Akif Gulum 帮我校对了新版，并对该书附录进行了大量的修改和更新。特别感谢 Hanqing Hu，他帮助我准备了文本的最终版本以及第 3 版中所有额外的图表。本书的新版本是许多同事将以前的版本作为教材积极教学的结果。他们提供了经验和建议，我要感谢他们在筹备第 3 版的编写过程中对我的支持和鼓励。

希望读者能通过这本新书，加深对现代数据挖掘技术及其应用的理解，并认识到该领域最近面临的挑战。本书应该作为数据挖掘领域的指南，为高年级本科生或研究生、年轻的研究人员和实践者服务。虽然每一章大致遵循一个标准的教育模板，但本书的前几章更注重介绍基本概念，而后几章则建立在这些章节的基础之上，逐步介绍数据挖掘的最重要的技术和方法。本书提供了基本的构建块，将使读者成为数据科学社区的一部分，并参与构建未来杰出的数据挖掘应用程序。

请扫描封底二维码获取本书参考文献。

第2版前言

从本书第 1 版出版以来的 7 年中，数据挖掘领域在开发新技术和扩展其应用范围方面有了长足的进步。正是数据挖掘领域中的这些变化，令笔者下定决心修订本书的第 1 版，出版第 2 版。本版的核心内容并没有改变，但汇总了这个快速变化的领域中的最新进展，呈现了数据挖掘在学术研究和商业应用领域的最尖端技术。与第 1 版相比，最显著的变化是添加了如下内容：

- 一些新主题，例如集成学习、图表挖掘、时态、空间、分布式和隐私保护等的数据挖掘；
- 一些新算法，例如分类递归树(CART)、DBSCAN (Density-Based Spatial Clustering of Applications with Noise)、BIRCH(Balanced and Iterative Reducing and Clustering Using Hierarchies)、PageRank、AdaBoost、支持向量机(Support Vector Machines，SVM)、Kohonen 自组织映射(Self-Organizing Maps，SOM)和潜在语义索引(Latent Semantic Indexing，LSI)；
- 详细介绍数据挖掘过程的实用方面和商用理解，讨论验证、部署、数据理解、因果关系、安全和隐私等重要问题；
- 比较数据挖掘模型的一些量化方式方法，例如 ROC 曲线、增益图、ROI 图、McNemar 测试和 K 折交叉验证成对 t 测试。

本书是一本教材，因此还增加了一些新习题。这一版也更新了附录中的内容，包含了最近几年的新成果，还反映了某个新主题得到人们的重视时所发生的变化。

笔者感谢在课堂上使用本书第 1 版的所有同行，以及支持我、鼓励我和提出建议的所有人，并在新版中也采纳了这些建议。笔者真诚地感谢数据挖掘实验室和计算机科学系的所有同事和同学们，感谢他们审读本书，并提出了许多有益的建议。特别感谢研究生 Brent Wenerstrom、Chamila Walgampaya 和 Wael Emara，他们耐心地校对了这个新版本，讨论新章节中的内容，还做了许多校正和增补。Joung Woo Ryu 博士还帮助笔者完成了文字、所有新增图和表格的终稿，笔者对此表示最诚挚的感谢。

本书是面向在校生、毕业生、研究人员和相关从业人员的一本极具价值的指南。本书介绍的广泛主题可以帮助读者了解数据挖掘对现代商业、科学甚至整个社会的影响。

第1版前言

计算机、网络和传感器的现代技术使数据的收集和组织成为一项几乎毫不费力的任务。但是，需要将捕获的数据转换为记录数据中的信息和知识，才能使其变得有用。传统上，从记录数据中提取有用信息的任务是由分析人员完成的；然而，现代商业和科学中不断增长的数据量要求使用基于计算机的方法来完成这项任务。随着数据集在规模和复杂性上的增长，不可避免地会出现从直接的手工数据分析向间接的、自动化的数据分析的转变，在这种分析中，分析人员使用更复杂、专业的工具。应用基于计算机的方法的整个过程，包括从数据中发现知识的新技术，通常称为数据挖掘。

数据挖掘的重要性源于这样一个事实：现代世界是一个数据驱动的世界。我们被数据、数字和其他东西包围着，必须对这些数据进行分析和处理，把它们转换成信息，以提供信息、指示、答案，或者帮助理解和决策。在 Internet、内部网、数据仓库和数据集市的时代，经典数据分析的基本范式已经成熟，可以进行更改了。大量的数据——数百万甚至数亿条记录——现在存储在集中的数据仓库中，允许分析人员利用强大的数据挖掘方法更全面地检查数据。这类数据的数量是巨大的，而且还在不断增加，数据来源的数量实际上是无限的，涉及的领域是广泛的，工业、商业、金融和科学活动都在产生这类数据。

数据挖掘的新学科已经发展起来，尤其是从如此巨大的数据集中提取有价值的信息。近年来，从原始数据中发现新知识的方法呈爆炸式增长。考虑到低成本计算机(用于在软件中实现这些方法)、低成本传感器、通信和数据库技术(用于收集和存储数据)以及精通计算机的应用程序专家(他们可以提出“有趣的”和“有用的”应用程序问题)的大量出现，这并不奇怪。

数据挖掘技术目前是决策者的热门选择，因为它可以从大量的历史数据中提供有价值的隐藏业务和科学“情报”。然而，应该记住，从根本上讲，数据挖掘并不是一项新技术。从记录数据中提取信息和知识发现的概念在科学和医学研究中是一个成熟的概念。新出现的是一些学科和相应技术的融合，这为科学和企业界的数据挖掘创造了一个独特的机会。

本书的起源是希望有一个单一的介绍来源，我们可以在其中指导学生，而不是引导他们参考多个来源。然而，我很快发现，除了学生之外，还有很多人对汇编数据挖掘中一些最重要的方法、工具和算法很感兴趣。这样的读者包括来自各种背景和职位的人，他们需要理解大量的原始数据。这本书可以供广泛的读者使用，从希望学习数据挖掘的基本过程和技术的学生，到分析师和程序员，他们将直接参与所选数据挖掘应用的跨学科团队。本书回顾了在高维数据空间中分析大量原始数据，以提取决策过程中有用的新信息的最新技术。本书中涉及的大多数技术的定义、分类和解释都不是新的，它们在本书最后的参考资料中给出。作者的主要目标之一是采取系统和平衡的方法介绍数据挖掘过程的所有阶段，并提供足够的说明性例子。希望本书精心准备的示例能够为读者提供额外的参考和指导，帮助他们选择和构建用于自己的数据挖掘应用程序的技术和工具。要更好地理解所介绍的大多数技术的实现细节，需要读者构建自己的工具或改进应用的方法和技术。

数据挖掘的教学必须强调应用方法的概念和性质，而不是如何应用不同数据挖掘工具的机械细节。尽管有这些诱人的附加功能，但仅仅基于计算机的工具永远无法提供完整的解决方案。始终需要执行者就如何设计整个过程以及如何使用工具和使用什么工具做出重要的决策。更深入地理解方法和模型、它们的行为方式以及为什么它们会这样做，是有效、成功地应用数据挖掘技术的先决条件。这本书的前提是，在数据挖掘领域只有少数几个重要的原则和问题。任何该领域的研究人员或实践者都需要了解这些问题，以便成功地应用特定的方法、理解方法的局限性或开发新技术。本书试图介绍和讨论这些问题和原则，然后描述代表性的和流行的方法，这些方法起源于统计、机器学习、计算机图形学、数据库、信息检索、神经网络、模糊逻辑和进化计算。

本书描述了如何最好地为执行数据挖掘准备环境，并讨论了在揭示大数据集中重要的模式、趋势和模型方面被证明是关键的方法。我们期望，一旦读者学习完本书，就能够成功和有效地在数据挖掘过程的所有阶段发起和执行基本活动。虽然很容易将重点放在技术上，但是当读者通读本书时，请记住，技术本身并不能提供完整的解决方案。我们编写这本书的目的之一是尽量减少与数据挖掘相关的炒作。与其做出超出数据挖掘合理预期范围的虚假承诺，还不如尝试采取更客观的方法。我们用足够的信息描述了在数据挖掘应用中产生可靠和有用结果所需的过程和算法。不提倡使用任何特定的产品或技术；数据挖掘过程的设计者必须有足够的背景知识来选择合适的方法和软件工具。

Mehmed Kantardzic

作于路易斯维尔

目　录

第 1 章

数据挖掘的概念

本章目标

- 理解分析复杂和信息丰富的大型数据集的必要性。
- 明确数据挖掘过程的目标和首要任务。
- 描述数据挖掘技术的起源。
- 认识数据挖掘过程的迭代特点，说明数据挖掘的基本步骤。
- 解释数据质量对数据挖掘过程的影响。
- 建立数据仓库和数据挖掘之间的关系。
- 讨论大数据和数据科学的概念

1.1 概述

现代科学和工程用“首要原则模型(first-principle models)”来描述物理、生物和社会系统。这种方法先建立基本的科学模型，如牛顿运动定律或麦克斯韦的电磁公式，然后根据模型建立机械工程或电子工程方面的各种应用。在这种方法中，用实验数据验证基本的“首要原则模型”，并估计一些难以直接测量或者根本不可能直接测量的参数。但在许多领域，基本的“首要原则模型”往往是未知的，或者所研究的系统太复杂，难以进行数学定型。随着计算机的广泛应用，此类系统生成了大量数据。在没有“首要原则模型”时，可以利用这些易得的数据，估计系统变量之间的有效关系(即未知的输入输出关系)，来导出模型。这样，基于“首要原则模型”的传统建模和分析方法，就变成直接从数据中开发模型，并进行相应的分析。

我们都逐渐习惯于面对如下事实：计算机、网络和生活充斥着大量数据，政府机构、科研机构和企业都投入了大量的资源，去收集和存储数据。实际上，在这些数据中，只有一小部分会用到，因为在很多情况下，数据量都过于庞大了，难于管理，或者数据结构本身太复杂了，不能进行有效的分析。这是怎么发生的呢？主要原因是最初创建数据集时，常常只关注数据的存储效率等问题，而没有考虑最终如何使用和分析数据。

对大型的、复杂的、信息丰富的数据集的理解是几乎所有商业、科学、工程领域的共同需要，在商务领域，公司和顾客的数据逐渐成为一种战略资产。在当今的竞争世界中，提取并利用隐藏在这些数据中的有用知识的能力变得越来越重要。运用基于计算机的方法(包括新技术)从数据中获得有用知识的整个过程，称为数据挖掘。

数据挖掘是一个迭代过程，在这个过程中，通过自动或手工方法取得的进步用“发现”来定义。在探测性分析方案中，无法预测出“有趣的”结果包含什么东西，此时数据挖掘非常重要。它从大量数据中搜寻有价值的、非同寻常的新信息，是人和计算机合作的结果；它在人类专家描述问题和目标的知识与计算机的搜索能力之间寻求平衡，以求获得最好的效果。

在实践中，数据挖掘的两个基本目标往往是预测和描述。预测是使用数据集中的一些变量或域来预测其他相关变量的未知值或未来的值；而描述是找出描述可由人类解释的数据模式。因此，可以把数据挖掘活动分成以下两类。

(1) 预测性数据挖掘：生成给定数据集所描述的系统模型。

(2) 描述性数据挖掘：在可用数据集的基础上生成新的、非同寻常的信息。

预测性数据挖掘的目标是得出一种以可执行代码来表示的模型，该模型可以用于执行分类、预测、评估或者其他相似的任务。而描述性数据挖掘的目标是发现大型数据集中的模式和关系，来理解所分析的系统。对不同的数据挖掘应用，预测和描述的相对重要性可能大不相同。预测和描述的目标都是通过数据挖掘技术来实现的，本书将在后面介绍这些技术。数据挖掘的基本任务如下：

(1) **分类**——发现某个预测学习功能，将一个数据项分类到几个预定义类中的一个。

(2) **回归**——发现某个预测学习功能，将一个数据项映射到一个真实值的预测变量上。

(3) **聚类**——一个常见的描述性任务，用于确定有限的一组类别或聚类以描述数据。

(4) **总结概括**——一项附加的描述任务，涉及用于寻找数据集或子集的简单描述的方法。

(5) **关联建模**——发现一个本地模型，用来描述变量之间或者数据集或其一部分的特征值之间的重要相关性。

(6) **变化和偏差检测**——发现数据集中最重要的变化。

针对复杂的大型数据集，第 4 章为数据挖掘任务提供了更正式的图形化解释和说明性示例。这里给出了概述性的分类和定义，只是让读者对可使用数据挖掘技术来解决的问题和任务有一个初步的了解。

数据挖掘任务是否成功，很大程度上取决于设计者投入的精力、知识和创造力。从本质上讲，数据挖掘就像是解题：单从问题的一个方面看，结构并不复杂。但把它作为一个整体时，就组成了一个非常精巧的系统。试着拆分这个系统可能会失败，而把各部分组合在一起又往往不明白整个过程。但是，一旦知道如何处理各个部分，就会觉得其实问题并没有刚开始时那么困难。这也适用于数据挖掘，开始时，数据挖掘过程的设计者可能不大了解数据源。如果他们非常了解数据源，就很可能对数据挖掘失去兴趣。每个数据似乎都很简单、完整、可解释。但是放在整个数据集中，它们就完全不是这样了——难以理解、令人望而生畏，就像难题那样。因此，要成为数据挖掘过程的分析者和设计者，除了具备全面的专业知识外，还要有创新思维和从不同角度看待问题的主动性。

数据挖掘是计算机行业中发展最快的领域之一，以前它只是计算机科学和统计学中的一个小主题，如今，它已经迅速扩展，成为一个独立的领域。数据挖掘最强大的一个优势在于它可以把许多方法和技术应用于大量的问题集。数据挖掘是一个在大数据集上进行的自然行为，因此其最大的目标市场是整个数据仓库、数据集市和决策支持业界，包括诸如零售、制造、电信、医疗、保险、运输等行业的专业人士。在商业界，数据挖掘可用于发现新的购买趋势、设计投资战略以及在会计系统中探测未经认可的开支，其结果可用于向顾客提供更有针对性的支持和关注，以提高销售业绩。数据挖掘技术也能应用于解决商业过程重构问题，其目标是了解商业操作和组织之间的相互作用和关系。

许多执法部门和专门调查机构的任务是识别欺诈行为和发现犯罪倾向，它们也成功地运用了数据挖掘技术。例如，这些方法能辅助分析人员识别麻醉品组织在相互通信时的犯罪行为模式、洗黑钱活动、内部贸易操作、连环杀手的行动以及越境走私犯的目标。情报部门的人员也使用了数据挖掘技术，他们维护着许多大型数据源，作为与国家安全问题相关活动的一部分。本书附录 B 概述了当今数据挖掘技术的典型商业应用。尽管对数据挖掘有许多夸大其词的宣传和滥用，数据挖掘还是发展壮大并成熟起来，还在商业界得到了实际应用。

1.2　数据挖掘的起源

不同的作者对数据挖掘的描述有很大的不同。显然，数据挖掘的定义还远没有达成一致，甚至没有定义出数据挖掘的构成，数据挖掘是充实了学习理论的一种统计学形式，还是一个具有革命性的新概念？我们认为，大部分数据挖掘问题和相应的解决方法都起源于传统的数据分析。数据挖掘起源于多种学科，其中最重要的是统计学和机器学习。统计学起源于数学，因此，它强调数学的精确性：在理论基础上建立某种有意义的东西，再进行实践检验。相反，机器学习主要起源于计算机实践，因此它倾向于实践，主动检测某个东西，来确定它表现的好坏，而不是等待正式的有效证据。

数据挖掘的统计学方法与机器学习方法之间的主要区别之一是对数学性和形式化的重视程度不同，另一个区别是模型和算法的相对重要性。现代统计学几乎完全是由模型驱动的，这是一个假定的结构，或一个近似结构，这个结构能够产生数据。统计学强调模型，而机器学习强调算法。这没有什么可吃惊的，因为“学习”这个词就包括了过程的概念，即一种隐含的算法。

数据挖掘中的基本建模法则也起源于控制理论，控制理论主要应用于工程系统和工业过程。观察未知系统(也称为目标系统)的输入输出信息，以确定其数学模型的过程通常被称为系统识别。系统识别的目标有多个，从数据挖掘的角度来看，最重要的是预测系统的行为，解释系统变量之间的相互作用和关系。

系统识别通常包括两个自上而下的步骤：

(1) **结构识别**——这一步要应用目标系统的先验知识来确定一类模型，再在这类模型中找出最适合的模型。通常这类模型用一个参数化函数 $y = f(\boldsymbol{u}, \boldsymbol{t})$来表示，其中 y 是模型的输出，$\boldsymbol{u}$ 是一个输入向量，$\boldsymbol{t}$ 是一个参数向量，函数 f 的测定取决于问题，而函数基于设计者的经验、直觉和控制目标系统的自然法则。

(2) **参数识别**——在第二步中，当模型的结构已知时，只需要应用优化技术来测定参数向量 $\boldsymbol{t}$，使所得的模型 $y^* = f(\boldsymbol{u},\boldsymbol{t}^*)$能恰如其分地描述目标系统。

一般而言，系统识别不是一次性的过程，结构和参数识别都要重复进行，直到找到满意的模型为止。图 1-1 图形化地描述了迭代过程。每次迭代中的典型步骤如下：

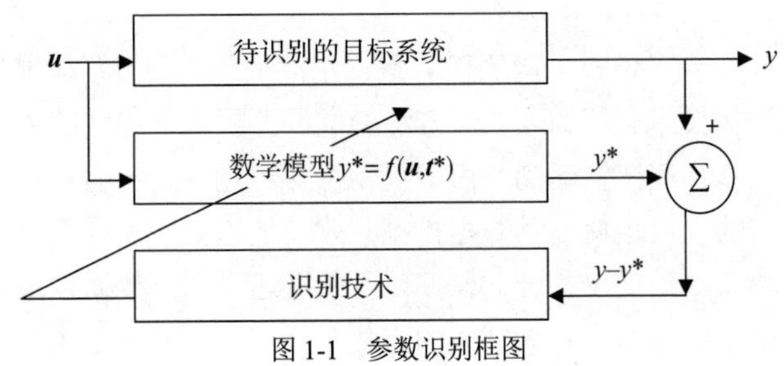

图 1-1 参数识别框图

(1) 指定并参数化一类公式化(数学化)模型，$y^* = f(\boldsymbol{u},\boldsymbol{t}^*)$代表需要识别的系统。

(2) 进行参数识别，选择出最适合可用数据集的参数(差值 $y–y^*$最小)。

(3) 进行有效性检验，确定识别出来的模型能否正确地响应未知的数据集(通常称为检验、验证或核查数据集)。

(4) 一旦有效性检验的结果满足要求，就停止这个过程。

如果事先对目标系统一无所知，结构识别就会很困难，而必须通过试错法来选择结构。尽管我们对大多数工程系统和工业过程的结构了解较多，但在大多数应用数据挖掘技术的目标系统中，这些结构是完全未知的，或者过于复杂，无法获得适当的数学模型。因此，人们开发了用于参数识别的新技术，它们是当今数据挖掘技术的一部分。

最后，应区分开“模型”和“模式”在数据挖掘中的含义。“模型”是一个大型结构，或许总结了许多(有时是全部)案例的关系。而“模式”是一个局部结构，只有少数案例或者很小的数据空间区域具备该结构。注意，“模式”这个词用于模式识别，在数据挖掘中具有完全不同的含义。在模式识别中，“模式”是指特征化某个对象的向量，是多维数据空间里的一个点。在数据挖掘中，模式仅是一个局部模型。本书把 n 维数据向量作为样本。

1.3　数据挖掘过程

本书不打算把数据挖掘作为一门学科，介绍其所有可能的方法和所有不同的观点，而是从一个可行的、应用十分广泛的数据挖掘定义开始。

定义：数据挖掘是从已知数据集合中发现各种模型、概要和导出值的过程。

这里，“过程”一词相当重要。即使是在一些专业环境中，也有这样一种观点：数据挖掘只是选择并应用某个基于计算机的工具来解决出现的问题，并自动获得解决方案。这个误解基于对世界人为的理想化假设。它之所以错误，有几个原因，一个原因是：数据挖掘不只是一些独立工具的集合；所谓独立工具，即工具彼此完全不同，并且等待着用于解决相应的问题。第二个原因是认为一个问题能使用一种技术来解决。在极少数情况下，所研究的问题可以充分、精确地陈述出来，且只使用一个简单方法就可以解决它。实际上，数据挖掘是一个迭代过程：首先研究数据，利用某个分析工具来检查数据，然后从另一个角度考虑这些数据，根据需要修改数据，接着从头开始，应用另一个数据分析工具，得到更好的或不同的结果。这个过程可能循环许多次：使用每种技术，探查数据中有细微差别的方面——询问一个有细微不同的问题。这里描述的是一个令现代数据挖掘人员激动不已的重大发现。尽管如此，数据挖掘并不是统计学、机器学习、其他方法和工具的随意应用，也不是随意应用某些分析技术，而是一个精心策划、深思熟虑的过程，它决定了什么才是最有用的、最有前景的和最有启迪作用的。

注意，发现或估计数据的相关性，或挖掘出全新的数据，只是人们所采用的一般实验性程序中的一部分，这些人包括科学家、工程师和其他应用标准步骤从数据中得出结论的人。适合数据挖掘问题的一般实验性程序包括以下步骤。

1. 陈述问题，阐明假设

大多数基于数据的建模研究都是在一个特定的应用领域里完成的。因此，通常需要具备该领域的专业知识和经验，才能对问题进行有意义的陈述。但许多应用研究往往只关注数据挖掘技术，而牺牲了对问题的清晰描述。在这一步中，建模人员通常会为未知的相关性指定一组变量，如有可能，还会指定此相关性的一个大体形式作为初始假设。在这个阶段，可能会给一个问题提出几个假设。这一步要求将应用领域的专门技术和数据挖掘模型相结合，实际上，这意味着数据挖掘专家和应用专家之间的密切合作。在成功的数据挖掘应用中，这种合作不仅存在于初始阶段，还存在于整个数据挖掘过程。

2. 收集数据

这一步要考虑数据是如何生成和收集的。通常有两种截然不同的可能性。第一种情况是数据产生过程在专家(建模者)的控制下：这称为“有计划的实验”。第二种情况是专家不能影响数据生成过程：这称为“观察法”。在大多数数据挖掘应用中都采用了观察法，即数据是随机产生的。一般情况下，数据收集完成后，取样分布是完全未知的，或者在数据收集过程中部分给出或不明确地给出。但是，理解数据收集如何影响其理论分布是相当重要的，因为这样的先验知识对建模以及后来对结果的最终解释都是非常有用的。而且，还要确保用于评估模型的数据与后面用于检验和应用于模型的数据都来自同一个未知的取样分布。否则，所评估的模型就不能成功地用于最终的应用。

3. 预处理数据

在观察法中，数据常常采集于已有的数据库、数据仓库和数据集市。数据预处理通常至少包含两个常见任务。

(1) 异常点的检测(和去除)——异常点是和大多数观察值不一致的数据值。一般来讲，异常点是由测量错误、编码和记录错误产生的，有时也来自于自然的异常值。这种非典型的样本会严重影响以后生成的模型。对异常点有两种处理办法：

(a) 检测并最终去除异常点，作为预处理阶段的一部分。

(b) 开发不受异常点影响的健壮性建模方法。

(2) 比例缩放、编码和选择特征——数据预处理过程包括几个步骤，如变量的比例缩放和不同类型的编码。例如，一个取值范围为[0,1]的特征和一个取值范围为[−100,1000]的特征，它们在应用技术中的权重是不同的，对最终数据挖掘结果的影响也不尽相同。因此，推荐对它们进行比例缩放，并使它们的权重相同，以进行进一步分析。同样，为以后的数据建模提供少量信息丰富的特征，专用于应用的编码方法通常可以完成维度归约。

这两类预处理任务只是在数据挖掘过程中大量预处理活动的说明性例证。

考虑数据预处理步骤时，不应完全独立于数据挖掘的其他阶段。在数据挖掘过程的每次迭代中，所有活动都能为后面的迭代定义改进的新数据集。通常，以专用于某个应用的比例缩放和编码形式来合并先验知识，优秀的预处理方法能为数据挖掘技术提供最佳的陈述。第 2 章和第 3 章将详细介绍这些技术和预处理阶段，在这些章节中，根据功能把预处理和相应的技术划分为两个子阶段：数据准备和数据维度归约。

4. 模型评估

选择并实现合适的数据挖掘技术是这一阶段的主要任务。这个过程并不是直截了当的，实际上，实现是建立在几个模型的基础上的，从中选择最好的模型是额外的任务，第 4 章会介绍从数据中学习和发掘的基本原则，随后，第 5～13 章解释和分析一些特殊的技术，应用这些技术可以从数据中成功地学习，并开发出适当的模型。

5. 解释模型，得出结论

大多数情况下，数据挖掘模型应该有助于决策。因此，这种模型必须是可解释的才能是有用的，因为人们不会根据复杂的“黑箱模型”来制定决策。注意，模型的准确性目标和模型说明的准确性目标有点相互矛盾。一般来说，简单的模型容易解释，其准确性就差一些。现代的数据挖掘方法寄望于使用高维度的模型来获得高精度的结果。对这些模型进行解释是一项独立的任务(也非常重要)，再用特定的技术验证结果。用户不希望结果是长达数百页的数值，这样的结果难以理解，不能总结、解释，也不能用这样的结果来制定成功的决策。

尽管本书的重点是数据挖掘过程中的第 3 步和第 4 步，但它们只不过是一个更复杂过程中的两个步骤而已。整个数据挖掘过程及其各个阶段都是高度反复的，如图 1-2 所示。成功地应用数据挖掘技术，对整个过程的良好理解是非常重要的。如果没有恰当地收集和预处理数据，或者问题的表述没有意义，则不管第 4 步使用的数据挖掘方法有多强大，所得的模型都是无效的。

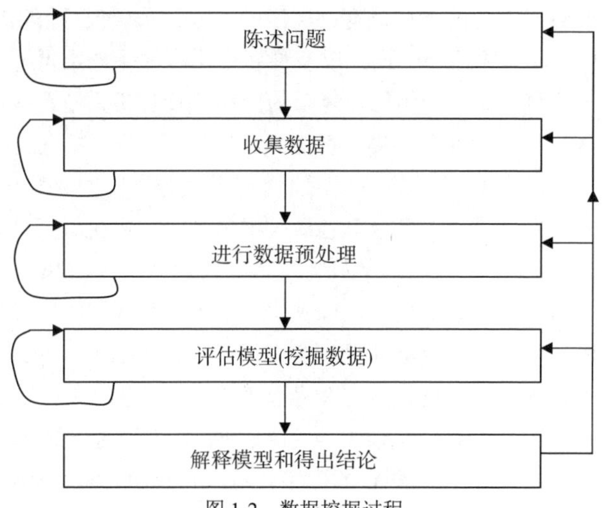

图 1-2　数据挖掘过程

1999 年，包括汽车制造商戴姆勒-奔驰、保险公司 OHRA、软硬件制造商 NCR 公司和统计软件制造商 SPSS 公司在内的几家大公司，正式将数据挖掘过程的方法标准化。他们的工作结果是 CRISP-DM，数据挖掘的跨行业标准流程如图 1-3 所示。该过程被设计成独立于任何特定的工具。CRISP-DM 方法为规划数据挖掘项目提供了一种结构化方法。许多数据挖掘应用程序显示了它的实用性和灵活性，以及在使用分析解决复杂业务问题时的有用性。这个模型是一个理想化的事件序列。在实践中，许多任务可以不同的顺序执行，常常需要回溯到以前的活动并重复某些操作。该模型并不试图通过数据挖掘过程捕获所有可能的路由。读者可能认识到图 1-2 和图 1-3 中数据挖掘步骤之间的联系和相似之处。

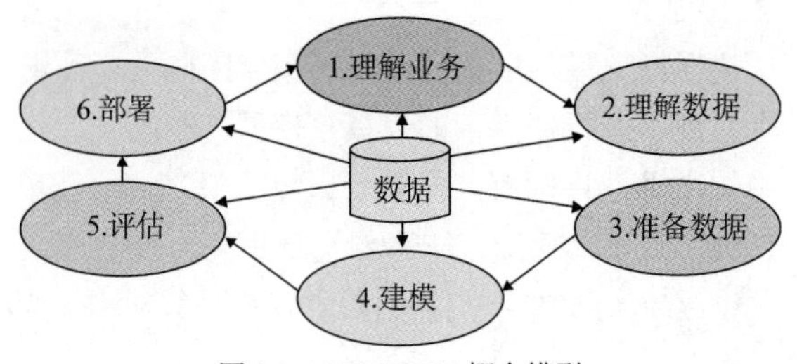

图 1-3 CRISP-DM 概念模型

1.4 从数据收集到数据预处理

进入数字信息时代后，数据超载的问题就迫在眉睫了。我们分析和理解大规模数据集(称为大数据)的能力，远远落后于采集和存储数据的能力。计算、通信、数字化存储技术的最新进展，以及高吞吐量的数据获取技术，能够收集和处理海量的数据。数字化信息的大型数据库无处不在，附近商店的结账记录、银行信用卡授权机构、医生办公室中的病历记录、电话呼叫模式以及许多应用程序中的数据都会生成数字记录流，放在巨大的商业数据库中。例如，复杂的分布式计算机系统、通信网络和电力系统都配备了感应器和测量设备来收集和存储各种数据，用于监视、控制和改进其操作。科学家们处于当今数据收集机中的高端，他们使用来源不同的数据——从远程感知平台到细胞细节的显微探测。科学仪器很容易在很短的时间内生成万亿字节(TB)级的数据，并把它们存储到计算机中。一个示例是生物科研人员所收集的数百万亿字节的DNA、蛋白质序列和基因表达数据正在以稳定的加速度增长。伴随着 Internet 的扩展，信息时代使信息资源和信息存储单元呈指数级增长。在图 1-4 给出的示例中，Internet 主机的数量近年来显著增长。这些数字和存储在 Internet 上的信息量成正比。

据估计，2007 年消耗的数字单元约为 281EB，而 2011 年这个数字增长了 10 倍(1EB 约等于 10^{18} 字节或 1 000 000TB)。便宜的数字相机和摄像机拍摄了海量的图像和视频。RFID(Radio Frequency ID)标记或转换器因为价格低、尺寸小而流行起来，通过它们，人们部署了数百万个感应器，以定期传输数据。电子邮件、博客、交易数据和数以亿计的网页每天都会产生万亿字节级的新数据。

数据收集和组织能力与数据分析能力之间的差距正在迅速扩大。当前的硬件和数据库技术允许高效、廉价、可靠地存储和访问数据。但是，不管其内容是商业的、医学的、科学的或者政治的，原始形式的数据集是没有什么价值的，只有从数据中提取出知识并付诸实用才是有价值的。例如，利用日用品公司的销售数据库，可以得出某产品的销售情况和某个人口统计组群之间的关系。再利用这些知识，就可以进行有针对性的新促销活动，带来可预见的利益回报，这与无针对性的促销活动相反。

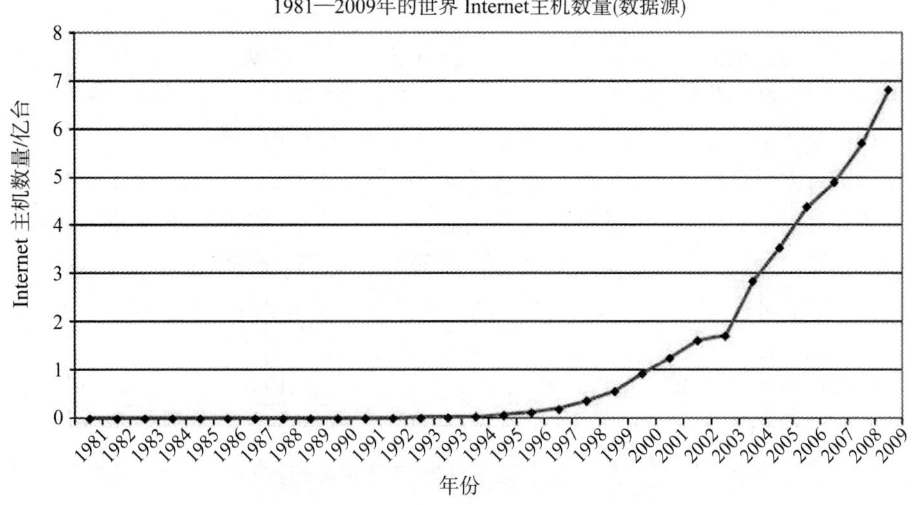

图 1-4 Internet 主机的增长

问题的根源是，这些数据如果进行手工分析和解释，或基于计算机的半自动分析，其规模和维数都太大了。科学家或商业经理可以有效地处理几百或者上千条记录，但如果要对数百万个数据点进行有效的挖掘，每个数据点都有几十条或几百条特征描述，情况将变得大不相同。想象一下万亿字节级高分辨率的(每张图像 23 040×23 040 像素)空摄图像数据，或者有数以亿计的组成部分的人类基因组数据库。从理论上讲，数据越多，结论就越有力，然而在实践中会出现许多困难。商业界非常清楚今天的信息超载。有分析显示：

(1) 61%的经理认为，他们的工作存在信息超载。

(2) 80%的人认为，情况会越来越糟。

(3) 超过 50%的经理因为信息超载，而在决策过程中忽略了数据。

(4) 84%的经理存储信息并不用于当前的分析，而是为了以后使用。

(5) 60%的经理认为，收集信息的成本高于信息本身的价值。

解决方法是什么？更加努力地工作？是的，但若限期很近，你能坚持多久？雇用一个助手？如果能支付其工资，也许行得通。忽略数据？但是，这样你将失去市场竞争力。唯一有效的解决方法是用新的数据挖掘技术来代替传统的数据分析和解释方法(手工的和基于计算机的)。

理论上，大多数数据挖掘方法都适用于大型数据集。大型数据集能产生更有价值的信息。如果数据挖掘是搜索可能性，大型数据集就会列举和评估更多的可能性。这些列举和搜索操作的增加可以通过实践中的限制达到平衡。除了用于大型数据集的数据挖掘算法的计算复杂性之外，更彻底的搜索也可能增加发现一些低可行性方法的风险。这些方法可以很好地评估给定的数据集，但可能不满足将来的期望。

在当今具备完善 Internet 基础设施的多媒体环境下，产生了不同类型的数据，并进行数字化存储。要准备适当的数据挖掘方法，必须分析数据集的基本类型和特征。分析的第一步是根据数据的计算机表述和使用进行分类。数据通常是数据挖掘过程的来源，可分为结构化数据、半结构化数据和非结构化数据。

许多商务数据库都包含结构化数据，它们由定义明确的字段组成，这些字段包含数字值或者字母数字值。科学数据库则可能包括所有 3 种数据。半结构化数据的示例有商务文档的电子图像、医学报告、执行概要和修复手册。多数 Web 文档也可以归为此类。非结构化数据的示例有百货商店的监视摄像机所记录的录像。因为硬件成本的下降，目前非常流行把人们通常感兴趣的过程或事件变成可视化的多媒体记录。这种形式的数据往往需要昂贵的处理，才能提取和组织蕴含在其中的信息。

结构化数据常被称为传统数据，半结构化数据和非结构化数据被合称为非传统数据(也称为多媒体数据)，目前的大多数数据挖掘方法和商业工具都适用于传统数据。但是，针对非传统数据的数据挖掘工具和开发与将非传统数据向结构化数据转换的接口都在飞速发展。

对结构化数据进行数据挖掘的标准模型是一组案例，它们指定了潜在的度量(称为特征)，这些特征在许多案例中的测量方式都相同。数据挖掘问题的结构化数据通常都以表格表示，或者用单个关系(关系数据库中的术语)来表述，表格的列是存储在表格中的对象的特征，表格的行则是特定实体的特征值。图 1-5 是一个数据集及其特征的简化图，在数据挖掘文献中，常用样本或案例这两个术语来代表行。结构化数据记录中有许多不同类型的特征(属性或变量)——字段——这在数据挖掘中非常普遍。并不是所有数据挖掘方法都擅长于处理不同类型的特征。

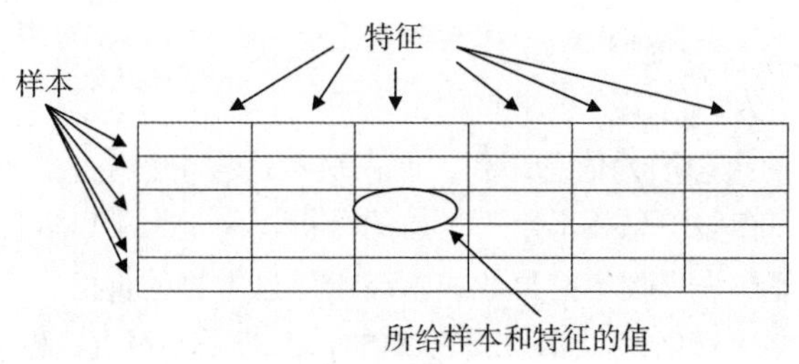

图 1-5 数据集的表格表示

描述特征有几种方法。一种方法是查看特征(或者变量，这个术语在形式化过程中更常用)，确定它是自变量还是因变量，即这个变量的值是否依赖数据集中其他变量的值。这是一种基于模型的变量分类方法。所有因变量都是所建模系统的输出，而自变量是系统的输入，如图 1-6 所示。

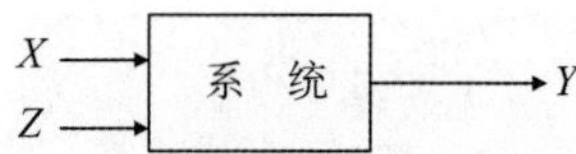

图 1-6 一个真实系统，除了输入(自变量)X 和输出(因变量) Y 之外，往往还有未识别的输入变量 Z

还有一些影响系统行为的附加变量，但在建模过程中，这些变量对应的值在数据集中是不可用的。原因不尽相同，有的是测量这些特征非常复杂，成本很高；有的是建模者不理解一些因素的重要性和它们对模型的影响。这些变量通常被称为未识别变量，它们是模型中有不确定性和要进行预测的主要原因。

今天的计算机和相应的软件工具都支持处理有几百万样本和几百个特征的数据集。大型数据集，包括带有混合数据类型的数据集，是应用数据挖掘技术的典型初始环境。把大量数据存放在计算机中时，不能仓促地运用数据挖掘技术，因为首先要解决数据质量这个重要问题。另外，在这个阶段，进行手工的质量分析显然是不可能的。因此，必须在数据挖掘过程的早期阶段进行数据质量的分析，这通常是数据预处理阶段要进行的工作。数据的质量可以限制最终用户做出明智决策的能力，它对系统的映像且有深远影响，并决定了隐含着描述的相应模型。如果数据质量很差，即使使用有效的数据挖掘技术，也很难在组织中进行重要的质变。同样，从低质量的科学数据中得出可靠的新发现也几乎是不可能的。数据质量有许多指标，在数据挖掘过程的数据预处理阶段应考虑以下指标。

(1) 数据应当准确。分析人员必须检查名称的拼写是否正确，代码是否在给定的范围内，取值是否完整等。

(2) 应该根据数据类型来存储数据。分析人员必须确保数值型的数据不以字符形式出现，整型数据不以实数形式出现。

(3) 数据应完整。不要因为不同用户之间的冲突而丢失更新资料，如果资料不是数据库管理系统(DBMS)的一部分，应当执行健壮的备份和恢复程序。

(4) 数据要一致。集成了不同来源的大型数据集后，数据的形式和内容应一致。

(5) 数据不要有冗余。在实践中，冗余数据要减到最少，应控制合理的副本数，去除重复的记录。

(6) 数据应当具有时效性。数据的时间成分应当从数据中明确地识别出来，或者从数据的构成方式中识别出来。

(7) 数据应当能被正确理解。命名标准是数据能被正确理解的一个必要条件，但不是唯一条件，用户应当明白，数据对应的是一个已建立的域。

(8) 数据集应完整。现实中可能会丢失数据，这种情形应降到最低。丢失数据会降低全局模型的质量。另一方面，一些数据挖掘技术相当健壮，可以分析丢失了值的数据集。

第 2 章和第 3 章在介绍基本数据挖掘预处理方法时，会详细阐述如何处理和解决这些数据质量问题，它们大多利用数据仓库技术来完成，参见 1.5 节。

1.5 用于数据挖掘的数据仓库

虽然存在数据仓库并不是数据挖掘的先决条件，但实际上，若能访问数据仓库，数据挖掘任务就会变得容易得多，对大公司来说更是如此。数据仓库的主要目标是增加决策过程的“情报”和此过程的相关人员的知识。例如：产品销售主管从地区、销售类型、顾客统计群等不同的角度查看产品销售业绩，就可能会取得更好的促销效果，增加产量，或者对产品库存和分布做出新的决策。应当指出，普通公司只能做普通工作。而超级公司是不同的，他们注重细节，需要以不同的方式分割数据，更深刻地理解其结构，才能取得进步。用户要进行这些处理，就必须知道有什么样的数据，存放在什么地方，以及如何访问它们。

数据仓库对不同的人来说有不同的意义，一些定义限于数据，一些则涉及人员、过程、软件、工具和数据。一个综合性定义是：

数据仓库是一个集成的、面向主题的数据库集合，用于实现决策支持功能(DSF)，其中的每个数据单元都和某个时刻相关。

根据这个定义，数据仓库也可被看作某个组织的数据存储库，用于支持战略决策。数据仓库的功能是以集成的方式存储某组织的历史数据，来反映这个组织和企业的多个方面。数据仓库中的数据永远不会更新，仅用于响应终端用户(通常是决策者)的查询。一般来讲，数据仓库非常大，存储了数以亿计的记录。在很多情况下，一个组织可能有几个局部或部门的数据仓库，这常常称为数据集市，数据集市是满足一组特殊用户需要的数据仓库。其规模有大有小，这取决于主题范围。

在数据仓库发展的早期，由于误解了什么是数据仓库，许多项目都踌躇不前，这没有什么可惊讶的，令人惊讶的是这些项目的规模。许多公司的错误是没有确切地定义数据仓库、数据仓库要解决的商业问题和使用数据仓库做什么。要更好地理解数据仓库的设计过程，最重要的是两个方面：第一是数据仓库中存储的数据的特定类型(分类)；第二是对数据进行什么转换，才能使数据变成有利于决策的最终形式。数据仓库包括以下数据类别，这个分类适用于依赖时间的数据源。

(1) 过去的细节数据

(2) 当前(新)的细节数据

(3) 轻度综合数据

(4) 高度综合数据

(5) 元数据(数据目录或向导)

为了在数据仓库中准备这 5 种基本数据或导出数据，数据转换的基本类型已经标准化。有 4 种主要的转换形式，每一种都有自己的特点。

(1) **简单转换**——这种转换是所有其他复杂转换的基石。这种类型包括一次只操作一个字段中的数据，而不考虑相关字段的值。例如改变字段的数据类型，或把字段的编码值更换成解码值。

(2) **清洁和净化**——这种转换确保一个字段或一组相关的字段采用一致的格式和用法。例如它可能包括地址信息的正确格式化。这类转换也包括检查某个字段值的有效性，通常是检查取值范围或从列表中选取。

(3) **集成**——这个过程从一个或多个数据源中提取操作型数据，并逐个字段地把它们映射到数据仓库中的新数据结构上。在构建数据仓库时，常见的标志符问题是最难的集成问题之一。实际上，当同一个实体有多个系统源，但无法将这些实体区分开时，就会出现这种情况。这是一个有挑战性的问题，在很多情况下，这个问题不能采用自动化方式解决，常需要用复杂的算法把可能的匹配进行配对。当同一个数据元素有多个来源时，就会出现另一个复杂的数据集成问题。实际上，这些值常常相互矛盾，解决它们的冲突并不是很容易。数据仓库中的数据元素没有值也是个难题，所有这些问题和相应的自动化或半自动化解决方法总是依赖于域的。

(4) **聚合和总结**——这个方法将操作环境中的数据实例浓缩成数据仓库环境中更少的实例。虽然聚合和总结这两个术语在文献中常可以互换使用，但它们在数据仓库环境中的意义有细微的差别。总结是一维或多维数据值的简单相加。例如：合计日销量，就得出了月销量。聚合指的是不同的商业元素相加得到一个总计，它高度依赖于域。例如：聚合是将产品日销量和咨询月销量相加，得到一个综合性月总计。

这些转换是把数据仓库作为数据挖掘过程的数据源的主要原因。如果数据仓库可用，数据挖掘的预处理阶段就可以极大地简化，有时甚至可以去掉。数据准备是最耗时的阶段。数据仓库的实现是一个复杂的任务，很多教材都对其进行了非常详尽的描述，但本书只给出它的基本特征。通过以下基本步骤，将数据仓库的开发过程概括为 3 个阶段。

(1) **建模**——简单地说，就是花时间了解商业过程、这些过程的信息需求以及在这些过程中做出的当前决策。

(2) **构建**——确定对工具的需求，该工具符合目标商业过程所需的决策支持类型；创建一个有助于进一步定义信息需求的数据模型；把问题分解为数据规范和实际的数据存储库，数据存储最终会表示为数据集市或更全面的数据仓库。

(3) **部署**——在整个过程的早期实现要存入仓库的数据的属性，确定要采用的各种商业智能工具，从培训用户开始。部署阶段显然包括这样一段时间：用户研究存储库(以了解可用的和应当可用的数据)和实际数据仓库的早期版本。这会使数据仓库出现演化，包括增加更多的数据、扩充历史周期或重新回到构建阶段，以便通过数据模型来扩展数据仓库的范围。

既然数据仓库的唯一功能是向终端用户提供信息以做出决策，数据挖掘体现了数据仓库的一个主要应用。与其他查询工具和应用系统不同，数据挖掘过程允许终端用户提取隐藏的、重要的信息。这种信息虽然更难提取，但能提供更大的商业和科学利益，“数据仓库和数据挖掘”投资也能得到更大的回报。

与其他典型的数据仓库应用(如 SQL 和 OLAP，它们也应用于数据仓库)相比，数据挖掘有什么不同？SQL 是一种标准的关系数据库语言，善于进行这样的查询：在数据库数据上强加一些约束条件，以获取答案。而数据挖掘方法善于进行另一种本质上是探测性的查询：获取隐藏的、不那么明显的信息。当确切地知道自己在寻找什么，并能正式地描绘它时，SQL 就非常有用。而仅含糊地知道自己在寻找什么时，就使用数据挖掘方法。因此，这两种数据仓库应用是互补的。

OLAP 工具和方法近年来非常流行，因为它们为用户提供了高级图形表述支持的多个数据视图，用来分析数据仓库中的数据。在这些视图中，不同的数据维度和不同的事务特征相对应。OLAP 工具很容易从任意角度观察维度数据，或分割数据。

OLAP 是决策支持工具的一部分。传统的查询和报表工具描述了数据库中的内容，而 OLAP 更进一步，它回答了为什么某些事情是正确的。用户可以建立一个关系假设，再对数据执行一系列查询来验证该假设。例如，分析人员可能希望确定贷款违约的原因。于是先假设低收入人群有较高的信用风险，并使用 OLAP 分析数据库来验证这个假设是否正确。换言之，OLAP 分析人员生成一系列假设的模式和关系，再对数据库执行查询，来验证这些假设是否正确。OLAP 分析实际上是一个推导过程。

虽然 OLAP 工具像数据挖掘工具一样提供了从数据中进行推导的答案，它们之间的相似性却仅限于此。在 OLAP 中，从数据导出答案的过程类似于电子数据表中的计算，因为两者都用简单、事先给定的(given-in-advance)计算公式。OLAP 工具不依赖于数据，也不创造出新的知识。它们通常是根据图形化浓缩的数据，帮助终端用户做出结论和决策的、具有专门用途的可视化工具。OLAP 工具对数据挖掘过程也很有用，它是数据挖掘的一部分，但不能代替数据挖掘。

1.6　从大数据到数据科学

我们生活在一个数据海啸的时代，大量的数据不断产生，每天都在以越来越大的规模增长。这种潜在有价值数据的指数级增长，加上互联网、社交媒体、云计算、各种传感器和新型移动设备，通常被称为大数据。最近的研究估计，每年产生的数据将从 2010 年的约 1.2ZB 增加到 2020 年的 40ZB。如果这对读者来说是一个新概念，那么它的含义如下：$1\ ZB = 10^3\ EB = 10^6\ PB$。大数据主要通过五种主要类型的数据源生成。

- 操作数据来自传统的事务系统，其中的假设是它包括监控通常来自大量传感器的流数据。
- 暗数据是已经拥有的大量数据，但是在当前的决策过程中没有使用；它可能包括电子邮件、合同和各种书面报告。
- 商业数据可在市场上获得，可以从一些公司、专门的社交媒体甚至政府机构购买。
- 社交数据来自 Twitter、Facebook 和其他一般社交媒体，数据快速增长的示例如表 1-1 所示。
- 公共数据，如经济、社会人口或天气数据(见图 1-7)。

表 1-1　网络上的大数据

公司	大数据
YouTube	用户每分钟上传 100 小时的新视频
Facebook	超过 14 亿用户使用 70 多种语言交流
Twitter	每天有 1.75 亿条推文
Google	每天处理 200 万个搜索查询，每分钟处理 35 PB
Apple	每分钟有 47 000 个应用程序被下载
Instagram	用户每天分享 4000 万张照片
LinkedIn	已经创建了 210 万个群组
Foursquare	每分钟有 571 个新网站推出

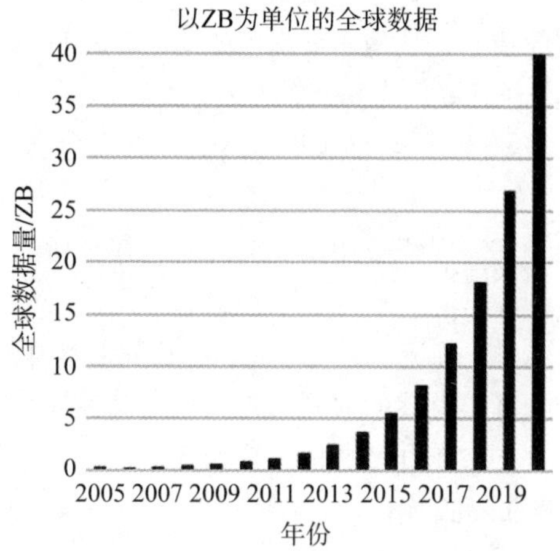

图 1-7　全球数据呈指数级增长。来自 http://s3.amazonaws.com/sdieee/1990-IEEE_meeting_Jun_2016_Final-2.pdf

大数据可以成为促进医学研究、全球安全、物流和运输解决方案、识别恐怖主义活动以及处理社会经济和环境问题的新基础设施。

从根本上讲，大数据不仅意味着大量的数据，而且还意味着区别于“海量数据”和“非常大数据”概念的其他特征。“大数据”这个词近年来非常流行，但它的定义仍然很模糊。最常被引用的定义之一是通过以下 4 个维度定义大数据：“量”“多样性”“速度”和“准确性”(所谓的 4V 模型)。

1. 量是指数据量的大小。现实世界的大数据应用程序以万亿字节(TB)和千万亿字节(PB)为单位进行报告，以后它们将以万万亿字节(EB)为单位。今天可能被视为大数据并给人留下深刻印象的东西，在未来可能达不到这个门槛。存储容量在增加，新的工具在开发，允许捕获和分析更大的数据集。

2. 多样性是指数据集中的结构异构性，包括使用各种类型的结构化、半结构化和非结构化数据及其好处。文本、图像、音频和视频是非结构化数据的示例，它们是当今数字世界中占据主导地位的数据类型，具有 90%以上的代表性。这些不同的数据形式和质量清楚地表明，异构性是大数据的一种自然属性，理解和成功管理这样的数据是一个挑战。例如，在福岛核灾难期间，当公众开始传播有关放射性物质的信息时，大量不一致的数据被报道出来，这些数据使用各种各样未经校准的设备，用于类似或邻近的地点——所有这些都增加了数据多样性的问题。

3. 速度是指数据生成的速度以及分析和处理数据的速度。智能手机等数字设备以及各种可用且相对廉价的传感器，使实时数据生成速度达到前所未有的水平。它需要新的 IT 基础设施和新的方法来支持不断增长的实时分析需求。大量关于客户的数字个性化数据，比如他们的地理位置、购买行为和模式，可以被许多公司实时用于监控和改进他们的业务模型。

4. 准确性突出了当今数字数据的某些来源固有的不可靠性。处理这种不精确和不确定的数据是大数据的重要方面，这需要调整工具和应用分析方法。1/3 的商业领袖不相信他们用来做决策的信息，这是一个强烈的信号，表明一个优秀的大数据应用程序需要解决准确性问题。在互联网上分析的客户情绪就是一个示例，其中的数据本质上是不确定的，因为它们需要人类的判断。然而，它们包含可以帮助企业的有价值信息。

与大数据相关的商业和科学机会很多，但同时也存在新的威胁。大数据市场有望在 2017 年增长到 500 多亿美元，但同时超过 55%的大数据项目失败！用于数据生成的不同资源和设备的异构性、普遍性和动态性，以及数据本身的巨大规模，使得确定、检索、处理、集成和推断真实世界的数据成为一项具有挑战性的任务。首先，简要列举这些新大数据解决方案的实施和威胁的主要问题。

(1) 数据泄露和安全性降低；

(2) 侵犯用户隐私；

(3) 不公平使用数据；

(4) 提高数据转移成本；

(5) 计算的可伸缩性；

(6) 数据质量。

由于这些严重的挑战，需要新的方法和技术来解决这些大数据问题。

尽管大数据似乎可以让我们找到更多有用的、可操作的信息，但事实是，更多数据并不一定意味着更好的分析和更翔实的结论。因此，设计和部署大数据挖掘系统并不是一项简单的任务。本书的其余章节将尝试对这些大数据挑战给出一些初步的答案。

在此导论部分，再介绍一个与大数据高度相关的概念。这是数据科学的新领域。从公司高管和政府机构到研究人员和科学家，所有类型的决策者都希望根据现有的数据做出决定和采取行动。针对这些多学科要求，一门新的大数据科学学科正在形成。数据科学家是专业人士，他们试图获得关于数据的一些未知的知识或意识。他们需要商业知识；需要知道如何部署新技术；必须了解统计、机器学习和可视化技术；需要知道如何解释和呈现结果。

数据科学的名称似乎与数据库和计算机科学等领域的联系最紧密，更具体地说，它是基于机器学习和统计的。但进行剖析需要许多不同类型的技能，还涉及许多其他学科；善于与数据用户沟通；理解由数据描述的复杂系统的全貌；分析大数据应用的业务方面；了解大数据的转换、可视化、解释和总结；维持资料的质量；注意数据的安全、隐私和法律方面。当然，精通所有这些技能的专家非常少，因此，我们必须强调在大数据环境中多学科协作的重要性。也许下面关于数据科学家的定义(坚持并强调了专业的持久性)能提供更好的理解：数据科学家是不停地问“为什么”的孩子的成人版本。数据科学支持在许多人类活动中发掘，包括医疗、制造、教育、网络安全、金融建模、社会科学、警务和营销。它已被用于在粒子物理学领域产生重大成果，如希格斯玻色子，并使用 Fitbit 数据识别和解决睡眠障碍，为文学、戏剧和购物推荐系统。由于这些初步的成功和潜力，数据科学正迅速成为许多学术领域的应用分支学科。

在数据科学、大数据分析和数据挖掘的概念之间经常存在混淆。基于之前对数据科学学科的解释，数据挖掘只强调了数据科学家的一部分任务，但它们代表了从大数据中获取新知识的非常重要的核心活动。虽然针对大数据的数据挖掘技术的主要创新还没有成熟，但我们预计在不久的将来会出现这种新的分析方法。最近，包括高级数据分析(advanced data analytics)在内的几个附加术语被引入，且使用得较多，但是在某种程度上，我们可以将它们视为与数据挖掘等价的概念。

大数据的突然崛起让许多人措手不及，包括企业领导人、市政规划者和学者。大数据技术的快速发展，以及公共和私营部门对这一概念的迅速接受，使得该学科几乎没有时间成熟，留下了大数据安全、隐私和法律方面的公开问题。伴随大数据挖掘工作而来的安全和隐私问题是具有挑战性的研究课题。它们包含一些重要的问题：如何安全地存储数据，如何确保数据通信受到保护，以及如何防止他人发现我们的私人信息。因为大数据意味着更多的敏感数据被收集在一起，它对潜在的黑客更有吸引力：2012 年，LinkedIn 被指控泄露了 650 万个用户账户密码，而后来雅虎面临网络攻击，导致 45 万个用户 ID 泄露。隐私问题通常会让大多数人感到不舒服，尤其是在系统不能保证其他人和组织不会访问他们的个人信息的情况下。匿名、临时识别和加密是大数据挖掘中具有代表性的隐私保护技术，但如何使用、使用什么、何时使用、为什么使用是关键因素。

1.7　数据挖掘的商业方面：为什么数据挖掘项目会失败

各种形式的数据挖掘逐渐成为商业运作的一个主要组成部分。目前几乎所有的商业过程都涉及某种形式的数据挖掘。受数据挖掘技术影响的商业活动有客户关系管理、供应链优化、需求预测、分类优化、商业智能和知识管理等。即使数据挖掘成功地成为各种商业和科学过程的一个主要组成部分，并成功地将学术研究中的新成果转达给商业界，数据挖掘研究团体所研究的问题和现实世界中的问题仍有巨大的差异。大多数商务人士(销售经理、销售代表、质检经理、安全人员等)只对能帮助他们做好工作的数据挖掘技术感兴趣，对技术细节不感兴趣，也不关心集成问题；而成功的数据挖掘应用必须把技术无缝地集成到具体的应用中。在一个有效的数据挖掘应用中，若带有商业界或科学团体的真实数据，则在该应用中引入实验室里成功的算法是一个漫长的过程。成本效率、可管理性、可维护性、软件集成、人类工程学、商业过程再建等问题都是数据挖掘成功应用的重要考虑因素。

商业环境中的数据挖掘可以定义为：通过自动分析公司的数据来生成可操作的模型。要在商业环境中使用，数据挖掘必须考虑经济效益，必须有助于实现公司的核心目标，例如降低成本，提高收益，提高客户的满意度或改进服务质量。关键是找出可操作的信息，或可以用某种具体的方式提高公司收益的信息。例如，信用卡市场推广一般得到约 1%的回应，实践证明，通过数据挖掘分析，这个比例可以大幅提高。在通信界，一个主要问题是客户流失，客户选择新的通信公司时就会流失。而记录下漏接的电话、移动模式和各种人口统计数据，再应用数据挖掘技术，客户流失就会降低约 61%。

数据挖掘不能代替精通业务的商业分析人员或科学家，但为他们提供了强大的新工具，并支持跨学科团队改进其工作。目前，公司采集了关于客户、合作伙伴、产品、雇员及其运转和财务系统的海量数据，雇用专业人员(本地或外包)来创建数据挖掘模型，分析所采集的数据，帮助商业分析人员建立报表，寻找趋势，以便优化其渠道经营，提高服务质量，跟踪客户档案，最终降低成本，提高收益。数据挖掘人员讨论着回归、准确性和 ROC 曲线，而商业分析人员讨论着留住客户的策略、潜在市场、有利可图的广告，数据挖掘人员和商业分析人员之间仍有语义方面的鸿沟。因此，在数据挖掘过程的所有阶段中，一个核心需求是理解、协调所有的团队成员，并使他们能成功地协同合作。只有把数据挖掘专家与组织领域专家的经验结合起来，才能得到数据挖掘的最佳结果。每个领域的专家都不需要完全精通其他领域的知识，但具备其他领域的基本背景知识肯定是有益的。

把某个数据挖掘应用引入组织，与其他软件应用项目没有什么大的区别，也必须满足如下条件。

- 必须有一个明确定义的问题。
- 数据必须是可用的。
- 数据必须是相关的、适当的、干净的。
- 应不能仅通过一般的查询或 OLAP 工具来解决问题。
- 结果必须是可操作的。

过去几年中，许多数据挖掘项目都失败了，因为它们不满足上述一个或多个条件。

在商业角度看，数据挖掘过程的初始阶段是非常重要的，它要求理解项目目标和商业需求，再把它们转换为一个数据挖掘问题的定义，并做出一个达到该目标的初步计划。数据挖掘人员的第一个目标是从商业的角度全面理解客户希望达到的目标。客户常常有许多互相矛盾的目标和限制条件，必须适当地平衡它们。数据挖掘人员的目标是首先找出可能影响项目结果的重要因素。忽略这一步的可能结果是耗费大量精力找到了错误问题的正确答案。数据挖掘项目不会因糟糕或不准确的工具或模型而失败。数据挖掘中最常见的问题是缺乏训练，忽视了全面预评估项目的重要性，没有雇用一位数据挖掘专家做指导，以及没有确定一个策略性的项目定义，该定义对于发现过程而言非常重要。没有进行足够的评估、没有准备好环境、没有采用合适的策略是造成大多数数据挖掘项目失败的原因。

数据挖掘过程的模型应有助于列举每个阶段要执行的操作来计划、完成给定的项目，并降低项目的成本。该过程的模型应提供所有阶段的完整描述，从问题陈述到结果的部署为止。首先，团队要回答一个关键问题：挖掘这些数据的终极目标是什么？更具体地说，就是商业目标是什么？数据挖掘成功的关键是精确地陈述团队要解决的问题。简明扼要的描述通常会得到最好的结果。了解组织的需求或科研目标，会引导团队系统地阐述数据挖掘过程的目标。知识发现的先决条件是理解数据和业务。没有这种深入的理解，则无论算法多么复杂，都不能提供最终用户对之有信心的结果。没有这个背景知识，数据挖掘人员就不能识别要解决的问题，甚至不能正确地解释结果。为了充分利用数据挖掘，必须清晰地陈述项目目标。问题的有效陈述还包含了一种衡量知识发现项目的结果的方式。它还可以包含成本投入是否合理的详细说明。数据挖掘过程的准备步骤也可以包含分析和规范某种数据挖掘任务、选择适当的方法以及选择对应的算法和工具。选择数据挖掘产品时，要知道即使它们使用某个同名的算法，也常常采用不同的实现方式。实现方式的差异会影响运作特性，例如内存的使用和数据的存储，以及质量特性，例如速度和准确性。

数据理解阶段开始于项目的早期，它包含重要、耗时的活动，这些活动对项目的最终成功有极大的影响。“熟悉数据”需要对数据进行认真的分析，包括数据源、数据的拥有者、负责维护数据的组织、成本(如果数据是购买来的)、存储结构、记录和属性数、字节数、安全要求、使用限制和隐私要求。另外，数据挖掘人员还应识别出数据质量问题，并一眼就看出数据的一些属性，例如数据类型、属性的定义、测量单位、值列表或取值范围、集合信息、时间和空间特性，以及丢失的和无效的数据。最后，还要在这些初步分析中发现有趣的数据子集，为隐藏的信息提出假设。数据挖掘过程的重要特性是完成该过程中每一步所耗费的时间与直觉相反，如图 1-8 所示。一些人估计，约 20%的精力耗费在业务目标的确定上，约 60%的精力耗费在数据的准备和理解上，只有 10%用于数据挖掘和分析。

技术文献仅报告成功的数据挖掘应用。为了加深对数据挖掘技术及其局限性的理解，不仅要分析成功的数据挖掘应用，还要分析没有成功的应用。失败或走进死胡同也能提供数据挖掘研究和应用的有价值输入。在“数字化发现”的从业人员和传统的经验驱动的人类分析家(他们反对前者侵入他们的圣地)之间有很多冲突。一个很好的案例是美国经济学家 Orley Ashenfelter 使用数据挖掘技术分析法国波尔多葡萄酒的质量。具体而言，他力争找出该葡萄酒的拍卖价格和当地某些天气条件(主要是降雨量和夏季气温)之间的关系。他发现，干热年份生产的葡萄酒价格最高。Ashenfelter 的工作和分析方法遭到现有品酒专家和作家的大量恶意谩骂。这是因为他们害怕丧失能获得高额利润的垄断权，而对市场了解越多，就越难操纵价格。另一个有趣的研究是美国棒球分析家 William James，他使用分析方法预测哪些运动员在棒球比赛中表现最好，这也向传统方法发出了挑战。James 的统计学驱动方法将运动员的早期表现和成熟表现关联起来，很快也收到了对该方法的大量责难和反对意见。

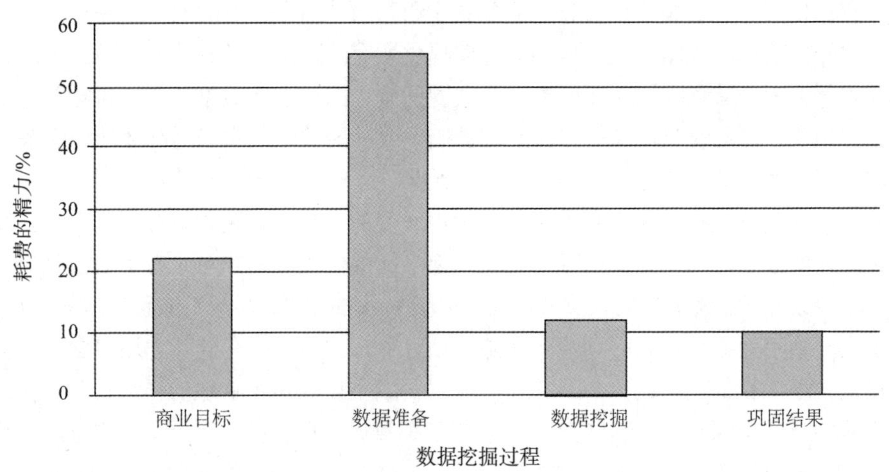

图 1-8　完成数据挖掘过程中每一步所耗费的精力

许多人认为，数据挖掘技术已成功地用于反恐怖主义情报分析，但还没有支持这种说法的证据。反恐怖主义情报分析是指分析已知恐怖分子的特性和行为，就应能预测出，在抽样人口中，谁可能是恐怖分子。这是把该分析技术应用于实际问题时的一个潜在陷阱，因为这种分析会生成假设，这些假设可能得到了很好的证实。但其风险是，不管一个人的行为如何，如果他不是恐怖分子，则过于热衷执法的部门很容易随便找个借口，就做出过激的反应。媒体上有足够的证据，虽然引起了轰动，但这是很冒险的。只有经过认真研究，才能证明某个可能性是存在的。数据挖掘过程支持商业目标或数据探索的科学目标的程度比它所使用的算法和数据挖掘工具重要得多。

1.8　本书结构安排

第 1 章介绍了数据挖掘的基本概念后，本书余下的部分将讨论数据挖掘过程的基本阶段。第 2 章和第 3 章解释原始大型数据集的共性和典型的数据预处理技术，强调了这些初始阶段对数据挖掘最终的成功和所得结果的质量有什么影响及其重要性。第

2 章提出了转换原始数据的基本技术，包括丢失了数据值的数据集和具备时间依赖属性的数据集。还讨论了异常点分析技术，它是对杂乱数据进行预处理的一组重要技术。第 3 章是对大型数据集进行归约处理，并介绍了特征归约、值归约和案例归约的有效方法。对数据集进行了预处理，准备进行数据挖掘时，可以使用许多数据挖掘技术，选择哪种数据挖掘技术取决于应用类型和数据特征。第 4 章先介绍所有数据挖掘技术的一般理论背景和可应用的形式，再介绍具体的数据挖掘方法。这些理论的本质可以概括为一个问题：如何从数据中学习？第 4 章重点介绍了统计学习理论、不同的学习方法和可从该理论中得出的学习任务，还讨论了评估问题和已建模型的部署。

第 5～11 章概述了常见的数据挖掘技术。第 5～8 章描述预测方法，第 9～11 章给出了描述性数据挖掘。第 5 章提出了选择统计推理方法，包括贝叶斯分类器、预测性和对数回归、方差分析(ANOVA)、记录线性模型。第 6 章用 C4.5 算法代表针对分类问题的基于逻辑的技术，总结了它的基本特性，还介绍了分类回归树(CART)方法的基本特征，并与 C4.5 算法相比较。第 7 章讨论了人工神经网络的基本构成，并介绍了多层感知机和竞争性网络这两类，作为人工神经网络技术的范例。还介绍了非常流行的深度网络。数据挖掘技术的实际应用表明，在预测性数据挖掘中使用几个模型可以提高结果的质量。这种方法称为集成学习，其基本原理在第 8 章介绍。

第 9 章介绍了聚类问题的复杂性，介绍了凝聚、划分和增量聚类技术。第 10 章介绍了大型数据集中局部建模的各个方面，以及关联规则挖掘的常见技术。Web 挖掘和文本挖掘逐渐成为许多研究人员的中心主题，这些活动的结果就是第 11 章介绍的新算法。最近 7 年来，数据挖掘领域有许多新主题和新趋势，其中一些主题，例如图形挖掘、时间、空间和分布式数据挖掘将在第 12 章介绍。该章还讨论了数据挖掘应用中重要的合法限制和规则，以及安全和隐私方面。云计算是大数据的重要技术支撑，而强化学习为大数据流建模开辟了途径。这两个主题也将在第 12 章中介绍。第 13 章和第 14 章介绍遗传算法和模糊系统的大多数技术，它们并不直接应用于大型数据集的挖掘。该领域的最新进展表示，这些源于软计算并越来越重要的技术，与其他技术一起使用时，可以更好地表达和计算数据。最后，第 15 章讨论了可视化数据挖掘技术的重要性，尤其是针对大规模样本的表述的可视化技术。第 16 章给出了详细的参考文献。

本书包含了相关的示例和说明，信息丰富，可读性强。各章都备有复习题和参考书目列表。如果教师将本书用作研究生或本科生的教材，还可以使用本书提供的答案分册。为了深入理解本书中的各种主题，每章的末尾向读者推荐了一组相当全面的参考书。虽然大多数参考书来自不同的期刊、杂志、会议记录和专题学术讨论会议记录，但显然，随着数据挖掘越来越成熟，相关的书籍太多了，覆盖了数据挖掘和知识发现的各个方面。最后，本书的两个附录为数据挖掘技术的实际应用提供了有用的背景信息，附录 A 概述了影响最大的期刊、会议记录、论坛、博客，以及商用和公用数据挖掘工具列表，附录 B 介绍了许多商业上很成功的数据挖掘应用。

阅读本书的读者需要了解数据结构和数据库的基本概念和相关术语。另外，具备基本的统计学和机器学习的背景知识也是有益的，但在应用本书讨论的概念和技术时，不需要深入理解其基础理论。

1.9 复习题

1. 为什么不能用传统的建模技术来分析一些大型数据集？

2. 在自己的商业或学术环境中，识别出一些可通过分类、回归或偏差来解决的问题。举例加以说明。

3. 解释分析大型数据集时统计学和机器学习方法之间的区别。

4. 为什么在成功的数据挖掘应用中，预处理和降维是重要的阶段？

5. 给出可以明显看出时间成分和隐含时间成分的数据示例。

6. 为什么数据挖掘人员对数据的理解很重要？

7. 给出日常生活中结构化数据、半结构化数据、非结构化数据的示例。

8. 有 50 000 个样本的数据集能称为大型数据集吗？说明原因。

9. 列举可把数据仓库作为数据挖掘过程的一部分的任务。

10. 许多作者把 OLAP 工具划为标准的数据挖掘工具。给出反驳这种分类的论据。

11. 客户流失是一个源自于电话业的概念。这个概念如何应用于银行业或人力资源？

12. 定义可操作信息的概念。

13. 在Internet上找出一个数据挖掘应用，说出其决策问题、可用的输入类型和它对组织的作用。

14. 下列各个活动是数据挖掘任务吗？讨论其结果。

(1) 根据公司客户的年龄和性别给他们分类。

(2) 根据公司客户的债务级别给他们分类。

(3) 根据公司本月的销量来分析下月的总销量。

(4) 按系给学生数据库分类，再根据学生的标识号排序。

(5) 确定路易斯维尔大学的新生数量对股票市值的影响。

(6) 使用历史记录估计某公司的未来股价。

(7) 监控患者心率的异常情况。

(8) 监控地震活动的地震波。

(9) 确定声波的频率。

(10) 预测摇骰子的结果。

15. 确定对于问题(1)～(7)，哪种方法最好[3 种方法 A～C]。

A. 监督学习

B. 无监督聚类

C. 基于 SQL 的数据查询

(1) 40 岁以下女员工的平均周薪是多少？

(2) 为每月平均余额超过 1000 美元的信用卡客户建立个人档案。

(3) 确定成功的二手车销售人员的特征。

(4) 持有一份或多份保单的客户有哪些相似属性？

(5) 包含信用卡客户信息的数据库中是否存在有意义的属性关系？

(6) 单身男性比已婚男性更多地打高尔夫球吗？

(7) 确定信用卡交易是有效的还是欺诈的。

16. 对“挖掘文本数据”和“文本数据挖掘”执行谷歌搜索。

(1) 会得到相同的前 10 个搜索结果吗？

(2) 关于搜索引擎使用的排名启发法的内容部分，这告诉了你什么？

17. 大数据概念通常定义为 4 个主要维度——4V。如果想把这个定义扩展到 5V，第五个维度是什么？详细解释为什么要引入这个新维度。如果你不相信 5V，在网上查一下，你会发现该定义已经扩展到 8V！

18. 如果你准备申请一家公司的数据科学家职位，根据你目前的教育和经验，你的优势和劣势是什么(老实说，这不是正式的面试)？你认为自己能胜任这份工作吗？

第 2 章

数据准备

本章目标

- 分析原始大型数据集的基本表述和特征。
- 对数值型属性应用不同的标准化技术。
- 了解数据准备的不同技术，包括属性转化。
- 比较消除丢失值的不同方法。
- 构造时间相关数据的统一表述方法。
- 比较不同的异常点探测技术。
- 实现一些数据预处理技术。

2.1 原始数据的表述

图 1-5 中的行所示的数据样本是数据挖掘过程的基本组成部分。每个样本都用几个特征来描述，每个特征都有不同类型的值。首先介绍两种最常见的类型：数值型和分类型。数值型值包括实型变量和整型变量，如年龄、速度或长度。数值型特征有两个重要的属性：其值有顺序关系(2＜5 和 5＜7)和距离关系(d[2.3,4.2]=1.9)。

与其形成对照的是，分类型(常称为符号型)变量没有上述两种关系，分类型变量的两个值可以相等或不等。它们只建立一种等同关系(蓝色=蓝色，或红色 ≠ 黑色)，这种类型变量的示例有眼睛颜色、性别、国籍。若分类型变量有两个值，则原则上它可以转换成一个二进制的数值型变量，这种数值型变量有两个值：0 或 1。具有 n 个值的分类型变量可以转换成 n 个二进制数值型变量，即一个二进制数值对应分类型变量的一个值。这些经过编码的分类型变量在统计学上称为“虚构变量”。例如：如果变量“眼睛颜色”有 4 个值——黑色、蓝色、绿色、褐色，它就可以用 4 位二进制数编码，如表 2-1 所示。

表 2-1 特征值及其编码

特征值	编码
黑色	1000
蓝色	0100
绿色	0010
褐色	0001

另一种基于变量值的变量分类方法是，根据它是连续型变量还是离散型变量来分类。

连续型变量也称为定量型或度量型变量，可使用间隔尺度或比例尺度来衡量，这两种尺度都允许在理论上无限精密地定义或度量变量，而这两种尺度的区别在于它们定义零点的方式。在间隔尺度中，零点的位置是任意的，因此零点并不代表被测变量没有值。间隔尺度的最佳示例是温度尺度，温度为华氏零度并不代表没有温度。由于零点的位置是任意的，用间隔尺度测量的变量之间并不存在真实的比例关系。例如：华氏 80 度并不是华氏 40 度的 2 倍那么热。相反，比例尺度有绝对的零点，所以用这种尺度测量的变量之间存在真实的比例关系。高度、长度和工资这些数量都使用比例尺度。在大型数据集中，连续型变量用实型或整型值来表示。

离散型变量也称为定性型变量。这种变量用两种非度量的尺度——名义尺度或有序尺度——来衡量或定义它的值。名义尺度是无序的，它使用不同的符号、字符和数字来表示被测变量的不同状态(值)。名义变量的一个示例是通用的顾客类型的标志符，其值可能与居住地、商业和行业相关。这些值可以按字母 A、B、C 或按数字 1、2、3 编码，但它们不具备其他数值型数据的度量特性。名义属性的另一个示例是许多数据集都有的邮编字段。在这两个示例中，用于指定不同属性值的数字没有特定的顺序，这些数字之间也没有必然的联系。

有序尺度包括规则的、离散的顺序，例如排名。有序变量是定义了顺序关系而没有定义距离关系的分类型变量。有序属性的示例有学生在班上的排名以及体育竞赛中的金牌、银牌和铜牌。有序尺度未必是线性的，例如，排名第 4 和第 5 的学生之间的差别跟排名第 15 和第 16 的学生之间的差别不一定相同。在有序尺度中，有序属性只有大于、等于和小于关系。一般情况下，顺序变量可以把数值型变量编码成为和有序变量值相对应的小交集。这些有序变量和口语中常用的语言或模糊变量有密切的联系，例如年龄(其值有青年、中年、老年)和收入(其值有低中等、中上等、富有)。图 2-1 列举了更多示例，第 14 章介绍了数据挖掘过程中模糊变量的形式和应用。

类型	说明	示例	操作
名义	使用标记或名称来区分各个物体	邮政编码，ID，性别	=或≠
有序	用值来指定物体的顺序	意见，等级	＜或＞
间隔	使用测量单位，但原点是任意的	摄氏温度或华氏温度，日历中的日期	+或-
比例	使用测量单位，原点不是任意的	热力学温度，长度，计数，年龄，收入	+,-,*,/

图 2-1 变量类型及其示例

一种特殊的离散型变量是周期变量。周期变量的特征是存在距离关系，而不存在顺序关系，例如星期、月或日。作为特征值，星期一和星期二之间的间隔比星期一和星期四之间的间隔小，但是星期一可以在星期五之前，也可以在星期五之后。

最后，另一种数据分类维度是基于数据与时间有关的行为特性。一些数据不随时间的变化而变化，它们称为静态数据。另一方面，也有随时间变化而变化的属性值，称为动态数据或时间数据。大多数数据挖掘方法更适合于静态数据，挖掘动态数据时，常常需要特殊的考虑和预处理。

产生大多数数据挖掘问题的原因是，大量样本具有不同类型的特征。此外，这些样本往往是高维度的，这就意味着它们有极多的可测量特征。大型数据集中这种多余的维度产生了数据挖掘术语中所谓的“维数灾”。它是由高维空间几何学产生的，这类数据空间在数据挖掘问题中很常见。高维空间特性常常是违反直觉的，因为我们所在的世界是一个低维空间，如二维空间或三维空间。从概念上讲，若体积是一定的，高维空间的物体比低维空间的物体拥有更大的表面积。例如，如果高维超立方体是可见的，看起来就像一只豪猪，如图 2-2 所示。随着维度变得越来越大，与超立方体的中心部分尺寸相关的边也会变长。高维数据的 4 个重要属性会影响输入数据和数据挖掘结果的解释。

图 2-2 在概念上，高维数据看起来像一只豪猪

(1) 若数据集在 n 维空间中生成相同密度的数据点，则该数据集的大小随维数呈指数级增长。例如，如果一维样本包含 n 个数据点，其密度是令人满意的，那么，要在 k 维空间中获得同样的密度，就需要 n^k 个数据点。如果一维样本的值是 1～100 的整数，维度的定义域是[0, 100]，那么在五维空间中获得同样密度的样本，就需要有 $100^5=10^{10}$ 个不同的样本。即使对现实世界中最大的数据集，这也是正确的。因为它们的维度大，样本的密度仍然较低，这往往不符合数据挖掘的要求。

(2) 在高维空间中，需要更大的半径才能放入一小部分数据点。对给定的子样本，可用公式

$$e(p) = p^{1/d}$$

测定超立方体的边长 e，其中 p 是预先指定的子样本，d 是维数。例如：如果要放入

10%的样本(p=0.1)，则二维空间的边长是 $e_2(0.1)=0.32$，三维空间的边长是 $e_3(0.1)=0.46$，十维空间的边长是 $e_{10}(0.1)=0.80$。图 2-3 给出了这些边界的图形解释。

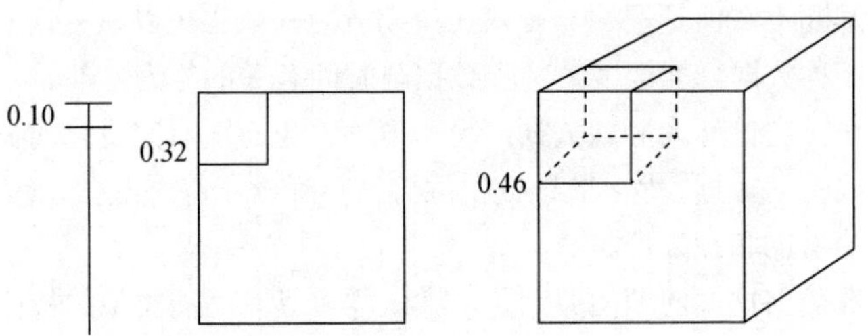

图 2-3　在一维、二维和三维空间中放入 10%的样本的区域

这表明在高维空间中，即使想获取数据的一小部分，也需要非常大的邻域。

(3) 在高维空间中，几乎每个点都比其他样本点更接近某一边界。在 d 维空间中，对大小为 n 的样本来讲，数据点之间的期望距离 D 为

$$D(d,n)=1/2\left(\frac{1}{n}\right)^{1/d}$$

例如，对于有 10 000 个点的二维空间，期望距离 $D(2,\ 10\ 000)$=0.005。而对于有 10 000 个样本点的十维空间，期望距离 $D(10,\ 10\ 000)$=0.4。与边相距最大的点位于分布图的中心，在所有维度空间中，最大距离的规范值都是 0.5。

(4) 几乎每个点都是异常点。当输入空间的维度增加时，预测点到分类点中心的距离也在增长。例如，当 d=10 时，预测点到某类数据中心的期望距离是 3.1 标准差。当 d=20 时，该距离是 4.4 标准差。就这一点而言，每个新样本点的预测点都像是初始分类数据的异常点。如图 2-2 所示，预测点大都在“豪猪”的边缘，远离中心部分。

在高维空间中处理有限的样本时，“维数灾”的这些规则往往会带来严重的后果。属性(1)和属性(2)指出，对高维样本进行局部评估非常困难，必须有更多的样本，才能获得所需的数据密度，完成预期的挖掘活动。属性(3)和属性(4)说明，在给定点处预测响应也很困难，因为任意新的样本点都更靠近某条边，而不是靠近中心部分的训练实例。

最近一组学生做了一个有趣的实验，说明了理解“维数灾”概念对数据挖掘任务的重要性。他们给不同的 n 维空间随机生成了 500 个点，维数为 2～50。接着在某个维度空间中测量任意一对样本点之间的距离，并计算出参数 P。

$$P_n=\frac{(\mathrm{MAX}-\mathrm{DIST}_n-\mathrm{MIN}-\mathrm{DIST}_n)}{\mathrm{MIN}-\mathrm{DIST}_n}$$

其中 n 是维数，MAX-DIST 和 MIN-DIST 分别是给定空间中两点间的最大和最小距离。结果如图 2-4 所示。在该图中，有趣的是随着维数的增加，P_n 参数将逐步接近 0。这意味着，在这些空间中，最大和最小距离会越来越接近。换言之，在高维空间中，任意两点之间的距离都相同。这是一个实验证据，说明密度和两点间距离的传统

含义(它们对许多数据挖掘任务都非常关键)改变了。数据集的维数增加时，数据将越来越稀疏，在这些数据所在的空间中，它们大都是异常点。因此，必须重新考虑、重新评估统计学中的传统概念：距离、相似性、数据分布、均值、标准偏差等。

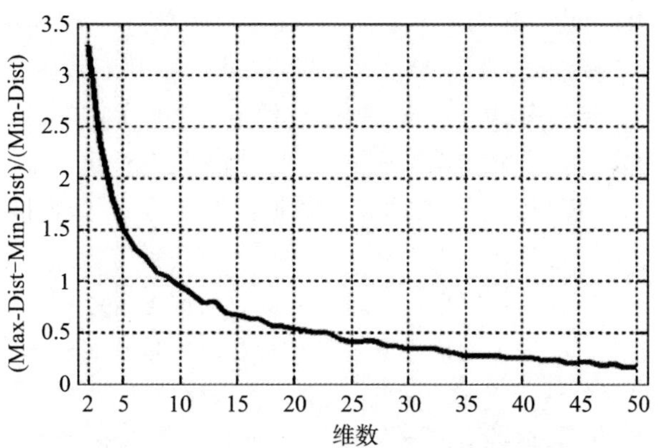

图 2-4 随着维数的增加，距离的含义改变了

2.2 原始数据的特性

最初为数据挖掘准备的所有原始数据集通常很大，它们中的许多都和人有关，且比较杂乱。首先，初始数据集应包含丢失值、失真、误记录和不当样本等。看起来没有这些问题的原始数据应该马上引起我们的怀疑，要得到高质量的数据，必须在分析者看到它们之前，先整理和预处理数据，使其就像设计合理、准备充分的数据仓库中的数据一样。

下面讨论杂乱数据的来源和含义。首先，数据丢失有很多原因。有时测量或记录也会出错，但很多情况下，都无法获得数据的值。在数据挖掘过程中要处理这个问题，必须能根据已有的数据甚至是丢失的数据来建模。后面将介绍一些对丢失值或多或少敏感的数据挖掘技术。如果这些方法足够健壮，值的丢失就不是问题。否则，在应用所选的数据挖掘技术之前，必须解决丢失值的问题。数据杂乱的第二个原因是数据的误记录，这在大数据集中非常常见。我们必须有能发现这些“异常”值的机制，某些情况下，甚至要用这些机制消除“异常”值对最终结果的影响。此外，数据可能并不来自假定的样本母体。这里，异常点就是典型的示例，分析人员要对它们进行仔细的分析，才能决定是将它作为异常，从数据挖掘过程中剔除，还是将它保留为所研究的样本母体的不寻常样本。

在采取进一步的措施之前要彻底地检查数据，这在正式分析中相当重要。传统上，数据挖掘分析者在开始对数据建模或应用数据挖掘算法之前，必须先熟悉数据。然而，对于现代的大型数据集来说，这么做的可行性很小，在很多情况下，甚至是完全不可能的，而必须依赖计算机程序来自动检查数据。

失真数据、方法上错误的步骤选择、滥用数据挖掘工具、模型过于理想化、未考虑数据中各种不确定性和模糊性的模型，所有这些都可能在数据挖掘过程中导致方向错误。因此，数据挖掘不只是简单地对已知问题应用一系列工具，而是一个批判性的鉴定、考查、检验和评估过程。数据在本质上应该是定义明确的、一致的和非易失性的。数据量要足够大，以支持数据分析、查询、汇报以及与长期历史数据进行比较。

许多数据挖掘专家都认为：数据挖掘过程中一个最关键的步骤是初始数据集的准备和转换。这个步骤在研究文献中往往没有引起人们的注意，主要是因为许多人认为它与数据挖掘应用高度相关。但在大多数数据挖掘应用中，数据准备过程的某些部分，有时甚至是整个准备过程，可以独立于应用和数据挖掘方法来描述。一些公司拥有相当大的、常常是分布式的数据集，此时，大多数数据准备过程都可以在数据仓库的设计阶段完成，但是只能在需要进行数据挖掘分析时才能进行很多专门的转换。

原始数据并不总是(我们认为很少是)能进行数据挖掘的最佳数据集，要对其进行许多转换，才能产生对所选的数据挖掘方法(如预测或分类)更有用的特征。用不同的方式计算，采用不同的样本大小，选择重要的比率，针对时间相关数据改变数据窗口的大小，包括移动平均数的变化，所有这些都可能有助于获得更好的数据挖掘结果。机器不可能在没有人的辅助下找到最好的转换集合，用于一个数据挖掘应用的转换也不可能很好地用于另一个应用。

数据的准备有时会作为数据挖掘文献中一个不重要的话题而不予考虑，或者仅作为数据挖掘过程的一个阶段。在数据挖掘应用的现实世界中，形势恰恰相反。数据准备比应用数据挖掘方法需要耗费更多精力。数据准备阶段有两个中心任务：

(1) 把数据组织成一种标准形式，以便于数据挖掘工具和其他基于计算机的工具处理(标准形式是一个关系表)。

(2) 准备数据集，使其能得到最佳的数据挖掘效果。

2.3 原始数据的转换

下面介绍的几个数据转换常见类型与问题无关，并可能改善数据挖掘结果。在特定应用中选择和使用技术，取决于数据的类型、数据量和数据挖掘任务的一般特征。

2.3.1 标准化

一些数据挖掘方法，一般是那些基于 n 维空间中的点间距离计算的方法，可能需要对数据进行标准化，以获得最佳结果。测量值可按比例对应到一个特定的范围，如[−1, 1]或[0, 1]。如果值没有标准化，距离测量值将会超出数值较大的特征。数据的标准化有许多方法，以下列举 3 个简单有效的标准化技术。

(1) **小数缩放**。小数缩放移动小数点，但仍然保留大多数原始数值。常见的缩放是使值在−1～1 的范围内。小数缩放可以表示为等式

$$v'(i)=\frac{v(i)}{10^k}$$

在这个等式中，$v(i)$是特征 v 对于样本 i 的值，$v'(i)$是缩放后的值，k 是保证$|v'(i)|$的最大值小于 1 的最小比例。

首先，在数据集中找出$|v'(i)|$的最大值，然后移动小数点，直到得出一个绝对值小于 1 的缩放新值。这个因子可用于其他所有的 $v(i)$。例如，数据集中的最大值为 455，最小值是-834，那么特征的最大绝对值就是 0.834，所有 $v(i)$都用同一个因子 1000(k=3)。

(2) **最小-最大标准化**。假设特征 v 的数据在 150～250 的范围之间，则前述的标准化方法使所有标准化后的数据取值为 0.15～0.25，但是这会让值堆积在整个取值范围的一个小的子区间中。要使值在整个的标准化区间如[0, 1]上获得较好的分布，可以使用最小-最大公式。

$$v'(i)=\frac{(v(i)-\min(v(i)))}{(\max(v(i))-\min(v(i)))}$$

其中特征 v 的最小值和最大值是通过一个集合自动计算的，或者是通过特定领域的专家估算出来的。这种转换也可应用于标准化区间[-1, 1]。最小值和最大值的自动计算需要对整个数据集进行另一次搜索，但是计算过程很简单。另一方面，最小值和最大值的专家估算可能导致标准化值的无意集中。

(3) **标准差标准化**。按标准差进行的标准化对距离测量值非常有效，但是把初始数据转换成了未被认可的形式。对于特征 v，平均值 mean(v)和标准差 sd(v)是针对整个数据集进行计算的。那么，对于样本 i，用下述等式来转换特征的值。

$$v*(i)=\frac{(v(i)-\text{mean}(v))}{\text{sd}(v)}$$

例如，如果一个属性值的初始集合是 v={1,2,3}，mean(v)=2，sd(v)=1，则标准化值的新集合为 $v*$ = {-1, 0, 1}。

为什么不把标准化看作数据挖掘方法的一个固有部分呢？答案很简单：标准化对几种数据挖掘方法来说很有用。还有一点也很重要：标准化并不是一次性或一个阶段的事件。如果一种方法需要标准化数据，就要为所选的数据挖掘技术对可用的数据进行转换和准备，还必须对数据挖掘的所有其他阶段、所有的新数据和未来数据进行同样的数据标准化。因此，必须把标准化的参数和方法一起保存。

2.3.2　数据平整

数值型的特征 y 可能包括许多不同的值，有时跟训练案例数一样多。对许多数据挖掘技术来说，这些值之间的微小区别并不重要，但可能会降低挖掘方法的性能，影响最终结果。这些值也可被看作同一潜在值的随机变差。因此，有时对变量值进行平整处理很有用。

很多简单的平整方法可以计算类似测量值的平均值。例如，如果数据值是有几位小数的实数，则把这些值圆整为给定的精度就是应用于大量样本的一种简单平整算法，其中每个样本都有自己的实数值。如果给定特征 F 的值集是{0.93, 1.01, 1.001, 3.02, 2.99, 5.03, 5.01, 4.98}，显然平整后的值应该是 $F_{smoothed}$={1.0, 1.0, 1.0, 3.0, 3.0, 5.0, 5.0, 5.0}。进行这个简单转换没有降低数据集的质量，但把特征中不同实数值的数目减少到 3 个。

有些平整算法要复杂得多，参见 3.2 节。减少一个特征中不同值的数目，意味着同时减少了数据空间的维度，减少的值对基于逻辑的数据挖掘方法特别有用，参见第 6 章。在这种情况下的平整方法可用于将连续型特征分解成一系列只包含“真假”两个值的离散型特征。

2.3.3 差值和比率

即使是对特征很小的改变，也能显著地提高数据挖掘的性能。对输入输出特征进行较小的转换，对数据挖掘目标的描述来说尤其重要。两类简单的转换——差值和比率可以改进对目标的描述，尤其是在将它们应用于输出特征时。

有时，这些转换得到的效果要好于预测一个数的简单初始目标描述，比如，在一个应用中，目标是改动对生产过程的控制，以获得最佳的设置。但不是优化输出 $s(t+1)$ 的绝对值，而是设定从当前值到最终优化的相对改动量 $s(t+1)-s(t)$，这样反而更有效。相对改动量的范围通常比绝对控制设置的取值范围要小得多。因此，对很多数据挖掘方法来讲，选项数量较少，可以提高算法效率，往往也能得到更好的结果。

比率是第二种简单的目标或输出特征转换方法。用 $s(t+1)/s(t)$ 作为数据挖掘过程的输出来代替绝对值 $s(t+1)$，意味着特征值的增减量也能提高整个数据挖掘过程的性能。

差值和比率转换不仅对输出特征有用，对输入特征也同样有用。它们可作为一个特征的时间变化或用作不同输入特征的合成。例如，在很多医学数据集中，病人的两个特征(身高和体重)用作不同诊断分析的输入参数。很多应用表明，用一个新的特征[身体素质指标(BMI)，体重和身高的加权比]进行初始转换，诊断结果会更好。与最初的两个参数相比，这个合成的特征能更好地描述病人的一些特性，如病人是否超重。

逻辑转换也可用于合成新的特征。例如，有时可以生成一个新的特征，用来测定两个现有特征 A 和 B 之间的关系 $A>B$ 的逻辑值。但是，不存在普遍适用的数据转换方法。应该吸取的教训是在定义问题时，还必须注意观察。合成特征要特别注意，因为就最终表现来说，相对简单的转换有时比改用其他数据挖掘技术有效得多。

2.4 丢失数据

对数据挖掘的实际应用而言，即使数据量很大，具有完整数据的案例集可能相对较小。可用的样本和将来的事件都可能有丢失值。一些数据挖掘方法可以接受丢失值，并能进行圆满的处理，得到最终结论。其他方法则要求所有的值都是可用的。一个明显的问题是，在应用数据挖掘方法之前的数据准备阶段，能否把这些丢失值补上。最简单的解决办法是减小数据集，去除包含丢失值的所有样本。若大型数据集是可用的，且只有一小部分样本包含丢失值，则这是可行的。如果不想去除有丢失值的样本，就必须找到它们的丢失值。这可以采用什么实用的方法呢？

首先，数据挖掘者和领域内专家可手动检查缺值样本，再根据经验加入一个合理的、可能的、预期的值。对丢失值较少的小数据集来说，这种方法简单明了。但是，如果每个样本的值都不明显或似是而非，挖掘者就要手动生成一个值，从而把噪点值引入数据集。

第二种方法是消除丢失值的一个更简单的解决方案，这种方法基于一种形式，常常是用一些常量自动替换丢失值。例如：

(1) 用一个全局常量(全局常量的选择与应用有很大关系)替换所有的丢失值。

(2) 用特征平均值替换丢失值。

(3) 用给定种类的特征平均值替换丢失值(此方法仅用于样本预先分类的分类问题)。

这些简单方法都具有诱惑力。它们的主要缺点是替代值并不正确。用常量替换丢失值或改变少数不同特征的值，数据就会有误差。替代值会均化带有丢失值的样本，给丢失值最多的类别(人工类别)生成一致的子集。如果所有特征的丢失值都用一个全局常量来替代，一个未知值可能会暗中形成一个未经客观证明的正因数。

对丢失值的一个可能的解释是它们是“无关紧要”的。换句话说，我们假定这些值对最终的数据挖掘结果没有任何影响。这样，一个有丢失值的样本可以扩展成为一组人工样本，对这组样本中的每个新样本，都用给定区域中一个可能的特征值来替换丢失值。这样的解释也许看起来更加自然，但这种方法的问题在于人工样本的组合爆炸。例如，如果有一个三维样本 $X=\{1, ?, 3\}$，其中第二个特征的值丢失，这种处理会在特征域[0, 1, 2, 3, 4]内产生 5 个人工样本。

$$X_1=\{1, 0, 3\}, X_2=\{1, 1, 3\}, X_3=\{1, 2, 3\}, X_4=\{1, 3, 3\}, X_5=\{1, 4, 3\}$$

最后，数据挖掘者可以生成一个预测模型来预测每个丢失值。例如，如果每个样本给定 3 个特征 A、B、C，则数据挖掘者可以根据把 3 个值全都作为一个训练集的样本，生成一个特征之间的关系模型。不同技术的选择取决于数据类型，如衰减、贝叶斯形式体系、聚类、决策树归纳法。一旦有了训练好的模型，就可以提出一个包含丢失值的新样本，并产生“预测”值。例如，如果特征 A 和 B 的值已给出，模型会生成特征 C 的值。如果丢失值与其他已知特征高度相关，这样的处理就可以为特征生成最合适的值。当然，如果丢失值总是能准确地预测，就意味着这个特征在数据集中是冗余的，在进一步的数据挖掘中是不必要的。在现实世界的应用中，带有丢失值的特征和其他特征之间的关联应是不完全的。因此，不是所有的自动方法都补上正确的丢失值。但这样的自动方法在数据挖掘界最受欢迎。与其他方法相比，它们能最大限度地使用当前数据的信息，预测丢失值。

一般来讲，用简单的人工数据准备模式来替代丢失值是有风险的，常常有误导作用。最好对带有和不带有丢失值的特征生成多种数据挖掘解决方案，然后对它们进行分析和解释。

2.5 时间相关数据

实际的数据挖掘应用范围包括时间强相关、时间弱相关和时间无关问题。现实中的时间相关问题需要特殊的数据准备和数据转换，在很多情况下，这种准备和转换对数据挖掘的成功都是至关重要的。首先讨论最简单的情况——在一定的时间间隔测量的单个特征，这个特征的一系列值是在固定的时间间隔测量的。例如，温度读数每小时测一次，产品销售量每天记录一次。这是个经典的一元时间序列问题，在这个问题中，变量 X 在指定时间的值应和它的以前值有关系。因为在固定的时间间隔测定时间序列，所以其值序列可表示为

$$X = \{t(1), t(2), t(3), ..., t(n)\}$$

其中 $t(n)$是最近测定的值。

许多时间序列问题的目标是根据特征的以前值预测 $t(n+1)$的值，以前的值和预测值直接相关。在预处理原始的时间相关数据时，最重要的一步是指定一个窗口或时延(时间间隔)。以前值的数目会影响预测值。每个窗口代表一个数据样本，以便进行进一步分析。例如，如果时间序列由 11 个测量值组成：

$$X = \{t(0), t(1), t(2), t(3), t(4), t(5), t(6), t(7), t(8), t(9), t(10)\}$$

且该时间序列的分析窗口为 5，就可以把输入数据重组为一个包含 6 个样本的表格，这种表格更便于(标准化)应用数据挖掘技术。表 2-2 列出了转换后的数据。

表 2-2 时间序列转换为标准表格形式(窗口=5)

样本	窗口					下一个值
	M1	M2	M3	M4	M5	
1	$t(0)$	$t(1)$	$t(2)$	$t(3)$	$t(4)$	$t(5)$
2	$t(1)$	$t(2)$	$t(3)$	$t(4)$	$t(5)$	$t(6)$
3	$t(2)$	$t(3)$	$t(4)$	$t(5)$	$t(6)$	$t(7)$
4	$t(3)$	$t(4)$	$t(5)$	$t(6)$	$t(7)$	$t(8)$
5	$t(4)$	$t(5)$	$t(6)$	$t(7)$	$t(8)$	$t(9)$
6	$t(5)$	$t(6)$	$t(7)$	$t(8)$	$t(9)$	$t(10)$

最佳时延必须用通常的评估技术来测定，这种技术利用独立的检验数据进行可变复杂度的测量。数据准备不是只进行一次，就交给数据挖掘程序进行预测，而是要反复进行多次。一般的目标是预测时间序列的下一个值，但在一些应用中，可以把目标改为预测未来几个时间单元的值。用公式表示就是：给定与时间相关的值 $t(n-i)$，…，$t(n)$，

要求预测 $t(n+j)$的值。在上例中，设 j=3，新样本在表 2-3 中给出。

表 2-3 标准表格形式(窗口=5)中延迟预测(j=3)的时间序列样本

样本	窗口					下一个值
	M1	M2	M3	M4	M5	
1	$t(0)$	$t(1)$	$t(2)$	$t(3)$	$t(4)$	$t(7)$
2	$t(1)$	$t(2)$	$t(3)$	$t(4)$	$t(5)$	$t(8)$
3	$t(2)$	$t(3)$	$t(4)$	$t(5)$	$t(6)$	$t(9)$
4	$t(3)$	$t(4)$	$t(5)$	$t(6)$	$t(7)$	$t(10)$

通常，j 越大，预测就更困难、更不可靠。时间序列的目标很容易从预测时间序列的下一个值改为分类到某个预定义的类别中。从数据准备的观点看，这并没有什么显著的变化。例如，新分类的输出不是预测的输出值 $t(i+1)$，而是二元的：T 代表 $t(i+1) \geq$ 阈值，F 代表 $t(i+1) <$ 阈值。

时间单元可以相当小，在时间序列的表格中，这会增加相同周期内的人工特征数量。这给高维带来的问题是在时间序列数据的标准表达中，要为精度付出一定的代价。

实际上，特征的多数旧值都是一些历史残留数据，它们与分析不再相关，也不能用于分析。因此，对许多商业应用和社会应用来讲，新趋势可能会使旧数据更不可靠、更不能使用。于是，新近数据成为重中之重，可以去除时间序列中最老的部分。现在，不但时间序列的窗口是固定的，而且数据集的大小也是固定的。只有最近的 n 个样本可用于分析，即使这样，它们的加权也可能不一样。做这些决策时必须非常小心，它们有时依赖应用的知识和过去的经验。例如，使用 20 岁的癌症病人数据并不能正确描述目前癌症患者的存活率。

除时间序列的标准表格式表述外，有时在应用数据挖掘技术之前，必须对原始数据进行额外的预处理，总结它们的特征。多数情况下，把 $t(n+1)-t(n)$作为预测结果比 $t(n+1)$更好，同样，$t(n+1)/t(n)$比率揭示了变化率，有时用这个比值也能得到更好的预测结果。这些预测结果值特别适用于基于逻辑的数据挖掘方法，如决策树和决策规则。用差值或比率来表示目标时，测量输入特征的差值或比率也是有利的。

时间相关的案例通过目标和时延或大小为 m 的窗口来指定。汇总数据集的特征时，一种方法是取平均，得出“移动平均数”(MA)。一个平均数汇总了每个案例中最新的 m 个特征值，对每一个时间增量 i，其值为

$$\mathrm{MA}(i,m)=\frac{1}{m}\cdot\sum_{j=i-m+1}^{i}t(j)$$

应用知识可辅助指定 m 的合理大小。误差估计应该验证所选的 m。MA 对所有时间点的加权都是相等的。典型的示例是股票市场的移动平均数，例如道琼斯指数或纳斯达克指数 200 天的平均变动。目的是通过 MA 平整邻近时间点，从而减少随机变动

和噪声干扰成分。

$$\mathrm{MA}(i, m) = t(i) = \mathrm{mean}(i) + \mathrm{error}$$

另一种平均数是指数移动平均数(EMA)，它对最近的时间周期进行更大的加权。可采用递归方式将其表述为：

$$\mathrm{EMA}(i, m) = p \times t(i) + (1-p) \times \mathrm{EMA}(i-1, m-1)$$

$$\mathrm{EMA}(i, 1) = t(i)$$

其中 p 是 0～1 范围的值。例如，假设 p=0.5，最新的值 $t(i)$和窗口中所有以前值的计算加权相同，首先计算序列中头两个值的平均值。从下列两个等式开始计算：

$$\mathrm{EMA}(i, 2) = 0.5t(i) + 0.5t(i-1)$$

$$\mathrm{EMA}(i, 3) = 0.5t(i) + 0.5[0.5t(i-1) + 0.5t(i-2)]$$

按照惯例，p 的值是根据应用知识或经验实证来确定的。MA 在很多与商业有关的应用中非常成功，往往能得出优于 MA 的结果。

MA 对近期进行了概括，而找出数据走向的变化又提高了预测性能。比较最近的测量结果和早期的测量结果，组成新特征，就可以测量出数据走向的特性。3 个简单的比较特征是：

(1) $t(i)-\mathrm{MA}(i, m)$，当前值和 MA 之差。

(2) $\mathrm{MA}(i, m)-\mathrm{MA}(i-k, m)$，两个 MA 之差，它们的窗口大小通常相同。

(3) $t(i)/\mathrm{MA}(i, m)$，当前值和 MA 之比，更适用于某些应用。

总之，时间序列的特征概括起来，主要成分如下：

(1) 当前值

(2) 应用 MA 平整得到的值

(3) 导出走向、差值和比率

单变量的时间序列可以简单地延伸为多变量。多变量的时间序列不是在时刻 i 测量单个 $t(i)$值，而是同时测量多个值 $t[a(i), b(j)]$。多变量时间序列的数据准备没有额外的步骤。每个序列都可转换成特征，特征在每个不同时刻的值 $A(i)$组合成一个样本 i。合成变换生成数据的标准表格形式，例如图 2-5 所示的表格。

时间	a	b
1	5	117
2	8	113
3	4	116
4	9	118
5	10	119
6	12	120

(a) 初始时间相关数据

样本	$a(n-2)$	$a(n-1)$	$a(n)$	$b(n-2)$	$b(n-1)$	$b(n)$
1	5	8	4	117	113	116
2	8	4	9	113	116	118
3	4	9	8	116	118	119
4	9	10	12	118	119	120

(b) 为数据挖掘准备的样本，窗口=3

图 2-5 时间相关特征表

尽管一些数据挖掘问题可以用单个时间序列来表示，但现实问题中更常见的是混合使用时间序列和不依赖时间的特征。这种情况下，需要执行时间相关转换和属性概括的标准程序。在这些转换中产生的数据的高维性，可以在数据挖掘的下一个阶段——数据归约阶段进行化简。

一些数据集并未明确包含时间成分，但是整个分析在时间域内(一般是基于被描述实体的几个日期属性)进行。这类数据集中有一种非常重要的数据，称为幸存数据。幸存数据描述了某个事件需要多长时间才会发生。在很多医学应用中，该事件是指病人的死亡，所以我们分析病人的生存时间。在工业应用中，该事件常常是机器中的一个部件出现故障。因此，这类问题的输出是生存时间。在医学应用中，输入是病人的记录；而在工业应用中，输入是机器部件的特性。幸存数据有两个主要特征，把它们与其他数据挖掘中的数据区别开。第一个特征称为审查。在很多研究中，直到研究周期的最后，事件都没有发生。因此，在医学试验中，一些病人 5 年之后仍然活着，不知道他们什么时候死亡。这种观察称为审查观察。如果审查有了结果，即使我们不知道结果值，也掌握了一些信息。幸存数据的第二个特征是输入值与时间相关。既然要一直收集数据，直到事件发生，则在等待期间输入值可能会改变。如果病人在研究期间停止吸烟或开始服用新药，就必须知道研究中要包括哪些数据，如何表示这些变化。数据挖掘对这类问题的分析集中在幸存率函数或故障率函数上。幸存率函数是幸存时间比 t 大的概率。故障率函数揭示了在 t 时刻之前机器零件没有出现故障，在 t 时刻故障发生的可能性。

2.6 异常点分析

在大型数据集中，通常有一些样本不符合数据模型的一般规则。这些样本和数据集中的其他数据有很大的不同或不一致，称为异常点。异常点可能是由测量误差造成的，也可能因为数据固有的可变性。例如，如果一个人的年龄在数据库中显示为-1，这个值显然不正确，这个错误可能是由于计算机程序中字段“未记录年龄”的默认设置造成的。另一方面，如果在数据库中，一个人的子女数为 25，这个数据是不同寻常的，必须检查它。它可能是排版错误，也可能是正确的，表现了所给属性的真实可变性。

许多数据挖掘算法试图将异常点对最终模型的影响减到最小，或者在数据预处理阶段去除它们。异常点检测方法可以检测出数据中的异常观察值，并在适当时去除它们。出现异常点的原因有机械故障、系统行为的改变、欺诈行为、人为错误、仪器错误或样本总体的自然偏差。异常检测可以识别出系统故障和错误，以免它们逐渐累积，最终造成灾难性的结果。文献用各种名字描述这个行为，包括异常点检测、野点检测、反常检测、噪声检测、偏差检测或异常挖掘。此类异常点的有效检测可以降低根据大量数据做出错误决策的风险，并有助于识别、防止、去除恶意或错误行为的影响。另外，若存在异常点，许多数据挖掘技术可能不大有效。异常点可能会在数据模型中引入非正态分布或复杂性，从而很难(甚至不可能)以可行的计算方式找到准确的数据模型。

在自动去除异常点时，数据挖掘分析者必须非常小心，因为如果所去除的数据是正确的，就可能丢失重要的隐藏信息。一些数据挖掘应用集中在异常点的检测上，这是数据分析的必然结果。该过程包含两个主要步骤：(1)找出“正常”行为的规律，(2)使用“正常”规律来检测异常点。该规则可以是样本总体的模式或汇总统计，并假设数据中的“正常”观测值要远远多于异常点。例如，在检测银行交易中的信用卡欺诈行为时，异常点是揭示欺诈行为的典型示例，整个数据挖掘过程集中在对它们的检测上。但在大多数其他数据挖掘应用中，尤其是应用于大型数据集，异常点并不是很有用，它们只是由于收集数据时出现过失而产生的结果，而不是数据集的特征。

检测异常点，并从数据集中去除它们的过程，可以描述为从 n 个样本中选 k 个与其余数据显著不同、例外或不一致的样本($k \ll n$)。定义异常点的问题是非同寻常的，在多维样本中尤其如此。异常点检测方案的主要类型有：

- 图形或可视化技术
- 基于统计的技术
- 基于距离的技术
- 基于模型的技术

可视化方法的示例有 boxplot(一维)、散点图(二维)和 spin plot(三维)，参见后面的章节。数据可视化方法在一维到三维的异常点检测中很有用，但在多维数据中其作用就差多了，因为多维空间缺乏恰当的可视化方法。图 2-6 和图 2-7 给出了二维样本的可视化和异常点可视探测的示例。该方法的主要局限是过程非常耗时，异常点探测具有主观性。

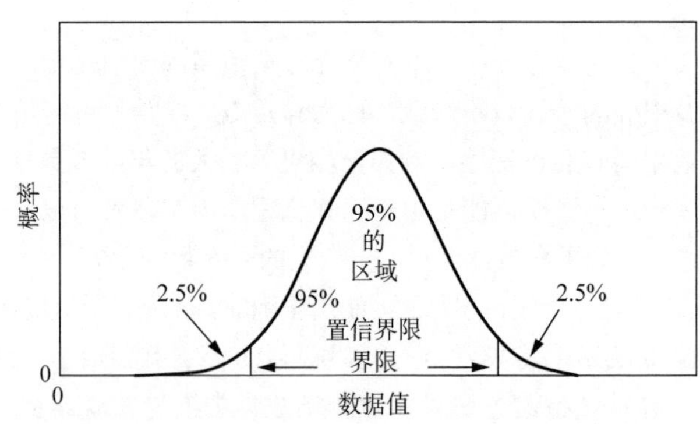

图 2-6　一元数据中基于均值和标准偏差的异常点

基于统计的异常点探测方法可以分为一元方法(这个领域的早期工作采用该方法)和多元方法(目前多数研究团体通常采用该方法)。统计方法要么假定观察值的基本分布是已知的，要么至少基于未知分布参数的统计估值。这些方法把观察值中不符合模型假设的值标记为异常点。这种方法常常不适合高维数据集和数据分布未知的任意数据集。

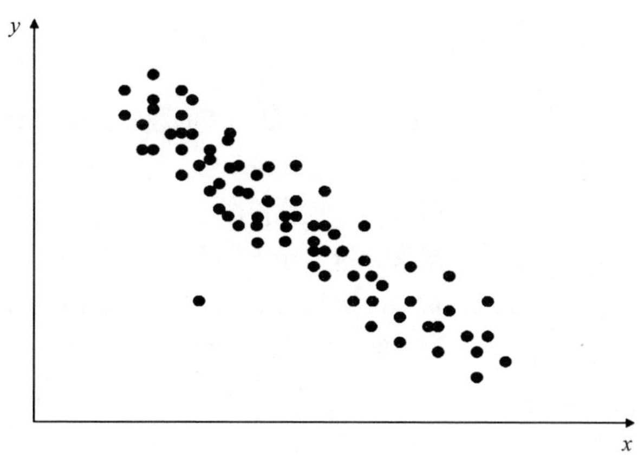

图 2-7　二维数据集中有一个无关的样本

大多数最早期的一元异常点探测方法都依赖一个假设：数据的基本分布是已知的、相同的、独立的。而且，探测一元异常点的许多不太一致的检验进一步假定，分布参数和异常点的期望类型也是已知的。尽管传统的正态分布用作目标分布，但这个定义很容易扩展到任意具备正密度函数关系的单峰对称分布。传统上，如果样本中没有被异常点污染，则样本均值和样本方差能很好地估计数据位置和数据模型。但数据库受到异常点的污染后，这些参数就会背离目标，显著影响异常点探测的性能。不用说，在现实的数据挖掘应用中，常常会违反这些假定。

最简单的一维样本异常点检测方法基于传统的单峰统计学。假定值的分布已知，必须确定基本的统计参数，如均值和方差。根据这些值和异常点的期望(预测)数目，就可以确定方差函数的阈值。所有阈值之外的样本都可能是异常点，如图 2-6 所示。这种简单方法的主要问题在于预先假设了数据的分布。在大多数现实案例中，数据分布是未知的。

例如，如果给定的数据集用 20 个不同的值描述年龄特征：

年龄={3, 56, 23, 39, 156, 52, 41, 22, 9, 28, 139, 31, 55, 20,−67,37, 11,55,45,37}

那么，相应的统计参数是：

$$均值= 39.9$$

$$标准差= 45.65$$

如果选择数据正态分布的阈值：

$$阈值=均值\pm 2\times 标准差$$

那么，所有在[−54.1, 131.2]区间以外的数据都是潜在的异常点。年龄特征还有一个特性：年龄总是大于零，于是可进一步把该区间缩小到[0, 131.2]。在上例中，根据所给的条件，有 3 个值是异常点：156，139 和−67。可以断定，这 3 个都是排印错误(多输入一个数字或“−”号)的概率很高。

另一个一维方法是格拉布斯法(Extreme Studentized Deviate，极度学生化偏差)，它计算属性的均值与分析值之差，再除以属性的标准差，作为 Z 值。如果 Z 参数大于阈值，Z 值就与表示异常点的 1%或 5%显著性水平相比较。

在许多情况下，若每个变量都是独立的，就不能把多变量观察值检测为异常点。只有进行多变量分析，并比较数据集中不同变量之间的相互作用，才能检测出异常点。图 2-7 列举了一个示例，在该例中，单独分析每一维，并没有检测出任何异常点，但分析二维样本(x, y)，即使仅仅通过目测，也能检测出一个异常点。

多元异常点探测的统计方法常常能指出远离数据分布中心的样本。这个任务可以使用几个距离度量值来完成。Mahalanobis(马氏)距离值包括内部属性之间的依赖关系，这样系统就可以比较属性组合。这个著名的方法依赖多元分布的估计参数。给定 p 维数据集中的 n 个观察值 x_i(其中 $n \gg p$)，用 $\overline{x}_n$ 表示样本平均向量，V_n 表示样本协方差矩阵，其中：

$$V_n = \frac{1}{n-1}\sum_{i=1}^{n}\left(x_i - \overline{x}_n\right)\left(x_i - \overline{x}_n\right)^T$$

每个多元数据点 i $(i = 1, \ldots, n)$的马氏距离用 M_i 表示，则：

$$M_i = \left(\sum_{i=1}^{n}\left(x_i - \overline{x}_n\right)^T V_n^{-1}\left(x_i - \overline{x}_n\right)\right)^{1/2}$$

于是，马氏距离很大的 n 维样本就看作异常点。许多统计方法要求，数据特有的参数表示以前的数据知识。但此类信息常无法获得，或者计算成本很高。另外，大多数现实世界中的数据集并不遵循某个特定的分布模型。

基于距离的技术在实现时，并没有预先假设数据分布模型。但它们的计算量呈指数级增长，因为它们要计算所有样本之间的距离。计算的复杂性依赖数据集的维数 m 和样本的数量 n，常常表示为 $O(n^2m)$。因此，非常大的数据集往往没有合适的方法。而且，数据集有密集区域和稀疏区域时，这个定义还会出问题。例如，维数增加时，数据点会散布在更大的空间中，其密度会减小，这样凸包就更难识别，这称为维数灾。

本节介绍了基于距离的异常点检测方法，它去除了统计方法的一些局限性。两者最重要的区别是这种方法可用于多维样本，而大多数统计描述符仅分析一维样本，即使分析几维样本，也是单独分析每一维。这种方法的基本计算复杂性在于估计 n 维数据集中所有样本间的测量距离。如果样本 S 中至少有一部分数量为 p 的样本到 s_i 的距离比 d 大，那么样本 s_i 是数据集 S 中的一个异常点。换句话说，基于距离的异常点是没有足够相邻点的样本，相邻点通过样本间的多维距离来定义。显然，这个异常点检测标准基于两个参数 p 和 d，这两个参数可以根据数据的相关知识提前给出，或者可以在迭代过程(试验－错误法)中改变，以选择最有代表性的异常点。

为了阐述这种方法，可以分析一组二维样本 S，其中异常点的条件是阈值 $p \geq 4$，$d > 3$。

$$S = \{s_1, s_2, s_3, s_4, s_5, s_6, s_7\} = \{(2, 4), (3, 2), (1, 1), (4, 3), (1, 6), (5, 3), (4, 2)\}$$

数据集 S 的欧几里得距离表在表 2-4 中给出，其中欧几里得距离 $d=[(x1-x2)^2+(y1-y2)^2]^{1/2}$。根据此表，可根据所给的阈值距离($d$=3)计算出每个样本参数 p 的值。计算结果在表 2-5 中。

表 2-4　数据集 S 的距离表

	S_1	S_2	S_3	S_4	S_5	S_6	S_7
S_1		2.236	3.162	2.236	2.236	3.162	2.828
S_2			2.236	1.414	4.472	2.236	1.000
S_3				3.605	5.000	4.472	3.162
S_4					4.242	1.000	1.000
S_5						5.000	5.000
S_6							1.414

表 2-5　S 中每个点的距离大于 d 的 p 点个数

样本	p
S_1	2
S_2	1
S_3	5
S_4	2
S_5	5
S_6	3
S_7	2

根据所用程序的结果和所给的阈值，可选择样本 S_3 和 S_5 作为异常点(因为它们的 p 值大于阈值 p=4)。通过数据集的可视化检查也可以得到相同的结果，如图 2-8 所示。当然，所给出的数据集很小，用二维图形来描述也是可行的、有用的。对 n 维空间的实际数据分析来说，可视化过程要难得多，异常点检测的分析方法也往往更加实用可靠。

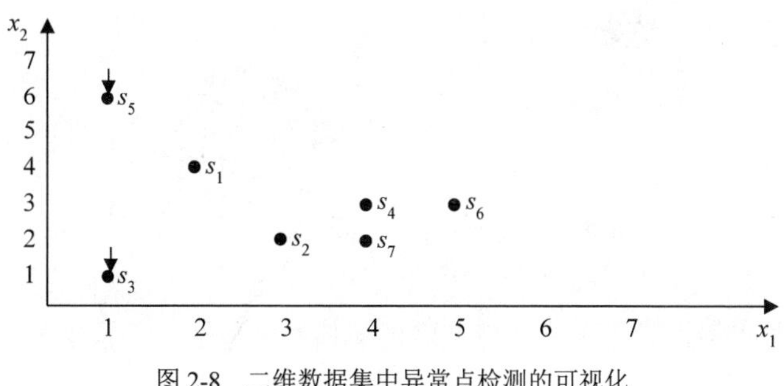

图 2-8　二维数据集中异常点检测的可视化

把数据划分为 n 维单元，就可以降低算法的复杂性。如果任意单元及其临近区域

包含的点超过 k 个，则该单元中的点就位于一个数据分布密集的区域，所以这些点不大可能是异常点。如果点的数量小于 k，则该单元中的所有点都是潜在的异常点。因此，在检测异常点时，只需要处理很少单元，计算较少的距离值。

基于模型的技术是第 3 种异常值检测方法。这些技术模拟人类识别数据集中与众不同的样本的方法。它定义样本集的基本特征，所有背离这些特征的样本都是异常样本。序列异常技术是一种基于相异度函数的可行方法。对于给定的 n 个样本，一个可能的相异度函数是样本集的总方差。现在任务是定义一个最小的样本子集，去除这个子集就可以最大限度地简化剩余集的相异度函数。用这种方法找异常点非常复杂(在数据集中选择不同的异常点组合会造成组合爆炸——即所谓的异常集)，在理论上定义为 NP 难题(即难以处理)。如果可以接受次优解，可以使用序列方法把算法的复杂性降低到线性水平。应用贪婪法，在每一步中选择一个能最大限度减小总方差的样本，该算法可按顺序逐步减少每个样本(或每个子集)的大小。

许多数据挖掘算法都很可靠，允许存在异常点，但进行专门的优化，在大型数据集中进行群集或分类。这包括群集算法，例如 Balanced and Iterative Reducing and Clustering Using Hierarchies(BIRCH)、Density-Based Spatial Clustering of Applications with Noise(DBSCAN)、k nearest neighbor(kNN)分类算法和不同的神经网络。这些方法详见本书后面的内容，它们都是检测异常点的强大工具。例如，在图 2-9 所示的数据集中，基于群集的方法考虑一组小型数据集(包括单样本数据集)作为群集的异常点。注意这些方法的主要目标是群集，所以它们并不总是最适合异常点检测。在大多数情况下，异常点检测条件是隐含的，不容易从群集过程中推断出来。

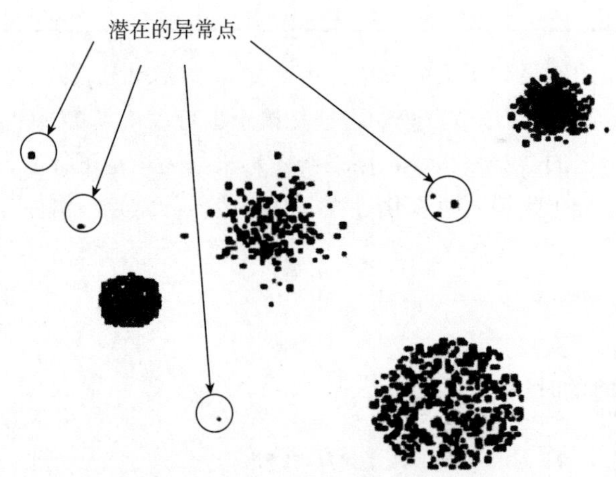

图 2-9　通过群集确定异常点

大多数异常点检测技术都只考虑连续的实值数据属性，而几乎不考虑分类数据。大多数方法都需要基数，或者至少是有序数据，才能计算向量距离，不能处理没有隐含顺序的分类数据。

2.7　复习题

1. 生成 2.1 节所述的数据类型的树型结构。

2. 如果数据集中的一个属性是学生成绩，其值为 *A*、*B*、*C*、*D* 和 *F*，这些属性值属于哪种类型？对所给属性的预处理提出你的建议。

3. 解释为什么在对大型数据集的理解中，"维数灾"法则特别重要。

4. 在六维样本中，每个属性的值都取 3 个数值{0, 0.5, 1}中的一个。如果存在属性值取所有可能组合的样本，那么数据集中的样本数是多少？在六维空间中点之间的期望距离是多大？

5. 推出数据在[−1，1]区间上的最小-最大标准化公式。

6. 已知一维数据集 X={−5.0, 23.0, 17.6, 7.23, 1.11}，用下述方法对其进行标准化：

(1) 在[−1, 1]区间进行小数缩放。

(2) 在[0, 1]区间进行最小-最大标准化。

(3) 在[−1, 1]区间进行最小-最大标准化。

(4) 标准差标准化。

比较上述标准化的结果，并讨论不同技术的优缺点。

7. 用简单的圆整技术对数据集进行数据平整：

$$Y = \{1.17, 2.59, 3.38, 4.23, 2.67, 1.73, 2.53, 3.28, 3.44\}$$

并按下述圆整精度进行平整，得出新的数据集。

(1) 0.1

(2) 1

8. 已知一个带有丢失值的四维样本：

$$X1 = \{0, 1, 1, 2\}$$
$$X2=\{2,1,\ -, 1\}$$
$$X3=\{1,\ -, -,0\}$$
$$X4 = \{ - , 2, 1, - \}$$

如果所有属性的定义域都是[0, 1, 2]，丢失值是"无关紧要的值"，且都替换为所给定义域的可行值，"人工"样本的数量是多少？

9. 一个 24 小时的时间相关数据集 X 用作训练数据集，来预测 3 小时后的值。如果数据集 X 是：

$$X = \{7, 8, 9, 10, 9, 8, 7, 9, 11, 13, 15, 17, 16, 15,14,13,12,11,10,9,7,5,3,1\}$$

(1) 在下述条件下，数据集 X 的标准表格形式是什么？

(i) 窗口宽度为 6，变量根据当前值和 3 小时后的值之差来预测。样本数是多少？

(ii) 窗口宽度为 12，变量根据比率来预测。样本数是多少？

(2) 通过计算 6 小时和 12 小时移动平均数(MA)标出离散 X 的值。

(3) 标出时间相关变量 X 和它的 4 小时指数移动平均数(EMA)。

10. 数据库中不同病人的子女数以向量形式给出：

$$C = \{3, 1, 0, 2, 7, 3, 6, 4, -2, 0, 0, 10, 15, 6\}.$$

(1) 应用标准统计参数——均值和方差，找出 C 中的异常点。

(2) 如果阈值从±3 个标准差变成±2 个标准差，可找到哪些另外的异常点？

11. 对已知的三维样本数据集 X：

$$X = [\{1, 2, 0\}, \{3, 1, 4\}, \{2, 1, 5\}, \{0, 1, 6\}, \{2, 4, 3\},$$
$$\{4, 4, 2\},\{5, 2,1\},\{7, 7, 7\}, \{0,0,0\}, \{3, 3, 3\}].$$

(1) 在下述条件下用基于距离的技术找出异常点：

(i) 距离阈值为 4，非邻点样本的阈值部分 p 为 3。

(ii) 距离阈值为 6，非邻点样本的阈值部分 p 为 2。

(2) 描述给每个维单独执行基于均值和方差的异常点检测过程，并解释其结果。

12. 讨论应该用指数移动平均数(EMA)替代移动平均数(MA)的应用情形。

13. 如果数据集含有丢失值，讨论在数据挖掘过程的预处理阶段，对它进行的基本分析和做出的相应决策。

14. 如果要预处理的数据具有 n 维样本，并以平面文件的形式给出，开发一个检测异常点的软件工具。

15. 表 2-6 给出了 7 个二维样本，检查其中是否有异常点，解释并讨论该结果。

表 2-6　二维样本

样本#	X	Y
1	1	3
2	7	1
3	2	4
4	6	3
5	4	2
6	2	2
7	7	2

16. 数据集包含 10 个三维样本{(1, 2, 0), (3 ,1, 4), (2, 1, 5), (0, 1, 6), (2, 4, 3), (4, 4, 2), (5, 2, 1), (7, 7, 7), (0, 0, 0), (3, 3, 3)}，如果距离阈值 d=6，且邻近区的样本数 $p>2$，那么样本 $S4$ = (0,1,6)是异常点吗(注意使用基于距离的异常点检测技术)？

17. 名义数据和有序数据有什么区别？请举例说明。

18. 已知数据集 X={(0, 0), (1, 1), (3, 2), (6, 3), (5, 4), (2, 4)}，如果条件是 X 中至少有 $p\geqslant 3$ 个样本与异常点的距离 d 大于 4，请使用基于距离的异常点检测方法找出该异常点。

19. (1) 推导出在[-1, 1]区间对数据进行最小-最大标准化的公式。

(2) 数据集 X 中标准化后的值是什么？

$$X=\{-5, 11, 26, 57, 61, 75\}$$

20. 六维示例的每个属性用 3 个数字中的一个来描述：{0, 0.5, 1}。

如果存在属性值所有可能组合的样本。

(1) 数据集中有多少个样本？

(2) 六维空间中点之间的预期距离是多少？

21. 把下述属性分类为二元、离散和连续三类，再把它们分类为定性(名义或有序)或定量(间隔或比率)。一些属性可能有多个解释，请简述原因(例如岁数；答案：离散、定量、比率)。

(1) 用 AM 或 PM 表示的时间

(2) 用曝光表测量的亮度

(3) 用人类的辨别力分辨出的亮度

(4) 用 0～360 表示的角度值

(5) 奥林匹克比赛中的金牌、银牌、铜牌

(6) 海拔高度

(7) 医院中的病人数

(8) 图书的 ISBN 号

(9) 用下述值表示的透光率：不透明、半透明、透明

(10) 军衔

(11) 与园区中心的距离

(12) 物质的密度(g/cm^3)

(13) 出席活动时覆盖核对号

22. 与挖掘少量数据(例如数百元组数据集)相比，挖掘大量数据(例如数十亿元组)的主要挑战是什么？

23. 使用两种方法标准化以下数据集：200、300、400、600、1000。

(1) 最小-最大标准化，令 min = 0, max = 1。

(2) 标准差标准化(常作为 z 分数)。

第 3 章

数 据 归 约

本章目标

- 明确基于特征、案例的维归约与值技术归约的区别。
- 解释在数据挖掘过程的预处理阶段中进行数据归约的优点。
- 应用相应的统计方法，理解选择特征和构建特征任务的基本原则。
- 应用和比较基于熵的技术和特征等级主成分分析的方法。
- 理解基本原则并应用 ChiMerge 和基于二进制的技术进行离散值化简。
- 区别基于增量和平均样本的案例中的归约技术。

对于中小型数据集而言，第 2 章提到的数据挖掘准备中的预处理步骤通常足够了。但对于真正意义上的大型数据集，在应用数据挖掘技术之前，还需要执行一个中间的、额外的步骤——数据归约。虽然大型数据集可能得到更佳的挖掘结果，但未必能获得比小型数据集更好的挖掘结果。对于多维数据，一个主要问题是，在所有维度中搜寻所有挖掘方案之前，是否可以确定某方法在已归约数据集的挖掘和发现中发挥得淋漓尽致。更常见的情形是，从一个可用特征或案例的子集中得出一个通解，之后，即使扩大搜索空间，该通解也不会改变。

本步骤中简化数据的主题是维归约，主要问题是在不降低成果质量的前提下，可否舍弃一些已准备和已预处理的数据。数据归约技术还存在另一个问题：能否在适量的时间和空间里检查已准备的数据和已建立的子集？如果数据归约算法的复杂性呈指数级增长，对大型数据进行维归约就得不偿失了。本章将介绍应用于不同数据挖掘问题的基本的、相对有效的维归约技术。

3.1 大型数据集的维度

数据的描述以及特征的挑选、归约或转换可能是决定挖掘方案质量的最重要问题。除了影响到数据挖掘算法的属性之外，它也能确定问题是否可解，或所得到的数据挖掘模型有多强大。大量的特征可使可用的数据样本对挖掘来说相对不够。在实践中，特征数量可达到数百个之多。如果只有上百条样本可用于分析，就需要进行恰当的维归约，以挖掘出可靠的模型或使其具有实用性。另一方面，由高维度引起的数据超负，会使一些数据挖掘算法不可用，唯一的方法是再进行维归约。例如，一个常见的分类任务是根据基因表达图，将较为健康的病人与癌症病人分开。可用于训练和检验的样本通常不超过100个(病历)，但原始数据中的特征数量可达到6 000～60 000。进行某种初始的过滤操作通常会把特征的数量降到几千个，但这仍是一个很庞大的数字，需要进行其他归约操作。预处理数据集的3个主要维度通常表示为平面文件，即列(特征)、行(案例或样本)和特征的值。

因此，数据归约过程的3个基本操作是删除列、删除行、减少列中值的数量(平整特征)。这些操作试图删掉不必要的数据来保留原始数据的特征。减少维度还有其他操作，但是和原始数据集相比，新数据是未被认可的。这里只是简单地介绍这些操作，因为它们高度依赖于应用。一种方法是用一个新合成的特征代替一组初始特征。例如，如果数据集中的样本有两个特征，人的身高和体重，对一些医学领域的应用来讲，可以把这两个特征换成一个——身体素质指标，这个指标与两个初始特征的商成正比。数据的最终归约不会降低结果的质量，在某些应用中，数据挖掘结果甚至得到了改善。

在准备数据挖掘时，要执行标准的数据归约操作(删除行、列和值)，需要了解通过这些活动可以得到和/或失去什么。全面的比较需要分析下述参数：

(1) **计算时间**——数据归约过程后的较简单数据，可减少数据挖掘所消耗的时间。在多数情况下，虽然花在准备阶段的时间越多，效果越好，但花太多的时间在数据预处理阶段，包括数据维度的归约，是难以承受的。

(2) **预测/描述精度**——这是多数数据挖掘模型的主要度量标准，因为它估量了归纳数据并概括为模型的好坏。一般期望数据挖掘算法仅使用相关的特征，就不仅能快速学习，也有较高的精度。非相关数据可能会误导学习过程和最终模型，冗余数据可能使学习任务复杂化，产生意想不到的数据挖掘结果。

(3) **数据挖掘模型的描述**——简单的模型描述通常来自数据归约，这往往意味着模型能得到更好的理解。所导出的模型和其他结果的这种简易性依赖于对模型的描述。因此，如果模型的描述得到了简化，则精度的略微降低是可以接受的。必须在精度和简易性之间进行平衡，维归约就是获得这种平衡的一个机制。

理想情况下，使用维归约既能减少时间，又能提高精度、简化模型的描述。但鱼和熊掌不能兼得，必须根据实际应用来平衡它们。众所周知，不存在可适用于所有应用的数据归约方法。对数据归约方法的选择应基于某一应用的可用知识(相关数据、干扰数据、元数据、关联特征)和最终方案所要求的时间约束。

执行数据归约所有基本操作的算法并不简单，这些算法应用于大型数据集时尤其如此。因此，在详细描述这些算法之前，先列举出希望它们具备的属性。数据归约算法的推荐特性如下，它们是这些技术的设计者设计算法的指导方针。

(1) 可测性——应用已归约的数据集可精确地确定近似结果的质量。

(2) 可识别性——在应用数据挖掘程序之前，在数据归约算法运行期间，很容易确定近似结果的质量。

(3) 单一性——算法往往是迭代的，计算结果的质量是时间和输入数据质量的一个非递减函数。

(4) 一致性——计算结果的质量与计算时间及输入数据质量有关。

(5) 收益递减——方案在计算的早期(迭代)能获得大的改进，但随时间递减。

(6) 可中断性——算法可以随时停止，并给出答案。

(7) 优先权——算法可以暂停并以最小的开销重新开始。

3.2　特征归约

大多数现实中的数据挖掘应用都要处理高维数据，但并非所有特征都很重要。例如，高维数据(即有数百甚至数千个特征的数据集)可能包含许多不相关的干扰信息，显著降低了数据挖掘过程的性能。甚至一流的数据挖掘算法也不能处理大量弱相关特征和冗余特征。这通常归因于“维数灾”或者因为非相关特征降低了信噪比。另外，维数非常高时，许多算法都无法执行。

图像、文本和多媒体等数据在本质上是高维的，这个高数据维度是数据挖掘任务中的一个挑战。研究人员发现，减少数据的维度可以加快计算速度，并确保合理的准确性。由于有许多非相关特征，挖掘算法可能会过度拟合模型。因此，可删除一些特征，而不降低挖掘过程的性能。

数据质量和已归约数据集性能的改善，不仅与干扰数据和污染数据有关(主要在预处理阶段解决此问题)，也与非相关、相关、冗余数据有关。收集具备相应特征的数据通常不仅仅用于数据挖掘。因此，仅处理相关特征可以提高效率。基本上，应选择与数据挖掘应用相关的特征，以获得最佳性能，且测量和处理的工作量最小。特征归约处理的结果应是：

(1) 更少的数据，以便数据挖掘算法能更快地学习。

(2) 更高的数据挖掘处理精度，以便更好地从数据中归纳出模型。

(3) 简单的数据挖掘处理结果，以方便理解和使用。

(4) 更少的特征，以便在下一轮数据收集中，去除冗余或不相关的特征，减少工作量。

首先详细分析可行的列化简技术，此技术根据给定的标准，从数据集中去除一些特征。为了避免维数灾，应把维归约技术作为数据预处理的一个步骤。这个过程可以识别适合于初始数据的低维表达方式，减少维度，可以提高数据分析的计算效率和精确度，还可以改进数据挖掘模型的可理解性。根据学习过程的类型，推荐使用的技术可分为有人监管和无人监管技术。有人监管的算法需要一个带输出类标签信息的训练集，以便学习基于某个条件的低维表达。无人监管的方法把初始数据投射到一个新的低维空间上，但没有使用标签(类)信息。维归约技术可以把已有的特征转换为一组新的归约特征，或者选择已有特征的一个子集。因此，要生成一组归约特征，有以下两个标准任务。

(1) 特征选择——根据应用领域的知识和数据挖掘的目标，分析人员可选择初始数据集中的一个特征子集。特征选择的过程可以手动或通过一些自动化程序进行。

大体而言，特征选择方法应用于 3 个概念框架：过滤模型、封装模型和嵌入方法。这 3 个基本框架并不是把学习算法和特征的评估与选择组合起来。在过滤模型中，特征的选择是一个预处理步骤，不需要优化某个数据挖掘技术的性能。为此，通常使用某个搜索方法进行评估，以选择出能最大化评估效果的特征子集。刚开始时，特征非常多，进行彻底的搜索通常是不可能的。因此，需要使用不同的方法进行各种试探式搜索。封装方法在选择特征时，是封装所选的学习算法，根据数据挖掘技术的学习性能，评估每个候选的特征子集。这种方法的主要缺点是其计算的复杂性。这两种方法的主要特点如图 3-1 所示。最后，嵌入式方法把特征搜索和学习算法组合到一个优化

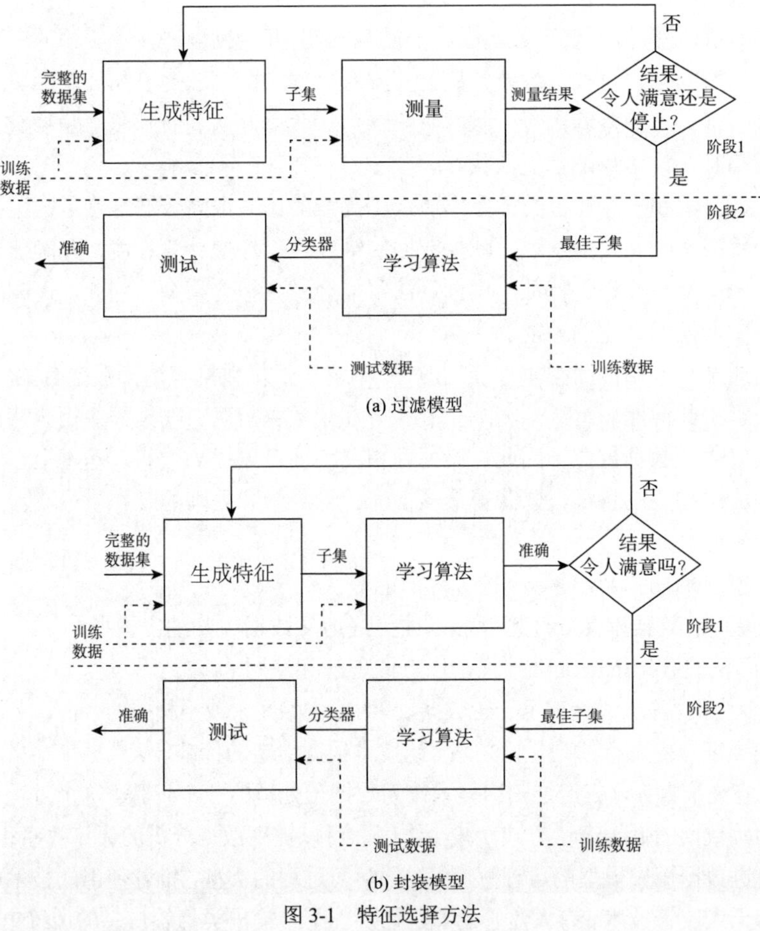

(a) 过滤模型

(b) 封装模型

图 3-1 特征选择方法

的问题表述中。样本和维数非常大时，通常应选择过滤方法，因为该方法的计算效率很高，且不偏向任何学习方法。

(2) 特征提取/转换——一些数据转换对数据挖掘方法的结果有惊人的影响。从这个意义上讲，在数据挖掘结果的质量方面，特征的合成/转换是一个更有决定性的因素。在多数情况下，特征合成依赖于应用的知识，特征合成任务的跨学科方法可使数据准备获得重大的改进。但人们仍常常使用一些通用的技术，如 PCA，取得很大的成功。

如果希望保留特征的原始含义，并确定哪些特征比较重要，特征选择通常好于特征提取/转换。而且，选择了特征后，就只需要计算或收集这些特征；但在基于转换的方法中，仍需所有的输入特征，才能得到归约的维数。

3.2.1 特征选择

在数据挖掘中，特征选择也称为变量选择、特征归约、特性选择或变量子集选择，这个技术会从数据中删除大多数非相关特征和冗余特征，选择出相关特征的一个子集，以建立健壮的学习模型。特征选择的目标有 3 个：提高数据挖掘模型的性能；提供更快、性价比更高的学习过程；有助于更好地理解生成数据的基本过程。特征选择算法一般分为两类：特征排列算法和子集选择算法。特征排列算法根据特定的标准排列所有的特征，去除没有获得足够分数的特征。而子集选择算法会在所有的特征集中搜索最优子集，该子集中的特征是没有排序的。注意，不同的特征选择方法可以得出不同的归约数据集。

在特征排列算法中，特征等级列表是根据特有的评估测量标准来排序的。测量标准基于可用数据的精度、一致性、信息内容、样本之间的距离和特征之间的统计相关性。这些算法没有指出进一步分析的最小特征子集是什么，它们仅指出一个特征较其他特征的相关性。相反，最小子集算法返回一个最小特征子集，子集中的特征之间没有区别——所有特征的等级都是一样的。子集中的特征与挖掘过程相关，其余特征是不相关的。在这两种算法中，都需要建立特征评估方案：该方案会评估特征，然后排列它们，或把特征加到已选的子集中。

特征选择一般可以看成一个搜索问题，搜索空间中的每个状态都指定了可能特征的一个子集。例如，若一个数据集有 3 个特征$\{A_1, A_2, A_3\}$，在特征选择的过程中，特征出现编码为 1，特征不出现则为 0，则共有 2^3 个归约的特征子集，编码为$\{0, 0, 0\}$, $\{1, 0, 0\}$, $\{0, 1, 0\}$, $\{0, 0, 1\}$, $\{1, 1, 0\}$, $\{1, 0, 1\}$, $\{0, 1, 1\}$和$\{1, 1, 1\}$。如果搜索空间很小，特征选择问题就不重要，因为可以任意的顺序分析所有子集，并很快完成搜索。但是，搜索空间往往都不小。当维数为 N 时，搜索空间就是 2^N，而在典型的数据挖掘应用中，N 的值都很大($N>20$)。于是搜索起点和搜索策略相当重要。对所有特征子集进行穷举搜索常常用某个试探式搜索程序代替。根据已知问题，这些程序可以找出接近最优的特征子集，进一步提高了数据挖掘过程的质量。

特征选择的目标是找出特征的一个子集，此子集的数据挖掘性能比得上整个特征集。已知一个特征集 m，可进行列归约的子集数量有限，但对所有样本进行迭代分析，其数量还是相当大。由于实际的原因，最优的搜索并不可行，进行归约是为了得到合理的、可接受的、适时的结果。如果归约任务是生成一个子集，一种可能就是从空集开始，然后从初始的特征集中选择最相关的特征并写入——所谓的自下向上方法。这种方法基于一些试探式的特征评估标准。相反，自上向下方法从原始特征的完整集合开始，然后根据所选的试探式评估尺度，逐个去除不相关的特征。最优方法的其他近似方式有：

(1) 只检查有前景的特征子集——这种子集往往通过试探式方法得出，这为找出有竞争力的特征提供了足够的空间。

(2) 用计算简单的距离度量值替换错误的度量值——这种近似方法减少了计算时间，并给出了令人满意的结果，来比较备选的特征子集。

(3) 只根据大量数据的子集选择特征，但是随后的数据挖掘步骤将应用于整个数据集。

特征选择的应用及数据的维归约可以用于数据挖掘过程的所有阶段，以成功地发现知识。它必须始于数据预处理阶段，但在很多情况下，即使特征选择和归约应用在后期处理中，以更好地评估和巩固所得的结果，它也是数据挖掘算法的一部分。

下面分析有前景的特征子集。特征选择的一种可行技术是基于均值和方差的比较结果。要总结给定特征值的主要分布特点，必须计算均值和相应的方差。这种方法的主要缺点是特征的分布是未知的。如果假定其为正态分布，统计学可以计算出很好的结果，但实际上这个假设可能是毫无价值的。如果不知道分布曲线的形状，均值和方差就只是特征选择的试探式的、不严密的数学建模工具。

通常，如果一个特征描述了不同种类的实体，则可以检查不同种类的样本。用特征的方差对特征的均值进行标准化，然后比较不同种类的标准化值。如果均值相差很大，此特征的重要性就增加，因为它可以区分两类样本。如果均值相差不大，这个特征的重要性就减弱。它是一种试探性的、非优化的特征选择方法，但符合很多将数据挖掘技术应用于特征分类的实际经验。下面是检验公式，其中 A 和 B 是两个不同类的特征值集，n_1 和 n_2 是对应的样本数。

$$\mathrm{SE}(A-B)=\sqrt{\left(\frac{\mathrm{var}(A)}{n_1}+\frac{\mathrm{var}(B)}{n_2}\right)}$$

$$\mathrm{TEST}:\frac{|\mathrm{mean}(A)-\mathrm{mean}(B)|}{\mathrm{SE}(A-B)}>\text{阈值}$$

比较两类特征的均值，而不考虑它们与其余特征的关系。在这种特征选择方法中，假设已知特征独立于其他特征。均值比较适合于分类问题是很自然的。为了达到特征选择的目的，可以把回归问题看成伪分类问题。对 k 个类，可对其进行成对比较，比较每一个类和其补类。如果任一成对比较都很重要，就保留这个特征。

下面通过一个示例来分析这种特征选择方法。表 3-1 给出了一个简单的数据集，它有两个输入特征 X 和 Y，还有一个把样本分成 A、B 两类的附加特征 C。必须决定是否要对特征 X 或 Y 进行归约。假设所用检验阈值为 0.5。

表 3-1 有 3 个特征的数据集

X	Y	C
0.3	0.7	A
0.2	0.9	B
0.6	0.6	A
0.5	0.5	A
0.7	0.7	B
0.4	0.9	B

首先，需要计算这两个类的均值和方差，以及特征 X 和 Y。分析后特征值的子集为：

$X_A = \{0.3, 0.6, 0.5\}, X_B = \{0.2, 0.7, 0.4\}, Y_A = \{0.7, 0.6, 0.5\}, Y_B = \{0.9, 0.7, 0.9\}$

检验结果为：

$$\mathrm{SE}(X_A - X_B) = \sqrt{\left(\frac{\mathrm{var}(X_A)}{n_1} + \frac{\mathrm{var}(X_B)}{n_2}\right)} = \sqrt{\left(\frac{0.0233}{3} + \frac{0.06333}{3}\right)} = 0.1699$$

$$\mathrm{SE}(Y_A - Y_B) = \sqrt{\left(\frac{\mathrm{var}(Y_A)}{n_1} + \frac{\mathrm{var}(Y_B)}{n_2}\right)} = \sqrt{\left(\frac{0.01}{3} + \frac{0.0133}{3}\right)} = 0.0875$$

$$\frac{|\mathrm{mean}(X_A) - \mathrm{mean}(X_B)|}{\mathrm{SE}(X_A - X_B)} = \frac{|0.4667 - 0.4333|}{0.1699} = 0.1961 < 0.5$$

$$\frac{|\mathrm{mean}(Y_A) - \mathrm{mean}(Y_B)|}{\mathrm{SE}(Y_A - Y_B)} = \frac{|0.6 - 0.8333|}{0.0875} = 2.6667 > 0.5$$

分析显示，应选择 X 进行归约，由于它的各均值彼此接近，因此，最终的检验结果在阈值以下。相反，特征 Y 的检验结果远大于阈值，Y 就不需要归约，因为它可能是两类间的区别特征。

基于相关条件的算法展示了特征排列的一个近似方式。先考虑连续结果 y 的预测。皮尔森相关系数定义为：

$$R(i) = \frac{\mathrm{cov}(X_i, Y)}{\sqrt{\mathrm{var}(X_i)\mathrm{var}(Y)}}$$

其中 cov 表示协方差，var 表示变量。对于给定的数据集，若样本的输入是 $x_{k,j}$，输出是 y_k，则 $R(i)$的估值是：

$$R(i) = \frac{\sum_{k=1}^{m}(x_{k,i} - \bar{x}_i)(y_k - \bar{y})}{\sqrt{\sum_{k=1}^{m}(x_{k,i} - \bar{x}_i)^2 \sum_{k=1}^{m}(y_k - \bar{y})^2}}$$

其中顶部有横线的符号表示索引 k 的平均值(整个样本集)。把 $R(i)^2$ 用作变量排序条件，各个变量就会根据线性回归来排序。像 $R(i)^2$ 这样的相关条件只能检测输入特征和目标或输出特征(变量)之间的线性依赖关系。变量排序的一个常见缺陷是它会选择多余的子集。若使用一个较小的补充变量子集，则性能可能是相同的。删除假定多余的变量可能提高性能吗？

实践经验表明，添加假定多余的变量，可以降低噪声，得到更好的模型估值。因此，在预处理分析过程中必须非常小心。完全相关的变量的确是多余的，添加它们不会获得更多的信息。但甚至是高度相关(或逆相关)的变量，也不能保证缺乏变量的互补性。一些样本的特征看起来完全无用，其等级非常低，但与其他特征一起使用时，它们就可以给模型提供重要信息，并改进性能。这些特征本身可能与输出的目标概念毫不相干，但与其他特征一起使用时，它们就与目标特征强相关。如果不小心删除这些特征，模型的性能可能很差。

前面的简单方法逐个检验各个特征。当分别考虑时，一些特征可能是有用的，但是在预测时它们可能会是冗余的。如果对特征进行总体检查而不是单个检查，就可获得它们的特点和彼此关系等额外信息。假设值为正态分布，就可以用一种有效的技术描述特征子集的选择。两个描述符体现了多元正态分布的特点：

(1) M——m 元特征均值向量。

(2) C——均值的协方差矩阵 $m\times m$，其中 $C_{i,i}$ 是特征 i 的方差，$C_{i,j}$ 是每对特征间的关系。

$$C_{i,j}=\frac{1}{n}\sum_{k=1}^{\mathrm{n}}(((v(k,j)-m(i))*(v(k,j)-m(j)))$$

其中 $v(k, i)$和 $v(k, j)$是下标为 i, j 的特征的值，$m(i)$和 $m(j)$是特征均值，n 是维度数。

这两个描述符 M、C 为检测特征集中的冗余提供了一个依据。如果数据集中存在两类特征，则试探式度量值 DM 可以过滤出区分两类的特征，其定义如下。

$$\mathrm{DM}=\left(M_1-M_2\right)\left(C_1+C_2\right)^{-1}\left(M_1-M_2\right)^{\mathrm{T}}$$

其中 M_1 和 C_1 是第一类样本的描述符，M_2 和 C_2 是第二类样本的描述符。假定目标是选出 k 个最好的特征，就必须评估所有从 m 个特征中选出的 k 个特征子集，找出 DM 最大的子集。对有大量特征的大型数据集来说，搜索空间巨大，应该考虑其他试探方法，其中一种方法根据熵度量值来选择和排列特征，详见 3.4 节。其他试探方法基于相互关系、协方差的分析和所有特征的等级，如下所述。

已有的高效特征选择算法在排列特征时，通常假设特征是独立的。在这个框架中，特征主要根据它们各自与输出特征的相关性来排序。因为特征的相互作用是不可归约的，所以这些算法选择不出相互作用的特征。原则上，特征彼此相关有两个原因：(1)这些特征与目标特征强相关，(2)这些特征构成了一个特征子集，该子集与目标强相关。于是人们开发出了试探式方法，在选择过程中分析类型(2)的特征。

在选择过程的第一部分，使用一个以前定义的技术，根据特征与输出的相关值，对特征降序排序。假定一个特征集 *S* 可以分解为子集 *S*1 和 *S*2，*S*1 包含相关的特征，S2 包含不相关的特征。使用试探式方法，先删除 *S*2 中的特征，*S*1 中的特征更可能留在最终选择的特征集中。

在第二部分，从 *S*2 有序特征列表的末端开始，逐个评估每个特征。由单一属性可判定，反向删除搜索策略最适合这个特征选择过程。也就是说，可从整个特征集开始，如果特征的相互关系无助于更好地形成特征与输出的关系，就从有序列表的底部开始，按顺序一次删除一个特征。例如，条件可以基于一个协方差矩阵。如果某个特征与以前选择的特征一起，对输出的影响小于阈值(通过某个协方差矩阵因子来表示)，就删除这个特征；否则就选择该特征。反向删除可以用与其相关的其他特征来评估每个特征。该算法会重复执行，直到检查完 *S*2 中的所有特征为止。

3.2.2 特征提取

数据挖掘技术始于适当数据表达方式的设计。使用从初始输入中导出的特征，常常可以获得更高的性能。建立特征的表达方式，可以将领域知识合并到数据中，这种表达方式可能与具体的应用高度相关。把输入集转换为新的归约特征集称为特征提取。如果所提取的特征是精心选择出来的，新的特征集就可以从输入数据中提取出相关的信息，以便使用这个归约的表达方式来执行期望的数据挖掘任务。

特征转换技术的目标是将数据的维度减少到一个较小的数字，该维度是初始维度的线性或非线性组合。因此，有两种主要的维归约方法：线性和非线性。线性技术会得到 k 个新导出的特征，来替代初始的 p 个特征($k \ll p$)。新特征的组成是初始特征的线性组合：

$$s_i = w_{i,1}\, x_1 + \cdots + w_{i,p} x_p \quad \text{其中}\ i=1,\ldots,k$$

用矩阵表示：

$$s = W x$$

其中 $W_{k\times p}$ 是线性转换加权矩阵。与考虑非线性转换的最新方法相比，这种线性技术更简单，更容易实现。

一般而言，此过程通过合并特征，而不是删除特征，来减少特征维度。这种方法得到一个数量更少、有全新值的新特征集合。一个众所周知的方法是用主成分来合并特征。对特征进行总体的检查、合并，并转换成一个新的特征集，用简化形式保留原有信息。基本转换是线性转换。对已知的 m 个特征，通过简单的加权可将它们转换为一个新特征 F'。

$$F' = \sum_{j=1}^{p} w(j) \cdot f(j)$$

对于复杂的多维数据集，单个权集 $w(j)$的转换很可能是不够的，而必须进行 p 个转换。用加权 w 合并的每个 p 维特征向量称为主成分，它定义了一个新转换的特征。m 加权的第一个权向量是最强的，其余的权向量则依据它们在重构初始数据时的期望作用来排列。去除排在后面的转换就可以降低维度。计算的复杂性随着特征数量的增加而急剧增加。这种算法的主要弱点是事先假定其为线性模型，使特征方差最大化。主成分分析的形式和相应特征选择算法的基本步骤将在 3.4 节给出。

特征提取的其他方法包括因子分析(FA)、独立成分分析(ICA)和多维缩放(MDS)。其中 MDS 最流行，它是最近开发的新技术的基础。已知 p 维空间有 n 个样本，样本之间的距离用 $n \times n$ 矩阵表示，则 MDS 会生成数据项的 k 维($k \ll p$)表示，使新空间中点之间的距离反映初始数据中的距离。在该技术中，可以使用各种距离度量值，这些度量值的主要特点是：两个样本越相似，它们之间的距离就越小。流行的距离度量值包括欧几里得距离($L2$ 范数)、曼哈顿距离($L1$，绝对范数)和最大范数；这些度量值及其应用详见第 9 章。MDS 一般用于把数据转换为二维或三维；把结果可视化地表达出来，可以看出数据中隐藏的结构。确定 k 的最大值时，一个经验法则是确保样本对的数量至少是待估参数的两倍，于是 $p \geqslant k+1$。在数据的平移、旋转和反射方面，MDS 技术的结果是不确定的。

PCA 和度量 MDS 都是线性维归约的简单方法，MDS 的一个替代方法是 FastMap，这是计算效率很高的算法。最近开发出来的另一个变体 Isomap 是非线性维归约的一个强大技术，它主要基于图形。

Isomap 会计算高维数据集的低维表达方式，它忠实地将输入样本对之间的距离保留为测量距离值(测量值详见第 12 章的图形挖掘)。该算法可以理解为 MDS 的一个变体，它把测量距离的估计值替换为标准的欧几里得距离。

这个算法有 3 步：第一步是计算每个输入样本的 k 个距离最近的邻近点，再绘制一个图形，其顶点表示输入样本，用无方向的线条连接 k 个距离最近的临近点。再根据距离最近的邻近点之间的欧几里得距离，给这些线条指定加权值。第二步是根据图中的最短路径，计算所有节点对(i, j)之间的距离。这可以使用著名的 Djikstra 算法[其复杂度是 $O(n^2\log n+n^2k)$]来完成。最后的第三步，把节点对的距离值作为 MDS 的输入，确定一个新的归约特征集。

随着数据规模变得越来越大，所有的特征选择(和归约)方法都面对超量数据的问题，因为计算机的资源有限。但是，在数据挖掘的初始处理过程中，真的需要这么多的数据来选择特征吗？还是只需要较少的数据？大型数据集的一部分就可以很好地代表整个数据集。要点在于哪一部分可以代表整个数据集，这部分应该多大。我们可以不去寻找正确的那一部分，而是随机选择数据集的一个部分 P，用这部分找出满足评估标准的特征子集，再在数据的不同部分检验这个子集。检验结果将会显示任务是否成功完成。如果出现不一致的情况，就必须选择稍微大一点的数据子集来重复此过程。数据子集 P 的初始大小应是多少呢？直观地讲，不能太小也不能太大。解决这个两难问题的一个简单方法是选择一定百分比的数据，比方说 10%。合适的百分比可由实验确定。

特征归约处理的结果是什么？为什么每个特定的应用都需要这样的处理呢？其目的随实际问题而变化，但一般说来，我们希望：

(1) 提高模型生成过程和所得模型的性能(典型标准有学习速度、预测精度和模型的简易程度)。

(2) 通过以下措施，在不降低模型质量的情况下减少模型的维度。

(a) 去除不相关的特征；

(b) 检测、去除冗余的特征和数据；

(c) 识别高度相关的特征；

(d) 提取确定模型的独立特征。

(3) 帮助用户可视化维度更少的可能结果，以改进决策。

3.3　Relief 算法

Relief 算法是一个基于特征加权的特征选择算法，它的灵感来自所谓基于实例的学习。它依赖训练数据集中每个特征的关系评估，在训练数据集中，标记了样本(分类问题)。Relief 算法的要点是为每个特征计算一个等级分数，表示这个特征区分邻近样本的能力。Relief 算法的作者 Kira 和 Rendell 证明，相关特征的等级分数大，而非相关特征的等级分数小。

Relief 算法的核心是根据特征值区分邻近样本的能力来评估特征的质量。已知训练数据集 S，该算法会随机选择大小为 m 的样本子集，其中 m 是一个用户定义的参数。Relief 算法将根据所选的样本子集分析每个特征。对于训练数据集中每个随机选择的样本 X，Relief 算法会搜索它的两个最近的邻近点，一个邻近点与 X 的类别相同，称为最近击点 H(nearest hit H)，另一个邻近点与 X 的类别不同，称为最近闪点 M(nearest miss M)。图 3-2 给出了二维数据的示例。

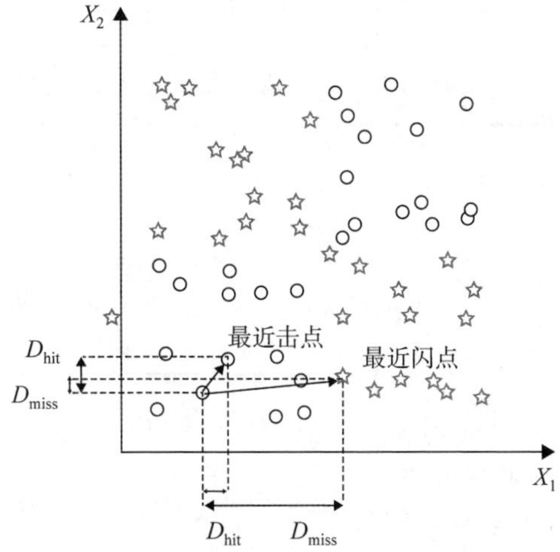

图 3-2　确定最近击点 H 和最近闪点 M 样本

Relief 算法根据样本 X、M 和 H 的特征值之差，更新所有特征 A_i 的质量分数 $W(A_i)$：

$$W_{\text{new}}(A_i)=W_{\text{old}}(A_i)+\frac{\left(-\text{diff}(X(A_i),H(A_i))^2+\text{diff}(X(A_i),M(A_i))^2\right)}{m}$$

对训练数据集中随机选择的样本，该过程重复 m 次，并为每个样本累加分数 $W(A_i)$。最后，Relief 算法使用关系的阈值 τ，检测满足目标分类关系的特征，这些特征的 $W(A_i)\geqslant\tau$。假定每个特征的取值范围是名义值(包括布尔值)或数值(整数或实数)。Relief 算法的主要步骤可以表示为：

初始化：$W(A_j)=0$；$i=1,\ldots,p$(p 是特征的数量)

对于 $i=1\sim m$

从训练数据集 S 中随机选择样本 X。

找出最近击点 H 和最近闪点 M 样本。

对于 $j=1\sim p$

$$W(A_j)=W(A_j)+\frac{\left(-\text{diff}(X(A_j),H(A_j))^2+\text{diff}(X(A_j),M(A_j))^2\right)}{m}$$

结束

结束

输出：$W(A_j)\geqslant\tau$ 的特征子集。

例如，表 3-2 给出了可用的训练集，它有 3 个特征(最后一个是分类决策)和 4 个样本。使用 Relief 算法可以计算出特征 F_1 和 F_2 的分数 W：

$$W(F_1)=0\frac{(+(-1+4)+(-1+9)+(-1+9)+(-1+4))}{4}=5.5$$

$$W(F_2)=0\frac{(+(-1+4)+(-1+1)+(-1+4)+(-1+1))}{4}=1.5$$

表 3-2　应用 Relief 算法的训练数据集

样本	F_1	F_2	类
1	3	4	C_1
2	2	5	C_1
3	6	7	C_2
4	5	6	C_2

在这个示例中，样本数很小，因此使用所有样本($m=n$)估计特征分数。根据以前的结果，特征 F_1 的分类相关性比特征 F_2 高得多。如果指定阈值 $\tau=5$，就可以估计特征 F_2，仅基于特征 F_1 建立分类模型。

Relief 算法比较简单，它完全依赖统计方法。该算法几乎没有使用什么试探法，因此比较高效——其计算的复杂度是 $O(mpn)$。随机选择的训练样本数 m 是一个用户定义的常量，于是时间的复杂度是$O(pn)$，这导致数据集的可伸缩性非常大，其样本数 n 和维度数 p 可以非常大。若 n 非常大，则假定 $m \ll n$。Relief 算法是可以给特征空间很大、样本数很大的实际问题评估特征的几个算法之一。Relief 算法也可以抑制噪点，不受特征相互作用的影响，这对硬数据挖掘应用尤其重要。但 Relief 算法无助于删除冗余特征。只要断定某特征与类概念相关，即使许多特征相互之间是高度相关的，也选择它。

Relief 算法的一个问题是必须选择合适的 τ 值。理论上，可以使用所谓的 Cebysev 不等式来估计 τ：

$$\tau \ll \frac{1}{\sqrt{\alpha m}}$$

上述公式根据α(数据挖掘模型的精度)和 m(训练数据集的大小)来确定 τ。经验表明，相关特征和非相关特征的分数等级刚好相反，因此 τ 很容易通过观察来确定。

Relief 算法还扩展为处理多类别问题，噪点、冗余和丢失的数据。最近，人们还提出了基于特征加权的其他特征选择方法，包括 ReliefF、Simba 和 I-Relief，它们都是基本 Relief 算法的改进。

3.4 特征排列的熵度量

一种基于熵度量的无监督特征选择或排列方法是一个相当简单的技术，但如果特征非常多，其复杂性就会明显增加。其基本前提是所有样本都采用特征值的向量形式来表示，且不对输出样本进行任何分类。此方法基于这样的观测结果：从数据集中去除不相关特征、冗余特征或这两种特征，都不会改变数据集的基本特性。其要点是去除尽可能多的特征，同时保证数据集中样本间的差别水平，就好像没有去掉任何特征一样。其算法基于一个相似性度量 S，它与两个 n 维样本之间的距离 D 成反比。相近样本间的距离 D 比较小(接近于零)，截然不同的样本对之间的距离 D 则比较大(接近于 1)。当特征为数值型时，两个样本之间的相似性度量 S 可定义为：

$$S_{ij} = \mathrm{e}^{-\alpha Dij}$$

其中 D_{ij} 是样本 X_i 和 X_j 间的距离，α 是一个参数，其数学表达式为：

$$\alpha = \frac{-(\ln 0.5)}{D}$$

D 是数据集中样本间的平均距离。因此，α 由数据决定。但在一个成功实现的实际应用中，使用常量 α=0.5。标准化的欧几里得距离值用于计算样本 x_i 和 x_j 间的距离 D_{ij}：

$$D_{ij} = \left[\sum_{k=1}^{n}\left(\frac{(x_{ik} - x_{jk})}{(\max_k - \min_k)}\right)^2\right]^{1/2}$$

其中 n 是维数，$\max_k$ 和 $\min_k$ 是用于第 k 维数据的标准化的最大值和最小值。

并非所有特征都是数值型。名义变量的相似性直接由汉明(Hamming)距离来确定：

$$S_{ij}=\frac{\left(\sum_{k=1}^{n}\left|x_{ik}=x_{jk}\right|\right)}{n}$$

如果 $x_{ik}=x_{jk}$，$\left|x_{ik}=x_{jk}\right|$ 为 1，否则就为 0。变量的总数等于 n。对混合型数据，在应用相似性度量之前，可将数值离散化，并将数值型特征转化为名义特征。图 3-3(a)中的简单数据集示例有 3 类特征，相应的相似性在图 3-3(b)中给出。

样本	F_1	F_2	F_3
R_1	A	X	1
R_2	B	Y	2
R_3	C	Y	2
R_4	B	X	1
R_5	C	Z	3

(a) 有三类特征的数据集

→

	R_1	R_2	R_3	R_4	R_5
R_1		0/3	0/3	2/3	0/3
R_2			2/3	1/3	0/3
R_3				0/3	1/3
R_4					0/3

(b) 样本间的相似性度量分类特征 S_{ij}

图 3-3 相似性度量 S 的表格表述

已知数据集的相似性(距离)分布情况表示 n 维空间中数据的结构和顺序特性。这种结构总是有一定的顺序。数据集的有序程度的变化是将一个特征包含在特征集内还是排除在外的主要标准，这些变化可通过熵来度量。

根据信息论，熵是一个全局度量，有序结构的熵较小，无序结构的熵较大。上述技术比较已知数据集在特征移除前后的熵。如果两个熵相近，归约后的特征集就相当接近原始集。对于包含 N 个样本的数据集，熵为：

$$E=-\sum_{i=1}^{N-1}\sum_{j=i+1}^{N}(S_{ij}\times\log S_{ij}+(1-S_{ij})\times\log(1-S_{ij}))$$

其中 S_{ij} 是样本 x_i 和 x_j 的相似性。在每次迭代中，熵都计算为决定特征等级的依据。排列特征时，需要逐步去除最不重要的特征，并保持数据结构的有序性。该算法的步骤基于逆序排列，并已经在几个实际应用中成功地通过了检验。

(1) 从初始的特征全集 F 开始。

(2) 对每个特征 $f\in F$，从 F 中去除一个特征 f，得到一个子集 F_f。找出 F 的熵和所有 F_f 的熵之差。在如图 3-2 所示的示例中，比较(E_F-E_{F-F1})、(E_F-E_{F-F2})和(E_F-E_{F-F3})之间的差值。

(3) 选择特征 f_k，使 F 的熵和 F_{fk} 的熵之差最小。

(4) 更新特征集$F=F-\{f_k\}$，其中“-”是集合的减操作。在本例中，如果差值(E_F-E_{F-F1})最小，那么化简后的特征集为$\{F_2, F_3\}$。F_1 排到了末尾。

(5) 重复步骤(2)～(4)，直到 F 中只有一个特征为止。

排序过程可在任何迭代中停止，并可用步骤(4)中提到的附加标准将其转换为特征选择过程。这个标准就是 F 的熵和 E_f 的熵之差必须小于已规定的阈值，才能从集合 F

中删除 f_k。计算复杂性是这种算法的主要缺点，但并行处理可以克服按顺序处理大型数据集和大量特征时出现的这一问题。

3.5　主成分分析

最流行的大型数据集维归约的统计方法是Karhunen-Loeve(K-L)，也称为主成分分析(PCA)。在不同领域，PCA 也称为奇异值分解(SVD)、Hotelling 转换和经验正交函数(EOF)方法。PCA 方法是将以向量样本表示的初始数据集转换为一个带有导出维度的新向量样本集。转换的目标是将不同样本中的信息集中在少量维度中。实际应用表明，就均值平方误差而言，PCA 是最佳的线性维归约技术；但就特征的协方差矩阵而言，PCA 是第二流的方法。实际上，PCA 的目标是找出初始特征的几个方差最大的正交线性组合，以减少数据的维度。因为方差依赖于变量的取值范围，所以习惯上先标准化每个变量，使它们的均值为 0，标准偏差为 1。标准化后，测量单位不同的初始变量就都使用可比较的测量单位了。

其基本概念可正式描述如下：n 维向量样本集 $X=\{x_1, x_2, x_3, \ldots, x_m\}$应转换成另一个相同维度的集 $Y=\{y_1, y_2, \ldots, y_m\}$，但是 Y 的一个属性把大部分信息内容存储在前几维中，以减小数据集的维度，而信息损失很少。

这种转换假设，高信息等于高方差。因此，如果想把一组输入维度 X 归约为只有一个维度 Y，应该通过矩阵计算将 X 转化为 Y。

$$Y=A\cdot X$$

选择 A，使 Y 对已知数据集的方差最大。在此转换中获得一维的 Y 称为第一主成分。第一主成分是最大方差方向的轴。它使数据点之间的距离平方和最小，也使它们在成分轴上的投影最小。如图 3-4 所示，二维空间转化成一维空间，数据集在该一维空间中的方差最大。

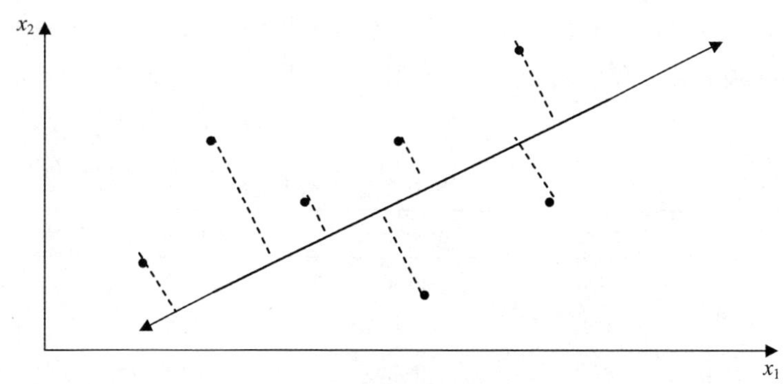

图 3-4　第一主成分是在最大方差方向上的轴

实际上，矩阵 A 不可能直接确定，因此特征转换的第一步是计算协方差矩阵 S。

矩阵 S 定义为：

$$S_{n\times n}=\frac{1}{(n-1)}\left[\sum_{j=1}^{n}(x_j-x')^{\mathrm{T}}(x_j-x')\right]$$

其中 $x'=\frac{1}{n}\sum_{j=1}^{n}x_j$ 。

下一步应计算已知数据的协方差矩阵 S 的特征值。最后，S 中与 m 个最大特征值对应的 m 个特征向量定义了 n 维空间向 m 维空间的线性转换。在转换后的 m 维空间中，特征彼此之间是不相关的。为了指定主成分，还需要解释一下矩阵 S 中的一些符号。

(1) $S_{n\times n}$ 的特征值是 $\lambda_1,\lambda_2,...,\lambda_n$，其中：$\lambda_1\geqslant\lambda_2\geqslant...\geqslant\lambda_n\geqslant 0$。

(2) 特征向量 $e_1,e_2,...,e_n$ 对应特征值 $\lambda_1,\lambda_2,...,\lambda_n$，它们称为主轴。

主轴是 n 维空间在转换后的新轴，新变量是互不相关的，第 i 个成分的方差等于第 i 个特征值。因为 λ_i 的值经过排序，所以数据集的大多数信息都集中在少数主成分中。可问题是需要多少个主成分才能很好地描述数据？换句话说，数据集的有效维度是多少？回答这一问题的最简单方法是分析方差的比例。用前 m 个特征值之和除以所有方差(特征值)之和，得到一个基于前 m 个主成分的质量表述值。该结果值以百分数形式表示，比如，如果投影超过方差总和的 90%，就是合适的。下面的方式可以更正式地表示比率。特征选择的标准是根据 S 的 m 个最大特征值之和与 S 的交点的比率。它是保留在 m 维空间中的方差的一部分。如果特征值标记为 $\lambda_1\geqslant\lambda_2\geqslant...\geqslant\lambda_n$，比率可写成：

$$R=\frac{\left(\sum_{i=1}^{m}\lambda_i\right)}{\left(\sum_{i=1}^{n}\lambda_i\right)}$$

当比率 R 足够大时(大于阈值)，包含 m 个特征的子集的所有分析都是 n 维空间的合适的初步估计。这种方法的计算开销不大，但需要用协方差矩阵 S 描述数据的特性。

下面利用文献中的一个示例来说明主成分分析的优点。初始数据集是著名的艾里斯(Iris)数据，可在 Internet 上找到，并用于数据挖掘实验。这个数据集有 4 个特征，因此每个样本都是一个四维向量。对所有值标准化后，由艾里斯数据计算出的相关矩阵见表 3-3。

表 3-3 艾里斯数据的相关矩阵

	Feature 1	Feature 2	Feature 3	Feature 4
Feature 1	1.0000	−0.1094	0.8718	0.8180
Feature 2	−0.1094	1.0000	−0.4205	−0.3565
Feature 3	0.8718	−0.4205	1.0000	0.9628
Feature 4	0.8180	−0.3565	0.9628	1.0000

在相关矩阵的基础上，直接计算特征值(实际上，往往用一个标准统计包来计算)。

艾里斯数据的最终结果见表 3-4。

表 3-4　艾里斯数据的特征值

特征	特征值
Feature 1	2.91082
Feature 2	0.92122
Feature 3	0.14735
Feature 4	0.02061

设定阈值 R^*=0.95 后，选择前两个特征作为进一步数据挖掘分析的特征子集。这是因为：

$$R = \frac{(2.910\,82 + 0.921\,22)}{(2.910\,82 + 0.921\,22 + 0.147\,35 + 0.020\,61)} = 0.958 > 0.95$$

对于艾里斯数据来讲，前两个主成分充分地描述了数据集的特性。第 3 个和第 4 个成分的特征值较小，因此它们包含的方差也很小，对数据集的信息内容的影响也最小。另一个分析显示，在艾里斯数据的归约特征集上，应用不同的数据挖掘技术，模型有相同的质量(有时结果甚至优于用初始特征得到的结果)。

主成分有时难以解释。尽管它们在构建为初始特征的线性组合时是不相关的特征，且具备需要的属性，但它们不一定对应有意义的物理量。在一些情况下，这个领域的科学家对这种解释能力的丧失并不满意，因此他们会选择其他方法，通常是特征选择技术。

3.6　值归约

减少已知特征的离散值数目是基于数据归约阶段的第二套技术，即特征离散化技术。特征离散化技术是将连续型特征的值离散为少量的区间，每个区间映射到一个离散符号。这种技术的好处在于简化了数据的描述，数据和数据挖掘的最终结果易于理解。多数数据挖掘技术也可应用于离散特征值。“旧式”的离散化是根据以前的特征知识手动进行的。例如，根据常识或人口普查结果，在数据挖掘过程开始时，人的年龄指定为连续型变量(0～150)，它们可以分成几段：儿童、青少年、成人、中年、老年。分割点是主观定义的(见图 3-5)。这种归约处理存在两个主要的问题：

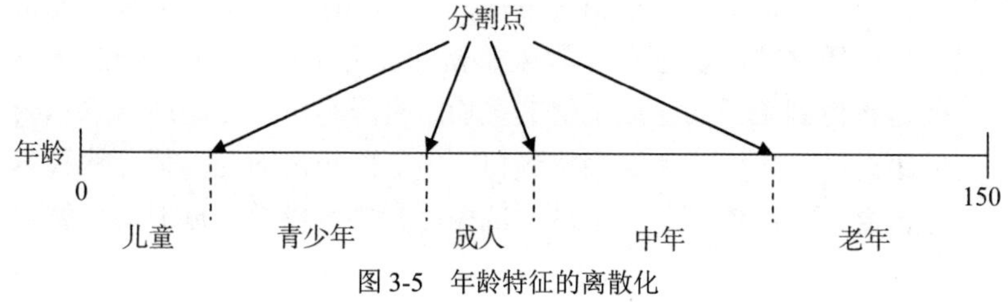

图 3-5　年龄特征的离散化

(1) 什么是分割点？

(2) 如何选择区间表述？

如果没有任何关于特征的知识，离散化是非常困难的，在很多情况下是比较武断的。特征值的归约对实际的数据挖掘应用通常是无害的，并可显著降低计算的复杂性。因此，下面两节将介绍几种自动化的离散技术。

在数据集(特征值集合)一列中，不同值的数量可以计算出来。如果这个数量可减少，许多数据挖掘方法，尤其是第 6 章介绍的基于逻辑的方法，就可以提高数据分析的质量。通过平整特征值来减少值的数量并不需要复杂算法，因为每个特征在平整时都独立于其他特征，并且这个过程只执行一次，没有反复。

假设特征有一列数字值，这些值可以用标准的大于小于运算符从小到大进行排序。就可以自然地引入“将这些值进行分箱”的概念——将相近的值分组。这些箱里面的元素数目很接近。再合成一个箱中的所有值，用一个值来表述——通常是箱中值的均值或中位数。箱数中等或较大时，均值或众数是有效的。箱数较小时，每个箱子的最接近的边界可作为该箱子的代表。

例如，如果已知特征 f 的值集是{3, 2, 1, 5, 4, 3, 1, 7, 5, 3}，那么排序后这些值组成一个有序集合，如下所示。

$$\{1, 1, 2, 3, 3, 3, 4, 5, 5, 7\}$$

现在可以把整个值集分为 3 个箱子，每个箱子中的元素数目接近。

$$\underset{BIN_1}{\{1, 1, 2,} \qquad \underset{BIN_2}{3, 3, 3,} \qquad \underset{BIN_3}{4, 5, 5, 7\}}$$

下一步，从每个箱子中选出不同的代表。如果根据箱子众数进行了平整，每个箱子的新值集是：

$$\underset{BIN_1}{\{1, 1, 1,} \qquad \underset{BIN_2}{3, 3, 3,} \qquad \underset{BIN_3}{5, 5, 5, 5\}}$$

如果根据均值进行了平整，归约后的值集的新分布是：

$$\underset{BIN_1}{\{1.33, 1.33, 1.33,} \qquad \underset{BIN_2}{3, 3, 3,} \qquad \underset{BIN_3}{5.25, 5.25, 5.25, 5.25\}}$$

最后，如果一个箱中的所有值都用其最接近的边界值替代，新集为：

$$\underset{BIN_1}{\{1, 1, 2,} \qquad \underset{BIN_2}{3, 3, 3,} \qquad \underset{BIN_3}{4, 4, 4, 7\}}$$

这种方法的一个主要问题是给箱子找出最好的分割点。理论上，确定分割点时不能不考虑其他特征。在很多数据挖掘应用中，每个特征的试探性决策独立地给出了合适的结果。值归约问题可表述为选择 k 个箱的优化问题：给出箱的数量 k，分配箱中的值，使这些值到箱子均值或中值的平均距离最小。该距离通常表示为这些值到箱子均值的距离的平方，或者这些值到箱子中值的距离的绝对值。这种算法的计算过程可能非常复杂，而使用一个改进的试探性程序可以得出近似最优解。此程序包括以下步骤：

(1) 对已知特征的所有值排序。

(2) 给每个箱指定有序的相邻值(v_i)的个数，使这些个数大致相等，箱子数目已提前给出。

(3) 当减少全局距离误差(ER)(从每个 v_i 到其指定箱子的均值或众数的距离之和)时，把边界元素 v_i 从一个箱移到下一个(或上一个)箱中。

下面的简单示例是一个特征离散化的动态箱程序。特征 f 的值集是{5, 1, 8, 2, 2, 9, 2, 1, 8, 6}，把它们分成 3 个箱(k=3)，用箱子的众数代表每个箱子。算法的第一次迭代计算为：

(1) 把特征 f 的值集排序为{1, 1, 2, 2, 2, 5, 6, 8, 8, 9}

(2) 初始箱(k=3)为

$$\underbrace{\{1, 1, 2,}_{BIN_1} \quad \underbrace{2, 2, 5,}_{BIN_2} \quad \underbrace{6, 8, 8, 9\}}_{BIN_3}$$

(3) (i)3 个所选箱子的众数是{1, 2, 8}，进行初始分布后，用众数的绝对距离计算总误差，如下所示。

$$ER=0+0+1+0+0+3+2+0+0+1=7$$

(4) (iv)在接下来的 3 次迭代中，把两个元素从 BIN_2 移到 BIN_1，一个元素从 BIN_3 移到 BIN_2，得到的 ER 越来越小，元素的最终分布如下。

$$f=\{1, 1, 2, 2, 2 \quad 5, 6 \quad 8, 8, 9\}$$

$$\text{最终箱} \Rightarrow \quad BIN_1 \quad BIN_2 \quad BIN_3$$

相应的众数为{2, 5, 8}，总计最小误差 ER 为 4。箱之间的其他元素移动都会引起 ER 值的增长。以中位数表述的最终分布就是该值归约问题的解。

另一个平整特征值的非常简单的方法是通过舍入操作取得近似值。舍入对人类而言是一种自然操作，对计算机来说也是自然操作，它只涉及很少的操作。首先，在舍入之前，把小数转换成整数。舍入以后用同一个常量除这些数。这些步骤可用下述应用于特征值 X 的计算来正式描述。

(1) 整除：$Y=\text{int}(X/10^k)$

(2) 舍入：若 $(\text{mod}(X,10^k) \geqslant (10^k/2))$, 则 $Y = Y+1$

(3) 整乘： $X = Y \times 10^k$

其中 k 是从最右边起要舍入的位数。例如，如果 k=1，数字 1 453 舍入为 1 450；如果 k=2，舍入为 1 500；如果 k=3，舍入为 1 000。

假定把一个特征的大量值作为程序的输入参数，这种简单的舍入算法可以重复应用，以归约大型数据集中的值。首先，对特征的值排序，以便舍入后可以计算出不同值的数量。从 k=1 开始，对所有的值进行舍入，并计算不同值的数量。在下次迭代中增大参数 k 的值，直到有序列表中的值的数量归约到小于许可的最大值，现实应用中的最大值一般为 50～100。

3.7 特征离散化：ChiMerge 技术

ChiMerge是一种自动化的离散算法，它使用χ^2统计来分析已知特征的多个区间的质量。此算法根据输出样本的分类来确定两个相邻区间中的数据分布的相似性。如果χ^2的检验结果是输出类独立于特征的区间，就应该合并区间，否则就表示区间之间的统计差别很大，不能合并。

ChiMerge 离散算法包括 3 个基本步骤：

(1) 对已知特征的数据进行升序排列。

(2) 定义初始区间，使特征的每个值都在一个单独的区间内。

(3) 重复进行，直到任何两个相邻区间的χ^2都不小于阈值。

在每次合并后，计算剩余区间的χ^2检验值，找出具有χ^2值的两个相邻特征。如果计算出的χ^2比阈值小，就合并这两个区间。如果合并不可行，并且区间的数目远大于用户定义的最大值，就增大阈值。

在确定两个相邻区间的独立性的方法中，使用χ^2检验或列联表检验。数据在列联表(表 3-5 中给出的形式)中汇总时，χ^2检验值由以下公式给出。

$$\chi^2 = \sum_{i=1}^{2}\sum_{j=1}^{k}\frac{\left(A_{ij} - E_{ij}\right)^2}{E_{ij}}$$

其中

k=分类个数

A_{ij}=第 i 个区间第 j 类的实例数量

E_{ij}=A_{ij} 的期望频数，由$(R_i \times C_j)$/N 计算可得

R_i =第 i 个区间中的实例数 $\sum A_{ij}$ ，$j = 1, ..., k$

C_j =第 j 类中的实例数=$\sum A_{ij}$ ，$i = 1, 2$

N=总实例数=$\sum R_i, i = 1, 2$

如果列联表中的 R_i 或 C_j 为 0，E_{ij} 应设为一个较小值，如 E_{ij}=0.1。进行这个修改的原因是避免检验数的分母太小，例如已知数据集的 χ^2 检验的自由度比类数少 1。当必须离散化一个以上的特征时，应该为每个特征单独定义最大区间数的阈值和 χ^2 检验的置信区间。如果区间数超过了最大值，就减小置信度，然后继续 ChiMerge 算法。

对分类个数为 2(k=2)的分类问题，表 3-5 给出了 2×2 的列联表，其中分析了两个区间的合并。A_{11} 代表第一个区间中属于第一类的样本数，A_{12} 是第一个区间中属于第二类的样本数。A_{21} 是第二个区间中属于第一类的样本数，A_{22} 是第二个区间中属于第二类的样本数。

表 3-5　2×2 分类数据的列联表

	Class1	Class2	$\sum$
Interval-1	A_{11}	A_{12}	R_1
Interval-2	A_{21}	A_{22}	R_2
$\sum$	C_1	C_2	N

下面用一个比较简单的示例来分析 ChiMerge 算法，其中数据库由 12 个二维样本组成，只有一个连续性特征(F)和一个输出分类特征(K)。特征 K 的两个值 1 和 2 分别代表样本所属的两个类。初始数据集按连续性数值特征 F 进行了排序，如表 3-6 所示。

表 3-6　按连续性特征 F 排序的数据表及相应分类 K

样本	F	K
1	1	1
2	3	2
3	7	1
4	8	1
5	9	1
6	11	2
7	23	2
8	37	1
9	39	2
10	45	1
11	46	1
12	59	1

开始离散算法时，可以先在排好序的 F 上给区间选择最小的 χ^2 值。在已知的数据中定义一个中间值作为区间分割点。对本例来讲，特征 F 的区间分割点是 0, 2, 5, 7.5, 8.5, 10, 17, 30, 38, 42, 45.5 以及 52.5。根据这种区间分布，分析所有的相邻区间，试图找出最小的 χ^2 检测值。本例中，区间[7.5, 8.5]和[8.5, 10]的 χ^2 最小。这两个区间都只有一个样本，它们都属于 K=1 类。初始的列联表见表 3-7。

表 3-7　区间[7.5,8.5]和[8.5,10]的列联表

	K=1	K=2	$\sum$
区间[7.5, 8.5]	A_{11}=1	A_{12}=0	R_1=1
区间[8.5, 10]	A_{21}=1	A_{22}=0	R_2=1
$\sum$	C_1=2	C_2=0	N=2

根据表中的值，可计算出期望值。

$$E_{11}=\frac{2}{2}=1$$

$$E_{12}=\frac{0}{2}\approx 0.1$$

$$E_{21}=\frac{2}{2}=1\text{和}$$

$$E_{22}=\frac{0}{2}\approx 0.1$$

相应的χ^2检验值为：

$$\chi^2=\frac{(1-1)^2}{1}+\frac{(0-0.1)^2}{0.1}+\frac{(1-1)^2}{1}+\frac{(0-0.1)^2}{0.1}=0.2$$

对自由度 $d=1$，$\chi^2=0.2<2.706$(α=0.1 的 α 平方分布表的阈值)，于是可以断定，相关类的频数间没有太大差别，可将所选区间合并。合并过程仅在一次迭代中应用于χ^2最小且χ^2小于阈值的两个相邻区间。迭代过程将继续处理χ^2最小的另外两个相邻区间。在合并过程中，分析区间[0, 7.5]和[7.5, 10]时，会添加一个步骤。列联表如表3-8所示，期望值为：

$$E_{11}=\frac{12}{5}=2.4$$

$$E_{12}=\frac{3}{5}=0.6$$

$$E_{21}=\frac{8}{5}=1.6$$

$$E_{22}=\frac{2}{5}=0.4$$

χ^2检验值为：

$$\chi^2=\frac{(2-2.4)^2}{2.4}+\frac{(1-0.6)^2}{0.6}+\frac{(2-1.6)^2}{1.6}+\frac{(0-0.4)^2}{0.4}=0.834$$

所选区间应该合并为一个，因为对于自由度 $d=1$，$\chi^2=0.834<2.706(\alpha=0.1)$。本例中，$\chi^2$的阈值已知，算法将数据最终离散化为3个区间：[0, 10]、[10, 42]和[42, 60]，其中60假定为特征 F 的最大值。这些区间可以赋予编码值1、2、3或描述性语言值低、中、高。

表 3-8 区间[0, 7.5]和[7.5, 10]的列联表

	K=1	K=2	$\sum$
区间[0,7.5]	A_{11}=2	A_{12}=1	R_1=3
区间[7.5,10]	A_{21}=2	A_{22}=0	R_2=2
$\sum$	C_1=4	C_2=1	N=5

再进行合并是不可行的，因为χ^2检验显示，区间之间的差别很大。例如，如果

试图合并[0, 10]和[10, 42]——表 3-9 给出了列联表——检验结果将是 $E_{11}=2.78$，$E_{12}=2.22$，$E_{21}=2.22$，$E_{22}=1.78$，$\chi^2=2.72>2.706$，则结论是两个区间之间存在较大的区别，合并是不可取的。

表 3-9 区间[0, 10]和[10, 42]的列联表

	K=1	K=2	$\sum$
区间[0,10.0]	$A_{11}=4$	$A_{12}=1$	$R_1=5$
区间[10.0,42.0]	$A_{21}=1$	$A_{22}=3$	$R_2=4$
$\sum$	$C_1=5$	$C_2=4$	$N=9$

3.8 案例归约

如果数据挖掘者没有直接参与数据收集过程，数据挖掘就可以看成二次数据分析。这个事实有时可以解释为什么原始数据的质量很低。数据挖掘过程是寻找未预料的或无法预料的因素，它与收集数据和选择初始样本集的最优方法没有联系；样本都是已知的，通常数目很大，质量或高或低，或者有或者没有关于实际问题的先验知识。

初始数据集中最大和最重要的维度是案例或样本的数目，换句话说，就是数据表中的行数。案例归约是数据归约中最复杂的任务。在预处理阶段，数据集已经消除了异常点，有时还去除了有丢失值的样本，有了案例归约的基础。但主要的归约处理还未进行。如果在准备好的数据集中，样本数可通过所选的数据挖掘技术来管理，进行案例归约就没有技术上或理论上的理由。但是，现实世界的数据挖掘应用有几百万个可用的样本，情况就不是这样了。

下面介绍在数据分析中出现的两种取样过程。第一，有时数据集只是来自较大的、未知总体的一个样本，取样是数据收集过程的一部分。数据挖掘对这类取样没有兴趣。第二，数据挖掘的另一个特点是，初始数据集描述了一个极大的总体，对数据的分析只基于样本的一个子集。获得数据的子集后，用它提供整个数据集的一些信息。这个子集通常称为估计量，它的质量取决于所选子集中的元素。取样过程总会造成取样误差。取样误差对所有的方法和策略来讲都是固有的、不可避免的。当子集的规模变大时，取样误差一般会降低。完整的数据集在理论上是不存在取样误差的。与针对整个数据集的数据挖掘相比，实际取样过程具有以下一个或多个优点：降低成本、速度更快、范围更广，有时甚至能获得更高的精度。至今还没有哪个已知的取样方法可以确保子集的估计值和整个数据集的特性相等。依靠取样几乎总会有得到错误结果的风险。取样理论和选择正确的取样方法可降低这种风险，但不能消除它。

从数据集中选出一个有代表性的样本子集有各种各样的方法。要确定适当的子集大小，需要考虑计算成本、存储要求、估计量的精度、算法和数据的其他特性等因素。通常，子集的大小要满足如下条件：使整个数据集的估计误差不超过样本已规定的误

差限 δ。要解决这个问题，设样本子集的大小为 n，对已知值 ε(置信限)和 δ($1-\delta$ 是置信水平)，建立概率不等式 $P(|e-e_0| \geqslant \varepsilon) \leqslant \delta$。参数 e 代表子集的一个估计，它通常是子集大小 n 的函数，e_0 代表从完整数据集中获得的真实值。但是 e_0 常常是未知的。在这种情况下，要确定数据子集所需的大小，一种实用的方法是：第一步选择一个样本容量为 m 的小预备子集。观察这个数据子集，并将观测结果用于估计 e_0。将不等式中的 e_0 替换掉后，再解决 n 的问题。如果 $n \geqslant m$，就将另外 $n-m$ 个样本选入最后的子集，进行分析。如果 $n \leqslant m$，没有多余的样本可选择，预备数据子集就作为最后的子集。

在数据挖掘中，取样方法的一种分类方式是根据取样方法的应用范围来分类。主要的类别有：

(1) 普通用途的取样方法

(2) 特殊领域的取样方法

本文只介绍属于第一类的一些技术，因为它们不需要应用领域的专门知识，可用于各种数据挖掘应用。

系统化取样是最简单的取样技术。例如，如果想从一个数据集中选择50%的样本，就可以每隔一个地选取数据库中的样本。这种方法对许多应用都适合，也是许多数据挖掘工具的一部分。但是，当数据库中存在某些规则时，它也能导致不可预知的问题。因此，数据挖掘者在应用这种取样技术时必须非常小心。

随机取样是一种初始数据集中的每个样本都有相同机会入选子集的方法。这种方法有两种变式：不回放随机取样和回放随机取样。不回放随机取样是一种比较流行的技术，它从初始数据集的 N 个初始样本中无重复地(一个样本不能出现两次)选出 n 个不同的样本。这种方法的优点在于算法简单、选择时不存在偏见。在回放随机取样中，从数据集中选择样本时，所有的样本都有同样的机会被选中，而不管它们是否已经被选过了，也就是说，任何样本都可选中多次。在数据挖掘过程中，随机取样不是一次性的，而是一个反复的过程，可产生几个随机选择的样本子集。随机取样过程的两种基本形式如下：

(1) **增量取样**——在现实应用中，挖掘逐步增大的随机样本子集有助于发现误差和复杂性的趋势。经验显示，在检查了一定百分率的可用样本后，方案的性能会迅速稳定下来。案例归约的一个主要方法是，对逐步增大的随机子集进行数据挖掘处理，然后观察其性能走向，如果性能没有提高就停止。子集的逐步增大应该取一个大的增量，才能获得期望的性能提高量。子集的典型递增模式可以是10%、20%、33%、50%、67%和100%。这些百分比都是合理的，但可以根据应用的相关知识和数据集中的样本数量进行调整。最小的子集也应比较大，一般不少于1 000个样本。

(2) **平均取样**——对在很多随机样本子集上建立起来的方案进行均化或表决，组合出来的方案就和在完整数据集上建立起来的单个方案一样好，甚至更好。此方法的代价是需要在较小的样本子集上重复数据挖掘过程，此外，还需要定义一个试探性标准，来比较在不同数据子集上建立起来的几个方案。通常，方案间的表决过程应用于分类问题(如果 3 个方案是类 1，1 个方案是类 2，则最后的表决方案是类 1)和回归问题的均化(如果第一个方案是 6，第二个是 6.5，第三个是 6.7，最后的均化方案为 6.4)。用这种方法表述和分析新样本时，每个方案都应给出一个答案，再用指定的试探法比较和集成这些方案，获得最终的结果。

另外两种技术是分层取样和逆取样，它们可能适宜于某些数据挖掘应用。分层取样技术将整个数据集分割为不相交的子集或层，层的取样都彼此独立。把来自不同层的所有小子集组合起来，就形成了最终的总数据样本子集，以进行分析。当层相对均匀，且总体估计方差小于简单随机样本的方差时，可选用这种技术。当数据集中的一个特征出现概率极小，且即使很大的样本子集也不能为特征值的估计提供足够信息时，可选用逆取样技术。此时，取样是动态的。它从最小的样本子集开始取样，直到满足特征值的必需数量的条件为止。

对一些特殊类型的问题，还有一些技术有助于减少案例的数量。例如，时间相关数据的样本数由取样频数确定。取样周期根据应用的相关知识确定。如果取样周期太短，很多样本都会重复，案例之间的变化也很小。对一些应用而言，增加取样周期没有任何损害，甚至有利于得出良好的数据挖掘方案。因此，对时间序列数据，取样和测量特征的窗口应当进行优化，这需要用有效数据进行额外的准备和实验。

3.9　复习题

1. 在数据挖掘的预处理阶段，我们从大型数据集的维归约中得到了什么？失去了什么？

2. 用零售业的一个典型的数据挖掘应用解释数据归约算法的单调性和可中断性。

3. 已知数据集 X 有 3 个输入特征和一个输出特征，来描述样本的分类，如表 3-10 所示：

(1) 用均值和方差的对比对特征排序。

(2) 用 Relief 算法对特征排序。给算法使用所有的样本(m=7)。

表 3-10　有 3 个输入特征和 1 个输出特征的数据集

X:	I_1	I_2	I_3	O
	2.5	1.6	5.9	0
	7.2	4.3	2.1	1
	3.4	5.8	1.6	1
	5.6	3.6	6.8	0
	4.8	7.2	3.1	1
	8.1	4.9	8.3	0
	6.3	4.8	2.4	1

4. 已知四维样本的前两维是数值型，后两维是分类型，如表 3-11 所示。

(1) 使用一种基于熵度量的无监督特征选择方法减少该数据集的维度。

(2) 使用 Relief 算法减少该数据集的维度，假定 *X*4 是输出(分类)特征。

表 3-11 四维样本表

X_1	X_2	X_3	X_4
2.7	3.4	1	*A*
3.1	6.2	2	*A*
4.5	2.8	1	*B*
5.3	5.8	2	*B*
6.6	3.1	1	*A*
5.0	4.1	2	*B*

5. (1) 用最佳分割点对下面的问题进行值的分箱归约：

(i) 题 3 中的特征 I_3 用均值作为两个箱的代表。

(ii) 题 4 中的特征 X_2 用最邻近的边界值作为两个箱的代表。

(2) 应用舍入近似值归约题 3 和题 4 中数值属性的值，讨论其可能性。

6. 应用 ChiMerge 技术减少题 3 中数值属性的值数量。

(1) 减少特征 I_1 中数值型值的数目，得出最终的化简后的区间数。

(2) 减少特征 I_2 中数值型值的数目，得出最终的化简后的区间数。

(3) 减少特征 I_3 中数值型值的数目，得出最终的化简后的区间数。

(4) 讨论(a)、(b)和(c)中所得的维归约结果和优点。

7. 解释用随机样本减少大型数据集的维度时，均化和表决组合方案之间的区别。

8. 如何将增量取样方法和平均取样方法组合在一起，在大型数据集中进行案例归约？

9. 开发一种基于均值和方差的特征排序软件工具，输入数据集用带有几个特征的平面文件表述。

10. 开发一种用熵度量进行特征排序的软件工具，输入数据集用带有几个特征的平面文件表述。

11. 在平面输入文件中用 ChiMerge 算法实现所选特征的自动离散化。

12. 已知数据集 $F = \{4, 2, 1, 6, 4, 3, 1, 7, 2, 2\}$，用最佳分割点进行两次值的分箱归约。箱的初始数量是 3。求箱最终的中间值是多少？总的最小误差是多少？

13. 假设有 100 个互不相同的值，用 10 个箱对这些值进行等宽度离散化。

(1) 一个箱中可能出现的最大记录数是多少？

(2) 一个箱中可能出现的最小记录数是多少？

(3) 如果对 10 个箱使用等高度离散化，则一个箱中可能出现的最大记录数是多少？

(4) 如果对 10 个箱使用等高度离散化，则一个箱中可能出现的最小记录数是多少？

(5) 现在假定最大的值频率是 20，则在等宽度离散化(10 个箱)中，一个箱中可能出现的最大记录数是多少？

(6) 对于等高度离散化(10 个箱)，一个箱中可能出现的最大记录数是多少？

14. 文本显示了一组八个字母: OXYMORON。

(1) 在文本的字节中，熵是多少？

(2) 8 个字母的文本的最大熵是多少？

第 4 章

从数据中学习

本章目标

- 分析观测环境中的归纳学习的一般模型。
- 解释学习机器如何从它支持的函数集中选择一个近似函数。
- 介绍回归和分类问题的风险函数的概念。
- 介绍统计学习原理(SLT)的基本概念，讨论归纳原理、经验风险最小化(ERM)和结构风险最小化(SRM)之间的区别。
- 把 Vapnik-Chervonenkis(VC)维度概念作为归纳学习任务的一种最优结构，讨论其实践方面。
- 使用 2D 空间近似函数的图形解释来比较不同的归纳学习任务。
- 解释支持向量机器(SVM)和半监督支持向量机(S3VM)的基本原则。
- 陈述 KNN(最近邻分类器)：算法和应用。
- 介绍归纳学习的结果的确认方法。
- 介绍用于不平衡数据的 SMOTE 算法，比较评估平衡和不平衡数据的方法。

许多根据数据开发模型的最新方法都从生物系统的学习能力(特别是从人的学习能力)中获得了灵感。实际上，生物系统以数据驱动的方式学习如何处理环境中未知的统计属性。婴儿在学走路时并不知道力学定律，很多成人在驾驶汽车时也不了解基本物理定律。人类和动物都有出众的模式识别能力，如识别面孔、声音、气味等。人们并非天生就拥有这种能力，而是以数据驱动的方式通过与环境的互动学到的。

可将从数据样本中学习的问题描述为古典哲学中的推理概念。每个预测学习过程都包括两个主要阶段：

(1) 从已知样本集中学习或估计系统中未知的相关性。

(2) 用估计得出的相关性为系统将来的输入值预测新的输出。

这两个步骤对应于两种经典的推理类型：归纳(从特殊案例或训练数据中发展出一般依赖关系或模型)和演绎(从一般模型和给出的输入值中发展出特殊的输出值案例)。这两个阶段如图 4-1 所示。

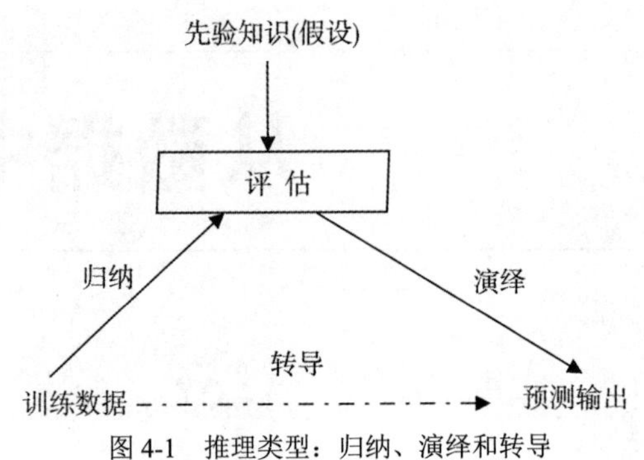

图 4-1 推理类型：归纳、演绎和转导

估算出的模型意味着，学习函数可应用于任何地方，也就是说，学习函数适用于所有输入值。这种全局函数的估计可能会矫枉过正，因为很多实际问题只需要为几个输入值推断出估算结果。此时，更好的方法是只为训练数据中几个重要的点估计未知函数的输出，而不是建立全局模型。这种方法称为转导推理，在这种方法中，局部估计比全局估计更重要。转导推理方法的一个重要应用是挖掘关联规则，详见第 8 章。重要的是：机器学习的标准形式并不应用此类推理。

归纳学习和模型估计的过程可用不同的学习方法来描述、定型和实现。学习方法通常是一种用软件实现的算法，它在可用的数据集中估计系统的输入和输出(即已知的样本)之间的未知映射(相关性)。一旦精确地估计出它们的相关性，就可以根据已知的输入值预测系统的未来输出。传统上，统计学、工程学和计算机科学等各种领域都在探索如何从数据中学习。统计学习原理和人工智能等学科的主要任务是使学习过程公式化，精确描述不同的归纳学习方法，确保该描述在数学上是正确的。本章将介绍归纳学习的理论基础知识。

4.1 学习机器

机器学习结合了人工智能和统计学，是一个成果丰硕的研究领域，它产生了许多不同的问题和解决这些问题的算法。这些算法的目的、可用的训练数据集、学习策略和数据表述都各不相同。但所有算法都是搜索已知数据集的 n 维空间，以找出合适的一般结果。机器学习的一个基本任务是归纳机器学习，它从样本集中获得一般结果，用不同的技术和模型来定型。

归纳学习可以定义为一个过程，即用有限的系统输入输出测量值或观测值来估计未知输入输出的相关性或系统结构。在归纳学习的理论中，学习过程的所有数据都结构化了，每对输入输出实例都用一个简单的术语“样本”来表示。一般的学习方案包括 3 个组成部分，如图 4-2 所示。

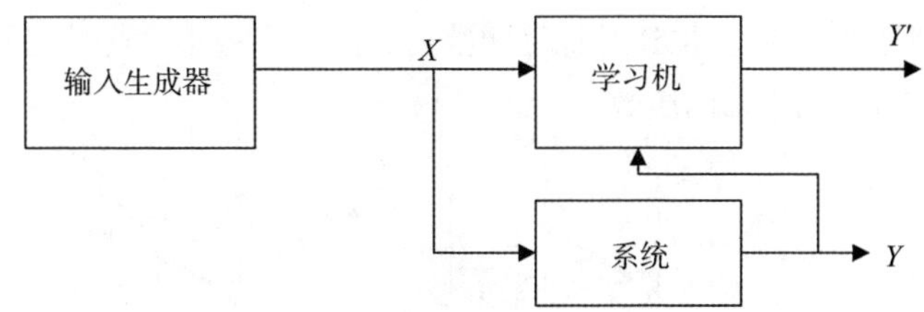

图 4-2　机器学习用系统观测结果形成近似的输出

(1) 随机输入向量 X 的生成器。

(2) 为给定输入向量 X 返回输出 Y 的系统。

(3) 学习机，它根据观察到的(输入 X，输出 Y)样本，估计未知的系统映射(输入 X，输出 Y')。

这个表述非常通用，它描述了很多实际的归纳学习问题，如插值、回归、分类、聚类和密度估计。生成器生成一个随机向量 X，它不服从任何分布。在统计学的术语中，这种情况称为观测设定(observational setting)。它和事先设计好的实验设定不同，事先设计的设定要创立确定的取样计划，根据实验设计原理进行特定的分析，得出最优方案。学习机不能控制提供给系统的输入值，因此，我们讨论的是归纳机器学习系统中的一种观测方法。

归纳学习模型的第二部分是一个系统，它根据未知的条件概率 $p(Y/X)$，为每个输入向量 X 生成输出值 Y。注意，这个描述包括了确定系统的特殊情况 $Y=f(X)$。现实中的系统很少有真正的随机输出，但它们的输入常常是未经测量的。在统计上，这些未观测的输入对系统输出的影响是随机的，具有概率分布的特点。

归纳学习机试图从特定的、真正的事实(即训练数据集中)生成一般化的结论。这种归纳用接近系统行为的函数集来表示，这是一个固有的难题，它的解决方法需要先验知识和数据。所有归纳学习方法使用的先验知识都采用学习机的某类近似函数来表示。在大多数情况下，学习机能够执行函数集 $f(X, w)$，$w \in W$。其中 X 是输入，w 是函数的一个参数。W 是抽象参数的集合，它只用于为函数集编写索引。在这个公式中，学习机执行的函数集可以是任何函数集。理想情况下，近似函数集的选择反映了系统的先验知识以及它的未知相关性。但实际上，由于先验知识常有的非正规属性和复杂性，在很多情况下，指定这样的近似函数可能很困难，或者甚至是不可能的。

使用归纳学习过程的图形解释可以说明近似函数的选择。归纳推理的任务是：已知一个样本集合(x_i, $f(x_i)$)，返回 $f(x)$的一个近似函数 $h(x)$。$h(x)$常常称为假设。图 4-3 列举了一个简单示例，图 4-3(a)给出的是二维空间中的点。必须通过这些点找到最好的函数。真正的 $f(x)$是未知的，因此 $h(x)$有很多选择。如果没有丰富的知识，就无法从图 4-3(b)、图 4-3(c)和图 4-3(d)给出的 3 个方案中选择合适的一个。因为总是有大量可行的、一致的假设，所有的学习算法都根据已知的条件搜索方案空间。例如，条件是一个线性近似函数，它到所有已知数据点的距离最小。这种先验知识把搜索空间限制到如图 4-3(b)所示的函数。

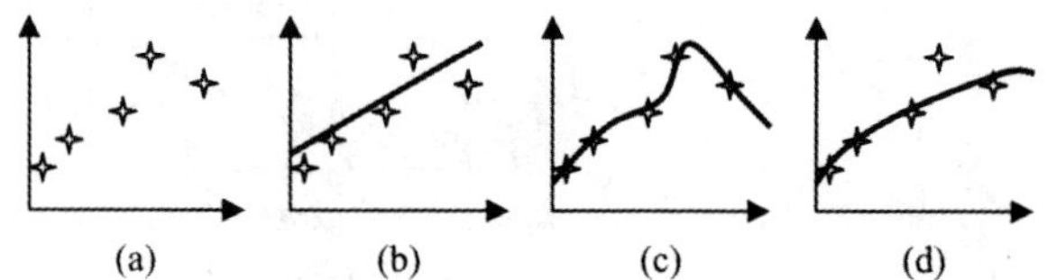

图 4-3　已知数据集的 3 个假设(a)数据集(b)线性近似(c)高度非线性近似(d)二阶近似

在归纳学习过程中，常用的两种近似函数之间也存在重要的区别。它们的参数可以是线性或非线性的。注意线性概念是指参数而言，而不是指输入变量。如下所示的多项式回归：

$$Y = w_1 x^n + w_2 x^{n-1} + \cdots + w_0$$

是一种线性方法，因为函数中的参数 w_i 是线性的(即使函数本身是非线性的)。后面介绍的一些学习方法(如多层人工神经网络)是非线性参数的示例，因为近似函数的输出与参数的关系是非线性的。在这些函数中，一个典型的因子是 e^{-ax}，其中 a 是参数，x 是输入值。选择近似函数 $f(X, w)$并估计参数 w 的值是归纳学习方法的典型步骤。

在进一步对学习过程公式化之前，必须清楚地区分与学习过程紧密联系的两个概念：统计相关性和因果关系。输入 X 与输出 Y 之间的统计相关性是用学习方法的近似函数来表达的。而要点在于因果关系不能仅通过数据分析就推断出来，也不能根据某个使用输入输出近似函数 $Y=f(X, w)$的归纳学习模型来确定。相反，它必须通过假定来得到，或用归纳学习分析的结果之外的论据来论证。例如，众所周知，佛罗里达人均年龄比美国其他地方的人都大。这个观测结果可由归纳学习的相关性证明，但是并不意味着佛罗里达的气候使人的寿命更长。其原因完全不同：人们只是在退休后才搬到佛罗里达，这可能是佛罗里达人平均年龄大的原因，但不是唯一的原因。分析已婚男子和单身汉的平均寿命数据，也会造成相似的误解。统计显示，已婚男子比单身男子的寿命长。但是不要匆忙做出耸人听闻的因果关系和结论：结婚对健康有益，能延长寿命。可以证明，有生理问题或交际行为不正常的男性结婚的可能性较低。这可能是已婚男子寿命较长的原因之一。寿命改变的原因更可能是一些难以察觉的因素，如人的健康状况和社会行为，而不是能观察到的变量——婚姻状况。这些示例说明：归纳学习过程建立了相关性模型，但是不应该把它自动解释为因果关系。只有数据收集领域的专家才能对已发现的相关性提出额外的、更深刻的解释。

再分析学习机和它的系统建模任务。学习机的问题是从这个机器支持的函数集中选择一个最接近系统响应的函数。学习机只能观测数量有限的样本 n 来做出选择。数量有限的样本称为训练数据集，它用(X_i, y_i)表示，其中 i=1, ..., n。由学习机产生的近似值的质量是通过损耗函数 $L(y, f(X, w))$来度量。其中：

- y 是系统的输出。
- X 是输入集。
- $f(X, w)$是学习机为所选近似函数生成的输出。
- w 是近似函数的参数集。

函数 L 表示系统生成的输出 y_i 和学习机为每个输入点 X_i 生成的输出 $f(X_i, w)$之差。按照惯例，损耗函数是非负的，因此，损耗函数值为较大的正数表示近似性较差，接近于零的正数表示近似性很好。损耗的期望值称为风险函数 $R(w)$。

$$R(w) = \iint L\left(y, f\left(X, w\right)\right) p\left(X, y\right) \mathrm{d}X\ \mathrm{d}y$$

式中 $L(y, f(X, w))$是损耗函数，$p(X, y)$是样本的概率分布。所选近似函数的 $R(w)$值只依赖参数集 w。现在归纳学习可定义为估算函数 $f(X, w_{\mathrm{opt}})$的过程，若只使用训练数据集，且不知道概率分布 $p(X, y)$，则函数 $f(X, w_{\mathrm{opt}})$使风险函数 $R(w)$在学习机支持的函数集中最小。若数据有限，就不能找到准确的 $f(X, w_{\mathrm{opt}})$，因此，把 $f(X, w_{\mathrm{opt}}^*)$指定为参数 w_{opt}^* 的估计值，以使用某个学习程序从有限的训练数据中得出最优方案 w_{opt}。

对常见的学习问题，如分类和回归，来说，损耗函数的属性和风险函数的解释是有区别的。在两类分类问题中，系统输出只有对应两个类的两个符号值 y={0, 1}，用一个常用的损耗函数来度量分类误差。

$$L(y, f(X, w)) = \begin{cases} 0 & 若 y = f(X, w) \\ 1 & 若 y \neq f(X, w) \end{cases}$$

使用这个损耗函数，风险函数会量化误分类的概率。此时，归纳学习就变成查找分类函数 $f(X, w)$的问题，它仅使用训练数据集最小化误分类的概率。

回归是一个在有干扰样本的有限数据集上估计实值函数的过程。回归的一个常见的损耗函数是误差值的平方。

$$L(y, f(X, w)) = (y - f(X, w))^2$$

对应的风险函数表示学习机对系统输出的预测精度。风险函数最小时，精度最高，因为此时，近似函数能最精确地描述已知的样本集。分类和回归仅仅是许多典型学习任务中的两种。对其他的数据挖掘任务可选择不同的损耗函数，用不同的风险函数支持它们。

学习程序是什么？或者说学习机如何使用训练数据？从归纳原则的概念中可以找到答案。归纳原则是获取估计函数 $f(X, w_{\mathrm{opt}}^*)$的一般规定，即根据可用的有限训练数据在某类近似函数中选择估计函数 $f(X, w_{\mathrm{opt}}^*)$。归纳学习原则指定了如何处理数据，而学习方法说明了如何获得估计函数。因此，学习方法或学习算法是归纳学习原则的建设性实现方式。对于已知的归纳原则，有许多学习方法对应于学习机的不同函数集。这里的重要问题是选择复杂度合适的候选模型(学习机的近似函数)，来描述训练样本。

本节列出的数学公式和学习问题的公式可能会给人一种错觉：学习算法不需要人的干涉，但其实并非如此。虽然一些文献正式描述了学习方法，但任何实际的学习系统都有一个同样重要的、非正式的部分。这部分包括面向人类的实际话题，如输入输出变量的选择，数据的编码和表达，将先验领域知识合并到学习系统的设计中等。在很多情况下，用户还会在取样的速度和分布方面影响生成器。用户经常根据自己具备的系统知识，来选择最适合学习机的函数集。这部分对于总体成功比学习机本身的设计更关键。因此，在归纳学习过程中，可公式化的活动和不能公式化的活动之间存在很多交迭，只有牢记这一点，学习理论中的公式才是有用的。

4.2 统计学习原理

统计学习原理(SLT)是一个较新的理论，也是目前用于有限样本归纳学习的最佳公式化理论。它也称为 Vapnik-Chervonenkis(VC)理论。VC 理论严格地定义了归纳学习的所有相关概念，并为大多数归纳学习结果提供了数学论据。相比之下，其他方法(如神经网络、贝叶斯推理、决策规则等)都更多地面向工程，重点在于实践实现，不需要强大的理论依据和形式体系。

统计学习原理有力地描述了小样本的统计估值。它明确地考虑到样本的大小，并定量地描述了模型复杂性和可用信息之间的平衡。作为一个特例，统计学习理论含有为大样本开发的经典统计方法。对设计可靠的、有建设性的归纳学习方法来说，理解 SLT 是必不可少的。许多在神经网络、人工智能、数据挖掘和统计学等领域中新开发的非线性学习程序都可以用一般的 SLT 原理来理解和解释。虽然 SLT 十分常见，但开发它的初衷是解决模式识别或分类问题。因此，人所共知，该理论的实际应用主要针对分类任务。但越来越多的经验证明，该理论已成功应用于其他类型的学习问题。

归纳学习的目标是在某类近似函数中使用可用的数据估计未知的相关性。最佳估值与最小期望风险函数相对应，包括数据的一般分布。这个分布是未知的，关于分布的可用信息只有有限的训练样本。因此，唯一可行的是用一个近似函数来替换未知的真实风险函数，这个近似函数称为经验风险函数，可以根据可用的数据集计算出来。这种方法称为经验风险最小化(ERM)，它体现了基本的归纳原则。利用 ERM 归纳原则，可以设法找到使经验风险最小的方案 $f(X, w^*)$，真正的风险是未知的，因此用训练误差来替代，训练误差也是对整个总体的真实误差的一个度量。依靠选出的损耗函数和近似函数，ERM归纳原则可以用统计学、神经网络、自动学习等领域定义的多种方法来实现。ERM归纳原则一般用于学习设定，即模型是已知的，或首先进行模型逼近，然后从数据中估计它的参数。只有训练样本数目远大于预先指定的模型复杂度(用自由参数的数量来表达)，这种方法才能顺利执行。

对包括 ERM 在内的任何归纳原则来说，渐进收敛是一个必不可少的一般属性。渐进收敛要求估计模型收敛于真实模型，或当训练样本数变大时，估计模型收敛于可行度最好的模型。统计学习原理的重要目标是用公式表示 ERM 原则收敛的条件。收敛的概念如图 4-4 所示。当样本数增加时，经验风险也会增加，而真实的期望风险在减小。这两种风险都接近风险函数的公共最小值：对数量非常大的样本来说，就是近似函数集中最小的 $R(w)$。如果把分类问题当作归纳学习的一个示例，经验风险就对应于训练数据的误分类概率，期望风险是不包含在训练集中、分布未知的大量样本被错误分类的平均概率。

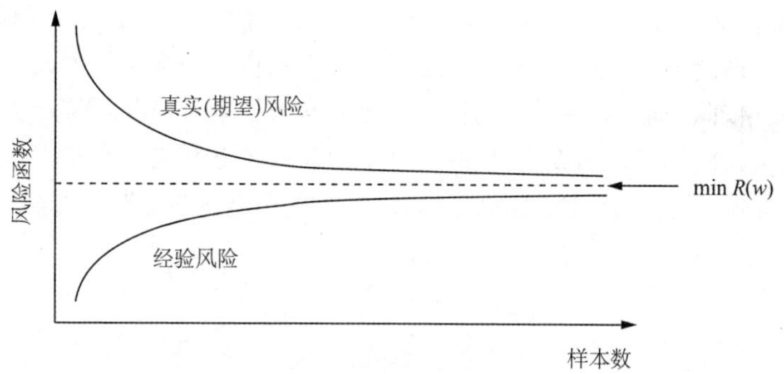

图 4-4　ERM 的渐进收敛

虽然直观地看，当 $n \to \infty$ 时，经验风险收敛于真实风险。但这并不意味着收敛属性最小化已知数据集的一个风险时，也最小化另一个风险。要保证 ERM 方法的收敛属性始终有效，且不依赖近似函数的属性，所有近似函数就必须都是收敛的。这个要求称为非平凡收敛。实际上，收敛条件也是用已实现的模型概括出一般性规则的先决条件。因此，最好根据相似函数集的一般属性阐述风险函数的收敛条件。

下面定义生长函数 $G(n)$的概念，它要么是一个线性函数，要么是用样本数 n 的对数函数限定的函数。生长函数 $G(n)$的典型特点如图 4-5 所示。每个用生长函数表示的近似函数都具有收敛属性，并可以在归纳学习中概括出一般性规则，因为经验风险函数和真实风险函数将收敛于一点。生长函数最重要的特性是 VC 维度的概念。在点 $n=h$，生长开始减慢，它是函数集的一个特征。如果 h 是有限的，那么对足够大的训练数据集，$G(n)$函数就不会线性地增长，而是受对数函数的制约。如果 $G(n)$是线性的，则 $h \to \infty$ 时，通过选出的近似函数不可能概括出有效的一般性规则。h 有限是风险函数收敛、ERM 收敛、在归纳学习过程中概括出一般性规则的充分必要条件。这些要求给学习模型的概括能力添加了用经验风险函数来表达的解析约束。统计学习原理中所有的理论成果都使用在损耗函数集上定义的 VC 维度。但是，可以证明在典型的归纳学习任务(如分类或回归)中，理论损耗函数的 VC 维度等于近似函数的 VC 维度。

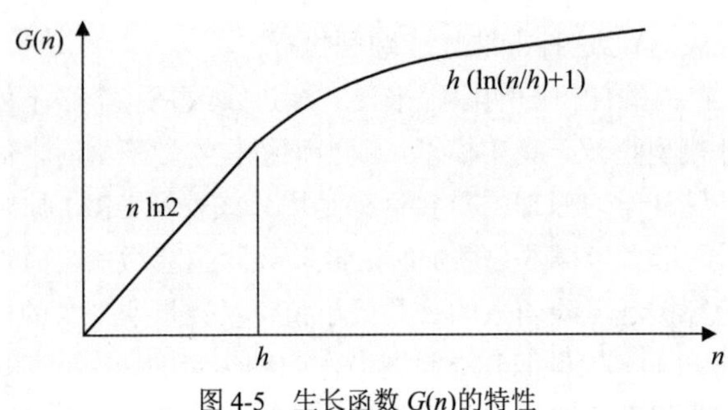

图 4-5 生长函数 $G(n)$的特性

ERM 归纳原则用于较大的数据集，也就是说，比值 n/h 很大，且经验风险近似收敛于真实风险。但如果 n/h 较小，如比值 n/h 小于 20，就必须修正 ERM 原则。SRM(结构风险最小化)归纳原则提出了正式的机制，可以从有限的小数据集中选择具有最优复杂度的模型。依照 SRM，为了用有限的数据集来解决学习问题，需要预先指定近似函数集的结构。例如函数集 S_1 是 S_2 的一个子集，S_2 又是 S_3 的一个子集。近似函数集 S_1 的复杂度最低，而其每个新父集 $S_2, S_3, \ldots, S_k$ 的复杂度逐渐递增。图 4-6 是该结构的简单图示。

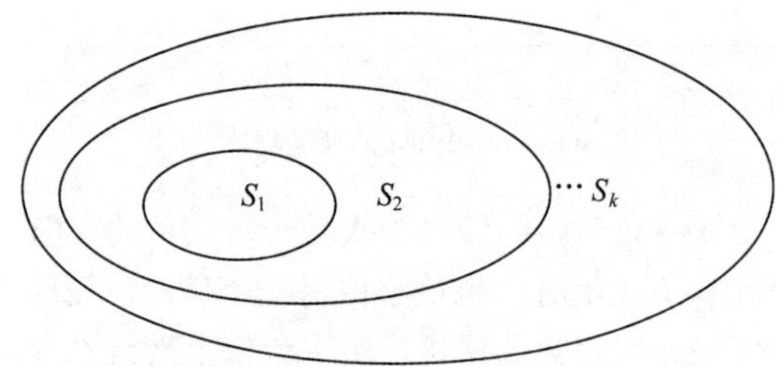

图 4-6 近似函数集的结构

已知数据集的最优模型评估有两个步骤：

(1) 选择结构的一个元素，使其有最佳复杂度。

(2) 根据在所选的结构元素中定义的近似函数集估计模型。

SRM通过这两个步骤，定量地描述了近似函数的复杂度和拟合训练数据的质量之间的平衡。随着复杂度的增加(S_k 的下标 k 增加)，最小经验风险下降，拟合数据的质量提高。但是通过另一个测试数据集测量出来的真实风险估值呈凸形，并在某个时刻开始与经验风险的方向相反，如图 4-7 所示。SRM 选择结构的一个最佳元素以生成真实风险的最小保证界限。

实际上，要实现 SRM 方法，必须做到：

(1) 计算或估计结构的任何元素 S_k 的 VC 维度。

(2) 使结构的每个元素的经验风险最小。

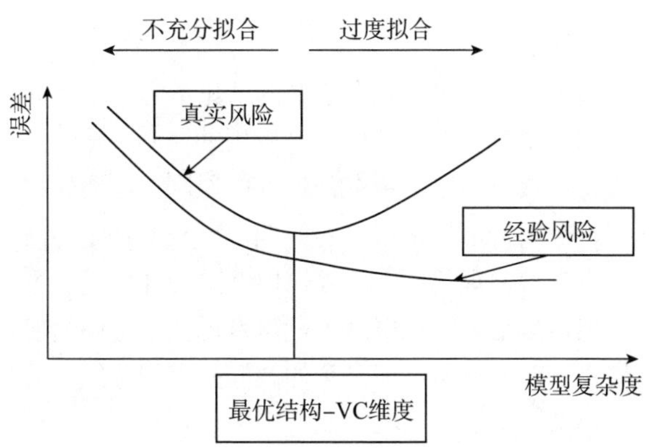

图 4-7　经验风险和真实风险的函数 *h*(模型复杂度)

对使用非线性近似函数的大多数实际归纳学习方法来讲，用解析方式找出 VC 维度是很难的，经验风险函数的非线性优化也是如此。因此，严格应用 SRM 原则不仅很困难，而且在很多情况下对非线性逼近而言是不可能的。但这并不意味着统计学习原理是不切实际的。人们常用各种试探程序来隐式地实现 SRM。这种试探程序的示例包括早期停止规则和权值初始化，它们常用于人工神经网络。后续章节将介绍这些试探法和不同的学习方法。为给定的学习问题选择合适的 SRM 优化战略取决于学习机所支持的近似函数的类型。下面是 3 种常用的优化方法。

(1) **随机逼近法(或梯度下降)**——已知近似函数的参数 w 的初始估值，可以不断更新它的值，找出最优参数值。在每一步计算风险函数的梯度时，参数的更新值在风险(误差)函数下降最快的方向上有一个小小的变化。

(2) **迭代法**——反复估计参数值 w，使经验风险值在每次迭代中都下降。与随机逼近法不同，迭代法不用梯度估值，而使用近似函数的一种特定形式，它带有一个特殊的迭代参数。

(3) **贪婪优化法**——当近似函数集是一些基本函数的线性组合时，使用贪婪法。最初，只使用近似函数的第一项，且只优化相应的参数。优化就是将训练数据集和估计模型之间的差别最小化。然后此项保持不变，接着优化下一项。重复优化过程，直到找到近似函数中的每一项和所有参数 w 的值为止。

这些典型的优化方法和其他更专用的技术都存在下述一个或多个问题：

(1) **初始条件的灵敏度**——最终方案对近似函数的参数初始值非常敏感。

(2) **停止规则的灵敏度**——非线性近似函数往往有非常平坦的区域，这种区域会使一些优化算法被“堵塞”很长时间(进行大量的迭代)。若停止规则设计得比较拙劣，这种区域可能会被优化算法错当成局部极小值。

(3) **多局部极小值的灵敏度**——非线性函数可能有很多局部极小点，优化方法最多只找出一个，就不再继续找全局最小点了。很多试探法都可用于探测方案空间，并从局部方案转向全局优化方案。

SLT 处理有限的数据集，得出了几个重要的结论，它们是实际实现数据挖掘技术的重要指导方针。下面简单解释一下其中两个有用的法则。第一，在利用有限的信息解决归纳学习问题时，应该牢记以下带有常识性的原则：不要先解决一个较难的一般问题，作为中间步骤，来间接地解决指定的问题。对一个特定的问题感兴趣，就应该直接解决它。按照统计学习原理的结论，强调用有限的样本进行预测时，解决特定的学习问题总比解决一般问题更好。在概念上，这是说在指定的精度水平上，直接解决问题所需要的样本较少。这一点是显而易见的，但在大部分经典的数据分析教科书中都没有明确说明。

第二，有限数据集的归纳学习方法有一个总则：复杂度最优的模型具有最好的性能，其中优化基于名为 Occam’s razor 的一般哲学原理。根据这个原理，限制模型的复杂度比使用带有所有细节的真实假设更重要。应该寻求较简单的模型，而不是复杂模型，并使模型复杂度和模型描述及拟合训练数据集的精确度之间达到最佳平衡。很好地拟合训练数据但太复杂的模型，或太简单但数据拟合性很差的模型都不好，因为它们不能很好地预测将来的数据。模型复杂度通常由先验知识依照 Occam’s razor 原理来控制。

总结 SLT，为了从有限的数据中生成一个独特的系统模型，任何归纳学习过程都需要：

(1) 一个灵活广泛的**近似函数集** $f(X, w)$, $w \in W$。它在参数 w 上可能是线性的，也可能是非线性的。

(2) **先验知识(或假设)**用于给潜在的方案施加约束，通常，这种先验知识隐式或显式地命令这些函数依照它们的一些弹性尺度拟合数据集。理想情况下，所选取的近似函数集反映了系统的先验知识和它的未知相关性。

(3) **归纳原则或推论方法**指定了要做的工作。它大致描述了如何合并先验知识与可用的训练数据，以估计未知的相关性。

(4) **学习方法**，即已知某个近似函数类，以结构化的、计算性的方式实现归纳原则。有限样本的学习方法也有一个总则：复杂度最适宜的模型性能最好，这个模型是根据 Occam’s razor 一般原理选择出来的。根据这个原理，应该寻求较简单的模型而不是较复杂的模型，并优化模型，使模型的复杂度和拟合训练数据的精确度之间达到平衡。

4.3 学习方法的类型

有两种常用的归纳学习方法，称为：

(1) 有指导学习(或有老师的学习)。

(2) 无指导学习(或无老师的学习)。

有指导学习用于从已知的输入输出样本中估计未知的相关性。这类归纳学习方法可用于分类和回归任务。有指导学习假定存在一位老师——拟合函数或估计模型的其他外部方法。术语“指导”表示训练样本的输出值是已知的(即由“老师”提供)。

图4-8(a)展示了这种学习形式的框图。在概念化术语中，可认为老师具备环境知识，该知识用输入输出样本集代表。但环境及其特性、模型对学习系统来说都是未知的。学习系统的参数要根据训练样本和误差信号的综合影响来调整。误差信号定义为学习系统的期望响应与实际响应之差。通过训练样本把老师可以提供的环境知识转移到学习系统中，来调整学习系统的参数。这是一种闭环反馈系统，但是未知环境不在闭环回路中。可以考虑把训练样本的均方误差或平方误差和作为系统性能的度量。这个函数可表示为一个多维误差面，它把学习系统的自由参数作为坐标。任何有指导的学习操作都可表示为一个点在误差面上移动。若系统的性能需要随时间的推移而提高，从而可以向老师学习，误差面上的操作点就必须一直往下朝着曲面的最低点移动。最低点可以是局部最低点，也可以是全局最低点。上一节介绍了优化方法(如随机逼近法、迭代法和贪婪优化法)的基本特性。合适的输入输出样本集可以使操作点向最低点移动，有指导的学习系统可以完成模式分类和函数逼近之类的任务。支持这类学习的技术各不相同，第 5、6、7 章将详细介绍其中一些技术，如对数回归、多层感知机、决策规则和决策树等。

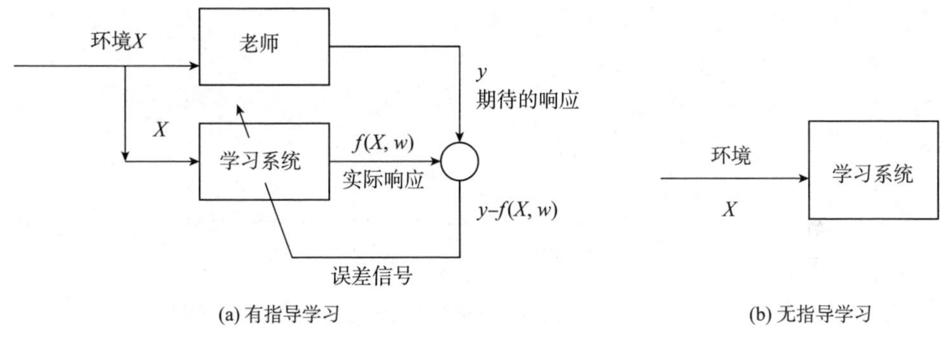

图 4-8　两类主要的归纳学习

在无指导学习方案中，只将有输入值的样本提供给学习系统，学习过程中没有输出的概念。无指导学习去掉了老师，并要求学习者自己建立并估计模型。无指导学习的目标是发现输入数据中的“天然”结构。在生物系统中，感知机就是一个通过无指导技术来学习的任务。

简化的无指导学习或自组织学习计划没有外部老师来监视学习过程，如图 4-8(b)所示。这种学习过程的重点是对系统所学内容的质量进行独立于任务的测量。学习系统的自由参数 w 就根据这个测量值来优化。一旦系统和输入数据的规律相调谐，它就可以为输入样本的编码特征建立内在的表述。这种表述可以是全局的，应用于整个输入数据集。这些结果通过聚类分析或一些人工神经网络等方法来获得，这两种方法将分别在第 7 章和第 9 章中介绍。另一方面，某些学习任务的深层次表述只能是局部的，应用于环境中特定的数据子集，关联规则是这方面的典型示例，详见第 10 章。

4.4 常见的学习任务

一般的归纳学习问题可以细分成几个常见的学习任务。本书前言中介绍了归纳学习的基本原理以及常见学习任务的分类。这里将详细分析这些任务，对于每个任务，损耗函数的属性和输出都是不同的。但根据训练数据最小化风险值是所有任务所共有的。将这些任务可视化能让读者更好地认识学习问题的复杂性和其解决方案所需的技术。

为了获得学习任务的图形化解释，可从数据样本的形式化和表述开始，这是学习过程的“基石”。数据挖掘中使用的每个样本都代表一个用几个属性-值对来描述的实体，在训练数据集的表格中，该样本就是一行，它表示为 n 维空间里的一个点，n 是已知样本的属性(维度)个数。图 4-9 是样本的图形化解释，图中名为 John 的学生有 4 个属性，代表四维空间里的一个点。

学生名	性别	出生日期	专业	得分
John	M	1982	CS	64

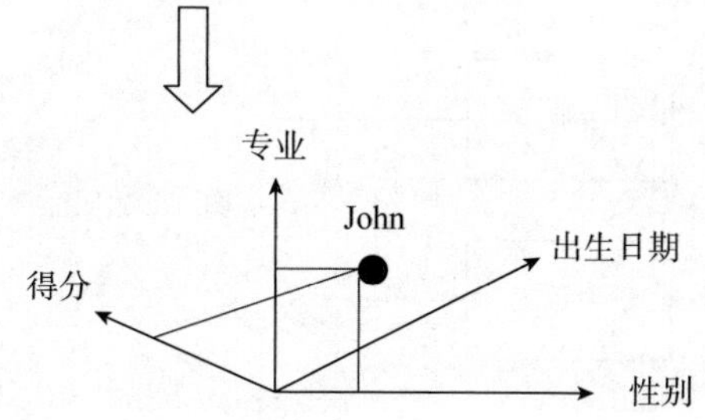

图 4-9 数据样本= n 维空间上的点

基本了解了每个样本的表述后，训练数据集就可以解释为 n 维空间中的一个点集。若维度数量很多，则数据的可视化和学习过程都很困难。因此，我们只解释二维空间中常见的学习任务，假定它的基本原则和更高维度的基本原则是相同的。当然，这种方法只是我们不得不采取的一种重要的简化，尤其是要考虑前面讲述“维数灾”时介绍的大型多维度数据集的所有特性。

下面从归纳学习的第一种也是最常见的任务开始：分类。它是一个学习函数，可以将数据项归类到某个预定义的类中。初始训练数据集在图 4-10(a)中给出。样本属于不同的类别，因此用不同图形符号来表示每一类。二维空间中分类的最终结果是如图 4-10(b)所示的曲线，从图可知，样本最好分成两类。使用此函数，每个新样本，即使其输出未知(它属于哪一类)，也可以正确地分类。同样，当问题涉及的样本超过两类时，分类的结果就是更复杂的函数。对 n 维空间的样本来说，求解的复杂性呈指数级增加，分类函数用已知空间中的超曲面来表示。

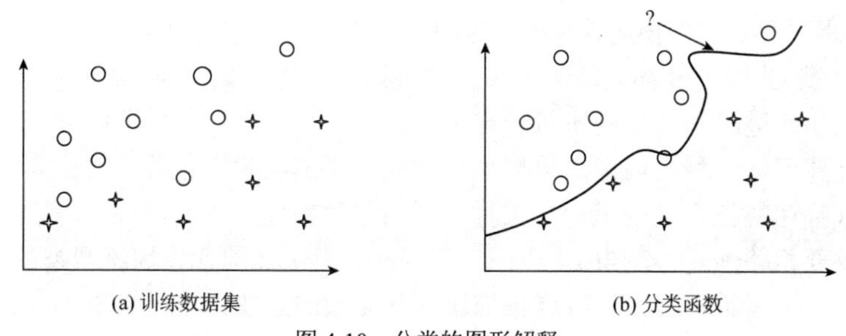

图 4-10 分类的图形解释

第二种学习任务是回归。在这种情况下，学习过程的结果是一个学习函数，它把数据项映射到一个实数型的预测变量上。初始训练数据集在图4-11(a)中给出，图4-11(b)中的回归函数是根据在数据挖掘技术内部建立的某个预定义标准产生的。根据此函数，可估计每个新样本的预测变量值。如果回归处理在时间域内进行，可以定义数据的特定子类型和归纳学习技术。

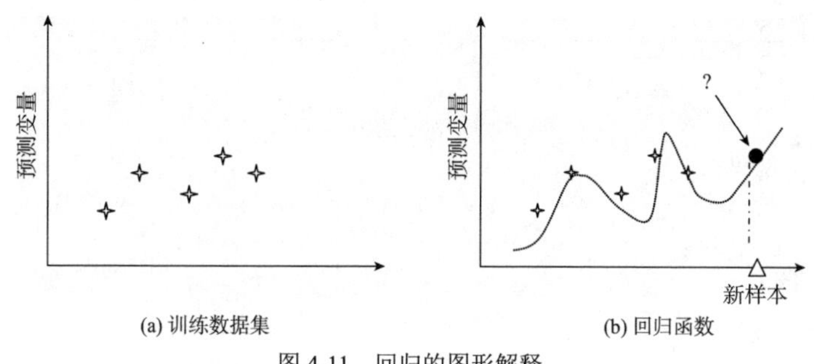

图 4-11 回归的图形解释

聚类是最常见的无指导学习任务，它是一种描述性任务，设法识别一个描述数据的分类或聚类的有限集合。图 4-12(a)展示了初始数据集，用 *n* 维空间中样本点的一个标准距离值将它们分组成如图 4-12(b)所示的聚类，所有聚类都用一些一般特性来描述，根据不同的聚类技术所得到的最终方案也各不相同。根据聚类处理的结果，以新样本和类特性的相似性为标准，将每个新样本分配到一个预先建立的聚类中。

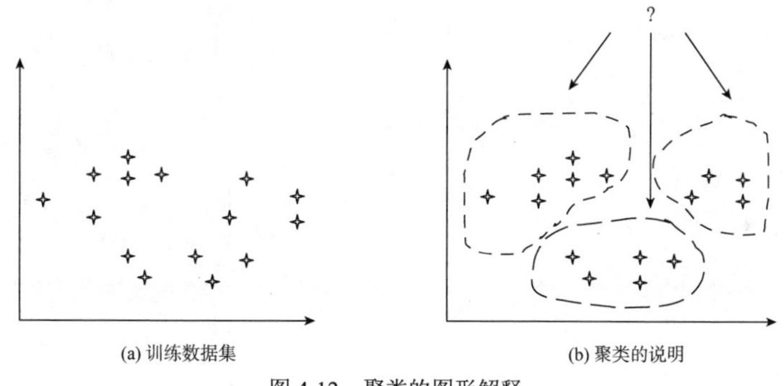

图 4-12 聚类的图形解释

概括也是一种典型的描述性任务，这种归纳学习过程没有老师。相关的方法是找出数据集(或子集)的概括性描述。如果用公式表达该描述，如图 4-13(b)所示，则信息可以简化，从而改进已知领域的决策制定过程。

相关性建模是一种根据训练数据集找出局部模型的学习任务。此任务包括找出某个模型，来描述特征之间的重要相关性，或者描述特定子集(没有涵盖整个数据集)中值之间的重要相关性。图 4-14(b)给出了一个示例，其中椭圆代表训练数据的一个子集，直线代表另一个子集。若大型数据集描述非常复杂的系统，这类建模尤其有用。在很多情况下，在整个数据集的基础上发现一般模型几乎是不可能的，因为实际问题的计算复杂度太高了。

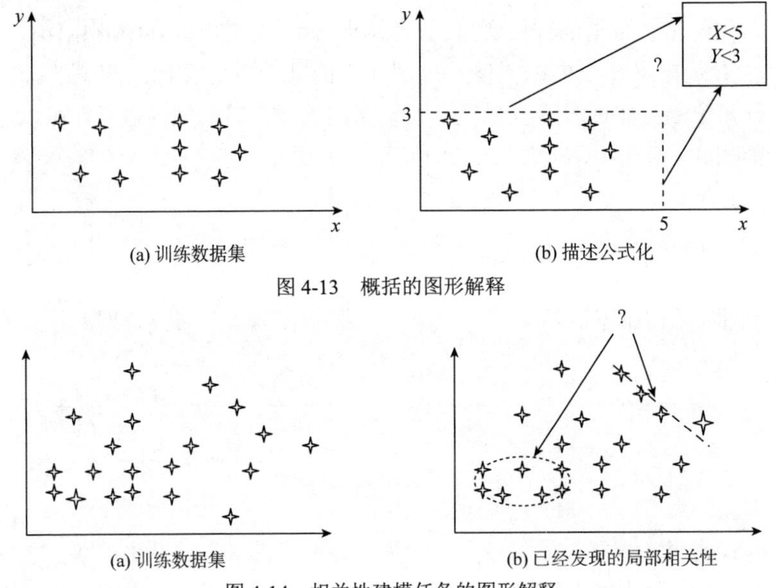

(a) 训练数据集　(b) 描述公式化

图 4-13　概括的图形解释

(a) 训练数据集　(b) 已经发现的局部相关性

图 4-14　相关性建模任务的图形解释

变化和偏差检测是一种学习任务，第 2 章已经介绍了它的一些技术，即异常点检测算法。总的来说，此任务主要是发现数据集中最重要的变化。图 4-15 给出了这种任务的图形解释。图 4-15(a)中的任务是找出已知数据集中具有离散型特征的异常点。图 4-15(b)中的任务是检测连续型变量的时间相关偏差。

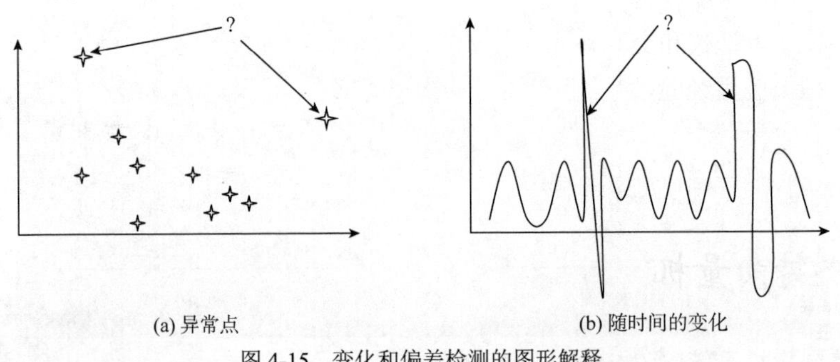

(a) 异常点　(b) 随时间的变化

图 4-15　变化和偏差检测的图形解释

归纳学习任务不止包括这 6 类数据挖掘问题中常见的规范。随着数据挖掘技术应用更广泛、更精深，人们会开发出新的特定任务和相应的归纳学习技术。

无论对于哪种学习任务和可用的数据挖掘技术，都必须承认，数据挖掘过程成功的基础是数据的预处理和数据归约方法。它们使用第 2 章和第 3 章的方法，把往往杂乱的原始数据转换成适用于挖掘的有价值的数据集。下面列举其中的一些技术，来展示在该过程的开始阶段，数据挖掘的设计者有多少方法可以选择：缩放、标准化、编码、异常点检测和去除、特征选择和构建、数据清洁和净化、数据平整、丢失数据的清除以及通过取样进行案例归约。

在预处理数据，以及确定为数据挖掘应用定义哪种学习任务时，可使用一系列数据挖掘方法和基于计算机的相应工具。根据实际问题的特性和可用的数据集，需要确定应用哪个或哪些数据挖掘和知识发现技术，其分类如下。

(1) 统计方法，典型技术是贝叶斯推理、对数回归、方差分析(ANOVA)和对数线性模型。

(2) 聚类分析，常用技术是分裂算法、凝聚算法、划分聚类和增量聚类。

(3) 决策树和决策规则主要是为人工智能所开发的一组归纳学习方法。典型的技术包括 CLS 方法、ID3 算法、C4.5 算法及其对应的修剪算法。

(4) 关联规则提出了一个较新的方法集，包括的算法有购物篮分析、先验算法和 WWW 路径遍历模式。

(5) 人工神经网络，常见的示例是带有反向传播学习和 Kohonen 网络(自组织特征映射模型)的多层感知机。

(6) 遗传算法是一种对解决难优化问题特别有用的方法，常常是数据挖掘算法的一部分。

(7) 模糊推理系统基于模糊集和模糊逻辑理论。模糊建模和模糊决策在数据挖掘过程中非常普遍。

(8) n 维可视化方法作为一种标准的数据挖掘方法，虽然使用其技术和工具可以发现有用的信息，但在文献中常常被漏掉。典型的数据挖掘可视化技术是几何学、基于图标、像素导向和分层技术。

上面列出的数据挖掘和知识发现技术并不完整，其顺序也不代表这些方法在应用上的优先次序。迭代和交互性是这些数据挖掘技术的基本特征。同样，如果读者有较多的数据挖掘应用经验，就会理解不依靠单个方法的重要性。在数据挖掘的这个阶段，标准方法是平行应用几个能完成同一个归纳学习任务的技术。在这种情况下，对于数据挖掘过程中的每一次迭代，必须估计和比较不同技术的结果。

4.5 支持向量机

支持向量机系统(SVM)的基础工作由 Vladimir Vapnik 完成，由于该方法具有许多引人关注的特征以及大有前途的实验性能，使其得到广泛应用。其构想包含 SRM 原则。SVM 用于解决分类问题，但最近也开始被应用于回归(例如，预测连续型变量)问题领域中。通过引入可选的、经过修改的、包含距离度量的损失函数，SVM 可以应用于回归问题。在分类和回归方法中都使用了 SVM 这个术语，因此使用支持向量分类(SVC)和支持向量回归(SVR)这两个术语能更精确地描述其各自的含义。

SVM 是一种监督学习算法，它从有标号训练数据集中建立学习函数。具有良好的理论基础，并且仅需少量用于训练的样本。实验表明，该方法对样本维度的数量不太敏感。SVM 算法最初解决了区分两类由 n 维向量表示的成员的一般性学习问题。其函数可以是分类函数(输出是二元的)，也可以是一般回归函数。

SVM 的分类函数基于决策平面的概念，决策平面定义了样本类之间的决策边界。在图 4-16(a)所示的样本实例中，样本要么属于灰色类，要么属于黑色类。分割线定义了一个边界，其右边的所有样本为灰色类，左边的所有样本属于黑色类。任意一个新的尚未分类的样本，如果落入分割线右侧，将被分类为灰色，(如果落入分割线的左侧，则被分类为黑色)。

不失一般性，可以将分类问题限制于考虑二分问题。在开始考虑多维分析前，首先考察一下简单的二维示例。假定希望完成某个分类，采用的数据是具有两个分类的目标变量。同时假定连续值具有两个输入属性。如果考虑采用 x 轴表示一个属性，用 y 轴表示另外一个属性的方法来绘制数据点，可以得到类似图 4-16(b)所示的结果。该问题的目标是通过采用从可用示例进行归纳的函数来分开这两类。目的是建立一个分类器，该分类器能够很好地分类未见数据，也就是说其具有较强的泛化能力。考虑图 4-16(b)所示的数据，存在多个线性分类器能够将两类样本区分开。所有这些分类的决策边界都一样好吗？如何证明选择的某个分类器是最佳选择呢？

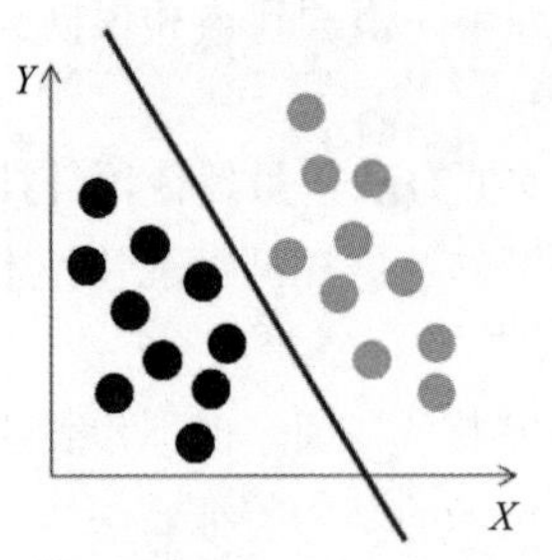

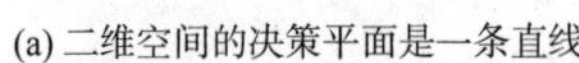
(a) 二维空间的决策平面是一条直线

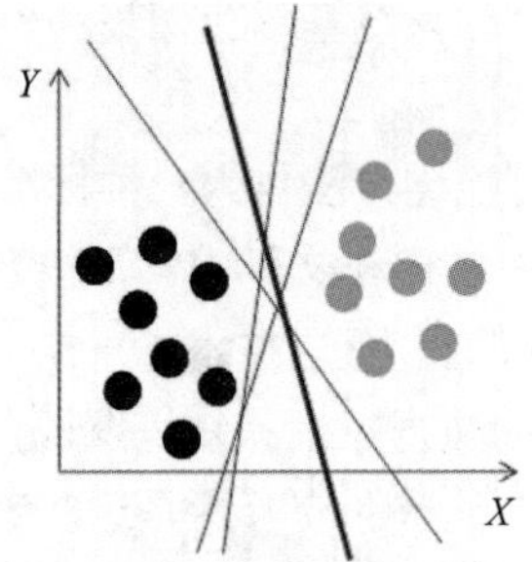

(b) 如何选择最优的分割线

图 4-16　二维空间的线性划分

主要思想是：决策边界应该尽量远离两类数据点。只有一条分割线具有最大边缘(分割线与每个类的最近的数据点之间的距离最大化)。从直觉上看，边缘被定义为空间量，或者通过超平面定义的两个类的分割。从几何上看，边缘对应于最近的数据点到超平面之间点的最短距离，STL 指出，在预测先前未见示例的分类时，最大边缘超平面的选择将会带来最大的泛化能力。

因此，线性 SVM 分类器被称为最佳分割超平面，具有类似图 4-17(b)所示的边缘那样的最大边缘。在 n 维空间中建立 SVM 模型的目标是发现分割具有 n 维向量的类的最佳超平面。分割将会被再次选择，以获得超平面与最近的正例和反例之间最大的距离。直观来看，该方法对邻近的测试数据的分类是正确的，但是对训练数据则存在差别。

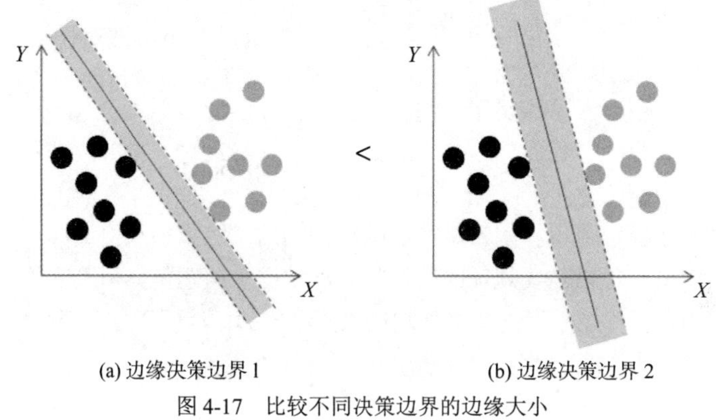

(a) 边缘决策边界 1　　(b) 边缘决策边界 2

图 4-17　比较不同决策边界的边缘大小

为什么需要最大化边缘呢？较小(薄)的边缘具有更大的灵活性，也更复杂。复杂性并不是目标。较大(厚)的边缘复杂性小。SRM 原则表达了一种在训练误差与模型复杂性之间的权衡。SRM 原则指出，最大边缘(类似图 4-18 中所示的那种)作为一种最佳分割评定标准，能够确保 SVM 在最坏情况下的泛化误差最小。

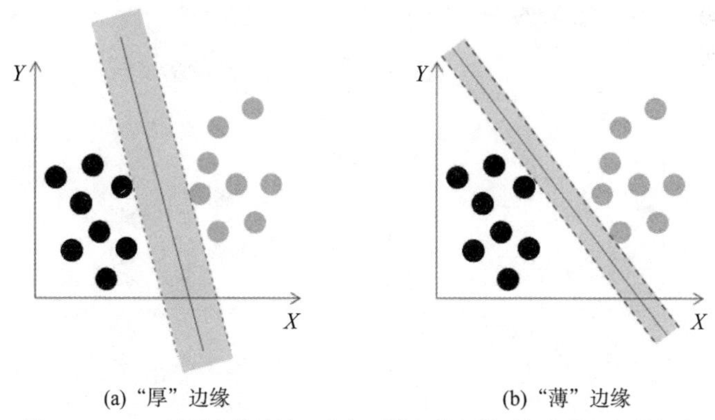

(a) “厚”边缘　　(b) “薄”边缘

图 4-18　SRM 原则表达的是一种在训练误差与模型复杂性之间的权衡

基于二维线性的向量等式，可以定义函数 $f(x)=wx+b$ 作为分割模型。对所有线上方的点，$f(x)>0$，反之则有 $f(x)<0$。函数 $h(x)=\text{sign}(f(x))$被定义为分类函数，对于所有线上方的点，该函数值为 1，线下方的点，该函数值为−1。如图 4-19 列举了具体的示例。

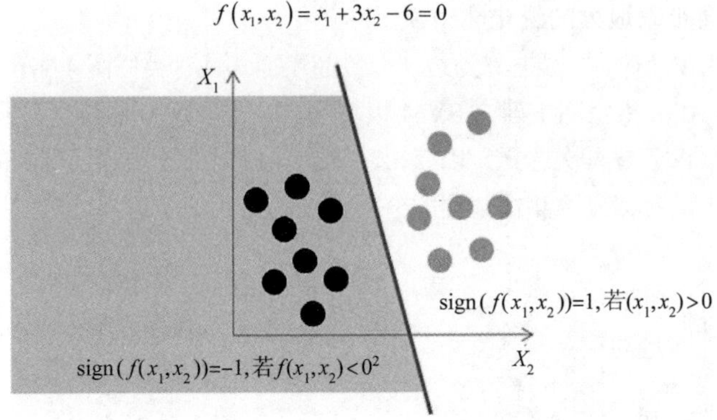

图 4-19　二维空间的分类函数 sign(f(x))

在继续讨论之前，值得注意的是前述的示例均为二维数据集，能够用平面上的点方便地描述。事实上，经常需要处理的往往是高维数据。问题是如何基于给定的训练样本在 n 维空间中确定最佳超平面。考虑分割训练向量集 D，D 属于二分类(以−1 和 1 表示)：

$$D=\{(x^l, y^l), \ldots, (x^l\, y^l)\}, x\in \Re^n, y\in\{-1, 1\},$$

其超平面为：

$$\langle w, x\rangle +b=0$$

如果对向量集的划分没有产生误差并且最近的向量到超平面的距离最大，则称向量集被超平面最佳地划分。图 4-20(a)描述了划分中主要参数 w 与 b 的图形化解释。采用这种方式，可以通过权重向量 w 和标量 b 对函数参数化。标记<w, x>表示向量 w 和 x 的内积或标量积。定义为：

$$\langle w, x\rangle=\sum_{i=1}^{n} w_i x_i$$

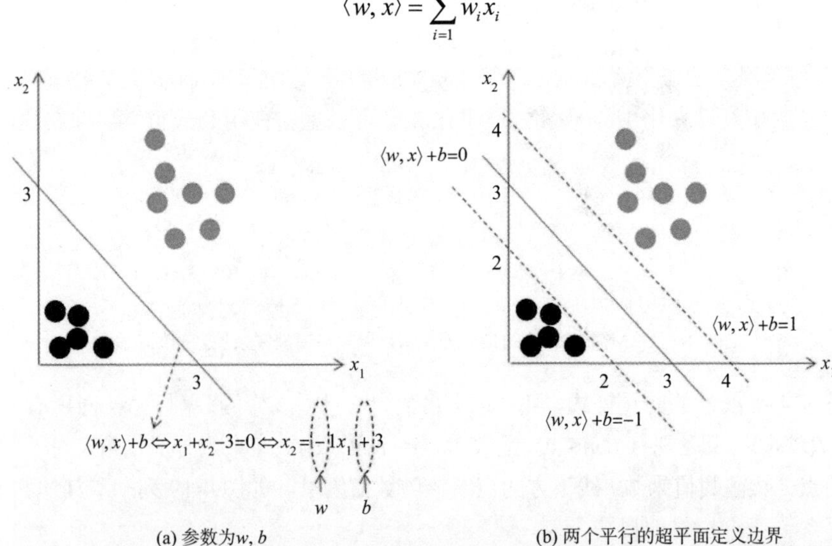

图 4-20　二维数据的分割超平面

为使超平面正确地分割两个类，需要满足以下约束：

$$\langle w, x^i\rangle + b > 0，对所有的 y^i=1$$

$$\langle w, x^i\rangle + b < 0，对所有的 y^i=-1$$

上述的约束集等于是说这些数据必须位于决策表面的正确一边(按照类标号)。另一个需要注意的问题是图 4-20(b)所示的以点线绘制的另外两个超平面，其中左下方超平面表示函数 $\langle w, x\rangle +b=-1$，右上方的超平面表示 $\langle w, x\rangle +b=1$。为了找到最大边缘超平面，直观上看，可以保持两个点线平行并与决策表面等距离，使它们彼此之间的距离最大化，同时满足约束条件，即数据处于与类关联的点线的正确一边。以数学方式表达，可以将最终子句(约束)表示为：

$$y^i(\langle w, x^i\rangle+b)\geqslant 1,\ i=1, \ldots, l$$

两个边缘超平面的距离可以被公式化，因为它就是期望最大化的参数。可以通过等式获得 n 维空间中超平面之间的距离

$$\langle w , x^1\rangle + b =1$$

$$\langle w , x^2\rangle + b =-1$$

其中 x^1、x^2 是对应的超平面上的任意点。对上述等式相减可以获得

$$\langle w, (x^1 - x^2)\rangle=2$$

用以下定义表示向量的标量积：

$$w(x^1 - x^2) \cos \gamma = 2$$

可以获得

$$\|w\|\times d=2$$

其中$\|\ \|$表示欧几里得模

$$d=\frac{2}{\| w\|}$$

因此，“最大边缘”问题表示为距离参数 d 的最大化问题，而 d 是参数 w 的函数。最大化 d 意味着最大化 $1/|w|$，或者最小化$|w|$。可以重新使用公式将学习问题表示为：

$$\arg\min_{w} \frac{1}{2}(w\cdot w)=\frac{1}{2}\| w\|^2$$

该公式遵守线性可分割性的约束。优化的最后问题表示为：

$$\arg\min_{w,b} \frac{1}{2}(w\cdot w) 存在，使得 y^i(\langle w, x^i\rangle +b)\geqslant 1，对于所有 i=1, 2, \ldots, l 成立$$

满足约束的优化问题可以用拉格朗日算符 $L(w,b,a)$转换。

$$L(w,b,\alpha)=\frac{\| w\|^2}{2}-\sum_{i=1}^{l}\alpha_i\left\{\left(\left\langle w, x^i\right\rangle+b\right)y^i-1\right\}$$

式中，α_i 是拉格朗日乘数，每个数据点一个。第 1 项与原始目标函数相同，第 2 项获取不等式约束。拉格朗日关于 w 和 b 被最小化：

$$\frac{\partial L}{\partial b}=0 \ \Rightarrow \ \sum_{i=0}^{l}\alpha_i y^i=0$$

$$\frac{\partial L}{\partial w}=0 \ \Rightarrow \ w_0=\sum_{i=0}^{l}y^i\alpha_i x^i=0$$

对 L 求偏导数产生了优化问题的关于约束 $\alpha_i \geqslant 0$ 最大的两个公式：

$$D(\alpha)=\sum_{i=1}^{l}\alpha_i-\frac{1}{2}\sum_{i=1}^{l}\sum_{j=1}^{l}\alpha_i\alpha_j y^i y^j(x^i \cdot x^j)$$

拉格朗日对偶 $D(\alpha)$仅涉及拉格朗日乘数 α_i 和训练数据(这里不涉及参数 w 和 b)。获得对现实问题的解决方案通常需要应用二次编程(QP)优化技术。这一问题是全局最佳问题。SVM 的优化方法提供了对 SRM 归纳原则的准确实现。当 α_i 参数确定后，需要确定 w 和 b 的值，由它们确定最终的分类超平面。需要注意的是，双函数 D 是一种仅涉及样本向量的向量级函数，不仅仅是向量。一旦建立了形式为向量 α^0 的解决方案，则最优分割超平面可由以下公式表示：

$$w_0=\sum_{i\in \mathrm{SV_S}}y^i\alpha_i^0 x^i$$

$$b_0=-\frac{1}{2}w_0\cdot[x^r+x^s]$$

式中 x_r 和 x_s 是来自每个类的任意支持向量($\mathrm{SV_S}$)。可以按照如下方式构建分类器：

$$f(x)=\mathrm{sign}\left(\langle w_0, x\rangle+b_0\right)=\mathrm{sign}\left(\sum_{i\in \mathrm{SV_S}}y^i\alpha_i^0(x^i\cdot x)+b_0\right)$$

具有非零拉格朗日乘数 α^0 的点 x^i，称为 SV。如果数据是线性可分的，则所有 SV 将处于边缘，因此 SV 数量会比较少，如图 4-21 所示。这种“稀疏”表示在构建分类器时可被考虑做数据压缩。SV 也存在“困难”的情况，通常是训练样本难以正确分类，并且过于靠近决策边界。

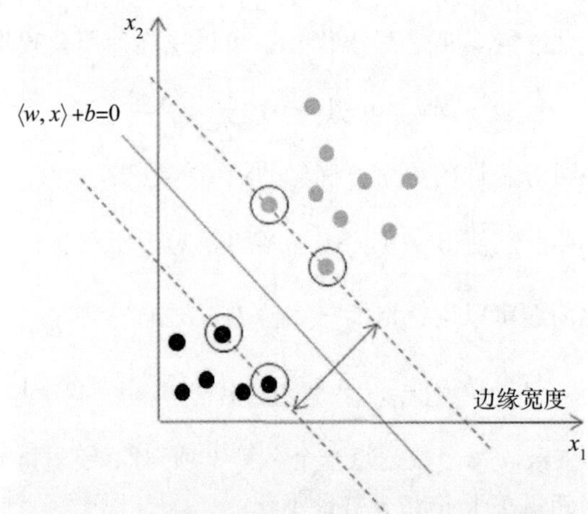

图 4-21 最大边缘超平面及其支持的所包围向量

SVM 学习算法定义为，在通常情况下，与总的训练样本的数量比较，SV 的数量很小。该属性允许 SVM 有效地分类新样本，因为多数训练样本可以安全地忽略掉。SVM 通过将其 α_i 权重指定为 0，从数据集合中删除不提供信息的模式。因此，如果不是 SV 的内点发生变化，对决策边界不会产生影响。超平面被稀疏地表示为“SV”点的线性组合。SVM 自动识别这些包含信息点的子集，并用它们表示解决方案。

在实际应用中，SVM 必须处理的工作包括：(a)处理子集中不能被完全分割的示例，(b)使用非线性的表面分割点，(c)用两个以上的分类处理分类问题。图 4-22 给出了具体的描述示例。在此类情况中如何处理呢？将从不能线性分割的数据这一问题开始讨论。如图 4-23(a)所示的点只能被非线性表面分割。是否能够定义线性边缘使某些点位于超平面的另外一边呢？

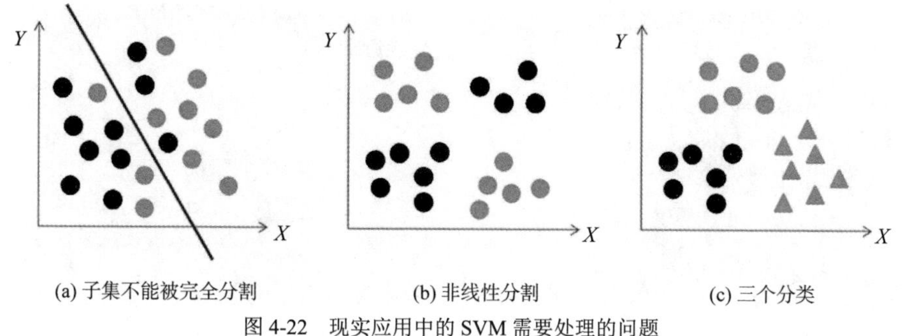

(a) 子集不能被完全分割　(b) 非线性分割　(c) 三个分类

图 4-22　现实应用中的 SVM 需要处理的问题

显然，不存在某个超平面能够将某个类中的所有样本分割为另外一个类的样本。在此情况下，无论采用何种 w、b 组合都不能满足约束集合。图 4-23(b)描述了这一情况，显然需要缓和约束以保证这些数据处于超平面正确的一面+1 或−1 上。需要允许一些数据点违背约束，但数据点的数量要足够小。该替代方法不仅对那些非线性可分割的数据集非常有用，而且也许更为重要的是，允许对泛化能力的改进。修改后的优化问题包含样本因违背约束带来的约束因子开销：

$$\frac{1}{2}\|w\|^2 + C\sum_{i=1}^{l}\xi_i$$

基于新的约束：

$$\left(\left\langle w, x^i\right\rangle + b\right)y^i \geqslant 1 - \xi_i$$

其中参数 C 表示违反约束的开销，ξ_i 是违反约束的样本距离。为达到分割分类的灵活性，SVM 模型引入了开销参数 C，用于控制在允许训练误差与强制严格的边缘之间的权衡。通过建立柔性边界(如图 4-24 所示)允许误分类。如果 C 太小，对拟合训练数据的拟合要求会较低。随着 C 值的增加，则相应地增加误分类点的开销，需要强制建立更准确的模型，但可能会降低模型的泛化能力。

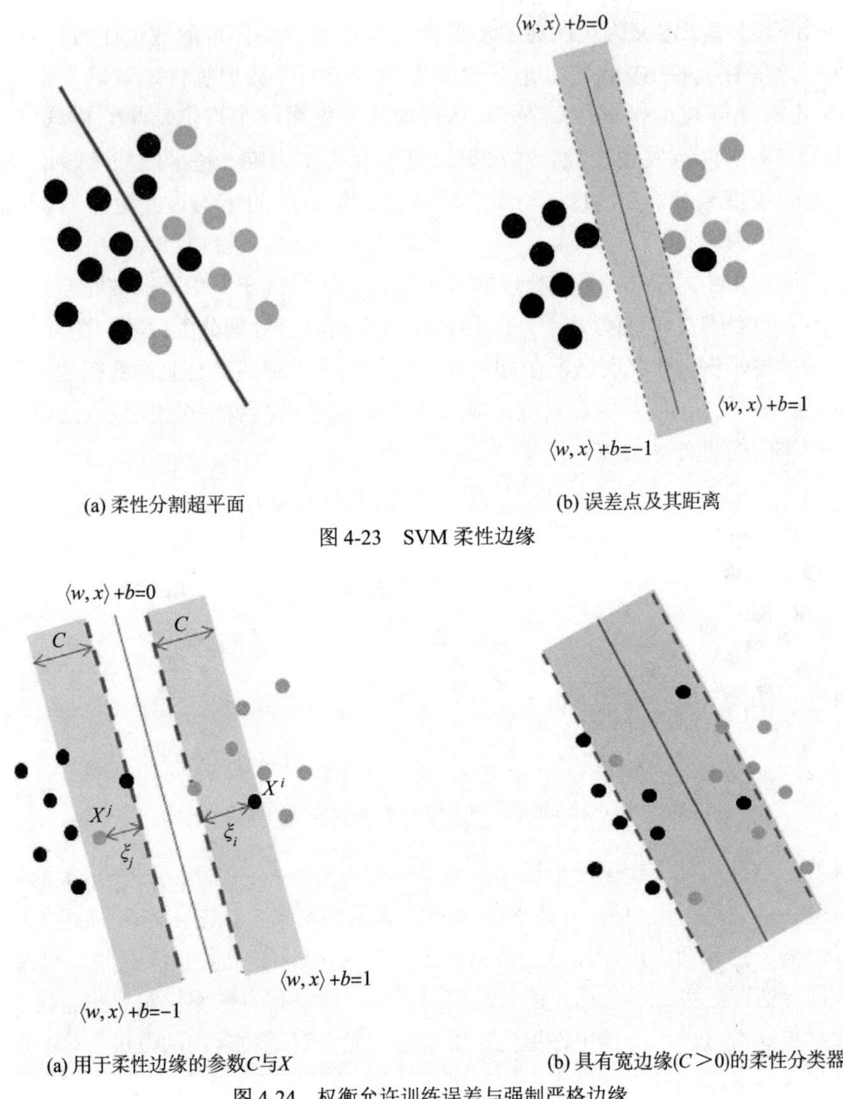

图 4-23 SVM 柔性边缘

图 4-24 权衡允许训练误差与强制严格边缘

这个 SVM 模型与前面讨论的线性可分割数据的优化问题非常相似，只是所有 α_i 参数都存在一个上界 C。C 值在需要多大的边界与能够允许多少训练集样本违反该边界这两个问题之间进行权衡。优化过程的步骤如下：拉格朗日变换，对 α_i 参数的优化，为分类超平面确定 w 及 b 值。双向选择保持一致，但可以采用针对 α 参数的额外约束：$0 \leqslant \alpha_i \leqslant C$。

多数分类任务需要更复杂的模型以获得最佳分割，也就是需要根据训练获得的 SVM 对新的测试样本进行正确的分类。原因在于给定的数据集需要非线性分割类。对不可分割问题的解决方案之一是将数据映射到高维空间并定义分割超平面。高维空间称为特征空间，以区分训练样本使用的输入空间。适当选择具有多维度的特征空间，任何一致的训练样本集都可以是线性可分割的。然而，将训练集转换到高维空间需要计算和学习开销。要表示对应训练集的特征向量，从时间和存储空间考虑需要巨大的开销。由于维度多的缘故，特征空间中的计算代价较高。一般还存在哪个函数适合转换的问题，需要从无穷多个函数中选择适当的一个。

SVM 优化过程的一个特征有助于确定方法的步骤。用于分类有关超平面的点的 SVM 决策函数仅涉及点之间的点积。此外，在特征空间中发现分割超平面的算法可以根据输入空间的向量和输入空间中的点积完全地确定。可以从一个空间将训练样本转换到另一个空间。但只能在新空间中使用点的标量积进行计算。对该积的计算不复杂，因为仅有一个小子集点包含在点积计算的 SV 中。SVM 可以定位特征空间中的分割超平面并分类该空间中的点，甚至不需要明确地表示空间；只是定义一个称为核函数的函数。核函数 K 始终在特征空间中起点积作用。

$$K(x, y) = \langle \Phi(x), \Phi(y) \rangle$$

该方法避免了明确地描述所有转换的源数据和高维特征向量的计算负担。最常用的两个核函数是多项式核：

$$K(x, y) = (\langle x, y \rangle + 1)^d$$

和高斯核

$$K(x, y) = \exp\left(\frac{-\| x - y \|^2}{\sigma^2}\right)$$

多项式核适合所有 $d \geqslant 1$ 的正整数。高斯核是一组被称为径向基函数(RBF)的核函数。RBF 是仅依赖于 x 和 y 之间几何距离的核函数。其核可用于所有核宽度 σ 为非零值的情况。高斯核可能是最有用和最常用的核函数。核映射函数的概念非常强大，例如图 4-25 给出的示例所示。即使存在非常复杂的边缘，它也能使 SVM 模型实现分割。可分析核函数与特征空间的关系以简化二次核 $k(x, y) = \langle x, y \rangle^2$，其中 $x, y \in R^2$。

$$\begin{aligned}
\langle x, y \rangle^2 &= (x_1 y_1 + x_2 y_2)^2 \\
&= (x_1 y_1 + x_2 y_2)(x_1 y_1 + x_2 y_2) \\
&= \left(x_1^2 y_1^2 + x_2^2 y_2^2 + 2x_1 x_2 y_1 y_2\right) \\
&= \left(x_1^2, x_2^2, \sqrt{2} x_1 x_2\right)\left(y_1^2, y_2^2, \sqrt{2} y_1 y_2\right) \\
&= \langle \Phi(x), \Phi(y) \rangle
\end{aligned}$$

上式定义了三维特征空间 $\Phi(x) = (x_1^2, x_2^2, \sqrt{2}\, x_1 x_2)$。可以对其他核函数做出类似分析。例如，通过类似过程检验“所有”二次核$(\langle x, y \rangle + 1)^2$，特征空间是六维的。

在实际使用 SVM 时，只需要定义核函数 k(不是转换函数 Φ)。对核函数的选择非常重要，因为核函数定义了分类训练样本集的特征空间。只要核函数是合法的，即使设计者完全不知道在核引发的特征空间中使用的训练数据的特征，SVM 也能正确执行。合法的核函数由 Mercer 定理给出：函数必须是连续且正定的。

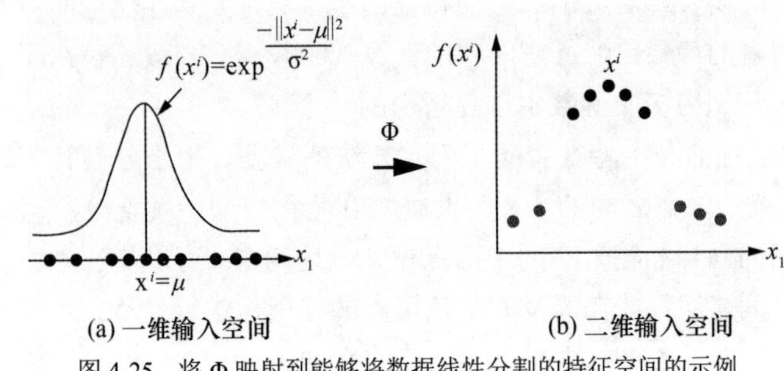

图 4-25　将 Φ 映射到能够将数据线性分割的特征空间的示例

改进的、强化的 SVM 在高维空间中构建了一个最佳的分割超平面。此时，优化问题变为：

$$D(\alpha)=\sum_{i=1}^{l}\alpha_i-\frac{1}{2}\sum_{i=1}^{l}\sum_{j=1}^{l}\alpha_i\alpha_j y^i y^j K(x^i\cdot x^j)$$

式中 $K(x, y)$是执行非线性映射到特征空间的核函数，约束不变。利用核函数可以在特征空间中最小化执行双重拉格朗日计算，并确定所有边缘参数，在新空间中没有表示点。使用适当的核 K 替换点积，由线性示例推导的所有示例亦可以应用于非线性示例。

采用核函数的方法给出了模块化的 SVM 方法。一个模块始终是不变的：线性学习模块。该模块将发现样本的线性分割边界。如果分类问题更加复杂，则需要非线性分割，需要使用新的预备模块，该模块基于核函数，将输入空间转换为更高特征空间，以便能够在该空间使用同样的线性学习模块，最后的解决方案是一种非线性分类模型。示例如图 4-26。该图包含不同的采用标准 SVM 学习算法的核函数，用于线性分割，表现了 SVM 方法能够灵活地应用到非线性实例中。

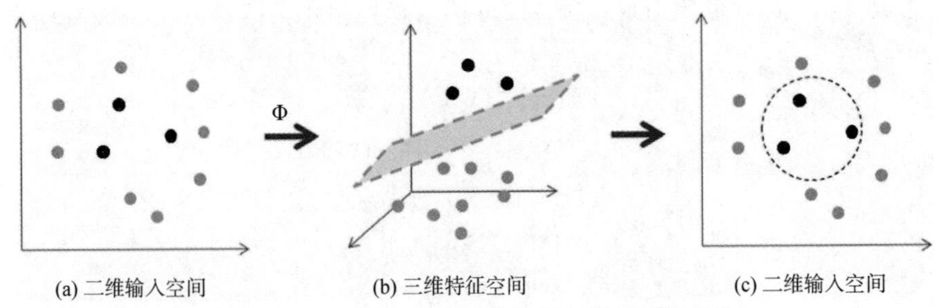

图 4-26　SVM 通过基于核的转换方法执行非线性分类

使用超平面将特征向量分割为两组的思想，在仅有两个目标分类的情况下工作良好，但是当目标变量有两个以上的分类时，SVM 如何处理这样的情况？为解决该问题，提出了多种方法，其中最常用的方法有两种：“一对多”对每个分类进行划分，并将其他分类与之融合；“一对一”构建 $k(k-1)/2$ 个模型，其中 k 是分类的数目。

SVM 应用的准备过程对最终的结果会产生巨大的影响。该过程包括对原始数据的预处理，设置模型参数。SVM 要求每个数据样本是实数向量。如果存在分类属性，首先将它们转换为数字数据。在此情况下推荐使用多属性编码。例如，一个三类属性(如红、绿、蓝)可以表示为 3 个分割属性，并且编码为(0,0,1)，(0,1,0)，(1,0,0)。只要属性值的数量不太大，该方法均适合。其次，在应用 SVM 前缩放所有的数字属性对于技术的成功应用也非常重要。主要的好处是避免属性存在过大的数字范围，从而控制了那些更小的范围。对每个属性形式化，将其控制在[−1；+1]或[0；1]范围内。

为 SVM 选择参数尤为重要，因为结果的质量取决于这些参数。最重要的两个参数是开销 C 和高斯核的参数 γ。对一个问题，事先并不知道最佳的 C 和 σ，因此必须进行参数搜索工作。目标是获得良好的(C; σ)，以便分类器能够精确地预测未知的数据(例如，测试数据)。注意，没有必要一定要获得高的训练精度。较小的开销 C 适合线性可分割样本。如果在处理非线性分类问题时选择小的开销 C，会造成欠拟合学习。在处理该类问题时使用大 C 是比较适合的，但不宜过大，因为分类边缘将会很小，导致过度拟合学习。类似的分析也适合于高斯核参数 σ。小 σ 将导致在未来空间中的不显著转换靠近线性核，造成缺乏灵活性的解决方案。而大 σ 会导致极端复杂的非线性分类方案。

许多现实的 SVM 应用表明，一般来说，可以考虑首选 RBF 模型。RBF 核非线性地将样本映射到高维空间上，与线性核不同，它比较适合处理那些类间关系高度非线性的情况。线性核可以当成 RBF 的特例。选择使用 RBF 的另一个原因在于超参数的数量将会影响模型选择的复杂性。例如，多项式核比 RBF 模型具有更多的参数。调整更加复杂，并且时间开销巨大。当然，也存在一些 RBF 模型不适合的情况，仅采用线性核也可能会获得非常好的效果。问题是在什么时候首选线性核。如果特征数量比较大，可能不需要将数据映射到高维空间。实验表明非线性映射不能改进 SVM 的性能。使用线性核足以达到要求，C 是唯一的调整参数。大多数生物信息的微阵列数据以及用于分类的电子文档集是此种类型的数据。当特征数量较小时，样本的数量增加，SVM 使用非线性核将数据映射到高维空间中。

采用网格搜索是获得最佳参数的方法之一。算法采用几何步骤跨越特定的搜索范围尝试每个参数的值。由于需要为模型的每个参数评估网格内的很多点，因此网格搜索的计算很昂贵。例如，假设网格搜索包含 10 个搜索内点，RBF 核函数使用两个参数(C 与 σ)，则模型需要评估 10×10=100 个网格点，也就是说参数选择过程需要 100 次迭代。

最后对 SVM 的主要优势进行总结。首先，与其他一些技术不同，在参数数量较少时，训练过程相对容易，最终形成的模型不会是局部最优的。同时，针对高维数据，SVM 方法扩展性相对较好，扩展性体现了分类器复杂性与精度之间的折中。非传统的数据结构(如字符串和树)可以作为 SVM 的输入样本，该技术不仅能够应用于分类问题，而且可以应用于预测。SVM 的缺点包括计算效率不高，且需要通过实验方法选择“良好的”核函数。

SVM 方法在数据挖掘领域越来越受到重视。包括 SVM 的软件工具越来越专业，用户使用更加方便，应用到许多数据量巨大的实现问题中。在宽泛的应用领域，SVM 显示出比逻辑回归或人工神经网络更好的特性。SVM 一些最为成功的应用在图像处理领域，特别是手写体数字识别和人脸识别。其他 SVM 应用领域包括文本挖掘和海量文档集分类，分析生物信息学的基因序列等。此外，SVM 被成功地应用于研究市场应用的文本和数据。由于数据挖掘团体采用的核方法和最大边缘方法（包括 SVM）还在不断进步，SVM 将成为数据挖掘工具包中的一项基本工具。

4.6 半监督支持向量机(S3VM)

近几十年来，收集数据的方式更加多样化，数据量呈指数级增长。随着各种技术的快速发展，收集大量数据变得很容易。为了建立良好的预测模型，必须有带标签的训练数据集。然而，由于在大多数现代应用中获得的数据极其庞大，因此在标签工作中投入大量资源是不可行的。收集未标记的数据样本很可能变得越来越便宜，但是获得标记需要花费大量的时间、精力或金钱。这在机器学习的许多应用领域都是如此，下面的示例只是大数据环境中的几个示例。

- 在语音识别技术中，记录大量的语音几乎不需要花费任何成本，但是标记它需要一些人倾听并进行文字记录。
- 数十亿的网页可以直接用于自动处理，但要对它们进行可靠的分类，人类必须阅读它们。
- 蛋白质序列现在以工业速度获得(通过基因组测序、计算基因发现和自动翻译)，但要解析三维结构或确定单个蛋白质的功能，可能需要非常重要的科学工作。

根据训练数据集的特点，机器学习任务的分类可以从两类扩展到 3 类：无监督学习、监督学习和一种新型的半监督学习(SSL)。前面介绍了监督和非监督学习技术，本节将解释 SSL 的主要思想。本质上，这种情形中的学习模型与带标记样本的监督学习模型相似；只是这一次，模型使用大量廉价的未标记数据进行了增强。

SSL 是近年来机器学习研究的热点之一，在生物信息学、网络挖掘等诸多应用领域引起了广泛关注。在这些学科中，更容易获得未标记的样本，而标记需要大量的努力、该领域的专业知识和时间消耗。想象一下，把数百万封邮件标记为垃圾邮件或标记为没有垃圾邮件，会创建高质量的自动分类系统。SSL 是一种将无监督学习和监督学习相结合的机器学习方法。其基本思想是利用大量的未标记数据来帮助监督学习方法改善建模结果。更正式地说，在 SSL 中，有标记的数据集 $L = \{(x_1, y_1), (x_2, y_2),\ldots,(x_m, y_m)\}$

和未标记的数据集 $U=\{x_1', x_2', ..., x_n'\}$，其中 $m \ll n$，x 是 d 维输入向量，y 是标记。任务是确定一个函数 $f: X \to Y$，它可以准确地预测每个样本 x□X 的标签 y。由于未标记数据包含的 f 函数信息比标记数据少，因此为了提高模型的预测精度，需要大量的未标记数据。当未标记的数据样本远远多于标记的数据样本时，SSL 将非常有用。这个大数据假设意味着需要快速高效的 SSL 算法。

图 4-27 给出了未标记数据在 SSL 中的影响的一个示例。图 4-27(a)部分显示了在只看到一个积极的(白色圆圈)和一个消极的(黑色圆圈)示例后可能采用的决策边界。图 4-27(b)部分显示了一个可能采用的决策边界，在这部分，除了这两个标记的示例外，还提供了一组未标记的数据(灰色圆圈)。这可以看成对未标记的样本进行聚类，然后通过将这些标记与给定的标记数据同步来标记这些聚类。这种标记过程使决策边界远离高密度区域。在图 4-27 中，无论有无未标记的样本，最大边缘原则都确定了最终决策边界。

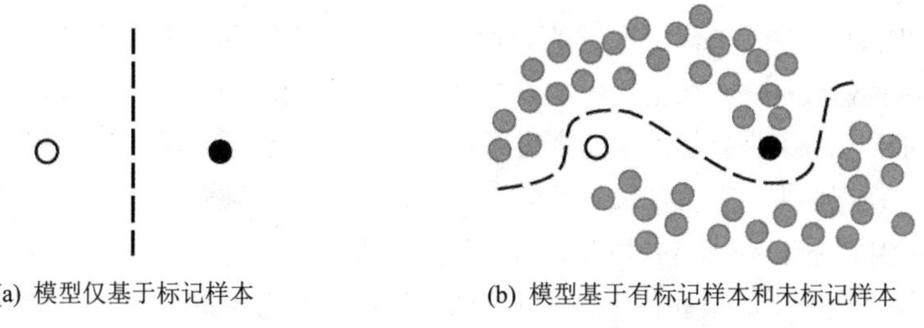

(a) 模型仅基于标记样本
(b) 模型基于有标记样本和未标记样本

图 4-27　使用标记样本和未标记样本的分类模型

为了评估 SSL 模型，有必要将其与仅使用标记数据的监督算法的结果进行比较。问题是，考虑到未标记的点，SSL 实现方案能有更准确的预测和更好的模型吗？原则上，答案是肯定的。然而，要达到这个改进的解决方案，有一些重要的条件：未标记样本的分布必须与分类问题相关。使用更多数学公式，可以说，通过未标记数据获得的关于 $p(x)$分布的知识，在推断 $p(y|x)$时必须携带有用的信息。如果不是这样，SSL 就不会产生比监督学习更好的效果。甚至有可能出现未标记数据由于误导推理而降低预测精度的情况。

SSL 包括半监督支持向量机(S3VM)、自训练算法、生成模型、基于图的算法和多视图方法等技术。这篇简短的综述提供了关于 S3VM 的一些附加细节。S3VM 是标准支持向量机方法的扩展，使用了额外可用的未标记数据。此方法实现了 SSL 的集群假设，即数据集群中的示例具有类似的标签，因此类被很好地分隔开，不会从密集的未标记数据中删除。S3VM 的主要目标是通过使用标记数据和未标记的数据来构建分类器。与 SVM 的主要思想相似，S3VM 需要最大的边缘来分离训练样本，包括所有标记数据和未标记的数据。S3VM 的基本原理如图 4-28 所示。如果学习过程只基于带+或-的小圆表示的标记样本，则具有最大分离度的 SVM 模型用虚线表示。如果对未标记的样本进行建模，并接受密度作为分离裕度的标准，则最大化的分类裕度将完全转化为平行的全直线。

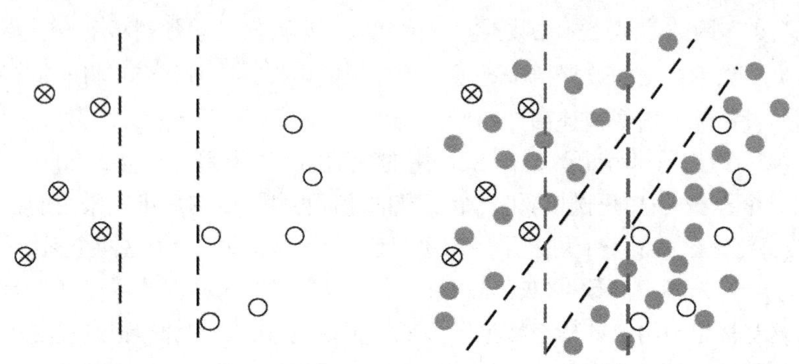

(a) 仅对标记样本进行训练的监督模型　　(b) 半监督模型也使用未标记的样本

图 4-28　半监督模型改进了分类

只有满足两个关于未标记数据的假设，S3VM 才会得到令人满意的结果。

1. **连续性假设**——n 维空间中的未标记样本，它们之间的距离越近，就越有可能共享相同的标记。在监督学习中，也通常做这个假定，它倾向于产生几何上很简单的决策边界。在 SSL 中，平滑性假设代表了一种扩展，它还倾向于在低密度区域中产生分类边界，因此属于不同类的相互接近的样本更少。

2. **集群假设**——数据往往形成离散的集群，同一集群中的点更有可能共享同一标记。标记共享可以跨多个集群进行。例如，如果未标记的样本组织到 X 集群中，那么 $X-Y$ 集群可能属于一个类(一个标签)，而 Y 集群中其余的数据属于另一个类(该示例针对的是两个类的问题!)。聚类假设是平滑假设的一个特例，由此产生了基于聚类算法的特征学习。

在满足平滑度和聚类要求的前提下，S3VM 算法的核心步骤如下。

(1) 列举未标记样本 X_u 的所有 2^u 个可能的标记组合(问题的指数复杂度——它需要对未标记样本进行标记所使用的所有替代方法进行分析)。

(2) 在前一步中，为每个标记案例(以及 X_l 分裂的变种)构建一个标准 SVM。

(3) 选择边缘最大的 SVM。

显然，该算法在第一步中就存在标记组合数目爆炸的问题！不同的 S3VM 实现方案应用了多种优化方法，在实践中表现出合理的性能(例如，未标记和标记样本图中的最小割法)。显然，S3VM 在(未标记)数据非常多的情况下有严重的缺陷。这些方法在训练中花费了大量的时间，是目前 S3VM 实现中面临的最大挑战。

通常，对于所有具有可用的未标记数据和标记数据的应用程序，没有统一的 SSL 解决方案。根据可用的数据和有关问题的知识，可以使用不同的技术和方法：有足够的标记样本时使用标准的监督学习(如 SVM)；数据集满足两个假设时则使用不同的 SSL 技术(包括 S3VM)。如果使用 SSL 作为第一步，请通过与其他方法(包括有监督的甚至无监督的学习模型)进行比较，来验证和讨论解决方案。图 4-29 仅给出了可适用和不可适用 S3VM 的说明性示例。

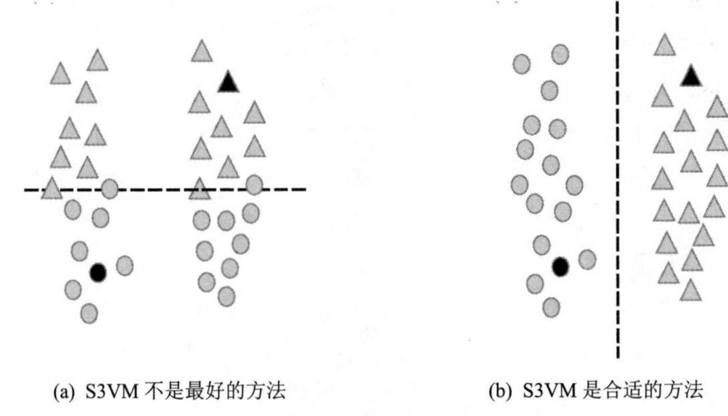

(a) S3VM 不是最好的方法　(b) S3VM 是合适的方法

图 4-29　连续性和聚类假设决定了半监督学习的质量

4.7　*k* 最近邻分类器

与支持向量机这样的全局分类模型不同，*k* 最近邻分类器(或 kNN 分类器)确定局部决策边界。如图 4-30(a)，若采用 1NN，对每个新的样本，将其分类到与其最近的邻居样本所属的类。开始时，所有样本分属于两个类(+和−)。新的样本？将会被分类到与其最近的邻居所属的类。1NN 分类器并不是一个十分可靠的方法。每个测试样本的分类决策依赖于单个训练样本的类，标记可能未准确标记，也可能不够典型。对更大的 *k*，kNN 将新的样本划分到其 *k* 个最近邻中多数近邻所属的类中，其中 *k* 是该方法的参数。图 4-30(b)给出了当 k=4 时的示例，k＞1 的 kNN 分类更加可靠。大的 *k* 值可以减少训练数据集中噪声点的影响。

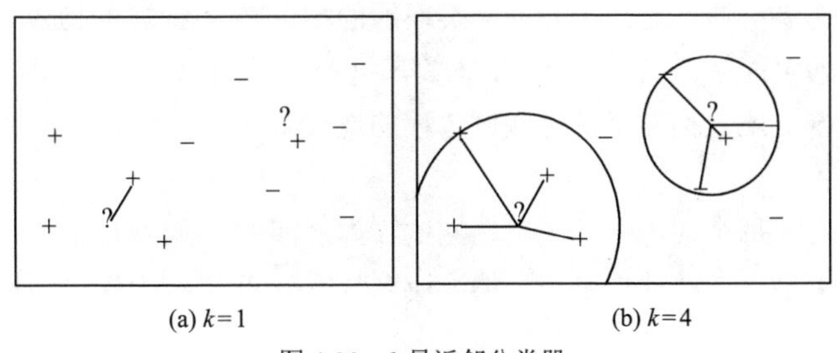

(a) k=1　(b) k=4

图 4-30　*k* 最近邻分类器

kNN 分类器的原则是，期望测试样本 X 与其所处的局部区域中的训练样本具有相同的类标号。kNN 分类器是一种消极(懒惰)型学习器，与 SVM 以及在后续章节中将会给出的其他学习模型不同，该方法并不事先建立明确的学习模型。kNN 分类器的训练仅包含对 *k* 值的确定。事实上，如果提前选择了 *k* 值，并且不需要对给定的样本做预处理的话，则 kNN 方法根本不需要训练。kNN 仅需要记住训练集中的所有样本，然后与测试样本进行比较。出于上述原因，kNN 也称为基于存储的学习或基于实例的学习。通常在机器学习中，往往期望具备尽可能大的训练数据，但对 kNN 来说，在分类测试数据时，大的训练集会导致严重的效率问题。

kNN 模型的建立非常简单(仅需要存储训练数据)，但是对未知样本的分类却相对复杂得多，原因在于需要计算被标号的训练样本的 kNN。为此，需要计算未标记对象与所有已标记对象的距离，当训练样本比较庞大时，计算工作量非常巨大。在所有的监督学习方法中，最近邻分类器始终能够获得较高的性能，不需要有关训练样本分布的先验假设，读者可能会注意到发现测试样本的最近邻与即席检索方法之间的相似性。在标准的信息检索系统(例如数字图书馆或 Web 搜索)中，搜索与由关键字集合表示的查询文档最相似的文档(样本)。问题比较类似，提出的解决方案可以应用到这两个领域中。

图 4-31 展示的是采用 Voronoi 图连接的 1NN 的决策边界。Voronoi 图将空间分解为 Voronoi 区域，每个区域包含所有这样的点，这些点与样本的距离比与其他样本的距离更近。假定在二维空间中存在 X 个训练样本，图将二维平面划分为$|X|$个凸多边

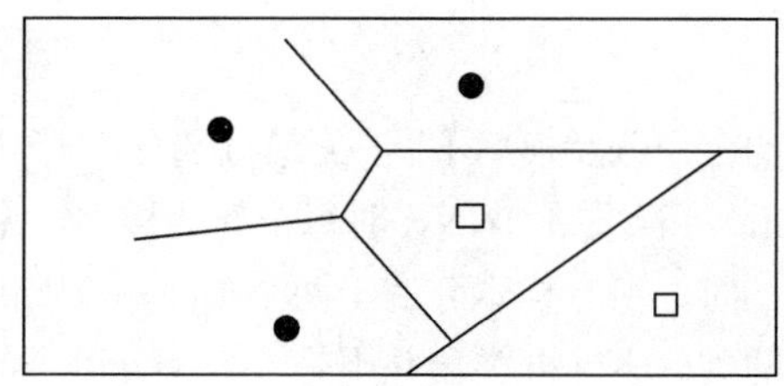

图 4-31 二维空间中的 Voronoi 图形

形，每个包含对应的样本，凸多边形是二维空间中由线段围绕的凸区域。对一般的 $k>1$ 的情况，对 kNN 所处的空间中的区间是相同的。仍然是凸多边形，空间被划分为多个凸多边形，每个凸多边形内 kNN 集是不变的。

kNN 中的参数 k 通常基于经验或分类问题的相关知识来选择。通常 k 选择为奇数，以免发生平局的可能性。k=3 或 k =5 是比较常见的选择，但是也有选择的 k 值大到 100 的情况。其他方法还包括可以通过测试过程的迭代来选择 k，选择的 k 能够针对测试集获得最佳结果。

由于需要计算每个训练样本与新的测试样本之间的距离，因此算法的时间复杂性与训练集合的大小存在线性关系。当然，计算时间会随着 k 值的增加而上升，但带来的好处是较大的 k 值能够平滑分类表面，从而减少了训练数据中存在的噪声所带来的问题。同时，由于需要考虑距离更远的样本，因此较大的 k 值可能会破坏估计的局部性，较大的 k 值还会增加计算的负担。在实际应用中，通常对 k 选择几个或几十个，而不会选择成百上千个。最近邻分类器是非常简单的算法，但属于计算密集型的算法，特别是在测试阶段。距离度量的选择是另一个需要重点考虑的问题。众所周知，随着属性数量的增加，欧几里得距离度量的识别率会降低，因此某些情况下，采用余弦或

其他度量方法比欧几里得距离度量要好。

算法的测试时间独立于类的数量。因此 kNN 对存在多个类的分类问题具有潜在的有利条件。例如，图 4-32 的示例存在 3 个类($\omega_1, \omega_2, \omega_3$)，表示训练样本的集合，目标是为测试样本 x_u 发现类标号。在此环境下使用欧几里得距离度量，k 值取 5 作为阈值。在 x_u 所涉及的 5 个最近邻中，4 个属于 ω_1 类，1 个属于 ω_3 类，因此 x_u 被划分到 ω_1 类，因为 ω_1 类在其近邻中数量上占优。

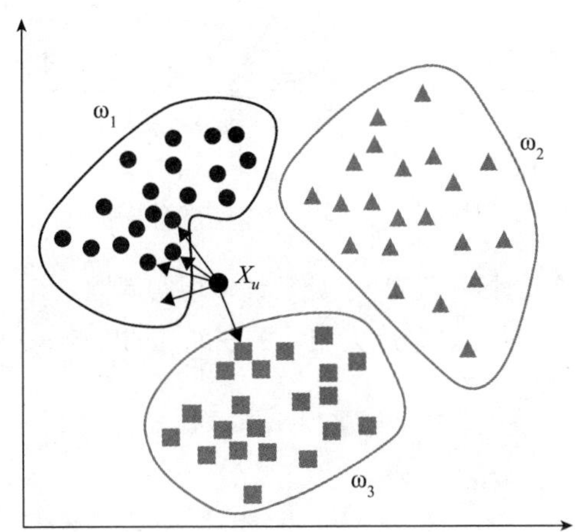

图 4-32　k 值取 5 时的 k 最近邻分类器

总之，kNN 分类器仅需要一个参数 k、一个有标号的训练样本以及在 n 维空间中度量距离的方法。kNN 分类过程一般具有如下步骤：

- 确定参数 k——最近邻的数量；
- 计算每个测试样本与所有训练样本之间的距离；
- 整理距离，基于 k 值选择最近邻；
- 确定每个最近邻所属的分类(类)；
- 通过对最近邻使用简单的多数表决方法确定测试样本分类的谓词值。

可以采用多种技术对最近邻分类的性能和速度加以改进。方法之一是选择训练样本的子集用于分类。压缩最近邻方法(CNN)的主要思想是选择训练数据集 X 的最小子集 Z，并采用 Z 替换 X，新的测试样本的分类误差不会增加。1NN 用于分类的无参数估计。它与采用分段线性方法的分类函数类似。仅保存定义分类器的样本。在区域内的其他样本不需要保存。因为它们属于同一个类。二维空间中 CNN 分类器的实例如图 4-33 所示。贪婪 CNN 算法如下所示：

(1) 开始时设置集合 Z 为空。

(2) 以随机顺序遍历样本集 X，判断是否可以将其按照示例正确地分类到 Z。

(3) 如果样本没有被分类，则添加到 Z 中；如果被正确地分类，则无须改变 Z。

(4) 重复遍历训练集，直到 Z 不再发生改变为止。算法不能保证 Z 能够得到最小子集。

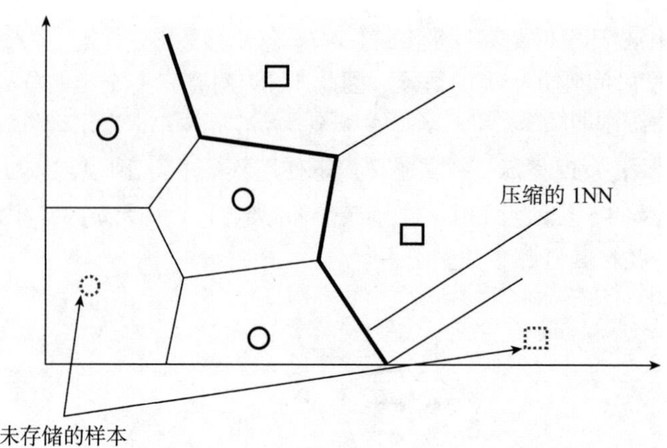

图 4-33　二维空间中的 CNN 分类器

kNN 方法相对简单并且可以应用于处理许多现实问题。当然，目前该方法仍然存在一些问题，例如可扩展能力、维度灾难、关联属性的影响、距离度量的权重因子、k 近邻投票的权重因子等。

4.8　模型选择与泛化

假定试验数据按照某种未知的概率分布给出，问题在于是否一个有限的实验数据集能够包含足够的信息，用于学习基本规则并将其用模型表示出来。对此问题正面的回答是任何学习算法获得成功的必要条件，负面的回答是学习系统能够完美地记忆试验数据，但系统对未见的数据可能执行不可预知的行为。

以下将以学习获得布尔函数的简单问题入手，在示例的引导下讨论适当选择模型的问题。假设输入和输出均是二元的。对输入 d，存在 2^d 个不同的样本。作为输出的布尔函数包含 2^{2d} 个不同样本。每个函数是一个可能的假设 h_i。当输入为 x_1 和 x_2 时，存在 2^4=16 个不同的假设，如表 4-1 所示。

表 4-1　作为假设的布尔函数

输入		假设			
x_1	x_2	h_1	h_2	…	h_{16}
0	0	0	0		1
0	1	0	0		1
1	0	0	0		1
1	1	0	1		1

每个训练(学习)样本包含两个输入和一个输出值(x_1, x_2, o)，消除了一半的假设(h_i)。例如，样本(0, 0, 0)消除了 h_9～h_{16}，因为这些假设在输入为(0, 0)时，其输出值为 1。这是一

种解释学习的方法：以所有可能的假设作为开始，当出现更多的训练样本时，消除不一致假设。在观察了 N 个样本后，仍然包含 2^{2d-N} 个可能的假设。这就是布尔函数作为模型用于给定数据集得到的结果。实际上，输入往往不是二元的，一般存在 k 个不同的值($k\gg$)，数据往往是高维的($d\gg$)，$k^d\gg N$。实际上样本的数量远远小于假设的数量(或者说远小于潜在模型的数量)。因此，用于发现特定解决方案-模型的数据集本身就不充分。仍然存在大量的假设。因此不得不制定一些额外的假设用于获得给定数据(N 个样本)的特定解。这些假设称为学习算法的归纳偏置(原则)。归纳偏置将影响模型的选择。主要问题是：根据训练数据训练获得的模型，对新的样本(非训练数据)的输出做出正确预测的情况如何？这代表对模型泛化能力的一个基本需求。为获得最好的泛化，需要匹配假设类与基于训练数据的函数的复杂性。在学习过程中需要在假设的复杂性、数据量、新样本的泛化误差之间进行权衡(见图 4-34)。因此，建立一个数据挖掘模型并不是一个简单直接的过程，需要非常仔细地处理，多数情况下需要为多个挖掘迭代提供反馈信息。

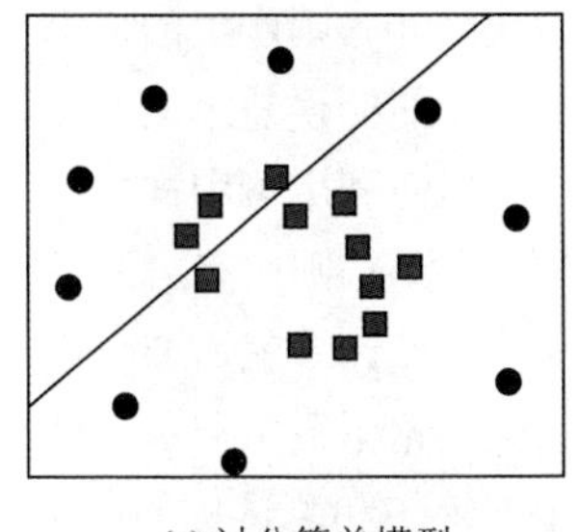
(a) 过分简单模型

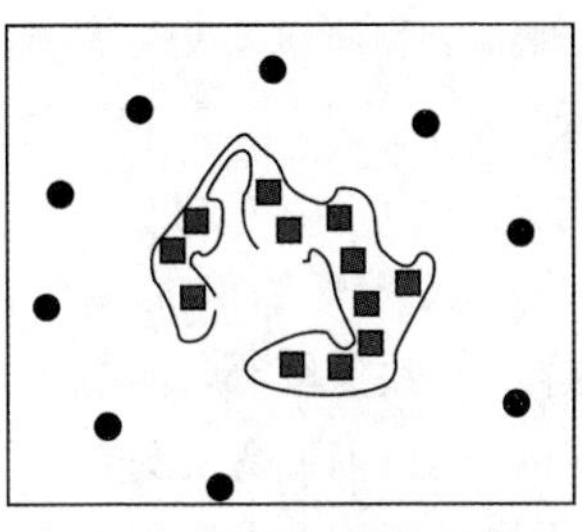
(b) 过分复杂模型

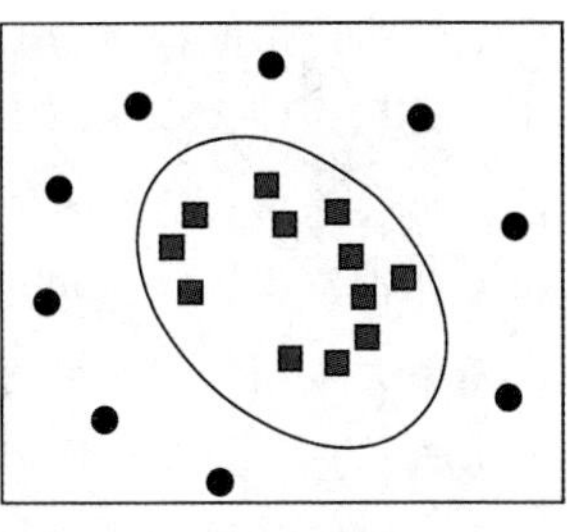
(c) 适当的模型

图 4-34　模型复杂性与数据数量之间的权衡

在数据挖掘过程的最后阶段，当采用一个或多个归纳学习技术获得相关模型后，仍然存在一个重要问题。如何核实并验证模型？首先，分析检验与验证的差别。

模型验证(validation)是要证明模型在应用领域内，其行为所导致的结果是否与用户定义的目标达到令人满意的精确一致的效果。换句话说，模型验证是要证明形成模型的数据，能足够精确地表示被观察的系统。模型验证着眼于建立对应于系统的正确的模型。模型核实(verification)要证明采用新表示方式，由数据形成的模型是足够精确的。模型核实着眼于正确地建立模型，模型准确地与数据相符。

由于数据挖掘结果的可信性和可接受性的条件不够充分，因此模型验证是必要的。例如，如果初始目标是不正确的，或者数据集定义不适当，通过模型表示的数据挖掘结果就没有用处。然而，尽管如此，模型仍然可以是正确的，可以解释说开展了“出色的”数据挖掘过程。但决策者不会接受这样的结果，不能用它做任何事情。因此，需要牢记的是，正如人们常说的，正确地描述问题就解决了问题的一半。爱因斯坦曾经指出对问题的正确描述和准备甚至比问题的解决方案更重要。数据挖掘过程的最终目标并不仅是给需要解决的问题建立一个模型，而是需要为给决策者提供足够可信的、可接受的、可操作的模型。

测试过程处理数据挖掘结果的核实和验证。模型测试证实存在不精确性，或暴露模型中存在的差错。将测试数据和测试用例应用于模型上，考察其函数是否正确。“测试失败”意味着模型的错误，并不是测试的问题。一些测试设计用于评价模型行为的准确性(即进行验证)，一些测试用于判断数据转换到模型的准确性(即进行核实)。

通过数据挖掘过程获取模型的目标是正确地分类/预测新的示例。评价模型质量的常用方法是预测精度。因为新示例并不出现在模型学习阶段中，需要使用真实误差率预测精度。真实误差率定义为根据渐近收敛到总体分布的大量新示例所得出的模型误差率。实际上，数据挖掘模型的真实误差率应该以所有可用样本进行评估，实际上这些样本分为训练集和测试集。首先采用训练样本设计模型，然后使用测试样本评估模型的性能。为使误差评估能够可靠地预测未来模型的性能，不仅要求训练集合和测试集合足够大，而且它们必须是相互独立的。训练样本和测试样本相互独立的这个要求在实践应用中往往被忽略了。

如何将可用的样本分割为训练集和测试集呢？如果训练集较小，则产生的模型可能不够可靠，导致泛化能力差。另一方面，如果测试集较小，评估的误差率的可信度就低。对误差率的估计可以采用多种方法，差别主要在于它们如何利用可用样本作为测试集和训练集。如果可用样本的数量极大(例如，一百万个样本)，则所有方法得出的误差率大致相同。如果可用样本的数量较小，数据挖掘实验的设计者就需要仔细地研究数据的划分方法。如何划分样本目前尚无完好的指导原则。无论采用何种方法划分样本，比较清楚的结论是，不同的随机划分，即使定义了训练集和测试集的大小，也会产生不同的误差估计。

下面讨论通常被称为二次采样方法的技术。该方法将数据集分为训练样本和测试样本。与采用分析方法用于评估和选择模型比较，采用二次采样方法的好处是不依赖有关数据或近似函数属性的统计分布的有关假设。二次采样方法的主要问题在于计算工作量大，评估依赖于重采样策略，策略不同，评估的差异较大。

模型评估的基本方法是首先使用部分训练数据准备或学习模型，然后使用剩余的样本估计该模型的预测风险。第 1 部分数据称为学习集，第 2 部分称为验证集，或者也称为测试集。这样的朴素策略基于如下假设，被选择的学习集和验证集是未知、同分布的数据。对大数据集来说，这个假设通常是正确的，但该策略显然不利于小数据集。对小量样本，划分数据的特定方法对模型的精度有影响。针对小数据集的各种二次采样方法，依照其划分初始数据集的策略的不同，会产生不同的结果。这里将简单描述当前数据挖掘实践中常用的二次采样方法，数据挖掘系统的设计者将不得不根据数据和问题的特征做出选择。

(1) **二次替代方法**　该方法最简单。所有可用数据既作为训练集，也作为测试集。换句话说，训练集和测试集相同。对该类“数据分布”的误差率评估偏于乐观(评估误差通常比对现实应用的模型的期望小)，因此该方法在实际的数据挖掘应用中很少被使用。当样本大小与维度比例小的情况下，可以应用该方法。

(2) **保持方法**　一半的数据或 2/3 的数据被当作训练数据，剩余的当作测试数据。训练数据集和测试数据集是独立的，且误差评估悲观。不同的划分将得到不同的评估。过程的重复，采用随机选择方式选择测试集和训练集，将误差结果集成到一个标准的参数，将会改进对模型的评估。

(3) **留一法**　该方法采用$(n-1)$个样本用于模型训练，剩下 1 个样本评估。使用不同的$(n-1)$个样本重复 n 次。该方法需要大量的计算工作，对 n 个不同的模型进行设计和比较。

(4) **旋转法(n-折交叉验证)**　该方法是保持方法和留一法的折中。将可用样本分成 P 个不相交的集合，其中$(1 \leqslant P \leqslant n)$。$(P-1)$个子集用于训练，剩余一个子集用于测试。在实践中，该方法是最常采用的方法，特别适用于那些样本数量较小的问题。

(5) **引导法**　该方法采用替换方式对可用数据进行二次采样，基于给定的数据集合建立一些同样大小的“虚假”数据集。这些新数据集的数量通常有几百个。新的训练集可用于定义误差率的引导评估。实验结果显示引导评估比交叉验证评估好。该方法通常用于小数据集合的环境中。

4.9 模型的评估

作为使用不同的归纳学习技术在数据挖掘过程中实现的模型，评估时可以把标准误差率参数作为它的一个性能度量。这个在统计学习原理中定义的参数值表示真实误差率的近似值。误差率用检验样本集来计算，而检验样本集是应用某种再取样技术获取的。除了由误差率表示的精度之外，还可以比较数据挖掘模型的速度、可靠性、可缩放性和可解释性，所有这些参数都对最后的模型核实和验证有影响。下面将举例说明分类任务的误差率参数的特性、可用于其他常见数据挖掘任务的相似方法和分析。

误差率的计算基于检验过程中的误差计算。这些分类问题的误差简单地定义为误分类(错误分类的样本)。如果所有误差的重要性等同，误差率 R 就是误差数目 E 与检验集中的样本数 S 之比。

$$R = \frac{E}{S}$$

模型的精度 AC 是分类正确的检验数据集的一部分，它等于 1 减去误差率。

$$\mathrm{AC} = 1 - R = \frac{(S-E)}{S}$$

对于标准分类问题，误差可能有 m^2-m 种，其中 m 是类的数量。

评估不同分类模型的性能时，两个常用的工具是混淆矩阵和增益图(lift chart)。混淆矩阵有时称为分类矩阵，可以评估模型的预测精度，它检查模型是否混乱，即模型是否在预测时出错。若某分类模型的类别只有两个：yes 和 no，则其混淆矩阵如表 4-2 所示。

表 4-2 两类分类模型的混淆矩阵

预测的类	实际的类	
	Class 1	Class 1
Class 1	A:True+	B:False+
Class 2	C:False−	D:True−

如果仅有两种类(正样本和负样本，用 T 和 F 或 1 和 0 来象征性地代表)，就只有两类误差。

1. 期望为 T，但分类为 F：这种情况是假负误差(C: False-)。

2. 期望为 F，但分类为 T：这种情况是假正误差(B: False+)。

如果分类超过两种，误差的类别可总结为一个混淆矩阵，如表 4-3 所示。分类数 m 为 3 时，有 6 类误差($m^2-m=3^2-3=6$)，在表 4-3 中，它们以粗体表示。在本例中，每类包含 30 个样本，总共是 90 个检验样本。

表 4-3 3 个类的混淆矩阵

分类模型	True class			合计
	0	1	2	
0	28	**1**	**4**	33
1	**2**	28	**2**	32
2	**0**	**1**	24	25
合计	30	30	30	90

本例的误差率为：

$$R=\frac{E}{S}=\frac{10}{90}=0.11$$

相应的精度为：

AC=1−R=1−0.11= 0.89 (或换算成百分比：A = 89%)

精度并不总是分类模型质量的最佳度量标准。尤其是类在实际问题中的分布不均匀时，就更是如此。例如，如果问题是把健康人与病人区分开，则在许多情况下，训练和检验的医疗数据库就主要包含健康人(99%)，只有一小部分是病人(约1%)。此时，无论所评估的模型精度有多高，该模型也不能真实反映现实情况。因此，需要用其他方式评估模型的质量。实际上，人们已开发了几种度量方式，表 4-4 列出了其中最著名的评估标准。这些标准的计算基于表 4-2 中混淆矩阵的参数 A、B、C 和 D。合适标准的选择取决于应用领域，例如在医疗领域，最常用的标准是敏感性与特异性。

表 4-4　混淆矩阵 2×2 的评估标准

评估标准	用混淆矩阵计算
真阳性率(TP)	TP = A/(A + C)
假阳性率(FP)	FP = B/(B + D)
敏感性(SE)	SE = TP
特异性(SP)	SP = 1 − FP
精确度(AC)	AC = (A + D)/(A + B + C + D)
检索(*R*)	*R* = A/(A + C)
精度(*P*)	*P* = A/(A + B)
F 度量(*F*)	*F* = 2*PR*/(*P* + *R*)

以前的度量方法主要是针对分类问题而开发的，其中模型的输出是一个分类变量。如果输出是数值的，则定义了几个用于回归问题的附加预测精度度量。假设每个样本 e_i 的预测误差定义为其实际输出 Y_a 值与预测 Y_p 值之差：

$$e_i = Y_{ai} - Y_{pi}$$

基于每个样本的标准误差度量，为整个数据集定义了几个预测精度标准。

1. MAE(平均绝对误差)$=1/n\sum|e_i|$

其中 n 为数据集中样本的个数，表示建立模型的所有可用样本的平均误差。

2. MAPE(平均绝对误差百分比)$=100\%*1/n\sum|e_i/Y_{ai}|$

这个度量值以百分比的形式给出了预测与实际值的偏离程度。

3. SSE(误差平方和)$=\sum e_i^2$

这个度量值可能会变得非常大，尤其是在样本数量很大的情况下。

4. RMSE(均方根误差)$=\sqrt{SSE/n}$

RMSE 是残差(预测误差)的标准偏差，残差是衡量样本与回归模型之间距离的度量。它衡量的是这些残差的分布情况。换句话说，它说明模型周围的数据有多集中。这种度量最常用于实际应用程序。

到目前为止，每个误差都同等重要。但在很多结果是分类模型的数据挖掘应用中，“所有误差的权值都相同”的假设是不可接受的。因此，应该记录不同误差间的区别，对误差率的最终测量应该考虑这些区别。当不同类型的误差对应不同的权值时，就需要将每个误差乘以所给的权值因子 c_{ij}。如果混淆矩阵中的误差元素为 e_{ij}，则总成本函数 C(替代精度计算中的误差数)可以计算为：

$$C = \sum_{i=1}^{m}\sum_{j=1}^{m} c_{ij} e_{ij}$$

在许多数据挖掘应用中，用一个整体误差率描述模型的性能是不够的。要描述模型的质量，必须有更加复杂的全局度量标准。提升图有时称为增益图，它是分类模型性能的另一个度量标准。它表示将模型应用于检验数据集的不同部分会如何改变分类的结果。这个变化率很可能提高响应率，因此称为“提升”。提升图指出数据集的哪个子集包含了最大比例的正响应或正确分类。提升曲线距离底线越远，模型的性能就越好，因为底线表示空模型，即根本没有模型。为了解释提升图，假定预测两个类，其结果是 yes(正响应)或 no(负响应)。为了创建提升图，根据正响应的预测概率，对检验数据集中的实例进行降序排序。绘制数据图后，可以看到各个概率的图形描述，在图 4-35(a)中，它们用黑色的直方图表示。

有序的测试样本分为十个等分，每一等分都是一组样本，包含 10%的数据集。特定等分处的提升值是该等分中正确分类样本(正响应)的百分比与在整个测试样本中同一个类的百分比之间的比。累积提升值计算的是特定等分之前所有样本的提升值，并表示为通过各个等分的累积提升图。该图是预测模型质量的证据：该模型比随机猜测好多少，或比图 4-35(a)中白色直方图所示的随机累积图好多少。底线以图上的白色直方图表示，表示完全不使用模型的预期结果。累积提升越接近图表的左上角，模型的性能就越好。请注意，最佳模型并不是用训练数据建立模型时提升量最大的那个模型，而是对未知的未来数据运行最好的模型。

提升图还非常有助于评估模型的有用性。它指出应用数据挖掘模型后，响应如何改变，用检验样本总体的百分数来表示。例如，在图 4-35(a)中，处理样本总体的任意 10%时，响应率是 10%，而选择样本总体的前 10%时，响应率会超过 35%。

解释部分的另一个重要内容是评估模型的财务收益。这里，所发现的模型可能很有趣，还相当精确，但实现它的成本会超过其收益。投资回收率(ROI)图如图 4-35(b)所示，它说明了给程序附带上响应和成本可以给决策提供额外的指导。这里，ROI 定义为收益与成本之比。注意，超过检验样本总体的 80%时，所得模型的 ROI 就变成负值。对于这个示例，检验样本总体为 20%时，ROI 达到最大值。

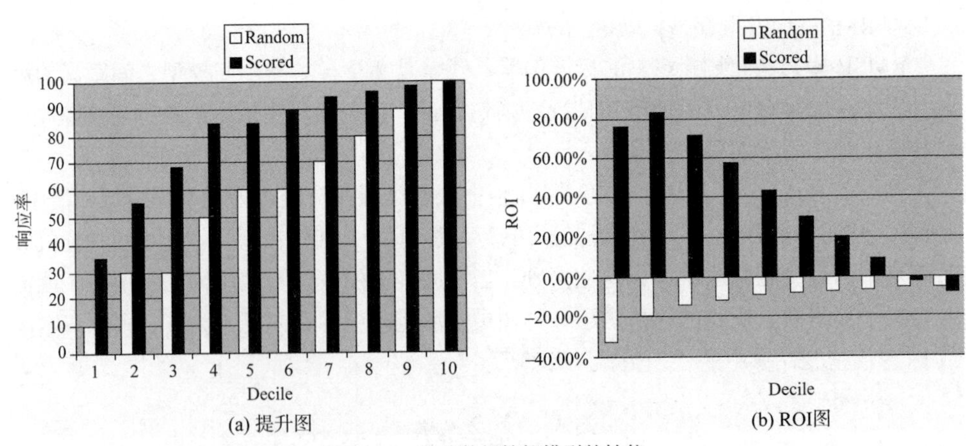

(a) 提升图

(b) ROI图

图 4-35 评估数据挖掘模型的性能

下面列举一个简单的示例来说明提升图和 ROI 图的含义和实际用途。有一家公司希望推销其产品。假定它有一个很大的地址数据库，用于发送促销材料。问题是，该公司会给数据库中的每个人发送促销材料吗？有其他选择吗？如何从这个促销活动中获得最大收益？如果该公司的数据库包含“潜在”客户的数据，就可以建立一个预测(分类)模型，来预测客户的行为和他们对广告的反映。在评估分类模型时，提升图指出，广告效果会有什么潜在的提高？如果公司使用该模型，并根据该模型选择数据库中最有可能购买产品的客户子集，而不是给所有人发送促销材料，有什么优点？如果该促销活动的结果如图 4-35(a)所示，则其解释如下。如果公司将促销材料发送给模型选择出来的前 10%客户，期望响应就比将广告随机发送给 10%的客户高出了 3.5 倍。另一方面，发送广告需要一定的费用，而接收响应和购买产品会给公司带来额外的收益。如果费用和收益都包含在模型中，ROI 图就显示了预测模型所得的收益水平。在图 4-35(b)中，如果广告发送给数据库中的所有客户，收益显然是负值。如果仅发送给模型选择出来的前 10%客户，ROI 就是 70%。这个简单的示例可以转化为许多不同的数据挖掘应用。

商业团体常使用提升图和 ROI 图来评估数据挖掘模型，而科研团体觉得使用接收器运行特性(ROC)曲线更好。ROC 曲线的基本概念是什么？考虑一个分类问题：所有样本都必须标记为两个类中的一个。医学中的诊断过程就是一个典型的示例，必须把病人分成有病的或是没病的。对于这种问题，应考虑两个不同但相关的误差率。取伪率(FAR)是已知模型错误“接受”的检验样本数和总样本数的比值。例如，在医疗诊断中，有时健康的人被误诊为病人。另一方面，弃真率(FRR)是已知模型错误“拒绝”的检验样本数和总样本数的比值。在前述的医疗示例中，就是有病的人被误诊为健康的。

对大多数可行的数据挖掘方法来说，要调整分类模型，可设定一个适当的阈值，对想要的 FAR 值进行操作。如果试图减少模型的 FAR 参数，FRR 就会增加，反之亦然。为了同时分析这两个特性，可以引用一个新参数——ROC 曲线。它是 FAR 和 1-FRR 在不同极限值下的图形表示。该曲线可以评定模型在不同运行点(在决策过程中使用的可用模型的极限值)的性能以及整个模型的性能(用 ROC 曲线下面的区域的面积作为一个参数)。在比较两个用不同数据挖掘方法所得出的模型的性能时，ROC 曲线尤其有用。ROC 曲线的典型形状如图 4-36 所示，图中的坐标轴分别是敏感性(FAR)和单特异值(1-FRR)。

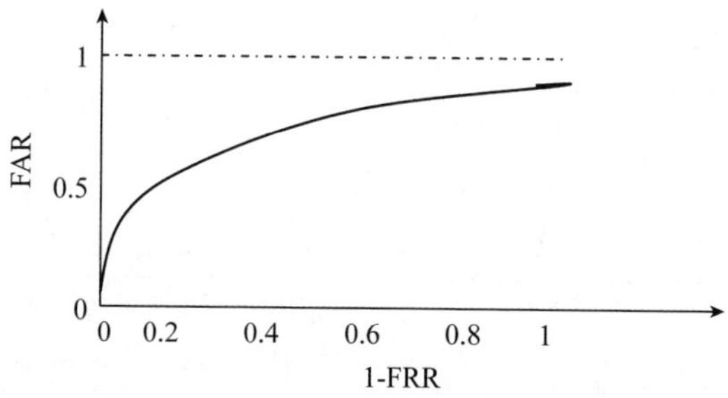

图 4-36　ROC 曲线显示了灵敏度和单特性值之间的平衡

在实际的数据挖掘应用中，如何构建 ROC 曲线？当然，许多数据挖掘工具都有自动计算和可视化表示 ROC 曲线的模块。如果没有这个工具，该怎么办？首先假设有一个表，其中包含了所有训练样本的实际类和预测类。通常，用作模型输出的预测值不计算为 0 或 1(对于两类问题)，而计算为[0, 1]区间上的实数值。选择阈值时，可以假设所有高于阈值的预测值都是 1，低于阈值的预测值都是 0。根据这个近似原则比较实际类和预测类时，可以构建一个混淆矩阵，为已知的阈值计算模型的敏感性和特异值。一般来说，可以对大量不同的阈值计算敏感性和特异值。每对值(敏感度，单特异值)都表示最终 ROC 曲线时的一个离散点，如图 4-37 所示。为了便于用图形表示，一般选择对称的阈值。例如，从 0 开始，每次递增 0.05，直到 1 为止，就可以得到 21 个不同的阈值。这会生成重构 ROC 曲线所需的足够多的点。

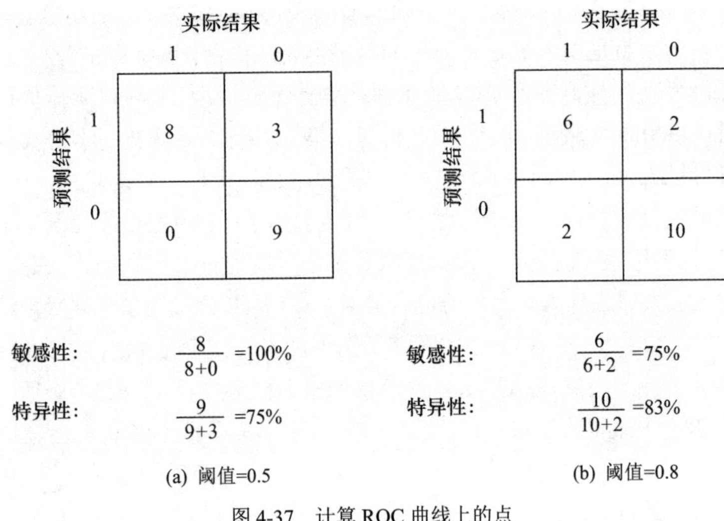

图 4-37　计算 ROC 曲线上的点

比较两个分类算法时，可以比较精度或 F 度量值，得到一个模型给出的结果好于另一个模型的结论。另外，还可以比较提升图、ROI 图或 ROC曲线，如果一个模型的 ROC曲线在另一个模型的上方，则前者的模型就比较合适。但在这两种情况下，模型之间没有很大的区别。更重要的是，一个模型的性能在统计意义上并不显著好于另一个模型。一些简单的检验可以验证这些区别。第一个检验是 McNemar 检验。检验两个分类模型后，就可以根据给两个模型应用检验数据所得的分类结果创建特定的列联表。列联表的内容如表 4-5 所示。

表 4-5　McNemar 检验的列联表

e_{00}：两个分类模型都错误分类的样本数	e_{01}：分类模型 1 错误分类、分类模型 2 没有错误分类的样本数
e_{10}：分类模型 2 错误分类、分类模型 1 没有错误分类的样本数	e_{11}：两个分类模型都正确分类的样本数

计算出列联表中的各项后，就可以将χ^2 统计和一个自由度应用于下述表达式。

$$\frac{\left[\left(\left|e_{01}-e_{10}\right|-1\right)^{2}\right]}{\left(e_{01}+e_{10}\right)} \sim \chi^{2}$$

McNemar 检验不接受如下假设：如果前面的值大于$\chi^2_{\alpha,1}$，两个算法的误差就都是α级别。例如，α=0.05，$\chi^2_{0.05,1}$=3.84。

如果所比较的两个分类模型用 k 叠交叉验证过程来检验，就要使用另一个检验。该检验开始于从 k 个训练/检验子集对中得到的 k 叠交叉验证结果，根据 k 个检验子集中为两个模型记录的误差 p_i^1 和 $p_i^2\,(i=1, ..., K)$，比较两个分类算法的误差百分数。

第 i 叠的误差率之差是 $p_i=p_i^1-p_i^2$。于是，可以计算：

$$m=\frac{\left[\sum_{i=1}^{k} p_{i}\right]}{K} \quad 和 \quad S^{2}=\frac{\left[\sum_{i=1}^{k}\left(p_{i}-m\right)^{2}\right]}{K-1}$$

根据统计，这是带 K-1 个自由度的 t 分布，因此下面的检验：

$$\frac{\left(\sqrt{K} \times m\right)}{S} \sim t_{K-1}$$

因此，k 叠交叉验证对的 t 检验不接受如下假设：如果前面的值不在($-t_{\alpha/2,\,K-1}$，$t_{\alpha/2,\,K-1}$)区间内，两个算法的误差率就都是α级别。例如，对于$\alpha=0.05$，K=10 或 30，阈值可以是：$t_{0.025,9}$=2.26 和 $t_{0.025,29}$=2.05。

所有系统都随着时间的推移而演化。因此，应时常重检验、重训练模型，可能还要完全重建模型。预测值和观测值之间的残差图是监控模型结果的一种绝佳方式。

4.10　不均衡的数据分类

当每个类中的样本数量近似相等时，大多数数据挖掘算法的效果最好。但是，在真实的分类问题中，属于一个类的观察值数量明显低于属于其他类的观察值数量的情况并不少见。这就是所谓不平衡数据的分类问题，按照惯例，把样本较多的类称为多数类，而样本较少的类称为少数类。

不平衡的数据集存在于许多应用领域，如提前识别不可靠的电信客户、使用卫星雷达图像检测石油泄漏、检测欺诈性电话、筛选垃圾邮件、医学诊断中识别罕见的疾病以及预测地震等自然灾害。例如，如果系统对信用卡交易进行分类，那么大多数交易都是合法的，只有少数是欺诈交易。多数类和少数类之间的可用平衡取决于应用程序。在实际应用中，小类与大类的比例可能非常大，比如 1-100，而一些用于欺诈检测的应用报告的不平衡为 1-100 000。例如，在一个公用事业欺诈检测的案例中，每1000 个观察值，通常可能识别出大约 20 个欺诈观察值;就可以假设少数事件率约为 2%。类似的案例还有大型病案数据库，它用于建立一些罕见病的分类模型。少数样本的比率可能低于 1%，因为大量患者没有这种罕见的疾病。在这种不平衡类的情况下，标准的分类器往往充斥着大多数类，而忽略了少数类。此外，在某些罕见疾病(如癌症)的医学诊断中，癌症被认为是阳性的少数类，而非癌症被认为是阴性的多数类。在这类应用中，对健康人预测癌症时，使用分类模型出现漏检的情况比出现假阳性误差要严重得多。因此，数据挖掘专业人员解决了类不平衡的另外两个问题：

(1) 将不同的费用分配给多数类和少数类的训练样本，并且更经常地分配。

(2) 重新平衡原始数据集，对少数类进行过采样，或对多数类进行欠采样。

对于欠采样，从多数类中随机选择一个样本子集，以匹配来自每个类的样本数量。欠采样的主要缺点是丢失了被遗漏的样本中潜在的相关信息。对于过采样，则随机复制或组合少数类的样本，以匹配每个类的样本数量。虽然使用这种方法可以避免丢失信息，但是一些样本是重复的，也有过度拟合模型的风险。

最流行的过采样技术之一是合成少数类的过采样技术(SMOTE)。它的主要思想是通过在相邻的几个少数类样本之间插值，来形成新的少数类样本。新合成样本的生成方法如下：

- 从一个少数类中随机选择一个样本，找到它也属于少数类的近邻。
- 计算表示所考虑样本的 n 维特征向量与其近邻的向量之差。
- 将这个差值乘以 0 和 1 之间的一个随机数，并将其添加到所考虑的少数样本的特征向量中。这将在特定样本之间的连线上随机选择一个点。
- 重复前面的步骤，直到获得少数类和多数类之间的平衡。

这种方法有效地迫使少数类的决策区域变得更加一般化。图 4-38 给出了 SMOTE 方法的一个示例。用小圆表示少数类样本，用 X 符号表示二维空间中的多数类样本。少数类只包含 6 个 2D 样本，在少数类的初始成员与其最近邻之间过采样了另外 5 个新的合成样本。

从图 4-38 可以明显看出，为什么合成的少数类过采样提高了性能，而替换后的少数类过采样却没有提高性能。少数类的过采样是通过复制(带替换值的采样)而不是引入合成样本来进行的，考虑在 n 维特征空间中这对决策区域的影响。通过复制，决策区域(结果是少数类的分类模型)变得更小、更具体，因为复制了该区域中的少数样本。这与模型通用性的期望效果相反。另一方面，合成过采样的 SMOTE 方法使分类器能够构建更大的决策区域，这些区域不仅包含原始的类点，而且还包含邻近的少数类点。

SMOTE 方法通常假设对少数类采用 SMOTE 过采样算法，对多数类采用欠采样，并随机删除其中一些样本，使分类问题更加均衡。当然，并不要求正好达到类的 50%–50%平衡。对基于 SMOTE 的分类模型的最终影响是欠采样和过采样过程的优点组合：少数类得到了更好的泛化，也没有损失与多数类相关的有用信息。SMOTE 的主要问题是对高维数据的有效性较弱，但改进后的算法较好地解决了这些问题。

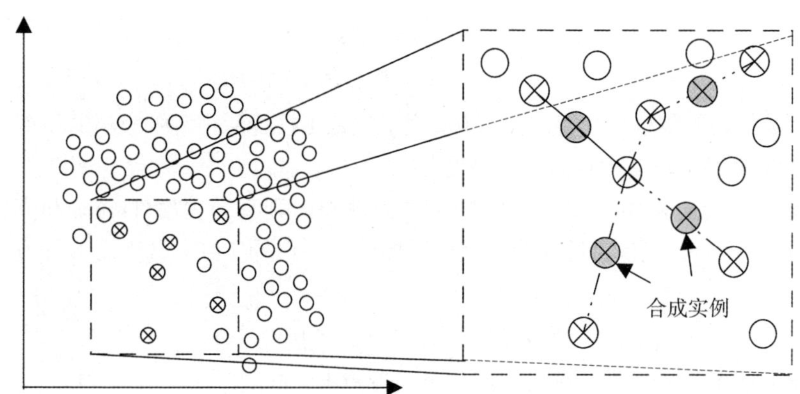

图 4-38　合成采样 SMOTE 方法的生成

虽然初始的 SMOTE 方法不处理具有名义特征的数据集，但是新版本被开发来处理混合了连续和名义特征的数据集。这种方法称为合成少数过采样技术-名义连续法(Synthetic Minority Over-sampling Technique-Nominal Continuous [SMOTE-NC])。主要的泛化是基于中值计算的。在第一步中计算少数类的所有连续特征的中位数。如果样本与其可能的最近邻之间的名义特征不同，则该中值将包含在欧几里得距离计算中。中位数用来惩罚每个名义特征的差异。例如，需要确定 2 个六维样本 F_1 和 F_2 之间的距离，其中前三个维度是数值，后三个是名义值。

$$F_1 = \{1,2,3,A,B,C\}$$

$$F_2 = \{4,6,5,A,D,E\}$$

最初，确定的值 Med 表示少数类中所有连续特征(前三个特征)的标准差中值。然后，确定样本 F_1 和 F_2 之间的欧几里得距离为：

$$\text{Distance}(F_1, F_2) = \text{SQRT}[(1-4)^2+(2-6)^2+(3-5)^2+0+\text{Med}^2+\text{Med}^2]$$

对于样本 F_1 和 F_2 中的值不同的两个名义特征，距离中包含两次中位数 Med。对于第一个名义特征，由于值相同(两个样本值都为 A)，因此距离为 0。

传统上，精度是衡量分类模型质量最常用的指标。然而，对于有类不平衡问题的分类来说，精度不再是一个合适的度量，因为与多数类相比，少数类对精度的影响非常小。例如，在一个只有 1%的训练数据表示一个少数类的问题中，一个简单的分类策略可以预测每个样本的大多数类标记。这种简化方法将达到 99%的高精度。但是，这种度量对于某些应用来说是没有意义的，因为在这些应用中，学习的重点是识别罕见的少数情况。某些应用程序的性质要求在少数类中有相当高的正确检测率，允许在多数类中有一个小的错误率作为平衡。

由于准确性对于不平衡的数据分类问题没有意义，因此通常使用两个额外的度量来代替：精度(也称为阳性预测值)和召回(也称为敏感性)。这两个度量可由单一的 F 度量取代：

$$F度量=\frac{2\times 精度\times 召回}{(精度+召回)}$$

F 度量代表的是精度和召回的调和均值，往往更接近两个值中较小的那个。因此，高 F 度量值确保了较高的召回率和精度。

在不平衡的应用中，如果考虑这两类的性能，则真阳性率(TPrate)和真阴性率(TNrate)同时很高。建议对这些情况采取额外措施。它是几何平均值或 G 平均值，定义为：

$$G平均值=(\text{TPrate}\times \text{TNrate})^{1/2}=(敏感性\times 特异性)^{1/2}$$

G 平均值衡量的是学习算法在多数类和少数类之间的平衡性能。模型选择的最终决策应该考虑不同度量的组合，而不是依赖于单一度量。为了尽量减少对性能的不平衡偏倚估计，建议报告选定度量所获得的公制值和数据的不平衡度。

4.11 90%准确的情形

数据挖掘文献中常常被遗忘的是对部署过程的讨论。学习数据挖掘的学生都可以使用已有的工具，在小规模数据集上建立较高精度的模型。然而，具有实践经验的挖掘者在规划阶段就能够预见模型的构建。需要构建规划用于评估数据挖掘模型对业务的促进作用，以及如何构建出模型。在实际业务环境中，数据挖掘模型的价值不仅在于其精确性，还在于模型如何能够影响公司的基准效益。例如，针对欺诈检测，对训练数据，算法A也许能够达到90%的精确度，而算法B为85%。然而，对每个算法的业务影响的评价揭示算法A没有算法B好，原因在于算法A存在大量昂贵的、错误的反例。财务评价也推荐算法 B 用于最终部署，因为采用该方法公司可以节省更多的资金。对数据挖掘决策的业务影响的仔细分析将会获得更多的对数据挖掘模型的见识。

本节详细讨论两个研究示例。第1个研究示例详细描述数据挖掘模型的部署，该模型应用于智利某保险公司，用于提高雇员发现欺诈性索赔的效率。第2个案例涉及部署在医院中符合业界标准用于辅助诊断心脑血管疾病(CVD)的系统。

4.11.1 保险欺诈检测

2005年，智利Banmedica S. A.保险公司每天收到800份数字医疗索赔。对欺诈索赔的识别完全需要手工实现。那些负责发现欺诈的人员不得不挨个查看所有索赔文件，以发现可能存在的欺诈案例。因此有必要采用数据挖掘技术辅助更有效地发现欺诈索赔案件。

数据挖掘过程首先需要数据挖掘专家对医疗索赔的处理获得更好的理解。在与医疗专家进行几次讨论后，数据挖掘专家更好地理解了与欺诈积案检测有关的业务过程，明确了当前由手工方式识别同意、拒绝、修改索赔所使用的评价标准。对一些已知的欺诈案例以及识别这些文档化的欺诈案例的行为模式进行了讨论。

随后，公司提供了两个数据集，其中一个包含 169 个文档化的欺诈案例。每个欺诈案例发生在扩展期后，表明时间是此类案例被发现的一个重要因素。第 2 个数据集包含 500 000 个带有标记“同意”“拒绝”“修改”的医疗索赔。

两个数据集被详细地分析。涉及欺诈案例的小数据集揭示这些欺诈案例都包含少量的医疗专家、职业机构和雇员。根据原始文件，“19 个雇员和 6 个医生与 152 个医疗索赔有牵连。”研究表明大数据集的标记难以达到数据挖掘需要的精确程度，发现了矛盾的数据点。记录这些医疗索赔的标准缺失，标号数据集存在大量的缺失值，作者被迫重建了数据子集以替换 500 000个数据的数据集。需要对数据子集进行手工标号。

手工标号需要从原始的 500 000 条记录的集合中选取更小的数据点集合。处理更小的数据点集合，问题被分为 4 个小问题，即识别欺诈医疗索赔、职业机构、医疗专家和雇员。为上述 4 个子任务构建了个体数据集，范围涉及从医疗索赔任务中 2838 个样本到雇员子任务的 394 个样本。每个子任务包含手工选择的特性。工作涉及仅从高度关联的特性中选择一个特性，用数字属性替换分类特征，设计了新的特征用于“汇总展期范围内的临时行为。”原来的 25 个特征按照不同的子任务缩减到 12～25 个特征。另外，其他所有子任务的输出成为其他每个子任务的输入，以此提供每个子任务的反馈。最后，2%的异常点被删除并且将特征标准化。

在数据建模时发现，采用单层神经网络建模最初的精度变化范围达到 8.4%。采用联合神经网络代替单层神经网络处理数据集。每个数据集被划分为训练集、验证集和测试集以避免对数据的过度拟合。为此还决定 4 个模型中的每个模型按月保存，以跟上欺诈处理过程的变化。

神经网络及联合神经网络输出评分而不是绝对的欺诈分类。需要为输出设置阈值。阈值在考虑个人开销、错误警告开销、未检测到欺诈特定实例开销后确定。将所有影响因素用 ROC 曲线绘出，以决定可接受的正确或错误率。如果使用其他 3 个子任务作为输入的医疗索赔模型，对某个医疗索赔的评分超过阈值，则将该医疗索赔划分到欺诈分类中。系统测试应用的历史数据集包括 8 819 个雇员，涉及 418 个欺诈实例。将历史数据划分为训练集、验证集、测试集，结果显示，系统能够将 73.4%的欺诈实例识别出来，在判断为欺诈实例的索赔中，有 6.9%的错误率。

系统得出每 9 个新的医疗索赔存在一个欺诈索赔的概率。索赔按照给定的概率进行过滤。先前存在较少的文档化的欺诈案例。在系统实现后，每月大约有 75 个拒绝索赔。新欺诈案例的发现开销是原来开销的 10%。另外，欺诈检查的方式发生了改变。建立了欺诈发现的分类方法，改进了原有的手工修改过程。节省了运营开销并提高了健康保险的质量。

总体来看，该项目非常成功。设计者首先花费了大量的时间理解问题，然后在对数据开展建模工作前，对数据进行了详细分析。按照实际业务开销对最终建立的模型进行的分析显示，项目的开销是非常合理和有效的，Banmedica S. A.保险公司获得了巨大的利益。

4.11.2 改进心脏护理

在美国，心血管疾病每年导致大约 100 万人死亡(占所有死亡病例的 38%)。此外，2005 年 CVD 估计开销为 3 940 亿美元，而癌症所花费的开销大约 1 900 亿美元。CVD 患者数量快速增加，直接受此疾病影响的人口数量不断提升。当然需要更好地了解该疾病的情况。目前已经有一些由专家组提出的治疗 CVD 患者的指导建议。由于当前医疗系统的负担问题，医生对每个患者仅能花费很少的时间。尽管目前存在大量指导建议，但不能指望医生能够针对每个患者按照指导建议制定方案。因此希望能够建立一个系统来辅助医生给出建议方案，而不会增加额外的医疗开销。

本研究案例概述了一个称为 REMIND 系统的使用和部署情况，该系统发现需要系统中的紧急患者，能够更好地跟踪病人按照指导建议进行治疗。目前对每个患者存在两类主要的记录，财务记录和临床记录。财务记录用于付账。这些记录使用标准代码(例如，ICD-9)用于医生评价和药品处方。标准化有助于计算机系统能够直接获取这些记录的信息并方便地应用于数据挖掘过程。然而，由于各种原因，实际发现这些代码仅在 60%～80%的情况下是准确的。原因之一是当在付账时使用这些代码，尽管症状和药房这两个条件基本相同，但保险所支付的价格却存在差异。另外一种记录是临床记录。临床记录由无结构的文本信息构成。允许医生之间传输患者的情况和治疗方案。这些记录更准确，但是由自动化的计算机系统来使用却不太方便。

让医生和护士花费大量时间输入系统特别需要的其他数据是不可能的。为此，REMIND 系统采用的方法是合并从各种可用的系统中获取的数据。包括从无结构的临床记录中获取的知识。REMIND 系统获取所有当前可用的数据源，利用数据冗余获得患者的状态。例如，为确定患者是否有糖尿病，可使用下列数据：糖尿病账单代码 250.xx，诊断糖尿病的文本描述，血糖值＞300，使用胰岛素或口服降糖药治疗方案，或常见的糖尿病并发症等。随着相关信息不断获取，患者患有糖尿病的可能性不断增加。REMIND 系统从所有可用的数据源获取信息，并在贝叶斯网络中合并。网络的各种输出与各种临时信息可用于发现预先定义的马尔可夫疾病发展模型的最可能状态顺序。贝叶斯网络的概率和结构利用了预先由专家提供的领域知识并且其部署是可调整的。最初由设计者说明的 REMIND 系统中的领域知识相当简单。此外，通过使用大量的冗余，为疾病进展提供的大量的概率设置和临时设置使系统执行高效。然而，在 REMIND 系统被大量分发前需要进行细致的参数调整工作。

实际部署的一个实例在南卡罗莱纳州心脏救护中心，目标是在 61 027 名患者中识别出那些存在突发心脏病风险(SCD)的患者。曾经发生过心肌梗塞的患者具有突发心脏病的较高可能。有关置入型心律转复除颤器的研究工作表明，患有早期心肌梗塞和心室功能差的患者，在置入后 20 个月的死亡率由 19.8%下降到 14.2%。该置入疗法目前已经成为标准推荐方法。在没有 REMIND 系统前，人们可以采用两种方法发现谁需要置入 ICD。第 1 种方法是手工检查所有患者的记录以便发现那些适合采用 ICD 的患者。这种方法需要耗费大量时间阅读大量的记录。另一种方法是在常规体检中评估患者是否需要使用 ICD。但并非所有人都会参加常规体检，因此造成没有为患者仔细考虑需要使用 ICD 的可能性大。REMIND 系统可以访问账单和人口统计数据库以及抄写的自由文本，包括历史记录、体检报告、医疗进展通知和实验室报告等。通过这些数据，REMIND 系统使用单个台式机在 5 小时内处理所有记录并发现 383 个需要使用 ICD 的患者。

为检查 383 个发现的患者的准确性，将 383 个随机选择的患者与 383 个先前发现的患者混合。从 766 个样本中选择 150 个患者。由电子生理专家在不知道 REMIND 系统选择的情况下手工检查。REMIND 系统与手工分析结果符合率为 94%(141/150)，敏感度为 99%(69/70)，特异性为 90%(72/80)。上述结果表明 REMIND 系统使用大数据库在确定危险患者方面非常准确。需要专家检验系统得出的结果。此外，所有患者在实施置入前需要医生的复查。

从上述案例可以了解到，专家需要花费大量的时间来准备用于挖掘的数据，在部署后需要细致分析模型应用情况。应用的数据挖掘技术(神经网络和贝叶斯网络)将在后续章节介绍，这些实例强调的是数据挖掘过程的复杂性，特别是在现实应用的部署阶段。为 Banmedica 开发的系统根据发现的欺诈案例和节省的资金来检验。如果这些数字不支持系统，则需要推倒重来。在 REMIND 系统，系统广泛搜索的结果还需要采用手工方式分析，以获得准确性。仅有良好的规则是不够的，要发现患者还需要进行复查。

4.12　复习题

1. 推理的基本类型是归纳、演绎和转换，解释它们之间的区别。
2. 为什么在大多数数据挖掘任务中使用观测法？
3. 讨论在什么情况下，使用图 4-3(b)、图 4-3(c)和图 4-3(d)中的内插值函数作为“最好的”数据挖掘模型。
4. 哪些函数有线性参数，哪些有非线性参数？解释原因。
   (1) $y=ax^5+b$
   (2) $y=a/x$
   (3) $y=ae^x$
   (4) $y=e^{ax}$
5. 解释分类问题和回归问题的损耗函数插值之间的区别。
6. 经验风险可能高于期望风险吗？解释原因。

7. 为什么很难对实际的数据挖掘应用估计 VC 维度？

8. 在实际的数据挖掘应用中确定 VC 维度有什么实际作用？

9. 把 4.4 节所述的常见学习任务分为有指导学习和无指导学习。解释原因。

10. 分析基于归纳的模型的核实和检验之间的区别。

11. 在哪些情况下应使用留一法来验证数据挖掘的结果？

12. 开发一个用引导法生成“伪”数据集的程序。

13. 开发一个根据 FAR-FRR 结果表绘制 ROC 曲线的程序。

14. 开发一种算法，来计算 ROC 曲线下面区域的面积(在评估分类问题的归纳学习结果时，这是一个非常重要的参数)。

15. 已知检验数据集(输入：A、B、C，输出：类)和分类的检验结果(预测输出)，如表 4-6 所示。在 ROC 曲线上找到阈值分别为 0.5 和 0.8 的两个点，并绘制出来。

表 4-6　相关数据

A	B	C	类(输出)	预测(输出)
10	2	A	1	0.97
20	1	B	0	0.61
30	3	A	1	0.77
40	2	B	1	0.91
15	1	B	0	0.12

16. 机器学习技术不同于统计技术，因为机器学习方法

(1) 一般假定了数据的基本分布。

(2) 能更好地处理丢失数据和干扰数据。

(3) 不能解释其行为。

(4) 不能用于大型数据集。

17. 说明敏感性和特异性之间的区别。

18. 除了训练集和检验集之外，何时还需要使用独立的确认集？

19. 考虑一个学习问题：每个实例 x 都是集合 $X=\{1, 2, \ldots, 127\}$ 中的一个整数，每个假设 $h\in H$ 都是形式为 $a\leqslant x\leqslant b$ 的区间，其中 a 和 b 可以是 1 到 127(含)之间的任意整数，且 $a\leqslant b$。如果实例 x 在 a 和 b 定义的区间内，则假设 $a\leqslant x\leqslant b$ 就把 x 标记为正，否则标记为负。另外，假设本题中老师仅对解释 H 中某个假设表示的概念感兴趣。

(1) H 中有多少个不同的假设？

(2) 假定老师要解释特定的目标概念 $32\leqslant x\leqslant 84$。老师必须提供至少多少个训练示例，才能确保学习者准确一致地掌握这个概念？

20. SVM 学习算法可以保证找到其目标函数的全局最优假设吗？请对此加以讨论。

21. 一家为慈善机构工作的营销公司开发了两种不同的模型来预测捐赠者回复邮

件的可能性。这两个模型为一个测试集生成的预测分数如下表所示。

(1) 使用 0.5 的分类阈值，假设 true 是积极的目标级别，为每个模型构造一个混淆矩阵。

(2) 为每个模型生成累积增益图表。

(3) 找出比较两个模型的 McNamara's 检验的值。

ID	Target	Model 1 Score	Model 2 Score	ID	Target	Model 1 Score	Model 2 Score
1	False	0.1026	0.2089	16	True	0.7165	0.4569
2	False	0.2937	0.0080	17	True	0.7677	0.8086
3	True	0.5120	0.8378	18	False	0.4468	0.1458
4	True	0.8645	0.7160	19	False	0.2176	0.5809
5	False	0.1987	0.1891	20	False	0.9800	0.5783
6	True	0.7600	0.9398	21	True	0.6562	0.7843
7	True	0.7519	0.9800	22	True	0.9693	0.9521
8	True	0.2994	0.8578	23	False	0.0275	0.0377
9	False	0.0552	0.1560	24	True	0.7047	0.4708
10	False	0.9231	0.5600	25	False	0.3711	0.2846
11	True	0.7563	0.9062	26	False	0.4440	0.1100
12	True	0.5664	0.7301	27	True	0.5440	0.3562
13	True	0.2872	0.8764	28	True	0.5713	0.9200
14	True	0.9326	0.9274	29	False	0.3757	0.0895
15	False	0.0651	0.2992	30	True	0.8224	0.8614

22. 最近邻方法最适用于：

(1) 大型数据集

(2) 从数据中删除不相关的属性

(3) 当需要数据的泛化模型时

(4) 解释所发现的情况是最重要的

选择唯一选项并给出额外的解释。

23. 给定期望的 C 类和总体样本 P，提升定义为：

(1) 给定 P 中 C 类的概率，除以给定 P 中某个样本的 C 类的概率。

(2) 给定 P 中的一个样本，P 的概率。

(3) 给定 P 中的一个样本，C 类的概率。

(4) 给定 P 中的一个样本，C 类的概率除以 P 中 C 类的概率。

24. 除了训练集和测试集外，何时需要使用单独的验证集？

25. 证明：准确性是敏感性和特异性的函数。

第 5 章

统计方法

本章目标

- 阐述统计推论在数据挖掘中的一些常用方法。
- 介绍评价数据集的差异的不同统计参数。
- 描述朴素贝叶斯分类和对数回归方法的内容和基本原理。
- 用列联表的相关分析介绍对数线性模型。
- 论述方差分析(ANOVA)和多维样本的线性判别分析的一些概念。

统计学是一门收集、组织数据并从这些数据集中得出结论的科学。描述和组织数据集的一般特性是描述性统计学的主题领域，而如何从这些数据中推出结论是统计推理的主题。本章将重点介绍统计推理的基本原理；为了加深对这些基本概念的理解，本章也简述了其他相关内容。

统计数据分析是为数据挖掘制定的最好的一套方法论。历史上，最早在计算机的基础上开发数据分析方面的应用也是有统计人员支持的。从一元到多元数据分析，统计学为数据挖掘提供了各种方法，包括不同类型的回归和判别分析方法。本章只是简要地概括支持数据挖掘过程的统计方法，并没有涵盖所有的方法和方法论；只介绍了实际数据挖掘应用中最常用的技术方法。

5.1 统计推断

在统计分析中观测到的所有值，不管其数量是有限还是无限，都称为总体(population)。这个术语适用于任何统计对象，可以是人、物或事件。总体中观测值的数量称为总体的大小。一般来说，总体可能是有限的或无限的，但由于一些有限的总体太大，理论上就把它们假定为无限的。

在统计推断领域，如果观测组成总体的所有值是不可能或不切实际的，就只考虑如何得出关于总体的结论。例如，试图测定某一品牌的灯泡的平均寿命，但实际上，不可能检测所有这样的灯泡。因此，在大多数统计分析应用中，必须依据总体中的某个观测值子集。在统计学中，总体的子集称为样本，它描述了一个 n 维向量的有限数据集。本书把总体的这个子集简称为数据集，以免混淆样本的下面两个定义：一个是前面解释过的，表示对总体中单个实体的描述；另一个是这里定义的，表示总体的一个子集。根据已知的数据集，可以建立总体的统计模型，来帮助对该总体作推断。假如从这个数据集中得出的推论是正确的，就得到了能代表总体的样本。选取数据集时，通常选择总体中最简便的数值。但这种方法可能导致对总体的错误推断。如果取样过程得出的推断总是高估或低估总体的某个特性，就称之为偏向。为了消除取样过程出现偏向的可能性，最好是在独立、随机的观察值中选取一个随机的数据集。选取随机样本的主要目的是得到未知总体参数的信息。

数据集和它们所描述的系统之间的关系能用来归纳推理：从所观察的数据来了解(部分)未知的系统。统计推断是与数据分析相关的主要推理形式。统计推断理论包括一些能够对总体进行推断和归纳的方法。这些方法分为两大类：估计和假设检验。

在估计中，为了估计系统的未知参数，需要给出一个置信度或一个置信区间。目的是从数据集 T 中获得信息，来估计现实世界系统 $f(X, w)$模型的一个或多个参数 w。数据集 T 用变量 $X = \{X_1, X_2, \ldots, X_n\}$ (总体的实体属性)的值从 $1 \sim n$ 的顺序来描述：

$$T = \{(x_{11}, \ldots, x_{1n}), (x_{21}, \ldots, x_{2n}), \ldots, (x_{m1}, \ldots, x_{mn})\}$$

它能组织成表格的形式，作为一组具有相应特征值的样本。对于初始属性集$Y \in X$，只要估计出这个模型的参数，就可以使用它们，根据其他变量或变量集$X^*=X-Y$，来预测随机变量 Y。如果 Y 是数值，就称为回归，如果它是离散的、无序的数据集，就称为分类。

只要从数据集 T 中得到模型参数 w 的估计值，且知道向量 X^*的相应值，就能用所得的模型(以函数 $f(X^*, w)$的形式给出)预测 Y。预测值 $f(X^*, w)$和真实值 Y 之间的差称为预测误差，其值最好接近于零。对于 Y 的预测值，模型 $f(X^*, w)$的自然品质度量指标是整个数据集 T 的期望均值平方误差。

$$E_{\mathrm{T}}[(Y-f(X^*,w))^2]$$

另一方面，在统计检验中，根据对数据集的分析来判断接受还是拒绝对总体特性值的假设。统计假设是关于一个或多个总体的断言或推测。除非检测了整个总体，否则不能完全肯定一个统计假设的真假。当然，在大多数情况下，这是不切实际的，甚至是不可能的。因此可以用随机选取的数据集来检验假设的真假。如果从这些数据集中得出的结果和原假设不一致，就拒绝这个假设；如果得出的证据支持这个假设，就接受它；更确切地讲，这些数据没有充分的证据拒绝它。假设检验的构造可以用“零假设”这个术语来表达，这是指要检验的任何假设，用 H_0 表示。根据所应用的统计检验，只有已知数据集有足够的证据证明这个假设不成立，才能拒绝 H_0。拒绝 H_0 后，就可以接受总体的备选假设。

本章将详细介绍一些统计估计和假设检验方法。这些方法的主要选择依据是在大量数据集的数据挖掘过程中可应用的技术。

5.2 评测数据集的差异

对于许多数据挖掘任务来说，了解已知数据集中有关中心趋势和数据分布的更一般特性是非常有用的。显然，数据集的这些简单参数是评价不同数据集的差异的描述符。平均数、中位数和众数是反映数据的中心趋势的典型指标，而方差和标准差是反映数据离散程度的指标。

反映数据集中心趋势最常用最有效的数值型指标是平均值(也称为算术平均值)。已知特性 X 有 n 个数值 $x_1, x_2, \ldots, x_n$，则 X 的平均数是：

$$\text{平均数}=\frac{1}{n}\sum_{i=1}^{n}x_i$$

在现代大多数的统计软件工具中，平均值是一个内嵌函数(和其他描述性统计指标一样)。对于 n 元样本集的每个数值型特征，都可以计算它的平均值，来评价它的中心趋势。有时，数据集中的每个值 x_i 都指定了一个权值 w_i，权值反映了此数据值出现的频率或该值的重要性。这种情况下，加权算术平均数或加权平均数是：

$$\text{平均数}=\frac{\sum_{i=1}^{n}w_i x_i}{\sum_{i=1}^{n}w_i}$$

在描述一组数据时，平均数是最有用的指标，但它不是唯一的指标。对偏斜数据集来说，中位数能更好地反映它的中心趋势。如果数据集有奇数个有序元素，中位数就是处于正中间的数据值；如果数据集有偶数个有序元素，中位数就是处于正中的两个数据的平均值。用 $x_1, x_2, \ldots, x_n$ 表示一个容量为 n 的数据集，其中的数据按升序排列，则中位数可以定义为：

$$\text{中位数}=\begin{cases} x_{(n+1)/2} & n\ \text{是奇数} \\ \dfrac{\left(x_{n/2}+x_{(n/2)+1}\right)}{2} & n\ \text{是偶数} \end{cases}$$

反映数据集的中心趋势的另一个指标是众数。众数是在数据集中出现频率最高的值。平均数和中位数主要反映了数值型数据集的特性，而众数也适用于分类数据，但因为这些数据是无序的，所以必须有详细的说明。数据集中出现频率最高的值可能有多个，导致有多个众数。因此，可以把数据集分为单模态(只有一个众数)和多模态(有两个或多个众数)。多模态数据集可以更精确地定义为双模态、三模态等。对于适度倾斜的单模态频率曲线，数值型数据集有下面的经验关系：

$$平均数-众数 \leqslant 3\times(平均数 - 中位数)$$

此关系可用来分析数据集的分布，并根据其中两个中心趋势指标估计另一个指标。

例如，分析简单数据集 T 的这 3 个指标，该数据集的数值如下。

$$T = \{3, 5, 2, 9, 0, 7, 3, 6\}$$

排序后得到同一组数据：

$$T = \{0, 2, 3, 3, 5, 6, 7, 9\}$$

反映中心趋势的 3 个描述性统计指标是：

$$平均数_T = \frac{(0+2+3+3+5+6+7+9)}{8} = 4.375$$

$$中位数_T = \frac{(3+5)}{2} = 4$$

$$众数_T = 3$$

数值数据分散的程度称为数据的离散度。反映离散度最常用的指标是标准差σ和方差σ^2。n 个数值 $x_1, x_2, \ldots, x_n$ 的方差是：

$$\sigma^2 = \left(\frac{1}{(n-1)}\right)\sum_{i=1}^{n}(x_i - \text{mean})^2$$

标准差σ是方差σ^2的平方根。作为反映离散度的指标，标准差σ的基本性质如下：

(1) σ反映了平均值的离散程度，仅当选取平均值作为反映中心趋势的指标时使用。

(2) 仅当数据中不存在离散，即所有的度量值都相同时，$\sigma=0$，否则 $\sigma>0$。

对于上例中的数据集，方差 σ^2 和标准差 σ 是：

$$\sigma^2 = \frac{1}{8}\cdot\sum_{i=1}^{8}(x_i - 4.375)^2$$

$$\sigma^2 = 8.5532$$

$$\sigma = 2.9246$$

在许多统计软件工具中，箱图(boxplot)是表示中心趋势和离散度的描述性统计指标最常用的可视化分析工具，通常由数据集的平均值、方差确定，有时也用最小值、最大值。在上例中，T 集中的最大值和最小值是 $\min_T = 0$，$\max_T = 9$。它的统计描述图形可以用箱图表示，如图 5-1 所示。

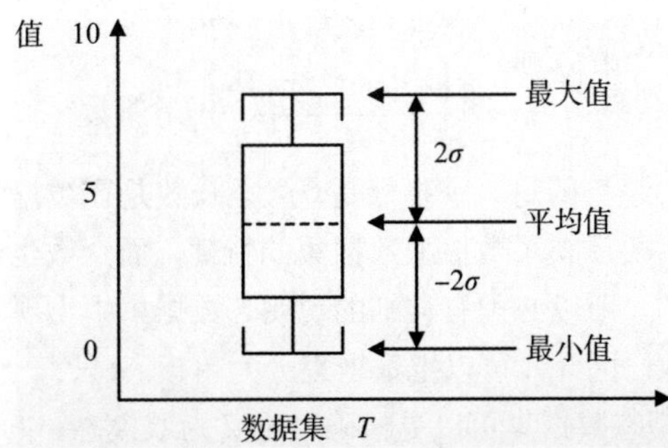

图 5-1　数据集 T 的平均值、方差、最小值和最大值的箱图表示

分析大型数据集需要提前正确地理解数据，这有助于领域专家控制数据挖掘过程，并正确估计数据挖掘应用的结果。数据集的中心趋势指标仅可用于某些具有特定分布的数据值。因此，了解所分析的数据集的分布特性是很重要的。数据集中值的分布根据其离散程度来描述。通常，最好使用直方图表示它，图5-2给出了一个示例。除了量化每个特征值的分布外，了解分布的全局特点和所有特异性也是很重要的。知道数据集具有经典的钟形分布曲线，可帮助研究人员给数据评估使用许多传统的统计技术。但在许多实际情况中，数据的分布是偏斜的或多模态的，平均值或标准差等概念的传统解释没有什么意义。

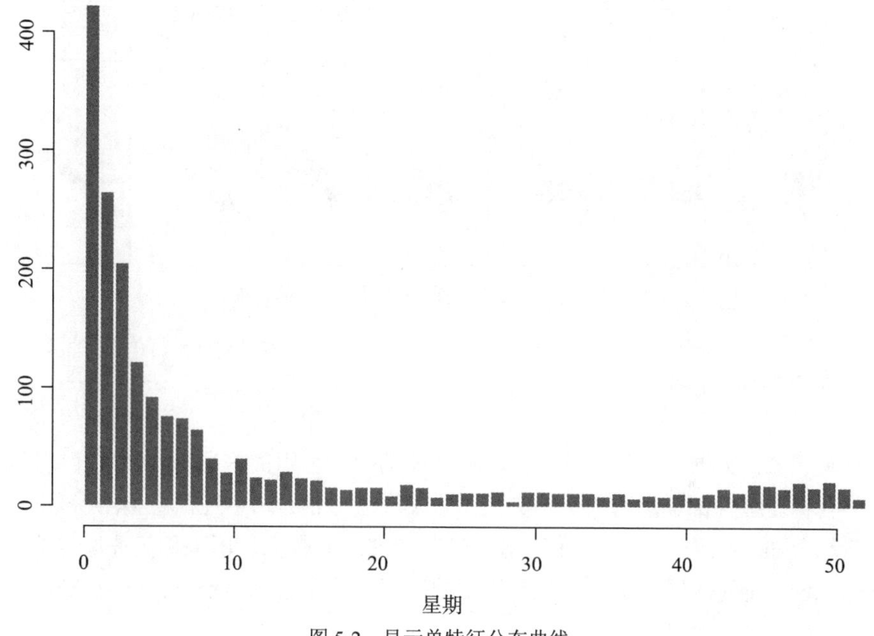

图5-2 显示单特征分布曲线

评估过程的一部分是确定数据集中特征之间的关系。通过散点图进行简单的可视化，可以初步估计出这些关系。图5-3显示了比较每对特征的散点图。这个可视化技术可用于大多数集成的数据挖掘工具。这些关系的量化通过相关因子来得到。

这些可视化过程是数据理解阶段的一部分，在更好地准备数据挖掘时很重要。这个人为的解释有助于得到数据的一般理解，也可以识别出异常或有趣的特征，例如异常点。

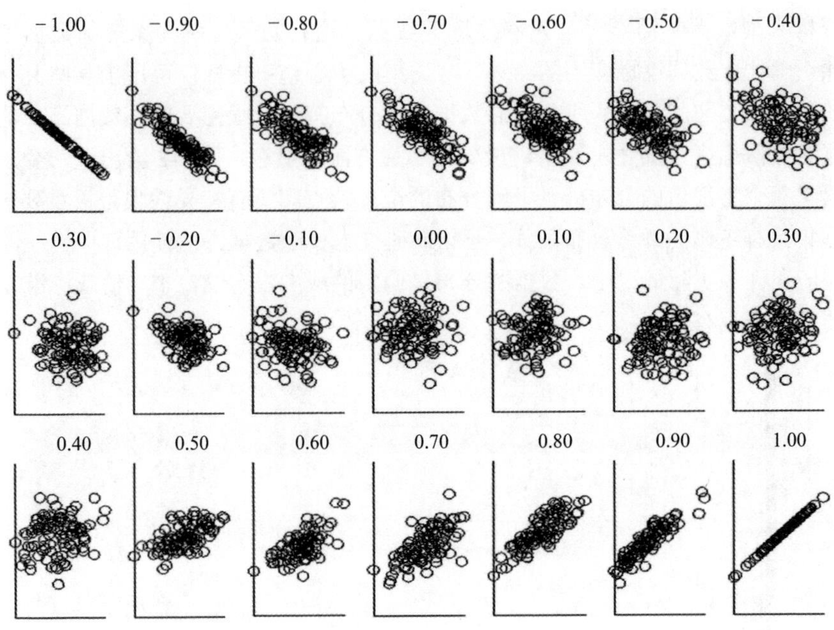

图 5-3 散点图显示了-1～1 的特征之间的关系

5.3 贝叶斯定理

不难想象，数据并不是总体或待建模系统的唯一可用的信息资源。贝叶斯方法提供了一套将这些外部信息融入数据分析过程的原理方法。这个过程先给出待分析数据集的概率分布。因为这个分布在给出时没有考虑任何数据，所以称为先验分布(prior distribution)。新的数据集将先验分布修正后得到后验分布(posterior distribution)。进行这个修正的基本工具就是贝叶斯定理。

贝叶斯定理为解决归纳-推理分类问题的统计方法提供了理论背景。下面首先解释贝叶斯定理中的基本概念，然后再运用这个定理说明朴素贝叶斯分类过程(或称为简单贝叶斯分类)。

设 X 是一个类标号未知的数据样本，H 为某种假定：数据样本 X 属于某特定的类 C。要求确定 $P(H/X)$，即给定了观测数据样本 X，假定 H 成立的概率。$P(H/X)$表示给出数据集 X 后，我们对假设 H 成立的后验概率。相反，$P(H)$是任何样本的先验概率，不管样本中的数据是什么。后验概率 $P(H/X)$比先验概率 $P(H)$基于更多的信息。贝叶斯定理提供了一种由概率 $P(H)$、$P(X)$和 $P(X/H)$计算后验概率 $P(H/X)$的方法，其基本关系是：

$$P(H/X) = [\, P(X/ H)\times P(H)] \,/\, P(X)$$

现在假设有 m 个样本 $S = \{S_1, S_2, \ldots, S_m\}$ (训练数据集)，每个样本 S_i 都表示为一个 n 维向量$\{x_1, x_2, \ldots, x_n\}$。$x_i$ 值分别和样本属性 $A_1, A_2, \ldots, A_n$ 相对应。还有 k 个类 $C_1, C_2, \ldots, C_k$，每个样本属于其中一个类。另外给出一个数据样本 X(它的类是未知的)，可以用

最高的条件概率 $P(C_i/X)$来预测 X 的类，这里 $i=1, \ldots, k$。这是朴素贝叶斯分类的基本思想。可以通过贝叶斯定理计算这些概率：

$$P(C_i/X) = [P(X / C_i) \times P(C_i)] / P(X)$$

因为对所有类，$P(X)$都是常量，所以仅需要计算乘积 $P(X / C_i) \times P(C_i)$的最大值。类的先验概率用下面的式子计算：

$P(C_i)$ =类 C_i 的训练样本数量/ m(m 是训练样本的总数)。

因为 $P(X / C_i)$的计算是极其复杂的，特别是对大量的数据集来说，所以要给出零假设：各属性之间是条件独立的。利用这个假设，可以用一个乘积来表示 $P(X / C_i)$。

$$P(X / C_i) = \prod_{t=1}^{n} P(x_t / C_i)$$

式中 x_t 是样本 X 的属性值。概率 $P(x_t/C_i)$能够通过训练数据集估算。

这个简单的示例表明，即使是对大量的训练数据集，朴素贝叶斯分类也是一个简单的计算过程。已知训练数据集包含 7 个四元样本(见表 5-1)，需要预测新样本 X={1, 2, 2, class=？}的分类。对每个样本来说，A_1，A_2 和 A_3 是输入维，C 是输出分类。

表 5-1 用朴素贝叶斯分类过程给训练数据集分类

样本	属性 1	属性 2	属性 3	类
	A_1	A_2	A_3	C
1	1	2	1	1
2	0	0	1	1
3	2	1	2	2
4	1	2	1	2
5	0	1	2	1
6	2	2	2	2
7	1	0	1	1

在这个示例中，因为仅有两个类，所以只需要确定乘积 $P(X / C_i) \cdot P(C_i)(i=1, 2)$的最大值。首先计算每个类的先验概率 $P(C_i)$：

$$P(C=1) = 4/7 = 0.5714$$
$$P(C=2) = 3/7 = 0.4286$$

然后，用训练数据集为所给新样本 X={1, 2, 2, C=？}(或更精确，X = {A_1=1, A_2 = 2, A_3 = 2, C =？})的每个属性值计算条件概率 $P(x_t/C_i)$。

$$P(A_1 = 1/C = 1) = 2/4 = 0.50$$
$$P(A_1 = 1/C = 2) = 1/3 = 0.33$$
$$P(A_2 = 2/C = 1) = 1/4 = 0.25$$
$$P(A_2 = 2/C = 2) = 2/3 = 0.66$$
$$P(A_3 = 2/C = 1) = 1/4 = 0.25$$
$$P(A_3 = 2/C = 2) = 2/3 = 0.66$$

假设各属性是条件独立的，则条件概率 $P(X/C_i)$是：

$$P(X/C=1) = \mathrm{P}(A_1=1/C=1)\times P(A_2=2/C=1)\times P(A_3=2/C=1)$$
$$= 0.50\cdot 0.25\cdot 0.25 = 0.03125$$
$$P(X/C=2) = P(A_1=1/C=2)\times P(A_2=2/C=2)\times P(A_3=2/C=2)$$
$$= 0.33\cdot 0.66\cdot 0.66 = 0.14375$$

最后，用相应的先验概率乘以这些条件概率，得到 $P(C_i/X)$的大约值(≈)，并从中找到它们的最大值。

$$P(C_1/X)\approx P(X/C=1)\times P(C=1) = 0.03125\times 0.5714 = 0.0179$$
$$P(C_2/X)\approx P(X/C=2)\times P(C=2) = 0.14375\times 0.4286 = 0.0616$$
$$\Downarrow$$
$$P(C_2/X) = \mathrm{Max}\{P(C_1/X), P(C_2/X)\} = \{0.0179, 0.0616\}$$

根据朴素贝叶斯分类器算出的最终结果的前两个值，就能预测出，新样本 X 属于类 C=2。这个类的概率乘积 $P(X/C=2)\cdot P(C=2)$越大，$P(C=2/X)$就越大，因为它和计算出的概率乘积成正比。

理论上，与数据挖掘的其他分类方法相比，贝叶斯分类的误差率最小。然而实践中并非总是如此，因为对属性和类的条件独立性的假设是不准确的。

5.4 预测回归

连续型数值的预测可用称为“回归”的统计技术来建模。回归分析的目的是找到一个联系输入变量和输出变量的最优模型。更确切地讲，回归分析是确定变量 Y 与一个或多个变量 $x_1, x_2, \ldots, x_n$ 之间的相互关系的过程。Y 通常称为响应输出或因变量，X_i 称为输入、回归量、解释变量或自变量。进行回归分析的常见原因包括：

(1) 测量输出的开销很大，而输入则不是，因此要寻求一种预测输出的廉价方法。

(2) 输入值是已知的，而输出值是未知的，因此需要预测输出值。

(3) 控制输入值，就能够预测相应输出的行为。

(4) 一些输入值和输出值之间可能有因果关系，需要识别这些关系。

在详细解释回归技术之前，先说明插值和回归这两个概念之间的主要区别。在这两个技术中，训练集 $X=\{x^t, r^t\}_{t=1,N}$ 都是已知的，其中 x^t 是输入特征，输出值 $r^t\in R$。

- 如果数据集中没有干扰数据，就进行插值。此时需要找出函数 $f(x)$，使所有这些训练数据点都满足 $r^t=f(x^t)$。在多项插值中，给定 N 个点，就可以使用(N-1)个多项式，给任意输入 x 预测输出 r。
- 在回归技术中，是将干扰因素ε添加到未知函数 f 的输出中，即 $f: r^t=f(x^t)+\varepsilon$。所谓干扰因素，是指某些隐藏的变量 z^t 是我们观测不到的。因此需要通过模型 $g(x^t)$得到当前训练数据和未来数据的近似输出 $r^t=f(x^t, z^t)$。还必须最小化经验误差：$E(g/x) = 1/N\,\Sigma(r^t-g(x^t))^2$，$t=1\sim N$。

广义线性回归模型是目前最常用的统计方法。它用来描述一个变量的变化趋势和其他几个变量值的关系。这类关系的建模称为线性回归。统计建模的任务并不仅仅是拟合模型，还常常需要从几个可行的模型中选择最优的一个。在不同模型间择优的一种客观方法是方差分析方法(ANOVA)，参见 5.5 节。

拟合一组数据的关系可以用预测模型来表示，这个预测模型称为回归方程。应用最广泛的回归模型是广义线性模型，表示为：

$$Y=\alpha+\beta_1\cdot X_1+\beta_2\cdot X_2+\beta_3\cdot X_3+\cdots+\beta_n\cdot X_n$$

把这个方程应用到已知的每个样本中，可得到一个新的方程式组：

$$y_j=\alpha+\beta_1\cdot x_{1j}+\beta_2\cdot x_{2j}+\beta_3\cdot x_{3j}+\cdots+\beta_n\cdot X_{nj}+\varepsilon_j \qquad j=1,\ldots,m$$

式中 ε_j 是 m 个给定样本中各个样本的回归误差。线性模型之所以是线性的，是因为 y_j 的期望值是一个线性函数：输入值的加权和。

只有一个输入变量的线性回归是最简单的回归形式。它将一个随机变量 Y(称为响应变量)建模为另一个随机变量 X(称为预测变量)的线性函数。已知 n 个样本或形如$(x_1, y_1), (x_2, y_2), \ldots, (x_n, y_n)$的数据点，其中 $x_i\in X$，$y_i\in Y$，则线性回归可表示为：

$$Y=\alpha+\beta\cdot X$$

式中 α 和 β 都是回归系数。假定变量 Y 的方差是一个常量，可以用最小二乘法来计算这些系数，使实际数据点和估计回归直线之间的误差最小。这些残差平方和常常称为回归直线的误差平方和，用 SSE 表示：

$$\text{SSE}=\sum_{i=1}^{n}e_i^2=\sum_{i=1}^{n}(y_i-y_i')^2=\sum_{i=1}^{n}(y_i-\alpha-\beta x_i)^2$$

式中 y_i 是所给数据集的真实输出值，而 y_i' 是从模型中得出的响应值。令 SSE 分别对 α 和 β 求微分，得到：

$$\frac{\partial(\text{SSE})}{\partial\alpha}=-2\sum_{i=1}^{n}(y_i-\alpha-\beta x_i)$$

$$\frac{\partial(\text{SSE})}{\partial\beta}=-2\sum_{i=1}^{n}((y_i-\alpha-\beta x_i)\cdot x_i)$$

令微分方程等于零(使总误差最小)，整理得方程组：

$$n\alpha+\beta\sum_{i=1}^{n}x_i=\sum_{i=1}^{n}y_i$$

$$\alpha\sum_{i=1}^{n}x_i+\beta\sum_{i=1}^{n}x_i^2=\sum_{i=1}^{n}x_i y_i$$

解方程组，就得到 α 和 β 的计算式。利用与平均数的标准关系，这种简单优化的回归系数为：

$$\beta=\frac{\left[\sum_{i=1}^{n}(x_i-\text{mean}_x)\cdot(y_i-\text{mean}_y)\right]}{\left[\sum_{i=1}^{n}(x_i-\text{mean}_x)^2\right]}$$

$$\alpha=\text{mean}_y-\beta\cdot\text{mean}_x$$

这里 mean_x 和 mean_y 是训练数据集中的随机变量 X 和 Y 的平均值。注意，根据给定的数据集，α 和 β 的值只是整个总体的真实参数的估计值，可用方程式 $y=\alpha+\beta x$ 根据输入变量 x_0 来预测均值响应 y_0，没必要从原来的样本集中取值。

例如，以表格的形式给出一个数据集样本(见表 5-2)，分析两个变量(预测变量 A 和响应变量 B)之间的线性回归，这个线性回归可以表示如下：

$$B=\alpha+\beta\cdot A$$

表 5-2 回归方法所用到的数据

A	B
1	3
8	9
11	11
4	5
3	2

可以通过上面的公式(用 mean_A=5.4，mean_B=6)计算系数 α 和 β 的值，结果是：

$$\alpha=1.03$$

$$\beta=0.92$$

最优的线性回归模型是：

$$B=1.03+0.92\cdot A$$

图 5-4 把上面的数据集和线性回归表示为一组点和相应的直线。

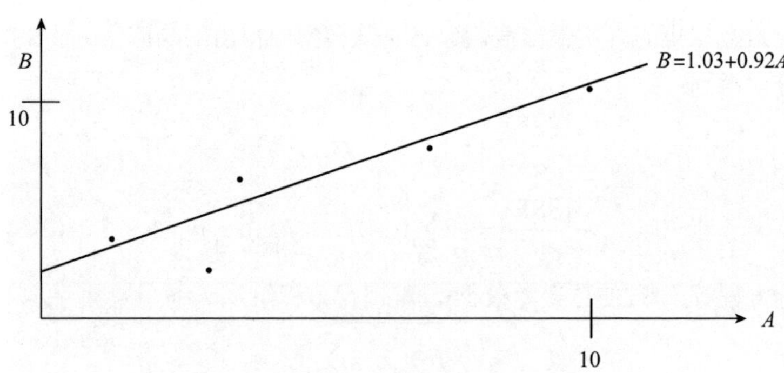

图 5-4 表 5-2 所给的数据集的线性回归图

多元回归是线性回归的扩展，涉及多个预测变量。响应变量 Y 建模为几个预测变量的线性函数。例如，设置预测变量是 X_1、X_2 和 X_3，那么多元线性回归可表示为：

$$Y=\alpha+\beta_1\cdot X_1+\beta_2\cdot X_2+\beta_3\cdot X_3$$

式中系数 α、β_1、β_2和β_3 的值可以利用最小二乘法求解。对于两个以上输入变量的线性回归模型，可以通过矩阵计算参数 β：

$$Y=\beta\cdot X$$

式中 $\beta=\{\beta_0,\beta_1,...,\beta_n\},\beta_0=\alpha$，$X$ 和 Y 是已知训练数据集的输入和输出矩阵。误差平方和 SSE 也可以用矩阵表示：

$$\text{SSE}=(Y-\beta\cdot X)\cdot(Y-\beta\cdot X)$$

优化后得

$$\frac{\partial(\text{SSE})}{\partial\beta}=0\Rightarrow(X'\cdot X)\beta=X'\cdot Y$$

最后，向量 β 满足矩阵方程式

$$\beta=(X'\cdot X)^{-1}(X'\cdot Y)$$

式中 β 是线性回归的估计系数向量。矩阵 X 和 Y 的维数与训练数据集相同。因此，若只有几百个训练样本，向量 β 的最优解就很容易求得。但在现实世界的数据挖掘问题中，样本数可以达到几百万个。此时，由于矩阵的维数很大，算法的复杂性呈指数级增加，因此需要在运算中找到修正值或近似值，或用完全不同的回归方法。

许多非线性回归问题也能转换成一般线性模型的形式。例如，下面的多项式关系：

$$Y=\alpha+\beta_1\cdot X_1+\beta_2\cdot X_2+\beta_3\cdot X_1X_3+\beta_4\cdot X_2X_3$$

设置新的变量 $X_4=X_1\cdot X_3$和$X_5=X_2\cdot X_3$，就能将其转换成线性形式。多项式回归在建模时，也能将新的多项式项添加到基本的线性模型上。三次多项式曲线的形式如下：

$$Y=\alpha+\beta_1\cdot X+\beta_2\cdot X^2+\beta_3\cdot X^3$$

通过转换到预测变量($X_1=X$，$X_2=X^2$ 和 $X_3=X^3$)，可以将这个模型线性化，将它转变成多元回归问题。这样就可以用最小二乘法来解决它。注意，一般线性回归模型中的线性是指：因变量是未知参数的线性函数。因此，一般的线性模型可能会涉及自变量的更高次幂，例如 $X_1^2,e^{\beta X},X_1\cdot X_2$，$1/X$ 或 X_2^3。然而，最基本的是要对输入变量或它们的合并项选择合适的转换。表 5-3 列出了对回归模型进行线性化的一些有效转换。

表 5-3 回归线性化的一些有效转换

函数	合适的转换	简易线性回归的形式
指数函数：$Y=\alpha e^{\beta x}$	$Y^*=\ln Y$	Y^*对 x 的回归
幂函数：$Y=\alpha x^\beta$	$Y^*=\log Y$; $x^*=\log x$	Y^*对 x^*的回归
倒数函数：$Y=\alpha+\beta(1/x)$	$x^*=1/x$	Y 对 x^*的回归
双曲线函数：$Y=x/(\alpha+\beta x)$	$Y^*=1/Y$; $x^*=1/x$	Y^*对 x^*的回归

在应用多元回归方法时，主要的任务是从原来的数据集中识别相关的自变量，并用这些相关变量选择回归模型。完成这个任务的两种常用方法是：

(1) 顺序搜索方法——主要是对原来的变量组建立一个回归模型，并选择性地增删变量，直到满足某个整体条件或达到最优。

(2) 组合方法——实质上，它是一种强力(brute-force)方法，即搜索所有可能的自

变量组合，以确定最优的回归模型。

无论使用顺序搜索方法还是组合方法，建模的最大好处来自对应用领域的正确理解。

回归分析过程附加的后续工作是评估这个线性回归模型的性能。相关分析是度量两个变量间的关联程度(在上面的示例中，这种关系用线性回归方程式表达)。两个变量间的线性关联程度可以用一个参数值来表示，该参数称为相关系数 r，它的计算需要用到回归分析中的一些中间结果。

$$r=\beta\cdot\sqrt{\left(\frac{S_{xx}}{S_{yy}}\right)}=\frac{S_{xy}}{\sqrt{\left(S_{xx}\cdot S_{yy}\right)}}$$

式中

$$S_{xx}=\sum_{i=1}^{n}(x_i-\text{mean}_x)^2$$

$$S_{yy}=\sum_{i=1}^{n}(y_i-\text{mean}_y)^2$$

$$S_{xy}=\sum_{i=1}^{n}(x_i-\text{mean}_x)(y_i-\text{mean}_y)$$

r 的值位于-1～1，r 取负值表示回归直线的斜率为负，正值表示回归直线的斜率为正。在解释 r 值时必须非常谨慎。例如，r 的值等于 0.3 和 0.6 仅仅表示得到了两个正的相关，后者比前者的相关性强。如果认为 r=0.6 表示它的线性关联程度是 r=0.3 的两倍，那就错了。

在本节开头的简单线性回归示例中，得到的模型是 B=1.03+0.92$\cdot A$，可以用相关系数 r 作为评价这个模型性能的指标。由图 4-3 中的数据可得中间结果：

$$S_{AA}=62$$

$$S_{BB}=60$$

$$S_{AB}=52$$

和最终的相关系数：

$$r=\frac{52}{\sqrt{62\cdot 60}}=0.85$$

相关系数 r=0.85 表示两个变量间有很好的线性关联。此外，还可以这样解释，因为 $r^2=0.72$，所以变量 B 有约 72%的信息和 A 线性关联。

5.5 方差分析

通常，在分析估计回归直线的性能和自变量对最终回归的影响时，使用方差分析(ANOVA)方法。分析的过程是将因变量的总方差细分成几个有意义的组成部分，它们可以用系统的方式观测和处理。方差分析是许多数据挖掘应用中的有力工具。

方差分析主要用于识别线性回归模型中的哪些 β 值非零。假定已通过最小二乘误差算法求出参数 β 的值，残差就是观察到的输出值和拟合值之差。

$$R_i = y_i - f(x_i)$$

对数据集中的 m 个样本，残差的大小和方差 σ^2 的大小有关。假定模型没有过度参数化(overparametrized)，σ^2 可用下式估计：

$$S^2 = \frac{\left[\sum_{i=1}^{m}(y_i - f(x_i))^2\right]}{(m-(n-1))}$$

分子是残差和，分母是残差的自由度(d.f.)。

S^2 的主要作用是通过它比较不同的线性模型。如果拟合模型是合适的，那么 S^2 是 σ^2 的一个很好的估计。假如拟合模型包含冗余变量(一些 β 为 0)，则 S^2 仍接近于 σ^2。仅当拟合模型不包含一个或多个应包含进来的输入变量，S^2 才显著大于 σ^2 的真实值。在 ANOVA 算法中，这些条件是基本的决策步骤，用于分析输入变量对最终模型的影响。首先，给定所有输入，计算这个模型的 S^2，然后，一个一个从模型删除这些输入，若删除了一个有用的输入，S^2 的估计值就会大幅上升。但若删除了一个多余的输入，S^2 的估计值不应有太大的变化。注意从模型中删除一个输入，相当于令相应的 β 值为 0。原则上，在每次迭代中，都要比较两个 S^2 的值，并分析它们之间的不同。为此，引入 F 比率和 F 统计检验，如下：

$$F = \frac{S_{\text{new}}^2}{S_{\text{old}}^2}$$

若新模型(除去一个或更多输入后)是适合的，F 就接近 1；若 F 的值明显大于 1，就说明这个模型不适合。应用这个迭代 ANOVA 方法，就能识别哪些输入和输出是相关的，哪些是不相关的。只有所比较的模型是嵌套的，换句话说，一个模型是另一个模型的特例时，ANOVA 方法才有效。

假设数据集有 3 个输入变量 x_1, x_2, x_3 与一个输出 Y。要使用线性回归方法，必须根据所需输入变量的个数估计出一个最简单的模型。应用 ANOVA 方法后，得出的结果如表 5-4 所示。

表 5-4 含有 3 个输入 x_1、x_2 和 x_3 的数据集的 ANOVA 分析

情况	输入集	S_i^2	F
1	x_1, x_2, x_3	3.56	
2	x_1, x_2	3.98	F_{21}=1.12
3	x_1, x_3	6.22	F_{31}=1.75
4	x_2, x_3	8.34	F_{41}=2.34
5	x_1	9.02	F_{52}=2.27
6	x_2	9.89	F_{62}=2.48

ANOVA 的结果表明，输入属性 x_3 对输出的估计没有影响，因为 F 比值接近 1。

$$F_{21} = \frac{S_2}{S_1} = \frac{3.98}{3.56} = 1.12$$

在其他所有情况中，输入子集使 F 比值显著增加，因此，在不影响模型性能的情况下，减少输入的维数是不可能的。本例最终的线性回归模型是：

$$Y = \alpha + \beta_1 \cdot x_1 + \beta_2 \cdot x_2$$

多元方差分析(MANOVA)是前述 ANOVA 的一个推广，它解决的数据分析问题中，输出不是单个数值，而是一个向量。分析此类数据的一个方法是分别对输出的每个元素建模，但这忽视了不同输出间可能的关联。换句话说，这种分析基于如下假设：输出是不相关的。MANOVA 是一种不考虑输出间关联的分析方式。已知一组输入和输出变量，就可以用一个多元线性模型来分析可用的数据集：

$$Y_j = \alpha + \beta_1 \cdot x_{1j} + \beta_2 \cdot x_{2j} + \beta_3 \cdot x_{3j} + \cdots + \beta_n \cdot x_{nj} + \varepsilon_j \qquad j=1,2,\ldots,m$$

式中 n 是输入的维数，m 是样本数，Y_j 是一个 $c\times1$ 维的向量，c 是输出个数。该多元模型可以通过和线性模型相同的方法——最小二乘法进行拟合。方法是线性模型与每个 c 维输出拟合，一次只能拟合一个。每一维的相应残差是 $(y_j - y'_j)$，其中 y_j 是这个维的真实值，而 y'_j 是估计值。

单元线性模型的残差平方和与多元线性模型的残差平方和矩阵是类似的，这个矩阵 R 定义为：

$$R = \sum_{j=1}^{m} (y_j - y'_j)(y_j - y'_j)^{\mathrm{T}}$$

矩阵 R 把每个 c 维的残差平方和放在对角线位置，其余的非对角线元素是相应两个向量的叉积的残差平方和。如果要比较两个嵌套的线性模型，来决定某个 β 值是否为 0，就可以另外构造一个平方和矩阵，并利用类似于 ANOVA 的方法——MANOVA。ANOVA 方法中有 F 统计检验，而 MANOVA 基于矩阵 R，有 4 个常用的检验统计方法：Roy 的最大根检验、Lawley-Hotelling 跟踪检验、Pillai 跟踪检验和 Wilks 的 lambda 检验。本书不介绍这些检验的计算细节，但大多数统计课本都有这些内容。大多数支持 MANOVA 的标准统计包也支持这 4 种统计检验，并说明什么情况下用何种检验。

古典的多元分析也包括主成分分析方法，即将一组样本向量转换为一组维数更少的新样本向量。第 3 章在数据挖掘的预处理阶段中讨论数据归约和数据转换时，讲到了这种方法。

5.6 对数回归

线性回归用于对连续值函数建模。广义回归模型提供了用线性回归方法给分类响应变量建模的理论基础。广义线性模型的一种常见形式是对数回归。对数回归将某事件发生的概率建模为预测变量集的线性函数。

对数回归方法不是预测因变量的值，而是估计因变量取给定值的概率 p。例如，对数回归方法并不预测某顾客的信用等级是高是低，而是估计顾客的信用等级高的概率。因变量的实际状态通过观察估计概率来决定。假如估计概率大于 0.50，这个预测结果就接近 YES(信用等级高)，否则就接近 NO(信用等级低)。因此，对数回归中的概率 p 称为成功概率。

只有模型的输出变量定义为二元分类变量，才应用对数回归。另一方面，输入变量也应是定量的，因此对数回归支持更一般的输入数据集。假定输出 Y 有两个编码为 0 和 1 的分类值，由这些数据，可以计算出所给输入样本 $P(y_j = 0) = 1 - p_j$和$p(y_j = 1) = p_j$ 取 0 和 1 的概率。拟合这些概率的模型可以用线性回归来表示：

$$\log\left(\frac{p_j}{(1-p_j)}\right) = \alpha + \beta_1 \cdot X_{1j} + \beta_2 \cdot X_{2j} + \beta_3 \cdot X_{3j} + \cdots + \beta_n \cdot X_{nj}$$

这个方程式称为线性对数模型，函数 $\log(p_j/(1-p_j))$通常写成 logit(p)。输出用对数表示的主要原因是避免它的预测概率超出要求的区间[0, 1]。假定有一个训练数据集，按照线性回归的步骤对它建模，用线性方程式表示如下：

$$\operatorname{logit}(p) = 1.5 - 0.6 \cdot x_1 + 0.4 \cdot x_2 - 0.3 \cdot x_3$$

再假设有一个新的样本需要分类，其输入值$\{x_1, x_2, x_3\}$={1, 0, 1}。用线性回归模型，可以估计出输出值为 1 的概率 $p[Y=1]$。首先，计算相应的 logit(p)：

$$\operatorname{logit}(p) = 1.5 - 0.6 \cdot 1 + 0.4 \cdot 0 - 0.3 \cdot 1 = 0.6$$

然后求给定输入的输出值为 1 的概率。

$$\log\left(\frac{p}{(1-p)}\right) = 0.6$$

$$p = \frac{\mathrm{e}^{0.6}}{(1+\mathrm{e}^{0.6})} = 0.65$$

根据概率 p 的最终结果，可推出输出值 Y=1 的可能性比另一个分类值 Y=0 小。即使这个简单的示例也表明：对数回归在数据挖掘的应用中是一个简易而强大的分类工具。根据一组数据(训练集)就可以建立对数回归模型，再根据另一组数据(检验集)就可以分析在预测分类值时模型的性能。可以把由对数回归方法得到的结果和其他用于分类的数据挖掘方法(如决策规则、神经网络和贝叶斯方法)进行比较。

5.7 对数-线性模型

对数-线性建模是一种分析分类(或数量型)变量间关系的方法。对数-线性模型近似于离散的、多元的概率分布。在这种广义线性模型中，假定输出 y_i 具有泊松分布，其期望值 μ_j 的自然对数是输入的线性函数：

$$\log(\mu_j) = \alpha + \beta_1 \cdot X_{1j} + \beta_2 \cdot X_{2j} + \beta_3 \cdot X_{3j} + \cdots + \beta_n \cdot X_{nj}$$

由于所有变量都是分类变量，因此可用表示数据总体分布的频率表来表示它们。对数-线性建模的目的是识别分类变量间的关系。这种关系对应于模型中的相互作用的项。这样，问题就变成确定模型中哪些 β 值为 0 的问题。ANOVA 也阐述了类似的问题。如果在对数-线性模式中，变量间有相互作用，就表示这些变量不是独立的，而是相关的，相应的 β 不等于 0，此时不应把这些分类变量作为这个分析的输出。如果明确指出了输出，就不应使用对数-线性模型，而用对数回归来分析。因此，下面解释的是定义数据集时没有输出变量的对数-线性模型。所给的变量都是分类的，我们需要分析它们之间的关系。这就是一致性分析任务。

一致性分析是分析关联矩阵(也称列联表)中的分类数据。列联表分析的结果回答了“所分析的属性间是否有关系？”这个问题。例如，有一个 2×2 的列联表，包含总计，如表 5-5 所示。这个表是调查男性和女性对堕胎态度的结果，共有 1100 个样本，每个样本都包括具有相应值的两个分类变量。“性别”变量的取值是男性和女性，“赞同”变量的取值是“是”或“否”。所有样本的总计结果都放在列联表的 4 个元素中。

表 5-5 就堕胎态度调查了 1100 个样本的 2×2 列联表

		赞同		总计
		是	否	
性别	女	309	191	500
	男	319	281	600
	总计	628	472	1100

“男性和女性赞同堕胎的程度有差异吗？”这个问题可以转变成“两个属性‘性别’和‘赞同’如果相关，其关联程度如何？”假如相关，则男性和女性的观点有很大的差异；否则，他们有相似的观点。

如前所述，对数-线性模型关心的是分类变量间的关联，因此可以用列联表中的数据求这个模型的一些量(指标)，不过这里不这样做，而是根据对两个列联表的比较，定义特征间关联的算法。

(1) 第一步，把所给的列联表转换成一个具有期望值的表，并假定这些变量是相互独立的，计算出这些期望值。

(2) 第二步，用平方距离指标和卡方检验作为评价两个分类变量间关联的标准，对这两个矩阵进行比较。

这两步计算过程对 2×2 的列联表来说是非常简单的，也适用于多维列联表(多于两个值的分类变量分析，如 3×4 或 6×9)。

下面先说明思路。用 $X_{m\times n}$ 表示这个列联表。这个表中每行的和是：

$$X_{j+}=\sum_{i=1}^{n}X_{ji}$$

这适用于每一行(j=1,…, m)。同样，可以定义每列的和：

$$X_{+i}=\sum_{j=1}^{m}X_{ji}$$

总和定义为每行和的总和：

$$X_{++}=\sum_{j=1}^{m}X_{j+}$$

或每列和的总和：

$$X_{++}=\sum_{i=1}^{n}X_{+i}$$

假定各行和各列变量间没有关联，就可以用这些总和计算期望值的列联表。期望值如下：

$$E_{ji}=\frac{(X_{j+}\cdot X_{+i})}{X_{++}}\quad j=1,\ldots,m,\ i=1,\ldots,n$$

通过上式可计算出列联表中的每个值。第一步的最终结果是一个只包括期望值的新表，这两个表具有相同的维数。

对于表 5-5 所示的示例，所有的和(行、列和总和)都表示在列联表中。由这些值可以构造期望值的列联表。第一行和第一列交叉处的期望值是

$$E_{11}=\frac{(X_{1+}\cdot X_{+1})}{X_{++}}=\frac{500\cdot 628}{1100}=285.5$$

同样，可以计算出其他的期望值，最终的期望值列联表如表 5-6 所示。

表 5-6 表 5-5 中数据的 2×2 的期望值列联表

		赞同		总计
		是	否	
性别	女	285.5	214.5	500
	男	342.5	257.5	600
	总计	628	472	1100

分类变量相关分析的下一步是对关系进行卡方检验。初始假设 H_0 是：两个变量是不相关的，可以用皮氏卡方公式来检验。

$$\chi^2=\sum_{j=1}^{m}\sum_{i=1}^{n}\left(\frac{\left(X_{ji}-E_{ji}\right)^2}{E_{ji}}\right)$$

χ^2 的值越大，拒绝假设 H_0 的可能性越大。对于上例，比较表 5-5 和表 5-6，得出如下检验结果：

$$\chi^2 = 8.2816$$

按照 $m \times n$ 维表自由度的计算公式，它的自由度为：

$$\text{d.f.} = (m-1)\cdot(n-1) = (2-1)(2-1) = 1$$

一般而言，在置信水平 α 下，若 $\chi^2 \geqslant T(\alpha)$，则拒绝假设 H_0。其中 $T(\alpha)$ 是 χ^2 分布表的阈值，这在统计课本中常常会涉及。本例中，选择 $\alpha = 0.05$，可得到阈值

$$T(0.05) = \chi^2(1-\alpha, \text{d.f.}) = \chi^2(0.95, 1) = 3.84$$

作简单的比较

$$\chi^2 = 8.2816 \geqslant T(0.05) = 3.84$$

因此，结论是：拒绝假设 H_0；此调查中分析的属性是高度相关的。换句话说，男性和女性对堕胎的态度有很大的差异。

这个过程可以推广到分类变量有两个以上值的列联表。下面的示例表明，前述步骤可以不加任何修改地应用于 3×3 列联表。表 5-7(a)中的初值和表 5-7(b)中的估计值相比较，相应的检验结果是 $\chi^2 = 3.229$。注意此情况下的参数：

$$\text{d.f.} = (n-1)(m-1) = (3-1)\cdot(3-1) = 4$$

表 5-7　有 3 个值的分类属性的列联表

(a) 观察值的 3×3 列联表

		属性 1			总和
		低	中	高	
属性 2	优	21	11	4	36
	良	3	2	2	7
	差	7	1	1	9
总和		31	14	7	52

(b) 假设 H_0 下期望值的 3×3 列联表

		属性 1			总和
		低	中	高	
属性 2	优	21.5	9.7	4.8	36
	良	4.2	1.9	0.9	7
	差	5.4	2.4	1.2	9
总和		31	14	7	52

在推导其他结论和进一步分析所给的数据集时必须非常谨慎。显然，这个样本不大。在表的许多单元格中，观察值的数量也很少。这是个严重的问题，必须进行其他

统计分析，来检查样本是不是很好地代表了总体。这里不介绍这个分析，因为在大多数实际的数据挖掘问题中，只要数据集足够大，就可以杜绝这些问题。

分析包括分类数据的列联表是一种归纳总结。归纳的另一个方面是对两个以上分类属性的分析。许多高级统计学课本都讲到了三维或高维列联表的分析方法；它们介绍了如何找出要同时分析的几个属性间的关联。

5.8 线性判别分析

线性判别分析(LDA)是解决因变量是分类型(名义类型或顺序类型)、自变量是数值型的分类问题。LDA 的目标是构造一个判别函数，在计算不同输出类中的数据时产生不同的分数。线性判别函数的形式如下：

$$z = w_1x_1 + w_2x_2 + \cdots + w_kx_k$$

式中 $x_1, x_2, ..., x_k$ 是自变量，z 是判别得分，$w_1, w_2, ..., w_k$ 是加权。判别得分的几何解释如图 5-5 所示。数据样本的判别得分表示它在由一组加权参数定义的直线上的投影。

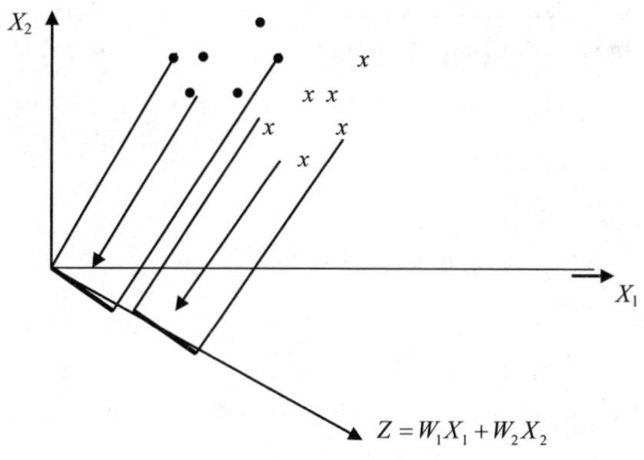

图 5-5 判别得分的几何解释

构建判别函数 z 是为了求出一组权值 w_i，并计算出待分类的样本集的判别得分，使该判别得分的类间方差和类内方差之比最大。构造出判别函数 z 后，就可以用它来预测新样本所属的类。分数线(cutting scores)是判断每个判别得分的标准。选择分数线要依据各类的样本分布。设 z_a 和 z_b 分别是类 A 和类 B 中待分类样本的平均判别得分。如果两类样本一样大，且服从同一方差分布，那么分数线 $z_{\text{cut-ab}}$ 的最佳选择是：

$$z_{\text{cut-ab}} = \frac{(z_a + z_b)}{2}$$

新样本可以根据它的判别得分 $z > z_{\text{cut-ab}}$ 或 $z < z_{\text{cut-ab}}$ 来分类，当每类样本不一样大时，就把平均判别得分的加权平均数作为最佳分数线。

$$z_{\text{cut-ab}} = \frac{(n_a \cdot z_a + n_b \cdot z_b)}{(n_a + n_b)}$$

n_a和n_b表示每类中的样本数。尽管带有多个分数线的判别函数z能把样本分为几类，但更复杂的问题还需要使用多重判别分析。多重判别分析应用于每类都构造一个判别函数的情况。这种情况下的分类规则是“选择判别得分最高的一类”，如图5-6所示。

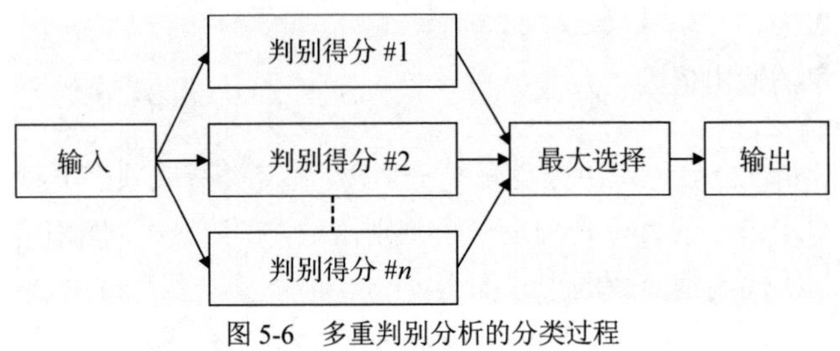

图5-6　多重判别分析的分类过程

5.9 复习题

1. 统计推断理论中的主要内容是统计检验和估计，它们有什么不同？
2. 分析一组只包括一个属性的数据集X：

   X= { 7, 12, 5, 18, 5, 9, 13, 12, 19, 7, 12, 12, 13, 3, 4, 5, 13, 8, 7, 6}

   (1) 数据集X的平均值是多少？
   (2) 中位数是多少？
   (3) 众数是多少？这个数据集有什么特征？
   (4) 求X的标准差。
   (5) 用箱图给出数据集X的图形化总结。
   (6) 求数据集X的异常点，并讨论这个结果。
3. 由表5-1中的训练集，用简单贝叶斯分类法预测下面样本的类别：
   (1) {2,1,1}
   (2) {0,1,1}
4. 已知一组包含X和Y的二维数据集，如表5-8所示。

表5-8　包含X和Y的二维数据集

X	Y
1	5
4	2.75
3	3
5	2.5

(1) 用线性回归方法计算 $y=\alpha+\beta x$ 中的参数α和β。

(2) 用相关系数 r 估计(a)中求得的模型的性能。

(3) 用合适的非线性转换(如表 5-3 所示)改进回归结果。改进后的新非线性模型的方程式是什么？讨论相关系数值的简化。

5. 通过对数回归得到的对数函数如下：

$$\text{Logit}(p)=1.2-1.3\times1+0.6\times2+0.4\times3$$

求下列样本的输出值为 1 和 0 的概率。

(1) {1, −1, −1}

(2) {−1, 1, 0}

(3) {0, 0, 0}

6. 数据集表示成一个 2×3 的列联表，如表 5-9 所示，分析分类变量 X 和 Y 的关联性。

表 5-9 2×3 的列联表

		Y	
		T	*F*
X	*A*	128	7
	B	66	30
	C	42	55

7. 实现一种算法，将输入平面文件中的每个数值型属性用箱图表示。

8. 在线性判别分析中，构造判别函数的基本原则是什么？

9. 实现一种算法，用二维列联表分析分类变量之间的关联。

10. 已知数据集{27, 27, 18, 9}，若

(1) $p=1/3$

(2) $p=3/4$

求该数据集的 EMA(4, 4)，并讨论结果。

11. 若丢失的数据项

(1) 进行相等比较

(2) 进行不等比较

(3) 用默认值代替

(4) 忽略不计

使用贝叶斯分类法确定上述哪个选项正确。

12. 表 5-10 包含了一组数据实例的个数和比率，用于有指导的贝叶斯定理学习。输出变量是性别，其值是男性和女性。假定某人对人寿保险促销选择了“否”，对杂志促销和手表促销选择了“是”，且拥有信用卡保险。使用表中的值和贝叶斯分类法，确定此人为男性的概率。

表 5-10 值和贝叶斯分类法

	杂志促销		手表促销		人寿保险促销		信用卡保险	
	男性	女性	男性	女性	男性	女性	男性	女性
是	4	3	2	2	2	3	2	1
否	2	1	4	2	4	1	4	3

13. 假设某人订阅了至少一本汽车杂志，则他拥有一辆跑车的概率是 40%。另外，3%的成人订阅了至少一本汽车杂志。最后，假设某人没有订阅至少一本汽车杂志，则他拥有一辆跑车的概率是 30%。使用这些信息和贝叶斯定理计算，假设某人拥有一辆跑车，则他订阅了至少一本汽车杂志的概率是多少？

14. 假设本科生抽烟的比例是 15%，研究生抽烟的比例是 23%。如果 1/5 的大学学生是研究生，其余为在校本科生，则一个学生抽烟、且是研究生的概率是多少？

15. 一个 2×2 列联表包含 X 和 Y 变量：

		X	
		x_1	x_2
Y	y_1	7	4
	y_2	2	8

(1) 确定期望值的列联表。

(2) 如果 χ^2 检验的阈值是 8.28，确定变量 X 和 Y 相互关联的概率。

16. 通过对数回归方式得到的对数函数如下：

$$\text{Logit}(p)=1.2-1.3\times1+0.6\times2+0.4\times3$$

确定样本{1,−1, −1}的输出值为 0 和 1 的概率。

17. 假定：

- P(好电影|汤姆・克鲁斯参演)=0.01
- P(好电影|汤姆・克鲁斯未参演)=0.1
- P(汤姆・克鲁斯参演了随机选择的电影)=0.01

请计算 P(汤姆・克鲁斯参演|不是好电影)。

18. 下面的训练集有 3 个布尔型输入 x，y，z 和布尔型输出 U。假设要使用贝叶斯分类法预测 U，如表 5-11 所示。

表 5-11 训练集

x	y	z	U
1	0	0	0
0	1	1	0
0	0	1	0

(续表)

x	y	z	U
1	0	0	1
0	0	1	1
0	1	0	1
1	1	0	1

(1) 训练完毕后，预测概率 $P(U=0|\ x=0, y=1, z=0)$是多少？

(2) 使用贝叶斯分类训练所得的概率，计算预测概率 $P(U=0|x=0)$？

19. 3 个人掷硬币，有 2 个人正面朝上的概率是多少？

第 6 章

决策树和决策规则

本章目标

- 分析解决分类问题的基于逻辑的方法的特性。
- 描述决策树和决策规则在最终分类模型中的表述之间的区别。
- 深入阐述生成决策树和决策规则的 C4.5 算法。
- 指出训练数据集或检验数据集中存在丢失值时，C4.5 算法所需做的改变。
- 简要介绍分类回归树(CART)算法和 Gini 指标的基本特征。
- 了解何时以及如何用修剪方法降低决策树和决策规则的复杂度。
- 总结用决策树和决策规则表示分类模型的局限性。

决策树和决策规则是解决实际应用中分类问题的强大的数据挖掘方法。因此，下面首先简要地总结分类的基本原理。一般来说，分类是一个学习函数的过程，该函数把数据项映射到其中一个预定义的类中。若一个样本集包含属性值向量(也称为特征向量)和一个相应的类，则基于归纳学习算法的每个分类就指定为该样本集的输入。归纳学习的目标是构建一个分类模型，称为分类器，它可以根据有效的属性输入值预测某个实体(所给样本)所属的类。换句话说，分类是把某个不连续的标识值(类)分配给未标识的记录的过程。分类器是在样本的其他属性已知时预测另一个属性(样本所属的类)的模型(分类的结果)。这样就把样本分到预定义的类别内。例如，可以根据顾客的账单记录简单地把顾客分成两组：在 30 天内付清账单的顾客和超过 30 天付清账单的顾客。今天由于数据量很大，分类过程需要自动化，几乎各门学科都运用了不同的分类方法。数据挖掘中应用分类方法的示例包括金融市场中走向的分类和大型图像数据库中对象的识别。

分类问题的更形象方法是用图形来描述。具有 N 个特征的数据集可以看作 N 维空间中的离散点(每个数据项用一个点表示)集。分类规则是包括其中一个或多个点的超立方体。所给的类包含多个立方体时，这些立方体就进行或运算(OR)，找出属于该类的所有点，如图 6-1 中二维类的示例。在立方体内，每部分的条件都进行与运算(AND)。立方体的大小表示它的一般性，即立方体越大，它包含的顶点就越多，覆盖的样本点也越多。

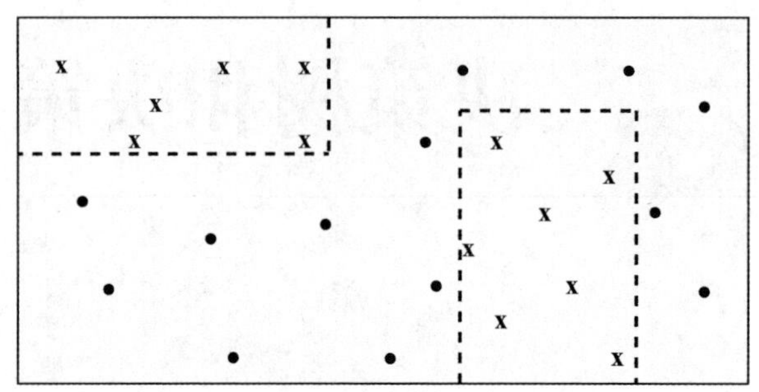

图 6-1 二维空间的样本分类

在分类模型中，类和样本的其他属性之间的关联可以用流程图来简单地定义，也可用程序指南这样复杂和无结构的方式来定义。数据挖掘方法只讨论规范化的、“可执行”的分类模型，有两种完全不同的建模方法。第一，与相关的专家或专家组会谈，可以得到分类模型。尽管采用这个方法的难度很大，但大多数基于知识的系统都是用这种方法构造的。第二，可以检查大量已记录的分类，归纳概括数据挖掘应用的主要示例，得到分类模型。

第 5 章介绍的分类统计方法给出了分类问题的一种建模类型：总结样本集的统计属性。另一种方法则是基于逻辑的。逻辑模型不用加法和乘法这样的算术运算，而是基于表达式，这些表达式对特征值进行布尔型和比较运算，得到真或假的结果。与其他非逻辑方法相比，这些建模方法的分类结果更精确，包含更便于解释的特征。决策树和决策规则是以逻辑模型的方式给出结果的典型数据挖掘技术。

6.1 决策树

从数据中生成分类器的一个特别有效的方法是生成决策树。决策树表示法是应用最广泛的逻辑方法。许多决策树归纳算法主要是在机器学习和应用统计文献中出现。它们是通过一组输入输出样本构建决策树的有指导学习方法，是分类和回归的高效的非参数化方法。决策树是有指导学习的分层模型，它通过带检验函数的决策节点，在一系列递归的分支处识别出局部区间。决策树也是一个非参数化模型，因为它没有给类的密度假设任何参数形式。

典型的决策树学习系统采用自上而下的方法，在部分搜索空间中搜索解决方案。它可以确保求出一个简单的决策树，但未必是最简单的。决策树包括要检验其属性的节点。在一元树中，对于每个内部的节点，检验函数都只使用一个属性进行检验。节点的输出分支对应于该节点的所有可能的检验结果。图 6-2 中的简单决策树对有两个输入属性 X 和 Y 的样本进行分类。所有属性值 $X>1$ 和 $Y=B$ 的样本都属于类 2。不论特征 Y 的值是多少，值 $X<1$ 的样本都属于类 1。对于树中的非叶节点，可以沿着分支继续给样本分类，每个子节点得到它相应的样本子集。使用一元分支的决策树具有简单的表示形式，使用者很容易理解这个推理模型；同时，这种决策树在模型的表述上有一定的限制。一般来说，对决策数表述的任何限制都极大地限制了函数的形式，从而限制了模型的模拟能力。要生成基于一元分支的决策树，一个著名的算法是 Quinlan 的 ID3 算法，它有一个改进版本称为 C4.5。贪婪搜索法涉及生成和修剪决策树的结构，它一般应用于这些算法，来探测可行模型的幂空间。

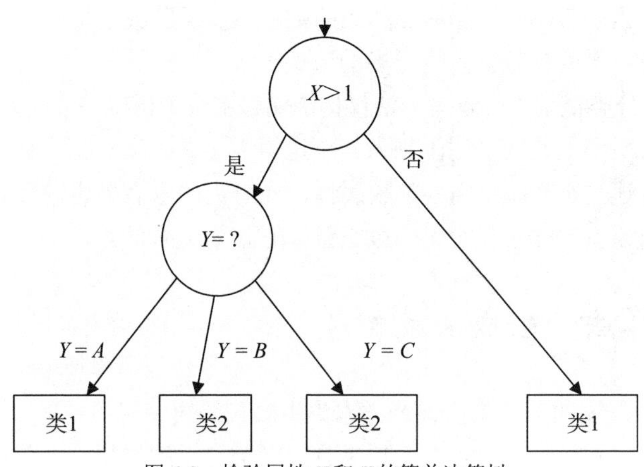

图 6-2　检验属性 X 和 Y 的简单决策树

ID3 算法在开始运行时，所有训练样本都位于树的根节点。该算法选取一个属性来分区这些样本。为每个属性值创建一个分支，如果某样本子集的属性值等于分支指定的值，该样本子集就移到新生成的子节点上。这个算法递归地应用于每个子节点，直到一个节点上的所有样本都属于一个类为止。到达决策树的叶节点的每条路径都表示一个分类规则。注意，对于这种自上而下的决策树生成算法，最重要的决策是对节点属性的选择。ID3 和 C4.5 算法的属性选择基准都是使样本中节点所含的信息熵最小化。基于信息熵的方法要求，在数据库中对样本进行分类时，所做检验的数量最小。ID3 的属性选择是根据一个假设：决策树的复杂度和所给属性值表达的信息量是密切相关的。基于信息的试探法会选择信息量最大的属性，即这个属性可以最小化把样本分类到结果子树中所需的信息。ID3 的扩展是 C4.5 算法，C4.5 算法把分类范围从类别属性扩展到数值属性。这个度量标准使用的属性能把数据分区成类熵较低的子集，即该子集中的大部分样本都属于一个类。这个算法选择的属性基本上可使类之间的区别程度为局部最大。下面将详细介绍这些算法的基本原理和实现方式。

为了运用基于归纳学习的方法，必须满足几个关键的要求。

(1) **属性值描述**——要分析的数据必须是平面文件形式，一个对象或样本的所有信息必须用固定属性集来表达。每个属性都可以有离散型值或数值型值，但是用于描述样本的属性必须是彼此不同的。这个限制消除了样本有内在的可变结构的可能性。

(2) **预先定义的类**——要分配给样本的类必须事先建立，用机器学习的术语来说，这是有指导学习。

(3) **离散的类**——这些类的描述必须非常严谨：一个样本要么属于某个类，要么不属于它。样本的个数要远远超过类的个数。

(4) **充足的数据**——以决策树的形式给出了归纳总结后，要继续识别数据中的模式。若能从偶然重合中识别出足够多的健壮模式，这个方法就是有效的。由于这种识别通常依赖于统计检验，因此必须有足够多的样本，这些检验才是有效的。所需的数据量受到一些因素的影响，例如属性和类的数量，以及分类模型的复杂度。当这些因素增加时，构造可靠的模型就需要更多的数据。

(5) **“逻辑”分类模型**——这些方法仅构造能够用决策树或决策规则表达的分类器。这些表达形式实质上把类的描述限制为一个逻辑表达式，该表达式的基本内容必须是某个属性值的陈述。有些应用需要加权属性，或对类的可靠描述进行算术合并。在这些情况下，逻辑模型会非常复杂，一般来讲，它们是无效的。

6.2 C4.5 算法：生成决策树

C4.5 算法最重要的部分是由训练样本集生成初始决策树的过程。结果，该算法生成了一个决策树形式的分类器；决策树是具有两类节点的结构：叶节点表示一个类；决策节点指定要在单个属性值上进行的检验，对检验的每个可能输出都有一个分支和子树。

决策树可以用来对新样本分类，这种分类从树的根节点开始移动样本，直至移动到叶节点为止。在每个非叶决策节点处，都要确定该节点的特征检验结果，然后考虑所选子树的根节点。例如，如果分类模型是如图 6-3(a)所示的决策树，待分类的样本如图 6-3(b)所示，该算法就会生成一条路径，该路径走过节点 A、C、F(叶节点)，最终得到分类决策，即类 2。

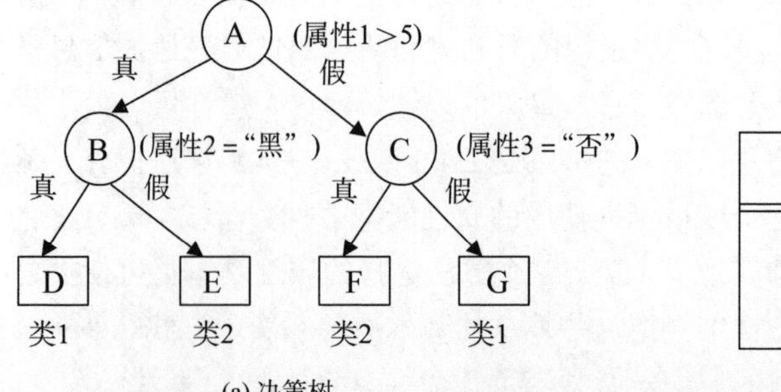

(a) 决策树

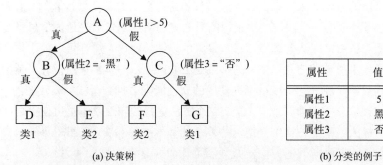

属性	值
属性1 属性2 属性3	5 黑 否

(b) 分类的例子

图 6-3 基于决策树模型的新样本分类

C4.5 算法的构架基于亨特的 CLS 方法，其通过一个训练样本集 T 构造一个决策树。这些类用$\{C_1,C_2,\ldots,C_k\}$表示，则集 T 所含的内容信息有以下 3 种可能性。

(1) T 包含一个或多个样本，它们全部属于一类 C_j。T 的决策树是由类 C_j 标识的一个叶节点。

(2) T 不包含样本。决策树也是一个叶，但和该叶关联的类由不同于 T 的信息决定，如 T 中的绝大多数类。C4.5 算法把在所给节点的父节点上出现最频繁的类作为准则。

(3) T 包含属于不同类的样本。在这种情况下，需要把 T 精化成多个单类样本子集。根据某个属性选择合适的检验函数，使检验结果是一个或多个互斥的输出$\left\{O_1, O_2, \ldots, O_n\right\}$。$T$ 分区成子集 $T_1, T_2, \ldots, T_n$，其中 T_i 包括 T 中所选检验的输出是 O_i 的所有样本。T 的决策树包括识别检验结果的一个决策点，每个可能的输出都有一个分支(在图 6-3(a)的决策树中，节点 A、B 和 C 就是这类节点的示例)。

对训练样本的每个子集重复应用这个决策树构造程序，用训练样本的子集 T_i 建立决策树的第 i 个分支。继续分区训练样本集，直到所有子集都只包含属于一个类的样本。

决策树构造过程的定义不是唯一的。对不同的检验，即使只是它们运用的顺序不同，也会生成不同的树。理想情况下，最好在分区样本集的每个阶段进行检验，以使最终的树较小。既然要寻找与训练集一致的紧凑的决策树，为什么不求出所有树，再选择最简单的树呢？可惜，求出与训练数据集一致的最小决策树是一个完全非线性的问题。对于任何实际问题，列举和分析所有可能的树会导致组合爆炸。例如，一个小型数据库只有 5 个属性和 20 个训练样本，根据每个属性值的数量，决策树可能会超过 10^6 个。因此，大多数决策树的构造方法是无回溯的贪婪算法。只要通过试探法选择了某个使进度最大化的检验，且当前的训练样本集已分区好，就不会去探索其他选择。进度是一个局部的度量标准，选择检验的增益标准基于所给的数据分区步骤的可用信息。

假设要选择有 n 个输出(所给特征的 n 个值)的检验，把训练样本集 T 分区成子集 $T_1, T_2, \ldots, T_n$。仅有的指导信息是类在 T 和它的子集 T_i 中的分布。如果 S 是任意样本集，设 freq(C_i, S)代表 S 中属于类 C_i(k 个可能的类中的一个)的样本数量，$|S|$ 表示集 S 中的样本数量。

最初的 ID3 算法用增益标准来选择需要检验的属性，它基于信息论中熵的概念。下面的关系式可计算出集合 T 的熵(单位为比特)。

$$\text{Info}(T) = -\sum_{i=1}^{k}\left(\left(\frac{\text{freq}(C_i,T)}{|T|}\right)\cdot \log_2\left(\frac{\text{freq}(C_i,T)}{|T|}\right)\right)$$

按照一个属性检验 X 的 n 个输出分区 T 后，现在考虑另一个相似的度量标准。所需信息可通过这些子集的熵的加权和求得：

$$\text{Info}_x(T)=\sum_{i=1}^{n}\left(\left(\frac{|T_i|}{|T|}\right)\cdot \text{Info}(T_i)\right)$$

下面的量：

$$\text{Gain}(X)=\text{Info}(T)-\text{Info}_x(T)$$

表示按照检检 X 分区 T 所得到的信息。该增益标准选择了使 Gain(X)最大化的检验 X，即此标准选择的是具有最高信息增益的属性。

下面在一个简单的示例中分析这些度量标准的应用，并创建决策树。假设以平面文件形式给出数据库 T，其中的 14 个样本通过 3 个输入属性描述，且属于两个类：类 1 或类 2。以表格形式给出的数据库如表 6-1 所示。

表 6-1　训练样本的简单平面数据库

数据库 T：			
属性 1	属性 2	属性 3	类
A	70	真	类 1
A	90	真	类 2
A	85	假	类 2
A	95	假	类 2
A	70	假	类 1
B	90	真	类 1
B	78	假	类 1
B	65	真	类 1
B	75	假	类 1
C	80	真	类 2
C	70	真	类 2
C	80	假	类 1
C	80	假	类 1
C	96	假	类 1

9 个样本属于类 1，5 个样本属于类 2，因此分区前的熵为：

$$\text{Info}(T)=-\frac{9}{14}\log_2\left(\frac{9}{14}\right)-\frac{5}{14}\log_2\left(\frac{5}{14}\right)=0.940\text{比特}$$

根据属性 1 把初始样本集 T 分区成 3 个子集(检验 x_1 表示从 3 个值 A、B 或 C 中选择其一)后，得出结果：

$$\begin{aligned}\text{Info}_{x1}(T) &= \frac{5}{14}\left(-\frac{2}{5}\log_2\left(\frac{2}{5}\right)-\frac{3}{5}\log_2\left(\frac{3}{5}\right)\right)\\ &\quad+\frac{4}{14}\left(-\frac{4}{4}\log_2\left(\frac{4}{4}\right)-\frac{0}{4}\log_2\left(\frac{0}{4}\right)\right)\\ &\quad+\frac{5}{14}\left(-\frac{3}{5}\log_2\left(\frac{3}{5}\right)-\frac{2}{5}\log_2\left(\frac{5}{5}\right)\right)\\ &= 0.694\text{比特}\end{aligned}$$

通过检验 x_1 获得的信息是：

$$\text{Gain}(x_1) = 0.940 - 0.694 = 0.246\text{比特}$$

如果根据属性 3 进行检验和分区(检验 x_2 表示从真或假两个值中选其一)，类似的计算会得到新结果：

$$\begin{aligned}\text{Info}_{x2}(T) &= \frac{6}{14}\left(-\frac{3}{6}\log_2\left(\frac{3}{6}\right)-\frac{3}{6}\log_2\left(\frac{3}{6}\right)\right)\\ &\quad+\frac{8}{14}\left(-\frac{6}{8}\log_2\left(\frac{6}{8}\right)-\frac{5}{8}\log_2\left(\frac{2}{8}\right)\right)\\ &= 0.892\text{比特}\end{aligned}$$

相应的增益是：

$$\text{Gain}(x_2) = 0.940 - 0.892 = 0.048\text{比特}$$

根据增益准则，决策树算法将选择检验 x_1 作为分区数据库 T 的最初检验，因为该增益较高。为了求出最优检验，还必须分析对属性 2 的检验，属性 2 是一个连续的数值属性。C4.5 一般包含 3 种类型的检验结构：

(1) 离散属性的“标准”检验，对属性的每个可能值(在前面的示例中是对属性 1 的检验 x_1 和对属性 3 的检验 x_2)有一个分支和输出。

(2) 如果属性 Y 有连续的数值，则比较该值和阈值，来定义输出为 $Y \leqslant Z$ 和 $Y > Z$ 的二元检验。

(3) 更复杂的检验也基于离散值，在该检验中，属性的每个可能值都分配到数量可变的组中，每组都有一个输出和分支。

前面说明了分类属性的标准检验，现在需要解释如何建立对数值型属性的检验。检验连续型属性似乎很困难，因为它们用一个任意的阈值把所有的值分区成两个区间。但有一个算法可以计算出最优的阈值 Z。首先根据待检验的属性值 Y 对训练样本排序。这些值的数量是有限的，因此，可以按排序顺序用 $\{v_1, v_2, \ldots, v_m\}$ 表示它们。介于 v_i 和 v_{i+1} 之间的阈值可以按属性 Y 的值把样本分成 $\{v_1, v_2, \ldots, v_i\}$ 和 $\{v_{i+1}, v_{i+2}, \ldots, v_m\}$ 两个区间。因此 Y 仅有 $m-1$ 个分区，要系统地检查所有分区，以求得最优分区。通常选择每个区间的中间点 $(v_i + v_{i+1})/2$ 作为代表阈值。C4.5 算法的不同之处在于它选择每一个区间 $\{v_i, v_{i+1}\}$ 的较小值 v_i 作为阈值，而不是中间点。这确保了最终决策树或规则中的阈值实际存在于数据库中。

为了演示求阈值的过程，可以为示例中的数据库 T 分析按属性 2 分区的可能结果。排序后，属性 2 的值集是{65, 70, 75, 78, 80, 85, 90, 95, 96}，阈值 Z 的可能集合是{65, 70, 75, 78, 80, 85, 90, 95}。最优的阈值(信息增益最高)应从这 8 个值中选择。对于本例，最优的阈值是 Z=80，为检验 x_3(属性 2≤80 或属性 2>80)计算信息增益的过程如下：

$$\begin{aligned}\text{Info}_{x3}(T) &= \frac{9}{14}\left(-\frac{7}{9}\log_2\left(\frac{7}{9}\right)-\frac{2}{9}\log_2\left(\frac{2}{9}\right)\right)\\ &\quad+\frac{5}{14}\left(-\frac{2}{5}\log_2\left(\frac{2}{5}\right)-\frac{3}{5}\log_2\left(\frac{3}{5}\right)\right)\\ &=0.837\text{ 比特}\end{aligned}$$

$$\text{Gain}(x_3)=0.940-0.837=0.103\text{ 比特}$$

现在，如果比较本例中 3 个属性的信息增益，可以看出属性 1 具有最高增益 0.246 比特，因此选择该属性进行首次分区，以建立决策树的结构。在根节点上要检验属性 1 的值，产生 3 个分支，每个属性值有一个分支。图 6-4 显示了最初的决策树，其子节点包含相应的样本子集。

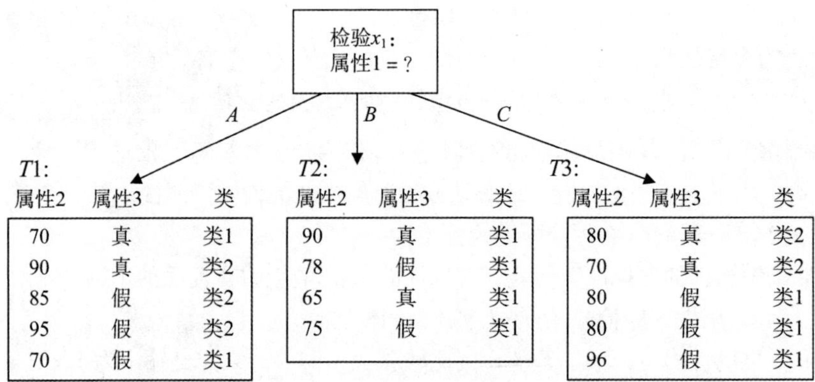

图 6-4 表 6-1 中数据库的初始决策树和样本子集

初始分区后，每个子节点包括数据库中的几个样本。对每个子节点重复上述选择检验和优化的过程。因为对于检验 x_1：属性1＝B，子节点包含 4 个样本，它们都属于类 1，因此该节点是叶节点，没必要对该分支进行另外的检验。

对于剩余的子节点，子集 T_1 有 5 个样本，可以检验剩下的属性；最优检验(具有最高的信息增益)是检验 x_4，它有两个选择：属性 2≤70 或属性 2>70 。

$$\text{Info}(T_1)=\frac{2}{5}\log_2\left(\frac{2}{5}\right)-\frac{3}{5}\log_2\left(\frac{3}{5}\right)=0.97\text{ 比特}$$

用属性 2 把 T_1 分区成两个子集(检验 x_4 表示从两个区间选择其一)，得到的信息是：

$$\mathrm{Info}_{x4}(T_1)=\frac{2}{5}\left(-\frac{2}{2}\log_2\left(\frac{2}{2}\right)-\frac{0}{2}\log_2\left(\frac{0}{2}\right)\right)$$
$$+\frac{3}{5}\left(-\frac{0}{3}\log_2\left(\frac{0}{3}\right)-\frac{3}{3}\log_2\left(\frac{3}{3}\right)\right)$$
$$=0\text{比特}$$

该检验的信息增益是最大的：

$$\mathrm{Gain}(x_4)=0.97-0=0.97\text{比特}$$

这两个分支将生成最终的叶节点，因为每个分支中的样本子集都属于同一类。

对根节点的第 3 个子节点进行同样的计算。对于数据库 T 的子集 T_3，所选的最优检验 x_5 对属性 3 的值进行检验。树的分支是属性 3＝真和属性 3＝假，这将生成属于同一类的样本子集。图 6-5 表示数据库 T 的最终决策树。

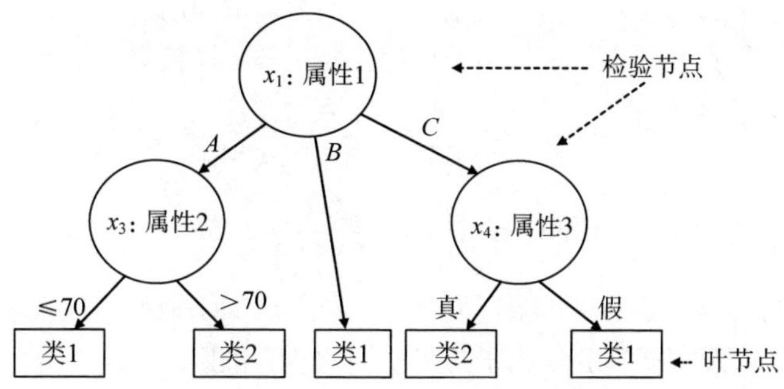

图 6-5　表 6-1 中数据库 T 的最终决策树

另外，决策树可以用可执行代码(或伪代码)的形式表示，这种可执行代码用 if-then 结构来对决策树进行分支。决策树从一种表示形式转换到另一种形式是非常简单直接的。图 6-6 用伪代码给出了上例的最终决策树。

```
If      属性 1=A
        Then
                If      属性 2≤70
                        Then
                                类别=类 1;
                        Else
                                类别=类 2;
Elseif  属性 1=B
          Then
                          类别=类 1;
Elseif  属性 1=C
          Then
              If   属性 3=真
                   Then
                           类别=类 2;
                   Else
                           类别=类 1。
```

图 6-6　表 6-1 中数据库 T 的伪代码形式的决策树

虽然增益标准有益于紧凑型决策树的构建，但它也有一个严重的缺陷：对具有许多输出的检验有很大的偏差。这个问题可以通过标准化来解决。与 Info(S)的定义类似，指定一个附加的参数：

$$\text{Split}-\text{info}(X)=-\sum_{i=1}^{n}\left(\left(\frac{|T_i|}{|T|}\right)\log_2\left(\frac{|T_i|}{|T|}\right)\right)$$

这表示把集 T 分区成 n 个子集 T_i，就会生成潜在的信息。现在定义一个新的增益标准：

$$\text{Gain}-\text{ratio}(X)=\frac{\text{gain}(X)}{\text{Split}-\text{info}(X)}$$

这个新的增益标准表示分区所生成的有用信息的比例，所谓有用是指有助于分类。通过增益比率标准选择的检验可以最大化前面给出的比率。这个标准是可靠的，通过它选择的检验通常总是比前面的增益标准更好。下面用前面的示例来演示增益比率检验的计算。为了求得检验 x_1 的增益比率指标，需要计算另一个参数 Split-info(x_1)。

$$\text{Split}-\text{info}(x_1)=-\frac{5}{14}\log_2\left(\frac{5}{14}\right)-\frac{4}{14}\log_2\left(\frac{4}{14}\right)-\left(\frac{5}{14}\right)\log_2\left(\frac{5}{14}\right)=1.577\text{ 比特}$$

$$\text{Gain}-\text{ratio}(x_1)=\frac{0.246}{1.557}=0.156$$

决策树中的其他检验也应该采用同样的过程。最大增益率将代替增益标准，成为属性选择准则，以及把样本分区成子集的检验的选择准则。用这个分区样本集的新准则产生的最终决策树是最简洁的。

6.3 未知的属性值

C4.5 算法的前一版本基于一个假设：所有属性值都已确定。但在数据集中，经常会缺少某些样本的一些属性值——这种不完全性在实际应用中非常常见，其原因是属性值和某个样本是不相关的，或收集数据时没有记录它，或把数据输入数据库时有人为的误差。为了解决丢失值的问题，有两种选择：

(1) 抛弃数据库中有丢失数据的样本。

(2) 定义新的算法，或改进现有的算法，来处理丢失的数据。

第一个解决方案很简单，但当样本集中存在大量的丢失值时，不能采取这种方法。为了说明第二种方案，必须回答以下几个问题：

(1) 如何比较具有不同数目的未知值的两个样本？

(2) 具有未知值的训练样本无法参与相关值的检验，因此它们不能分配给任何子集。分区时应该如何处理这些样本？

(3) 在分类的检验阶段，如果检验有丢失值的属性，如何处理丢失值？

在试图解决丢失值时，总是会引发这些问题或其他问题。处理丢失数据的几种分类算法通常是用最可能的值替代丢失值，或考虑该属性的所有值的概率分布。但所有这些方法都不太好。

在 C4.5 算法中，普遍使用的法则是：有未知值的样本按照已知值的相对频率随机分布。Info(T)和 Info$_x$(T)的计算和前面相同，只是仅考虑有已知属性值的样本。然后用系数 F 合理地修正增益参数，该系数表示所给属性已知的概率(F=数据库中给定属性有已知值的样本数 / 数据集的样本总数)。新的增益标准有以下形式：

$$\text{Gain}(x) = F(\text{Info}(F) - \text{Info}_x(T))$$

同样，把具有未知值的样本看成分区出来的另一个组，就可以修改 Split-info(x)。如果检验 x 有 n 个输出，Split-info(x)按照检验把数据集分区成 n+1 个子集来计算。该修正对修改后的标准 Gain-ratio(x)的最终值有直接的影响。

下面列举一个示例来说明对 C4.5 决策树方法的改进。数据库和前面的表(表 6-1)是一样的，现在只有属性 1 有一个丢失值，用？表示，如表 6-2 所示。

表 6-2　有一个丢失值的示例的简单平面数据库

数据库 T:			
属性 1	属性 2	属性 3	类
A	70	真	类 1
A	90	真	类 2
A	85	假	类 2
A	95	假	类 2
A	70	假	类 1
?	90	真	类 1
B	78	假	类 1
B	65	真	类 1
B	75	假	类 1
C	80	真	类 2
C	70	真	类 2
C	80	假	类 1
C	80	假	类 1
C	96	假	类 1

计算属性 1 的增益参数和前面相同，丢失值仅仅修正了前面的一些步骤。在属性 1 的 13 个值中，有 8 个属于类 1，5 个属于类 2，因此分区前的熵是：

$$\text{Info}(T) = -\frac{8}{13}\log_2\left(\frac{8}{13}\right) - \frac{5}{13}\log_2\left(\frac{5}{13}\right) = 0.961\text{比特}$$

用属性 1 把 T 分区成 3 个子集(检验 x_1 表示从 3 个值 A、B 或 C 中选择其一)后，得出的信息是：

$$\begin{aligned}\text{Info}_{x1}(T) &= \frac{5}{13}\left(-\frac{2}{5}\log_2\left(\frac{2}{5}\right)-\frac{3}{5}\log_2\left(\frac{3}{5}\right)\right)\\&+\frac{3}{13}\left(-\frac{3}{3}\log_2\left(\frac{3}{3}\right)-\frac{0}{3}\log_2\left(\frac{0}{3}\right)\right)\\&+\frac{5}{13}\left(-\frac{3}{5}\log_2\left(\frac{3}{5}\right)-\frac{2}{5}\log_2\left(\frac{5}{5}\right)\right)\\&=0.747\text{ 比特}\end{aligned}$$

该检验获得的信息用系数 F(示例中 F＝13/14)修正：

$$\text{Gain}(x_1)=\frac{13}{14}(0.961-0.747)=0.199\text{ 比特}$$

该检验的增益比前面的值 0.216 比特稍小。然而，该分区信息仍是根据整个训练集来确定的，而且更大，因为未知值属于一个额外的类别。

$$\text{Split}-\text{info}(x_1)=-\left(\frac{5}{14}\log\left(\frac{5}{14}\right)+\frac{3}{14}\log\left(\frac{3}{14}\right)+\frac{5}{14}\log\left(\frac{5}{14}\right)+\frac{1}{14}\log\left(\frac{1}{14}\right)\right)=1.8$$

下面，总结分区的概念。每个样本都有一个相关的新参数，即概率。当值已知的样本从 T 分配给子集 T_i 时，它属于 T_i 的概率是 1，属于其他所有子集的概率是 0。当值未知时，只能得出不大肯定的概率描述。因此 C4.5 将每个子集 T_i 中有丢失值的每个样本和权重 w 联系起来，w 表示样本属于每个子集的概率。为了使这个解决方法更具一般性，需要考虑到获得分区前样本的概率并不总是等于 1(在构造决策树的随后迭代中)。因此，分区后丢失值的新参数 w_{new} 等于分区前的旧参数 w_{old} 乘以样本属于每个子集的概率 $P(T_i)$：

$$w_{\text{new}}=w_{\text{old}}\cdot P(T_i)$$

用属性 1 的检验 x_1 把集 T 分区成子集 T_i 后，包含丢失值的记录就位于 3 个子集中，如图 6-7 所示。因为最初的(旧的)w 值等于 1，新的权重 w_i 等于概率 5/13、3/13 和 5/13。图 6-7 给出了新的子集。在 C4.5 中，$|T_i|$ 可以重新解释为给定集 T_i 的所有权重 w 之和，而不再是集 T_i 中的元素数。根据图 6-7，新值计算为：

$$|T_1|=5+5/13,\ |T_2|=3+3/13,\ |T_3|=5+5/13$$

T_1：(属性 1＝A)

属性 2	属性 3	类	w
70	真	类 1	1
90	真	类 2	1
85	假	类 2	1
95	假	类 2	1
70	假	类 1	1
90	**真**	**类 1**	**5/13**

T_2：(属性 1＝B)

属性 2	属性 3	类	w
90	**真**	**类 1**	**3/13**
78	假	类 1	1
65	真	类 1	1
75	假	类 1	1

T_3：(属性 1＝C)

属性 2	属性 3	类	w
80	真	类 2	1
70	真	类 2	1
80	假	类 1	1
80	假	类 1	1
96	假	类 1	1
90	**真**	**类 1**	**5/13**

图 6-7 检验 x_i 的结果是子集 T_i(初始集 T 有丢失值)

如果把这些子集按属性 2 和属性 3 的检验进一步分区，有丢失值的数据集的最终决策树就如图 6-8 所示。

```
If        属性 1=A
            Then
                If       属性 2≤70
                         Then
                              类别=类 1    (2.0/0);
                         Else
                              类别=类 2    (3.4/0.4);
            Elseif   属性 1=B
                        Then
                              类别=类 1    (3.2/0):
            Elseif   属性 1=C
                        Then
                   If     属性 3=真
                         Then
                              类别=类 2     (2.4/0.4):
                         Else
                              类别=类 1    (3.0/0):
```

图 6-8　有丢失值的数据库 T 的决策树

图 6-8 和图 6-6 的决策树具有相同的结构，但因为最终分类的不明确性，每个决策都以 $(|T_i|/E)$ 形式与两个参数关联。$|T_i|$ 是到达叶节点的部分样本和，E 是属于除了指定类以外的类的样本数。

例如，(3.4/0.4)表示 3.4(或 3＋5/13)个训练样本到达叶节点，其中 0.4(或 5/13)并不属于分配给叶节点的类。可以用百分数表示参数 $|T_i|$ 和 E：

$$3/3.4 \cdot 100\% = \text{所给叶节点的88\%的样本会分给类2}$$
$$0.4/3.4 \cdot 100\% = \text{所给叶节点的12\%的样本会分给类1}$$

当决策树用来对以前不在数据库中的样本分类(即检验阶段)时，可采用与 C4.5 同样的方法。如果所有属性值都已知，该过程就很简单。从决策树的根节点开始，检验属性值，确定整个树的遍历方式，最后，在某个叶节点上唯一定义了某检验样本(或概率，如果训练样本有丢失值)的类后，算法结束。如果相关检验属性的值是未知的，该检验的结果就不能确定。于是系统求出该检验的所有可能结果，再对得到的分类进行算术合并。由于从树或子树的根到叶存在多条路径，因此分类是指类的分布而不是单个类。为被检验的样本确定类的总体分布后，就把概率最高的类作为预测出来的类。

6.4　修剪决策树

决策树修剪的主要任务是舍弃一个或多个子树，并用叶节点替换这些子树，以简化决策树。用叶节点替换子树时，算法应降低预测误差率，提高分类模型的质量。但是误差率的计算并不简单。仅根据一个训练数据集得到的误差率并不能得出合理的估计。估计预测误差的一个可行方法是用另一个新的有效检验样本集，或用第 4 章讲到的交叉确认法。该方法首先把有用的样本分成大小相等的区，对每个区，用除了该区之外的所有样本来构造树，再用该区进行检验。若有可用的训练和检验样本，决策树修剪的基本思想是去掉一部分对未知检验样本的分类精度没有帮助的树(子树)，生成更简单、更容易理解的树。有两种改进的递归分区方法：

(1) **在某些情况下不把样本集分区得更细**。停止准则通常基于一些统计检验，如 χ^2 检验：如果分区前后分类精度没有显著的不同，就把当前的节点作为一个叶。由于决策在分区前做出，因此该方法称为预修剪。

(2) **构建树之后，用所选的精度准则以回溯方式去除树的一些点**。这个决策在构建树之后做出，称为后修剪。

C4.5 采用后修剪方法，但它用特殊的方法估计预测误差率，该方法称为悲观修剪。对于树中的每个节点，可以用二项式分布统计表(大多数统计课本都提到该方法)计算置信上限 U_{cf} 的估计值。参数 U_{cf} 是所给节点的 $|T_i|$ 和 E 的函数。C4.5 用默认的置信度 25%，比较所给节点 T_i 的 $U_{25\%}(|T_i|/E)$ 与其叶的加权置信度。权值是每个叶的样本总数。如果子树中某个根节点的预测误差小于叶的 $U_{25\%}$ (子树的预测误差)的加权和，子树就用它的根节点替换，变成修剪后的树的一个新叶。

下面用一个简单的示例说明该步骤。决策树的子树如图 6-9 所示，在根节点上检验属性 A 的 3 个可能值 $\{1, 2, 3\}$。根节点的子节点是用相应的类和参数 $(|T_i|/E)$ 表示的叶。要求修剪子树，估计该子树用它的根节点替换，作为一个新的归纳叶节点的概率。

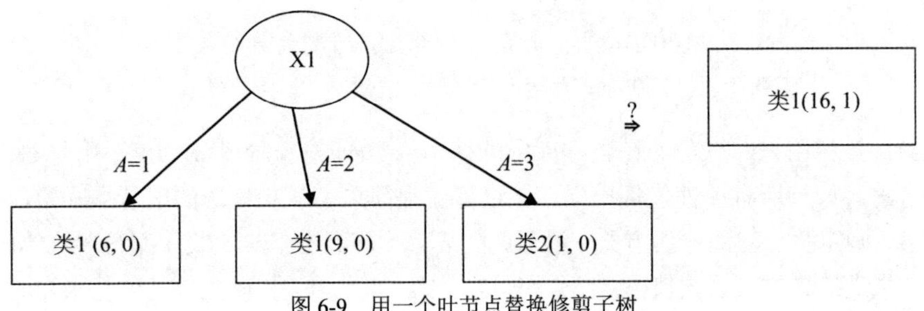

图 6-9　用一个叶节点替换修剪子树

为了分析用叶节点替换子树的概率，必须计算初始树和被替换节点的预测误差 PE。用默认置信度 25%，所有节点的置信上限可从统计表中求得：$U_{25\%}(6,0)=0.206$，$U_{25\%}(9,0)=0.143$，$U_{25\%}(1,0)=0.750$ 和 $U_{25\%}(16,1)=0.157$。

利用这些值，求出初始树和被替换节点的预测误差：

$$\text{PE}_{\text{tree}} = 6\cdot 0.206 + 9\cdot 0.143 + 1\cdot 0.750 = 3.257$$

$$\text{PE}_{\text{node}} = 16\cdot 0.157 = 2.512$$

由于当前决策树的预测误差值比被替换的节点高，因此可以修剪决策树，并用新的叶节点替换子树。

6.5　C4.5 算法：生成决策规则

虽然修剪后的决策树比原来的更简洁，它们仍然非常复杂。大决策树很难理解，因为每个节点都有根据先行节点的检验结果建立的具体环境。为了使决策树模型更易读，可以把到达每个叶的路径转换成 If-Then 生成规则。If 部分包括一条路径的所有检验，Then 部分是最终分类。这种形式的规则称为决策规则，所有叶节点的决策规则集能够得到与树相同的样本分类结果。作为树的起点，规则的 If 部分是互斥的、彻底的，因此规则的顺序并不重要。决策树转换成决策规则的一个示例如图 6-10 所示，该例的两个属性 A 和 B 有两个可能的值 1 和 2，最终分为两个类。

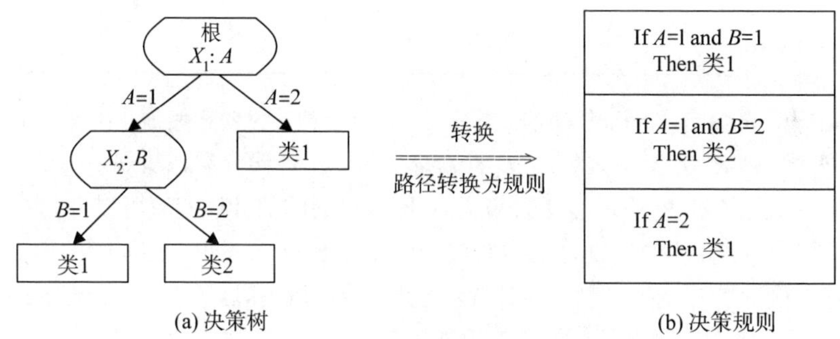

图 6-10　决策树到决策规则的转换

对于图 6-8 中的训练决策树，相应的决策规则如表 6-3 所示。

表 6-3　决策规则

If	属性 1=A 且属性 2≤70
	Then　　类别=类 1 (2.0/0);
If	属性 1=A 且属性 2＞70
	Then　　类别=类 2 (3.4/0.4);
If	属性 1=B
	Then　　类别=类 1 (3.2/0);
If	属性 1=C 且属性 3=True
	Then　　类别=类 2 (2.4/0);
If	属性 1=C 且属性 3=False
	Then　　类别=类 1 (3.0/0);

把决策树重新写成规则集，树中的每个叶都转换为一条规则，但这不能得到简化的模型。分类模型中决策规则的数量可能非常大，规则的修剪可以提高模型的易读性。在某些样本中，个别规则的前项可能包括不相关的条件。要概括规则，可以删除不影响规则集的正确性的多余条件。规则条件的删除准则是什么？设规则 R 是：

If A Then 类 C

更一般的规则 R' 是：

If A' Then 类 C

其中 A' 是从 $A(A = A' \cup X)$ 中删掉条件 X 得到的。条件 X 是否重要的证据必须在训练样本中求得。数据库中满足条件 A' 的每个样本，都可能满足或不满足扩展条件 A。这些样本要么属于类 C，要么不属于类 C，结果可以组织成一个 2×2 的列联表，如表 6-4 所示。

表 6-4 2×2 列联表

	类 C	其他类
满足条件 X	Y_1	E_1
不满足条件 X	Y_2	E_2

初始规则 R 包含 Y_1+E_1 个样本，其中 E_1 个误分类，因为它们属于其他类而不是 C 类。同样，规则 R' 包含 $Y_1+Y_2+E_1+E_2$ 个样本，E_1+E_2 是误分类。从规则中消除条件 X 的准则基于规则 R 和 R' 的正确性的悲观估计。规则 R 的估计误差率可以设为 $U_{cf}(Y_1+E_1, E_1)$，规则 R' 的估计误差率设为 $U_{cf}(Y_1+Y_2+E_1+E_2, E_1+E_2)$。如果规则 R' 的悲观误差率不比原始规则 R 大，就可以删除条件 X。当然，概化规则时，可能需要删除多个条件。C4.5 算法不是找出可删除条件的所有可能子集，而是进行贪婪性删除：每一步都删除一个悲观误差最小的条件。与所有贪婪搜索一样，每一步的悲观误差最小，并不能保证全局悲观误差最小。

例如，如果所给规则 R 的列联表如表 6-5，那么相应的误差率是：

表 6-5 规则 R 的列联表

	类 C	其他类
满足条件 X	8	1
不满足条件 X	7	0

(1) 对最初给出的规则 R：

$$U_{cf}(Y_1+E_1, E_1) = U_{cf}(9,1) = 0.183$$

(2) 对于没有条件 X 的一般化规则 R'：

$$U_{cf}(Y_1+Y_2+E_1+E_2, E_1+E_2) = U_{cf}(16,1) = 0.157$$

因为规则 R' 的估计误差率小于初始规则 R 的估计误差率，所以可以简化决策规则 R，并用 R' 替换 R，来修剪规则集。

概化规则造成的一个问题是：规则不再互斥、彻底，有的样本满足多个规则，而有的样本不满足任何规则。C4.5 中采用的冲突解决方案是，当样本满足“多个规则”时，就选择其中一个规则(本书对此没有详细解释)。某个样本不满足任何规则时，解决方法是默认规则或默认类。默认类的合理选择是训练集中出现最多的类。C4.5 采用了一种改进的方法：默认类应包含不满足任何规则、数量最多的训练样本。

简化决策树和决策规则的另一个可行方法是对分类数据的属性值分组。大量的值需要大量的数据空间。由于训练数据不充分，可能识别不出有用的模式，或模式识别出来了，但模型极其复杂。为了减少属性值的数量，必须定义合适的组。而分区数可能非常大：对于 n 个值，存在 $2^{n-1}-1$ 个重要的二元分区。即使这些值是有序的，二元分区也有 n-1 个“截值”。图 6-11 中的简单示例表明决策规则归纳中对分类值分组的优点。

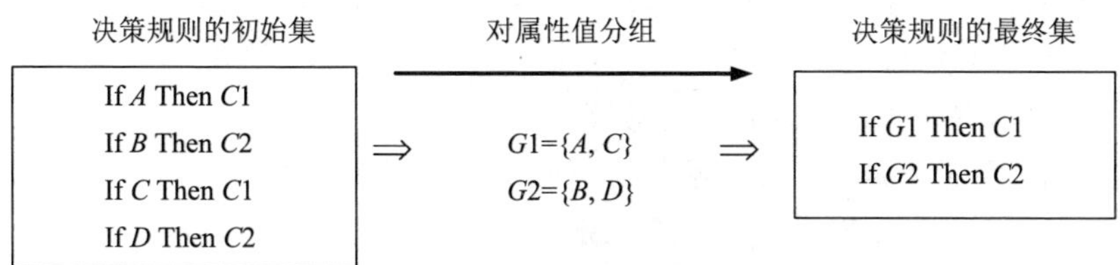

图 6-11　对属性值分组可以简化决策规则集

C4.5 增加了分组合并的数量，因为它不仅包括二元分类数据，也有 n 元分区。这个过程是迭代的，从每个值表示一个组的初始分布开始，在每个新迭代中，都分析把两个以前的组合并成一个组的概率。如果信息增益率(前面解释过)是非递减的，就接受该合并。最终的结果可能是两个或多个组，这样就在决策树和决策规则的基础上简化了分类模型。

C4.5 被商业系统 C5.0 替代，其中的变化有：

(1) 提供了推进技术的一个变体，它会构建全套的分类器，再选择出最终的分类；

(2) 包含了新的数据类型，例如日期，可以处理“不适用的”值，提出了可变误分类成本的概念，提供了预过滤属性机制。

C5.0 极大地提高了决策树和规则集的可伸缩性，并能成功地应用于实际的大数据集。实际上，这些数据可以转换为更复杂的决策树，该决策树可以包含数十个层次和数百个变量。

6.6　CART 算法和 Gini 指标

如前所述，CART 是分类回归树(Classification And Regression Trees)的首字母缩写。C4.5 描述的分而治之的基本方法也适用于 CART。其主要区别是树的结构、分区准则、修剪方法和处理丢失值的方式。

CART 构建的树只有二元分区。这个限制简化了分区准则，因为它不再需要多元分区。而且，如果标记是二元的，二元分区限制就允许 CART 按照属性值的个数，把分类属性分区为两个值子集(使凹形的分区准则最小)。但这个限制也有缺点，因为在邻近的层上，同一个属性可能有多个分区，使树不容易理解。

CART 使用 Gini 多样性指标作为分区准则，来替代 C4.5 中基于信息的准则。CART 作者使用 Gini 准则来替代信息增益，是因为 Gini 可以扩展，包含对称成本，其计算速度也比信息增益快。Gini 指标用于在决策树的每个内部节点上选择属性。给数据集 S 定义的 Gini 指标如下：

$$\text{Gini}(S)=1-\sum_{i=0}^{c-1} p_i^2$$

其中：

- c 是预定义类的个数。
- C_i 是类，$i = 1,\ldots, c-1$。
- s_i 是属于类 C_i 的样本数。
- $p_i= s_i/S$ 是类 C_i 在集中的相对频度。

这个指标表示数据集 S 的分区纯度。对于两个类的分支预测，Gini 指标∈[0, 0.5]。如果 S 中的所有数据都属于同一个类，Gini S 就等于最小值 0，表示 S 是纯的。如果 Gini S 等于 0.5，则 S 中的所有观察值在两个类上平均分布。这样就可以使一个分区只包含属于一个类的数据：例如，对于 70/30 分布，Gini 指标是 0.42。如果类多于 2 个，则该指标的最大可能值就会增加，例如，若有 3 个类，最糟糕的多样性指标是 33%，Gini 值为 0.67。Gini 系数的取值范围是从 0～1(适用于类非常多的情况)，在一些商业工具中，将该系数乘以 100，取值范围就是从 0～100。

根据一个属性把数据集分区为 k 个子集 S_i 的质量就可以计算为所得子集的 Gini 指标的加权和：

$$\text{Gini}_{\text{split}}=\sum_{i=0}^{k-1}\left(\frac{n_i}{n}\right)\text{Gini}(S_i)$$

其中

- n_i 是分区后子集中的样本数。
- n 是给定节点上的样本总数。

因此，给所有属性计算 $\text{Gini}_{\text{split}}$，再选择 $\text{Gini}_{\text{split}}$ 最小的属性作为分区点。这个过程也是重复的，与 C4.5 相同。在表 6-1 中，根据属性 1 分区时分别应用熵指标(C4.5)和 Gini 指标(CART)，就可以比较 CART 和 C4.5 属性选择的结果。C4.5 的结果已经计算出来了(属性 1 的增益率)，该属性的 $\text{Gini}_{\text{split}}$ 指标可以计算为：

$$\begin{aligned}\text{Gini}_{\text{split}} &= \sum_{i=0}^{2}\frac{n_i}{n\text{Gini}(S_i)} = \frac{5}{14}\times\left(1-\left(\frac{2}{5}\right)^2-\left(\frac{3}{5}\right)^2\right) \\ &\quad +\frac{4}{14}\times\left(1-\left(\frac{0}{4}\right)^2-\left(\frac{4}{4}\right)^2\right)+\frac{5}{14}\times\left(1-\left(\frac{2}{5}\right)^2-\left(\frac{3}{5}\right)^2\right) \\ &= 0.34\end{aligned}$$

$\text{Gini}_{\text{split}}$ 指标的绝对值的解释并不重要，重要的是，这个值相对于属性 1 的重要性低于它相对于表 6-1 中的其他两个属性。读者很容易得出这个结果。因此，根据 Gini 指标，选择属性 1 进行分区。这与 C4.5 算法中使用熵指标得到的结果相同。尽管在这个示例中结果相同，但对于许多其他数据集，这两种方法所得的结果可能有区别，但区别通常很小。

CART 也支持二元分区准则，它可以用于多类问题。在每个节点上，类都划分到两个超类中，这两个超类包含不相关的、互斥的类。二类问题的分区准则可用于选择属性，以及优化二类准则的两个超类。这种方法提供了“策略性”的分区准则，使类似的几个类可以组合在一起。尽管二类分区准则允许建立更平衡的树，但这个算法比 Gini 规则慢。例如，如果类的整数是 K，就可以得到 $2K-1$ 个二类组合方式。使用 Gini 构建的树与通过二类分区准则构建的树之间的区别很小，其区别主要在于树底部的变量没有树顶部的变量重要。

CART 中使用的修剪技术称为最小成本复杂度修剪技术，而 C4.5 使用二项式置信限制。最小成本复杂度修剪技术假定，树的重替代误差率随叶节点的数量呈线性增长。分配到子树的成本是两项之和：重替代误差；叶节点数和复杂度参数α之积。可以看出，对于每个α值，都存在唯一一个成本最小的树。注意，尽管α是一个连续型的值，但是要分析和修剪的子树数量是有限的。

与 C4.5 不同，如果分区使用的属性有未知值，CART 的分区准则不会在构建树的过程中出问题。该准则只使用值已知的实例。CART 会找出几个代理分区点，来替代原来的分区点。在分类过程中，根据已知的属性值使用第一个代理分区点。该代理分区点不能根据最初的分区准则来选择，因为每个节点上的子树都根据最初选择的分区点来建立。因此，所选的代理分区点应能最大化与原分区点的预测关联。如果某属性与所选的属性高度相关，这个过程就是有效的。

顾名思义，CART 也可以建立回归树。回归树比分类树简单，因为 CART 中使用的生长和修剪准则是相同的。回归树的结构类似于分类树，但每个叶节点都预测一个实数。修剪树的重替代估值是误差的均方值。

CART 方法的主要优点是它对异常点和干扰数据的抵抗性强。分区算法通常把异常点隔离到个别的节点上。另外，CART 的一个重要实用价值是其分类树或回归树的结构不会随自变量的转换而变化。任何变量都可以用其对数或平方根来替代，而树的结构不会改变。CART 的一个缺点是系统可能没有稳定的决策树。对学习样本进行不大重要的修改，例如去除几个观察值，就可以导致决策树的显著变化：分区变量和值时，树的复杂度会显著增加或降低。

C4.5 和 CART 是决策树归纳的两个常用算法，但它们的分区准则、信息增益和 Gini 指标容易出现偏差。换言之，它们的适用性不强，至少不能成功地应用于类没有平均分布在训练和检验数据集上的情形。因此一定要事先设计出决策树分区准则，找出分布中不属于任何类的异常数据。一个推荐使用的方法是把 Hellinger 距离用作决策树分区准则。最近的实验结果表明，这个距离不大容易出现偏差。

在 Hellinger 距离应用为决策树分区准则时，假定有一个可计算的空间，使所有连续型属性都可以离散化到 p 个分区或箱中。假定有一个二类问题(类+和类-)，令 $X+$是属于类+的样本，*X*-是属于类-的样本。接着聚合二类分布 *X*+和 *X*-的所有分区，计算标准化频度分布中的“距离”。X+和 X-之间的 Hellinger 距离是：

$$d_{\mathrm{H}}(X_+, X_-) = \sqrt{\sum_{j=1}^{p}\left(\sqrt{\frac{|X_{+j}|}{|X_+|}} - \sqrt{\frac{|X_{-j}|}{|X_-|}}\right)^2}$$

这个公式不大容易出现偏差。现实数据的经验表明，上述指标可以成功地应用于 *X*+ $<<$ *X*-的情形。给定两个不同的类，它可以识别出属性值分布中的异常点。

该领域最近的发展将该技术扩展到多元树上。在多元树的某个决策节点上，所有的输入维都可用于检验(例如，$w_1x_1 + w_2x_2 + w_0 > 0$，如图 6-12 所示)。它是一个方向任意的超平面。有 $2^d\,(^N{}_d)$个可能的超平面，不适合使用穷举搜索。

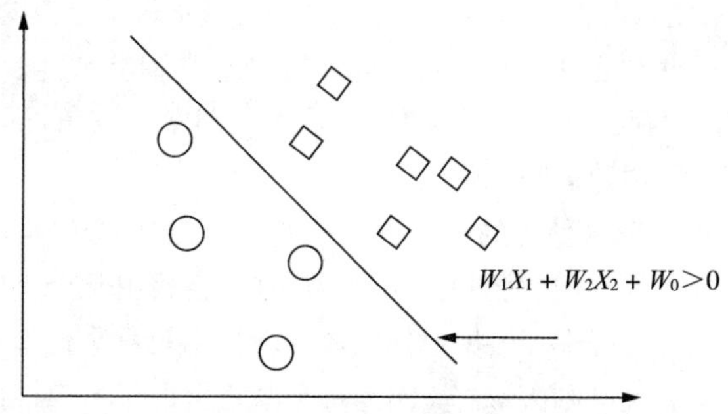

图 6-12　多元决策节点

对于线性多元节点，使用超平面可以得到更好的近似，且节点数更少。该技术的缺点是多元节点很难解释。另外，节点越复杂，需要的数据就越多。多元树的最早版本用 CART 算法实现，它逐个微调权重 w_i，以降低不纯度。CART 还有一个预处理阶段，通过选择输入子集，来减少维数(从而降低节点的复杂度)。

6.7　决策树和决策规则的局限性

基于决策规则和决策树的模型相对简单易读，其生成速度也非常快。和许多统计方法不一样，逻辑方法不依赖属性值的分布或属性独立性的假设。这种方法在工作中也比大多数其他统计方法更可靠。但是也有一些缺点和局限性，数据挖掘分析者必须注意这一点，因为方法的正确选择是数据挖掘过程成功的关键。

如果数据样本在 *N* 维空间中用图形表示，其中 *N* 是属性的数量，逻辑分类器(决策树或决策规则)就把空间划成几个区域，每个区域都用相应的类标识。确定未知的检验样本点落进哪个区域，就可以对所给的样本分类。构造决策树时，要通过连续不断的提炼，把现有的区域分成更小的区域，使其包含高度集中于某个类的点。要构造一个好的分类器，所需的训练样本数与区域的数量成正比。分类越复杂，需要的区域就越多，描述区域的规则也越多，树的复杂度越高。所有这些都需要更多的训练样本，才能得到成功的分类。

用 N 维空间的正交超平面来图形化地表示决策规则。分类区域是同一空间的一些超矩形。如果分类超空间不是正交的，而是通过属性的线性(或非线性)组合来定义的，如图 6-13 中的示例所示，就增加了基于规则的模型的复杂度。基于决策规则的逻辑方法试着用超矩形模拟非正交的分类，有时是非线性分类；这时分类变得极度复杂，规则非常多，误差也很大。

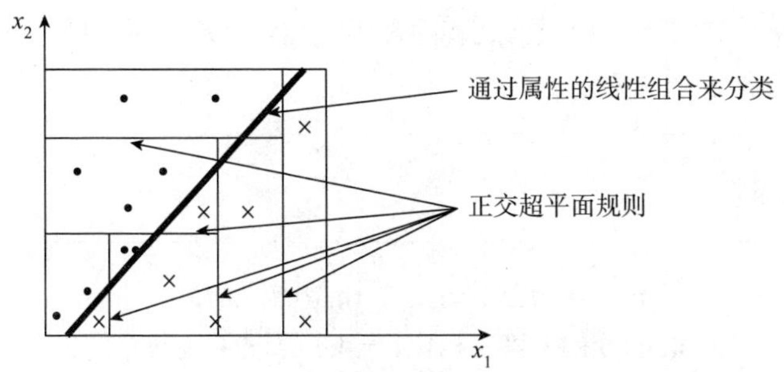

图 6-13　用超矩形模拟非正交的分类

这个问题的一个可行的解决方法是在数据挖掘过程中增加一次迭代：必须返回到预处理阶段的开头，把输入属性转换成由初始输入的线性(或非线性)组合而成的新维。该转换基于某个域的试探法，重点放在数据预处理过程；这样可以得到一个更简单的分类模型，误差率也更低。

另一种分类问题是，决策规则不是建模的合适工具，这种问题的分类准则为：如果 m 个条件中有 n 个条件存在，就支持所给的类。为了用规则表示这个分类器，必须对某个类定义 $\binom{m}{n}$ 个区域。医学诊断决策就是这种分类的典型示例。如果 11 种症状中有 4 种支持某个疾病的诊断，相应的分类器就在仅支持该疾病诊断的 11 维空间中产生 330 个区域，这对应于 330 个决策规则。因此，数据挖掘分析者在对这种非线性问题运用决策规则的正交分类方法时必须谨慎。

最后，引入新属性而不是删掉旧属性，可以避免 N 维空间中有时由附加规则带来的密集碎片。下面分析一个简单示例。一个分类问题用 9 个二元输入 $\{A_1, A_2, ..., A_9\}$ 来描述，输出类 C 通过下面的逻辑关系来规定：

$$(A_1 \vee A_2 \vee A_3) \wedge (A_4 \vee A_5 \vee A_6) \wedge (A_7 \vee A_8 \vee A_9) \rightarrow C$$

将上面的表达式写成逻辑乘的形式：

$$((A_1 \wedge A_4 \wedge A_7) \vee (A_1 \wedge A_5 \wedge A_7) \vee ...) \rightarrow C$$

式中有 27 个只含 $\wedge$ 运算的因子。这些因子中的每一个都是九维空间的一个区域，且与一个规则对应。考虑相反示例的区域，在决策树中大约存在 50 个描述类 C 的叶(和数量相同的规则)。如果引入新的属性：

$$B_1 = A_1 \vee A_2 \vee A_3$$
$$B_2 = A_4 \vee A_5 \vee A_6 \text{ 和}$$
$$B_3 = A_7 \vee A_8 \vee A_9$$

类 C 的描述可以简化为逻辑规则：

$$B_1 \wedge B_2 \wedge B_3 \to C$$

用仅有 4 个叶的决策树就可以描述正确的分类。在新的三维空间(B_1, B_2, B_3)中，只有 4 个决策区域。这种利用结构性归纳(预处理阶段产生新属性)的简化也能用于在 m 个属性中选 n 个的情况。如果前述转换都不合适，处理 n 维空间增加的碎片的唯一途径是给这个问题引入更多的数据。

6.8 复习题

1. 说明用统计方法和逻辑方法构建分类模型的区别。
2. 与原始的 Quinlan 的 ID3 算法相比，C4.5 算法生成决策树的新属性是什么？
3. 给出一个三维分类的样本数据集 X，如表 6-6 所示。

表 6-6 数据集 X

X：	属性 1	属性 2	类
	T	1	C_2
	T	2	C_1
	F	1	C_2
	F	2	C_2

用 C4.5 算法中的计算步骤构建决策树。

4. 给出一个训练数据集 Y，如表 6-7 所示。

表 6-7 数据集 Y

Y：	A	B	C	类
	15	1	A	C_1
	20	3	B	C_2
	25	2	A	C_1
	30	4	A	C_1
	35	2	B	C_2
	25	4	A	C_1
	15	2	B	C_2
	20	3	B	C_2

(1) 求出属性 A 的最优阈值(根据最大增益)。

(2) 求出属性 B 的最优阈值(根据最大增益)。

(3) 求数据集 Y 的决策树。

(4) 如果检验集如表 6-8 所示。

表 6-8　检验集

A	B	C	类
10	2	A	C_2
20	1	B	C_1
30	3	A	C_2
40	2	B	C_2
15	1	B	C_1

用(3)中的决策树得到的正确分类的百分比是多少？

(4) 从决策树中导出决策规则。

5. 用 C4.5 算法构建一个决策树，对表 6-9 中的对象分类。

表 6-9　要分类的对象

类	大小	颜色	形状
A	小	黄	圆
A	大	黄	圆
A	大	红	圆
A	小	红	圆
B	小	黑	圆
B	大	黑	立方体
B	大	黄	立方体
B	大	黑	圆
B	小	黄	立方体

6. 给出有丢失值的训练数据集 Y^*，如表 6-10 所示。

表 6-10　数据集 Y^*

Y^*:	A	B	C	类
	15	1	A	C_1
	20	3	B	C_2
	25	2	A	C_1
	—	4	A	C_1
	35	2	—	C_2

(续表)

Y*:	A	B	C	类
	25	4	A	C_1
	15	2	B	C_2
	20	3	B	C_2

(1) 运用改进的 C4.5 算法构造 6.3 节中带参数(T_i/E)的决策树。

(2) 分析(a)中得到的修剪决策树的可能结果。

(3) 生成(a)中解决方法的决策规则。必须为这个基于规则的模型生成默认规则吗？

7. 为什么把 C4.5 中的后修剪定义为悲观修剪？

8. 假定有 C4.5 生成的两个决策规则，

规则 1: $(X>3) \land (Y \geqslant 2) \to$ 类1(9.6 / 0.4)

规则 2: $(X>3) \land (Y<2) \to$ 类2(2.4 / 2.0) 。

分析能否用二项式分布的置信极限 $U_{25\%}$把这两个规则概化成一个。

9. 对于把数值属性分成多于两个区间的最优分区的算法，讨论其复杂度。

10. 在现实的数据挖掘应用中，最终模型包括大量的决策规则。讨论并分析如何降低模型的复杂度。

11. 通过 Web 搜索生成决策规则和决策树的流行或商业软件工具，找出它们的基本属性。记录你的搜索结果。

12. 有一个二元分类问题(输出属性值= {低，高})，输入属性和属性值集如下：

- 空调={有效，失效}
- 引擎={好，坏}
- 里程计={高，中，低}
- 生锈={是，否}

假定一个基于规则的分类器生成了如下规则集：

里程计=高→Value=低

里程计=低→Value=高

空调=有效 且 引擎=好→Value =高

空调=有效 且 引擎=坏→Value =低

空调=失效→Value=低

(1) 规则是互斥的吗？解释原因。

(2) 规则集是穷举(包含每种可能的情况)的吗？解释原因。

(3) 这个规则集需要排序吗？解释原因。

(4) 规则集需要一个默认类吗？解释原因。

13. 有如下算法：C4.5、k 最近邻、朴素贝塞尔、线性回归。

(1) 在训练时，哪个算法最快，而在分类时较慢？

(2) 哪个算法会生成分类规则？

(3) 哪个算法在应用前，需要离散化连续型属性？

(4) 哪个模型最复杂？

14. (1) 从 8 项(假定它们的频度相同)中选择 1 项会涉及多少信息？

(2) 从 16 项中选择呢？

15. 表 6-11 的数据集用于建立一个决策树，根据某蘑菇的形状、颜色和气味，来预测它能否食用。

表 6-11　数据集

形状	颜色	气味	可食用
C	B	1	是
D	B	1	是
D	W	1	是
D	W	2	是
C	B	2	是
D	B	2	否
D	G	2	否
C	U	2	否
C	B	3	否
C	W	3	否
D	W	3	否

(1) 熵 H(可食 | 气味 =1 或气味 =3)是多少？

(2) C4.5 算法会选择哪个属性作为树根？

(3) 绘制出这个数据集的完整决策树(没有修剪)。

(4) 假定有如下检验集，该决策树的训练集误差和检验集误差分别是多少？用误分类的样本数表示误差，如表 6-12 所示。

表 6-12　相关数据

形状	颜色	气味	可食用
C	B	2	否
D	B	2	否
C	W	2	是

16. 假设有 3 个二元输入属性(A、B 和 C)，作为输出的类属性，以及 4 个训练样本(见表 6-13)。要求找到与训练数据一致的最小深度决策树。使用 C4.5 查找树，并说明它不会找到深度最小的决策树。

表 6-13 二元输入属性

A	*B*	*C*	类
1	1	0	0
1	0	1	1
0	1	1	1
0	0	1	0

17. 考虑规则：年龄为＞40 岁⇒捐赠者，年龄≤50 岁⇒¬捐赠者。

    (1) 这两条规则互相排斥吗？

    (2) 这两条规则是否详尽无遗？

18. 对于给定的决策树，可以选择

    (1) 将决策树转换为规则，然后修剪得到的规则；

    (2) 修剪决策树，然后将修剪后的树转换为规则。

请问：(1)比(2)有什么优势？

第 7 章

人工神经网络

本章目标

- 认识人工神经网络(ANN)的基本组成以及它们的属性和功能。
- 描述人工神经网络通常执行的学习任务，如模式关联、模式识别、估计、控制以及过滤。
- 比较不同的人工神经网络结构，如前向型和回馈型网络，并讨论它们的应用。
- 解释神经元层次的学习过程，以及由此扩展的多层、前向型神经网络。
- 比较前向型网络和竞争型网络的学习过程和任务。
- 了解 Kohonen 映射的基本原理及其应用。
- 讨论基于试探式参数调节的人工神经网络的通用性需求。
- 介绍深度学习和深度神经网络的基本原理。
- 分析卷积神经网络(CNN)的主要组成部分。

人脑的计算方式与传统的数字计算机截然不同，这一点一直激励着人工神经网络(Artifical Neural Network, ANN)的研究。对来自不同学科的众多研究者来说，对人脑的计算过程建模是一个巨大的挑战。人脑是一个高度复杂的、非线性的、并行处理信息的系统。它可以组织其组件，执行高质量、高速度的计算，其计算速度在很多情况下比当今最快的计算机要快很多倍。这些处理过程的示例有：模式识别、感知以及控制。自从 20 世纪 50 年代末期 Rosenblatt 第一次将单层感知机应用于模式分类学习以来，人们对人工神经网络的研究已经有 40 多年的历史了。

人工神经网络是人脑的抽象计算模型。人脑大约有 10^{11} 个微处理单元，称为神经元。这些神经元之间相互连接，连接的数目大约是 10^{15}。和人脑一样，人工神经网络也是由相互连接的人工神经元(或者处理单元)组成的。将这个网络看作一个图表，神经元就可以表示为节点(或顶点)，神经元之间的相互连接表示为边。这些术语在人工神经网络中极其常见，这样的名字还包括“神经网络”、并行分布式处理(PDP)系统、连接模型或者分布式自适应系统，ANN 在文献中还被称为神经计算机。

顾名思义，神经网络是一个很多节点通过有向链接组成的网络结构。每个节点代表一个处理单元，节点之间的连接表示所连接的节点之间的因果关系。所有节点都是自适应的，这就意味着这些节点的输出与这些节点的可修改参数值有关。虽然 ANN 概念有多种定义和方法，但这里采用下面的定义，它将 ANN 看成形式化的自适应机。

定义：人工神经网络是一个大型并行分布式处理器，由简单的处理单元组成。它可以通过调整单元连接的强度，来学习经验知识，并运用这些知识。

显然 ANN 拥有强大的计算能力，首先，它有着庞大的并行分布式结构；其次，它有学习和归纳的能力。归纳是指 ANN 对学习过程中没有遇到过的新输入产生合理的输出。使用神经网络可以提供以下几种有用的属性和能力。

(1) **非线性**：神经网络作为基本单元，可以是线性的或非线性的处理元素，但是整个 ANN 是高度非线性的。ANN 分布在整个网络中，就这点而言，它是一种特殊的非线性。ANN 对现实世界中高度非线性的机理建模，以生成可供学习的数据时，这一特征尤其重要。

(2) **从样本中学习的能力**：通过应用一系列训练或学习样本，ANN 可以改变它的联结权重。学习过程的最终结果是调整好的网络参数(这些参数分布在所建模型的主要组件上)，它们隐含性地存储了当前问题的知识。

(3) **自适应性**：ANN 内置了随外部环境改变联结权重的能力。特别是，在某个环境下训练好的 ANN，在外部环境改变时，稍加训练就可以适应新环境。而且，在动态环境中工作时，ANN 可以按照真实环境动态地改变其参数。

(4) **响应验证**：在数据分类环境中，ANN 不仅可以从给定的样本中提供某个类的信息，还可以在决策时提供置信度的信息。后者可以用来剔出模糊的数据，如果将其值增大，则可以提高分类的执行效率或者用神经网络进行建模的其他任务的执行效率。

(5) **容错性**：ANN 有固有的潜在容错能力，即计算的可靠性。它的执行效率在某些不利情形下并不会显著降低，比如，神经元断开了、有干扰数据或者数据丢失了。计算的可靠性有一些经验可以证实，但通常是不受控制的。

(6) **统一的分析和设计**：基本上，ANN 和信息处理器一样具有很好的通用性。在所有涉及 ANN 的应用领域中，都使用了相同的原理、符号，方法上也使用了相同的步骤。

要解释几种不同类型的 ANN 以及它们的基本原理，就必须介绍每个 ANN 的基本组成部分。这种简单的处理单元称为人工神经元。

7.1　人工神经元的模型

人工神经元就是信息处理单元，它是 ANN 运转的基础。图 7-1 是人工神经元的示意图，它表明神经元是由 3 个基本元素组成的。

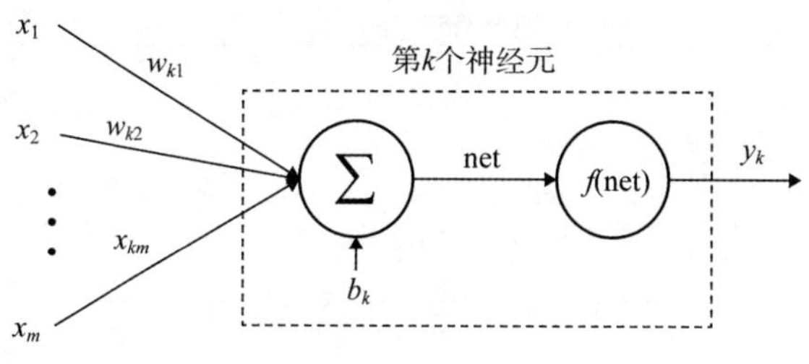

图 7-1　人工神经元模型

(1) 一组连接线。分别来自各个输出 x_i(或者称为突触)，每条连接线上的权重为 w_{ki}。第一个下标是指当前的神经元，第二个下标是指权重所指向的突触的输入。一般来说，人工神经元的权重既可能是正值，也可能是负值。

(2) 加法器。将输入信号 x_i 与对应的突触权重 w_{ki} 相乘后进行累加。该操作会建立一个线性加法器。

(3) 激活函数 f。限制神经元输出值 y_k 的幅度。

图 7-1 所示的神经元模型还包括一个外部的偏差，用 b_k 表示。偏差可能会增大或减小激活函数的净输入，这取决于该偏差是负值还是正值。

在数学术语中，人工神经元是自然神经元的抽象模型，其处理能力用下面的符号表示。首先，有一些输入 x_i，$i=1, \ldots, m$。每个输入 x_i 和相应的权重 w_{ki} 相乘，其中 k 是 ANN 中给定神经元的索引。权重模拟了自然神经元中的生物突出强度。在 ANN 文献中，输入和相应权重乘积 x_iw_{ki}(其中，$i=1, \ldots, m$)的累加值，通常表示为 net。

$$\text{net}_k = x_1w_{k1} + x_2w_{k2} + \cdots + x_mw_{km} + b_k$$

用符号 w_{k0} 表示 b_k，默认输入 $x_0=1$，则 net 求和的统一形式为：

$$\text{net}_k = x_0w_{k0} + x_1w_{k1} + x_2w_{k2} + \cdots + x_mw_{km} = \sum_{i=0}^{m} x_iw_{ki}$$

同样，还可以用向量符号将 net 表示成两个 m 维向量的点积：

$$\text{net}_k = X \cdot W$$

其中

$$X=\{x_0, x_1, x_2, \ldots, x_m\}$$
$$W=\{w_{k0}, w_{k1}, w_{k2}, \ldots, w_{km}\}$$

最后，神经元把输出值 y_k 计算为 net_k 值的某个函数。

$$y_k = f(\text{net}_k)$$

该函数 f 称为激活函数。可以定义各种各样的激活函数。一些常用的激活函数如表 7-1 所示。

表 7-1 神经元的常用激活函数

激活函数	输入输出关系	函数图
阶跃	$y=\begin{cases}1 & 若\text{net}\geqslant 0\\ 0 & 若\text{net}<0\end{cases}$	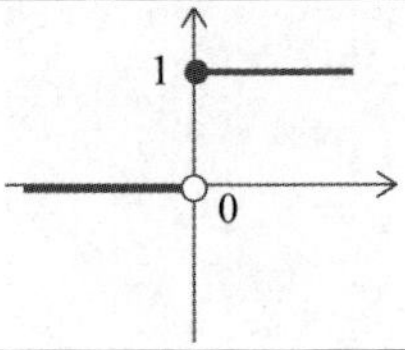 1 0
对称阶跃	$y=\begin{cases}1 & 若\text{net}\geqslant 0\\ -1 & 若\text{net}<0\end{cases}$	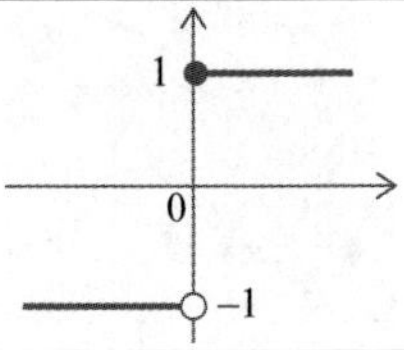 1 0 −1
线性函数	y=net	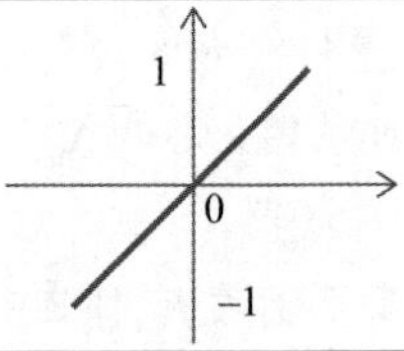 1 0 −1
分段线性函数	$y=\begin{cases}1 & 若\text{net}>1\\ \text{net} & 若0\leqslant\text{net}\leqslant 1\\ 0 & 若\text{net}<0\end{cases}$	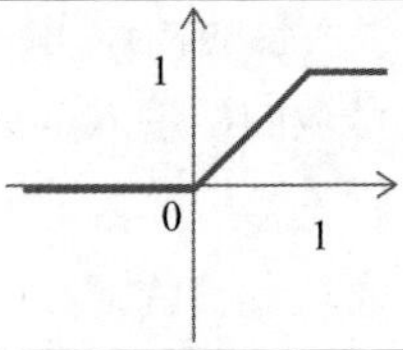 1 0 1
对称分段线性函数	$y=\begin{cases}1 & 若\text{net}>1\\ \text{net} & 若-1\leqslant\text{net}\leqslant 1\\ -1 & 若\text{net}<-1\end{cases}$	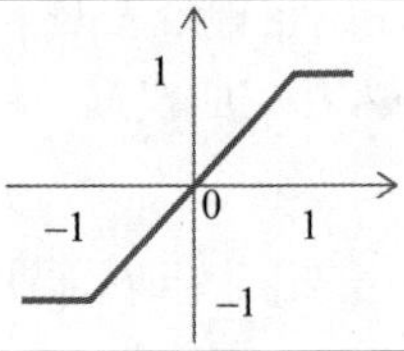 1 −1 0 1 −1
对数 S 型	$y=\dfrac{1}{1+\mathrm{e}^{-\text{net}}}$	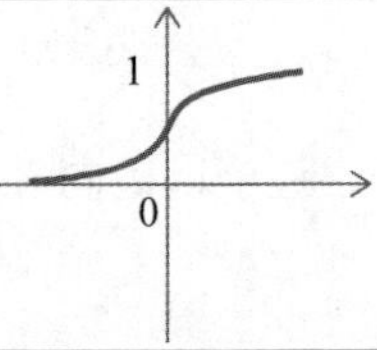 1 0
双曲正切曲线	$y=\dfrac{\mathrm{e}^{\text{net}}-\mathrm{e}^{-\text{net}}}{\mathrm{e}^{\text{net}}+\mathrm{e}^{-\text{net}}}$	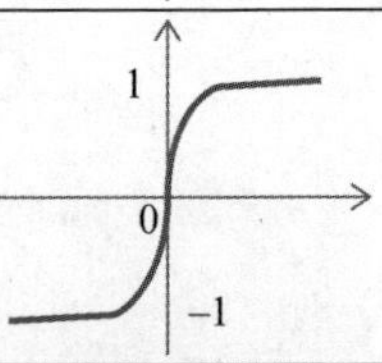 1 0 −1

现在，介绍人工神经元的基本组件及其功能时，可以分析单个神经元中的所有处理阶段。例如，一个神经元有 3 个输入和一个输出，相应的输入值和权重因子以及偏差如图7-2(a)所示。需要求出各种激活函数的输出值 y，如对称阶跃函数、分段线性函数以及对数 S 型函数。

(1) 对称阶跃函数

$$\text{net}=0.5\cdot 0.3+0.5\cdot 0.2+0.2\cdot 0.5+(-0.2)\cdot 1=0.15$$
$$y=f(\text{net})=f(0.15)=1$$

(2) 分段线性函数

$$\text{net}=0.15(\text{计算同情形(1)})$$
$$y=f(\text{net})=f(0.15)=0.15$$

(3) 对数 S 型函数

$$\text{net}=0.15(\text{计算同情形(1)})$$
$$y=f(\text{net})=f(0.15)=1/(1+e^{-0.15})=0.54$$

计算单个节点的基本法则可以扩展到有多个节点甚至有多个层的 ANN，如图 7-2(b)所示。假设给定了 3 个节点，所有的偏差均为 0，所有节点的激活函数都是对称阶跃函数。请问节点 3 的最终输出 y_3 是多少？

输入数据的处理是分层的。第一步，神经网络执行第一层中节点 1 和节点 2 的计算：

$$\text{net}_1=1\cdot 0.2+0.5\cdot 0.5=0.45\Rightarrow y_1=f(0.45)=0.45$$
$$\text{net}_2=1\cdot(-0.6)+0.5\cdot(-1)=-1.1\Rightarrow y_2=f(-1.1)=-1$$

第一层节点的输出 y_1 和 y_2 是第二层中节点 3 的输入：

$$\text{net}_3=y_1\cdot 1+y_2\cdot(-0.5)=0.45\cdot 1+(-1)\cdot(-0.5)=0.95\Rightarrow y_3=f(0.95)=0.95$$

从上面的示例可以看出，在节点层次上的处理是非常简单的。在人工神经元高度连接的网络中，节点的数目每增加一个，计算的工作量会增加好几倍。处理的复杂性取决于 ANN 的结构。

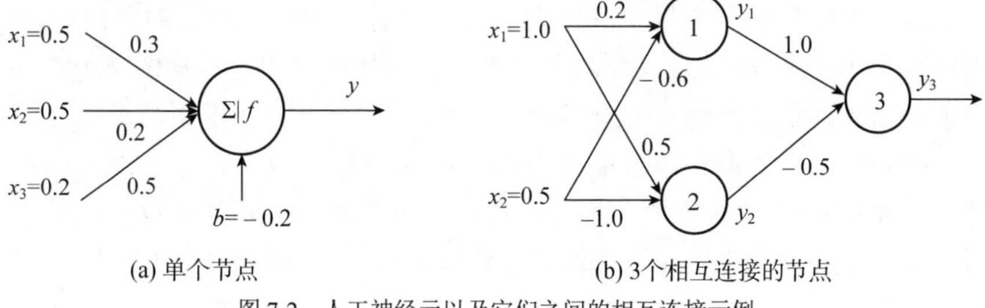

(a) 单个节点　　(b) 3个相互连接的节点

图 7-2　人工神经元以及它们之间的相互连接示例

7.2　人工神经网络的结构

人工神经网络的结构是通过节点的特性以及网络中节点连接的特性来定义的。上一节介绍了单个节点的基本特性，本节将介绍连接的参数。网络结构一般用网络的输入数目、输出数目、基本节点的总数(通常等于整个网络的处理单元数)，以及节点间的组织和连接方式来表示。按照连接的类型，神经网络通常分为两类：前向型和回馈型。

如果处理过程的传播方向是从输入端传向输出端，且没有任何的回环或反馈，该网络就是前向型。在分层的前向型神经网络中，同一层上的节点之间是没有相互连接的；某层上节点的输出总是作为下一层节点的输入。这种形式比较好，因为其具备模块性，即同一层上的节点具有相同的功能，或生成相同层次的输入向量。如果网络中有一个反馈连接，组成了封闭回路(通常有一个延迟单元作为同步组件)，这种网络就是回馈型的。两种类型的神经网络示例如图 7-3 所示。

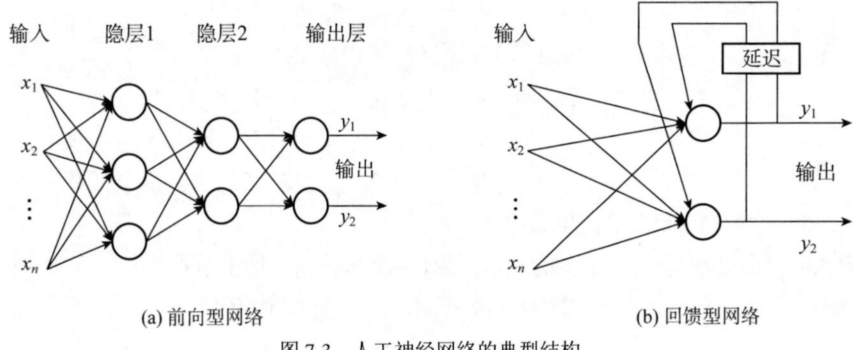

(a) 前向型网络 (b) 回馈型网络

图 7-3 人工神经网络的典型结构

虽然很多神经网络模型都可以归为这两类，但是有反向传播学习机理的多层前向型网络仍是在实际中运用得最为广泛的一种模型。可能有超过 90%的商业和工业应用软件都基于此模型。为什么是多层的网络呢？下面简单的示例展示了单层和多层神经网络之间在应用需求上的根本区别。

在神经网络著作中常常用最简单、最著名的分类问题来做示例，即异或问题。其任务是将二进制的输入向量 X 分成类别 0 和类别 1，如果该向量的偶校验值为 1，则为类别 0，反之则为类别 1。异或问题是不可线性分离的；这从图 7-4 中可以明显地看出来，该图的二维输入向量是 $X=\{x_1, x_2\}$。不可能对属于不同类的点进行线性分离。换句话说，不能用单层的网络构建直线(一般来说，它是 n 维空间上的一个线性超平面)，将二维输入空间划分成两个部分，每个部分都只包含属于同一类的数据点。而使用两层的神经网络就可能解决该问题，如图 7-5 所示，图中展示了联结权重和阈值已知时的一种求解方式。该神经网络可在二维空间中产生一个非线性的分割点。

该例的基本结论是：对基于线性模型的简单问题，单层的神经网络是一个方便的建模工具。但在绝大多数实际问题中，模型都是高度非线性的，多层神经网络是更好的解决方法，甚至可能是唯一的解决方法。

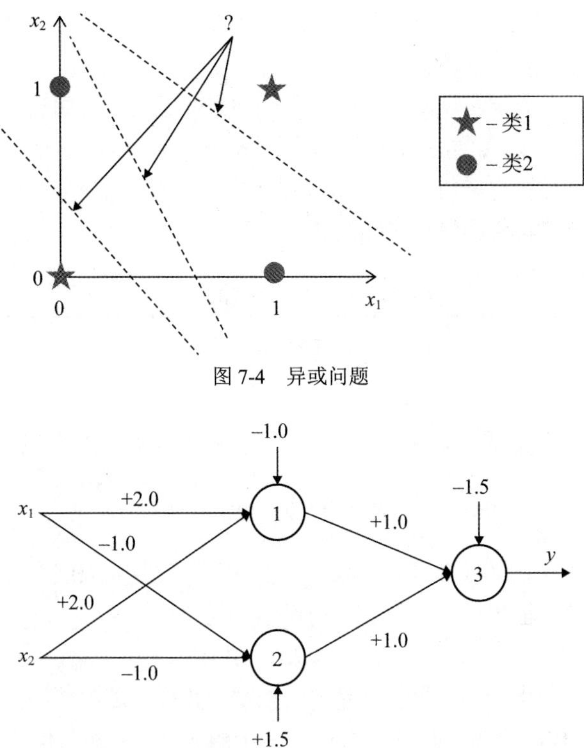

图 7-4　异或问题

图 7-5　求解异或问题：使用阶跃激活函数的两层 ANN

7.3　学习过程

人工神经网络的主要任务是学习现实世界(环境)中内嵌的模型，使所建的模型与真实世界具备高度一致性，以实现相关应用的特定目标。学习过程基于真实世界的数据样本，这是 ANN 设计与经典信息处理系统的根本区别。后者通常先根据环境观察的结果建立数学模型的公式，再用真实的数据验证模型，然后基于此模型构建(规划)系统。相对而言，ANN 的设计直接基于真实的数据，允许数据集“说明自己”。因此，ANN 不仅可以通过学习过程建立隐式的模型，还可以对感兴趣的信息进行处理。

人工神经网络最重要的特性是：网络可以从基于真实样本的环境中学习，并通过学习过程提高执行效率。ANN 通过应用于其连接权重的交互式调整过程来了解环境。理想情况下，学习过程每重复一次，网络对其环境的了解就增加一些。很难对学习这个术语下一个准确的定义。就人工神经网络来说，归纳学习的一个可能定义如下：

定义：学习是一个过程，在该过程中，神经网络的自由参数会随着神经网络所在环境的改变而自动调整。学习的类型是通过参数改变的方式来确定的。

用于解决学习问题的一组指定的、定义明确的规则称为学习算法。学习算法之间的主要不同是算法中调整权重的方式不同。在学习过程中需要考虑的另一个因素是 ANN 结构(节点和连接)建立的方式。

为了演示其中一个学习规则，考虑一个简单的神经元 k，如表 7-2 所示，它构成网络中唯一的运算节点。神经元 k 由输入向量 $\boldsymbol{X}(n)$驱动，其中 n 表示离散时间，更精确地说，是调整输入权重 w_{ki} 的迭代过程中的时长。ANN 学习(训练)的每个数据样本由输入向量 $\boldsymbol{X}(n)$及其相应的输出 $d(n)$组成。

表 7-2 输入和输出

	输入	输出
样本数据 $_k$	$x_{k1}, x_{k2}, \ldots, x_{km}$	d_k

对输入向量 $\boldsymbol{X}(n)$进行处理后，神经元 k 生成输出，用 $y_k(n)$表示：

$$y_k = f\left(\sum_{i=1}^{m} x_i w_{ki}\right)$$

它表示这个简单神经网络的唯一输出，并将它与期望响应或者样本中给出的目标输出 $d_k(n)$进行比较。输出产生的误差 $e_k(n)$定义如下：

$$e_k(n)= d_k(n)- y_k(n)$$

所产生的误差信号驱动了对学习算法的控制，其目的是对神经元的输入权重进行一系列校准调节。校准调节的目的是通过一步步的迭代，使输出信号 $y_k(n)$越来越接近期望输出 $d_k(n)$。该目标可以通过将成本函数 $E(n)$最小化来实现，其中函数 $E(n)$是误差能量的瞬时值，这个示例的 $E(n)$用误差 $e_k(n)$来定义：

$$E(n)=1/2e_k^2(n)$$

基于成本函数最小化的学习过程称为误差纠正学习方法。特别是，由 $E(n)$的最小化而得到的学习规则通常称为δ规则或 Widrow-Hoff 规则。假设 $w_{kj}(n)$表示神经元 k 在输入为 $x_j(n)$、时长为 n 时的权重因子值。按照δ规则，调整量$\Delta w_{kj}(n)$定义如下：

$$\Delta w_{kj}(n)=\eta \cdot e_k(n) \cdot x_j(n)$$

其中η是一个数值为正的常量，它决定了学习率。因此，δ规则可以陈述为：对输入神经元连接的权重因子的调节同误差信号与该连接的输入值之积成正比。

计算调节量$\Delta w_{kj}(n)$之后，突触权重的新值是：

$$w_{kj}(n+1)= w_{kj}(n)+\Delta w_{kj}(n)$$

实际上，$w_{kj}(n)$和 $w_{kj}(n+1)$可以分别看成突触权重的新旧值 w_{kj}。从图 7-6 可以看出，误差纠正学习是一个闭环反馈系统。由控制理论可知，此类系统的稳定性是由组成反馈环的参数决定的。其中一个重要的参数是学习率η。该参数必须精心选择，才能保证迭代学习过程的收敛稳定性。因此，实际上，该参数是决定误差纠正学习率的一个关键因素。

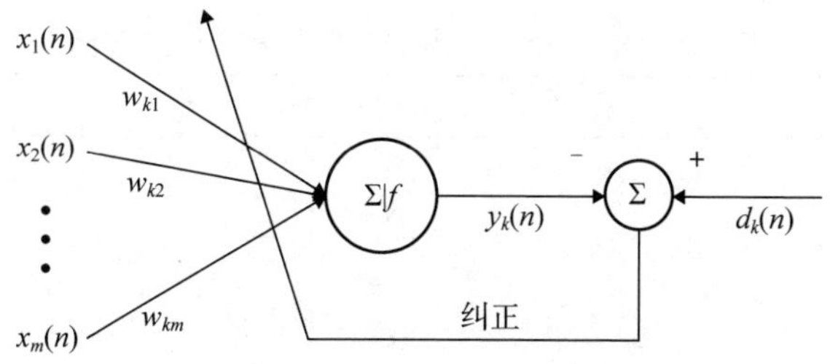

图 7-6　通过调整权重进行误差纠正学习

下面对图 7-7(a)中单个人工神经元的学习过程进行简单的分析，图 7-7(b)给出了 3 个训练(学习)样本。

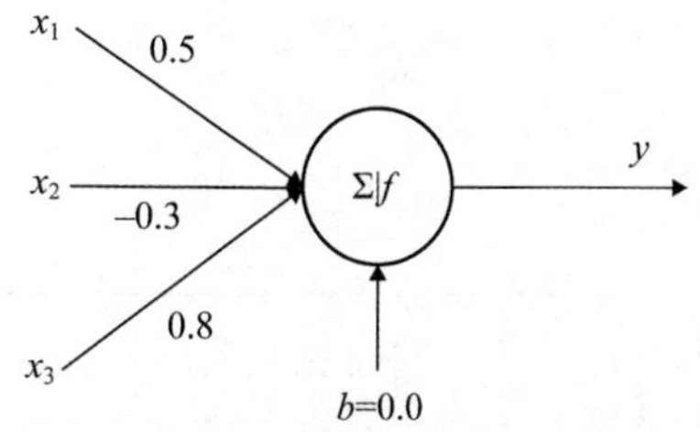

(a) 有反馈的人工神经元

n(样本)	x_1	x_2	x_3	d
1	1.0	1	0.5	0.7
2	−1.0	0.7	−0.5	0.2
3	0.3	0.3	−0.3	0.5

(b) 学习过程的训练数据集

图 7-7　单个神经元的误差纠正学习过程的初始化

该神经元在调整权重因子的过程中，将设定学习率η=0.1。神经元的偏差为 0，激活函数是线性的。学习过程的第一次迭代(这里仅列出第一个训练样本的迭代过程)有以下步骤：

$$\text{net}(1)=0.5\cdot 1+(-0.3)\cdot 1+0.8\cdot 0.5=0.6$$

$$\Downarrow$$

$$y(1)=f(\text{net}(1))=f(0.6)=0.6$$

$$\Downarrow$$

$$e(1)=d(1)-y(1)=0.7-0.6=0.1$$

$$\Downarrow$$

$$\Delta w_1(1)=0.1\cdot 0.1\cdot 1=0.01\Rightarrow w_1(2)=w_1(1)+\Delta w_1(1)=0.5+0.01=0.51$$

$$\Delta w_2(1)=0.1\cdot 0.1\cdot 1=0.01\Rightarrow w_2(2)=w_2(1)+\Delta w_2(1)=-0.3+0.01=-0.29$$

$$\Delta w_3(1)=0.1\cdot 0.1\cdot 0.5=0.005\Rightarrow w_3(2)=w_3(1)+\Delta w_3(1)=0.8+0.005=0.805$$

同样，可以处理第二个和第三个样本(n=2 和 n=3)。表 7-3 给出了学习过程中的调节量Δw 和新的权重因子 w。

表 7-3 图 7-7(b)中训练样本的权重因子的调整

参数	n=2	n=3
x_1	−1	0.3
x_2	0.7	0.3
x_3	−0.5	−0.3
y	−1.1555	−0.18
d	0.2	0.5
e	1.3555	0.68
$\Delta w_1(n)$	−0.14	0.02
$\Delta w_2(n)$	0.098	0.02
$\Delta w_3(n)$	−0.07	−0.02
$w_1(n+1)$	0.37	0.39
$w_2(n+1)$	−0.19	−0.17
$w_3(n+1)$	0.735	0.715

误差纠正学习可以应用在更为复杂的 ANN 结构上，7.5 节将讨论其实现过程，此外，本节还介绍了具有后向传播的多层前向 ANN 的基本原理。本例仅展示了权重因子是如何随每次训练(学习)样本数据而改变的。我们仅给出了第一次迭代的结果。无论使用新的训练数据还是相同的训练数据，权重的纠正过程都会进行。何时结束迭代过程是由一个或者一组特殊的参数来控制的，该参数称为停止标准。学习算法可以有不同的停止标准，比如最大数目的迭代次数，或者是连续两次迭代权重因子改变的数值极限。该参数对于最后的学习结果非常重要，我们将在下一节中进行讨论。

7.4 使用 ANN 完成的学习任务

学习算法的选择是由 ANN 需要完成的学习任务决定的。这里明确 6 种使用不同人工神经网络完成的基本学习任务。这些任务是第 4 章介绍的一般学习任务的子任务。

7.4.1 模式联想

从亚里士多德开始，联想就是人类记忆的一个显著特性，所有的模式识别都使用某种形式的联想作为基本操作。联想一般采取以下两种形式：自联想(autoassociation)和异联想(heteroassociation)。在自联想中，ANN 需要通过反复将模式提供给网络，来储存一组模式。然后，给 ANN 输入局部的描述或者歪曲的、有干扰的原始模式，ANN 必须找回或者回想起特定的模式。异联想与自联想的不同在于，任意一组输入模式都伴随着另外一组输出模式。自联想要使用无指导学习方式，而异联想需要有指导的学习方式。对自联想和异联想这二者来说，在应用 ANN 解决模式关联问题时，有两个主要阶段。

(1) 储存阶段，即神经网络按照给定的模式进行训练的阶段。

(2) 回想阶段，即根据输入网络的、有干扰和歪曲的关键模式，找出某个记忆下来的模式，作为响应。

7.4.2　模式识别

人脑执行模式识别的效率比最强大的计算机高得多。人们通过感知周围的世界获取数据，并能立即识别出数据的来源，而且常常毫不费力。人类通过学习过程执行模式识别；因此，人工神经网络也可以。

模式识别的正式定义是将获取的模式分配给一些数量已知的类中的一个。ANN 进行模式识别时，首先进入学习阶段，在学习阶段，神经网络反复接收一组输入模式以及每个模式所属的分类。然后，在检验阶段，给神经网络输入一个新模式，神经网络以前没有见过这个新模式，但它属于训练阶段使用的模式所在的样本总体。神经网络能对该模式进行分类，因为它从训练数据中获取了信息。在图形上，模式用多维空间中的点来表示。整个空间称为决策空间，它分成几个区域，每个区域对应一个类别。决策边界是由训练过程决定的。如果把未分类的新模式输入到神经网络中，必须对它们进行检验。本质上，模式识别是一个标准的分类任务。

7.4.3　函数近似

假设一个非线性的输入-输出映射用下列函数关系式来描述：

$$Y = f(X)$$

其中向量 X 是输入，向量 Y 是输出。假设向量-数值函数 f 是未知的。给定一组带标记的样本 $\{X_i, Y_i\}$，要求设计一个神经网络，用函数 F 对未知函数 f 进行近似，用公式来表示：

$$|F(X_i) - f(X_i)| < \varepsilon \text{ 对训练集中的所有 } X_i \text{ 都成立}$$

其中，ε 是一个很小的正数。只要训练集足够大，神经网络有足够多的自由参数，近似误差 ε 就可以足够小。这里描述的近似问题非常适用于指导学习过程。

7.4.4　控制

控制是人工神经网络可以完成的另一项学习任务。控制应用在系统的某个过程或关键部分，该过程或关键部分必须保持在控制的条件下。考虑如图 7-8 所示的有反馈的控制系统。

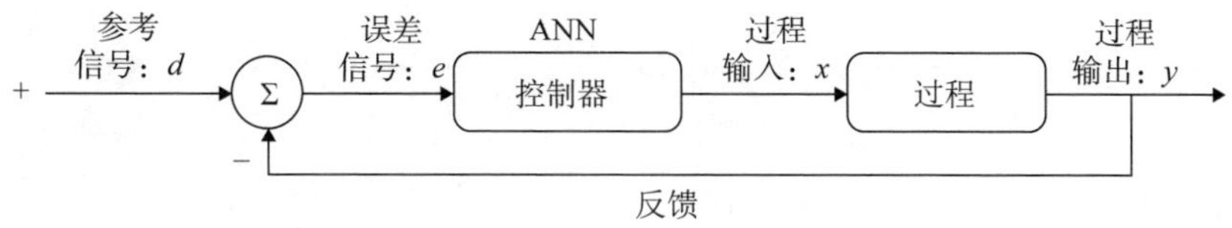

图 7-8　基于 ANN 的反馈控制系统的框图

该系统涉及使用反馈来控制外部源所提供的参考信号 d 层次上的输出 y。系统的控制器可以使用 ANN 技术来实现。误差信号 e 是过程输出 y 与参考信号 d 之差，它在基于 ANN 的控制器中用于调整其自由参数。控制器的主要目标是为过程提供合适的输入 x，使其输出 y 接近参考信号 d。可以通过下面的步骤来训练：

(1) 间接训练——首先在过程中使用实际的输入-输出测量值，在脱机情况下建立 ANN 控制模型。当训练结束时，ANN 控制器就可以放入实时的闭环中。

(2) 直接训练——训练阶段使用真实的数据实时进行，ANN 控制器可以直接从该过程中学习如何调节其自由参数。

7.4.5 过滤

过滤通常是指从一组杂乱的数据中提取某个量的信息的装置或算法。在处理实时的、频繁的或者其他领域的系列数据时，可以使用 ANN 作为过滤器，执行下面两种基本的信息处理任务：

(1) 过滤——该任务是指通过在 n 时刻之前测量的数据(包括 n 时刻测量的数据)，在离散时刻 n 提取某个量的信息。

(2) 平整——该任务与过滤的不同之处在于，数据不一定仅在 n 时刻是可以获取的；晚于时刻 n 测量的数据也可以用于获取所需的信息。这就意味着，平整任务在离散时刻 n 生成结果时有一个延迟。

7.4.6 预测

预测的任务是预测将来的数据。其目标是通过在 n 时刻之前测量的数据(包括 n 时刻测量的数据)，推导出在将来的 $n+n_0$ 时刻某个量的信息，其中 $n_0>0$。预测可以看成一种建模方式：所做的预测偏差越小，神经网络就越适合作为负责生成数据的实际物理过程的模型。用于预测任务的 ANN 框图如图 7-9 所示。

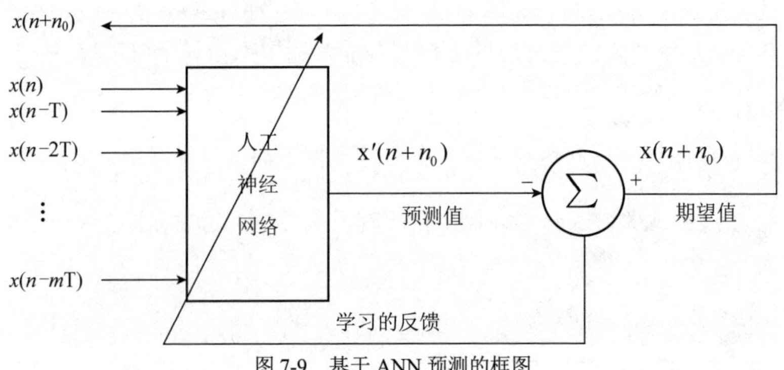

图 7-9 基于 ANN 预测的框图

7.5　多层感知机

多层前向型神经网络是实际应用中最重要、最流行的一种 ANN。该神经网络一般包含组成网络输入层的一组输入、一个或多个具有计算节点的隐层和一个具有计算节点的输出层。处理过程是一层层地前向进行的。这类人工神经网络通常称为多层感知机(MLP)，MLP 代表简单感知机的概化，简单感知机是本章前面提到的单层神经网络。

多层感知机具有以下 3 个显著的特征：

(1) 神经网络中的每个神经元模型通常包含一个非线性的激活函数、S 型曲线或者双曲线函数。

(2) 神经网络包含神经元的一个或多个隐层，它们不是神经网络的输入或输出的一部分。这些隐藏节点使神经网络从输入模式中不断获取有意义的特性，来学会高度非线性的复杂任务。

(3) 神经网络中的层与层之间具有高度的连接性。

图 7-10 是一个多层感知机的结构图，该多层感知机有两个用于处理的隐层节点及一个输出层。这个神经网络是全连接的，即神经网络中任何一层的神经元都和上一层的所有节点(神经元)相连接。神经网络中数据流的方向是前向的，从左到右，一层层地流动。

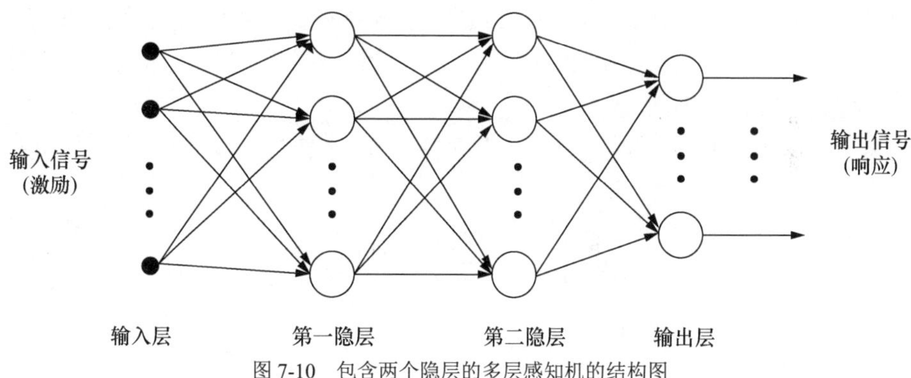

图 7-10　包含两个隐层的多层感知机的结构图

采用最普遍的误差后向传播算法，在监控条件下训练神经网络，多层感知机就可成功应用于解决一些多变的难题。这种算法基于误差纠正学习规则，可以看成由其衍生而来。基本上，误差后向传播学习过程由在神经网络中的不同层上执行的两个阶段组成：前向传播和后向传播。

在前向传播过程中，把训练样本(输入数据向量)应用到神经网络的输入节点，其作用在神经网络中一层一层地传播。最后产生一组输出，作为神经网络的实际响应。在前向传播阶段，神经网络中所有突触的权重都是固定不变的。而在后向传播阶段，所有的权重都按照误差纠正规则进行调整。确切地讲，是用神经网络的期望(目标)响应减去实际响应，就生成了误差信号，其中，目标响应是训练样本的一部分。然后，这个误差信号沿着神经网络向后传播，与突触连接的方向相反。对突触的权重进行调整，使神经网络的实际响应逐渐接近期望响应。

在公式化后向传播算法时，先假设在第 n 次迭代过程中(即，输入第 n 个训练样本)，神经元 j 的输出存在误差信号。这个误差定义为：

$$e_j(n) = d_j(n) - y_j(n)$$

神经元 j 的瞬时误差能量值定义为 $1/2\, e_j^2(n)$。整个神经网络的总误差能量就是输出层上所有神经元的瞬时能量值之和。这仅仅考虑了误差信号可以直接计算的“可见”神经元。这样，总误差能量就可以写成：

$$E(n) = 1/2\sum_{j\in C} e_j^2(n)$$

其中，集合 C 包括神经网络输出层上的所有神经元。用 N 表示训练数据集中的样本总数，则要计算误差能量的平均方差，就应累加 N 个 $E(n)$，再用 N 进行标准化，表示如下。

$$E_{\text{av}} = \frac{1}{N}\sum_{n=1}^{N} E(n)$$

平均误差能量 E_{av} 是神经网络中所有自由参数的函数。对于给定的训练集，E_{av} 表示测量学习效率的成本函数。学习过程的目标是调整神经网络的自由参数，使 E_{av} 最小。要使 E_{av} 最小，在每次迭代时都需要根据每个样本来更新权重，即神经网络的整个训练集都会涉及。

要使函数 E_{av} 最小，就必须使用节点处理层次上的两个附加关系，本章前面解释过它们：

$$V_j(n) = \sum_{i=1}^{m} w_{ji}(n)x_i(n)$$

和

$$y_j(n) = \varphi(V_j(n))$$

其中 m 是第 j 个神经元的输入数目。另外，使用符号 v 表示前面定义的变量 net。后向传播算法将一个纠正量 $\Delta w_{ji}(n)$ 应用到突触的权重 $w_{ji}(n)$，该数值与偏导数 $\partial E(n)/\partial w_{ji}(n)$ 成正比。使用微分链式法则，这个偏微分可以表达成下面的形式：

$$\frac{\partial E(n)}{\partial w_{ji}(n)} = \frac{\partial E(n)}{\partial e_j(n)}\cdot\frac{\partial e_j(n)}{\partial y_j(n)}\cdot\frac{\partial y_j(n)}{\partial v_j(n)}\cdot\frac{\partial v_j(n)}{\partial w_{ji}(n)}$$

偏微分 $\frac{\partial E(n)}{\partial w_{ji}(n)}$ 表示敏感因子，它确定在权重空间的搜索方向。已知下面的关系式是成立的：

$$\frac{\partial E(n)}{\partial e_j(n)} = e_j(n) \qquad (\text{因为} E(n) = 1/2\sum e_j^2(n))$$

$$\frac{\partial e_j(n)}{\partial y_j(n)} = -1 \qquad (\text{因为 } e_j(n)=d_j(n)-y_j(n))$$

$$\frac{\partial y_j(n)}{\partial v_j(n)} = \varphi'(v_j(n)) \qquad (\text{因为 } y_j(n) = \varphi'(v_j(n)))$$

$$\frac{\partial v_j(n)}{\partial w_{ji}(n)} = x_i(n) \qquad (\text{因为} \sum w_{ji}(n)x_i(n))$$

于是，偏微分 $\frac{\partial E(n)}{\partial w_{ji}(n)}$ 可以表示成如下的形式：

$$\frac{\partial E(n)}{\partial w_{ji}(n)} = -e_j(n)\cdot\varphi'(v_j(n))\cdot x_i(n)$$

使用δ规则将纠正量$\Delta w_{ji}(n)$应用到 $w_{ji}(n)$：

$$\Delta w_{ji}(n) = -\eta.\frac{\partial E(n)}{\partial w_{ji}(n)} = \eta\cdot e_j(n)\cdot\varphi'(v_j(n))\cdot x_i(n)$$

其中，η是后向传播算法的学习率参数，使用负号是考虑到权重空间中的梯度下降方向，即为减小 $E(n)$的数值而改变权重的方向。在学习过程中求出$\varphi'(v_j(n))$，可以解释为何在节点层次上要选择像 S 曲线和双曲线函数这样的连续函数作为标准的激活函数。使用符号$\delta_j(n) = e_j(n)\cdot\varphi'_j(v_j(n))$，其中$\delta_j(n)$是局部梯度，$w_{ji}(n)$纠正量的最终方程为：

$$\Delta w_{ji}(n) = \eta\cdot\delta_j(n)\cdot x_i(n)$$

局部梯度$\delta_j(n)$指向突触权重需要的改变方向，按照它的定义，输出神经元 j 的局部梯度$\delta_j(n)$等于该神经元相应的误差信号 $e_j(n)$和相关激活函数的微分$\varphi'(v_j(n))$之积。

对于标准的激活函数，微分$\varphi'(v_j(n))$很容易计算，能够求导是对该函数的唯一要求。如果激活函数是 S 型曲线函数，其形式如下：

$$y_j(n) = \varphi(v_j(n)) = \frac{1}{(1+e^{(-vj(n))})}$$

一次求导的结果是：

$$\varphi'(v_j(n)) = \frac{e^{(-v_j(n))}}{(1+e^{(-v_j(n))})^2} = y_j(n)(1-y_j(n))$$

最终的权重纠正量为：

$$\Delta w_{ji}(n) = \eta\cdot e_j(n)\cdot y_j(n)\,(1-y_j(n))\cdot x_i(n)$$

最终的纠正量$\Delta w_{ji}(n)$与学习率η成正比，该节点的误差值为 $e_j(n)$，相应的输入和输出值为 $x_i(n)$和 $y_j(n)$。因此，对于给定的样本 n，计算过程比较简单直接。

如果激活函数是双曲正切函数，执行相似的计算过程，可以得到一阶微分$\varphi'(v_j(n))$

的结果。

$$\varphi'(v_j(n))=(1-y_j(n))\cdot(1+y_j(n))$$

和

$$\Delta w_{ji}(n)=\eta\cdot e_j(n)\cdot(1-y_j(n))\cdot(1+y_j(n))\cdot x_i(n)$$

还有，$\Delta w_{ji}(n)$的实际计算是非常简单的，因为局部梯度求导仅取决于节点的输出值 $y_j(n)$。

一般来说，根据神经元 j 在神经网络中的位置，可以确定$\Delta w_{ji}(n)$的两种不同计算情形。在第一种情形中，神经元 j 是一个输出节点。这种情形很好处理，因为神经网络的每个输出节点都有期望响应，可以直接计算相关的误差信号。前面提到的所有关系式对输出节点来说都是有效的，不必进行任何修改。

在第二种情形中，神经元 j 是一个隐含节点。即使隐含的神经元不是可以直接达到的，它们也会影响神经网络的输出结果的误差。隐含神经元 j 的局部梯度$\delta_j(n)$可以重新定义为相关导数$\varphi'(v_j(n))$与局部梯度的权重和之积，该局部梯度是为和神经元 j 相连接的下一层(隐层或输出层)神经元计算的。

$$\delta_j(n)=\varphi'(v_j(n))\sum_k \delta_k(n)\cdot w_{kj}(n),\qquad k\in D$$

其中 D 表示与节点 j 相连接的下一层上所有节点的集合。由此追溯，在为临近输入层的指定节点计算局部梯度$\delta_j(n)$之前，下一层上所有节点的$\delta_k(n)$都是已知的。

再次分析一下后向传播学习算法的应用，它的两个传递过程对每个训练样本都是截然不同的。第一个传递过程称为前向传递过程，神经网络的函数信号根据每个神经元来计算，从第一个隐层上的节点开始(输入层上没有计算节点)，然后是第二个隐层，在最终的输出层节点上计算结束。在这个过程中，神经网络根据每个学习样本的给定输入值计算其相应的输出。突触的权重在该过程中保持不变。

而第二个传递过程称为后向传递过程，它从输出层开始，将误差信号(计算出的输出值和期望输出值之差)沿着神经网络一层一层地向左传递，递归地计算每个神经元的局部梯度δ。这个递归过程允许神经网络中突触的权重按照δ规则进行相应的改变。对于输出层上的神经元，δ等于该神经元的误差信号与其非线性激活函数的一阶导数之积。有了局部梯度δ，就可以直接计算输出节点的每个连接的Δw。若输出层中所有神经元的δ值都已知，就可以在上一层(通常是隐层)用它们来计算节点的局部梯度修改值(还不是最终结果)，然后纠正该层中输入连接的Δw。这个后向过程会重复进行，直到处理了所有的层，神经网络中的所有权重因子都修改了为止。然后，后向传播算法用新的训练样本继续进行。当再也没有新的训练样本时，第一轮的学习过程就结束了。对于同样的样本数据，可能会进行 2 次、3 次，有时甚至是上百次迭代，得到的误差能量 E_{av} 才足够小，才能停止算法。

后向传播算法可以在权重空间中得到最速下降法计算出的“近似”轨线。学习率参数η设定得越小，突触的权重在神经网络的每次迭代中改变得就越小，权重空间的轨线也就越平滑。但是，这种改进是以降低学习效率为代价的。另一方面，如果为了加速学习过程，将学习率参数η设定得过大，由此导致的突触权重变化过大，使神经网络工作不稳定，于是，问题的解逼近最小点时，可能会产生震荡，永远达不到最小点。

为了提高学习率，同时避免震荡，一个简单的方法是修改δ规则，在其中加入一个动力因子：

$$\Delta w_{ji}(n)= \eta\cdot \delta_j(n)\cdot x_i(n)+\alpha\cdot\Delta w_{ji}(n-1)$$

其中α通常是一个正数，称为动力常数，$\Delta w_{ji}(n-1)$是第$(n-1)$个样本的权重因子的调整量。α实际上通常设定为 0.1～1。添加动力因子会使权重的变化更为平滑，防止权重因梯度干扰或误差平面的高空间频数导致的异常变化。但是，使用动力因子并不总是会加快训练的速度；这或多或少都与应用有一定的关系。动力因子表示一种平均的方法；而不是一种平均的结果。动力因子平均了权重的改变量。动力因子的含义是显而易见的：包括某种权重修正的惯量。若权重因子的修正是高度震荡的，且有符号的变化，则在后向传播算法中包含动力因子，可以起稳定作用。动力因子还可以防止学习过程在错误空间的浅层局部最小点处终止。

在为给定的任务确定神经网络的最优结构时，3 个参数的值非常重要：隐藏节点数(包括隐藏层数)，学习率η和动力因子α。通常，最优结构根据实验决定，但有一些实用的指导方针。如果几个隐藏节点数不同的神经网络在训练后，误差标准方面的结果相近，最好的神经网络结构就是隐藏节点数最少的那个。实际上，这意味着先运用隐藏节点数小的神经网络开始训练过程，增加节点数，然后分析每次得到的误差。如果误差没有因隐藏节点数的增加而降低，最后分析的网络结构就是最优结构。最优的学习和动力常数也可以根据实验决定，但经验表明，η约为 0.1，α约为 0.5 时，可求出解。

首次建立人工神经网络时，必须给定初始权重因子。选择这些值的目的是尽快开始学习过程。正确的方法是将初始权重取为非常小的均布随机数。这样，无论其输入值为多少，输出值都处于中间范围，学习过程将随着每个新的迭代过程而更快收敛。

在后向传播的学习中，一般要使用尽可能多的训练样本，通过算法计算突触的权重。这样设计的人工神经网络能概化出最好的结果。对早期创建或训练神经网络时未使用的检验数据来说，当神经网络计算的输入输出映射是正确的时，该神经网络就概化得比较好。在多层感知机中，如果隐藏单元数小于输入数，第一层就进行维归约。每个隐藏单元都可以解释为定义一个模板，分析这些模板，就可以从训练好的人工神经网络中获取知识。在这个解释中，权重定义了模板中的相对重要性。但训练样本最多，使用这些样本进行的学习迭代次数最多，并不一定会产生最好的结论。学习过程会出现其他问题，下面简单地分析它们。

使用人工神经网络的学习过程可以看成曲线拟合问题。这样就允许将概化视为输入数据令人满意的非线性插值，而不是神经网络的理论属性。用于概化的人工神经网络会产生正确的输入输出映射，即使输入与用于训练神经网络的样本略微不同，也是如此，如图 7-11(a)所示。然而，当人工神经网络学了过多的输入输出样本时，就可能停止存储训练数据。这种现象称为超拟合或训练过度。这个问题在第 4 章中讲过。神经网络训练过度后，就会丧失概化类似模式的能力。另一方面，输入输出映射的平稳度和人工神经网络的概化能力密切相关。其要点是以训练数据为基础，为概化选择最简单的函数，也就是为给定的误差标准模拟映射的最平稳的函数。根据所研究现象的范围，平稳度是许多应用的自然要求。因此必须找到平稳的非线性映射，神经网络才能根据训练模式正确地给新模式分类。图 7-11(a)和图 7-11(b)分别显示了用于同一组训练数据的一条概化较好的拟合曲线和一条超拟合曲线。

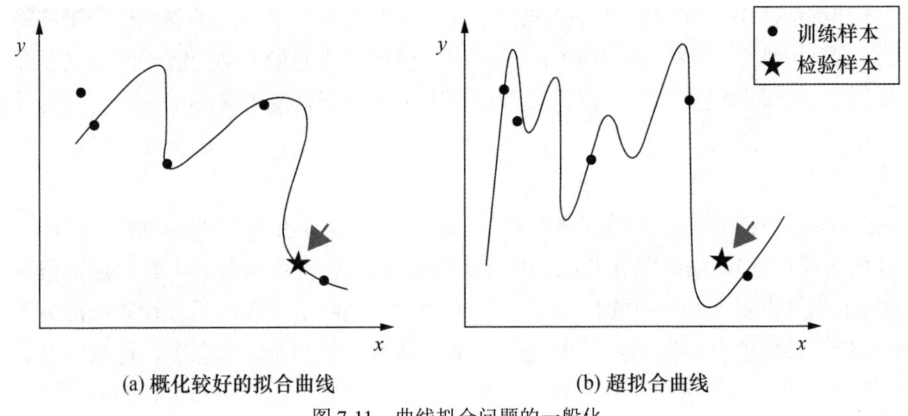

图 7-11　曲线拟合问题的一般化

为了克服超拟合问题，可以为人工神经网络(特别是多层感知机)的设计和应用引入另外一些实用的建议。在人工神经网络中，与所有建模问题一样，应使用能够充分体现训练数据集的最简单的神经网络。如果小神经网络有效，就不要使用大神经网络！使用最简单神经网络的另一个备选方案是在神经网络超拟合之前就停止训练。还有一个重要的约束是，必须限制神经网络参数的数量。能概化训练集的神经网络，它拥有的参数必须少于训练集中的数据点(非常重要)。如果有大量的输入空间，而训练样本很少，则人工神经网络的概化能力将非常糟糕。

数据挖掘模型(包括人工神经网络)的可解释性，或者模型中输入输出关系的理解方式，是数据挖掘应用研究中的一个重要属性，因为这种研究的目标是获得基本推理机制的知识。这些解释也可用于验证与当前问题的一般理解不一致或相背的结果，它还可以指出数据或模型的问题。

人工神经网络主要在分类和回归问题中研究并成功运用，但它们的可解释性仍很含糊。其缺点是它们是“黑盒子”，即没有明确的机制来确定为什么人工神经网络会做出某个决策。也就是说，给人工神经网络提供输入值，会得到一个输出值，但一般不知道这些输出是如何得到的，输入值和输出值有什么关系，神经网络中大量的权重因子是什么。人工神经网络要成为商业和研究领域中有效的数据挖掘方法，不仅要提供准确的预测，还要提供各种用户(临床医生、决策者、商务策划师、知识分子和非专业人士)都能理解的有意义的知识。如果输入输出关系很明确，人们的理解和接受程度就会大幅提高，最终用户对预测结果也更有信心。

训练好的人工神经网络可以用两种方式解释：简略和详细。简略解释的目的是指出输入神经元对模型预测能力的重要程度如何。这类解释可以按重要性给输入属性排序。简略解释本质上是对神经网络的敏感性分析。该方法并没有指出每个输入神经元的影响效果。因此，无法总结出输入描述符和神经网络输出之间的关系，只能确定输入神经元对模型的影响程度。

详细解释人工神经网络的目标是从人工神经网络模型中找出结构属性的趋向。例如，每个隐含神经元对应的分段超平面有多少个，这些分段超平面可用于逼近目标函数，它们是构建显式 ANN 模型的基本构建块。为了得到逼近 ANN 行为的、更容易理解的系统，模型应不太复杂，但这可能会影响结果的准确性。ANN 复杂结构中隐含的知识可以使用各种方法来发现，以便把 ANN 映射到基于规则的系统上。许多人都致力于将拓扑结构中发现的知识和神经网络的加权矩阵合并为一套符号，其中一些编辑为普通的 If-Then 规则集，其他则编辑为命题逻辑公式或非单调逻辑公式，或者模糊规则集。这些转换将训练好的神经网络所发现的隐含知识变成显式知识，允许人类专家理解神经网络如何生成某个结果。要强调的是，只有所提取的规则对人类专家是有意义的、可理解的，从人工神经网络中提取规则的方法才是有价值的。

事实证明，对于用连续型激活函数训练的人工神经网络，基于模糊规则集的系统是其最好的解释。通过这种方式，可以更全面地描述人工神经网络的行为。多层前向型人工神经网络可以看成基于模糊规则集的附加系统。在这些系统中，每个规则的输出都用规则的激活程度作为权重，接着把它们加起来，作为人工神经网络模型的集成表示。大多数通过模糊规则来逼近神经网络的技术的主要缺点是，要获得好的逼近效果，所需的规则数目会呈指数级增长。模糊规则表示人工神经网络的输入输出映射，它们使用大量参考文献中描述的不同方法来提取。如果读者对这些方法感兴趣，可从本章末尾的推荐参考书目开始，也可以从第 14 章介绍的模糊系统概念开始。

7.6　竞争网络和竞争学习

竞争神经网络属于一种回馈型网络，它们是以无指导学习算法为基础的，如本节介绍的竞争算法。在竞争学习中，神经网络的输出神经元互相竞争被激活的机会。在多层感知机中，几个输出神经元可以同时激活，而在竞争学习中，一次只能激活一个输出神经元。为了构建带有竞争学习规则的神经网络(这是此类人工神经网络的标准技术)，有 3 个基本元素是必需的。

(1) **一组神经元**：它们具有相同的结构，且与最初随机选择的权重连接起来。因此，对于给定的输入样本集，神经元可以有不同的响应。

(2) **一个极限值**：决定每个神经元强度的极限值。

(3) **一个机制**：允许神经元竞争对给定输入子集的响应，这样每次只能激活一个输出神经元。竞争成功的神经元称为“赢家通吃”神经元。

在竞争学习的最简单形式中，人工神经网络有一个输出神经元层，每个输出神经元和输入节点完全相连。神经网络可以包括神经元之间的反馈连接，如图 7-12 所示。在这个神经网络结构中，反馈连接执行侧向抑制，每个神经元都禁止侧面连接。相反，图 7-12 所示神经网络中的前向突触连接都是可以激活的。

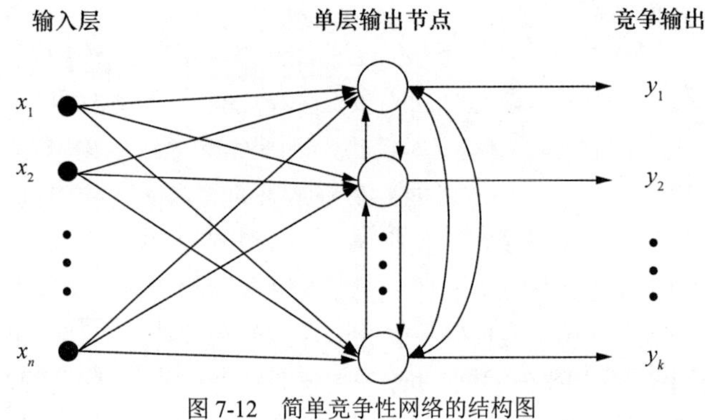

图 7-12 简单竞争性网络的结构图

因为神经元 k 竞争成功，所以在神经网络中，对于输入样本 $X=\{x_1,x_2,\ldots,x_n\}$，它的网络值 net_k 必须是所有神经元中最大的。获胜神经元 k 的输出信号 y_k 设为 1；竞争失败的所有其他神经元的输出设为 0。因此：

$$y_k=\begin{cases}1 & \text{net}_k>\text{net}_j \quad \text{对于所有}j, j\neq k\\0 & \text{其他情形}\end{cases}$$

其中，推导出的局部值 net_k 表示输入节点到神经元 k 的所有前向和反馈连接的总和。

设 w_{kj} 表示连接输入节点 j 和神经元 k 的突触权重。于是，神经元将突触权重从非活动输入节点移动到活动输入节点上，以进行学习。如果某个神经元赢得竞争，该神经元的每个输入节点就让渡一定比例的突触权重，接着，把所让渡的权重分配到活动的输入节点中。根据标准的竞争学习规则，运用于突触权重 w_{kj} 的改变量 Δw_{kj} 定义为：

$$\Delta w_{kj}=\begin{cases}\eta(x_j-w_{kj}) & \text{如果神经元}k\text{赢得竞争}\\0 & \text{如果神经元}k\text{未赢得竞争}\end{cases}$$

其中 η 为学习率参数。该规则的总体效果是将获胜神经元的突触权重移向输入模式 X。图 7-13 中描述的几何类比法可以说明竞争学习的本质。

在发现一类输入样本时，每个输出神经元就将其突触权重移至所发现的聚类的重心。图 7-13 说明，神经网络可以通过竞争学习进行聚类。在竞争学习的过程中，神经网络将类似的样本组合起来，用输出上的一个人工神经元来描述。这种基于数据相关性的分组是自动完成的。然而，为了使此功能执行稳定，输入样本必须属于截然不同的组。否则，神经网络可能不稳定。

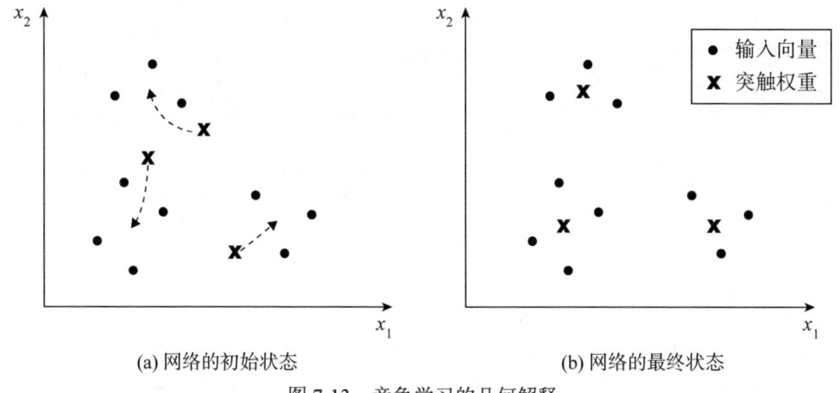

(a) 网络的初始状态 (b) 网络的最终状态

图 7-13 竞争学习的几何解释

竞争(或赢家通吃)神经网络常用于聚类输入数据，且事先给定了输出聚类的数量。根据无人指导的归纳学习进行聚类的著名人工神经网络示例包括 Kohonen 的学习向量量化(LVQ)，自组织映射(SOM)和基于适应回响理论模型的网络。本章讨论的竞争网络与 Hamming 网络密切相关，所以下面复习一下这个常见、又非常重要的人工神经网络类型的关键概念。Hamming 网络包含两层。第一层是标准的前向层，它将输入向量和预处理的输出向量关联起来。第二层执行竞争，以决定哪个预处理的输出向量最接近输入向量。第二层上具有稳定的正输出的神经元就是竞争的胜利者，其索引就是和输入最吻合的原型向量的索引。

竞争学习可以进行有效的适应性分类，但它有一些方法上的问题。第一个问题是，选择学习率η时，必须平衡学习的速度和最终权重因子的稳定性。学习率接近 0，学习速度就较慢。然而，一旦权重向量达到聚类的中心，它将稳定在中心附近。相反，学习率接近 1，学习速度就较快，但学习的效果不稳定。各个聚类比较接近时，则会产生一个更严重的稳定性问题，权重向量也会非常接近，对于每个新样本，学习过程都会改变它的值及对应的类。若神经元的初始权重向量离所有输入向量都太远，永远不会赢得竞争，也就永远不会进行学习，此时也可能出现竞争学习的稳定性问题。最后，竞争学习过程的输出神经元数量总是和它的聚类数量相同。这不适用于一些应用，特别是聚类的数量未知或很难事先估计时。

下面的示例将跟踪竞争网络的计算步骤和学习过程。假定一个竞争网络具有 3 个输入和 3 个输出。其任务是把一组三维输入样本集分为 3 类。网络是完全连接的，所有的输入和输出之间都有连接，输出节点之间还有侧面连接。只有局部反馈权重等于 0，这些连接不在最后的网络结构中表示出来。输出节点基于线性激活函数，其中所有节点的偏差值都等于 0。图 7-14 给出了所有连接的权重因子，并假定该网络已经用前面的一些样本训练过。

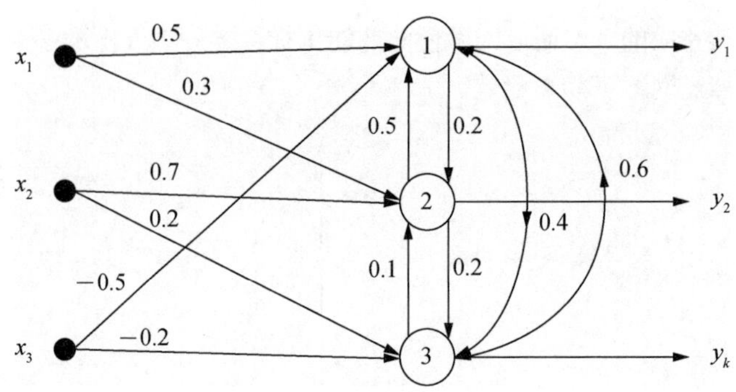

图 7-14　竞争神经网络的示例

假定新样本向量 X 的分向量：

$$X=\{x_1, x_2, x_3\}=\{1, 0, 1\}$$

首先，在前向阶段，竞争的临时输出通过它们激活的连接来计算，它们的值是：

$$\text{net}_1^* = 0.5\cdot x_1 + (-0.5)\cdot x_3 = 0.5\cdot 1 - 0.5\cdot 1 = 0$$

$$\text{net}_2^* = 0.3\cdot x_1 + 0.7\cdot x_2 = 0.3\cdot 1 + 0.7\cdot 0 = 0.3$$

$$\text{net}_3^* = 0.2\cdot x_2 + (-0.2)\cdot x_3 = 0.2\cdot 0 - 0.2\cdot 1 = -0.2$$

包括侧面抑制连接后：

$$\text{net}_1 = \text{net}_1^* + 0.5\cdot 0.3 + 0.6\cdot(-0.2) = 0.03$$

$$\text{net}_2 = \text{net}_2^* + 0.2\cdot 0 + 0.1\cdot(-0.2) = 0.28(\text{最大值})$$

$$\text{net}_3 = \text{net}_3^* + 0.4\cdot 0 + 0.2\cdot 0.3 = -0.14$$

输出间的竞争表明，最大的输出值是 net_2，它是胜利者。因此对于已知样本，网络的最终输出是：

$$Y=\{y_1, y_2, y_3\}=\{0, 1, 0\}$$

使用相同的样本，在竞争学习的第二阶段，开始权重因子的纠正过程(仅对获胜节点 y_2)。根据学习率 $\eta = 0.2$，网络修正的结果是新的权重因子：

$$w_{12} = 0.3 + 0.2(1 - 0.3) = 0.44$$

$$w_{22} = 0.7 + 0.2(0 - 0.7) = 0.56$$

$$w_{32} = 0.0 + 0.2(1 - 0.0) = 0.20$$

网络中的其他权重因子保持不变，因为它们的输出节点不是本例中竞争的胜利者。新权重仅是一个样本的竞争学习过程的结果。对于大型训练数据集，这个过程会不断重复。

7.7 SOM

SOM，通常称为 Kohonen 映射，是由赫尔辛基大学 Teuvo Kohonen 教授提出的一种数据可视化技术。SOM 的主要思想是将 n 维输入数据投影到某些表示上，以获得更直观的理解，例如二维图像映射。SOM 算法不仅是可用于可视化的试探式模型，而且也探讨了高维数据集的线性和非线性关系。1980 年，SOM 最早应用于语音识别问题，后来逐渐成为基于聚类和分类的各种应用中广泛采用的方法。

数据可视化试图解决的问题是：人类很难形象化地考虑高维数据。SOM 技术能够帮助人们形象化地理解这些高维数据的特点。SOM 的输出能够强调数据的显著特征，并以此自动化地组织相似数据项的聚类。SOM 是一种无监督(无指导)神经网络，通过可视化聚类解决聚类问题。作为一种学习过程的结果，由于能够给出数据的完整的图示，SOM 被当成一种重要的可视化及数据简化方法。相似数据项转换到低维后，仍然能够自动地分在同一组中。

SOM 实现维归约的方法是通过建立一到两个维度的输出映射，通过在映射中分组数据项反映数据的相似性。通过上述转换，SOM 实现了两个目标：简化维度并显示相似性。在保留输入样本拓扑关系的同时，以低维空间表示复杂的高维数据。

基本 SOM 可被视为神经网络，其节点可按照各种不同的输入样本模式或模式类以有序方式进行具体的调整。连接边带有权重的节点有时称为神经元，因为 SOM 实际上是一种特殊类型的人工神经网络。SOM 通常是一种单层前馈网络，其输出神经元通常使用二维拓扑网格表示。输出网格可以是矩形或六边形。在前一种情况下，除边和角之外的每个神经元有 4 个最近邻；第二种情况下包含 6 个最近邻。尽管六边形网格需要更多的计算工作，但它能够提供更平滑的结果。每个输出神经元都附加一个与输入空间具有相同维数的权重向量。节点 i 对应的权重向量为 $w_i = \{w_{i1}, w_{i2}, \ldots, w_{id}\}$，其中 d 为输入特征空间的维数。

SOM 输出的结构可以是一维数组或二维矩阵，但也可以是更复杂的三维结构，例如圆柱体或环面体。图 7-15 展示了一个简单的 SOM 架构，包含所有输入和输出之间内部连接的实例。

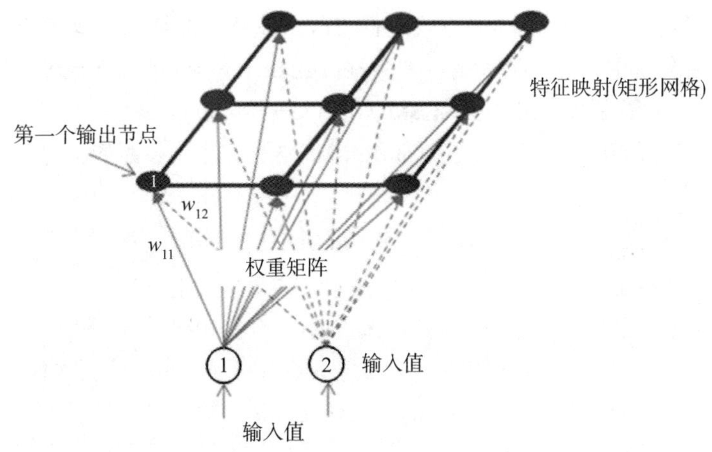

图 7-15　二维输入、3×3 输出的 SOM

SOM 技术的一个重要部分是数据。这些数据是 SOM 用来学习的样本。学习过程是竞争性和无监督的，意味着不需要指导来定义给定输入的正确输出。竞争性学习用于训练 SOM，即输出神经元之间展开竞争以共享其输入数据样本。获胜的神经元，权重表示为 w_w，该神经元是在定义的所有 m 个神经元中，其度量最接近输入样本 x 的神经元。

$$d(x,w_{\mathrm{w}})=\arg\min_{1\leqslant j\leqslant m} d(x,w_{\mathrm{j}})$$

SOM 基本算法中，对应每个输入，每次仅包含一个输出节点(获胜者)。赢家通吃方法缩减了获胜节点权重向量与当前输入样本的距离。使节点更能“表达”样本。SOM 学习过程是一个发现网络(权重 w)参数，以便将数据组织到聚类中，保持拓扑结构的迭代过程。算法获得适当的方法将高维数据投影到低维数据空间上。

SOM 学习的第 1 个步骤是初始化神经元的权重，广泛采用的方法有两种。初始权重被视为从数据集中随机选择的 m 个点的坐标(通常规范化为 0 到 1 之间的值)，或者从输入数据子空间中按照两个最大的主成分特征向量均匀抽样的随机值。第二种方法可以提高训练速度，但可能会导致局部最小化，丢失数据间的非线性结构。

初始化后执行学习过程，每个训练数据顺序地提交给 SOM，通常需要进行几次迭代。每个输出及连接关系称为一个细胞元，是一个包含与输入样本匹配的模板的节点。所有输出节点与同样的输入样本并行地比较，SOM 计算每个细胞元与输入的距离。所有细胞元比较大小，从而确定输入与模板之间距离最近的细胞元，并建立活动输出。每个节点类似针对同样输入样本的不同的译码器或模式监测器，获胜的节点称为最佳匹配单元(BMU)。

在给定输入样本的获胜节点确定后，学习阶段适应 SOM 的权重向量。每个输出对权重向量的适应通过类似竞争学习的过程，只是不包括节点子集适应每个学习的步骤，以便建立拓扑有序的映射。获胜节点 BMU 调整其与训练输入的权重向量，这样能够变得更加敏感，如果在训练后出现在网络上，能提供最大的响应。获胜节点的近邻集合中的节点也必须以同样的方式进行修改，以建立能够响应有关样本的节点区域。近邻集合外部的节点保持不变。图 7-16(a)给出了 SOM 的二维矩阵输出实例。对给定的 BMU，其近邻被定义为围绕 BMU 的 3×3 矩阵节点。

属于 BMU 近邻的每个节点(包括 BMU)，在迭代过程中按照如下等式调整其权重向量：

$$w_i(t+1) = w_i(t) + h_i(t)[x(t)-w_i(t)]$$

其中 $h_i(t)$是近邻函数。它定义为时间 t 的函数，或更精确地一个训练迭代，定义了第 i 个神经元的近邻区域。实验表明，为获得映射的全局顺序，围绕获胜节点的近邻集合开始时应该较大，以便快速产生粗略的映射。随着对训练集合数据迭代次数的增加，近邻会不断减少以便更能适应网络。这一工作完成后，输入样本可以首先移动到可能的 SOM 区域，然后将更准确地确定位置。该过程的大致方式是首先进行粗略调整，然后进行精细调整(见图 7-17)。因此 BMU 近邻的半径是动态的。为此，SOM 可以使用多种方法，例如使用在每个新迭代过程中动态缩短半径的指数衰减函数。有关该函数的图形化解释可以参考图 7-16(b)。

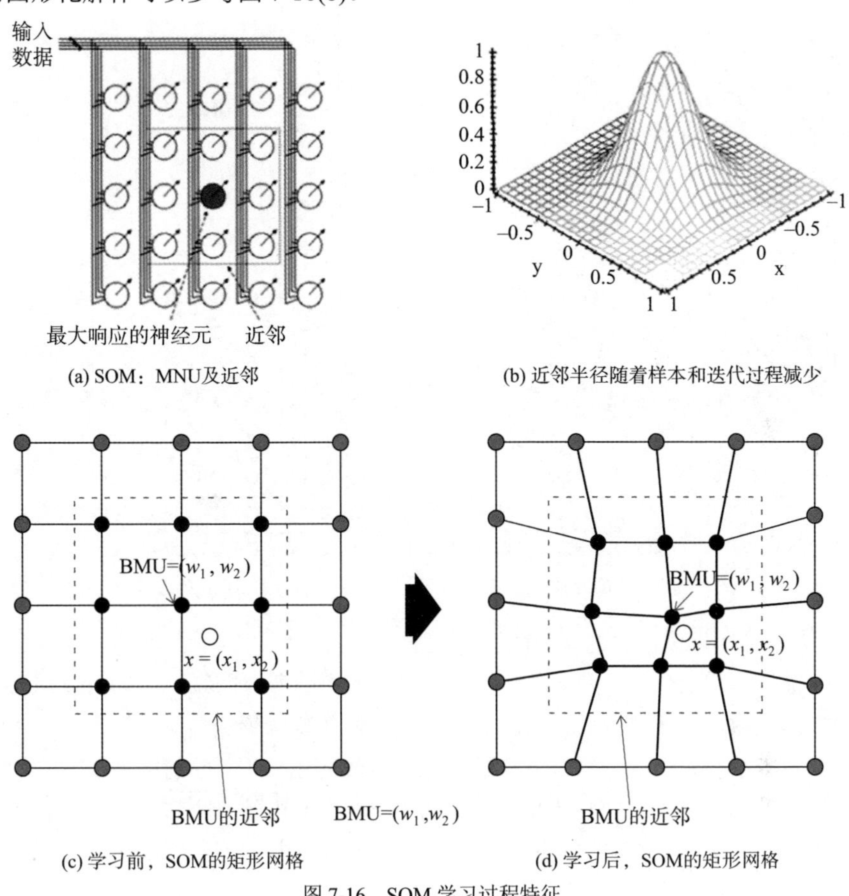

图 7-16 SOM 学习过程特征

最简单的近邻函数涉及围绕 BMU 节点 i 的节点的近邻集合，是一个单调递减的高斯函数。

$$h_i(t) = a(t)\exp\left(\frac{-d(i,w)}{2\sigma^2(t)}\right)$$

其中，$\alpha(t)$是学习率($0<\alpha(t)<1$)，核 $\sigma(t)$的宽度是随时间的单调递减函数，t 是当前时长(循环迭代)。过程将适应所有当前近邻区域内的所有权重向量，包括获胜神经元的权重向量，而近邻以外的神经元保持不变。初始半径设置较大，其中一些值接近映射的宽度和高度。结果导致较早训练阶段中，近邻涉及面广几乎涵盖所有神经元，自组织发生在全局范围内。随着迭代的不断开展，基点逐渐向中心靠近，随着时间推移，近邻数量不断减少。训练结束时，近邻减少到 0，只有 BMU 神经元权重被更新了。通过组织空间上靠近 SOM 输出的相似向量(先前未见的)的过程对网络进行泛化。

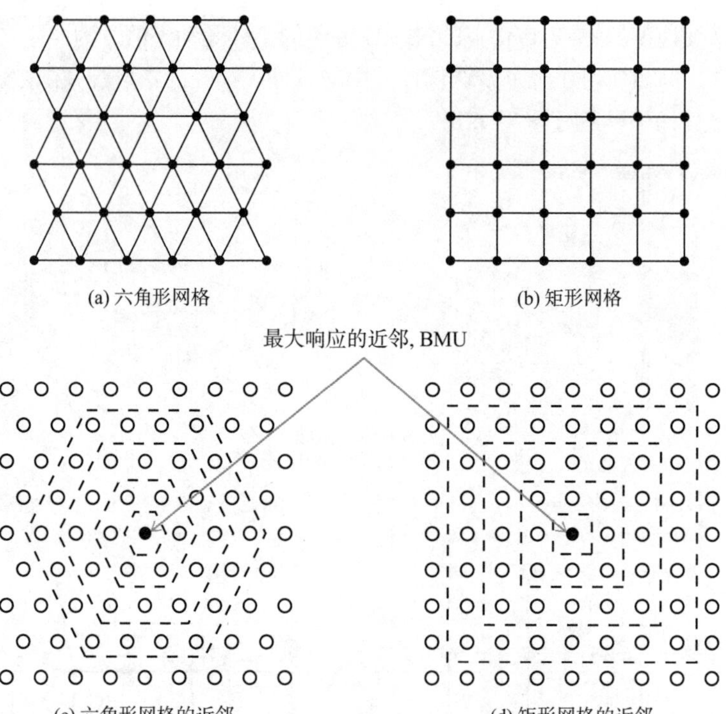

图 7-17　对近邻粗略调整之后的精细调整

除了能够简化近邻外，如果网络中节点的适应率随着时间减少，SOM 算法还能够更加快速地收敛。初始阶段适应率比较高，以生成粗略的聚类节点。一旦建立了粗略的表示，适应率开始降低，每个节点的权重向量的变化减小，映射区域能够对输入训练向量进行精细的调整。包括 BMU 在内的 BMU 近邻内的每个节点在学习过程中调整了权重向量。先前等式中的权重因子更正 $h_i(t)$可以包含“获胜者影响”的指数递减，引入的 $\alpha(t)$仍然是单调递减函数。

SOM(即，映射大小)中的输出神经元数量对于检测数据的误差来说是非常重要的。如果映射尺寸太小，可能难以解释一些输入样本之间存在的重要差别。相反，如果映射尺寸太大，差别又太小。在实际应用中，如果不存在额外的试探式规则，SOM 的输出神经元数量可以根据不同 SOM 结构的迭代来选择。

SOM 的主要优点在于：表示结果非常容易理解和解释，技术上容易实现。更重要的是，在许多实际应用中起到很好的作用。当然，SOM 也存在一些缺点，SOM 计算复杂度高，对相似性的度量非常敏感，并且不能应用于存在缺失值的数据集中。对 SOM 可以进行几种改进。为减少学习过程的迭代次数，对权重因子的初始化工作进行优化非常重要。输入数据的主要成分可以使 SOM 的计算量显著增加。实际经验表明，六角形网格给出的输出结果质量更好。最后，距离度量方法的选择对任何聚类算法来说都是非常重要的。尽管欧几里得距离几乎可以作为标准，但并不意味着使用它总能获得最佳结果。为提高显示效果(各向同性)，建议采用六角形作为 SOM 的基本单元。

SOM 已经用于大量实际应用，例如自动语音识别、诊断数据分析、监视工业生产和过程的状况，分类卫星图像、分析基因信息、分析脑电信号以及从海量文档中检索。图 7-18 给出了说明性的示例。

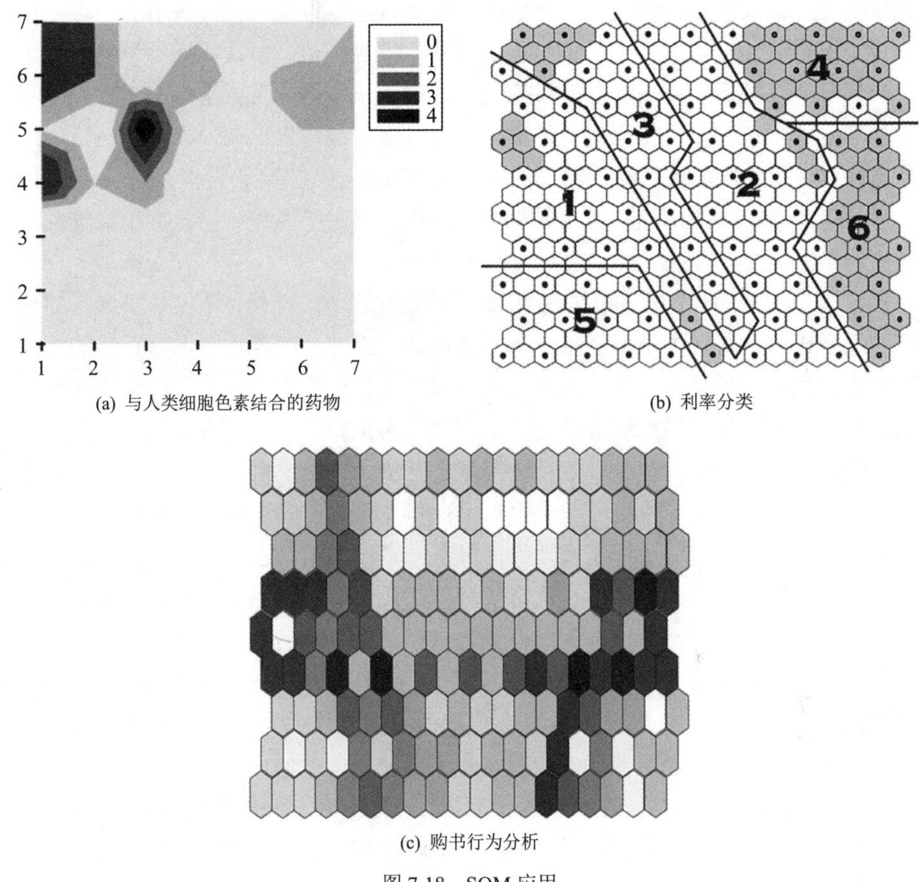

(a) 与人类细胞色素结合的药物　(b) 利率分类

(c) 购书行为分析

图 7-18　SOM 应用

7.8　深度学习

深度学习是机器学习的一个分支，近年来引起了研究领域的极大兴趣，包括语音识别、计算机视觉、语言处理和信息检索等相关领域。最主要的原因是一些非常成功和有吸引力的应用，他们做了大量的宣传，比如自动驾驶汽车的新解决方案，情绪分析的推荐系统，以及 AlphaGo 解决方案成功打败世界上最好的围棋选手。在计算机科学中，3 个额外的重要原因和趋势是支持深度学习的最新应用：(1)大幅增加芯片处理能力(例如通用的图形处理单元(GPGPU))和新电脑架构，(2)显著增加用于分析和建模的数据量，(3)在数据挖掘、机器学习技术、信号/信息处理研究方面的最新进展。深度学习方法正变得越来越成熟，其未来的前景更广阔。

为了解释深度学习的基本原理，有必要从传统机器学习技术所实现的主要方法入手。它们通过反复使用迭代中的可用样本，重复数千甚至数百万次相同的步骤，来执行培训/学习过程。所有这些重复的活动都转化为模型参数的调优过程。最终，这个过程收敛到足够好的模型，适用于许多实际的应用程序。但是，在许多情况下，由于用户选择了不合适的输入参数，模型陷入所谓的局部极小值，解决方案不适用。几十年来，构建一个以机器学习算法为核心的数据挖掘解决方案，需要精心的工程设计和大量的领域专业知识来设计未来的提取器。该提取器应该将包含在输入特征向量中的原始数据(例如图像中的像素值或较长的自然语言文本中的字母)转换为适当的内部表示。基于这些新的、内部的、通常更复杂的特性，学习子系统可以检测出最佳的、高度适用的输入-输出学习模型。

机器学习方法的性能在很大程度上依赖于数据表示的选择，不仅是对选定的输入特征的选择，而且是对内部派生特征表示的选择。因此，部署机器学习算法的大部分实际工作都投入到预处理管道和数据转换的设计中。这些过程预计将产生能够支持有效的机器学习的数据表示。这类特征的工程化非常重要，但也是劳动密集型的，它突出了当前机器学习算法的主要弱点：这些算法无法从数据中自动提取和组织有区别的信息。特征的工程化是一种利用人类聪明才智和先验知识的所有优势来弥补这一弱点的方法。有时这个工程化过程是成功的，但在许多情况下，它并不包括内部特征及其结构的所有复杂性。因此，传统的机器学习算法代表了浅层的学习方法，通常只有一层或两层的深度。这意味着这些算法在输入数据转换中只有一两个步骤来确定输出。这类浅层方法包括前面几节中描述的 ANN、支持向量机、决策规则和逻辑回归。深度学习的真正突破在于认识到超越网络学习模型中较浅的一两个隐含层是切实可行的，从而开启了更具表现力的模型的探索和实践。

为了扩展机器学习技术的范围和易于应用性，我们非常希望使学习算法减少对特征工程化的依赖。深度学习试图解决输入特征选择的问题。其主要思想是，模型的最佳特征大多不是提前确定的，也不是由该领域的专家确定的，而应该通过机器学习过程来确定。根据特性的复杂性和抽象级别，深度学习过程允许通过不同层次的机器学习，“自然地”发现特性。通常，在输入时，数据集只包含原始数据，通过不使用任何额外的领域/专家知识的学习过程，在网络中逐层发现重要的特征。由于网络层的特征自动检测过程是该方法的核心，因此深度学习可以理解为表示学习的通用框架。在此上下文中，表示学习是指一组方法，这些方法允许由原始数据支持的机器能够自动发现预测或分类任务所需的表示。深度学习涵盖了多种层次表示的学习方法，通常以多层网络结构的形式出现。这些派生的特征，是通过组合简单的非线性模块获得的，这些模块将数据在一个级别上的表示转换为在一个更高、稍微抽象的级别上的表示。重要的是，可以训练相同的深度学习体系结构，在完全不同的应用领域执行不同的任务。

深度学习不仅在寻找优秀的代表性特征，而且基于大量的高维原始数据发现特征的隐藏结构。当输入特征通过其共同的空间或时间特征局部结构化时，该方法给出了最好的结果。最近的示例是深度学习在图像分析、音频信号或自然语言处理中的成功应用，其中一维和二维的原始数据组织在图像中显示空间结构，在信号中显示时间结构。例如，在图像处理中，输入是一个 1000×1000 像素的图像，可以分析和提取由相邻的 20×20 像素所代表的图像小片段的特征。这些初始特性和局部特性可以在网络的以下各层中组合起来，以确定更复杂和更全局的特征。图像处理是从大量像素的原始数据开始，然后下一层定义局部特征，如边和角，而在下一层可以定义一些更复杂的图形作为局部特征的组合。随着网络结构的深入，这些图形被组合成对象的一部分，最终识别出完整的对象。特征发现中的相似层次结构也适用于文本识别领域，在不同层次上发现的特征是字符、词、短语、句子、故事。从局部特征到全局特征的迭代特征发现路线如图 7-19 所示。

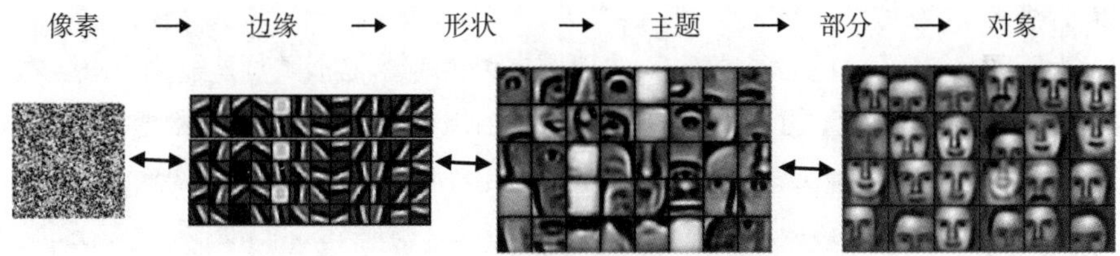

图 7-19　通过深度学习对原始输入特征进行多层转换

深度学习的描述突出了这种特征发现的复杂结构，其形式通常是："深度学习是机器学习的一个分支，基于几个级别的学习表示，对应特征或概念的层次结构，其中高级概念是在低级概念上定义的，相同的低级概念可以帮助定义许多高级概念。"其中心思想称为贪婪的、分层的、无监督的预先训练，是使用无监督的特征学习方式，一次学习一个层次的特征，在每一层都学习由之前学习的转换组成的一个新转换。在最后阶段将之前的无监督学习层与传统的有监督学习层相结合，无监督学习层自动确定描述给定数据集的最佳特征集。该体系结构代表了深度学习监督预测器或深度学习分类器，这取决于最终生成的输出类型。深层架构的主要优势如下：

(1) 深度架构促进了特征的重用，这是深度学习的理论优势的核心。

(2) 深度架构可以在更高的表示层上导致更多的抽象特性，而这些表示层是根据更少的抽象特性构建的。

在深度学习的每一层，无监督特征选择的方法之一是使用自动编码器。自动编码器是一种试图将输入样本转换成低维样本的结构。但要求将变换后的样本中的特征集作为一组通用特征进行选择，这样就可以对训练数据集中的每个样本进行完整的重构。通常情况下，需要通过多层深度网络多次应用自编码过程。基本上，无监督学习的过程是试图学习最能描述前一层主要特征的特征。

使用自动编码器的主要思想是构建更丰富的特征集，这些特征集在定义上比输入更紧凑，这与前面关于人类大脑努力创建这种紧凑的表示以进行有效推理的观点是一致的。自动编码器由编码器和解码器组成。它将自身表示为 3 层神经元：输入层和输出层，中间有一个隐藏层，如图 7-20 所示。

将输入向量 x 输入到自动编码器后，隐藏层将创建隐藏向量 y。这个隐藏向量表示数据基于新特性的新编码表示。在输出层，使用隐藏向量尝试重建输入向量 x'。为了训练自动编码器，使用输出向量和输入向量定义一个误差函数，通常使用平方误差。这个概念可以扩展到多个层，每个后续层使用更少的神经元“编码”前一层。

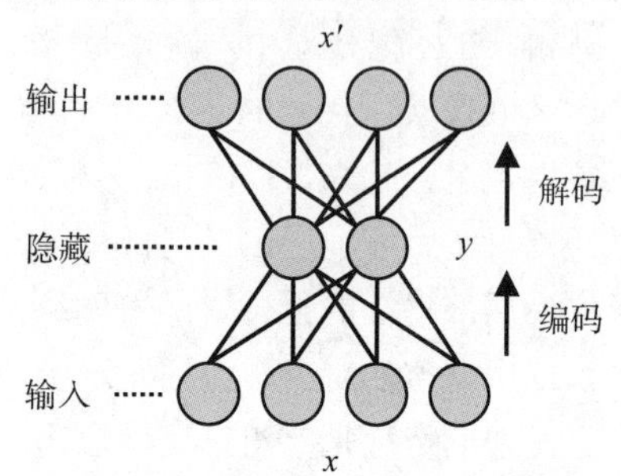

图 7-20 自动编码器包括两个主要任务：编码和解码

自动编码器用绝对标准的权重调整算法训练，以再现输入。通过使用比输入更少的隐藏节点来实现这一点，这就迫使“隐藏层”单元成为良好的特征检测器。同时满足了数据降维的要求，在大数据中尤为重要。例如，如果隐含层(包含 k 个节点)中节点的激活函数是线性的，那么自动编码器实际上复制了 PCA 的方法，并将变量映射到 k 轴上。然而，如果激活函数是非线性的，这就允许自动编码器捕获输入数据中更复杂的多模态行为。

这种每层节点的简单减少，加上无监督学习，已经导致了非凡的自动化特征工程，并在许多机器学习任务中显著优于过去 30 年的人类特征工程。通过多个非线性层，比如深度为 5-20，深度学习系统可以实现其输入的极其复杂的功能，这些功能同时对非常精确的细节很敏感。深度学习网络的结构如图 7-21 所示，由 3 层堆叠的自动编码器组成。一般来说，深度网络架构在发现高维数据中的自然固有结构方面表现得非常好，因此适用于科学、商业和政府的许多领域。

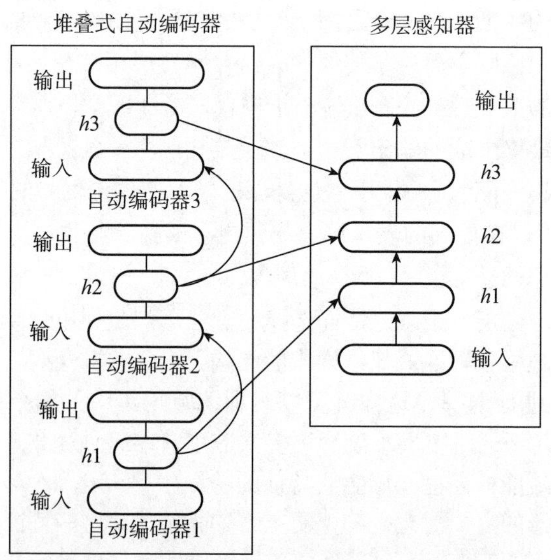

图 7-21 使用堆叠式自动编码器的深层网络结构

7.9　卷积神经网络

卷积神经网络(CNN)在深度学习的历史上扮演着重要的角色。CNN 是 LeCun 在 1989 年提出的，但主要的进展是在最近几年实现的。它们是通过研究大脑而获得的洞察力成功应用于机器学习的一个关键示例。CNN 代表了第一批表现良好的深度模型中的一些，而这是在任意深度模型被认为可行之前很久的事情。卷积网络也是最早解决重要商业应用的神经网络之一，并一直处于深度学习商业应用的前沿。它们旨在非常有效地处理多维数组形式的数据：一维用于信号和序列，包括自然语言；二维用于图像或音频声谱图；三维用于视频或体积图像。CNN 有 4 个关键的思想，它们使这些应用程序高效、成功，它们是本地连接；共享权值；池；多层的使用。

在传统的人工神经网络中，每个输出单元与每个输入单元交互，这些连接由输入与相应参数的矩阵乘法表示，这些参数在网络连接中表示为权重因子。这些网络只有一层或两层，但具有完全的连通性。另一方面，CNN 具有稀疏交互，因为它们基于局部连接。例如，如果输入的是 1000×1000 像素的图片，在传统的 ANN 中，所有这些像素将与下一层的每个节点连接，这意味着如果两层的节点数相同，则有 $10^6 \times 10^6 = 10^{12}$ 个连接。在 CNN 中，只有图像的局部段会连接到下一层。如果局部段为 20×20 像素，则意味着到下一层每个节点的连接总数为 400，这表示连接总数要小得多。图 7-22 给出了局部连接的主要思想，其中网络的简化版本有 5 个输入，下一层有 5 个节点。对于传统的全连通的浅层神经网络，总连接数为 5×5=25。对于 CNN 而言，如果局部段是 3 个相邻的输入连接到下一层的节点，其连接总数为 3×3+2×2=13(下一层的结束节点只有两个有输入的局部连接)。

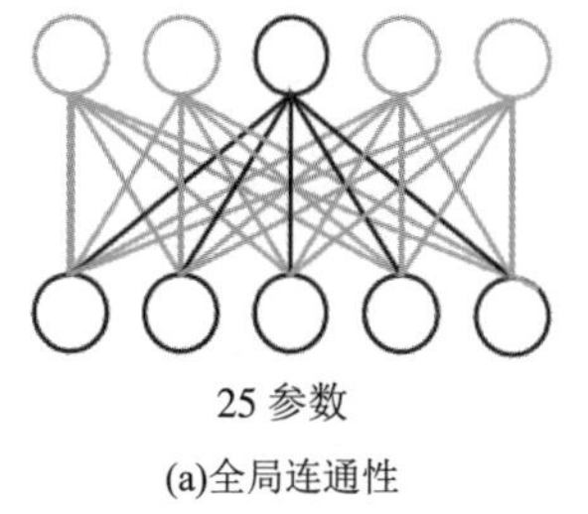

(a)全局连通性

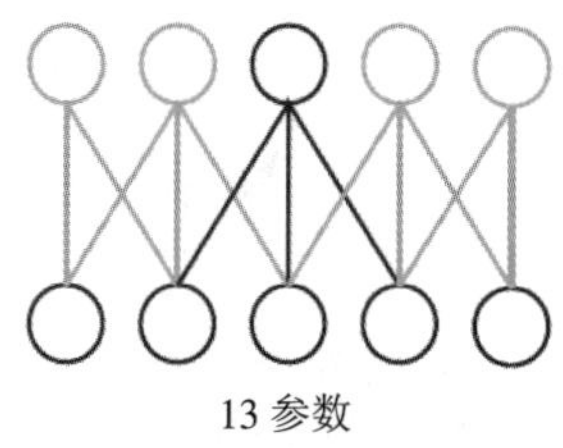

(b)局部连接

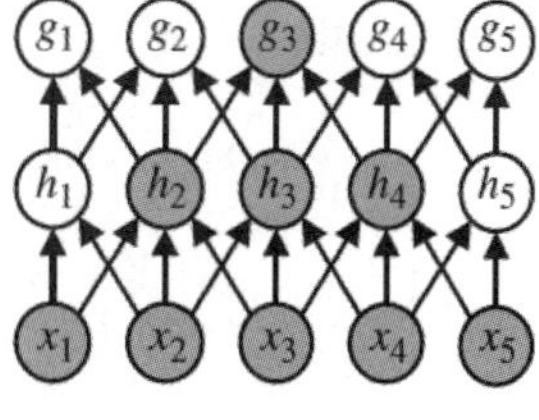

(c)多层连接

图 7-22　CNN 中的连接是稀疏的

虽然 CNN 中的连接是稀疏的，但更深层次的单元仍然可以间接地连接到几乎所有输入。在图 7-22(c)中，3 个连续的输入总是连接到下一层表示局部连接的节点。再往下一层，第二层的中间节点间接连接到所述网络的所有输入。从一层到另一层的 CNN 连接可能是稀疏的，而且通常不是直接的。但应用多层网络，可以获得更深层次节点对大部分输入的间接连接。

参数共享是指对一个模型中的多个函数使用相同的参数。在传统的神经网络中，当计算一个层的输出时，权重矩阵的每个元素都精确地使用一次。每个权重因子乘以相应的输入，然后在整个网络中不再重复。换句话说，参数的数量等于连接的数量或网络中权重因子的数量。在卷积神经网络中，每个成员都是局部连接集的一部分，用于输入的每个位置(除了一些边界像素，这取决于关于边界的设计决策)。卷积运算所使用的参数共享意味着，我们只学习一组应用于网络下一层所有节点的参数，而不是学习每个位置的一组单独的参数。图 7-23 给出了一个示例。与图 7-23(a)中的 13 个全局参数(从输入层到下一层的 13 个局部连接)不同，对于图 7-23(b)所示的下一层，具有 3 个节点局部连接的 CNN 只定义了 3 个主要参数，即“左连接”“中心连接”和“右连接”。

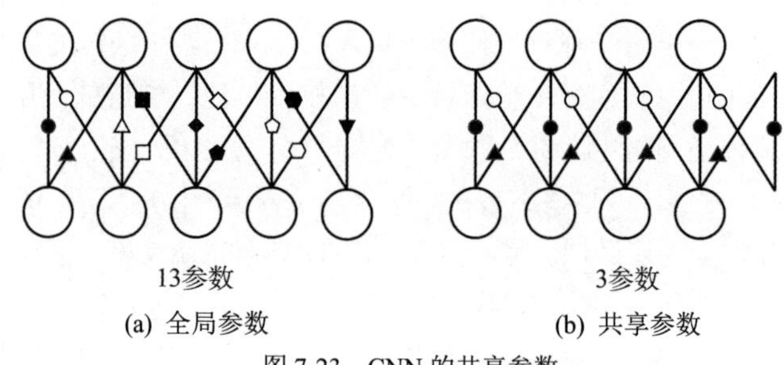

13参数　　　　3参数

(a) 全局参数　　　　(b) 共享参数

图 7-23　CNN 的共享参数

参数共享的局部连通性是在 CNN 中定义卷积核的基础：小的局部矩阵，从上一层提取局部特征。适当内核的选择表示 CNN 中的半自动特征工程。例如，当使用 CNN 进行图像处理时，专门设计的内核可以检测水平线、垂直线、小圆圈和特定的角，所有这些都是图像的高级特征。图 7-24 给出了用于边缘检测和锐化图像的两个 3×3 核的简单示例。在初始网络层上提取的这些基本图像特征可以进一步组合成更复杂的高级特征，这些高级特征表示图像中搜索到的对象的特定部分。例如，如果分析是为了寻找图像中的人，它可能是眼睛、嘴唇、鼻子或其他面部特征。

$$\begin{vmatrix} 0 & 1 & 0 \\ 1 & -4 & 1 \\ 0 & 1 & 0 \end{vmatrix} \qquad \begin{vmatrix} 0 & -1 & 0 \\ -1 & 5 & -1 \\ 0 & -1 & 0 \end{vmatrix}$$

(a) 边缘检测核　　　　(b) 锐化图像核

图 7-24　简单的 3×3 图像内核

在下一阶段，CNN 使用一个池化函数来修改上一层的输出。池化函数用附近输出的汇总统计信息替换某个位置的网络输出。空间区域上的池化对转换产生不变性，这意味着如果对输入进行少量转换，大多数池化输出的值不会改变。局部转换的不变性可能是一个非常有用的属性，因为网络更关心某个特性是否存在，而不是它具体在哪里。例如，当决定图像是否包含一张脸时，CNN 不需要知道眼睛的精确位置，而只需要确定脸的左边有一只眼睛，脸的右边有另一只眼睛。

池化层从卷积层中获取每个特性，并准备一个压缩的特性集作为新的输出。例如，池化层中的每个单元可以总结前一层中 $n \times n$ 个节点的区域。一个具体的示例是，池化的一个常见过程称为最大池化。在最大池化中，池化单元只是输出指定输入区域的最大激活数。图 7-25 给出了最大池化的两个简单示例，用于三节点的局部连接。

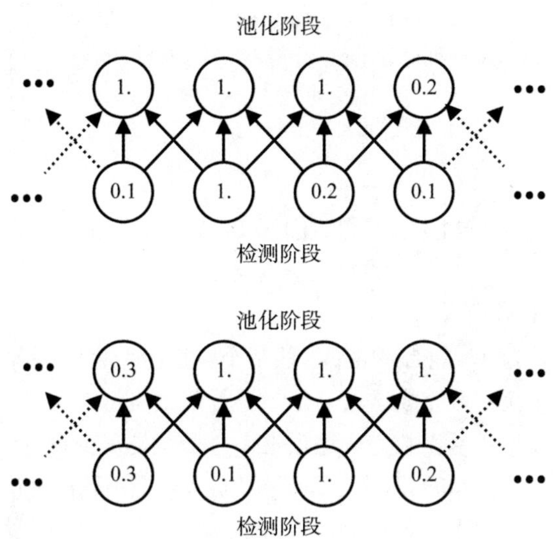

图 7-25　CNN 中的最大池化层

最大池化可能被解释为网络询问是否在图像区域的任何地方发现了给定特性的一种方式。这种方法丢弃了确切的位置信息。直觉上，一旦发现一个特征，它的准确位置就不那么重要了；只是相对于给定样本的其他特征，它的粗略位置可能是有用的。通常，池化的一大好处是池化的特性更少，这有助于减少下面的层中的参数总数。

CNN 的最终架构由多个层组成，通常超过 10 个，其中卷积和池操作以及相应的层一个接一个地迭代重复。现在许多软件包都将 CNN 作为标准的深度学习方法，如 GoogLeNet、VGGNet 或 ResNet。CNN 几乎是当今每一个图像相关分析和识别问题的标准模型。它还成功地应用于推荐系统、自然语言处理等。CNN 在计算上也是非常高效的架构。通过使用卷积和池操作以及参数共享，这种架构使 CNN 模型可以在任何设备上运行，使它们具有普遍的吸引力。CNN 只是常用的深层体系结构之一，最近还开发了其他几种，如深层信念网络、深层玻尔兹曼机等。它们都能够处理和解码具有多种非线性特性的复杂数据结构。

7.10　复习题

1. 说明人工神经网络设计和“传统”信息处理系统设计之间的基本区别。
2. 为什么容错性是人工神经网络最重要的特性和功能之一？
3. 神经元模型的基本组成是什么？

4. 为什么对数 S 型、正切双曲线等连续函数是人工神经网络实际应用中的常用激活函数？

5. 讨论前向和回馈型神经网络之间的区别。

6. 一个神经元有两个输入和下列参数：偏差 b=1.2，权重因子 $W=[w_1, w_2]=[3, 2]$，输入向量 $\boldsymbol{X}=[-5, 6]^{\mathrm{T}}$，为下列激活函数计算神经元的输出：

(1) 对称阶跃

(2) 对数 S 形

(3) 正切双曲线

7. 一个神经元有两个输入，其权重因子 W 和输入向量 $\boldsymbol{X}$ 如下：

$$W=[3,2] \quad \boldsymbol{X}=[-5, 7]^{\mathrm{T}}$$

要求输出为 0.5，则：

(1) 如果偏差为 0，能否用表 7-1 的某个转换函数完成这项工作？

(2) 用线性转换函数完成这项工作，是否存在偏差？

(3) 用对数 S 型激活函数完成这项工作，偏差是多少？

8. 一个分类问题用表 7-4 所示的三维样本 X 定义，其前两维是输入，第三维是输出。

表 7-4 三维样本 X

X:	I_1	I_2	O
	−1	1	1
	0	0	1
	1	−1	1
	1	0	0
	0	1	0

(1) 根据类型画出数据点 X 的标注图。该分类问题可以用单一神经元感知机来解决吗？解释原因。

(2) 画出用于解决问题的感知机图。为所有的网络参数定义初始值。

(3) 运用δ学习算法的一次迭代。权重因子的最终向量是什么？

9. 训练单神经元网络，以对如表 7-5 所示的输入-输出样本分类。

表 7-5 输入-输出样本

I_1	I_2	O
1	0	1
1	1	−1
0	1	1

说明只有该网络使用偏差，才能解决该问题。

10. 考虑以表 7-6 中样本集 X 为基础的分类问题：

表 7-6　样本 X

X：	I_1	I_2	O
	−1	1	1
	−1	−1	1
	0	0	0
	1	0	0

(1) 根据类别画出数据点的标注图。该问题能否用一个人工神经元来解决？如果可以，画出判别边界。

(2) 设计一个单神经元感知机来解决该问题。确定最终权重因子，使权重向量与判别边界正交。

(3) 用所有的 4 个样本检验解决方案。

(4) 用求出的神经网络对下列样本分类：(−2, 0)，(1, 1)，(0, 1)和(−1, −2)

(5) (4)中的哪些样本总是以相同的方式分类，哪些样本的分类因解决方案而异？

11. 实现执行单层感知机的计算(和学习)的程序。

12. 已知图 7-26 中给定的竞争神经网络：

(1) 如果输入样本是$[X_1, X_2, X_3]=[1, -1, -1]$，找出输出向量$[Y_1, Y_2, Y_3]$。

(2) 神经网络中新的权重因子是什么？

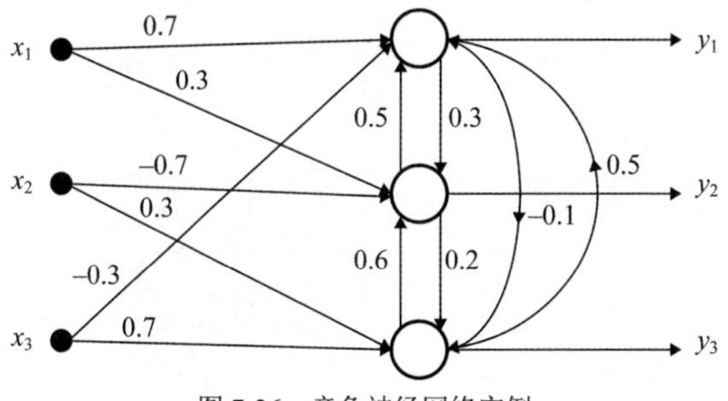

图 7-26　竞争神经网络实例

13. 搜索 Web，找出基于人工神经网络的公用软件或商业软件的基本特征。保存搜寻结果。它们中的哪些软件在学习时需要老师的指导，哪些不需要老师的指导？

14. 对于神经网络，哪个结构假设对低度拟合(如高偏差模型)和过度拟合(如高方差模型)之间的平衡影响最大？

(1) 隐含节点数

(2) 学习率

(3) 权重的初始选择

(4) 使用单位为常量的输入

15. 感知机的 Vapnik-Chervonenkis (VC)维小于简单线性支持向量机(SVM)的 VC 维吗？讨论该结果。

16. 哪一种人工神经网络结构不包含隐层？为什么？

(1) 反向传播

(2) 感知器

(3) 自组织映射

(4) 卷积网络

(5) 上述几种

第 8 章

集 成 学 习

本章目标

- 理解集成学习方法的基本特征
- 明确不同学习器组合方案的不同实现之间的区别
- bagging 和 boosting 方法比较
- 说明随机森林算法的主要特点
- 介绍 AdaBoost 算法及其优点

数据挖掘的主要目标之一是从观察到的样本中预测出新样本的未知值。这样一个过程可分为两个连续的阶段，如图 8-1 所示。

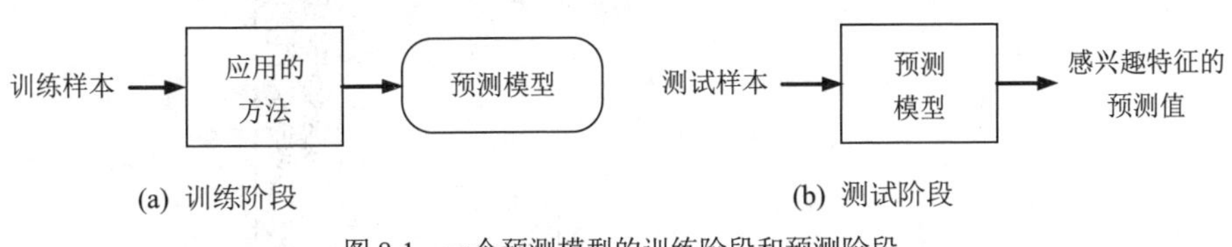

图 8-1　一个预测模型的训练阶段和预测阶段

(1) 训练阶段——使用某种现有的监督学习方法从训练样本中产生一个预测模型；

(2) 检验阶段——使用未在训练集中用到的检验样本评估训练阶段生成的预测模型。

大量的数据挖掘应用证实了“没有免费午餐定理(No-Free-Lunch Theorem)”的有效性。该定理指出，没有任何一个单独的学习算法在所有数据挖掘应用中都是最好最精确的。每种算法都用若干假设来确定某个模型。有时这些假设成立，有时不成立；因此，没有一种很好地适用于所有应用场合的学习算法。

为提高模型预测的准确性，本章引入了称为集成学习(ensemble learning)的高效算法。它的核心思想是组合训练样本生成的各种预测模型的结果。它的主要动机是减少错误率。最初假设是：组合多个预测模型错误地分类一个新样本的可能性要低于一个单独的模型。组合多个相互独立"决策者"，当然其中每一个至少都比随机猜一个准确，会强化正确的决定。这可以通过一些简单的决策过程来证明，在这些决策过程中，我们可以比较一个人的决策和多个人一起决策的好坏。例如，给定问题"罐子里有多少颗糖豆？"，多个人的平均估计要优于一个人的估计。或者，在电视系列节目"谁想成为百万富翁？"中，观众(一起)投票支持不能给出明确答案的候选人。

从理论上讲，这一假设已被 Hansen 证明，指出：如果 N 个分类器错误率相互独立，并且都小于 0.5，那么可以证明集成分类器 E 的错误率是 N 的单调递减函数。显而易见，对于从属分类器来说，性能会快速下降。

8.1　集成学习方法论

集成学习方法由两个连续的阶段组成：(a)训练阶段；(b)检验阶段。在训练阶段，集成方法从训练样本中生成一些不同的预测模型，如图 8-2(a)所示。为了预测一个检验样本的未知值，集成方法聚集每个预测模型的输出结果，如图 8-2(b)所示。通过集成方法生成的集成预测模型由一些预测模型(预测模型.1、预测模型.2、……、预测模型.n)和一个组合规则组成，如图 8-2(b)所示。我们把这样一个预测模型称为集成。集成学习领域仍然较新，它还有一些名称作为执行预测任务的同义词使用，其中包括多分类器、分类器融合(classifier fusion)、专家混合，或共识聚集等多个名称。

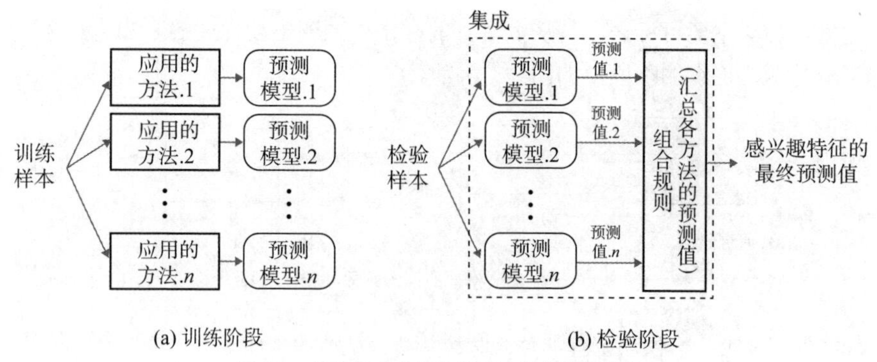

图 8-2　构建集成方法的训练阶段和检验阶段

为了使性能优于一个单独的预测模型，集成应该由几个相互独立的预测模型组成，即它们的错误率互不相关，并且准确率都大于 0.5。每个预测模型的输出结果聚集一起决定检验样本的输出值。我们可能会分析分类任务集成预测的所有步骤。例如，分析一个由 15 个分类器组成的集成分类任务，其中的每个分类器将检验样本分成两类值之一。集成方法根据分类器输出的域频率决定分类值。如果 15 个预测模型相互独立，并且错误率相同(ε=0.3)，那么只有超过半数的预测模型错误分类同一个检验样

本，集成方法才会给出错误的预测。因此，集成方法的错误率是

$$\varepsilon_{\text{ensemble}} = \sum_{i=8}^{15} \binom{15}{i} \varepsilon^{i} (1-\varepsilon)^{15-i} = 0.05$$

这是一个错误率远远低于 0.3 的预测模型。从 8 开始累加，这意味着有不少于 8 个模型将检验样本错误分类，而有不多于 7 个的预测模型正确分类了样本。

图 8-3(a)展示了一个由 15 个预测模型(n=15)组成的集成方法的错误率。x 轴表示一个单独分类器的错误率(ε)。对角线代表集成方法中所有模型错误率相同的情形。实线代表由相互独立的不同预测模型组成的集成方法的错误率。仅当集成方法中每个预测模型的错误率(ε)都低于 0.5 时，集成方法的错误率才远低于一个单独的预测模型。

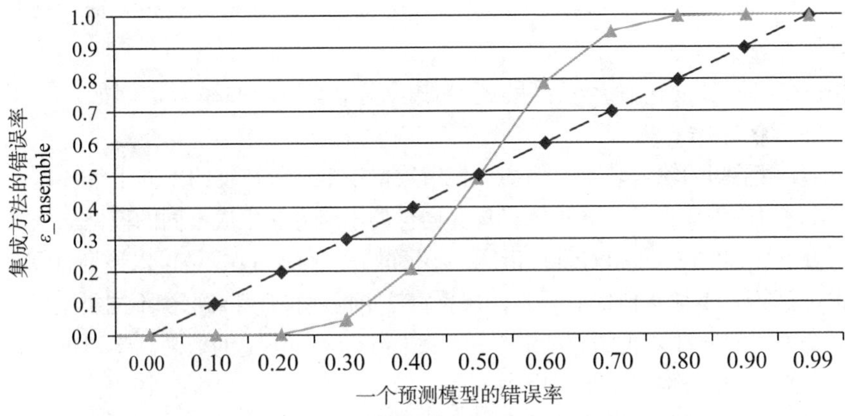

(a) 集成方法中相同的预测模型与不同的预测模型

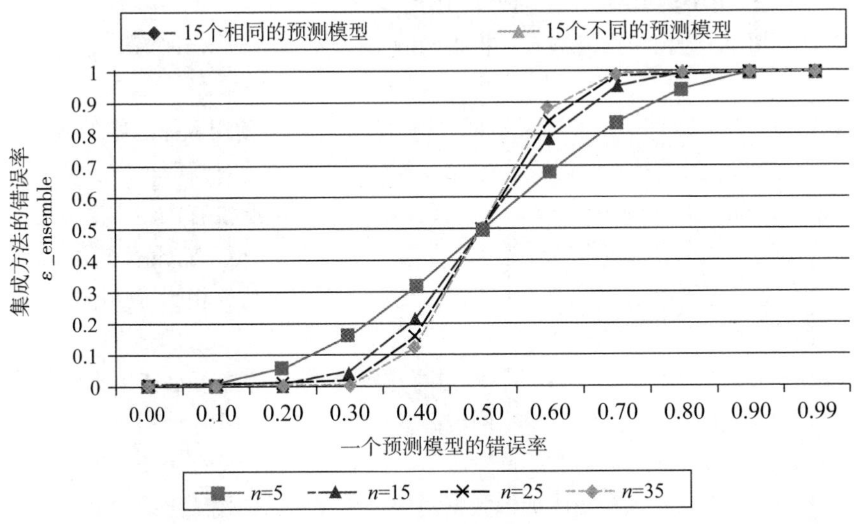

(b) 集成中不同数量的预测模型

图 8-3 集成方法的错误率变化曲线

还可以分析集成中预测模型的数量对错误率的影响。图 8-3(b)分别展示了当集成中预测模型的数量是 5、15、25 和 35 时，对应的错误率变化曲线。图中显示，当预测模型的错误率低于 0.5 时，预测模型数量越多，集成方法的错误率就越低。例如，当集成中每一个预测模型的错误率是 0.4 时，每个集成($n = 5$、$n = 15$、$n = 25$ 和 $n = 35$)的错误率分别是 0.317、0.213、0.153 和 0.114。然而，如果集成中分类器的数量太大或者每个分类器的错误率太小，集成错误率的下降就会变得没那么明显。

要创建一个集成学习器，我们会面临如下的基本问题：如何创建基本的学习器？如何组合基本学习器的输出结果？通过如下方式可以生成具有多样性和独立性的学习器：

(a) 对不同的学习模型使用不同的学习算法，比如支持向量机、决策树和神经网络；

(b) 在相同算法中使用不同的超参数以便调整不同的模型，例如，人工神经网络中不同的隐节点数；

(c) 使用不同的输入表示，例如，使用数据集中输入特征的不同子集；

(d) 使用输入数据的不同训练子集和同样的学习方法生成不同的模型。

层叠泛化方法(Stacked Generalization)又称层叠(stacking)，是可以被划分到第一组(a)中的方法论。不像其他知名技术，层叠算法可能(通常)用来组合不同类型的模型。组合多个模型的一种方式是通过引入元学习器(meta-learner)的概念。学习过程如下：

(1) 把训练集分成两个不相交的子集；

(2) 在第一个子集上训练若干个基本学习器；

(3) 在第二个子集上检验(2)中训练出的学习器；

(4) 使用(3)中的预测作为输入，将正确的响应作为输出，来训练一个更高级的学习器。

注意，尽管步骤(1)～(3)和交叉验证一样，但是它没有使用赢家通吃的方法，而是组合(可能是非线性)了基本学习器。尽管引人注意，但是相对于两个广泛认可的集成学习方法 bagging 和 boosting 来讲，它缺乏理论分析，因此没有得到广泛应用。第二组方法论(b)也有类似的情形：尽管是一个非常简单的方法，但是它没有得到广泛应用，缺乏深入分析。之所以这样，或许主要是因为使用不同参数的相同方法不能保证模型的独立性。

类(c)方法论基于手工或自动的特征进行选择/提取，这样可以使用不同特征集生成多元分类器。例如，可能使用与不同传感器相关的子集，或者使用不同算法计算的特征子集。为了形成训练数据集，首先需要选择不同的输入特征子集，然后带有选择输入特征的每个训练样本就变成训练数据集的一个元素。在图 8-4 中，有 5 个训练样本{$S1, S2, S3, S4, S5$}，其中每个样本有 4 个特征{$F1, F2, F3, F4$}。当生成训练数据集 1 时，则从输入的特征{$F1, F2, F3, F4$}中随机地选择 3 个特征{$F1, F2, F4$}，所有带有这 3 个特征的训练样本便形成了第一个训练集。同理，可以生成其他训练集。主要的要求是，分类器使用互补的不同特征子集。

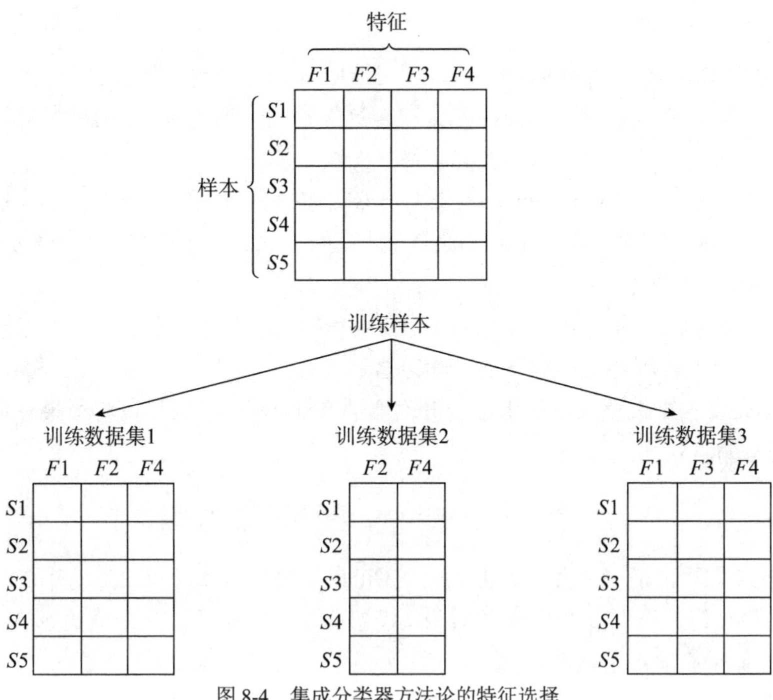

图 8-4 集成分类器方法论的特征选择

随机子空间法(RSM)是一个较近的集成学习方法，它基于随机辨别理论(stochastic discrimination)。首先在原始输入空间的随机选择子空间上训练学习机，然后再整合模型的输出。图 8-5 列举了一个电影分类的示例。RSM 适用于带有冗余特征的大型特征集。随机森林方法(random forest methodology)不仅利用了 RSM 方法，还包含 bagging 方案的一些组件，在许多商业数据挖掘工具中都有实现，在实际的数据挖掘应用中非常常用。

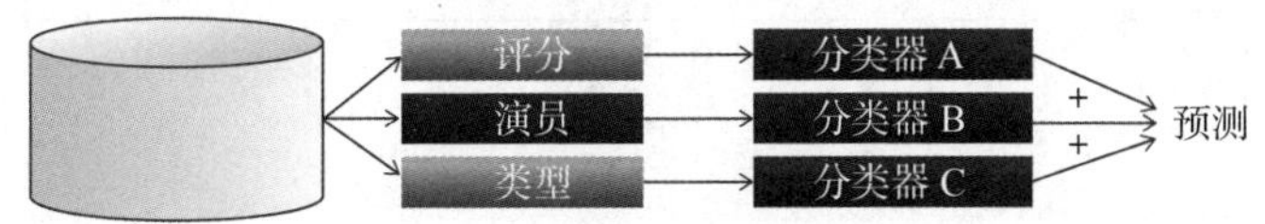

图 8-5 集成分类器中应用于电影分类的 RSM 方法

基于输入样本的不同训练子集的方法论(d)是集成学习中最流行的方法，相应的技术如 bagging 和 boosting 等广泛应用于不同工具中。但在详细介绍这些技术之前，有必要讲解集成学习的一个额外的(也是最后一个)步骤：不同学习器输出结果的组合。

8.2 多学习器组合方案

组合方案包括：

(1) **整体法**(Global approach)是通过学习器融合。每个学习器都会产生一个输出，然后通过投票、平均或堆叠(stacking)来整合这些输出。这就是集成(融合)功能：对于每一种模式来说，所有分类器都会影响最终的决定。

(2) **局部法**(Local approach)是基于学习器提取。负责生成输出的一个或多个学习器是依据它们对样本的封闭性(closeness)而选择的。如果对于模式只有一个分类器(或子集)用于最终的决定，则应用选择功能。

(3) **多级组合**(Multistage combination)使用串行方法，仅在前面的学习器预测结果不精确的情况下，训练或检验下一个学习器。

投票(voting)是在全局层面上组合分类器的最简单方式，并可以将结果表示为一个 n 个学习器输出 d_j 的线性组合：

$$y_j = \sum_{j=1}^{n} w_j d_j \qquad \text{其中 } w_j \geqslant 0 \text{ 并且 } \sum_{j=1}^{n} w_j = 1$$

组合结果因 w_j 而异。另外，组合形式还可以是简单求和(相等的权值)、加权求和、中位数、最小值、最大值以及 d_{ij} 的乘积。投票方案可以作为贝叶斯框架下的近似，而权值 w_j 近似于先验模型概率。

排名级融合方法(Rank-level Fusion Method)应用于一些提供了类“分数”或某种概率的分类器。一般情况下，如果 $\Omega = \{c_1, \ldots, c_k\}$ 是一个类的集合，那么其中的每个分类器都会提供一个类标签的“有序”(排名)列表。例如，如果输出类的概率是 0.10、0.75 和 0.20，那么相应的类排名将分别是 1、3 和 2。概率最大的类排名最高。下面列举一个示例，其中分类器的数量是 $N = 3$，类的数量是 $k = 4$，$\Omega = \{a, b, c, d\}$。对于一个给定的样本，3 个分类器的排名输出如表 8-1 所示。

表 8-1 分类器的排名

排名值	分类器 1	分类器 2	分类器 3
4	c	a	b
3	b	b	a
2	d	d	c
1	a	c	d

在这种情形下，输出类的最终选择将由每个类分数的累加决定：

$$r_a = r_a^{(1)} + r_a^{(2)} + r_a^{(3)} = 1 + 4 + 3 = 8$$
$$r_b = r_b^{(1)} + r_b^{(2)} + r_b^{(3)} = 3 + 3 + 4 = 10$$
$$r_c = r_c^{(1)} + r_c^{(2)} + r_c^{(3)} = 4 + 1 + 2 = 7$$

$$r_d = r_d^{(1)} + r_d^{(2)} + r_d^{(3)} = 2+3+1=6$$

最终胜出的类是 b，因为它拥有最大的整体排名值。

结合多个学习器的结果的另一种方法是动态分类器选择(Dynamic Classifier Selection，DCS)算法，它代表局部方法，它的步骤如下：

(1) 查找与检验输入最近的 k 个训练样本。

(2) 查看这些样本上基本分类器的准确度。

(3) 选择一个(或前 N 个)在这些样本上执行最好的分类器。

(4) 组合选择分类器的决定。

8.3 bagging 和 boosting

bagging 和 boosting 是具有坚实理论背景的著名程序。它们属于集成方法论的类(d)，就其本质而言，它们都基于训练数据集的重采样。

bagging 是第一个集成学习的有效方法，也是最简单的方法之一，它的名称起源于引导聚集。它最初设计用来分类，通常应用于决策树模型，但也可以用于各种分类或回归模型。该方法可以通过引导程序使用一个训练集的多个版本，即放回(replacement)抽样。这其中的每一个数据集都用来训练一个不同的模型。最后通过平均(适用于回归的情况)或投票(适用于分类的情况)来组合这些模型的输出，最终生成一个单一的输出结果。

在 bagging 方法中，预测模型的训练数据集由根据抽样分布从初始样本集中替换而来的样本(放回抽样)组成。样本分布决定了一个样本被选中的可能性大小。例如，当样本的分布被预定义为均匀分布时，所有 N 个训练样本被选中的概率相同，都是 $1/N$。在相同的训练数据集中，由于有放回抽样，一些训练样本可能会重复出现多次，而另一些训练样本甚至可能一次都不出现。在图 8-6 中，有 5 个训练样本 $\{S1, S2, S3, S4, S5\}$ 和 4 个特征 $\{F1, F2, F3, F4\}$。假设那 3 个训练数据集是按照均匀分布，运用放回抽样从训练样本中随机选择出来的样本集。每个训练样本都有 1/5 的概率被选择出来作为训练数据集的一个元素。在训练数据集 1 中，$S2$ 和 $S4$ 出现了 2 次，而 $S1$ 和 $S3$ 没有出现。

要使 bagging 方法有效，必须使用不稳定的非线性模型，训练数据的细微变化会生成显著不同的分类器，并引起准确度的极大变化。bagging 方法通过减少不稳定学习器输出结果中的方差来减少错误。

随机森林与一般的 bagging 方案有两个不同之处。首先，随机森林是一个分类器集成，它在集成中使用大量单独的、未经修剪的决策树。其次，它使用一种改进的树学习算法，在学习过程中的每个候选分割点上，随机选择特征子集。这个过程有时称为“特性打包”。这样做的原因是在普通的 bootstrap 样本中树的相关性。如果一个或几个特性是输出类的非常强的预测器，那么将在许多树中选择这些特性，使它们变得相关。随机森林算法在树的生长过程中给模型带来了额外的随机性。它不是在分割节点时搜索最佳特性，而是在随机的特性子集中搜索最佳特性。这个过程产生了一个广泛的多样性，这通常会得到更好的模型。通常，对于数据集中有 p 个特征的分类问题，在每个分割中使用 p(四舍五入)特征。对于回归问题，建议采用 $p/3$(四舍五入)选择的特征，默认的最小节点大小为 5 个样本。

boosting 是运用最广泛的集成方法，也是集成学习社区最强大的学习理念之一。最初设计用来分类，后来也被扩展到回归。该算法第一次创建一个弱分类器，也即在训练集中，它的准确度只需要稍微比随机猜测好一些。为样本设定初始权值，通常情况下，都设定相同的权值。在接下来的迭代中会给样本重新赋予权值，使系统集中处理最近的学习分类器没有正确分类的样本。在学习的每一步中需要：(1)增加不能被弱分类器正确学习的样本的权值；(2)减少被弱分类器正确学习的样本的权值。最终分类结果基于迭代过程中生成的弱分类器的权重投票。

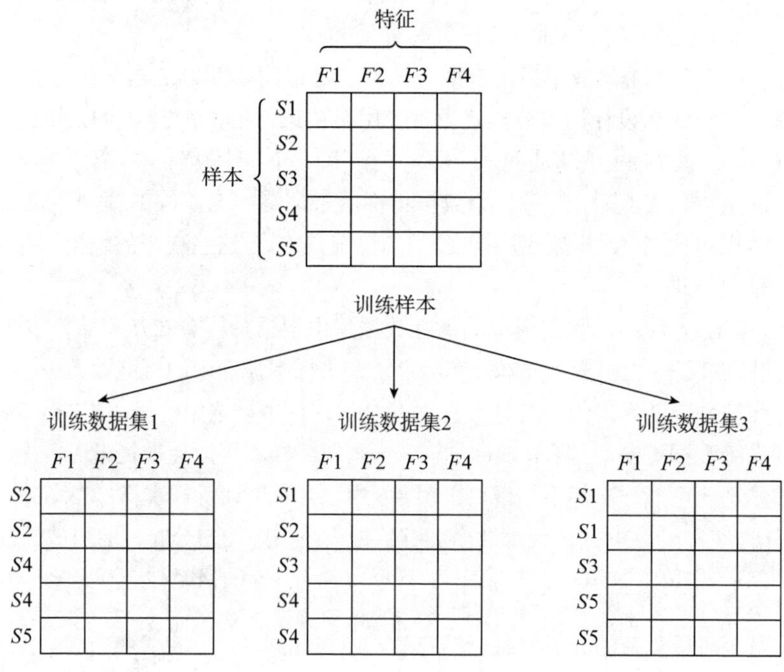

图 8-6 bagging 方法分布从原始样本集中放回抽样的样本

8.4 AdaBoost 算法

最初的 boosting 算法通过组合 3 个弱分类器来生成一个强大且高质量的学习器。AdaBoost 是“adaptive boosting”的简写，是最流行的 boosting 算法。AdaBoost 通过把弱学习器组合成一个高度准确的分类器来解决高度非线性的难题。AdaBoost 不像

bagging 方法中的采样，它重新对样本分配权值。它一遍又一遍地重复使用同一训练集(因此它不需要很大)，还可能会不断增加弱分类器，直到达到预期的训练误差。图 8-7 显示了 AdaBoost 迭代。

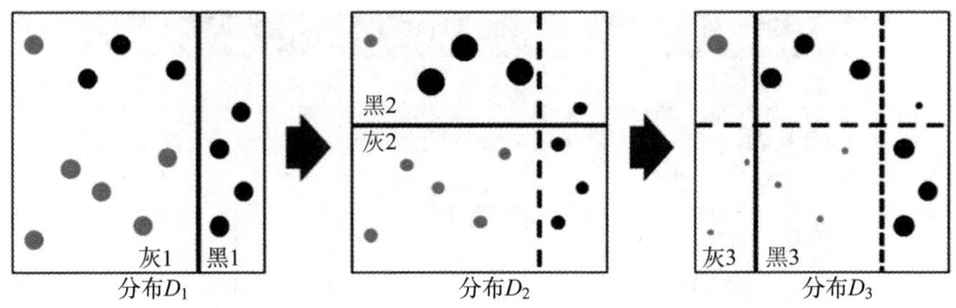

图 8-7 AdaBoost 迭代

给定一个训练数据集：$\{(x_1, y_1), \ldots, (x_m, y_m)\}$，其中 $x_i \in X$，$y_i \in \{-1, +1\}$。当使用该数据集训练一个弱分类器时，对于每一个输入样本 x_i，分类器会给出分类 $h(x_i)$(其中 $h(x_i) \in \{-1, +1\}$)。AdaBoost 算法的主要步骤及这些假设如图 8-8 所示。

- 在训练集上初始化分布 $D_1(i) = 1/m$
- 对于 $t = 1,\ldots,\mathrm{T}$:
  1. 使用分布 D_t 训练弱学习器
  2. 选择一个权重(或信任值) $\alpha_t \in R$
  3. 在训练集上更新分布：

$$D_{t+1}(i) = \frac{D_t(i)\mathrm{e}^{-\alpha_t y_i h_t(x_i)}}{Z_t} \tag{2}$$

  这里 Z_t 是选择的归一化因子，以使得 D_{t+1} 是一个分布
- 最后投票 $H(x)$，即如下权重和：

$$H(x) = \mathrm{sign}(f(x)) = \mathrm{sign}\left(\sum_{t=1}^{T} a_t h_t(x)\right)$$

图 8-8 AdaBoost 算法

AdaBoost 之所以这么流行，主要在于它不仅简单而且容易实现。它几乎可以与任何分类器组合，像神经网络、决策树或最近邻分类器等。此外，它几乎不需要调整任何参数，它甚至对最复杂的分类问题仍然有效，但与此同时，它也对噪声和异常点敏感。

集成学习方法在一个非常著名的应用程序——Netflix 公司的百万美元大奖——中大显身手，如图 8-9 所示。Netflix 大奖是根据一个人对电影以前的喜好来预测他现在对一个电影的喜好程度，它要求参赛团队极大地提高预测准确度。用户对电影评分范围是 1～5 颗星；因此，问题变成具有 5 个类别的分类任务。大部分排名靠前的参赛团队都用到集成学习的一些变异方法，从而展示了集成学习在实践中的巨大优势。排名第一的 BellKor 团队解释了其成功背后的缘由："我们最终的方案是由 107 个单独的预测器组成。当混合多个预测器时，预测准确度会得到极大的提高。我们的经验是：

大部分精力应该集中在生成不同的学习方法，而不是提炼出一个单一技术。因此，我们的解决方案是很多方法的集成。”

—	No Progress Prize candidates yet	—	—
Progress Prize – RMSE <=0.8625			
1	BellKor	0.8705	8.50
Progress Prize2007 – RMSE = 0.8712 – Winning Team：KorBell			
2	KorBell	0.8712	8.43
3	When Gravity and Dinosaurs Unite	0.8717	8.38
4	Ghavity	0.8743	8.10
5	basho	0.8746	8.07

图 8-9　2007/2008 年度 Netflix 大奖评出的前五名团队

8.5 复习题

1. 解释集成学习的基本思想，并讨论为什么集成机制能够提高模型的预测准确度。

2. 设计一个集成模型，其中包含直接影响集成准确度的因素。解释这些因素，并列举应用这些因素的方法。

3. bagging 和 boosting 是非常著名的集成方法。它们都是从每一个不同的训练集中生成单个预测模型。讨论 bagging 和 boosting 方法之间的区别，并说明它们各自的优缺点。

4. 提出针对大型数据集的高效 boosting 方法。

5. 在 bagging 方法中，子集是从训练样本随机放回抽样获得的。平均而言，采用这种方法获得的子集包含训练样本的比例大约是多少？

6. 在图 8-7 中，画出下一个分布 D_4 的图像。

7. 在图 8-8 的 AdaBoost 算法的方程式(2)中，用 $e^{\alpha_t y_i h_t(x_i)}$ 替换 $e^{-\alpha_t y_i h_t(x_i)}$，解释这一改变对 AdaBoost 算法造成怎样的影响，以及造成这些影响的原因。

8. 考虑表 8-2 的数据集，其中包含 10 个一维样本和 2 种类别：

表 8-2　训练样本

	x_1	x_2	x_3	x_4	x_5	x_6	x_7	x_8	x_9	x_{10}
f_1	0.1	0.2	0.3	0.4	0.5	0.6	0.7	0.8	0.9	1.0
类别	1	1	1	−1	1	−1	1	−1	−1	−1

(1) 列出所有最好(准确度最高)的一层二元决策树。

(例如，IF $f_1 \leqslant 0.35$，THEN Class is 1；IF $f_1 > 0.35$, THEN Class is −1。该树的准确度是 80%)

(2) 从上面的训练样本中随机地选择表 8-3 所示的 5 个训练数据集。在这 5 个训练数据集上应用 bagging 算法。

(i) 为每个训练数据集构建最好的一层二元决策树。

(ii) 使用构建的一层二元决策树预测训练样本。

(iii) 使用投票方法组合每个决策树的预测结果。

(iv) bagging 方法的准确度是多少？

表 8-3　5 个训练数据集

训练数据集 1：

	x_1	x_2	x_3	x_4	x_5	x_8	x_9	x_{10}	x_{10}	x_{10}
f_1	0.1	0.2	0.3	0.4	0.5	0.8	0.9	1.0	1.0	1.0
类别	1	1	1	−1	1	−1	−1	−1	−1	−1

训练数据集 2：

	x_1	x_1	x_2	x_4	x_4	x_5	x_5	x_7	x_8	x_9
f_1	0.1	0.1	0.2	0.4	0.4	0.5	0.5	0.7	0.8	0.9
类别	1	1	1	−1	−1	1	1	1	−1	−1

训练数据集 3：

	x_2	x_4	x_5	x_6	x_7	x_7	x_7	x_8	x_9	x_{10}
f_1	0.2	0.4	0.5	0.6	0.7	0. 7	0.7	0.8	0.9	1.0
类别	1	−1	1	−1	1	1	1	−1	−1	−1

训练数据集 4：

	x_1	x_2	x_5	x_5	x_5	x_7	x_7	x_8	x_9	x_{10}
f_1	0.1	0.2	0.5	0.5	0.5	0. 7	0.7	0.8	0.9	1.0
类别	1	1	1	1	1	1	1	−1	−1	−1

训练数据集 5：

	x_1	x_1	x_1	x_1	x_3	x_3	x_8	x_8	x_9	x_9
f_1	0.1	0.1	0.1	0.1	0.3	0.3	0.8	0.8	0.9	0.9
类别	1	1	1	−1	1	−1	1	−1	−1	−1

(3) 在上面训练数据集上应用 AdaBoost 方法(见图 8-8)，从这些样本中生成了下面初始一层二元决策树：

IF $f_1 \leqslant 0.35$，THEN Class is 1

IF $f_1 > 0.35$，THEN Class is -1

为生成下一个决策树，每一个样本被选择成为训练数据集的概率(即图 8-8 中 D_2 的值)

是多少(α_t指的是针对训练样本的初始决策树的准确率)?

9. 采用集成方法把一个新样本分成 4 个类别：C1、C2、C3 和 C4，该集成方法中包含 3 个分类器：分类器 1、分类器 2 和分类器 3，这 3 个分类器分别对应的准确率是 0.9、0.6 和 0.6。当给定新样本 X 时，3 个分类器的输出如表 8-4 所示。

表 8-4 3 个分类器

类别标签	分类器 1	分类器 2	分类器 3
C1	0.9	0.3	0.0
C 2	0.0	0.4	0.9
C 3	0.1	0.2	0.0
C 4	0.0	0.1	0.1

表 8-4 中的每一个数字表示分类器把新样本类别正确归类的概率。例如，分类器 1 将 X 类预测成 C1 类的概率是 0.9。

当集成方法将每一个预测模型组合成一个联合方法时：

(1) 如果使用简单求和，X 将被分成哪个类，请给出理由。

(2) 如果使用加权求和，X 将被分成哪个类，请给出理由。

(3) 如果使用排名级融合方法，X 将被分成哪个类，请给出理由。

10. 假设有一个药物发现数据集(drug discovery data set)，其中包含 1950 个样本和 100 000 个特征。要求使用集成学习方法根据结构的分子生物学特征把化合物分成活泼和非活泼。为了生成多样的独立的分类器，请问应该选择哪个集成方法？说明做出该选择的原因。

11. 下面哪个选项是 bagging 方法和 boosting 方法之间的根本区别？

(1) bagging 方法用于监督学习，而 boosting 方法用于无监督聚类。

(2) bagging 方法赋予训练实例不同的权值，而 boosting 方法给予所有实例相同的权值。

(3) 当创建一个新模型时，bagging 方法不考虑前面创建模型的性能，而 boosting 方法都是根据前面模型的结果创建每个新模型。

(4) 对于 boosting 方法，在新实例分类时，每个模型都有相同的权值，而 bagging 方法都是赋予不同的权值。

12. 分类器集成包含 11 个独立模型，错误率均为 0.2。(提示：理解如何使用二项分布将有助于回答这个问题。)

(1) 集成的整体错误率是多少？

(2) 如果错误率是 0.49，集成的整体错误率是多少？

第 9 章

聚类分析

本章目标

- 辨别聚类的不同表示形式和相似度的不同量度标准。
- 比较凝聚聚类和分区聚类算法的基本特征。
- 用相似度的单链接或全链接度量标准实现凝聚算法。
- 推导分区聚类的 *K*-平均法并分析其复杂性。
- 解释增量聚类算法的实现和它的优缺点。
- 介绍密度聚类的概念、DBSCAN 算法和 BIRCH 算法。
- 讨论为什么聚类结果的验证非常困难。

聚类分析是依据样本间关联的量度标准将样本自动分成几个群组，使同一群组内的样本相似，而不同群组的样本相异的一组方法。聚类分析系统的输入是一组样本和一个度量两个样本间相似度(或相异度)的标准。聚类分析的输出是数据集的几个组(聚类)，这些组构成一个分区或一个分区结构。聚类分析的一个附加结果是对每个类的概括描述，这个结果对于深入分析数据集的特性尤为重要。

9.1 聚类的概念

将数据组织到有意义的群组里是理解和学习数据的一个最基本方法。聚类分析是根据所度量或感知到的内在特征或相似性，对对象分组或聚类分析的正式研究方法和算法。聚类的样本用度量指标的一个向量来表示，更正式的说法是，用多维空间的一个点来表示。同聚类中的样本彼此相似，其相似度高于不同聚类中的样本。聚类方法尤其适合用来探讨样本间的相互关系，从而对样本结构做出初步的评价。人们对一维、二维或三维的样本进行聚类分析的能力不亚于自动聚类分析过程，但是大多数现实问题都涉及更高维的聚类。人们很难凭直觉解释高维空间包含的数据。

表 9-1 是聚类分析的一个简单示例，它给出了 9 个顾客的信息，共分 3 个聚类进行描述。两个描述顾客的特征是：第一个特征是顾客所购买商品的数量，第二个特征是他们所购买的每种商品的价格。

聚类 1 中的顾客购买少量的高价商品；聚类 2 中的顾客购买大量的高价商品；聚类 3 中的顾客购买少量的低价商品。这个简单的示例和对每个聚类的特征的解释表明，聚类分析(在某些参考书上也称为无指导分类)的目的是基于未标识类的训练数据集构造判别边界(分类面)。这些数据集中的样本仅有输入维，学习过程是在无指导的情况下进行分类的。

表 9-1　包含相似对象的聚类的样本集

	商品数量	价格
聚类 1	2	1 700
	3	2 000
	4	2 300
聚类 2	10	1 800
	12	2 100
	11	2 500
聚类 3	2	100
	3	200
	3	350

聚类是一个非常难的问题，因为在 n 维数据空间中，数据所揭示出的聚类可以有不同的形状和大小。为深入研究这个问题，数据中聚类的数量常常依据我们观察到的数据的精确度(精细的和粗糙的)来定。下面的示例通过在欧几里得二维空间中点的聚类过程来说明这些问题。图 9-1(a)表示一组分散在二维平面上的点(二维空间样本)。分析一下将这些点分成几个群组的问题。群组数 N 事先没有给出。图 9-1(b)以虚线为边界进行自然的聚类。由于聚类的数量没有给出，因此可以将这些点分成 4 个聚类，如图 9-1(c)所示，它和图 9-1(b)一样自然。聚类数量的任意性是聚类过程中的主要问题。

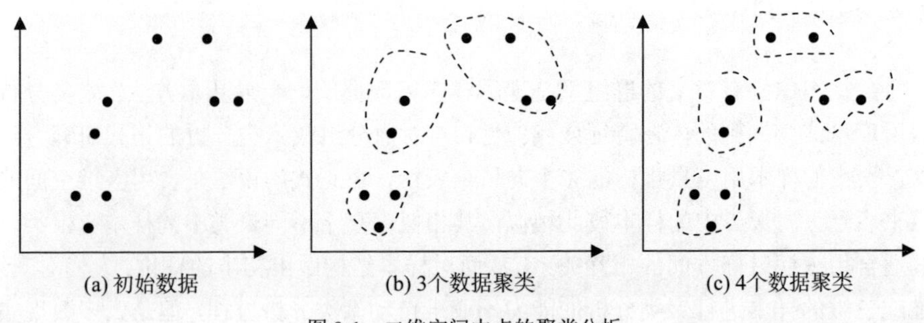

图 9-1　二维空间中点的聚类分析

注意，上面的聚类能够直接观察到。对于高维欧几里得空间里的一组点，就无法直接观察到。因此，聚类需要一个客观的标准。为描述这个标准，需要介绍一种更标准的方法，来描述基本概念和聚类过程。

聚类分析的输入可以用一组有序数对(X, s)或(X, d)表示，这里X表示一组用样本表示的对象描述，s和d分别是度量样本间相似度或相异度(距离)的标准。聚类系统的输出是一个分区$\wedge=\{G_1,G_2,...,G_N\}$，其中，$G_k(k=1, ..., N)$是$X$的子集，如下所示：

$$G_1 \cup G_2 \cup \cdots \cup G_N = X$$
$$G_i \cap G_j = \phi,\ i \neq j$$

$\wedge$中的成员$G_1, G_2, ..., G_N$称为聚类，每个聚类都通过一些特征来描述。在基于探索的聚类中，聚类分析过程的结果是生成聚类(X中的一个点集)及其特征或描述。所发现的聚类的规范化描述有以下几种图式：

(1) 通过它们的重心或聚类中的一组远点(边界点)表示n维空间的一类点。

(2) 使用聚类树中的节点图形化地表示一个类。

(3) 使用样本属性的逻辑表达式表示聚类。

图9-2举例说明了这些图式。用重心来表示一个聚类是最常见的图式。聚类比较稠密或各向同性时，用这种方法非常好，然而，当聚类比较稀疏或各向分布异性时，这种图示就不能正确地表示它们。

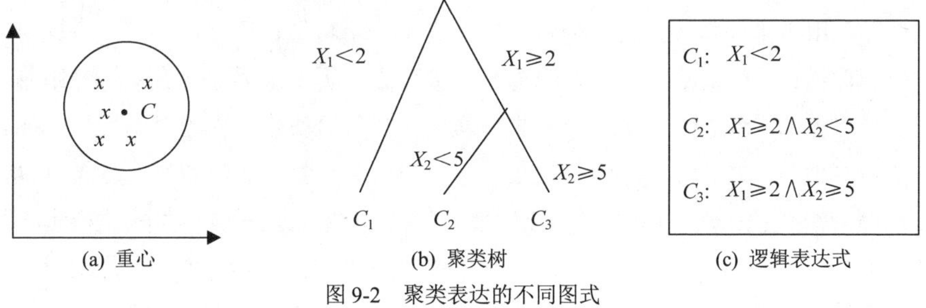

图9-2 聚类表达的不同图式

文献资料和不同的软件环境都提供了大量的聚类算法，这很容易令使用者不知所措，无法为手边的问题选择合适的方法。注意，任何一种聚类技术都不可能适用于揭示所有多维数据集中的不同结构。使用者对问题的理解和与其相应的数据类型是选择合适方法的最好标准，大多数聚类算法都基于下面两种常见方法：

(1) 层次聚类

(2) 迭代的平方误差分区聚类

层次方法按群组的嵌套顺序组织数据，以树状图或树型结构来表示。平方误差分区算法试图得到一个使类内分散度最小而类间分散度最大的分区。这种方法是非层次的，因为得到的所有类都是在同一个分区水平上的样本群组。为保证获得最优解，必须检验n维N个样本分成K个聚类的(对于给定的K)所有可能的分区，但这种检索过程在计算上是不可行的。注意 N 个对象集分成 K 个聚类的所有可能分区的个数是：

$$\frac{1}{K!}\sum_{j=1}^{K}\binom{K}{j}j^{N}$$

因此，人们使用各种试探法来简化搜索空间，但并不能保证找到最优解。

9.3 节将讲解产生分区嵌套序列的层次方法，9.4 节将详细介绍只产生一个数据分组水平的分区方法。下一节介绍样本间相似度的不同度量标准。这些标准是每个聚类算法的核心内容。

9.2　相似度的度量

为了规范化相似度的度量标准，本章通篇使用下面的术语和符号。在样本空间 X 的聚类算法中，用一个数据向量表示一个样本 x(或特征向量，观察值)。在许多其他教科书中，使用模式这个术语。在模式-关联分析中，模式这个术语有完全不同的含义，由于它会和模式-关联分析冲突，因此我们不采用这个术语。大多数待聚类的数据样本使用有限维向量形式。没必要区别对象或者样本 x_i 和相应的向量。因此，假定每个样本 $x_i \in X, i=1,\ldots,n$ 都用向量 $x_i=\{x_{i1},x_{i2},\ldots,x_{im}\}$ 来表示，值 m 是样本的维数(特征)，n 是聚类过程的样本域 X 中的样本总数。

样本能够描述物理对象(例如椅子)，也可以描述抽象的对象(例如写作风格)。按照惯例，样本用多维向量表示，它的每一维都表示一个特征。这些特征可以是该对象的定量或定性描述。如果某个样本 x_i 的单个标量分量 x_{ij} 是一个特征或属性值，则每个分量 x_{ij}, $j=1, \ldots, m$ 都是域 P_j 的一个元素。其中，P_j 可以属于不同的数据类型，如二元类型($P_j=\{0, 1\}$)、整型($P_j \subseteq Z$)、实数($P_j \subseteq R$)或是某种符号集。对于最后一种情况，P_j 可以是一组颜色：$P_j=\{$白，黑，红，蓝，绿$\}$。如果重量和颜色是描述样本的两个特征，那么样本(20, 黑)代表一个重 20 个单位的黑色物体。第一个特征是定量的，第二个特征是定性的。一般而言，这两个特征类型都可以进一步细分，第 1 章介绍了这种分类法。

定量特征能够细分成：

(1) 连续值(例如实数 $P_j \subseteq R$)

(2) 离散值(例如二元类型数 $P_j=\{0, 1\}$或整型 $P_j \subseteq Z$)

(3) 区间值(例如 $P_j=\{x_{ij}\leqslant 20, 20<x_{ij}<40, x_{ij}\geqslant 40\}$)

定性特征可以是：

(1) 名义型或无序型(例如颜色是“蓝色”或“红色”)

(2) 顺序型(例如，使用“将军”“少校”等表示军衔)

由于相似度是定义聚类的基础，因此同一特征空间中两个模式的相似度标准对大多数聚类算法都是必不可少的。因为聚类过程的质量取决于对这个度量标准的选择，所以必须仔细选取。一般而言，不是计算两个样本间的相似度，而是用特征空间中的距离作为度量标准来计算两个样本间的相异度。在样本空间中，距离标准可以是度量的(metric)或拟度量(quasi-metric)的，用来量化样本的相异度。

聚类中的“相异度”表示，当 x 和 x' 是两个相似的样本时， $s(x,x')$ 的值就很大；当 x 和 x' 不相似时， $s(x,x')$ 的值就很小。而且，相似度 s 具有对称性：

$$s(x,x') = s(x',x), \forall x,x' \in X$$

对于大多数聚类技术，相似度可以标准化为：

$$0 \leqslant s(x,x') \leqslant 1, \forall x,x' \in X$$

通常，使用相异度(而不是相似度)作为标准。相异度用 $d(x,x'), \forall x,x' \in X$ 表示。通常称相异度为距离。当 x 和 x' 相似时，距离 $d(x,x')$ 很小；如果 x 和 x' 不相似，$d(x,x')$ 就很大。不失一般性，我们假定：

$$d(x,x') \geqslant 0, \forall x,x' \in X$$

距离也具有对称性：

$$d(x,x') = d(x',x), \forall x,x' \in X$$

如果这是一个距离度量标准(metric distance measure)，就需要满足下面的三角不等式：

$$d(x,x'') \leqslant d(x,x'') + d(x',x''), \forall x,x',x'' \in X$$

最著名的距离度量标准是 m 维特征空间的欧几里得距离：

$$d_2(x_i,x_j) = \left(\sum_{k=1}^{m} (x_{ik} - x_{jk})^2 \right)^{1/2}$$

另一种常用的距离度量标准是 L_1 度量或城区距离：

$$d_1(x_i,x_j) = \sum_{k=1}^{m} \left| x_{ik} - x_{jk} \right|$$

最后，Minkowski 度量把欧几里得距离和城区距离包含为特例：

$$d_p(x_i,x_j) = \left(\sum_{k=1}^{m} (x_{ik} - x_{jk})^p \right)^{1/p}$$

显然，当 $p=1$ 时，d 就是 L_1 距离；当 $p=2$ 时，d 就是欧几里得距离度量。例如对于四维向量 $x_1 = \{1,0,1,0\}$和$x_2 = \{2,1,-3,-1\}$ ，这些距离度量是：d_1=1+1+4+1=7，d_2=(1+1+16+1)$^{1/2}$=4.36 和 d_3=(1+1+64+1)$^{1/3}$=4.06。

欧几里得 n 维空间模型不仅给出了欧几里得距离，还给出了相似度的其他标准，余弦相关(cosine-correlation)就是其中之一：

$$s_{\cos}(x_i,x_j) = \frac{\left[\sum_{k=1}^{m} \left(x_{ik} \cdot x_{jk} \right) \right]}{\left[\sum_{k=1}^{m} x_{ik}^2 \cdot \sum_{k=1}^{m} x_{jk}^2 \right]^{1/2}}$$

显然

$$s_{\cos}(x_i, x_j) = 1 \Leftrightarrow \forall i, j和\lambda > 0, 其中 x_i = \lambda \cdot x_j$$

$$s_{\cos}(x_i, x_j) = -1 \Leftrightarrow \forall i, j和\lambda < 0, 其中 x_i = \lambda \cdot x_j$$

对于前面给出的向量 x_1 和 x_2，相似度的相应余弦度量是

$$s_{\cos}(x_1, x_2) = (2 + 0 - 3 + 0) / (2^{1/2} \cdot 15^{1/2}) = -0.18 。$$

对于包含一些或全部不连续特征的样本，计算样本间的距离或相似度是比较困难的，因为不同类型的特征是不可比的，只用一个标准来度量是不合适的。实际上，对于异类样本的不同特征应使用不同的距离来度量。下面介绍二元数据的一个可行的距离度量标准。假定每个样本都由 n 维向量 x_i 表示，该向量 x_i 的分量由二元值组成 $(v_{ij} \in \{0,1\})$。对于两个用二元特征表示的样本 x_i 和 x_j，为得到它们之间的距离，常规的方法是使用样本 x_i 和 x_j 的 2×2 列联表，如表 9-2 所示。

表 9-2　2×2 列联表

		x_j	
	1	1	0
x_j	1	a	b
	0	c	d

表 9-2 中的参数 a、b、c 和 d 的含义是：

(1) a 是样本 x_i 和 x_j 中满足 $x_{ik}=x_{jk}=1$ 的二元属性个数。

(2) b 是样本 x_i 和 x_j 中满足 $x_{ik}=1$ 和 $x_{jk}=0$ 的二元属性个数。

(3) c 是样本 x_i 和 x_j 中满足 $x_{ik}=0$ 和 $x_{jk}=1$ 的二元属性个数。

(4) d 是样本 x_i 和 x_j 中满足 $x_{ik}=x_{jk}=0$ 的二元属性个数。

例如，如果 x_i 和 x_j 是二元特征值的八维向量：

$$x_i = \{0, 0, 1, 1, 0, 1, 0, 1\}$$

$$x_j = \{0, 1, 1, 0, 0, 1, 0, 0\}$$

那么，上述参数值是：

$$a=2，b=2，c=1 和 d=3$$

利用 2×2 列联表中的值，可以找出二元特征样本的几个相似度标准，它们是：

(1) 简单匹配系数(SMC)

$$S_{\text{smc}}(x_i, x_j) = \frac{(a+d)}{(a+b+c+d)}$$

(2) Jaccard 系数

$$S_{\text{jc}}(x_i, x_j) = \frac{a}{(a+b+c)}$$

(3) Rao 系数

$$S_{\mathrm{rc}}(x_i, x_j) = \frac{a}{(a+b+c+d)}$$

对于前面给出的八维样本 x_i 和 x_j，这些相似度标准是

$$S_{\mathrm{smc}}(x_i, x_j) = 5/8, S_{\mathrm{jc}}(x_i, x_j) = 2/5 \text{和} S_{\mathrm{rc}}(x_i, x_j) = 2/8$$

当分类数据不是二元的时，如何量度值之间的距离？要确定两个分类属性之间的相似度，最简单的方法是若值相同，就令相似度为 1；若值不同，就令相似度为 0。对于两个多元分类数据点，其相似度应与数据点中匹配属性的个数成正比。在参考文献中，这个简单的度量标准也称为重叠度。重叠度的一个明显缺点是，它不能区分一个属性的不同值。所有的匹配和不匹配都同等对待。

这个观察结果促使研究人员为分类属性提出了数据驱动的相似度标准。这个标准在定义两个分类属性值的相似度时，考虑了给定数据集中不同属性值的频度分布。直观上，应使用额外的信息，才能得到更好的效果。在相似度(距离)的新度量标准中，包含了分类数据的两个主要特征：

(1) 每个属性所取值的个数 n_k(一个属性可能取几百个值，而另一个属性可能只取几个值)；

(2) 分布 $f_k(x)$，即在给定的数据集中，某属性所取值的频度分布。

对于数据集 D 中的两个二维样本 X 和 Y，几乎所有的相似度标准都指定了一个相似度值：

$$S(X,Y) = \sum_{k=1}^{d} w_k s_k(X_k, Y_k)$$

其中 $S_k(X_k, Y_k)$是分类属性 A_k 的两个值之间的预属性相似度。量 w_k 表示赋予属性 A_k 的权重。为了理解不同度量标准如何计算每个属性相似度 $S_k(X_k; Y_k)$，设一个分类属性 A 的取值为$\{a, b, c, d\}$，每个属性相似度的计算就等价于构造如表 9-3 所示的(对称)矩阵。

表 9-3　单个分类属性的相似度矩阵

	a	b	c	d
a	$S(a, a)$	$S(a, b)$	$S(a, c)$	$S(a, d)$
b		$S(b, b)$	$S(b, c)$	$S(b, d)$
c			$S(c, c)$	$S(c, d)$
d				$S(d, d)$

实际上，在确定两个值的相似度时，分类度量要填写这个矩阵中的项。例如重叠度把对角线上的项设为 1，其他项设为 0。于是，如果值相同，相似度就是 1；否则为 0。另外，度量标准还可以使用如下信息来计算相似度的值(本节中的所有度量标准都只使用这个信息)：

(1) $f(a)$、$f(b)$、$f(c)$和$f(d)$，值在数据集中的频度；

(2) N，数据集的大小；

(3) n，属性所取值的个数(在上例中是 4)。

如示例所示，分类数据的相似度只有一个额外的度量标准 Goodall3，因为它在不同数据集的各种实验中基本表现良好。这并不是说，其他度量标准，如 Eskin、Lin、Smirnov 或 Burnaby，不适用于某个数据集。无论其他值的频度如何，只要匹配的值不常见，表 9-4 给出的度量标准 Goodall3 就指定较高的相似度。

表 9-4 分类属性的 Goodall3 相似度标准

度量标准	$S_k(X_k, Y_k)$		w_k, k=1, …, d
Goodall3	$1-p_k^2(X_k)$	If $X_k=Y_k$	$1/d$
	0	otherwise	

在度量标准 Goodall3 中，匹配值的 $S_k(X_k, Y_k)$范围是[0, $1-2/N(N-1)$]，如果 X_k 是属性 A_k 的唯一值，$S_k(X_k, Y_k)$就得到最小值；如果 X_k 出现两次，$S_k(X_k, Y_k)$就得到最大值。

有一些高级的距离标准可用于分类数据和数值数据，它们考虑了n维样本空间中附近点或近邻点的影响。这些近邻点称为环境。在环境已知的情况下，两个点 x_i 和 x_j 之间的相似度可用互近邻距离(Mutual Neighbor Distance，MND)来度量，它的定义如下。

$$\mathrm{MND}(x_i, x_j) = \mathrm{NN}(x_i, x_j) + \mathrm{NN}(x_j, x_i)$$

其中，$\mathrm{NN}(x_i, x_j)$是 x_j 对 x_i 点的近邻数目。如果 x_i 是离 x_j 最近的点，那么 $\mathrm{NN}(x_i, x_j)$等于 1；如果它是第二近的点，$\mathrm{NN}(x_i, x_j)$等于 2，以此类推。图 9-3 和图 9-4 给出了 MND 量度标准的计算和基本特性示例。

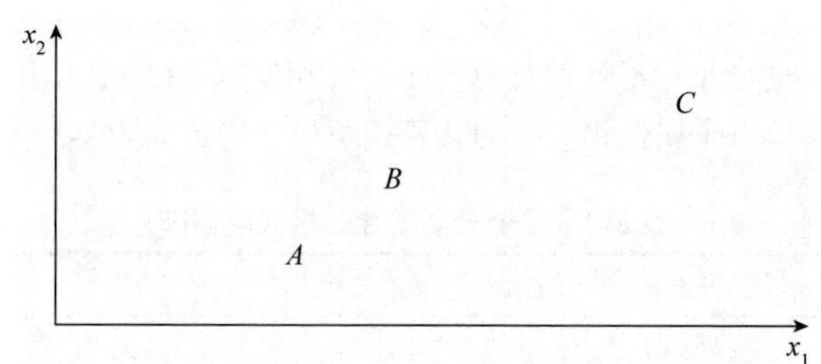

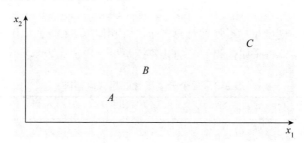

图 9-3 用 MND 量度标准，A 和 B 的相似度比 B 和 C 的相似度更高

图 9-3 和图 9-4 中的点 A、B、C、D、E 和 F 是具有特征 x_1 和 x_2 的二维样本。在图 9-3 中，用欧几里得距离来度量，则距离 A 最近的近邻点是 B，距离 B 最近的近邻点是 A，因此：

$$\mathrm{NN}(A,B) = \mathrm{NN}(B,A) = 1 \Rightarrow \mathrm{MND}(A,B) = 2$$

如果计算 B 和 C 之间的距离，结果是：

$$\mathrm{NN}(B,C) = 1, \mathrm{NN}(C,B) = 2 \Rightarrow \mathrm{MND}(B,C) = 3$$

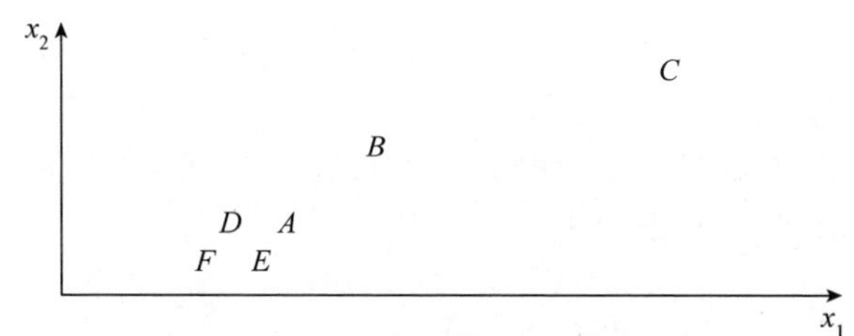

图 9-4 环境改变后，用 MND 来度量，B 和 C 的相似度比 A 和 B 的相似度更高

在图 9-3 中加入 3 个新点 D、E、F(数据集中的样本)，就得出图 9-4。现在，因为环境改变了，样本点 A、B 和 C 之间的距离也改变了。

$$\text{NN}(A,B)=1, \text{NN}(B,A)=4 \Rightarrow \text{MND}(A,B)=5$$
$$\text{NN}(B,C)=1, \text{NN}(C,B)=2 \Rightarrow \text{MND}(B,C)=3$$

尽管 A 和 B 没有变动，但是引入的其他点离 A 更近，使 A 和 B 之间的 MND 增大了，于是 B 和 C 点的相似度比 A 和 B 的相似度更高。因为 MND 不满足三角不等式，所以它不是度量标准。尽管如此，MND 仍成功地应用于若干个实际的聚类任务。

一般而言，根据样本之间的距离，可以确定聚类(样本集)之间的距离，这些度量标准对评价聚类过程的质量是必不可少的。因此，它们也是聚类算法的一个组成部分，广泛应用于类 C_i 和 C_j 的距离度量标准是：

(1) $D_{\min}(C_i,C_j)=\min\left|p_i-p_j\right|$，其中$p_i \in C_i$且$p_j \in C_j$。

(2) $D_{\text{mean}}(C_i,C_j)=\left|m_i-m_j\right|$，其中$m_i$和$m_j$是$C_\text{i}$和$C_\text{j}$的质心。

(3) $D_{\text{avg}}(C_i,C_j)$=$1/(n_i n_j)\sum\sum\left|p_i-p_j\right|$，其中$p_i \in C_i$，$p_j \in C_j$且$n_i$和$n_j$是聚类$C_i$和$C_j$中的样本数。

(4) $D_{\max}(C_i,C_j)=\max\left|p_i-p_j\right|$，其其中$p_i \in C_i$且$p_j \in C_j$。

9.3 凝聚层次聚类

在层次聚类分析中，我们不在输入中指定分类的个数。也就是说，系统的输入是(X, s)，其中 X 是一组样本，s 是相似度的一个度量标准。系统的输出是聚类的层次。大多数层次聚类过程不是基于最优的思想，而是通过反复地改进分区直至收敛，找出一些近似的次优解。层次聚类分析的算法分成两类：分区算法和凝聚算法。分区算法从整个样本集 X 开始，把它分区成几个子集，然后把每个子集分成更小的集合，以此类推。最终，分区算法生成一个由粗略到精细的分区序列。凝聚算法首先把每个对象当作一个初始聚类。然后把这些聚类合并成一个更大的分区，反复合并，直至得到比较精细的分区：所有对象都在一个大聚类内。这种聚类是一个自下而上的过程，分区是从精细到粗略。一般来讲，在应用于实际时，凝聚算法比分区算法更常见，所以本节将详细介绍凝聚算法。

大多数凝聚层次聚类算法都是单链接和全链接算法的变体。这两种基本算法的不同仅在于它们描述一对聚类的相似度的方法。在单链接方法中，两个聚类之间的距离是从两个聚类中抽取的每对样本(一个元素取自第一个聚类，另一个元素取自第二个聚类)的距离中的最小值。在全链接算法中，两个聚类之间的距离是每对样本的所有距离中的最大值。这两个距离的图解说明如图 9-5 所示。

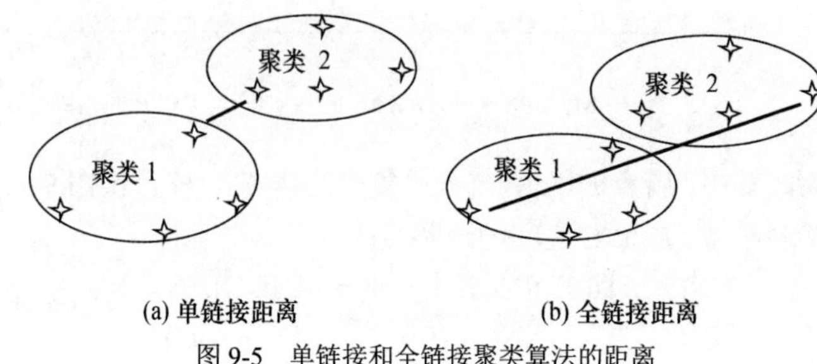

图 9-5 单链接和全链接聚类算法的距离

单链接与全链接都是基于最小距离将两个聚类合并成一个更大的聚类。虽然单链接算法更容易计算，但就实际应用而言，在大多数应用中，使用全链接算法可以生成更有用的层次。

如前所述，单链接和全链接方法的唯一不同在于距离的计算。对于这两种方法，凝聚聚类算法的基本步骤都是相同的，如下所示。

(1) 把每个样本作为一个聚类，为所有不同的无序样本对构造一个聚类间距离序列，然后按升序对这个序列进行排序。

(2) 通过已排序的距离序列，为每个不同的阈值 d_k 绘制一个样本图，图中将距离小于 d_k 的各对样本合并成一个新聚类。如果所有样本都是这个连接图的元素，则停止。否则，重复该步骤。

(3) 这个算法的输出是一个嵌套的层次图，可以用希望的相异度水平去截取，在相应的子图中生成一个由简单相联元素所标识的分区(聚类)。

例如，把下面坐标表示的 5 个点 $\{x_1, x_2, x_3, x_4, x_5\}$ 作为聚类分析的二维样本：

$$x_1 = (0,2), x_2 = (0,0), x_3 = (1.5,0), x_4 = (5,0), x_5 = (5,2)$$

这个示例选择二维的点，是因为更容易用图形表示这些点，也容易跟踪聚类算法中的所有步骤。这些点的图形化表示如图 9-6 所示。

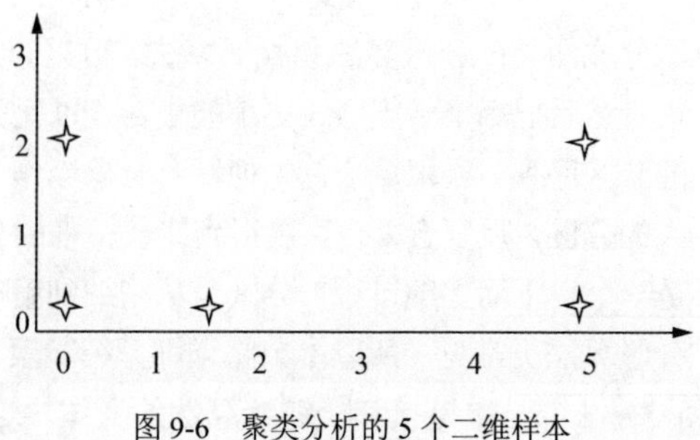

图 9-6 聚类分析的 5 个二维样本

这些点之间的欧几里得距离是：

$$d(x_1,x_2)=2, d(x_1,x_3)=2.5, d(x_1,x_4)=5.39, d(x_1,x_5)=5$$
$$d(x_2,x_3)=1.5, d(x_2,x_4)=5, d(x_2,x_5)=5.29$$
$$d(x_3,x_4)=3.5, d(x_3,x_5)=4.03$$
$$d(x_4,x_5)=2$$

对于单链接和全链接的聚类分析，第一次迭代生成的聚类内的点间距离是相同的。但这两个算法的进一步运算则不同。对于单链接的凝聚聚类方法，按照下面的步骤创建一个聚类，并用一个树状图来表示这个聚类的结构。

首先合并样本 x_2 和 x_3，生成一个聚类$\{x_2, x_3\}$，其最小距离值为 1.5。第二步，依据更高的合并级别 2.0，把 x_4 和 x_5 合并成一个新聚类$\{x_4, x_5\}$。同时，聚类$\{x_2, x_3\}$和$\{x_1\}$之间的最小单链接距离也是 2.0。因此，合并这两个聚类，其相似级别与 x_4 和 x_5 的相似度相同。最后，以最高的级别合并两个类$\{x_1, x_2, x_3\}$和$\{x_4, x_5\}$，其最小单链接距离为 3.5。得出的树状图如图 9-7 所示。

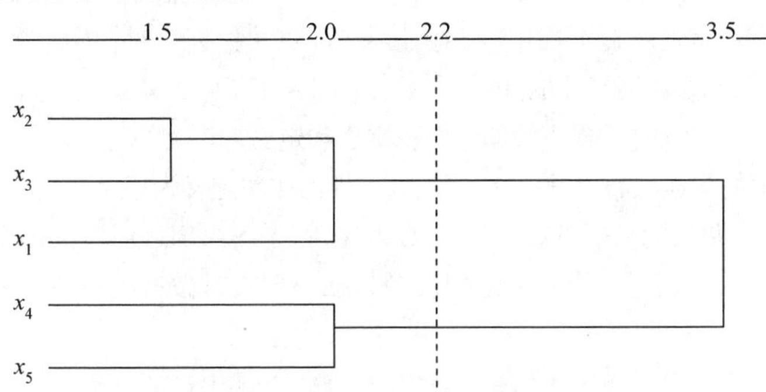

图 9-7 用单链接方法对图 9-6 中的数据集处理后的树状图

用全链接的凝聚聚类算法构造的聚类层次和用单链接的聚类算法不同。首先合并 x_2 和 x_3，生成一个聚类$\{x_2, x_3\}$，其最小距离等于 1.5。在第二步中，依据更高的合并级别 2.0，把 x_4 和 x_5 合并成一个新聚类$\{x_4, x_5\}$。类$\{x_2, x_3\}$和$\{x_1\}$之间的最小单链接距离是 2.5。因此，在前两步之后，就要合并这两个聚类了。第三步是两个聚类$\{x_1, x_2, x_3\}$和$\{x_4, x_5\}$以最高级别合并，其最小的全链接距离为 5.4，生成如图 9-8 所示的树状图。

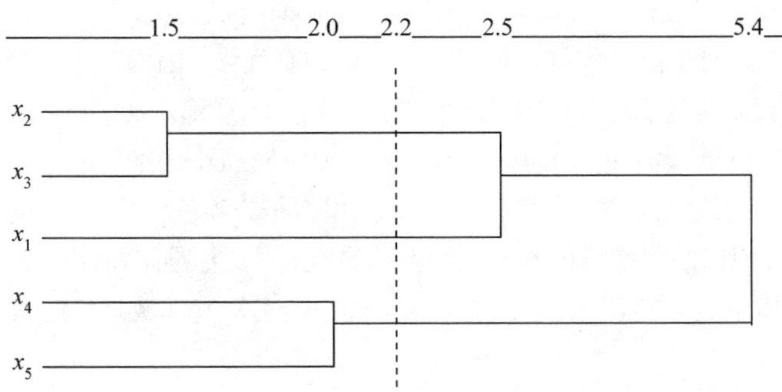

图 9-8 用全链接方法对图 9-6 中的数据集处理后的树状图

从图 9-7 和图 9-8 中的树状图可以看出，选择同样的相似度阈值 $s=2.2$，单链接和全链接算法最终得到的聚类不同。单链接算法仅生成两个聚类$\{x_1, x_2, x_3\}$和$\{x_4, x_5\}$，而全链接算法生成 3 个聚类$\{x_1\}$、$\{x_2, x_3\}$和$\{x_4, x_5\}$。

与传统的凝聚算法不同，Chameleon 聚类算法可在合并两个聚类时用更高的标准提高聚类的质量。如果两个聚类合并后，其互连性和近似度与合并前单个聚类的互连性和近似度是相似的，则合并这两个聚类。

为生成初始的子聚类，Chameleon 算法首先构造一个图$G=(V, E)$，其中每个节点$v \in V$表示一个数据样本。如果 v_j 是 v_i 的 k 个最近邻点之一，在节点 v_i 和 v_j 之间就存在一条加权边 $e(v_i, v_j)$。G 中每条边的权重表示这两个样本间的近似度，即两个数据样本越接近，连接它们的边的权重越大。Chameleon 算法接着依据每个递归水平在 G 上做最小截断，用一种图分区算法将 G 反复分区成许多无连接的小子图。这里，在图 G 上做最小截断是指把 G 分区成两个近似的、等大小的部分，使所截断的边的总权重最小。然后把每个子图看成一个初始的子聚类，重复这个算法，直至满足某个条件为止。

在第二阶段，算法是自上而下的。Chameleon 算法根据每对初始聚类 C_i 和 C_j 的相对互连性 RI(C_i, C_j)和相对近似性 RC(C_i, C_j)，来决定这两个聚类之间的相似度。假定把一个聚类做最小截断时需要去掉的边的权重之和定义为该类的互连性，就可以用 C_i 和 C_j 合并成的聚类的互连性与 C_i 和 C_j 的平均互连性的比率定义为相对互连性 RI(C_i, C_j)。同样，用 C_i 和 C_j 合并成的聚类的近似度与 C_i 和 C_j 的平均内部近似度的比率来定义相对近似度 RC(C_i, C_j)。这里，聚类的近似度是指在该聚类时做最小截断时需要去掉的所有边的平均权重。

相似度函数是一个乘积：RC(C_i, C_j)*RI(C_i, C_j)$^\alpha$，其中 α 是一个 0～1 之间的参数。α 取 1，表示两个量度标准有相等的权重，而减小 α 表示 RI(C_i, C_j)更重要。Chameleon 算法能自动适用于聚类的内部特征。它可以发现密度不定的任意形状的聚类。但是，因为 n 个样本需要的时间复杂度为 $O(n^2)$，所以这个算法不适用于高维数据。

9.4 分区聚类

每个分区聚类算法得到的都是一个数据分区，而不像层次方法那样生成树状图等聚类结构。分区方法对于涉及大规模数据集的应用占有优势，因为对于大规模数据集，构造树状图的计算非常复杂。分区方法通常通过优化一个局部定义(在样本子集上定义)或全局定义(在整个样本集上定义)的标准函数(Criterion Function)来生成聚类。因此，聚类标准可以是局部的或全局的。全局标准(如欧几里得平方误差)用原型或重心表示每个聚类，然后依据最相似的原型将样本分配给各个聚类。局部标准(如最小MND)利用数据的局部结构或环境生成聚类。因此，识别数据空间中的高密度区域是生成聚类的一个基本准则。

最常用的分区聚类方法是基于方差标准的方法。其总目标是根据固定的聚类数生成一个总体方差最小的分区。假设给定 n 维空间上的 N 个样本，它们要分区为 K 个聚类 $\{C_1, C_2, ..., C_k\}$。每个类 C_k 包括 n_k 个样本。每个样本正好是一个类，因此 $\sum n_k = N$，其中 k=1, …, K。用聚类的重心或下面的公式定义聚类 C_k 的均值向量 M_k：

$$M_k = \left(\frac{1}{n_k}\right)\sum_{i=1}^{n_k} x_{ik}$$

其中，x_{ik} 是属于聚类 C_k 的第 i 个样本，C_k 的方差是 C_k 中每个样本及其重心的欧几里得距离的平方和。这个误差也称为聚类内误差：

$$e_k^2 = \sum_{i=1}^{n_k}(x_{ik} - M_k)^2$$

包含 K 个聚类的整个聚类空间的平方误差是类内方差的和：

$$E_k^2 = \sum_{k=1}^{K} e_k^2$$

方差聚类方法的目标是对于给定的 K，找出使 E_k^2 最小的、包含 K 个聚类的一个分区。

K-平均分区聚类算法是使用方差标准的最简单、最常用的算法。它从一个随机的初始分区开始，根据样本和类间的相似度，将样本重新分配给各聚类，直到满足某个收敛标准为止。通常情况下，当样本从一个类重新分配到另一个类时，总平方误差没有减小，便满足收敛标准。K-平均算法非常流行，因为它容易实现，其时间和空间复杂度较小。这个算法的主要问题是它对初始分区的选择比较敏感，如果初始分区选择不当，该算法就可能收敛为一个局部最小的标准函数。

如果类是简洁的，形状是分层次的，且在特征空间上可以很好地分区，简单的 K-平均分区聚类算法的计算效率很高，且能得出非常好的结果。K-平均算法的基本步骤是：

(1) 选择一个初始分区，其中的 K 个聚类含有随机选择样本，然后计算这些聚类的重心。

(2) 把样本分配给与其重心距离最近的聚类，生成一个新分区。

(3) 计算新聚类的中心，作为该聚类的重心。

(4) 重复步骤(2)和(3)，直到求出标准函数的最优解(或直到聚类的成员稳定)。

下面由图 9-6 给出的简单数据集来分析 K-平均算法的步骤。假定要求的聚类数量是 2，开始时，根据样本的随机分布形成两个聚类：$C_1=\{x_1, x_2, x_4\}$ 和 $C_2=\{x_3, x_5\}$。这两个聚类的重心是：

$$M_1 = \left\{\frac{(0+0+5)}{3}, \frac{(2+0+0)}{3}\right\} = \{1.66, 0.66\}$$

$$M_2 = \left\{\frac{(1.5+5)}{2}, \frac{(0+2}{2}\right\} = \{3.25, 1.00\}$$

样本初始随机分布之后，聚类内方差是：

$$e_1^2=[(0-1.66)^2+(2-0.66)^2]+[(0-1.66)^2+(0-0.66)^2]$$
$$+[(5-1.66)^2+(0-0.66)^2]=19.36$$
$$e_2^2=[(1.5-3.25)^2+(0-1)^2]+[(5-3.25)^2+(2-1)^2]=8.12$$

总体平方误差是：

$$E^2=e_1^2+e_2^2=19.36+8.12=27.48$$

依据距重心 M_1 和 M_2 的最小距离，再分配所有样本时，聚类内样本的重新分布将是：

$$d(M_1,x_1)=(1.66^2+1.34^2)^{1/2}=2.14 \text{且} d(M_2,x_1)=3.40\Rightarrow x_1\in C_1$$
$$d(M_1,x_2)=1.79 \text{且} d(M_2,x_2)=3.40\Rightarrow x_2\in C_1$$
$$d(M_1,x_3)=0.83 \text{且} d(M_2,x_3)=2.01\Rightarrow x_3\in C_1$$
$$d(M_1,x_4)=3.41 \text{且} d(M_2,x_4)=2.01\Rightarrow x_4\in C_2$$
$$d(M_1,x_5)=3.60 \text{且} d(M_2,x_5)=2.01\Rightarrow x_5\in C_2$$

新聚类 $C_1=\{x_1,x_2,x_3\}$ 和 $C_2=\{x_4,x_5\}$ 的新重心是：

$$M_1=\{0.5,\ 0.67\}$$
$$M_2=\{5.0,\ 1.0\}$$

相应的聚类内方差和总平方误差是：

$$e_1^2=4.17$$
$$e_2^2=2.00$$
$$E^2=6.17$$

可以看出，第一次迭代后，总平方误差显著减小(从值 27.48 减小到 6.17)。在这个简单的示例中，第一次迭代也是最后一次迭代，因为如果继续分析新重心和样本间的距离，样本将会全部分给同样的聚类。没有重新分配，所以算法停止。

总之，*K*-平均算法和它在人工神经网络领域的算法——Kohonen 网络已应用于大规模数据集的聚类。*K*-平均算法普及的原因如下：

(1) 其时间复杂度是 $O(n\times k\times l)$，其中 n 是样本数量，k 是聚类数，l 是算法收敛时的迭代次数。通常，k 和 l 是预先给定的，因此算法的时间复杂度与数据集的大小是线性关系。

(2) 其空间复杂度是 $O(k+n)$，如果可以把所有数据存储在主存储器里，存取所有元素则非常快，这个算法的效率非常高。

(3) 它是一个不依赖顺序的算法。给定聚类的一个初始分布，无论样本提供给算法的顺序如何，分区过程结束后生成的数据分区都一样。

在使用迭代的分区聚类程序时，一个主要缺憾是除了初始分区的最佳方向、更新分区、调整聚类数和停止标准等比较模糊之外，还缺少选择 *K* 个聚类的规则。*K*-平均算法对噪声和异常点非常敏感，因为即使是少数这样的数据对平均值的影响也相当大。*K*-中心点方法不像 *K*-平均方法，它不是求样本的平均值，而是用聚类中最接近中心的对象(中心点)表示该聚类。因此，*K*-中心点方法对于噪声和异常点没有 *K*-平均算法敏感。Dunn 提出、后来改进的模糊 c-平均算法是 K-平均算法的一个扩展，在该算法中，每个数据点都可以是多个聚类的成员，其成员值通过模糊集来表示。K-平均算法尽管有这些缺点，但仍是实践应用最广泛的分区聚类算法。该算法简单、易于理解、可合理地伸缩，很容易改为处理流数据。

9.5　增量聚类

在越来越多的应用中，都需要对收集来的大量数据进行聚类处理。“大量”的定义随着技术的改变而不同。在 60 年代，“大量”意味着几千个要进行聚类分析的样本。现在，有些应用涉及上百万个高维样本的聚类处理。以上讨论的算法适用于把整个数据集储存在主存储器里的整个数据集。然而，在有些应用中，由于数据集规模太大，不能把整个数据集储存在主存储器里。目前有 3 个可行的方法解决这个问题：

(1) 可以把数据集存储在辅助存储器里，对数据的各个子集独立地进行聚类处理，然后合并生成整个数据集的聚类。这称为分治方法。

(2) 可使用增量聚类算法。数据存储在辅助存储器里，一次只把一个数据项转移到主存储器里进行聚类处理。为了缓解空间的限制，把聚类的表述永久地存储在主存储器中。

(3) 可以并行实现聚类算法，并行计算机的好处是提高了分治方法的效率。

增量聚类方法是最流行的，下面解释它的基本原理，增量聚类算法的总体步骤如下：

(1) 把第一个数据项分配到第一个聚类里。

(2) 考虑下一个数据项，把它分配到已有的聚类中或一个新聚类中。该分配必须基于某个标准，例如新数据项到已有聚类的重心的距离。在这种情况下，每次把新数据项添加到已有的聚类中，都需要重新计算重心的新值。

(3) 重复步骤(2)，直到所有的数据样本完成聚类处理为止。

增量算法需要的空间非常小，仅需要存储类的重心。这些算法一般是非迭代的，因此它们所需要的时间也很少。但是，即使把迭代引入增量聚类算法，计算的复杂度和所需的相应时间也不会显著增加。另一方面，增量算法有一个明显的缺点。大多数增量算法都不具备聚类过程的最重要的特征之一：不依赖于顺序。如果一个算法对数据集的任何排序都能生成相同的分区，它就是不依赖顺序的。增量算法对样本的顺序非常敏感。对于不同的顺序，该算法会生成完全不同的分区。

下面用图 9-6 中给出的样本集来分析增量聚类算法。假定样本的顺序是 x_1, x_2, x_3, x_4, x_5，则聚类间相似度的阈值水平是 $\delta = 3$ 。

(1) 把第一个样本 x_1 分配给第一个聚类 $C_1 = \{x_1\}$ 。x_1 的坐标就是重心坐标 $M_1 = \{0,2\}$ 。

(2) 开始分析其他样本。

(a) 把第 2 个样本 x_2 和 M_1 比较，距离 d 为：

$$d(x_2, M_1) = (0^2 + 2^2)^{1/2} = 2.0 < 3$$

因此，x_2 属于聚类 C_1，新的重心是：

$$M_1 = \{0, 1\}$$

(b) 比较第 3 个样本 x_3 和重心 M_1(仍是仅有的重心)：

$$d(x_3, M_1) = (1.5^2 + 1^2)^{1/2} = 1.8 < 3$$

$$x_3 \in C_1 \Rightarrow C_1 = \{x_1, x_2, x_3\} \Rightarrow M_1 = \{0.5,\ 0.66\}$$

(c) 第 4 个样本 x_4 和重心 M_1 比较：

$$d(x_4, M_1) = (4.5^2 + 0.66^2)^{1/2} = 4.55 > 3$$

样本到重心 M_1 的距离比阈值 δ 大，因此该样本将生成一个类 $C_2 = \{x_4\}$，其相应的重心为 $M_2 = \{5, 0\}$。

(d) 第 5 个样本 x_5 和这两个聚类的重心相比较：

$$d(x_5, M_1) = (4.5^2 + 1.44^2)^{1/2} = 4.72 > 3$$

$$d(x_5, M_2) = (0^2 + 2^2)^{1/2} = 2 < 3$$

这个样本更靠近重心 M_2。它的距离比阈值 δ 小，因此，把样本 x_5 添加到第 2 个聚类 C_2 中。

$$C_2 = \{x_4, x_5\} \Rightarrow M_2 = \{5, 1\}$$

(3) 分析完所有的样本，最终的聚类解是两个类：

$$C_1 = \{x_1,\ x_2,\ x_3\} \text{和} C_2 = \{x_4,\ x_5\}$$

可以看出，如果样本的排序不同，增量聚类过程的结果也不同。通常这个算法不是迭代的(尽管它可以是！)。一次迭代中分析完所有的样本后，生成的聚类便是最终的聚类。如果使用迭代方法，前面迭代计算出的聚类的重心就作为下一次迭代进行样本分区的基础。

对于大多数分区聚类算法，包括迭代方法，聚类的简要表示都是通过该聚类的特征向量 CF 给出。每个聚类的这个参数向量都由 3 部分组成，包括聚类中点(样本)的个数、聚类的重心和聚类的半径。聚类的半径定义为聚类中的点到重心的平方距离的均方根(平均类内方差)。当添加和删除聚类中的点时，可以通过旧的 CF 来计算新的 CF，而不需要用聚类中的点集去计算新的 CF，这一点非常重要。

如果样本是分类的数据，就无法计算类的重心来表述聚类。在这种情况下，可使用另一个算法——*k* 最近邻算法——来估计样本和已有聚类之间的距离(或相似度)。此算法的基本步骤是：

(1) 计算新的样本到所有已分类的旧样本之间的距离。

(2) 把这些距离按升序排列，选出 *k* 个最近距离值的样本。

(3) 运用投票原理，把新样本添加(分类)给已选取的 *k* 个样本中最大的聚类。

例如，给出 6 个六维分类样本：

$$X_1=\{A,B,A,B,C,B\}$$
$$X_2=\{A,A,A,B,A,B\}$$
$$X_3=\{B,B,A,B,A,B\}$$
$$X_4=\{B,C,A,B,B,A\}$$
$$X_5=\{B,A,B,\mathrm{A},C,A\}$$
$$X_6=\{A,C,B,A,B,B\}$$

它们分成两个聚类：$C_1=\{X_1, X_2, X_3\}$和$C_2=\{X_4, X_5, X_6\}$。如何对新样本$Y=\{A, C, A, B, C, A\}$聚类？

为了运用 K 个最近邻算法，第一步必须求出新样本和其他已聚类样本之间的所有距离。可以用 SMC 结构求出样本间的相似度，而不是求样本之间的距离，如表 9-5 所示。

表 9-5　元素的相似度

C_1中元素的相似度	C_2中元素的相似度
$\mathrm{SMC}(Y,X_1)=4/6=0.66$ $\mathrm{SMC}(Y,X_2)=3/6=0.50$ $\mathrm{SMC}(Y,X_3)=2/6=0.33$	$\mathrm{SMC}(Y,X_4)=4/6=0.66$ $\mathrm{SMC}(Y,X_5)=2/6=0.33$ $\mathrm{SMC}(Y,X_6)=2/6=0.33$

用 1-最近邻规则(K=1)时，新样本不能分类，因为两个样本(X_1和X_4)具有同样的最高相似度(最小距离)，其中一个在类 C_1 中，另一个在类 C_2 中。反过来，如果用 3-最近邻规则(K=3)，再从集中选取 3 个最大的相似度，则两个样本(X_1和X_2)属于类 C_1，仅有一个样本属于类 C_2。因此，用一个简单的投票系统，就可以把新样本 Y 分给类 C_1。

9.6　DBSCAN 算法

基于密度的聚类方法将聚类视为数据空间中对象的密度区域，该区域的对象通过低密度(噪声)区域加以区分，这些区域可以有任意的形状。该方法的关键概念为密度和连接性，这两个概念都根据最近邻的局部分布来度量。以低维数据为目标的 DBSCAN 算法是基于密度的聚类算法分类的主要代表。DBSCAN 算法能够识别聚类的主要原因在于每个聚类中都有一个典型的点密度比聚类外的点高得多。此外，噪声区域内点的密度比其他任何聚类的密度要低。

DBSCAN算法基于两个主要的概念：密度可达性和密度可连接性。这两个概念依赖于 DBSCAN 聚类的两个输入参数：epsilon 近邻(ε)的大小以及聚类的最小值点(m)。DBSCAN 算法的核心思想是，对聚类中的每个点，给定半径 ε 的近邻包含的点数至少为 m，此近邻的密度超过预定的阈值。例如，如图 9-9 所示，点 p 的近邻 ε 仅包含两个点，而点 q 包含 8

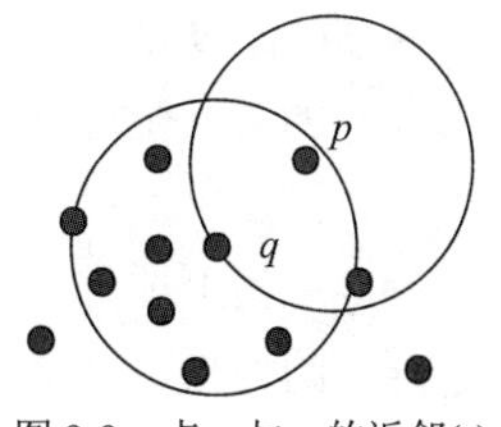

图 9-9　点 p 与 q 的近邻(ε)

个点。显然，q 的密度比 p 的密度更高。

密度可达性定义了两个相邻的点是否属于同一个聚类。如果满足以下两个条件，则称点 p_1 与点 p_2 是密度可达的：(1)两个点足够近。满足 distance(p_1, p_2)＜ε；(2)p_2 点的近邻 ε 具有足够多的点，distance(r, p_2)＞m，其中 r 是一些数据库点。如图 9-9 所示，可以从点 q 到达点 p。密度可连接性是 DBSCAN 的下一个构建步骤。点 p_0 和点 p_n 是密度可连接的，如果 p_0 到 p_n 之间存在一个密度可达性点序列($p_0, p_1, p_2, \ldots$)，其中 p_i 到 p_{i+1} 是密度可达的。上述思想转换到 DBSCAN 聚类作为所有密度连接点的集合。

聚类过程的基础是将数据集中的点分类为核心点、边界点和噪声点(示例见图 9-10)：

- 如果某个点在其近邻 ε 区域中点的数量超过某一定义的数量(m)，则称该点为核心点。这些点属于聚类内部的点；
- 如果某个点在其近邻区域 ε 的点数少于 m 个，但该点是核心点的近邻，则称该点为边界点。
- 既不是核心点，也不是边界点的点称为噪声点。

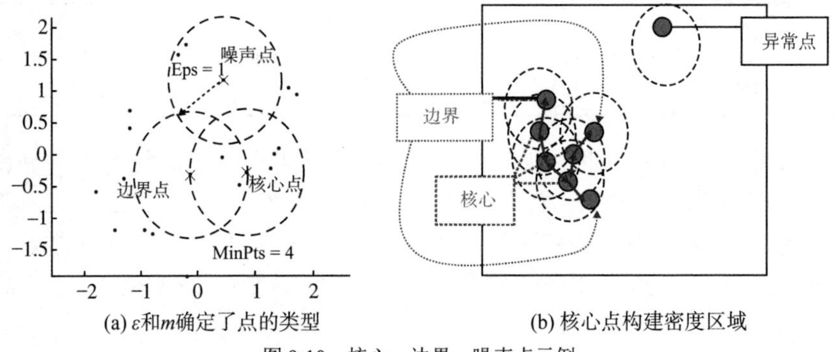

(a) ε和m确定了点的类型　　(b) 核心点构建密度区域

图 9-10　核心、边界、噪声点示例

理想情况下，应该知道每个聚类的适当参数 ε 和 m。但没有一种简单的方法可以提前得到数据库中所有聚类的这些信息。因此，DBSCAN 使用 ε 和 m 的全局值；所谓全局值，即所有聚类的相同值。另外，大量的实验表明，m＞4 时与 m=4 时，DBSCAN 聚类并没有显著差别，但在 m＞4 时却需要更多的计算。因此，实际应用时，往往将参数 m 设置为 4 进行排除，用于低维数据库。DBSCAN 算法的主要步骤如下：

- 随机选择点 p；
- 根据 ε 和 m 参数检索所有与 p 密度可达的点；
- 如果 p 是核心点，形成新的聚类或者扩展已经存在的聚类；
- 如果 p 是边界点，且没有点与 p 是密度可达的，则 DBSCAN 访问数据库中的下一个点；
- 重复上述过程处理数据库中所有的点，直到数据库中所有的点都被处理；
- 因为采用了全局值 ε 和 m，如果具有不同密度的两个聚类相互之间非常“接近”，算法会将两个聚类融合为一个。如果聚类间的距离低于 ε，则称两个聚类非常“接近”。

图 9-11 举例说明了采用 DBSCAN 算法获得的聚类。显然，DBSCAN 正确发现了所有聚类，不依赖于聚类的大小、形状和彼此的相对位置。

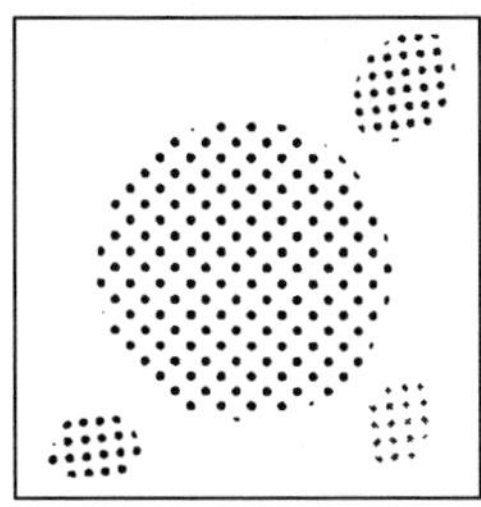

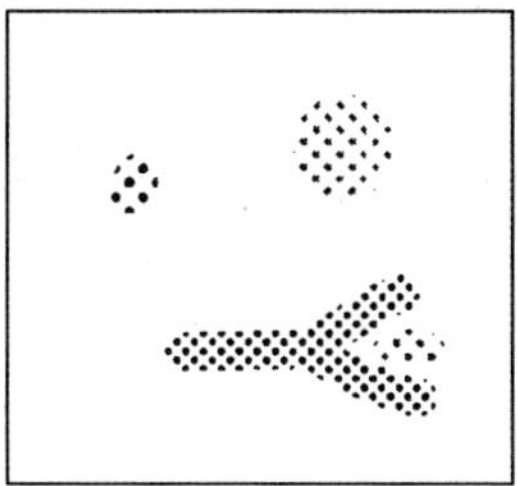

图 9-11 DBSCAN 建立的不同形状的聚类

DBSCAN 聚类算法的主要优势在于：

(1) DBSCAN 不需要事先确定聚类的数目，这与 K 平均值和其他常见的聚类算法不同；

(2) DBSCAN 可以适用于任意形状的聚类；

(3) DBSCAN 考虑了噪声问题，消除了聚类中的异常点；

(4) DBSCAN 仅需要两个参数，对数据库中点的顺序最不敏感。

当然，DBSCAN 算法也存在一些缺陷。算法的复杂性仍然比较高，尽管采用了索引结构，仍然达到 $O(n\times\log n)$。发现近邻采用基于距离的方法，通常采用欧几里得距离，在处理高维数据时可能会导致维度灾难。因此，算法主要应用于处理低维数据。

9.7 BIRCH 算法

BIRCH 算法是一种对欧几里得向量空间中的数据进行聚类处理的有效方法。该算法仅需要扫描一遍数据便能对数据进行有效的聚类处理，能够有效地处理异常点。BIRCH 算法以 CF 和 CF 树为基础。

CF 用于表示包含一个或多个样本的基本聚类。BIRCH 算法的基本思想是：如果样本足够邻近，则应该被分到同一个组中。CF 使用聚类中对应的样本汇总提供这个抽象层次。其核心思想是数据样本的聚类可以通过一个三元组表示(N, LS, SS)。其中 N 表示聚类中数据样本的数量，LS 表示数据点(向量表示样本)的线性和，SS 表示数据点的平方和。更形式化地说，向量 LS 和 SS 的分量可以通过计算聚类中数据样本的每个属性 X 得到：

$$\mathrm{LS}(X)=\sum_{i=1}^{N} X_i$$

$$\mathrm{SS}(X)=\sum_{i=1}^{N} X_i^2$$

如图 9-12 包含 5 个二维样本的聚类，其 CF 汇总为如下分量：N=5，LS=(16, 30)，SS=(54, 190)。这些数字反映的是公共的统计数，一些不同的聚类特征数量和聚类间距离度量可以通过上述统计量获得。例如，可以基于 CF 表示形式计算聚类的重心，不需要再次扫描原始样本。重心的坐标可以通过使用 LS 向量除以 N 获得。在上例中，重心坐标为(3.2, 6.0)。读者可以通过图形(图 9-12)验证重心位置的正确性。当需要进行更多的聚类处理或操纵聚类时，获取的汇总结果可被用于替代原始数据。例如，如果 $CF_1=(N_1, LS_1, SS_1)$和 $CF_2=(N_2, LS_2, SS_2)$是两个不相交聚类的 CF 项，则合并这两个聚类得到的 CF 聚类项为：

$$CF=CF_1+CF_2=(N_1+N_2，LS_1+LS_2，SS_1+SS_2)$$

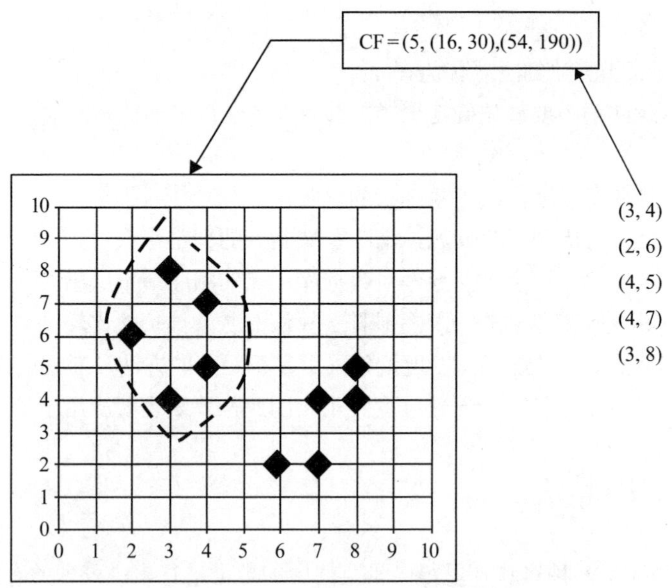

图 9-12 二维聚类的 CF 表示和图形化

这个简单等式表明，基于简化的 CF 描述合并聚类的过程非常简单。即使对于流数据也可以采用有效的增量方式合并聚类。

BIRCH 使用了被称为 CF 树的层次化数据结构，CF 树以增量和动态方式划分传入的数据点。CF 树是一棵高度平衡树，通常可以存储在中央存储器中。在需要大量读取数据时，该方法可以实现快速查找。它基于节点的两个参数。CF 节点的非叶节点可以有最多 B 个子节点，最多 L 个叶节点。另外，T 是聚类中项的最大半径的阈值。CF 树的大小是 T 的函数。T 越大，树越小。

在扫描数据样本时，建立 CF 树(见图 9-13)。新的数据点将插入树的每个层次的最近节点中。在树的每层中，新的数据样本被插入最邻近的节点上。在叶节点，只要不是过分拥挤(在插入后聚类的半径 $D>T$)，则样本将会被插入最近的 CF 项。否则将构建新的 CF 项，并将样本插入。最后，更新从根节点到叶节点的所有节点的所有 CF

统计信息，以反映树的变化情况。由于节点的子节点(分枝因素)的最大数量是有限的，可能会发生一个或多个分裂。CF 树的建立仅仅是其中一步，最重要的工作是 BIRCH 算法的阶段性。一般来说，BIRCH 算法的聚类过程包括 4 个不同的阶段，如下。

(1) 阶段 1：扫描所有数据并建立初始的内存 CF 树

线性扫描所有样本并将样本插入前述的 CF 树中。

(2) 阶段 2：通过建立更小的 CF 树，简化 CF 树，以获得需要的大小

涉及消除异常点以及进一步合并聚类。

(3) 阶段 3：全局聚类

使用全局聚类算法，将 CF 树的叶子作为输入。CF 的特征使得聚类非常有效，因为此时 CF 树已经密集压缩在中央存储器中。CF 树是一颗平衡树的事实也使日志有效的搜索成为可能。

(4) 阶段 4：聚类精确化

此步骤是可选的，要精炼结果需要多遍扫描数据。此时，所有聚类都存储在存储器中。如果需要，通过再次读取磁盘上的所有点，可以建立实际的数据点与生成的聚类的关联。

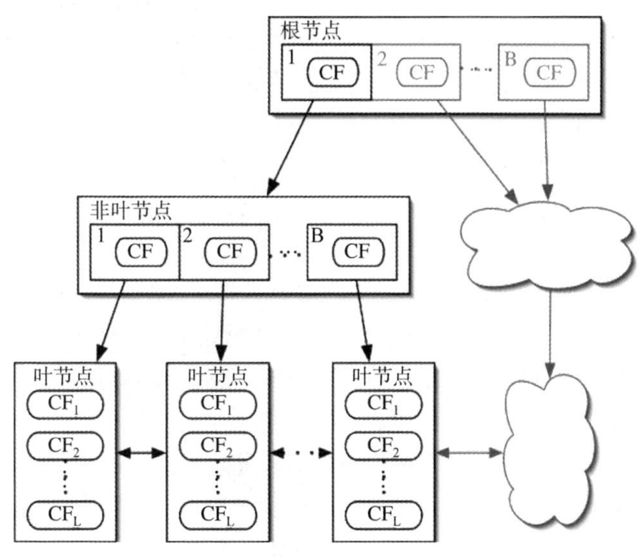

图 9-13　CF 树结构

在大型数据集上，与大多数现有算法相比，BIRCH 的执行速度更快。该算法通常扫描一次数据，就可以找到一个合适的聚类，再进行一些额外的扫描(阶段3 和 4)，可以进一步提高质量。基本算法在第一次扫描时使用球形汇总，来关注度量数据，这部分可以作为一个增量实现。对聚类 CF 的其他扫描，用于检测非球面聚类，算法近似密度函数。算法有几个扩展，试图包括非度量数据，使该方法的适用性更广泛。

9.8 聚类验证

如何对聚类算法的结果进行评价？什么是好的聚类结果，什么是不好的聚类结果？在以数据表达时，所有聚类算法将会建立聚类，无论聚类中包含数据或不包含数据。因此，评价的第 1 步是评估数据域而不是聚类算法本身。在构建聚类时，那些我们不需要的数据不应当被聚类算法处理。如果数据的确包含聚类，与其他聚类算法比较，一些聚类算法可以获得“更好”的解决方案。聚类有效性是评价的第 2 步，如果一个聚类不是偶然发生或者是聚类算法的人为结果，则称聚类结构是有效的。可以应用可用的聚类方法评价输出。这样的分析方法利用了特定的最优化判断标准，通常包含有关应用领域的知识，因此存在主观性。对聚类算法的验证存在 3 类研究。有效性的“外部”评价方法将发现的结构与先验结构比较。有效性的“内部”评价方法试图确定是否发现的结构本质上适合数据。上述两种评价方法存在主观性并且与领域相关。第 3 种方法称为“相对”检验方法，所比较的两种结构要么来自于不同的聚类方法，要么来自于同一个方法但采用不同的聚类参数，例如输入样本的顺序。该检验度量结构的相对优点，但是仍然需要解决选择用于比较的结构的问题。

理论和实践应用均表明，聚类结果有效性判断的所有方法都具有主观性。因此，在聚类评价方面不存在“黄金标准”。最近有关聚类分析的研究指出，聚类算法的用户应该考虑以下问题：

(1) 每个聚类算法都会寻找给定数据集合的聚类，无论实际上这些聚类是否存在。因此，在应用聚类算法前，应该按照聚类趋势对数据进行检验，此后应该对算法生成的聚类进行验证。

(2) 不存在最佳的聚类算法，因此用户应该对同一数据集应用多种算法。

应该牢记聚类分析是一种探索性的工具，聚类算法的输出仅仅用于提出或者证实某些假设，但不能证明有关自然组织的数据的任何假设。尽管如此，仍然应该在实际应用中使用一些标准的聚类验证措施。

聚类有效性一直被认为是聚类应用成功的关键问题之一。数值测量，也称为标准或指数，用于判断聚类有效性的各个方面，可分为两大类，如下。

- 内部度量：用于在不使用任何外部信息或外部信息完全不可用的情况下度量聚类结构的优劣。内部验证措施仅依赖于数据中的信息。
- 外部度量：用于度量聚类标签与外部提供的类标签匹配的程度。例如，衡量某个聚类分区如何展示重要背景特征定义的聚类，这些聚类代表分区的基础，但在数据集中不是可用的，或当数据中真正的聚类是已知的，而样本的类标记是“基本事实”。

大多数用于聚类有效性的内部度量都基于两个参数：内聚和分离。聚类内聚衡量的是每个聚类内的样本之间的距离，如图 9-14(a)所示。最直接的形式化方法是：聚类中的所有对象应彼此相似；即聚类应该是高度同质的。基于距离估计聚类紧密度的度量标准有很多，如最大或平均距离和与中心的最大或平均距离。例如，内聚定义为聚类内误差平方和(WSS)：

$$\text{WSS} = \sum_{k=1,N} \sum_{x_i \& C} \left(x_i - m_j\right)^2$$

其中 N 为聚类数目，C 为聚类算法确定的质心 x_i 的集合，m_j 为样本，即对应的聚类成员，x_i 为质心。

分离衡量的是一个聚类与其他聚类的区别程度或分离程度，它通过不同聚类中样本之间的距离表示，如图 9-14(b)所示。例如，聚类中心之间的距离或不同聚类中对象之间的最小距离被广泛用作分离度量。通常解释的分离不能通过平均所有聚类间差异来衡量，因为它涉及“聚类间”发生的事情。在最终的分离度量中，最小的聚类间距可能比聚类对的最远间距具有更大的权重。分离度的一种可能解释如下：

$$\text{BSS} = \sum_{x_i \& C} C_i \left(x - x_i\right)^2$$

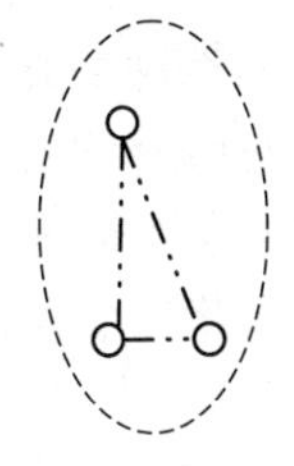

(a) 聚类凝聚

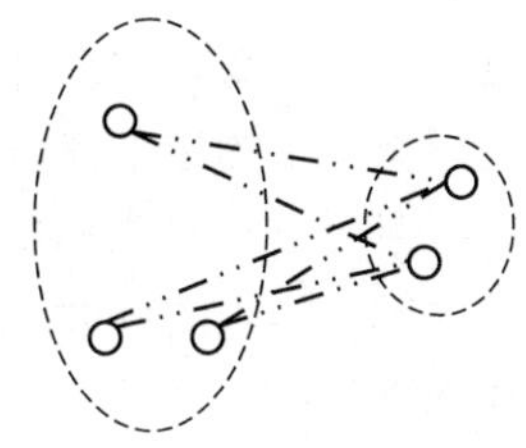

(b) 聚类分离

图 9-14　聚类的内部验证组件

其中 x_i 为聚类的中心，x 为整个数据集的中心，C_i 为第 i 个聚类的大小。在这种情况下，分离表示为所有生成的聚类的中心与整个数据集的中心之间距离的加权和。在这种度量中，有时需要包含表示聚类大小的权重。

剪影法是评价聚类质量的一种方法。剪影法将内聚和分离结合为一个参数。确定聚类数据集中每个样本的剪影值 s_i：

$$s_i = \frac{\left(b_i - a_i\right)}{\max\left(b_i, a_i\right)}$$

其中 a_i 为第 i 个样本与其中心(聚类中心)的距离，b_i 为第 i 个样本与其最近的下一个中心的距离(见图 9-15)。

显然，每个样本的 $b_i > a_i$。因此，s_i 的值是正数，如果聚类成功，我们期望大多数样本的 s_i 值大于 0.5。取所有 n 个样本的平均剪影值 S

$$S = \frac{1}{N} \times \sum_{i=1}^{N} s_i$$

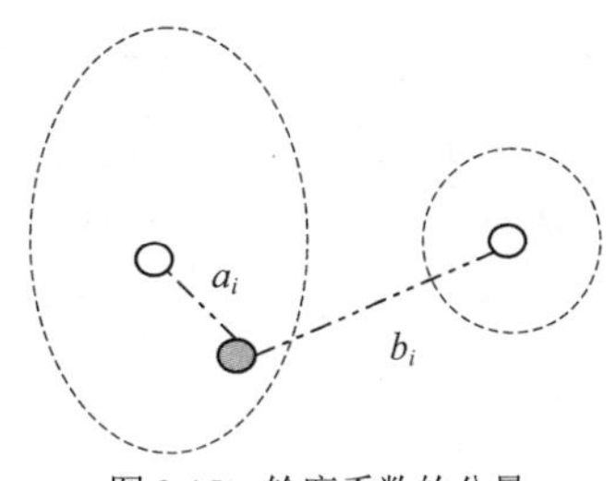

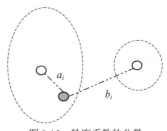

图 9-15　轮廓系数的分量

对于聚类过程的质量，这会得到一个很好的组合内部度量 S(内聚+分离)。比较几种聚类算法，总平均轮廓最大，表示聚类效果最好。利用最大总平均轮廓准则，通过实验可以确定合适的聚类数目。

1971 年由威廉・兰德(William Rand)开发的兰德指数(Rand index)是最常用的外部聚类指标之一。将聚类算法的结果与数据集中所有样本的先验给定标签(类)进行比较。该指标衡量的是所发现的一组聚类 K 与一组类标签 C 之间成对一致的数量，如下：

$$R = \frac{(a+d)}{(a+b+c+d)}$$

其中

- a 表示在 C 中标签相同且在 K 中分配到同一聚类的数据点对的数量。
- b 表示标签相同但在不同聚类中的数据点对的数量。
- c 表示在同一聚类中但类标签不同的数据点对的数量。
- d 表示在 C 中标签不同且在 K 中分配到不同聚类的数据点对的数量。

该指数结果是 $0 \leqslant R \leqslant 1$，其中值 1 表示 C 和 K 相同。该指数值较高，通常表示聚类和自然类之间的高度一致。兰德指数也可以用来比较两种聚类算法结果的相似性。在这种情况下，第二个聚类算法的结果代替了标签 C 的基本事实。

纯度 P 是聚类的另一种外部评价指标。确定每个聚类的局部纯度 p_i，它表示每个聚类中分配给多数标签的数据样本的分数。总纯度 P 是将每个聚类的局部纯度累加起来，再除以数据集的样本总数：

$$P = \sum_{i=1,N} \frac{p_i}{M}$$

其中 p_i 为每个聚类的纯度值，N 是聚类的数量，M 是数据集的样本总数。例如，如果聚类算法得到 4 个聚类：c_1～c_4，样本也有外部确定的 4 个标签(狗、猫、鼠或狐)，下面的矩阵显示了外部标签包括多少聚类。

	c_1	c_2	c_3	c_4
狗	0	4	**9**	4
猫	**10**	0	1	0
鼠	0	10	5	**12**
狐	1	**13**	5	10

c_1 聚类的纯度 p_1=10，因为这个聚类中有 10 个样品，所以标签“猫”占多数。在这种情况下，应用聚类结果的总纯度 P 为

$$P = \frac{(10+13+9+12)}{84} = \frac{44}{84} = 0.52$$

一类聚类算法在 n 维空间中聚类边界区域定义不明确的应用中非常有用。针对这

类数据集，人们提出了几种模糊聚类算法。一个示例是模糊 c 均值聚类算法，它根据聚类中心与数据点之间的距离，为每个聚类中心对应的每个数据点分配隶属度。数据点越接近聚类中心，其隶属度就越接近特定的聚类中心。每个数据点可以是多个聚类的成员。通过将隶属系数的定义从严格的 1 或 0 放宽，这些值的范围可以是 1～0。

图 9-16(a)显示了特定的点 P 如何属于中心分别为 C_A 和 C_B 的两个不同的聚类。假设欧几里得距离作为隶属度函数的反比测度，其中 m_B=0.6 大于 m_A=0.4，但基于这些值的点 P 仍然属于两个聚类。显然，每个数据点的隶属度之和应该等于 1。图 9.16(b)显示了 X 轴上的数据样本，其中根据离聚类中心的距离为每个点分配不同的隶属度值。如果选择了隶属度的阈值，例如 $m = 0.3$，则可能将聚类 A 和 B 分隔开。

模糊 c-均值聚类算法对 n 维空间中重叠数据集的聚类效果最好，多次实验表明，其结果优于 K 均值算法。在 K 均值算法中，数据点必须完全属于一个聚类中心，而模糊 c-均值聚类算法中，数据点是通过隶属度分配给多个聚类。

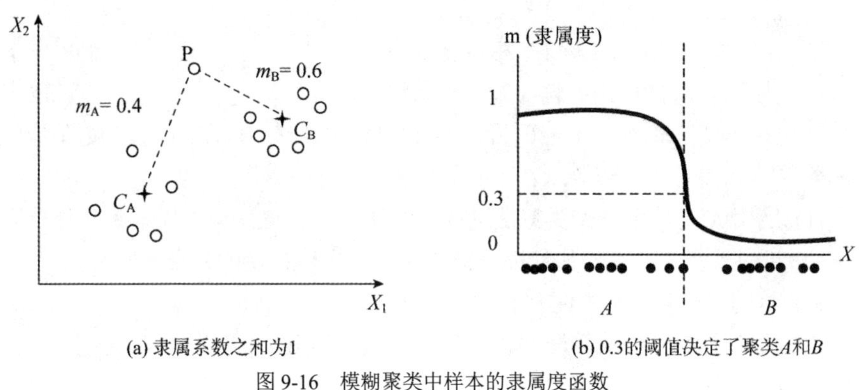

(a) 隶属系数之和为1　　(b) 0.3的阈值决定了聚类A和B

图 9-16　模糊聚类中样本的隶属度函数

9.9 复习题

1. 为什么说聚类算法的验证存在高度的主观性？

2. 什么增加了聚类算法的复杂性？

3. (1) 使用 MND 距离，将给定的二维样本点 $A(2, 2)$，$B(4, 4)$，$C(7, 7)$分类为两个聚类。

   (2) 如果添加了样本 $D(1, 1)$，$E(2, 0)$，$F(0, 0)$，样本在聚类中会如何分布？

4. 给定五维数字样本 A=(1, 0, 2, 5, 3)和 B=(2, 1, 0, 3, −1)，求：

   (1) 点间的欧几里得距离

   (2) 点间的城区距离

   (3) 点间的 Minkowski 距离，其中 p=3

   (4) 点间的余弦相关距离

5. 给定六维分类样本 C=(A, B, A, B, A, A)和 D=(B, B, A, B, B, A)，求：

(1) 样本间相似性的 SMC

(2) Jaccard 系数

(3) Rao 系数

6. 给定五维分类样本：

$$A = (1, 0, 1, 1, 0)$$
$$B = (1, 1, 0, 1, 0)$$
$$C = (0, 0, 1, 1, 0)$$
$$D = (0, 1, 0, 1, 0)$$
$$E = (1, 0, 1, 0, 1)$$
$$F = (0, 1, 1, 0, 0)$$

(1) 采用凝聚层次聚类法，使用

(i) 基于 Rao 系数的单链表相似性度量

(ii) 基于 SMC 的全链接相似度度量

(2) 为上述(a)的(i)(ii)的解决方案绘制树状图

7. 给定样本 X_1={1, 0}，X_2={0, 1}，X_3={2, 1}，X_4={3, 3}，假定样本被随机聚类成两个聚类 C_1={X_1, X_3}，C_2={X_2, X_4}

(1) 应用 K 均值划分聚类算法进行一次迭代，获得聚类中样本新的分布情况。新的重心是什么？如何证明样本新的分布比初始的分布要好？

(2) 总的平方误差会发生何种变化？

(3) 再次使用 K 均值算法并讨论聚类中发生的变化。

8. 对问题 7 的样本，应用迭代聚类，采用的聚类半径的阈值 T=2。分析获取第 1 次迭代后聚类的数量和样本分布情况。

9. 假定问题 6 的样本分布在两个聚类中:

C_1={A, B, E}，C_2={C, D, F}

利用 K 最近邻算法，获取以下样本的分类情况：

(1) Y={1, 1, 0, 1, 1} 其中 K=1

(2) Y={1, 1, 0, 1, 1} 其中 K=3

(3) Z={0, 1, 0, 0, 0} 其中 K=1

(4) Z={0, 1, 0, 0, 0} 其中 K=5

10. 实现层次凝聚算法，样本为分类值，使用 SMC 度量相似性。

11. 实现划分 K 均值聚类算法，输入样本以平面文件格式给出。

12. 采用迭代方法实现增量聚类算法，输入样本以平面文件格式给出。

13. 给定 5 个样本的相似度矩阵：

(1) 使用表 9-5 中给出的相似度矩阵实现全连接层次聚类。通过树状图显示结果。

树状图应清楚地显示被合并点时的顺序。

(2) 如果相似度阈值为 0.5，将产生多少个聚类。给出每个聚类中包含的元素。

(3) 在应用 DBSCAN 算法时，如果相似度阈值为 0.6，MinPts≥2(需要的密度)，则在表 9-6 中给出的点集 P_i 中，核心、边界和噪声点各是什么？

表 9-6　给定的表

	p1	p2	p3	p4	p5
p1	1.00	0.10	0.41	0.55	0.35
p2	0.10	1.00	0.64	0.47	0.98
p3	0.41	0.64	1.00	0.44	0.85
p4	0.55	0.47	0.44	1.00	0.76
p5	0.35	0.98	0.85	0.76	1.00

14. 给定点 $x_1=\{1, 0\}$, $x_2=\{0, 1\}$, $x_3=\{2, 1\}$, $x_4=\{3, 3\}$，假定这些点被随机分类到两个聚类中，$C_1=\{x_1, x_3\}$, $C_2=\{x_2, x_4\}$。应用 K 均值划分聚类算法进行一次迭代，获得聚类新的元素分布。求总平方误差的改变情况？

15. 判断下列语句的正确/错误情况。如果需要，请对结果进行讨论。

(1) 应用 K 均值方法时使用不同的初始点可能会产生不同的结果。

(2) 初始聚类中心必须是数据点。

(3) 当聚类中心移动到聚类均值时，聚类停止。

(4) 如果采用标准差代替平均值，则 K 均值对异常点的敏感度更低。

(5) 如果用中位数替代平均值，K 均值对异常点的敏感度更低。

16. 使用基于中心的、近邻的、密度的聚类方法区分图 9-17 中的聚类。假设基于中心的方法采用 K 均值，基于近邻的方法采用单链接层次，基于密度的方法采用 DBSCAN。并指出每种聚类产生的聚类数量，并对推理进行简短说明。注意图中颜色的深浅和点的数量表示密度。

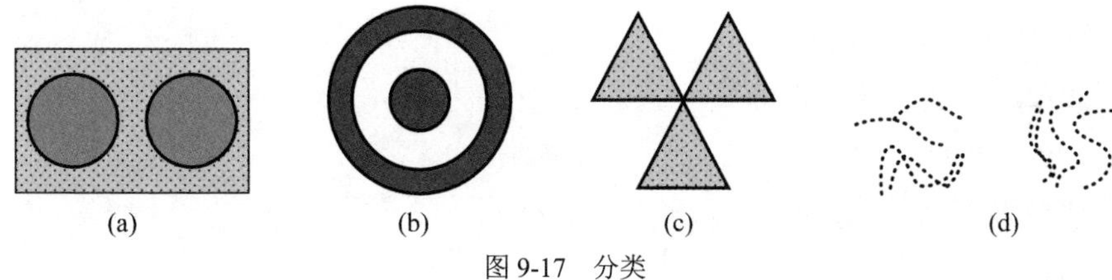

图 9-17　分类

17. 当每个数据对象具有 L2(欧几里得)长度为 1 时，求余弦相似度与欧几里得距离的数学关系。

18. 在[0, 1]范围内给出值的相似度度量，描述两种在[0, ∞]范围将相似度值转化为相异值的方法。

19. 样本(A, B, C, D 和 E)之间的距离如图 9-18 所示，求样本集合的单链接和全链接树状图。

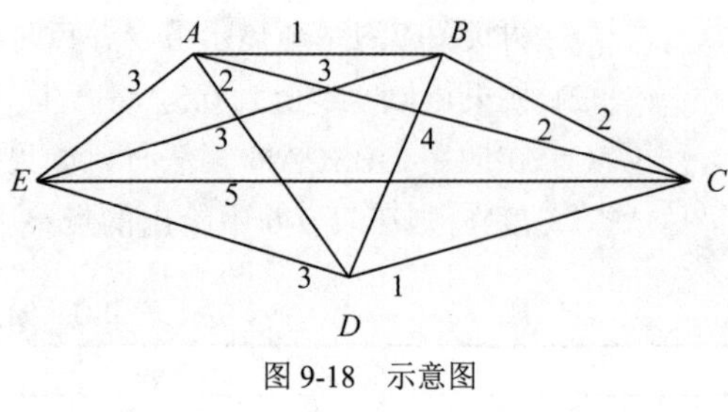

图 9-18　示意图

20. 集合 S 包含 6 个点，如表 9-7 所示，其中 a=(0, 0), b=(8, 0), c=(16, 0), d=(0, 6), e=(8, 6), f=(16, 6)。对这些点采用 K 均值算法，其中 K=3。算法采用欧几里得距离矩阵(例如，两个点之间的直线距离)将每个点分类到最近的重心。存在如下的定义：

- 3-启动配置是 S 中 3 个初始点构成的子集作为初始重心，如{a, b, c}
- 3-分区是将 S 划分为 k 个非空的子集，例如{a, b, e}、{c, d}、{f}是一种 3-分区

(1) 存在多少种 3-启动配置？

(2) 填充表 9-7 中的最后两列。

表 9-7　供填充的表

3-分区	在 k 均值算法的 0 次或多次迭代后，可以进入 3-分区的 3-启动配置示例	不同 3-启动配置的个数
{a, b} {d, e} {c, f}		
{a} {d} {b, c, e, f}		
{a, b, d} {c} {e, f}		
{a, b} {d} {c, e, f}		

21. 在非负整数空间上，下列哪个函数是距离度量？解释原因。

(1) max(x, y) = x 和 y 中较大的那个。

(2) diff(x, y) = $|x-y|$ (x 和 y 之差的大小)。

(3) sum(x, y) = $x + y$。

22. 查找下列字符串对之间的编辑距离:

(1) abcdef 和 bdaefc

(2) abccdabc 和 acbdcab

(3) abcdef 和 baedfc

23. 考虑六维空间中的 3 个向量 u、v 和 w:

$$u= [1, 0.25, 0, 0, 0.5, 0]$$

$$v= [0.75, 0, 0, 0.2, 0.4, 0]$$

$$w= [0, 0.1, 0.75, 0, 0, 1]$$

假设 cos(x, y)表示向量 x 和 y 在余弦相似度度量下的相似度。计算 u、v 和 w 之间的所有 3 个相似性。

24. 在一个特定的高维空间中，点 A 和点 B 在一个聚类中，点 C、D 和点 E 在另一个聚类中。相同聚类中的点可以被认为是“相近的”，而不同聚类中的点则是“遥

远的”。假设“维数灾难”适用于这种情况，我们期望从 X 点到 Y 和 Z 点的直线之间的某个角近似为直角。确定下列哪个角不是近似的直角。

(1) 下列哪个角不是直角：ACB、ACD、ADB、CAD、CEB、CBE。

(2) 选择非直角的一般规则是什么？

25. 给定十维空间中的 5 个向量：

1111000000, 0100100101, 0000011110, 0111111111, 1011111111

计算这些向量之间夹角的余弦距离。注意，每个向量都有 4 或 9 个 1。从下面的分数列表中找出这些角的余弦。

(1) 下面哪个值是可能的余弦距离：1/3、1/4、1/2、5/6、2/3、3/4。

(2) 选择该值作为可能的余弦值的一般规则是什么?

26. 假设数据集由完全平方数 1、4、9、16、25、36、49、64 组成，它们是一维中的点。对这些点执行层次聚类，如下所示。最初，每个点单独位于一个聚类中。在每一步，合并两个聚类，找到最近的中心，并继续，直到只剩下两个聚类。这两个聚类的中心是什么？

27. 对以下 6 个点进行层次聚类：

$A(0, 0)$ $B(10, 10)$ $C(21, 21)$ $D(33, 33)$ $E(5, 27)$ $F(28, 6)$

(1) 使用单链接相似性度量(聚类之间的距离是任何一对点之间的最短距离，每个聚类有一个最短距离)。

(2) 使用全链接相似性度量 (两个聚类之间的距离是任何两个点之间的最大距离，每个聚类有一个最大距离)。

28. 假设数据挖掘任务是将以下 8 个点(代表位置)聚类成 3 个类：

$A_1(2; 10)$; $A_2(2; 5)$; $A_3(8; 4)$; $B_1(5; 8)$; $B_2(7; 5)$; $B_3(6;4)$; $C_1(1;2)$; $C_2(4;9)$

距离函数是欧几里得距离。假设一开始分别指定 A_1、B_1 和 C_1 为每个聚类的中心。使用 K 均值算法确定：

(1) 第一次迭代后的 3 个聚类中心

(2) 最后 3 个聚类

(3) 如果已经给出样本的标签：A、B、C，则计算 3 个聚类的纯度

第 10 章

关 联 规 则

本章目标

- 解释关联规则技术的局部建模特性。
- 分析大型事务数据库的基本特性。
- 描述 Apriori 算法，并通过示例解释算法的所有步骤。
- 将频繁模式(FP)增长方法与 Apriori 算法进行比较。
- 概述从频繁集中产生关联规则的方法。
- 解释多维关联的发现过程。
- 介绍 FP 增长方法在分类问题上的扩展。

讨论应用于数据挖掘的机器学习方法时，这些方法可分为参数化方法和非参数化方法。在用于密度估计、分类或回归的参数化方法中，假定最终模型在整个输入空间上有效。例如，在回归中推导出一个线性模型后，就把它应用于将来所有的输入。在分类中，假定所有样本(训练样本和新的检验样本)都来自于同一个密度分布。在这些情况下，模型是对整个 n 维样本空间都有效的全局模型。参数化方法的优点是，用少量的参数简化了建模问题，其主要缺点是初始假设在许多实际问题中不成立，导致误差过大。在非参数化估计中，仅假定近似的输入会产生近似的输出，这类方法没有假设任何先验密度或参数形式，没有单个全局模型，仅估计局部模型，局部模型仅受邻近训练样本的影响，如图 10-1 所示。

关联规则的发现是数据挖掘的主要技术之一，也是在无指导学习系统中发现局部模式的最常见形式。它也是大多数人在试图了解数据挖掘过程时，所能想到的最接近该过程的形式；顾名思义，“挖掘”就是在大型数据库中“淘金”。这里的金子就是一些有意义的规则，它可以提供数据库中用户并不知道或不能明确表达的信息。这些算法可以检索出数据库中所有可能的关联模式。该算法会千方百计地挖掘信息，这是一个长处，但也可以看成一个缺点，因为用户很容易对大量新信息不知所措，而且这些信息的使用既费时，也很困难。

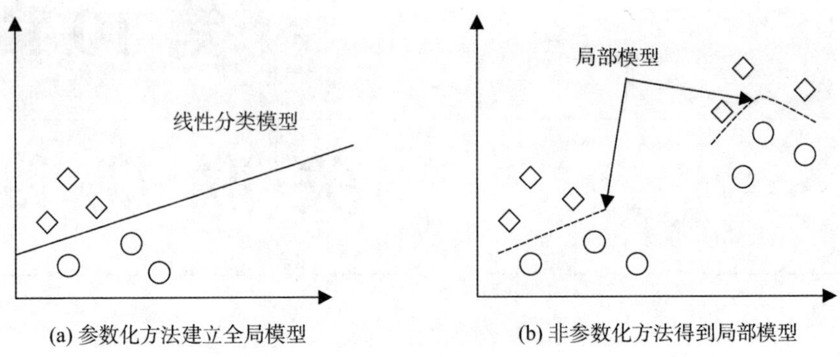

(a) 参数化方法建立全局模型　　(b) 非参数化方法得到局部模型

图 10-1　参数化方法和非参数化方法

关联规则挖掘除了像 Apriori 技术之类的标准方法之外，本章还将讨论一些扩展，例如 FP 树和基于多关联规则的分类(Classification Based on Multiple Association Rules, CMAR)算法。所有这些方法都说明了购物篮分析问题的重要性和可应用性，还说明了发现数据中关联规则的对应方法。

10.1　购物篮分析

购物篮是顾客在一次事务中所购买商品的集合，事务是一个明确定义的商业行为。例如，顾客在光顾杂货店或在网上的虚拟商店中购物，就是典型的顾客事务。零售商通过记录商业行为，积累了大量的事务信息。事务数据库的一个常见分析是寻找项的集合，或称为项集(在许多事务中同时出现的项)。商家可以使用这些模式信息来改善商店中这些物品的堆放，或改善邮购目录页和 Web 页的布局。包含 i 项的项集称为 i-项集。包含该项集的事务的百分数称为该项集的支持度。对于要研究的项集，它的支持度必须高于用户指定的最小值。这样的项集称为频繁项集。

寻找频繁项集为什么是个很重要的问题呢？首先，客户事务的数量可能会很大，通常不能放在计算机的内存中。第二，频繁项集的潜在数量会随着不同的项呈指数级增长，但频繁项集的实际数量会小得多。因此，算法应是可伸缩的(其复杂性随着事务数的增加应该是线性增长，而不是指数增长)，而且尽可能少地检查非频繁项集。在介绍更高效的算法前，首先正式描述这个问题，并构造出它的数学模型。

下面从销售事务数据库中发现项之间的重要关联，根据事务中某些项的出现频率，可以推测出该事务中其他项的出现频率。设 $I=\{i_1, i_2, \ldots, i_m\}$ 为项的集合，DB 为事务集合，其中每个事务 T 都是项的集合，且有 $T \subseteq I$。请注意：这里并没有考虑事务中项的数量，也就是说每一项都是一个二元变量，表示它是否在事务中出现。每个事务都关联一个标识符，称为事务标识符或 TID。表 10-1 列出了这个事务数据库的模型。

设 X 为一个项集。当且仅当 $X \subseteq T$，事务 T 包含 X。关联规则是 $X => Y$，其中 $X \subseteq I$，

$Y \subseteq I$，且 $X \cap Y = \varnothing$。如果 DB 中包含 X 的事务有 c%也包含 Y，规则 $X=>Y$ 就在置信度为 c 的事务集 DB 中成立。如果 DB 中有 s%的事务包含 $X \cup Y$，那么规则 $X=>Y$ 在事务集 DB 中具有支持度 s。置信度可以表示规则的可信性，支持度表示模式在规则中出现的频率。通常人们只研究支持度高的关联规则。具有高置信度和强支持度的规则称为强规则。挖掘关联规则的基本任务是发现大型数据库中的强规则。挖掘关联规则的问题可分为两个阶段：

(1) 发现大项集，即事务支持度 s 大于预定的最小阈值的项集。

表 10-1 一个简单事务数据库的模型

数据库 DB:	
TID	项
001	*A C D*
002	*B C E*
003	*A B C E*
004	*B E*

(2) 使用大项集来生成数据库中置信度 c 大于预定的最小阈值的关联规则。

挖掘关联规则的整体性能主要取决于第一步。确定了大项集之后，相应的关联规则就可以直接推导出。因此大多数挖掘算法的焦点是如何有效地计算大项集，并设计了许多有效的方法，来确定第一步的标准。Apriori 算法是解决这个问题的最初方法，本章将予以详细介绍。基于 Apriori 算法的后续其他算法细化了这个基本解，很多文章都介绍了它们，包括 10.9 节中的参考书目。

10.2 Apriori 算法

Apriori 算法利用几次迭代来计算数据库中的频繁项集。第 i 次迭代计算出所有频繁 i-项集(包含 i 个元素的项集)。每次迭代都有两步：产生候选集；计算和选择候选集。

在第一次迭代的第一步中，产生的候选项集包含所有 1-项集(也就是数据库中所有的项)。在计数阶段，算法再次搜索整个数据库，对它们的支持度进行计数。最后，只有支持度 s 大于所需阈值的 1-项集才会选为频繁集。因此，在第一次迭代之后，可以得到所有频繁 1-项集。

第二次迭代会得到怎样的项集呢？也就是说，如何生成 2-项集的候选集？基本上所有成对出现的项都可以作为候选集。根据第一次迭代获得的非频繁项集，Apriori 算法除去这些非频繁项集，来减少候选项集的数量。这种去除过程的原理在于：如果一个项集是频繁的，那么它的所有子集也是频繁的。因此，在对候选集进行计数之前，算法将去除任何一个含有非频繁子集的候选集。

以表 10-1 中的数据库为例。假定最小支持度 s=50%，因此，只有在至少 50%的事务中都出现的项集才是频繁项集，在本例中，频繁项集就是数据库中的 4 个事务中至少有两个事务包含的项集。在每一次迭代中，Apriori 算法都产生了一个大项集的候选集，然后计算每个候选集的出现次数，最后根据预定的最小支持度(s=50%)确定大项集。

在第一次迭代的第一步中，所有单个项都作为候选集。Apriori 扫描数据库 DB 中的所有事务，并生成一个候选集列表。在下一步中，算法计算每个候选集的出现次数，然后根据阈值 s 选择频繁项集。图 10-2 列出了所有这些步骤。C_1 中产生了 5 个 1-项集，L_1 中选择了其中的 4 个作为大项集，因为它们的支持度大于或等于 2，或 $s \geqslant 50\%$。

1-项集 C_1
$\{A\}$
$\{C\}$
$\{D\}$
$\{B\}$
$\{E\}$

(a) 生成阶段

1-项集	计数	s[%]
$\{A\}$	2	50
$\{C\}$	3	75
$\{D\}$	1	25
$\{B\}$	3	75
$\{E\}$	3	75

(b1) 计数阶段

大 1-项集 L_1	计数	s[%]
$\{A\}$	2	50
$\{C\}$	3	75
$\{B\}$	3	75
$\{E\}$	3	75

(b2) 选择阶段

图 10-2 Apriori 算法在数据库 DB 上的第一次迭代

在发现大 2-项集时，因为大项集的任何子集都可能有最小支持度，所以 Apriori 算法使用 L_1*L_1 来产生候选集。* 运算通常定义为：

$$L_k{*}L_k=\{X\cup Y,\ 其中\ X,Y\in L_k, |X\cap Y|=k\text{-}1\}$$

当 k=1 时，该运算表示一个简单连接。因此，C_2 包含在第二次迭代中由运算 $|L_1|\cdot(|L_1|-1)/2$ 生成为候选集的 2-项集。在本例中这个数字是 $4\cdot 3/2=6$。Apriori 算法用该列表扫描数据库 DB，对每个候选集的支持度进行计数，最后选出满足 $s \geqslant 50\%$的大 2-项集 L_2。图 10-3 给出了所有这些步骤和第二次迭代的结果。

2-项集 C_2
$\{A,B\}$
$\{A,C\}$
$\{A,E\}$
$\{B,C\}$
$\{B,E\}$
$\{C,E\}$

(a) 生成阶段

2-项集	计数	s[%]
$\{A,B\}$	1	25
$\{A,C\}$	2	50
$\{A,E\}$	1	25
$\{B,C\}$	2	50
$\{B,E\}$	3	75
$\{C,E\}$	2	50

(b1) 计数阶段

大 2-项集 L_2	计数	s[%]
$\{A,C\}$	2	50
$\{B,C\}$	2	50
$\{B,E\}$	3	75
$\{C,E\}$	2	50

(b2) 选择阶段

图 10-3 Apriori 算法在数据库 DB 上的第二次迭代

候选项集 C_3 使用前面定义的运算 L_2*L_2 来产生。实际上，在 L_2 中，首先识别出两个第一项相同的大 2-项集，例如{B, C}，{B, E}。然后，Apriori 检验由项集{B, C}和{B, E}中的第二项组成的 2-项集{C, E}是否可以构成一个大 2-项集。因为{C, E}本身是一个大项集，所以{B, C, E}的所有子集都是大项集，于是{B, C, E}就成为一个候选的 3-项集。在数据库 DB 中，L_2 没有其他的候选 3-项集。然后 Apriori 算法开始扫描所有事务，发现大 3-项集 L_3，如图 10-4 所示。

3-项集 C_3
{B, C, E}

(a) 生成阶段

3-项集	计数	s[%]
{B, C, E}	2	50

(b1) 计数阶段

大 3-项集 L_3	计数	s[%]
{B, C, E}	2	50

(b2) 选择阶段

图 10-4　Apriori 算法在数据库 DB 上的第三次迭代

因为在示例中，L_3 无法产生候选的 4-项集，所以 Apriori 算法停止迭代过程。

Apriori 算法不仅对所有频繁项集的支持度进行计数，也对删减过程中没有去除的非频繁候选项集的支持度进行计数。所有非频繁但由 Apriori 对支持度进行计数的候选项集的集合称为负边界。因此，如果项集是非频繁的，但它的所有子集都是频繁的，它就在负边界中。在本例中，从图 10-2 和图 10-3 可以看出，负边界由项集{D}、{A, B}和{A, E}组成。负边界在一些 Apriori 的改进算法中尤其重要，例如生成大项集时提高了效率。

10.3　从频繁项集中得到关联规则

第二阶段的工作是在第一阶段使用 Apriori 算法或其他一些类似算法建立的所有频繁 i-项集的基础上来发现关联规则。这一阶段相对简单、直接。如果规则为{x_1, x_2, x_3}→x_4，那么项集{x_1, x_2, x_3, x_4}和{x_1, x_2, x_3}都必须是频繁的。然后，计算规则的置信度 $c=s(x_1, x_2, x_3, x_4)/s(x_1, x_2, x_3)$。置信度 c 大于给定阈值的规则就是强关联规则。

在表 10-1 列出的数据库 DB 中，如果想检验关联规则{B, C}→E 是否为强规则，首先从表 L_2 和 L_3 中选择相应的支持度：

$$s(B, C)=2，s(B, C, E)=2$$

然后使用这些支持度来计算规则的置信度：

$$c(\{B, C\}\rightarrow E)=s(B, C, E)/s(B, C)=2/2=1(\text{或 } 100\%)$$

无论强关联规则所选择的阈值为多少(比如，c_T= 0.8 或 80%)，该规则都能通过，因为它的置信度是最大的，也就是说，如果事务包含项 B 和 C，那么它也包含 E。数据库 DB 中还可能会有其他关联规则，例如 A→C，因为 $c(A\rightarrow C)=s(A, C)/s(A)=1$，而且根据 Apriori 算法，项集{$A$}和{$A$, C}都是频繁的。因此在该阶段，有必要系统地分析可以从频繁项集中得到的所有关联规则，并选择置信度大于给定阈值的关联规则作为强关联规则。

请注意：并非所有被发掘出的强关联规则(大于要求的支持度 s 和要求的置信度 c)都有意义或者都会用到。例如，以下是从一个有 5000 名学生的学校的调查结果中进行挖掘的实例。一个谷类早餐的零售商调查了这些学生每天早上从事的活动。数据表明：60%的学生(也就是 3000 名学生)打篮球，75%的学生(也就是 3750 名学生)吃这种谷类早餐，40%的学生(也就是 2000 名学生)既打篮球也吃这种早餐。假定一个发掘关联规则的数据挖掘程序用如下设置运行：最小支持度为 2000(s=0.4)，最小置信度为 60%(c=0.6)。产生的关联规则是："(打篮球)→(吃早餐)"，因为该规则包含学生支持度的最小值，相应的置信度 c=2000/3000=0.66 也大于阈值。然而，以上的关联规则很容易引起误解，因为学生吃早餐的总比例为 75%，大于 66%。也就是说，打篮球和吃早餐实际上是负关联的。项包含在某个项集中，会减少它包含在其他项集中的可能性。如果没有充分意识到这一点，就可能使用推导出的关联规则做出错误的商业或科学决策。

为消除这种误导的关联，应该把置信度超过某个标准的关联规则 $A \to B$ 定义为有意义的。从以上示例中用到的参数可以得到，测量关联规则的正确方法应该是：

$$\frac{s(A, B)}{s(A)} - s(B) > d$$

或者：

$$s(A, B) - s(A) \cdot s(B) > k$$

式中 d 或 k 是适当的常量。以上表达式基本上代表统计独立性的检验。显然，必须考虑到所分析项集间的统计独立性因素，从而决定关联规则是否有用。在这个简单的学生示例中，发掘出的关联规则没有通过该检验：

$$s(A, B) - s(A) \cdot s(B) = 0.4 - 0.6 \cdot 0.75 = -0.05 < 0$$

因此，尽管参数 s 和 c 的值很高，但规则没有意义。在这个示例中甚至是错误的。

10.4 提高 Apriori 算法的效率

因为挖掘频繁项集时处理的数据量越来越大，所以需要设计更有效的算法来挖掘这些数据。Apriori 算法扫描数据库的次数完全依赖于最大的频繁项集中项的数量。自从首次引入Apriori 算法后，随着经验的积累，人们多次尝试设计更有效的算法来挖掘频繁项集，包括基于散列的技术、分区、取样和使用垂直数据格式。所提出的细化方式主要是减少扫描数据库的次数，或者减少在每次扫描过程中所计算的候选项集的数量，或两者都有。

基于分区的Apriori 算法只需要对事务数据库进行两次扫描。数据库划分成若干个非重叠的分区，每个分区都可以小到能保存到内存中。在第一次扫描时，算法读取每个分区，并在每个分区内计算局部频繁项集。在第二次扫描时，算法对整个数据库中所有局部频繁项集的支持度进行计数。如果项集对于整个数据库来说是频繁的，那么它至少在一个分区中是频繁的。这就是算法中用到的试探法。因此，第二次对数据库的扫描会对所有局部频繁项集的超集进行计数，并把数据库中的所有频繁项集直接确定为以前定义的超集的一个子集。

在一些实际应用中，事务数据库需要挖掘多次，才能得到顾客的购买信息。在这种应用中，数据挖掘的效率可能比结果的精确性更重要。另外，在一些应用中，问题域的定义可能很模糊。如果置信度和支持度的大小就是阈值，则忽略某些边缘情况，可能对初始问题的解的质量没有影响。允许不精确的结果实际上可以显著改善所应用的挖掘算法的效率。

随着数据库大小的增加，取样成为数据挖掘的一个不可多得的有效途径。基于取样的算法需要对数据库进行两次扫描。算法首先从数据库中选择一个样本，生成一个在整个数据库中很可能为频繁的候选项集的集合。在对数据库进行第二次扫描时，算法计算这些项集的实际支持度和它们的负边界的支持度。如果在负边界中没有项集是频繁的，就说明算法已经挖掘出了所有的频繁项集。否则，负边界中的项集的一些超集可能就是频繁的，但它的支持度还没有计算出来。取样算法在随后对数据库进行扫描时，会产生并计算所有这些潜在的频繁项集。

因为在大型数据库中寻找频繁项集是很昂贵的，所以应该应用增量更新技术来维护挖掘出的频繁项集(以及相应的关联规则)，以免再次挖掘整个更新过的数据库。更新数据库不仅会使现有的频繁项集作废，还会使一些新的项集变为频繁项集。因此，在大型动态数据库中维护先前挖掘出的频繁项集并不简单。该算法的思想就是将老频繁项集的信息和新频繁项集的支持度信息整合在一起，大大减少需要再检验的候选项集的数量。

在许多应用中，数据项中有意义的关联经常出现在相对较高的概念层上。例如，图 10-5 列出了一个可能的食物层次结构。其中 M(牛奶)和 B(面包)作为层次中的概念，它们可能有一些子概念。层次结构中最底层的元素($M_1, M_2, \ldots, B_1, B_2, \ldots$)，其类型是牛奶和面包(由商店中的条形码来定义)。事务数据库中的购买模式在初步的数据层可能不会显示任何规则，例如条形码层($M_1, M_2, M_3, B_1, B_2, \ldots$)，但在一些较高的概念层，例如牛奶 M 和面包 B，可能会显示出一些有意义的规则。

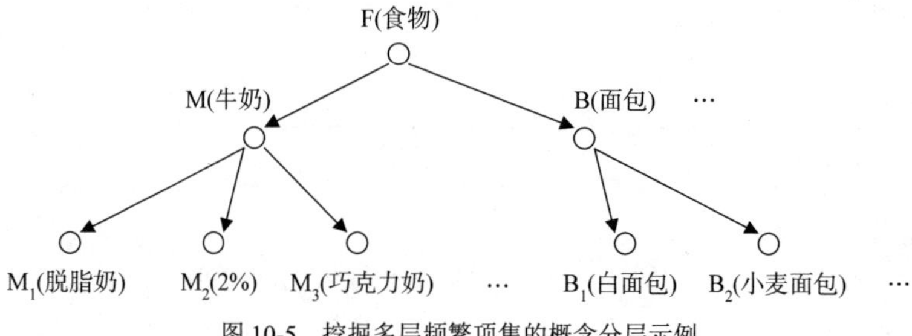

图 10-5　挖掘多层频繁项集的概念分层示例

考虑图 10-5 中的类层次。很难在初级概念层上找到高支持度的购买模式，如牛奶巧克力和小麦面包。但在很多数据库中，很容易发现买牛奶的顾客中，有 80%会同时购买面包。因此，在概化抽象层或多概念层中挖掘频繁项集很重要；Apriori 算法的概化数据结构支持这些要求。

Apriori 算法的一个扩展在数据库项上涉及 is-a 层次，它包含数据库结构中已经存在的多抽象层信息。is-a 层次定义哪些项是其他项的一般化或专门化。而新的问题是从不同层次的项中计算出频繁项集。层次是否存在表示事务中是否包含该项。除了明确列出的项以外，事务还以分类的方式包含了它们的祖先。这样就可以发掘出高层次的关系，因为如果项被它的一个祖先所替代，项集的支持度就会增加。

10.5　FP 增长方法

下面用 Apriori 算法的可伸缩性定义一个非常重要的问题。如果生成一个长度为 100 的频繁模式(FP)，例如$\{a_1, a_2, \ldots, a_{100}\}$，那么所产生的候选集的数量至少为：

$$\sum_{i=1}^{100}\binom{100}{i}=2^{100}-1\approx 10^{30}$$

这需要数百次的数据库扫描。计算的复杂性也呈指数级增长！这也是影响一些新的关联规则挖掘算法开发的一个主要因素。

频繁模式增长方法是在大型数据库中挖掘频繁项集的一个有效算法。这个算法在挖掘频繁项集时，没有耗时的候选集生成过程，而在 Apriori 中这是必不可少的。当数据库很大时，FP 增长算法首先进行数据库投影，得到频繁项；然后构造一个紧凑的数据结构——FP 树，来对它们进行挖掘。下面以表 10-2 中的事务数据库为例来解释这个算法，它的最小支持度阈值为 3。

表 10-2　事务数据库 T

TID	项集
01	f, a, c, d, g, i, m, p
02	a, b, c, f, l, m, o
03	$b，f，h，j，o$
04	b, c, k, s, p
05	a, f, c, e, l, p, m, n

首先，扫描一次数据库 T，得到频繁项(在数据库中出现 3 次或 3 次以上)的列表 L。它们分别是项(以及项的支持度)：

$$L=\{(f, 4), (c, 4), (a, 3), (b, 3), (m, 3), (p, 3)\}$$

频繁项集按支持度计数的递减顺序排序。这样排序的顺序很重要，因为 FP 树中的每条路径也遵循这样的顺序。

第二，创建树的根(ROOT)。第二次扫描数据库 T。对第一个事务的扫描可以得到树的第一个分支：{(f, 1)，(c, 1)，(a, 1)，(m, 1)，(p, 1)}。只选择出现在频繁项集 L 列表中的项。分支中节点的计数(都是 1)代表了样本在树中该节点上的出现次数，因此在添加第一个样本后，所有的节点计数都为 1。节点的排列顺序和样本中的并不一样，而与频繁项集 L 的顺序相同。对于第二个事务，因为它和前一个分支有相同的项 f，c 和 a，所以有相同的前缀{f, c, a}，并扩展到新的分支{(f, 2)，(c, 2)，(a, 2)，(m, 1)，(p, 1)}，由于前缀{f, c, a}相同，因此它们的计数分别增加 1。在两个样本从数据库加入树中后，FP 树如图 10-6(a)所示。剩下的事务可以按照同样的方式插入 FP 树中，图 10-6(b)给出了最终 FP 树。

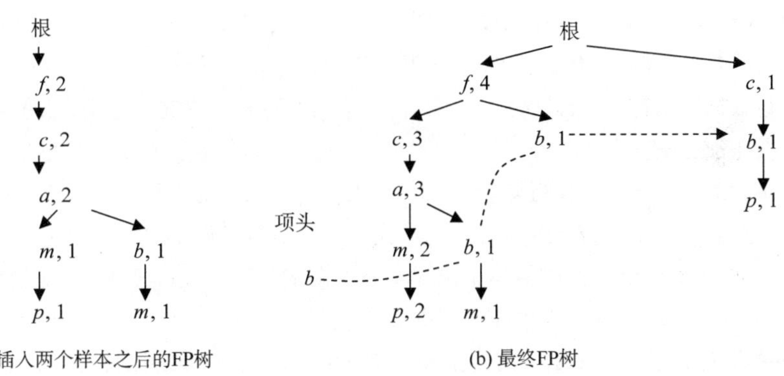

(a) 插入两个样本之后的FP树　　(b) 最终FP树

图 10-6　表 10-2 中数据库 T 所产生的 FP 树

为了方便对树的遍历，创建一个项头表，使列表 L 中的每个项通过节点链指向它在树中的节点。所有的 f 节点都在一个表中相连，所有的 c 节点都在另一个表中相连，等等。为了简便起见，图 10-6(b)中只列出 b 节点的节点链。FP 增长算法使用压缩的树结构来挖掘频繁项集的完整集合。

按照频繁项的列表 L，频繁项集的完整集合划分为几个没有重叠的子集(本例为 6 个)：(1)含有项 p(表 L 的尾部)的频繁项集；(2)包含项 m 但不包含 p 的项集；(3)包含 b 但不包含 m 和 p 的频繁项集；(4)包含 a 但不包含 b、m 和 p 的频繁项集；(5)包含 c 但不包含 a、b、m 和 p 的频繁项集；(6)只包含 f 的大项集。这种分类方式对本例有效，也可以应用到其他数据库和其他 L 列表中。

根据节点链，首先从 p 的头表开始，沿着 p 的节点链，收集包含 p 的所有事务。在示例中，从 FP-树中选择了两条路径：{(f, 4)，(c, 3)，(a, 3)，(m, 2)，(p, 2)}和{(c, 1)，(b, 1)，(p, 1)}，其中包括频繁项 p 的样本为{(f, 2)，(c, 2)，(a, 2)，(m, 2)，(p, 2)}和{(c, 1)，(b, 1)，(p, 1)}。给定的阈值(3)只适用于频繁项集{(c, 3)，(p, 3)}，或者简写为{c, p}。所有包含 p 的其他项集的支持度都小于阈值。

频繁项集的下一个子集是包含 m 但不包含 p 的项集。FP 树识别的路径有：{(f, 4)，(c, 3)，(a, 3)，(m, 2)}和{(f, 4)，(c, 3)，(a, 3)，(b, 1)，(m, 1)}，或者相应的样本为{(f, 2)，(c, 2)，(a, 2)，(m, 2)}和{(f, 1)，(c, 1)，(a, 1)，(b, 1)，(m, 1)}。分析样本，可以得到满

足阈值的频繁项集为{(f, 3)，(c, 3)，(a, 3)，(m, 3)}，或者简写为{f, c, a, m}。

用同样的方法得到本例的第 3 到第 6 个子集，挖掘出满足阈值的其他频繁项集。这些项集为{f, c, a}和{f, c}，但它们已经是频繁项集{f, c, a, m}的子集。因此，FP 增长算法的最终解是频繁项集的集合，本例是{{c, p}，{f, c, a, m}}。

试验表明，FP 增长算法要比 Apriori 算法大约快一个数量级。FP 增长算法还增加了一些优化技术，在约束条件下挖掘序列和模式时，还存在其他版本的算法。

10.6 关联分类方法

CMAR 是 FP 增长方法中用以生成频繁项集的一种分类方法。本章包含 CMAR 方法的主要原因是其来自于 FP 增长方法，而且可以比较 CMAR 和 C4.5 方法的准确性和效率。

假设数据样本有 n 个属性($A_1, A_2, \ldots, A_n$)。属性可以是分类的或连续的。对于连续型属性，假设在预处理阶段，将其值离散到若干个区间中。训练数据集 T 是一系列样本，对于每个样本，都存在与它关联的类标记。令 $C=\{c_1, c_2, \ldots, c_m\}$是类标记的一个有限集合。

一般情况下，模式 $P=\{a_1, a_2, \ldots, a_k\}$是不同属性($1\leqslant k\leqslant n$)的一组值。如果某样本的所有属性值都在模式 P 中给出，该样本就匹配 P。对于规则 $R: P\rightarrow c$，匹配模式 P，且类标签为 c 的数据样本个数称为规则 R 的支持度，表示为 sup(R)。匹配模式 P，且类标签为 c 的数据样本个数，与匹配模式 P 的数据样本总数之比称为 R 的置信度，表示为 conf(R)。关联分类方法(CMAR)有两个阶段：

(1) 规则的生成或训练

(2) 分类或检验

在规则生成阶段，CMAR 以 $R: P\rightarrow c$的形式计算出完整的规则集，使sup(R)和 conf(R)达到给定的阈值。对于给定的支持度阈值和置信度阈值，关联分类方法会找出达到阈值的完整分类规则集(CAR)。在检验阶段，给出一个新的未分类样本时，用一个关联规则集表示的分类器就会选择匹配该样本，且置信度最高的规则，并使用它预测新样本的类别。

下面用一个简单的示例说明该算法的基本步骤。设已知一个训练数据集 T，如表 10-3 所示，支持度阈值是 2，置信度阈值是 70%。

表 10-3 CMAR 算法的训练数据库 T

ID	A	B	C	D	Class
01	a_1	b_1	c_1	d_1	A
02	a_1	b_2	c_1	d_2	B
03	a_2	b_3	c_2	d_3	A
04	a_1	b_2	c_3	d_3	C
05	a_1	b_2	c_1	d_3	C

首先，CMAR 扫描训练数据集，找出超过支持度阈值的属性值集(在这个数据库中至少有两次)。一个简单方法是给每个属性排序，找出所有的频繁值。对于数据库 T，这是一个集合 $F = \{a_1, b_2, c_1, d_3\}$，称为频繁项集。其他属性值都没有超过该支持度阈值。接着，CMAR 按照支持度的降序顺序，给 F 中的属性值排序，即 F-列表= (a_1, b_2, c_1, d_3)。

现在，CMAR 再次扫描训练数据集，以构造 FP 树。FP 树是 F-列表的前缀树。对于训练数据集中的每个样本，提取出现在 F-列表中的属性值，再按照 F-列表中的顺序排序。例如，对于数据库 T 中的第一个样本，提取(a_1, c_1)并插入树中，作为最左边的分支。该样本的类标记 A 和对应的计数附加在路径的最后一个节点上。

训练数据集中的样本会共享该前缀树。例如，第二个样本带有 F-列表中的属性值(a_1, b_2, c_1)，它与第一个样本有相同的前缀 a_1。在树的节点 a_1 中插入另一个带有新节点 b_2 和 c_1 的分支。在新路径的末尾再插入一个新的类标记 B，其计数为 1。数据库 T 的最终 FP 树如图 10-7(a)所示。

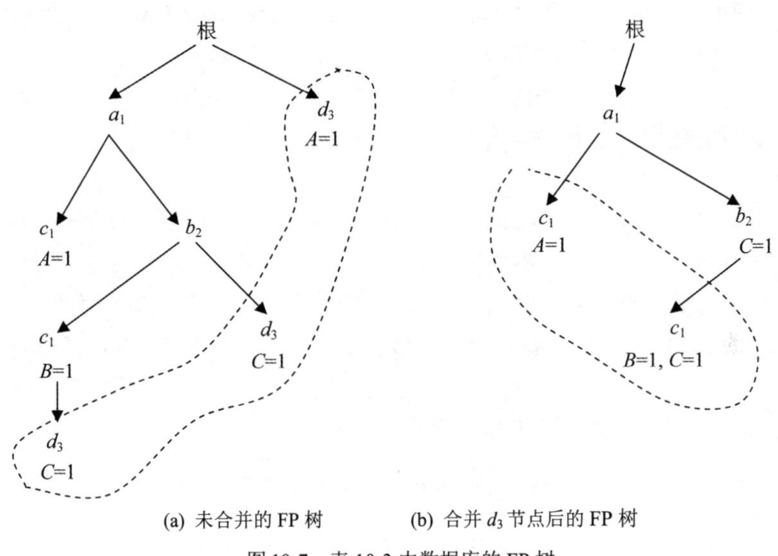

图 10-7 表 10-3 中数据库的 FP 树

分析了所有样本，构建了 FP 树后，就可以把所有的规则分为没有重叠的子集，生成 CAR 集。在本例中有 4 个子集：(1)有 d_3 值的规则；(2)有 c_1 但没有 d_3 的规则；(3)有 b_2 但没有 d_3 和 c_1 的规则；(4)只有 a_1 的规则。CMAR 将逐个找出这些子集。

为了找到有 d_3 值的规则子集，CMAR 会遍历有属性值 d_3 的节点，并向上浏览 FP 树，收集投影了 d_3 的样本。在本例中，FP 树显示有 3 个样本：(a_1, b_2, c_1, d_3):C、(a_1, b_2, d_3):C 和(d_3) :A。在训练集中找出所有 FP 的问题可以归约为在投影了 d_3 的数据库中挖掘 FP。本例在投影了 d_3 的数据库中，(a_1, b_2, d_3)模式出现了两次，因此其支持度等于需要的阈值 2。另外，基于这个 FP 的规则$(a_1, b_2, d_3) \rightarrow C$ 的置信度是 100% (大于置信度阈值)，这是在数据库的给定投影中生成的唯一规则。

搜索带 d_3 值的规则后，d_3 的所有节点及其对应的类标记都合并到 FP 树上它们的父节点上。FP 树缩小为如图 10-7(b)所示。同样，对投影了 c_1 的数据库重复上述过程，就可以挖掘出其余规则集。再挖掘投影了 b_2 的数据库，最后挖掘投影了 a_1 的数据库。在这个分析中，(a_1, c_1)是支持度为 3 的 FP，但所有规则的置信度都小于阈值。分析模式(a_1, b_2)和(a_1)也可以得出同样的结论。因此，通过数据库 T 的训练过程生成的唯一关联规则是$(a_1, b_2, d_3)\rightarrow C$，其支持度是 2，置信度为 100%。

选择了分类的一组规则后，CMAR 就可以开始给新样本分类了。对于新样本，CMAR 会从整个规则集中选择匹配样本的规则子集。确切地说，如果所有的规则都属于同一类，CMAR 就仅把该类标记分配给新样本。如果规则与类标记不一致，CMAR 就根据类标记把规则分组，并生成 strongest 组的标记。为了比较组的强度，需要度量每个组的“合并效果”。直观地看，如果一个群组中的规则是高度正相关的，且支持度很高，该组就应有较强的效果。CMAR 用组中最强大的规则来表示该组，即χ^2检验值最大的规则(这个算法采用它，以简化计算)。基础实验表明，CMAR 在平均准确性、效率和可伸缩性方面优于 C4.5 算法。

10.7 多维关联规则挖掘

多维事务数据库 DB 的模式为(ID, A_1, A_2,…, A_n, items)，其中 ID 为每一个事务在数据库中的唯一标识，A_i 是数据库中的结构化属性，items 是与给定事务连接的项的集合。每一个元组 t = (id, a_1, a_2,…, a_n, items-t)中包含的信息都可以分为两个部分：维部分(a_1, a_2,…, a_n)和项集部分(items-t)。一般将挖掘过程分为两步：首先挖掘维度信息的模式，然后从投影的子数据库中查找出频繁项集，反之亦然。为了不偏向任何方法，下面用表 10-4 中的多维数据库 DB 来演示第一种方法。

表 10-4 多维事务数据库 DB

ID	A_1	A_2	A_3	items
01	a	1	m	x, y, z
02	b	2	n	z, w
03	a	2	m	x, z, w
04	c	3	p	x, w

可首先查找频繁多维值的组合，然后寻找数据库中相应的频繁项集。假定表 10-4 中数据库 DB 的阈值为 2。然后，属性值的组合如果出现两次或两次以上，它就是频繁的，称为多维模式或 MD-模式。在挖掘 MD-模式时，可使用改进的 BUC(Bottom Up Computation)算法(它是有效的“冰山立方体”计算算法)。BUC 算法的基本步骤如下：

(1) 首先，在第一维(A_1)中按值的字母顺序对每个元组排序。因为属性 A_1 的值是分类的。在该维中仅有的 MD 模式为(a, *, *)，因为只有 a 值出现了两次。其他值 b 和 c 值出现了一次，所以它们就不属于 MD-模式。其他两个维的值(*)代表它们在第一步中不相关，可以是允许的值的任意组合。

在数据库中选择那些具有 MD-模式的元组。在本数据库中，它们是 ID 为 01 和 03 的样本。针对第二维(A_2，其值为 1 和 2)，对归约的数据库再次排序。因为模式没有出现两次，所以不存在 A_1 和 A_2 值的 MD 模式。于是可忽略第二维 A_2(该维不会再归约数据库)。下一步将用到所有被选择的元组。

在第三维(本例是带有分类值的 A_3)中按字母顺序将每个选中的元组排序。子群(a, * ,m)包含在两个元组中，它是一个 MD 模式。因为在示例中已经没有其他维，所以下面开始第二步的搜索。

(2) 重复步骤(1)的过程；只是从第二维而不是第一维开始搜索(在这次迭代过程中不分析第一维)。在后面的迭代中，每次都会减少一维，逐步简化了搜索过程。继续处理其他维。

在本例中，第二次迭代从属性 A_2 开始，MD 模式为(*, 2, *)。除了维 A_3 外，不存在其他 MD 模式。本例中的第三次迭代和最后一次迭代从维 A_3 开始，相应的模式为(*, *, m)。

总之，改进的 BUC 算法定义了一个 MD 模式集以及相应的数据库投影。图 10-8 列出了示例中数据库 DB 的处理树。对数量更大的维，也会产生同样的树。

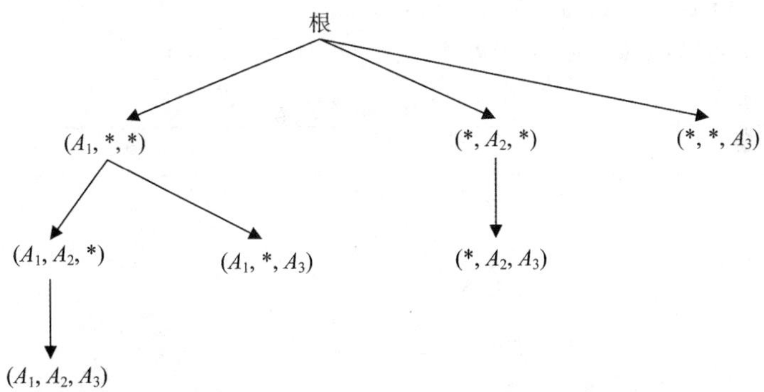

图 10-8　对表 10-4 中的数据库，使用 BUC 算法得到的处理树

找到所有的 MD 模式后，分析多维事务数据库的下一步就是对每个 MD 模式在 MD 投影的数据库中挖掘频繁项集。另一个方法是首先挖掘出频繁项集，再挖掘相应的 MD 模式。

10.8　复习题

1. 关联规则和决策规则(参见第 6 章)之间的本质区别是什么？

2. 在哪些行业中，购物篮分析在战略决策过程中起着重要作用？
3. 在 Apriori 算法中，支持度和置信度参数常用的值是什么？以零售业为例解释。
4. 与在事务数据库中生成大的项集相比，为什么关联规则的发现过程相对简单？
5. 已知一个简单的事务数据库 *X*，如表 10-5 所示：

表 10-5 一个简单的事务数据库 *X*

X：	TID	项
	T01	*A, B, C, D*
	T02	*A, C, D, F*
	T03	*C, D, E, G, A*
	T04	*A, D, F, B*
	T05	*B, C, G*
	T06	*D, F, G*
	T07	*A, B, G*
	T08	*C, D, F, G*

令支持度阈值 *s*=25%，置信度阈值 *c*=60%，求：
(1) 数据库 *X* 中的所有大项集。
(2) 数据库 *X* 中的强关联规则。
(3) 分析(b)中得到的规则集的误导关联。

6. 已知事务数据库 *Y* 如表 10-6 所示：

表 10-6 事务数据库 *Y*

Y：	TID	项
	T01	*A*1, *B*1, *C*2
	T02	*A*2, *C*1, *D*1
	T03	*B*2, *C*2, *E*2
	T04	*B*1, *C*1, *E*1
	T05	*A*3, *C*3, *E*2
	T06	*C*1, *D*2, *E*2

设支持度阈值 *s*=30%，置信度阈值 *c*=60%，求：
(1) 数据库 *Y* 中所有的大项集。
(2) 如果项集分层组织，以使 *A*={*A*1, *A*2, *A*3}，*B*={*B*1, *B*2}，*C*={*C*1, *C*2, *C*3}，*D*={*D*1, *D*2}，*E*={*E*1, *E*2}，找出在包括一个项层的概念层上定义的大项集。
(3) 分析(b)中得到的规则集的强关联规则。

7. 实现 Apriori 算法，并在事务数据库中找出大项集。
8. 搜索 Web，找出关联规则发现的公用或商业软件工具的基本特点。记录搜索结果。

9. 已知一个简单的事务数据库，如表 10-7 所示，在如下情况求这个数据库的 FP 树：

(1) 支持度阈值 s=5；

(2) 支持度阈值 s=3。

表 10-7 简单的事务数据库

TID	项
1	*a b c d*
2	*a c d f*
3	*c d e g a*
4	*a d f b*
5	*b c g*
6	*d f g*
7	*a b g*
8	*c d f g*

10. 已知一个简单的事务数据库，如表 10-8 所示。如果要求的支持度 $s \geqslant 50\%$，用 Apriori 算法的两次迭代求出大 2-项集，并写出该算法的所有步骤。

表 10-8 简单的事务数据库

TID	项
1	*X Z V*
2	*X Y U*
3	*Y Z V*
4	*Z V W*

11. 已知一个频繁项集 *A*、*B*、*C*、*D* 和 *E*，可能存在多少个关联规则？

12. 已知一个事务集，如表 10-9 所示，最小支持度是 3，它有多少个频繁项集？

表 10-9 事务集

TID	项
101	*A, B, C, D, E*
102	*A, C, D*
103	*D, E*
104	*B, C, E*
105	*A, B, D, E*
106	*A, B*
107	*B, D, E*
108	*A, B, D*

(续表)

TID	项
109	A, D
110	D, E

13. “确信度(conviction)”是分析关联规则质量的度量标准，用概率表示确信度 CV 的公式是：

$$\mathrm{CV}(A \to B) = \frac{[P(A) - P(B')]}{P(A, B')}$$

用关联规则的支持度和置信度来表示 CV 的公式是：

$$\mathrm{CV}(A \to B) = \frac{[1 - \sup(B)]}{[1 - \mathrm{conf}(\mathrm{A} \to B)]}$$

CV 的基本特征是什么？解释一些特征值的含义。

14. 表 10-10 给出了一个数据集。

表 10-10 数据集

顾客 ID	事务 ID	项
418	234145	$\{X, Z\}$
345	543789	$\{U, V, W, X, Y, Z\}$
323	965157	$\{U, W, Y\}$
418	489651	$\{V, X, Z\}$
567	748965	$\{U, Y\}$
567	325687	$\{W, X, Y\}$
323	147895	$\{X, Y, Z\}$
635	617851	$\{U, Z\}$
345	824697	$\{V, Y\}$
635	102458	$\{V, W, X\}$

(1) 把每个事务 ID 看作一个购物篮，计算项集$\{Y\}$、$\{X, Z\}$和$\{X, Y, Z\}$的支持度。

(2) 使用(a)的结果，计算规则 $XZ \to Y$ 和 $Y \to XZ$ 的置信度。

(3) 把每个顾客 ID 作为购物篮，计算项集$\{Y\}$、$\{X, Z\}$和$\{X, Y, Z\}$的支持度。每一项都应看成一个二元变量(如果顾客在至少一个事务中购买了某项，该项就是 1，否则为 0)。

(4) 使用(c)的结果，计算规则 $XZ \to Y$ 和 $Y \to XZ$ 的置信度。

(5) 设支持度的阈值为 5，求这个数据库的 FP 树。

15. 某购物篮数据集有 100 000 个频繁项集和 1 000 000 个非频繁项集。每对频繁项都出现 100 次，由任意一个频繁项和任意一个非频繁项组成的一对出现 10 次，每对非频繁项都只出现 1 次。回答下列问题，答案应精确到 1%。为了方便，可以使用科学记数法，例如用 3.14×10^8 替代 314 000 000。

(1) 这些对出现的总次数是多少？即所有对的总数是多少？

(2) 本题没有指定支持度的阈值，但上述信息已给支持度指定了阈值 s 的界限。支持度 s 的上下限分别是多少？

16. 假设一个数据集包含 200 人的信息。其中 100 人已经购买了人寿保险。有监督的数据挖掘会话发现了以下规则：

IF 年龄＜30 岁且购买信用卡保险=是

THEN 购买人寿保险=是的

(规则精度= 70%，规则覆盖率= 63%)

有多少人没有购买人寿保险、购买了信用卡保险且小于 30 岁?

17. 假设数字 1 到 7 是项。

(1) 下列五项关联规则中，哪一项的置信度肯定至少与规则 12=＞34567 的置信度相等，且不大于规则 1234=＞5 的置信度?

关联规则 134 =＞257,124 =＞357,134 =＞567,123 =＞457,124 =＞356

(2) 解释满足所需限制条件的规则的一般特征。

18. 考虑表 10-11 中的事务数据库：

表 10-11 事务数据库

TID	项
1	a, b, c, d
2	b, c, e, f
3	a, d, e, f
4	a, e, f
5	b, d, f

(1) 确定项集$\{a, e, f\}$和$\{d, f\}$的绝对支持度。将绝对支持度转换为相对支持度。

(2) 对于绝对最小支持水平为 2 的数据集，显示频繁项集基于前缀的枚举树。假设 a、b、c、d、e、f 按字典顺序排列。

第 11 章

Web 挖掘和文本挖掘

本章目标

- 说明 Web 挖掘的特点。
- 介绍基本 Web 挖掘子任务的分类。
- 举例说明使用 HITS、LOGSOM 和路径遍历算法来进行 Web 挖掘的可行性。
- 描述 Web 页面独立于查询的排序方法和 PageRank 算法的主要特点。
- 在指定提炼和萃取阶段的基础上定型文本挖掘的构架。
- 介绍潜在语义分析。

11.1 Web 挖掘

在分布式信息环境中，文档或对象通常被链接在一起，以便于互相访问。这种提供信息的环境包括 World Wide Web(WWW)和在线服务，例如美国在线，用户可以通过某些工具(如超链接、URL 地址)从一个对象转到另一个对象，从而获得感兴趣的信息。Web 是一个超文本和多媒体文档的载体，其容量在不断增长。2008 年，Google 已发现 1 万亿个 Web 页面。Internet Archive 制作了许多公用 Web 页面和媒体文件的常规副本，其大小在 2009 年 3 月就达到 3PB。每天这个数字都会增加几十亿个页面。随着 Web 上信息量的逐日增加，获得有用的信息变得越来越麻烦，主要原因在于 Web 的内容是半结构化或非结构化的，不容易控制，也不容易制定它的结构或标准。Web 页面的集合缺乏统一的结构，写作风格和内容与传统的印刷品看起来也不相同。这种复杂性使数据库管理和信息检索的难度极大，甚至不可能实现。因此必须使用新的方法和工具。Web 挖掘可以定义为使用数据挖掘技术在 Web 文档和服务中自动地发现和提取信息。它涉及整个发现过程，而不仅仅是应用标准的数据挖掘工具。一些作者建议将 Web 挖掘任务划分为 4 个子任务，如下。

(1) **寻找资源**——这是一个从 Web 的多媒体资源中在线或离线检索数据的过程。这些多媒体资源包括新闻文章、论坛、博客、通过删除 HTML 标记得到的 HTML 文档的文本内容等。

(2) **信息的选择和预处理**——在之前的子任务中检索出不同种类的原始数据后，这个子任务负责转换这些数据。这种转换既可以是一种预处理(比如删除停止字，障碍字等)，或是旨在获得所需的表示法，例如查找训练主体中的习语，以第一顺序逻辑的形式表示文本等。

(3) **总结**——总结是在一个和多个 Web 站点上自动发现一般模式的过程。这里使用了不同的通用机器学习技术、数据挖掘技术和指定的面向 Web 的方法。

(4) **分析**——这个任务验证和/或解释已挖掘出的模式。

有 3 个因素会影响用户通过数据挖掘过程来识别和评估 Web 站点的方式：(a)Web 页面的内容，(b)Web 页面的设计和(c)整个站点的设计，包括它的结构。第一个因素涉及站点提供的商品、服务或数据。其他因素都涉及站点将其内容传达给用户的方法。这里将单个 Web 页面和整个站点的设计区分开来，因为站点不是 Web 页面的简单集合，而是由相关 Web 页面组成的网状结构。用户只有觉得站点的结构简单、直观，才会去浏览它。显然，了解这种环境下的用户访问模式，不仅有助于改善系统的设计(比如，在相关性较高的对象之间提供有效的访问，WWW 页面更好的设计)，还有助于做出更好的市场决策。在正确的地方设置广告、更好的客户/用户分类以及通过分析行为来更好地了解用户需求，将会提高商业效果。

公司已经不再对仅提高流量和处理订单的 Web 站点感兴趣了。它们现在想获得尽量多的利润。它们想了解顾客的喜好，针对不同的顾客制定不同的销售计划。通过评估用户的购买和浏览模式，电子供应商希望实时地提供自定义的菜单，来刺激电子顾客的购买欲望。对于基于 Web 运作的公司来说，收集顾客信息，并汇聚到电子商务智能中是一个非常重要的工作。电子商务想通过改善决策的制定来获得高额利润，因此电子供应商需要数据挖掘解决方案。

借鉴市场理论，要衡量 Web 页面的效率，应估计它对站点成功的贡献。对于网上商店来说，该效率就是在访问页面之后购买商品的顾客数和访问页面的顾客总数之比。对于宣传站点来说，这个效率就是访问页面之后点击广告的顾客数和访问页面的顾客总数的比例。效率低下的页面应该重新设计。使用导航模式发掘技术有助于重新构建站点，即插入链接，重新设计 Web 页面，最终满足用户的需要和期望。

为处理 Web 页面质量、Web 站点结构以及它们的使用等问题，出现了两种 Web 工具集合。第一种工具会伴随着用户浏览网站，从用户的行为中获取信息，在他们浏览时提供建议，偶尔还可以定制用户配置文件。这些工具通常和不同的搜索引擎相连或内置于其中。第二种工具系列可以分析用户下线时的行为。它们的目的是发现 Web 站点的结构是如何利用的，从而提供站点结构的语义信息。换句话说，了解用户的浏览行为，可以预测未来的趋势。新的数据挖掘技术基于这些工具，它们分析 Web 日志文件，发掘信息。下面的 4 小节将介绍 Web 挖掘的 4 个主要技术，它们也是最近各种 Web 挖掘方法中的典型代表。

11.2 Web 内容、结构与使用挖掘

对 Web 的哪部分进行挖掘是 Web 挖掘分类的方法之一。Web 挖掘包含 3 个主要方面：Web 内容挖掘、Web 结构挖掘、Web 使用挖掘。其分类的依据是在挖掘过程中使用的数据的类型。Web 内容挖掘使用 Web 页面的内容作为挖掘过程中需要使用的数据来源。Web页面内容可能包含文本、图像、视频以及其他任何出现在 Web 页面上的内容。Web 结构挖掘关注 Web 页面的链接结构。Web 使用挖掘并不使用 Web 页面本身的数据，而是将用户使用 Internet 的交互信息作为数据来源。

Web 内容挖掘通常在搜索过程中使用。许多不同的解决方案将 Web 页面文本或图像作为输入，帮助用户发现他们感兴趣的内容。例如，当前，搜索引擎采用网络爬虫对获取 Web 内容建立索引，以便能够对搜索予以及时的反馈。同样，网络爬虫也可以用于关注特定的兴趣主题和区域，而不是将 Internet 上可获取的所有信息都下载。

为建立关注特定主题和区域的爬虫，通常利用用户选择的大量文档训练分类器，并告知爬虫需要搜索的内容的类型。爬虫根据需求获取兴趣页面并跟踪该页面上的所有链接。如果这些链接所指向的页面并不是用户感兴趣的页面，则爬虫将不再使用这样的链接。

Web 内容挖掘也可以直接应用到搜索过程中。当前主流的搜索引擎使用类似列表的结构显示搜索结果。列表由后台的排序算法确定顺序。另一种显示搜索结果的方法是采用搜索页面簇替代独立的 Web 页面展示给用户。通常采用的方法是层次化簇，它可以提供多个主题层次。

例如，考虑 Web 站点 Clusty.com，该网站对搜索结果提供了簇化的搜索结果。若在此网站键入关键字[jaguar]，如图 11-1 所示，可以看到并排的主题列表和搜索结果列表。该查询是模糊的，返回的主题显示了这种模糊性。其中一些返回的主题包括汽车、翁卡牌手表、美洲豹(动物领域)及捷克逊维尔(美国橄榄球队)等。每个主题可以扩展，以显示该查询返回的有关此主题的所有文档。

Web 结构挖掘考虑 Web 页面之间的关系。大多数 Web 页面包含一个或多个超链接。Web 结构挖掘认为超链接通过页面之间的链接提供了支持佐证。该假设基于 PageRank 和 HITS，稍后将予以解释。

Web 结构挖掘主要用于信息检索过程，PageRank 对 Google 早期的成功做出了直接的贡献。当前，大多数的搜索引擎对文档的排序都利用了对 Internet 结构的分析及页面间链接的分析。

Web 结构挖掘也用于辅助 Web 内容挖掘过程。通常，分类任务将考虑 Web 页面的内容和结构。Web 挖掘任务中利用结构挖掘中的一个最普遍的特点是利用锚文本。

锚文本涉及采用 HTML 超链接的方式，将文本显示给用户。通常，锚文本提供了汇总的未在原始页面中发现的关键字。锚文本通常与查询引擎的查询一样简短。另外，如果链接是 Web 页面的推荐页面，则锚文本提供了特定关键字的推荐页面。

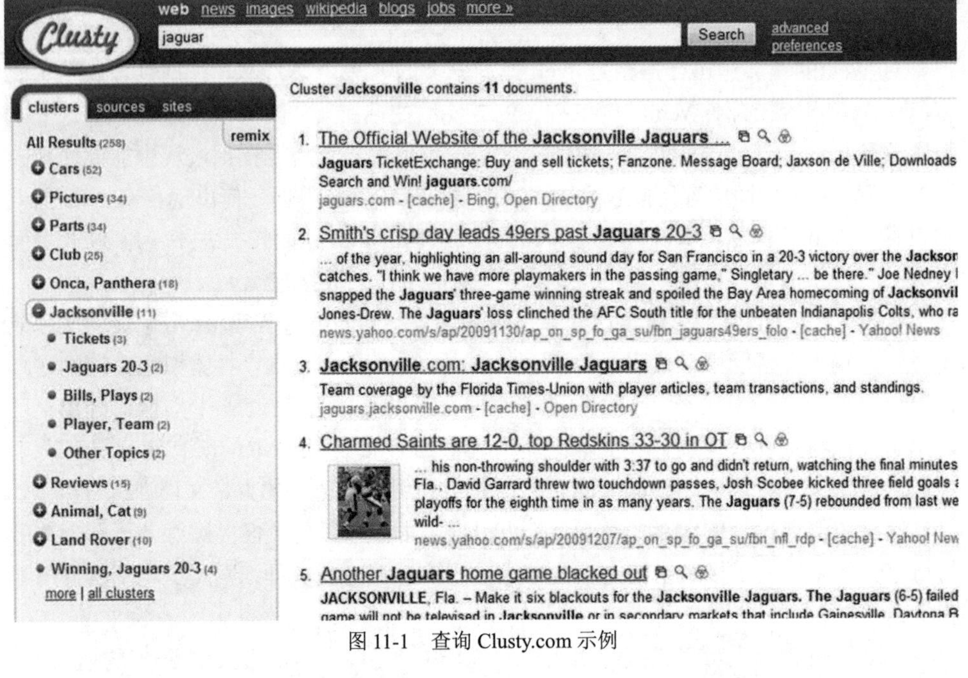

图 11-1　查询 Clusty.com 示例

Web 使用挖掘涉及挖掘有关用户与 Web 网站的交互信息。这类信息可能来自服务器日志，客户端浏览器的日志记录、注册信息等。主要的使用问题包括 Web 站点的链接结构与用户遍历页面的趋向存在什么不同之处？Web站点的电子商务过程的低效性存在何处？客户群中存在何种分段？

Web 使用挖掘需要定义一些关键的术语。Web 站点的“访客”涉及通过服务器访问 Web 页面的个人或程序。“会话”指某一针对 Web 站点的访问期间所访问的页面点击量。会话通常通过比较页面点击量与页面点击之间(在定义一个新的会话之前)的最大可允许时间来定义。通常 30 分钟是标准设置。

Web 使用数据挖掘在完成有意义的数据挖掘前，通常需要一系列的预处理步骤。例如，服务器日志通常包含大量的计算机访问者，可能是搜索引擎的爬虫，或者访问 Web 站点的其他任何计算机程序。有时这些“机器人”通过向服务器发送称为“用户代理”的参数来区分它们。一些 Web 页面请求未在 Web 服务器记录，而是通过将其请求填充到缓存中以减少延迟。

服务器记录的细粒度级别的信息，通常对挖掘没有什么用处。对单个 Web 页面浏览量，服务器可能记录浏览器对 HTML 的请求、对包含在该页面的图像的多次请求、页面的层叠样式表，也许还包含一些 Web 页面使用的 JavaScript 库。通常需要将所有这些请求合并为一个记录。一些日志保存方案通过使用嵌入在 Web 页面中的 JavaScript，在日志服务器中针对每个页面浏览建立单一请求来回避该问题。然而，这类方法也存在明显的问题，对那些在他们的浏览器中不允许使用 JavaScript 的用户，则无法记录相关数据信息。

Web 使用挖掘采用了大量可用的数据挖掘方法。分类用于区分有大量购买行为的用户特征。聚类可用于对 Web 用户群体进行分隔。例如，可以采用 3 种类型的行为来区分大学类的 Web 站点。这 3 类行为模式可以描述为忙于检验的用户、为项目工作的用户和为自学而不断下载讲座通知的用户。关联挖掘可识别在某个单一会话期间被同时访问的两个或更多页面，但这些页面并不直接与 Web 站点链接。序列分析可以提供预测用户导航模式的机会，因此将考虑网站内的目标广告。更多的 Web 使用挖掘将在 LOGSOM 算法和 11.4 节中介绍。

11.3 HITS 和 LOGSOM 算法

到目前为止，基于索引的 Web 搜索引擎是用户搜索信息的主要工具。上网冲浪的老手可以有效地利用这些引擎，用几个关键词搜索到他们想要的东西。然而这些搜索引擎不适合许多不够精确的搜索任务。如何从搜索引擎搜索出来的数百万个结果中选择价值最高的文档子集？要从 Web 搜索的大量内容中过滤出对用户有意义的信息，需要识别出最权威的 Web 页面。这里的“权威”给相关性概念添加了一个重要的因素：不仅要搜索出相关的页面，这些页面的质量也最高。

Web 不仅包含页面，还包括链接其他页面的超链接。这个超链接结构包含了庞大的信息，它们可以用来自动地获取重要的页面。具体而言，页面的制作者在创建超链接时，也就隐含地指定了它所指向的页面。在链接指向的页面中挖掘信息，可以更多地了解 Web 内容的相关性和质量。在这个过程中必须发掘出两类关键的页面：权威页面，它提供了指定主题的最佳信息来源；hub 页面，它提供到权威页面的链接集。

hub 页面的形式多种多样，包括商业网站上收集的资源列表，不同主页面上推荐的链接列表等。这些页面并不需要广为人知，使用 hub 页面中的超链接信息还会带来很多麻烦。虽然许多链接指向一些页面，但有些链接的创建原因却和权威页面不相关。典型的示例是导航栏和付费广告超链接。hub 页面的一个显著特征是：它们是某个焦点主题的权威页面的有力提供者。如果 hub 页面指向许多很好的权威页面，它就是好 hub 页面。另外，如果许多好 hub 页面指向某个权威页面，它就是好权威页面。hub 页面和权威页面之间的这种相互加强的关系，正是 HITS 算法(Hyperlink-Induced Topic Search)的中心思想，该算法搜索好 hub 页面和好权威页面。HITS 算法的两个主要步骤为：

(1) 取样组分(sampling component)，构建在相关信息中可能经常出现的焦点 Web 页面集合。

(2) **权重传播(weight-propagation)组分**，通过一个迭代过程估计 hub 页面和权威页面，并且获得最相关、最权威的 Web 页面子集。

在取样阶段，把 Web 视为一个页面的有向图。HITS 算法首先构造子图，在子图中可以搜索 hub 页面和权威页面。目标是所构建的子图蕴含高相关性、权威性的页面。在构造这样的子图时，先使用查询方法从基于索引的搜索引擎中收集页面的根集(root set)。因为许多这样的页面都与搜索主题相关，至少它们中的一部分是权威页面，或者它们与大多数权威页面相链接。因此，可将根集页面指向的所有页面也包括进来，将根集扩展到指定的上限。这个基本集合 V 一般有 1000～5000 个页面，并包含相应的链接，它是 HITS 第一阶段的最终结果。

在权重传播阶段，要为基本集合 V 中的所有页面指定一个具体的数字，从基本集合 V 中提取 hub 页面和权威页面。对于每个页面 $p \in V$，指定非负的权威页面权重 a_p 和非负的 hub 页面权重 h_p。这些权重的相对值比较重要；因此对它们进行标准化，使它们的总和在某个界限之内。因为预先没有进行任何估计，所以所有 a 和 h 值初始化为一个统一的常量。最后的权重不会受这个初始化所影响。

采用以下方式更新权威页面和 hub 页面。如果许多好 hub 页面指向一个页面，就可以增加该页面的权威页面权重。因此，将页面 p 的 a_p 值改为指向 p 的所有页面 q 的 h_q 值之和：

$$a_p = \sum h_q, \forall_q 于是 q \to p$$

其中表达式 $q \to p$ 表示页面 q 与页面 p 相连。相反，如果某页面指向许多好权威页面，就增加它的 hub 页面权重。

$$h_p = \sum a_q, \forall_q 于是 p \to q$$

有一种较简单的编写更新的方式。首先对页面编号$\{1, 2, \ldots, n\}$，然后定义相邻矩阵 $\boldsymbol{A}$ 为 $n \times n$ 阶矩阵。如果页面 i 和页面 j 相连，第(i, j)个元素的值就为 1；否则就为 0。在开始计算时，所有页面都是 hub 页面，也都是权威页面，因此用以下向量表示：

$$\boldsymbol{a}=\{a_1, a_2, \ldots, a_n\} 和 \boldsymbol{h}=\{h_1, h_2, \ldots, h_n\}$$

权威页面和 hub 页面的更新规则为：

$$\boldsymbol{a}=\boldsymbol{A}^{\mathrm{T}} h$$

$$\boldsymbol{h}=\boldsymbol{A}\, a$$

或者：

$$\boldsymbol{a}=\boldsymbol{A}^{\mathrm{T}}h=\boldsymbol{A}^{\mathrm{T}}\boldsymbol{A}a=(\boldsymbol{A}^{\mathrm{T}}\boldsymbol{A})a$$

$$\boldsymbol{h}=\boldsymbol{A}a=\boldsymbol{A}\boldsymbol{A}^{\mathrm{T}}h=(\boldsymbol{A}\boldsymbol{A}^{\mathrm{T}})h$$

以上关系是向量 a 和 h 的迭代计算。按照线性代数的理论，迭代计算的最终结果在标准化之后，收敛于特征向量 $\boldsymbol{A}^{\mathrm{T}}\boldsymbol{A}$。也就是说，所计算的 hub 页面和权威页面实际上是所收集的链接页面的本质特征，而不是从初始权重中派生出来。直观地讲，权重大的页面表示链接非常密集，这些链接从 hub 权重大的页面指向权威权重大的页面。

最后，HITS 算法输出一个短列表，其中包含 hub 权重最大的页面和权威权重最大的页面，它们与指定的搜索主题相关。一些文献给出 HITS 算法的改进和几个扩充。下面列举一个简单的示例来演示该算法的基本步骤。

假设搜索引擎根据查询，搜索出 6 个相关的文档，要求从中选择出最重要的权威页面和 hub 页面。所选择的文档在一个有向子图中相连接，图 11-2(a)列出了它的结构，图 11-2(b)给出了相应的相邻矩阵 $\boldsymbol{A}$、初始权重向量 $\boldsymbol{a}$ 和 $\boldsymbol{h}$。

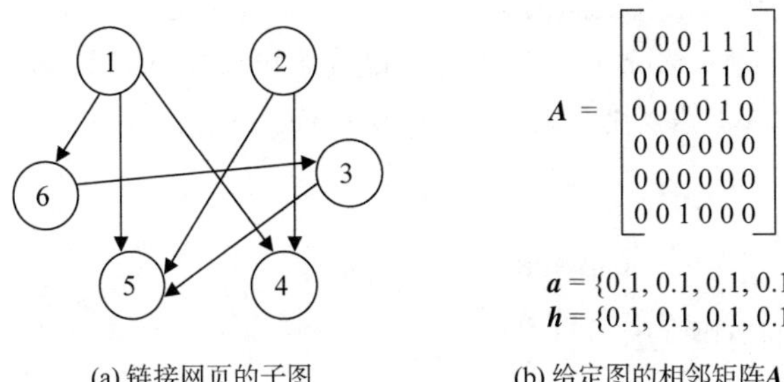

$$\boldsymbol{A}=\begin{bmatrix}0&0&0&1&1&1\\0&0&0&1&1&0\\0&0&0&0&1&0\\0&0&0&0&0&0\\0&0&0&0&0&0\\0&0&1&0&0&0\end{bmatrix}$$

$\boldsymbol{a}$ = {0.1, 0.1, 0.1, 0.1, 0.1, 0.1}
$\boldsymbol{h}$ = {0.1, 0.1, 0.1, 0.1, 0.1, 0.1}

(a) 链接网页的子图　　(b) 给定图的相邻矩阵**A**和权重向量

图 11-2　HITS 算法的初始化

HITS 算法的第一次迭代更改向量 $\boldsymbol{a}$ 和 $\boldsymbol{h}$：

$$\boldsymbol{a}=\begin{bmatrix}0&0&0&0&0&0\\0&0&0&0&0&0\\0&0&0&0&0&1\\1&1&0&0&0&0\\1&1&1&0&0&0\\1&0&0&0&0&0\end{bmatrix}\cdot\begin{bmatrix}0&0&0&1&1&1\\0&0&0&1&1&0\\0&0&0&0&1&1\\0&0&0&0&0&0\\0&0&0&0&0&0\\0&0&1&0&0&0\end{bmatrix}\cdot\begin{bmatrix}0.1\\0.1\\0.1\\0.1\\0.1\\0.1\end{bmatrix}$$

=[0 0 0.1 0.5 0.6 0.3]

$$\boldsymbol{h}=\begin{bmatrix}0&0&0&1&1&1\\0&0&0&1&1&0\\0&0&0&0&1&0\\0&0&0&0&0&0\\0&0&0&0&0&0\\0&0&1&0&0&0\end{bmatrix}\cdot\begin{bmatrix}0&0&0&0&0&0\\0&0&0&0&0&0\\0&0&0&0&0&1\\1&1&0&0&0&0\\1&1&1&0&0&0\\1&0&0&0&0&0\end{bmatrix}\cdot\begin{bmatrix}0.1\\0.1\\0.1\\0.1\\0.1\\0.1\end{bmatrix}$$

=[0.6 0.5 0.3 0 0 0.1]

在 HITS 算法的单个迭代中可以看出，在给定的文档集中，文档 5 最具权威性，文档 1 是最好的 hub 页面。在随后的迭代中会纠正两个向量的权重因子，但是在这个示例中，得出的权威页面和 hub 页面的顺序将保持不变。

由于 Internet 的大小和使用量都在不断增长，致使信息搜索很困难。简单的关键字搜索会检索出成千上万的文档，因此对资源的挖掘会令人沮丧、缺乏效率。在搜索结果中，有一些是不相关的页面，一些可能在已删除，另一些可能禁止访问。第一个

Web挖掘算法HITS主要基于描述Web站点结构的静态信息，而第二个算法LOGSOM是使用动态信息来描述用户的行为。LOGSOM是一个精密的方法，它将信息的布局组织成一个用户可以理解的图表。LOGSOM系统使用自组织图谱(SOM)，按照用户的导航模式将Web页面组织成一个二维表。该系统通过记录Web用户的导航路径，根据他们的兴趣来组织Web页面。

SOM技术是组织Web页面的最合适的技术，因为它不仅可以将数据点组织到聚类中，而且可以用图表表示聚类之间的关系。该系统首先创建一个Web日志文件，指定表示日期、时间和所请求Web页面的地址，以及用户计算机的IP地址。数据组合在有意义的事务或会话中，事务通过用户所请求的Web页面集来进行定义。假定存在唯一URL的有限集合：

$$U=\{\mathrm{url}_1, \mathrm{url}_2,\dots, \mathrm{url}_n\}$$

和m个用户事务的有限集合：

$$T=\{t_1, t_2, \dots,t_m\}$$

事务用向量表示：

$$t=[u_1, u_2,\dots, u_n]$$

其中u_i是二元值

$$u_i=\begin{cases}1 & 若\quad \mathrm{url}_i \in t\\ 0 & 其他情况\end{cases}$$

预处理的日志文件可以用二元矩阵表示。表11-1给出了一个示例。

表 11-1 URL 集合描述的事务

	url_1	url_2	…	url_n
	t_1	0	1	1
	t_2	1	1	0
	…			
	t_m	0	0	0

因为在实际应用中，$(n\times m)$表的维度可能会很大，将数据输入SOM时尤其如此，所以需要进行归约。使用K均值聚类算法，可以将事务分组到预定的$k(k\ll m)$个事务组中。表11-2列出了一个归约后的新数据集，其中行中的元素表示事务组访问某个URL的总次数(表和值只是一个示例，它们与表11-1中的值不直接相关)。

表 11-2　用事务组活动的向量表示 URL

	事务组			
	1	2	…	k
url_1	15	0		2
url_2	2	1		10
…				
url_n	0	1		2

这个归约后的新表是 SOM 处理的输入。上一章详细介绍了如何把 SOM 用作聚类技术和它们的参数设置。这里只解释最终的结果，并根据 Web 页面分析进行一些解释。每个 URL 都会基于它和其他 URL 的相似性，根据用户的使用情况或(更精确地讲)用户的导航模式(表 11-2 中的事务组“权重”)，映射到一个 SOM 上。假定 SOM 是一个具有 $p \times p$ 个节点的二维图，其中 $p \times p \geqslant n$，表 11-3 列出了 SOM 处理的一个典型结果。表中的维和值并不是根据表 11-1 和表 11-2 中的数据计算出的结果，但它是 SOM 最终结果的一个典型示例。

表 11-3　SOM 处理的典型结果

	1	2	3	…	p
1	2		1		15
2	3	1	10	…	
…					
p		54		…	11

SOM 依照用户的导航模式将 Web 页面组织到类似的类中。表中的空白节点表示不存在相应的 URL，有编号的节点表示每个节点(或每个类)中包含的 URL 的数量。图中的距离表示用用户导航模式衡量的 Web 页面的相似度。例如，最后一行的数字 54 表示，54 个 Web 页面组合到同一个类中，因为它们由相似类型的人访问，这些人的相似类型用其事务模式来表示。这里的相似度不仅用内容的相似程度来衡量，还用使用的相似程度来衡量。因此，在这个图形表示中，Web 文档的组织仅基于用户的导航行为。

LOGSOM 方法可以得到哪些应用呢？它可以识别公司潜在客户访问了公司的哪些 Web 页面，从而为公司提供改善决策的信息。如果一个节点中的 Web 页面能将客户成功地导航需要的信息或页面中，同一节点的其他页面也可能做到。现在，公司不再主观地决定将 Internet 广告放在哪儿，而可以通过用户导航模式做出客观的决定。

11.4 挖掘路径遍历模式

在改进公司的 Web 站点之前，需要估计它的当前用量。理想情况下，可以根据站点上自动记录的数据来估计。每个站点都由 Web 服务器电子化地管理，站点中发生的所有活动都会记入 Web 服务器日志文件中。Web 用户留下的所有痕迹都存入了这个日志。因此，可以应用数据挖掘技术，从这些日志文件中提取一些间接反映站点质量的信息，也可以挖掘数据，来优化 Web 服务器的性能，找出哪些产品被合在一起购买，或者确定站点是否按照预期的那样使用。问题的具体表述不同，对同一个服务器日志文件使用的数据挖掘技术也不同。

LOGSOM 方法关注 Web 页面的相似性，而其他技术强调用户浏览 Web 的路径的相似性。捕捉 Web 环境中的用户访问模式称为挖掘路径遍历模式。它代表了另一种数据挖掘技术，这种技术有着极光明的前景。注意，由于用户沿着信息路径在网上搜寻想要的信息，用户访问一些对象或文档只是因为它们位于信息路径上，而不是因为它们包含用户需要的内容。遍历模式的这个特征不可避免地增加了从一系列遍历数据中获取有用信息的难度，也解释了为什么当前的网络用量分析主要是为浏览点而不是浏览路径提供统计数据。但是，随着这些提供信息的服务越来越流行，越来越需要通过捕捉用户浏览行为来提高这种服务的质量了。

首先介绍 Web 用户导航模式的理论。关于导航，必须知道：某路径上的所有页面并非同等重要，用户倾向于再次访问的页面才比较重要。要完成这个数据挖掘任务，把 Web 导航模式定义为一个概化的序列，其具体化是一个有向非循环图表。序列是一个有序的项目列表，本例是按照访问时间排序的页面。日志文件 L 是所记录序列的多重集，它不是一个单集，因为一个序列可能不止出现一次。

观察由两个连续序列 x 和 y 串起来的序列 s 时，使用下面的符号：

$$s=x\ y$$

length(s)函数返回序列 s 中的元素个数，prefix(s, i)函数返回 s 的前 i 个元素构成的序列。如果 s'=prefix(s, i)，s'就是 s 的一个前缀，表示为 $s'\leqslant s$。对日志文件的分析显示，Web 用户倾向于向后访问，以很高的频率回访页面。因此，日志文件可以包括副本。这种回访可能是有引导的访问，也可能是访问者迷失了方向。在第一种情况下，副本的信息很珍贵，应该保留。要对序列中的循环建模，对序列中的每个元素都用它的出现次数进行标号。由此区分第一个、第二个、第三个等同一个页面出现的次数。

然而，一些序列可能有相同的前缀。如果把所有相同的前缀合在一起，就把日志文件的各个部分转换成树状结构，每个节点都用有同样前缀、并包含本节点的序列个数，树和初始的日志文件包含的信息相同，因此，寻找频繁序列时，可以扫描树，而不用扫描原始日志里的多重集。在树中，由 k 个序列共享的前缀只出现一次，也只检验一次。

序列挖掘可解释如下：已知一个按时间顺序排序的序列集，其中每个序列都包含一个 Web 页面集，序列挖掘的目标是在整个序列集中找到最长的序列，要求这些最长的序列出现的频数大于所给的百分比阈值。如果包含某频繁序列的所有序列都有较低的出现频率，该频繁序列就是最长序列。这个序列挖掘问题的定义意味着，构成频繁序列的项不一定彼此相连着出现，只是以相同的顺序出现。在研究 Web 用户的行为时，这种属性正是我们想要的，因为我们要记录的是用户的意图，而不是用户的错误和迷失。

大多数序列，即使出现频率最高的序列，可能都没有什么价值。一般说来，只有站点的设计者才能断定什么是无价值的，什么不是。设计者必须检查挖掘过程已发现的所有模式，抛弃掉不重要的模式。根据设计者的期望来自动检验数据挖掘结果常常有效得多。但是，站点设计者很少写下所有典型的 Web 页面组合。期望是人脑中形成的极为抽象的术语。提取信息丰富、有用的最大序列对研究者来说仍然是一个挑战。

虽然文献提出了几种挖掘遍历模式的技术，但这里只介绍其中的一种，这种方案包括两个步骤：

(1) 第一步开发出一种算法，将日志数据的原始序列转换成一个遍历序列集。每个遍历序列都代表从用户访问起点开始的一个最大的前向引用。注意，此转换步骤要滤掉后向引用的影响，这种后向引用主要是为了便于遍历。归约后的新用户定义的前向路径可以让我们集中精力挖掘有意义的用户访问序列。

(2) 第二步由确定频繁遍历模式的一个独立算法构成，称为大引用序列。大引用序列是在日志数据库中出现次数足够的一个序列。在最后阶段，算法根据大引用序列形成最大引用。最大序列是不属于其他任何最大引用序列的大引用序列。

例如，假设已知用户的遍历日志包括以下路径(为简单起见，用字母代表 Web 页面)：

$$\text{Path} = \{A\ B\ C\ D\ C\ B\ E\ G\ H\ G\ W\ A\ O\ U\ O\ V\}$$

此路径转换为如图 11-3 所示的树状结构。步骤(1)在消除后向引用后，建立的最大前向引用(MFR)集为：

$$\text{MFR} = \{ABCD, ABEGH, ABEGW, AOU, AOV\}$$

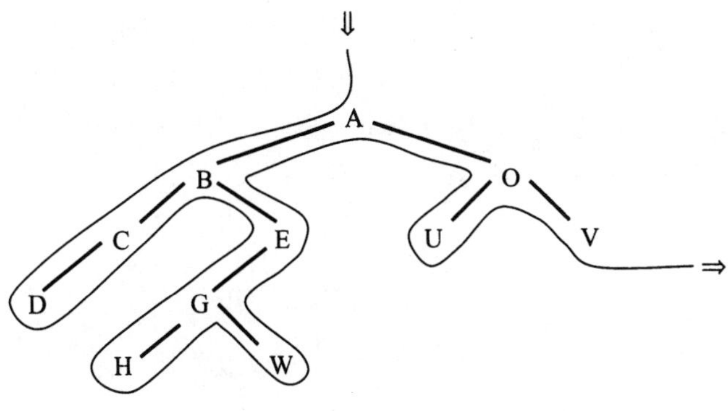

图 11-3　一个遍历模式示例

得到所有用户的最大前向引用后，找出频繁遍历模式的问题就映射为找出所有 MFR 中经常出现的连续序列。本例中，如果阈值是 0.4(或 40%)，长度分别为 2、3 和 4 的大引用序列 LRS 为：

LRS＝{AB, BE, EG，AO，ABE, BEG，ABEG}

最后，确定了 LRS 后，最大引用序列(MRS)也可以通过选择过程得到。本例的结果集为：

MRS＝{ABEG，AO}

总的说来，这些从大日志文件中得出的序列，对应于信息提供服务中的频繁访问模式。

发现 LRS 和关联规则挖掘中的发现频繁项集(在足够多的事务中出现)很相似。但是，它们彼此也有不同，挖掘遍历模式中的引用序列必须以给定的顺序来引用，而挖掘关联规则中的大项集只是事务中各项的合并。相应的算法也有所不同，因为它们要在不同的数据结构上进行操作：LRS 的挖掘结构是列表，频繁项集的挖掘结构是集合。随着 Internet 应用程序的蓬勃发展，多年来最重要的一个数据挖掘议题是怎样有效地发现 Web 中的知识。

11.5　PageRank 算法

PageRank 最初由 Google 的共同创始人 Sergey Brin 和 Larry Page 提出。该算法对 Google 初期的成功做出了贡献。PageRank 以图的方式对节点提供了全局排序。对于搜索引擎，该算法提供了不依赖于查询的、对所有 Web 页面的权威排序。针对发现权威 Web 页面，PageRank 算法与 HITS 算法具有类似的目标。PageRank 算法隐含的主要假设是从页面 a 到页面 b 的每个链接是页面 a 对页面 b 的投票。并非所有投票都是等价的，投票的权重需要按照 PageRank 对原始站点的评分确定。

PageRank 基于随机浏览模型。如果某个浏览者随机地选择某个开始 Web 页面，并且在每个时间步中浏览者随机地选择当前 Web 页面的某个链接，则 PageRank 表现为该随机浏览者在任何给定页面上的概率。一些 Web 页面不包含任何超链接。当存在没有任何超链接的 Web 页面时，该模型假定随机浏览者选择了一个随机 Web 页面。另外，存在一些情况将导致随机浏览者停止跟踪链接并重新开始。

对页面 u 的 PageRank(Pr)的计算如下所示：

$$\mathrm{Pr}(u)=\frac{1-d}{N}+d\left(\sum_{v\in \mathrm{In}(u)}\frac{\mathrm{Pr}(v)}{|\mathrm{Out}(v)|}\right)$$

其中 d 是衰减因子，$0\leqslant d\leqslant 1$，通常设置为 0.85。N 表示整个图中的节点数量。函数 In(u)返回具有指向节点 u 的边的节点集。|Out(v)|返回包含由节点 v 指向的节点数量。例如，如果 Web 页面连接如图 11-4 所示，需要考虑的当前节点若为节点 B，则可以

通过迭代方法获得下列值：N=3，In(B)={A, C}，|Out(A)|=|{B, C}|=2, |Out(C)|=|{B}|=1。根据前面迭代的计算，Pr(A)、Pr(B)和 Pr(C)的值存在差别。结果是 PageRank 的递归定义。对给定的节点计算其 PageRank，需要计算所有与该节点有边连接的节点 PageRank。

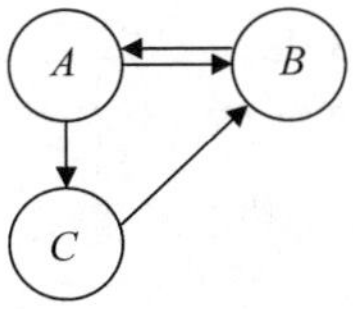

图 11-4　用于展示 PageRank 的第 1 个示例

通常采用迭代方法计算 PageRank，所有节点的 Pr 初始值为 1/N。第 1 次迭代过程中，根据所有节点连接该节点的当前值计算其 PageRank。该过程重复进行，直到迭代间的变化低于预定的阈值或迭代次数达到预定的最大数量为止。考虑包含 3 个节点的示例图。

初始 Pr 值如下：

$$\mathrm{Pr}(A)=\frac{1}{N}=0.333$$

$$\mathrm{Pr}(B)=0.333$$

$$\mathrm{Pr}(C)=0.333$$

第 1 次迭代过程如下：

$$\mathrm{Pr}(A)=\frac{(1-0.85)}{3}+0.85\left(\frac{\mathrm{Pr}(B)}{1}\right)=\frac{0.15}{3}+0.85(0.333)=0.333$$

$$\mathrm{Pr}(B)=\frac{(1-0.85)}{3}+0.85\left(\frac{\mathrm{Pr}(A)}{2}+\frac{\mathrm{Pr}(C)}{2}\right)=\frac{0.15}{3}+0.85\left(\frac{0.333}{2}+0.333\right)=0.475$$

$$\mathrm{Pr}(C)=\frac{(1-0.85)}{3}+0.85\left(\frac{\mathrm{Pr}(A)}{2}\right)=\frac{0.15}{3}+0.85\left(\frac{0.333}{2}\right)=0.192$$

第 2 次迭代显示了通过图传递下述值：

$$\mathrm{Pr}(A)=\frac{(1-0.85)}{3}+0.85\left(\frac{\mathrm{Pr}(B)}{1}\right)=\frac{0.15}{3}+0.85(0.475)=0.454$$

$$\mathrm{Pr}(B)=\frac{(1-0.85)}{3}+0.85\left(\frac{\mathrm{Pr}(A)}{2}+\frac{\mathrm{Pr}(C)}{2}\right)=\frac{0.15}{3}+0.85\left(\frac{0.454}{2}+0.192\right)=0.406$$

$$\mathrm{Pr}(C)=\frac{(1-0.85)}{3}+0.85\left(\frac{\mathrm{Pr}(A)}{2}\right)=\frac{0.15}{3}+0.85\left(\frac{0.454}{2}\right)=0.243$$

如果将同样的过程执行 100 次，将获得如下结果：

$$\mathrm{Pr}\ (A)=0.388$$

$$\mathrm{Pr}\ (B)=0.397$$

$$\mathrm{Pr}\ (C)=0.215$$

继续进行迭代，产生的结果没有变化。据此可以找到一个比较稳定的排序结果。*B* 具有最大的 PageRank 值，具有两个指向它的连接，比其他节点多。但是页面 *A* 差别不大，因为页面 *B* 仅有一个链接指向它，在多个指向外部的链接中并未将 PageRank 值分解。

接下来考虑 HITS 算法的实例，该实例应用到图 11-5(a)表示的图上。该图的 PageRank 的衰减因子为 0.85，在经过 100 次迭代后，其值如图 11-5(b)所示。读者可以实际检查第 1 次迭代后的结果，或者通过执行 PageRank 算法检查表 11-5(b)的最终结果是否正确。

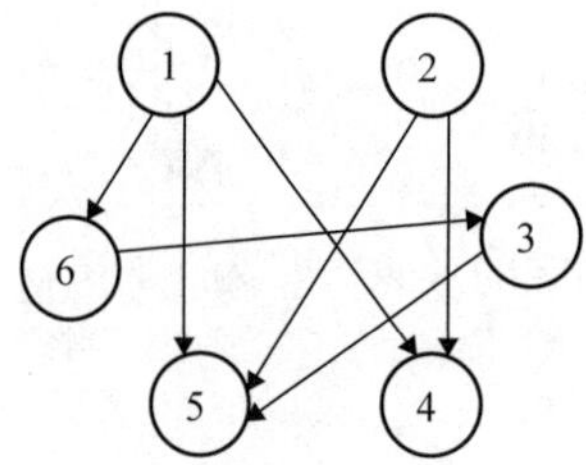

(a) 连接页面的子图

Node	PageRank
1	0.095
2	0.095
3	0.198
4	0.162
5	0.330
6	0.121

(b) 为给定的图计算PageRank

图 11-5　示例图与 PageRank 以及 HITS 的得分

根据图 11-5(b)给出的值可以看出，节点 5 具有最高的 PageRank 值，具有最大的入度或者说指向它的边。令人感到不解的是，节点 3 具有次高值，其得分比节点 4 高，尽管节点 4 的入度比节点 3 高。原因在于节点 6 仅包含一个出度边指向节点 3，而指向节点 4 的边的节点都存在多个出度。最后，与预期一致，具有最低值的边是那些没有入度边的节点，如节点 1 和节点 2。

Google 创始人的最重要的贡献之一是实现并通过实验评估了 PageRank 算法。他们建立了一个包含 161 000 000 个链接的 Web 站点数据库，算法在 45 次迭代后收敛。重复实验针对 322 000 000 个链接，在 52 次迭代后收敛。这些实验表明 PageRank 时间复杂度为 log(*n*)，其中 *n* 是链接的数量，并将它应用到不断增长的 Web 上。当然，本文介绍的是 PageRank 算法最初的版本的简化形式，在经过 Google 商业搜索引擎运行后，该算法进行了多处修改，获得了改进。

11.6　推荐系统

互联网的爆炸式增长导致了所谓“信息繁荣”的现象，它需要新技术来帮助我们在面临极多选择时发现感兴趣的资源。所有这些都为推荐系统(RS)的引入铺平了道路。RS 可以向用户推荐他们感兴趣的项，来帮助用户或用户组处理信息过载。RS 的历史开始于 20 世纪 90 年代末，但主要的进步来自于 Netflix 对电影 RS 的比赛，它吸引了 41 000 个参赛团队，并使 RS 成为研究人员的热门话题。

RS 利用各种信息源：用户及其统计信息、产品及其特性，用户与产品的交互等。RS 的数据基础结构可以是显性的，有不同的等级和满意度；也可以是隐性的：购买的产品、读过的书、听过的歌、点击过的网站内容等。关于 RS 的研究活动最近变得非常活跃，并成功地应用于许多行业，向 Facebook 用户推荐 Netflix 电影、亚马逊产品、工作、书籍、歌曲、新闻、朋友、餐馆、食品、服装、车辆、横幅或社交网站上的内容。推荐的基本原则是在用户和以物品为中心的活动之间存在重要的依赖关系，并且可以根据大量的历史数据发现这些依赖关系。RS 的基本模型处理两类数据：

(1) 用户-物品之间的交互，如用户评价电影或用户购买行为；

(2) 关于用户和物品的属性信息，包括文本简介或相关关键字。

RS 算法主要执行信息过滤，主要分为两类：

(1) 协同过滤；

(2) 基于内容的过滤。

协同过滤通常使用用户-物品交互数据，而基于内容的过滤使用用户和物品的附加属性信息来开发模型。术语“协同过滤”指的是使用来自多个用户的评分，以一种协同的方式预测缺失的评分。可以从用户-物品评分矩阵中以数据驱动的方式学习这些依赖关系，并使用结果模型为目标用户做出预测。可供评估的物品越多，就越容易做出可靠的预测。设计协同过滤方法的主要挑战是基础的评分矩阵是高度稀疏的。考虑一个电影应用程序的示例，其中用户指定表示他们喜欢或不喜欢特定电影的评级。大多数用户可能只看过大量影片中的一小部分，矩阵中会有大量的“空评级”。

在基于内容的 RS 中，物品的描述性属性用于提出建议。“内容”一词是指这些描述。用户的评分和购买行为与可用的商品内容信息相结合。例如，考虑这样一种情况：John 对电影《终结者》的评价很高，但是我们无法访问其他用户对这部电影的评价。因此，排除了协同过滤的方法。然而，《终结者》电影的影片描述与其他科幻电影(如《异形》《铁血战士》)的类型关键字相似。在这种情况下，可以根据电影属性的相似性将这些电影推荐给 John。

从用户的角度看，推荐可以帮助提高用户对 Web 站点上呈现的产品的总体满意度。在商家端，推荐过程可以洞察用户的需求，并帮助进一步定制用户体验。虽然产品推荐通过促进产品销售，直接增加了商家的利润，但是社交联系数量的增加改善了用户在社交网络上的体验。这反过来又促进了社交网络的发展。社交网络严重依赖网络的增长来增加广告收入。因此，推荐潜在的朋友或特定的链接可以使网络更好地成长和连接。

11.7　文本挖掘

今天，在文本文档中存在着庞大的知识，它们有的存储在组织内，有的可供免费获得。由于电子形式的信息，如电子出版物、数字图书馆、e-mail 和 WWW 等的增长，文本数据库也迅速增长。存储在多数文本数据库中的信息都是半结构化数据，人们开发出特殊的数据挖掘技术，称为文本挖掘，它用于从大型文本数据集中发现新的信息。

一般说来，有两种重要的技术使在线文本挖掘成为可能。一种是 Internet 搜索能力，另一种是文本分析方法。Internet 搜索已经存在多年，Web 站点在过去几年的迅猛发展中，人们设计了大量的搜索引擎来帮助用户找到想要的内容，这些搜索引擎仿佛在一夜之间就出现了，Yahoo、Alta Vista 和 Excite 是最早的 3 个，Google 和 Bing 是近年来最流行的。搜索引擎运行时，为特定站点中的内容建立索引，并允许用户搜索这些索引。新一代的 Internet 搜索工具允许用户处理更少的链接、页面和索引，就能获得相关的信息。

作为一个领域，文本分析比 Internet 搜索存在的时间更长。它是让计算机理解自然语言的一部分，通常是一个人工智能问题。文本分析可以用在任何地方，只要有大量需要分析的文本存在。虽然使用不同技术的文档自动化处理不能像人类自己的分析那么有深度，但它可用于文本要点提取、文档分类，以及在文档很多导致不可能手工分析的情况下进行总结分析。

要理解文本文档的细节，可以搜索关键字，或者按文档的语义内容分类。在识别文本文档中的关键字时，需要定义文档中特定的细节或元素，这种细节或元素可用于展示文档和其他文档的连接或关系。在信息检索(IR)领域，文档传统上表述为向量空间模型，并用简单的语法规则(如英语中的空白分隔)来添加标记，标号则转化成标准形式(如“reading”转换成“read”，“is”“was”和“are”转换成“be”)，每个标准标号代表欧几里得空间里的一根轴。文档就是这个 n 维空间里的向量。如果名为“词”的标号 t 在文档 d 中出现 n 次，那么文档 d 中的第 t 个坐标就是 n。可以选择用 L_1、L_2、L_∞范数将文档的长度标准化为 1。

$$\|d_1\| = \sum_t n(d,t),\quad \|d_2\| = \sqrt{\sum_t n(d,t)^2},\quad \|d_\infty\| = \max_t n(d,t)$$

其中 $n(d,t)$是词 t 在文档 d 中出现的次数。这些表述并不能说明：一些词(也叫关键字，例如“algorithm”)在确定文档的内容方面比其他词(如“the”“is”)更重要。如果在 N 个文档中，有 n_t 个文档中出现词 t，n_t/N 就表示稀有性，也表示词 t 的重要性。逆文档频数 IDF=1+log(n_t/N)用于以不同的方式延长向量空间中的轴。因此，在加权向量空间模型中，可以用值 $(n(d,t)/\|d_1\|)\times \text{IDF}(t)$ 来表示文档 d 的第 t 个坐标。尽管这个模型极度原始，且没有捕捉语言或语义的任何方面，但它常常能很好地实现预期的目标。另外，不考虑次要变化，所有这些文本模型都把文档看作词的多重集，而没有注意词的顺序。因此，它们统称为词包模型。这些关键字方法的输出通常可表达为关系型数据集，随后这个数据集可以用任何标准的数据挖掘技术来分析。

超文本文档通常表示为 Web 中的基本成分，它是基于文本文档的一种特殊类型，它的内容除了文本之外，还有超链接。根据应用，它们可以在不同的细节水平上建模。在最简单的模型中，超文本可以看成有向图(D, L)，其中 D 是表述文档或 Web 页面的节点集，L 是链接集。当重点在于文档的链接时，原始模型不需要包含处于节点水平的文本模型。较精细的模型描述了某节点的词分布和图中文档的某个邻近节点的词分布之间的某种联合分布。

尽管基于内容的分析和文档的划分是更加复杂的问题，但是在这方面仍取得了一些进展。人们定义了新的文本挖掘技术，但是没有建立起标准或公共原理基础。总的来说，可以把文本分类看成文档之间的比较，或是文档与某个预定义的词集或定义集的比较。比较的结果可形象地表述为一个语义景观，在此景观中，相似的文档放在一起，而不相似的文档离得比较远。例如，间接的证据常常可以在没有相同词的文档之间建立起语义连接。比如，"car"和"auto"在文档集中同时出现，可能说明它们是相关的。这有助于把含有这些词的文档看成相似的。根据产生景观的特定算法和欧几里得距离，生成的地形图可以描述文档间的相似性强度。这个概念和构建 Kohonen 特征图的方法相似。已知语义景观，就可以推断文档所表达的概念。

文本信息的自动分析可用于几个不同的目的：

(1) 对大型文档集的内容作一个纵览，并以最有效的方式组织它们。

(2) 识别文档之间或文档组之间的隐藏结构。

(3) 提高搜索过程的效率，以找到类似的或相关的信息。

(4) 检测存档文件中的副本信息或文档。

文本挖掘是一个主要建立在文本分析技术基础上的新兴功能集。文本是正式信息交换的最常见媒介。即使只是部分取得成功，试图从文本中自动地提取、组织和使用信息的动机仍然是引人注目的。传统的、商业化的文本检索系统把文本索引转换成统计数字，如单词在每篇文档中出现的次数，而文本挖掘必须提供一些超越文本索引检索的价值，如关键字。文本挖掘寻找文本中的语义模式，可以将其定义为分析文本，以提取感兴趣的、非同寻常的、有特定作用的信息的过程。

由于存储信息的最自然形式是文本，因此文本挖掘比对结构数据进行传统的数据挖掘更具商业潜力。实际上，最新研究表明，公司中有 80%的信息包含在文本文档中。可是，文本挖掘比传统的数据挖掘要复杂得多，因为它需要处理非结构化的文本数据，而文本数据本身就是不明确的。文本挖掘是一个涉及信息检索、文本分析、信息提取、自然语言处理、聚类、分类、可视化、机器学习和已经包括在数据挖掘"菜单"中的其他技术的多学科领域；甚至最近开发的、应用于半结构数据的其他一些具体技术也可以包含在该领域。市场研究、商业智能收集、电子邮件管理、索赔分析、电子采购和自动帮助桌面仅是可成功部署文本挖掘的几个应用。文本挖掘过程如图 11-6 所示，包括两个阶段，如下。

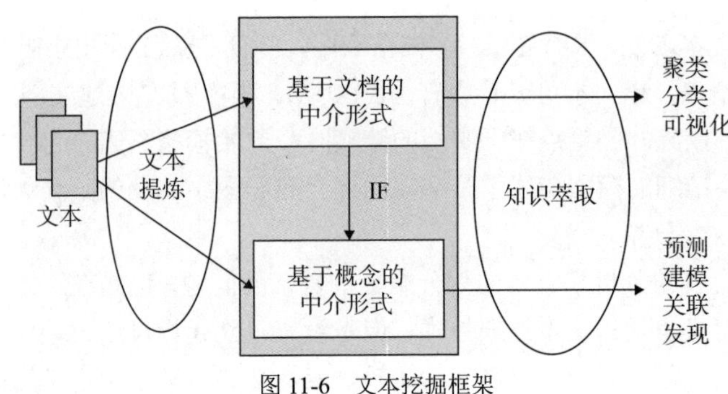

图 11-6 文本挖掘框架

- **文本提炼，**将自由形式的文本文档转换成所选的中介形式。
- **知识萃取，**从中介形式中演绎出模式或知识。

中介形式(IF)可以是半结构化的，如概念图表述，也可以是结构化的，如关系数据表述。不同复杂度的中介形式适合不同的挖掘目标，它们可分类为基于文档的和基于概念的，基于文档是指每个实体都表示一个文档，基于概念是指每个实体代表特定领域中感兴趣的一个对象或概念。从基于文档的 IF 中挖掘，可推导出文档之间的模式和关系，其示例有文档聚类、可视化和分类。

对于细致的、特定领域的知识发现任务来讲，必须进行语义分析，得出一个足够丰富的表述，来捕获文档中描述的概念或对象之间的关系。挖掘基于概念的 IF，可以得出对象和概念之间的模式和关系。这些语义分析方法的计算成本昂贵，对非常大的文本集来说，提高它们的效率和可伸缩性是一个挑战。文本挖掘操作(如预测建模、关联发现)都可归为这一类。根据特定领域中感兴趣的对象，对相关信息进行重新排列和提取，就可以把基于文档的 IF 转换成基于概念的 IF。它遵循的原则是：基于文档的 IF 通常是独立于领域的，而基于概念的 IF 是依赖领域的。

文本提炼、知识萃取功能和采用的中介形式都是划分不同文本挖掘工具和相应技术的基础。一组技术(和最近可用的商业产品)关注文档的组织、可视化和导航。另一组关注文本分析功能、信息检索、分类和总结概括。

这些文本挖掘工具和技术的一个重要的子类是基于文档可视化的。一般方法是根据它们的相似性来组织文档，并把文档的分组和类表示成二维或三维图形。IBM 的 Intelligent Miner 和 SAS Enterprise Miner 可能是当今最全面的文本挖掘产品。它提供了一套文本分析工具，包括特征提取工具、聚类工具、总结概括工具和分类工具。它也整合了一个文本搜索引擎。附录 A 列举了文本挖掘工具的更多示例。

虽然当前任何可用的文本挖掘工具都没有使用和分析领域知识，但这些知识也在文本挖掘过程中扮演重要角色。具体而言，领域知识可用在文本提炼阶段，以提高分解效率，得出更简单的中介形式。领域知识也可用于知识萃取阶段，以提高学习效率。所有这些想法都还处于萌芽阶段，希望文本挖掘的下一代工具和技术将会提高从文本中发现知识和信息的质量。

11.8　潜在语义分析

潜在语义分析(Latent Semantic Analysis, LSA)最初的开发意图是考虑单词在一系列使用环境中的语义意思，以提高信息检索技术的精度和效用，这一点与使用简单的字符串匹配操作相反。LSA 是用单词使用率的统计模型来分割自由文本的方法，与特征向量分解及因子分析相似。这种方法不是集中在如单词频率这样一些表面特征上，而是根据单词的语境，提供文档间的语义相似性的一个定量度量。

使用术语“计数”存在两个问题，同义和多义问题。同义性指不同的词汇具有相同或相似的含义，却是完全不同的词汇。采用向量方法处理时，使用术语“altruistic”的查询与包含词汇“benevolent”的文档没有匹配，尽管这两个术语之间存在相似的含义。另外，多义性是指包含多种含义的词汇。术语“bank”可以表示某一财务系统，或者指投篮的一种类型。上述问题将产生不同类型的文档，这些文档在文档比较时会出现问题。

LSA 试图解决上述问题，不采用庞大的字典或自然语言处理引擎，仅靠采用数学模型揭示数据之间的这些关系。通过减少用于表示文档的维度数量，采用一种被称为奇异值分解(SVD)的数学矩阵操作来实现。

首先看看示例数据集合的情况。示例是包含 5 个文档的简单数据集合。LSA 的维度约简步骤将应用于构成训练数据的前 4 个文档(d_1, d_2, d_3, d_4)。然后，与由第 5 个文档(d_5)构成的检验集进行距离比较，采用最近邻分类方法。初始文件集合包括：

- d_1: A bank will protect your money.
- d_2: A guard will protect a bank.
- d_3: Your bank shot is money.
- d_4: A bank shot is lucky.
- d_5: Bank guard

根据文档数据仅采用术语计数获取文档的向量表示，向量表示可以看成一个矩阵，矩阵的行表示术语，列表示文档，如图 11-7 所示。

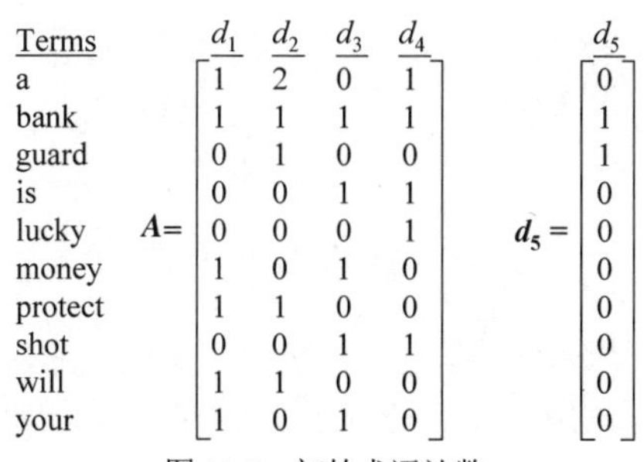

$$
\begin{array}{l}
\underline{\text{Terms}}\\
\text{a}\\
\text{bank}\\
\text{guard}\\
\text{is}\\
\text{lucky}\\
\text{money}\\
\text{protect}\\
\text{shot}\\
\text{will}\\
\text{your}
\end{array}
\quad
\boldsymbol{A}=
\begin{array}{c}
\begin{array}{cccc}\underline{d_1} & \underline{d_2} & \underline{d_3} & \underline{d_4}\end{array}\\
\begin{bmatrix}
1 & 2 & 0 & 1\\
1 & 1 & 1 & 1\\
0 & 1 & 0 & 0\\
0 & 0 & 1 & 1\\
0 & 0 & 0 & 1\\
1 & 0 & 1 & 0\\
1 & 1 & 0 & 0\\
0 & 0 & 1 & 1\\
1 & 1 & 0 & 0\\
1 & 0 & 1 & 0
\end{bmatrix}
\end{array}
\qquad
\boldsymbol{d_5}=
\begin{array}{c}
\underline{d_5}\\
\begin{bmatrix}
0\\ 1\\ 1\\ 0\\ 0\\ 0\\ 0\\ 0\\ 0\\ 0
\end{bmatrix}
\end{array}
$$

图 11-7　初始术语计数

LSA 方法第 1 步是分解表示原始数据集的 4 个文档的矩阵，矩阵 $\boldsymbol{A}$，使用 SVD：

A=USV^T。SVD 的计算超越了本文的范围，但可以通过计算软件包自动实现该步骤(例如 R 或 MATLAB 软件包)。分解产生的结果矩阵见图 11-8。**U** 及 **V**^{T} 矩阵分别为术语和文档提供了向量权重。考虑 **V**^{T}，该矩阵为每个文档给出了一个新的四维表示，每个文档由对应的列给出。每个新维度由原始的 10 个词汇计数维度获得。例如，当前文档 1 表示为 $d_1=-0.56x_1+0.095x_2-0.602x_3+0.562x_4$，其中每个 x_n 表示一个新获取的维度。**S** 矩阵是每个主分量方向的一个特征向量的对角矩阵。

$$\boldsymbol{U}=\begin{bmatrix}-0.575 & 0.359 & 0.333 & 0.072\\ -0.504 & -0.187 & 0.032 & -0.044\\ -0.162 & 0.245 & 0.137 & -0.698\\ -0.197 & -0.473 & 0.237 & -0.188\\ -0.105 & -0.172 & 0.401 & 0.626\\ -0.236 & -0.260 & -0.506 & 0.029\\ -0.307 & 0.286 & -0.205 & 0.144\\ -0.197 & -0.473 & 0.237 & -0.188\\ -0.307 & 0.286 & -0.205 & 0.144\\ -0.236 & -0.260 & -0.506 & 0.029\end{bmatrix},\ \boldsymbol{S}=\begin{bmatrix}3.869 & 0.000 & 0.000 & 0.000\\ 0.000 & 2.344 & 0.000 & 0.000\\ 0.000 & 0.000 & 1.758 & 0.000\\ 0.000 & 0.000 & 0.000 & 0.667\end{bmatrix},\ \boldsymbol{V}^{\mathrm{T}}=\begin{bmatrix}-0.560 & -0.628 & -0.354 & -0.408\\ 0.095 & 0.575 & -0.705 & -0.404\\ -0.602 & 0.241 & -0.288 & 0.705\\ 0.562 & -0.465 & -0.542 & 0.417\end{bmatrix}$$

图 11-8 初始数据的奇异值分解

通过上述的初始步骤，将每个文档的维度表示由 10 个约减为 4 个。以下将描述如何着手进一步约减维度数量。当数据集中包含大量的文档时，先前的步骤并不能充分地约减。为进一步约减，首先观察矩阵 **S** 提供的特征向量的对角矩阵的降序情况，$\lambda_1,\ldots,\lambda_4=\{3.869, 2.344, 1.758, 0.667\}$。通过仅保留前 k 个特征向量而不是所有的 n 个术语(矩阵 **S** 中，n=4)获得数据最大的变化情况。例如，若 k=2，当从每个文档 4 个维度减少到 2 个时，保留 $(\lambda_1^2+\lambda_2^2)/\sum_{i=1}^{4}\lambda_i^2=0.853$ 或 85%的变化情况。2 阶近似结果见图 11-9。如图 11-9 所示，2 阶近似的获得是通过在 **U** 中选择前 k 个列。左上 $k\times k$ 矩阵来自于 **S**，因此 top k 行来自 **V**^{T}。

$$U\approx U_k=\begin{bmatrix}-0.575 & 0.359\\ -0.504 & -0.187\\ -0.162 & 0.245\\ -0.197 & -0.473\\ -0.105 & -0.172\\ -0.236 & -0.260\\ -0.307 & 0.286\\ -0.197 & -0.473\\ -0.307 & 0.286\\ -0.236 & -0.260\end{bmatrix},\ S\approx S_k=\begin{bmatrix}3.869 & 0.000\\ 0.000 & 2.344\end{bmatrix},\ V^T\approx V_k^T=\begin{bmatrix}-0.560 & -0.628 & -0.354 & -0.408\\ 0.095 & 0.575 & -0.705 & -0.404\end{bmatrix}$$

图 11-9 奇异值分解的 2 阶近似

V^T 的 k 阶近似给出了降维数据集，其中每个文档仅用两个维度描述。**V**^{T} 可被视为原始文档矩阵的转换，可用于任意数量的文本挖掘工作，例如聚类和分类。与采用原始的词汇计数数据挖掘任务比较，可以使用新的获取维度获得改进的结果。

在多数文本挖掘工作中，所有训练文档(如示例 4)都包含在矩阵 **A** 中一起转换。文档

5(d_5)不参加相关计算的方法实际上表示了一种称为“折叠”的方法，它允许将小数量的文档转换到新的简约空间中，并与训练文档数据库进行比较。从先前的 SVD 计算得到的矩阵用于实现该转换。该工作采用以下的改进公式：$V'^{\mathrm{T}} = A'^{\mathrm{T}}U_kS_k^{-1}$ 。该等式重新安排先前的 SVD 的术语等价替换初始数据集，矩阵 $\boldsymbol{A}$，为文档 5(d_5)术语计数转换为矩阵 A'。相乘的结果见图 11-10。结果文档 d_5 表示在约减的二维空间上，d_5=[−0.172, 0.025]。

$$V'^{\mathrm{T}} = A'^{\mathrm{T}}U_kS_k^{-1}$$

$$V'^{\mathrm{T}} = \begin{bmatrix} 0 & 1 & 1 & 0 & 0 & 0 & 0 & 0 & 0 & 0 \end{bmatrix} \begin{bmatrix} -0.575 & 0.359 \\ -0.504 & -0.187 \\ -0.162 & 0.245 \\ -0.197 & -0.473 \\ -0.105 & -0.172 \\ -0.236 & -0.260 \\ -0.307 & 0.286 \\ -0.197 & -0.473 \\ -0.307 & 0.286 \\ -0.236 & -0.260 \end{bmatrix} \begin{bmatrix} 0.258 & 0.000 \\ 0.000 & 0.427 \end{bmatrix} = \begin{bmatrix} -0.172 & 0.025 \end{bmatrix}$$

图 11-10　为文档 d_5 建立二维近似的 SVD 计算

将转换数据可视化，在图 11-11 上给出了示例文档 d_1, d_2, d_3, d_4, d_5，开始执行最近邻分类算法。如果任务是消除“bank”的模糊含义，可能的分类是“财务体系”和“篮球投篮”。然后复查原始文档显示文档 d_1、d_2 和 d_5 属于分类“财务体系”类，文档 d_3、d_4 属于“篮球投篮”类。为文档 d_5 分类时，将 d_5 与其他文档比较。最近邻方法将确定 d_5 的分类。理想情况是，如前所述，d_5 应该靠近 d_1 和 d_2，远离 d_3 和 d_4。表 11-4 显示这些计算使

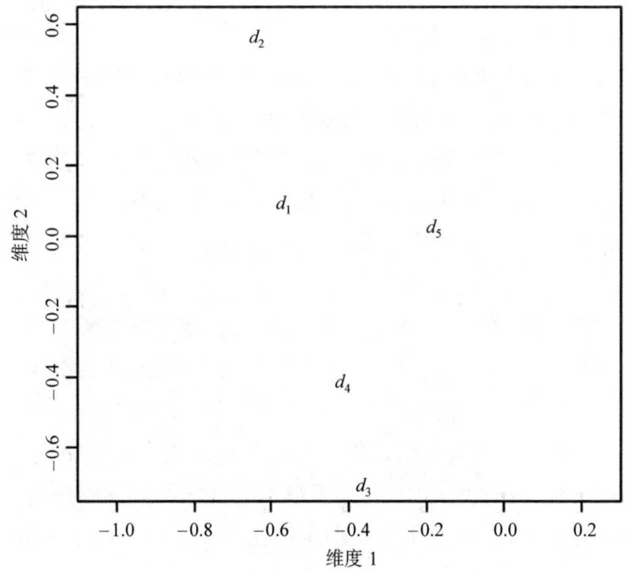

图 11-11　文档的二维数据点及使用 LSA 查询

用了欧几里得距离方法。对那个文档最邻近的评估基于原始的 10 个维度和 2 个维度简约集。表 11-5 显示使用余弦相似度量进行同样的比较。余弦相似性比较通常应用于文本挖掘任务的文本比较工作。

表 11-4 使用欧几里得距离分别发现在二维和十维空间中(最小距离优先排序)d_5 的最近邻

比较	十维(原始的)		二维(LSA)	
	距离	排序	距离	排序
d_1-d_5	2.449	3−4	0.394	1
d_2-d_5	2.449	3−4	0.715	3
d_3-d_5	2.236	1−2	0.752	4
d_4-d_5	2.236	1−2	0.489	2

表 11-5 使用余弦相似性度量分别发现在二维和十维空间中(最小距离优先排序)d_5 的最近邻

比较	十维(原始的)		二维(LSA)	
	相似性	排序	相似性	排序
d_1-d_5	0.289	4	0.999	1
d_2-d_5	0.500	1	0.826	2
d_3-d_5	0.316	2−3	0.317	4
d_4-d_5	0316	2−3	0.603	3

如表 11-4 所示的欧几里得距离，当采用十维空间时，d_3 和 d_4 排在 d_1 和 d_2 之上。按照欧几里得距离公式，当两个文档都共享某个术语或都不共享某个术语时，则该维的距离计算结果为 0。在运用 LSA 转换之后，欧几里得距离将 d_1 排在 d_3 和 d_4 之上，然而，文档 d_2 则处于 d_3 之上，d_4 之下。

余弦相似性计算 n 维空间中表示点之间两个向量的夹角的余弦。结果相似性用 0.1 之间的值表示。结果为 1 表示最相似，为 0 表示没有相似性。在进行文档向量比较时，对某个特定的术语，当两个向量包含 0 时，则未增加额外的相似性强度。对文本应用来说，这一特性非常有益。观察表 11-5，可以看出在未转换前，十维空间上，d_2 则处于 d_3，d_4 之上，它们都包含了 d_5 的术语。然而，d_1 由于比其他语句包含更多的术语而处于 d_3，d_4 之下。在经过 LSA 转换后，d_1，d_2 处于 d_3，d_4 之上，获得了期望的排序。在简单示例中，首先使用 LSA 转换，然后采用余弦相似性度量数据库中的初始训练文档与新文档之间的相似性，可以获得最好的效果。采用最近邻分类器，利用余弦相似性度量十维或二维示例或者采用欧几里得距离应用二维情况，d_5 将被正确地分类到“财务机构”文档。在十维的情况下，采用欧几里得距离会发生错误。如果采用 k 最近邻，并且取 k=3，则十维的情况下欧几里得距离仍然不能正确分类 d_5。显然，即使在比较简单的实例中，LSA 转换也会影响文档比较的结果。由于 LSA 对文档的语义有更好的表示，结果会变得更好。

11.9　复习题

1. 给出 Web 内容挖掘、Web 结构挖掘和 Web 用量挖掘的应用实例，讨论其优点。
2. 已知表 11-6 的链接 Web 页面：

表 11-6　链接 Web 页面

页面	链接的页面
A	B, D, E, F
B	C, D, E
C	B, E, F
D	A, F, E
E	B, C, F
F	A, B

(1) 使用 HITS 算法的二次迭代找出权威页面。

(2) 使用 HITS 算法的二次迭代找出 hub 页面。

(3) 使用 0.1 作为抑制因子进行一次迭代后，求每个页面的 PageRank 分数。

(4) 说明(a)和(c)得到的 HITS 和 PageRank 权威等级。

3. 对于遍历日志{X, Y, Z, W, Y, A, B, C, D, Y, C, D, E, F, D, E, X, Y, A, B, M, N}：

(1) 求 MFR。

(2) 设阈值是 0.3 (或 30%)，求 LRS。

(3) 求 MRS。

4. 已知表 11-7 中的文本文档和假设的分解：

表 11-7　示例表

文档	文本
A	Web 内容挖掘
B	Web 结构挖掘
C	Web 用量挖掘
D	文本挖掘

	−0.60	0.43	0.00	0.00	2.75	0.00	0.00	0.00	−0.55	−0.55	−0.55	−0.30
	−0.20	0.14	0.00	0.82	0.00	1.21	0.00	0.00	0.17	0.17	0.17	−0.95
$USV^T=$	−0.71	−0.36	0.00	0.00	0.00	0.00	1.00	0.00	0.00	−0.71	0.71	0.00
	−0.20	0.14	−0.71	−0.41	0.00	0.00	0.00	1.00	0.82	−0.41	−0.41	0.00
	−0.20	0.14	0.71	−0.41								
	−0.11	−0.79	0.00	0.00								

(1) 使用原始文档中的词计数，创建矩阵 **A**。

(2) 求 1、2 和 3 级的近似文档表述。

(3) 计算 1、2 和 3 级近似文档表述的变异性。

(4) 把文档 A、B、C 和 D 手工分为两类。

5. 已知表 11-8 的链接 Web 页面，抑制因子为 0.15：

表 11-8 链接 Web 页面

页面	链接的页面
A	F
B	F
C	F
D	F
E	A, F
F	E

(1) 进行一次迭代后，求每个页面的 PageRank 分数。

(2) 进行 100 次迭代后，求每个页面的 PageRank 分数。记录每次迭代中分数的绝对差(确保使用某种编程或脚本语言获得这些分数)。

(3) 解释(a)和(b)计算的分数和等级，分数收敛得多快？解释之。

6. 为什么在文本挖掘过程中，文本提炼任务非常重要？文本提炼的成果是什么？

7. 假设输入是链接页面表，实现 HITS 算法，并找出权威页面和 hub 页面。

8. 在链接页面表中实现 PageRank 算法，并找出中心节点。

9. 开发一个软件工具，发现 Web 日志文件中的最大引用序列。

10. 搜索 Web，找出发现关联规则的公用或商业软件工具的基本特征。记录搜索结果。

11. 将 LSA 用于自己选择的 20 个 Web 页面，比较用最初的词计数作为属性得到的分类，和用 LSA 导出的属性。解释这个方法的优缺点。

12. 使用日志数据挖掘遍历模式的两个主要步骤是什么？

13. XYZ 公司维护着 5 个 Web 页面：$\{A, B, C, D$ 和 $E\}$。创建了如下会话(按时间顺序列出)：

$$S_1=[A, B, C]，S_2=[A, C]，S_3=[B, C, E]，S_4=A, C, D, C, E] .$$

假定支持度阈值是 30%，求所有的大序列(建立树后)。

14. 设 Web 图是无方向的，即当且仅当页面 j 指向页面 i，页面 i 才指向页面 j。下面各陈述是否正确？简要解释之。

(1) hub 页面和权威页面向量是相同的，即对于每个页面，hub 页面等于权威页面。

(2) 用于计算 PageRank 的矩阵 $\boldsymbol{M}$ 是对称的，即对于所有的 i 和 j，$M[i; j]=M[j; i]$。

15. 考虑具有以下链接的 3 个 Web 页面 A、B 和 C：

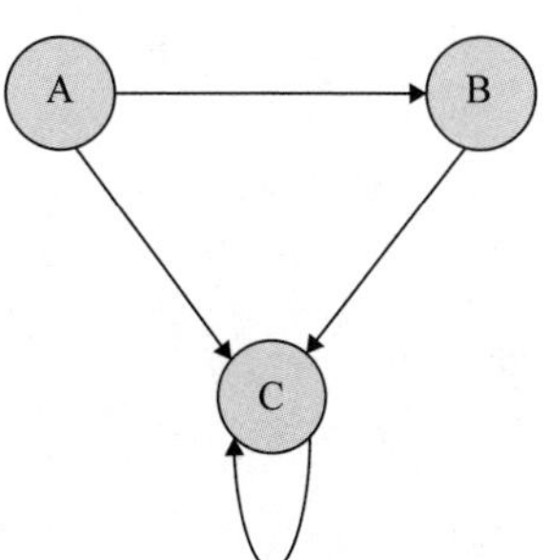

假设用 $d = 0.7$ 来计算 PageRank，并引入附加约束，即 3 个页面的 PageRank 之和必须标准化为 3。仅在第一次迭代中计算 3 个页面 A、B 和 C 中定义为 a、b 和 c 的等级的 PageRank 模型。

16. 假定收到了一组 1000 个文档的数据，这些文档被分类为与娱乐或教育有关。数据集中有 700 个娱乐类文档和 300 个教育类文档。下表给出了每个主题的文档数量，每个主题中有一个词的选择集。

Word-document counts for the *entertainment* dataset					
fun	is	machine	christmas	family	learning
415	695	35	0	400	70
Word-document counts for the *education* dataset					
fun	is	machine	christmas	family	learning
200	295	120	0	10	105

两个数据集中，对以下查询文档“机器学习很有趣”，朴素贝叶斯模型预测的目标级别是什么？

17. 对于以下两个句子，使用单词的原始频率计算余弦相似度量：

(1)“The sly fox jumped over the lazy dog.”

(2)“The dog jumped at the intruder.”

第 12 章

数据挖掘高级技术

本章目标

- 分析图挖掘算法的特点，并列举一些说明性的示例。
- 当引入时间和空间因素时，明确数据挖掘算法所需的变化。
- 简要介绍分布式数据挖掘算法的基本特点，以及针对分布式 DBSCAN (Density-Based Spatial Clustering of Applications with Noise)算法的具体修改。
- 明确因果关系和相关关系的区别。
- 介绍贝叶斯网络建模的基本原则。
- 明确在数据挖掘过程中何时以及如何进行隐私保护。
- 从社会和法律的角度总结数据挖掘的应用。
- 重点介绍云计算、Hadoop 框架和 Map/ Reduce 编程范式的概念。
- 解释强化学习的基本原理，探讨 Q-learning 方法论。

科技的进步使海量数据的存储和访问费用变得几乎为零，这为大规模数据驱动的挖掘带来了前所未有的机遇，同时也为科学和商业基本收益理解方面创建了可挖掘的巨大潜能。Internet 和 Web 的普及使数据挖掘框架扩展到包括分布的、依赖于时间和空间的信息和工具变得势在必行。新的复杂分布式系统由增强的多媒体数据源(比如图像和信号等)和高级数据结构(比如图等)来支持。在这种环境下，数据挖掘应用将面临社会和法律的新挑战，隐私保护成为首要任务之一。

12.1 图挖掘

传统的数据挖掘任务，比如关联规则挖掘，市场购物篮分析和聚类分析，都是试图从一个具有单一关系的独立实例集中寻找模式。这与传统的统计推断问题一致。传统的统计推断问题都是，首先从一个服从常见基本分布的数据集中随机抽取样本，然后再根据抽取的样本确定一个模型。数据挖掘面临的新挑战是挖掘结构丰富的数据集，数据集中的对象都以某种方式连接在一起。许多真实数据集描述的都是通过多种关系连接在一起的各种实体类型。这些关系为许多数据挖掘任务提供了有帮助作用的上下文背景。然而，多关系数据违反了许多传统统计机器学习算法的数据实例独立的基础假设。因为传统的统计推断方法都假设样本是独立的，所以在许多应用场合中天真地采用这些方法可能会得出错误的结论。我们应当小心妥善地处理由于样本之间连接而导致的潜在关系。事实上，记录联动应该是可以利用的信息。显然，这些信息可以用来提高学习模型的预测准确度：连接对象的属性往往是相关的，并且拥有共同点的对象之间往往有连接存在。对象之间的关系代表了丰富的信息源和最终的知识。因此，能够利用跨属性和连接结构的新方法是迫切需要的。当然，作为一种通用的数据结构，图可以满足建模数据间的复杂关系的要求。

基于图的数据挖掘代表了一个技术集合，这些技术用来挖掘基于图形表示的数据的相关信息。它的任务是在数据的图形表示中寻找新颖有用且便于理解的图论模式。由于图挖掘可以用来解决计算生物学、化学数据分析、药物发现及通信网络等方面的数据挖掘问题，并且最近开发了大量依据图挖掘理论的应用程序来解决这方面问题，因此，图挖掘逐渐成为数据挖掘领域的重要研究课题。图12-1列举了图形表示数据的一些示例。传统的数据挖掘和管理方法，比如聚类、分类、频繁模式挖掘和索引算法等，都已经被扩展到图挖掘领域中。尽管图挖掘最近在数据挖掘领域才开始发展，但它早就被其他领域的研究人员以不同的名称进行研究。数学上对图的研究有着悠久的历史，但社会网络分析领域的社会学家反而取得了很多显著的重要成果。然而，数学领域和社会网络分析领域存在重大差别，其中最主要的就是网络规模的大小。一般情况下，社会网络规模小，而较大的研究也就考虑数百个节点，而新应用领域的图挖掘数据集通常可能由成千上万个节点和数百万条边组成。

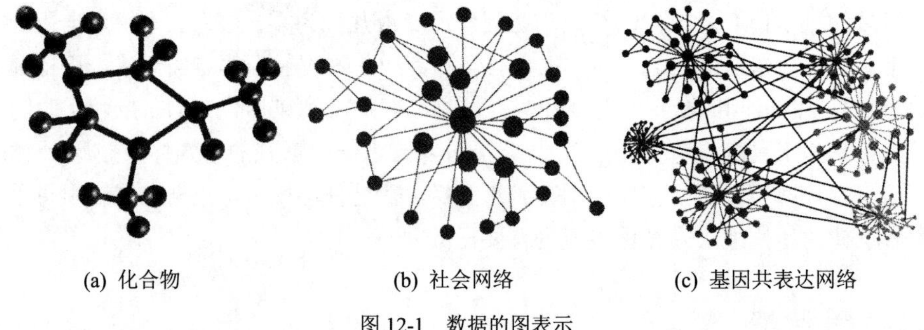

图12-1　数据的图表示

当今许多数据集的最好表达形式就是把它描述成相关联对象的一个连接集合。这些可能代表同构网络，其中只包含单一类型的节点和单一类型的连接，或者是结构丰富一些的异构网络，其中可能包含多种类型的对象和多种类型的连接，以及其他可能的语义信息。同构网络的示例包括单一模式的社会网络，比如通过友情连接起来的人群，或万维网(World Wide Web，WWW)，一个连接网页的集合。异构网络的示例包括那些在医疗领域描述病人、疾病、治疗和接触的关系的网络，或在文献检索领域描述出版物、作者和位置关系的网络。当构建这些连接数据的预测和描述模型时，图挖掘技术可以明确地考虑这些连接。

不同应用领域对基于图表示的数据集的要求不是很均匀。因此，在一个领域运作很好的图模型和挖掘算法在另一个领域可能发挥不出很好的作用。例如，化学数据通常用图形表示，图形中的节点对应于原子，节点之间的连接对应于原子之间的作用力。尽管不同节点之间有着显著的重复，但是单个图的规模非常小。生物数据的建模方式与化学数据类似。然而，单个图的规模要变大很多。蛋白质相互作用的网络需要连接那些必须一块儿工作共同完成特定生物功能的基因。单一的生物网络可以轻松地包含数千个节点。而在计算机网络和 Web 的情形中，底层图(underlying graph)中节点的数量可能相当庞大。计算机网络由代表节点的路由器/计算机以及它们之间的连接组成。由于节点的数量巨大，这会导致网络中含有大量的边。社会网络可能会用大图进行建模，图中的节点表示人，连接表示这些不同人之间的通信或关系。社会网络中的连接可以用来决定相关的社区、特定专家组成员以及社会网络中的信息流动。例如，社会网络中的社区检测(community detection)问题与大图的节点聚类问题是相关的。这种情形下，我们希望根据底层的连接结构来决定节点的密集聚类(dense clusters)。显然，一个特定挖掘算法的设计取决于具体的应用领域。

在列举图挖掘技术的一些说明性示例以前，有必要首先学习一下图论中的一些基本概念。图论提供了一个用来标记和表示数据中许多结构属性的术语表。此外，图论还提供了可以用来量化和测量这些属性的数学运算和数学思想。

图 $G = G(N, L)$由两组信息组成：一个节点集合 $N = \{n_1, n_2, \ldots, n_k\}$和一个由节点集中任意两点间的链接(边)组成的集合 $L = \{l_1, l_2, \ldots, l_m\}$。只有节点而没有边的图称为空图(或零图)，只有一个节点的图称为平凡图。如果两个节点 n_i 和 n_j 之间有边相连接，则称二者是相邻的。图 $G(N, L)$可用图 12-2(a)表示，其中用点描绘节点，线表示两点之间的链接。如果 $N' \subseteq N$ 且 $L' \subseteq L$，则称图 $G'(N', L')$是 $G(N, L)$的一个子图。

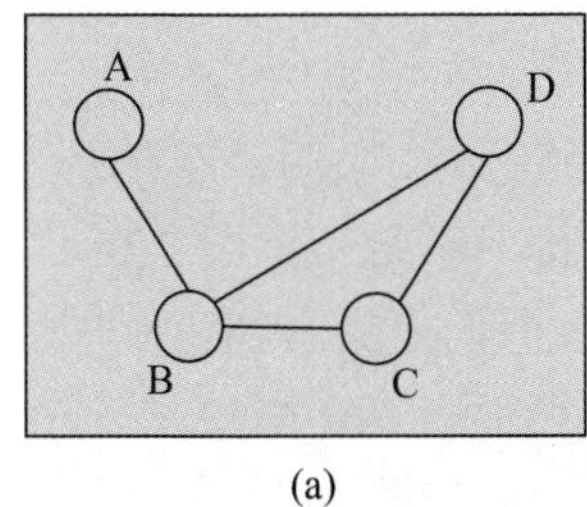

(a)

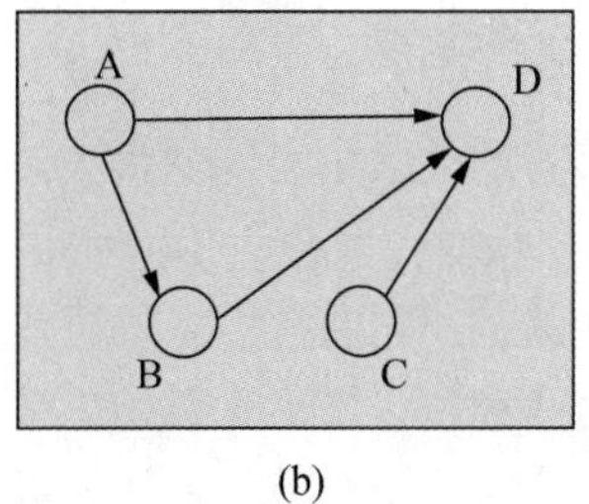

(b)

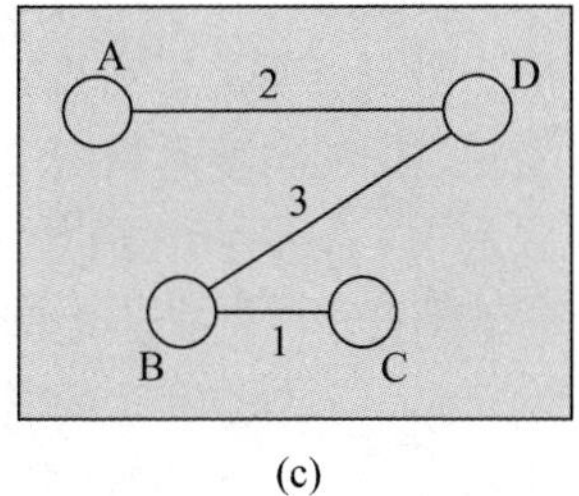

(c)

图 12-2　无向图、有向图和加权图

如果一个图的节点是图 G 节点的子集，并且节点对之间有与图 G 相同的边，则

称该图是图 G 的导出子图(induced subgraph)。例如，图 12-3 中的图(b)就是图(a)的一个导出子图，但是图(c)只是一个一般子图，而不是图 G 的导出子图，因为图(c)中没有保留图(a)节点 N2 的入边 L1，但包含了节点 N2。

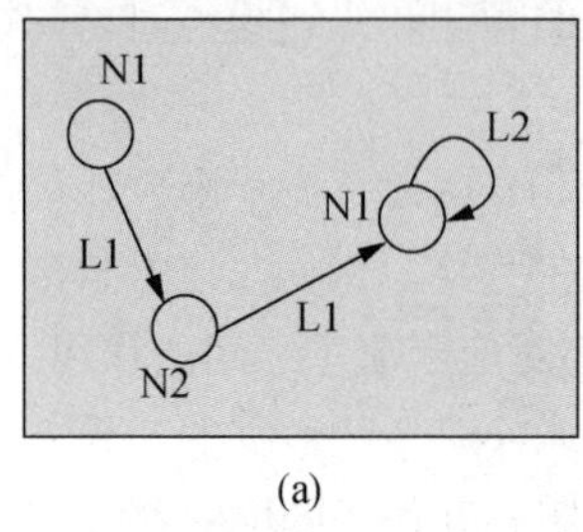

(a)

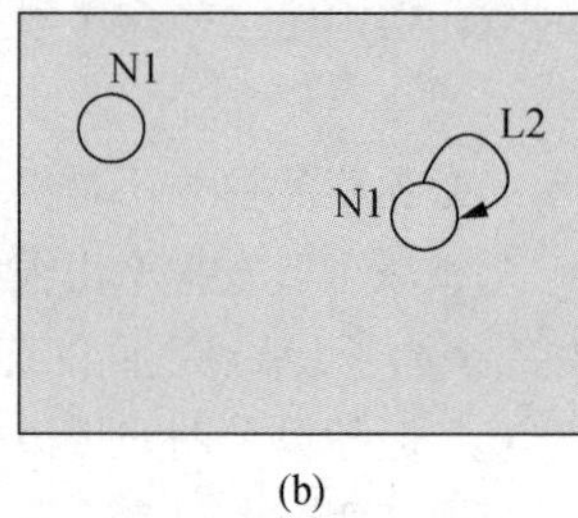

(b)

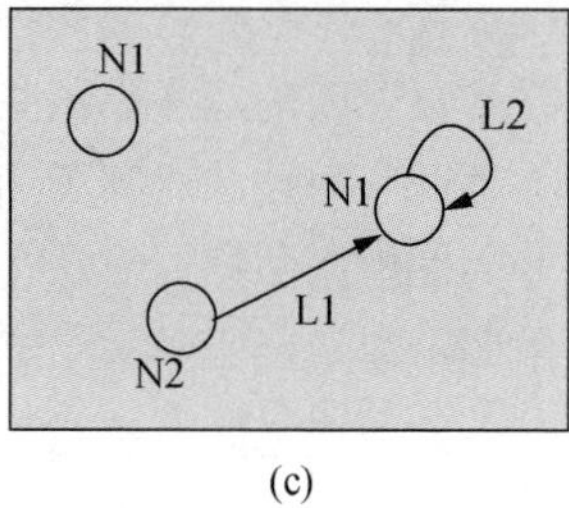

(c)

图 12-3 导出子图和一般图

与一个节点相连接边的数量称为该节点的度数，简称度，记作 $d(n_i)$，即指与该节点邻接的节点数量。例如，图 12-2(a)中节点 B 的度数 $d(B)$=3。当没有节点与一个给定节点邻接时，则该节点的度数取最小值 0。当该节点与图中其他每一个节点都邻接时，则该节点度数取最大值 k-1，即一个节点度数的取值范围是[0, k-1]。尽管节点的度数很容易计算，但是它们对许多应用程序都是非常重要的。对于有些应用程序而言，有必要汇总图中所有节点的度。节点的平均度(数)是一个统计值，表示图中节点的平均度数：

$$d_{\mathrm{av}}=\frac{\sum_{i-1}^{k} d(n_i)}{k}$$

对于图 12-2(a)所示的图，它的 $d_{\mathrm{av}}=(1+3+2+2)/4=2$ 。有些人可能对节点度数的变化感兴趣。如果所有节点度数相等，都等于 d，则称该图是 d-正则图，它的方差就等于 0。如果各节点度数不同，就用如下公式计算方差：

$$\mathrm{SD}^2=\sum_{i=1}^{k}\frac{(d(n_i)-d_{\mathrm{av}})^2}{k}$$

图中最大边数定义为节点的数量。由于图中有 k 个节点，如果排除图中的环，那么图中最多可能有 $k(k-1)/2$ 条边。如果边的数量达到最大值，即 $k(k-1)/2$，那么图中的每一个节点都是相互邻接的，此时，称该图为完全图。现在考虑这些连接真实出现的比例。图的密度是指图中真实的边数与可能的最大边数的比例。当图中没有边时，其值为 0；当所有可能的边都出现时，其值为 1，因此，图的密度取值范围是[0, 1]。

下面分析一对节点之间的路径，它通常由多条边代表。我们把从 $s\in N$ 到 $t\in N$ 路径定义为一个节点和边的交替序列，以节点 s 开始，节点 t 结束，以使每条边连接它前面的节点和后面的节点。在给定的一对节点之间很可能有多条路径，而这些路径的长度可能不同，即路径中包含的边数不同。两节点之间的最短路径称为短程线(geodesic)。短程线距离 d_{G} 或两节点之间的距离被定义为它们之间的短程线的长度，也表示最短路径的长度。根据定义，每一个节点 $s\in N$，$d_G(s;s)=0$；每一对节点 $s,t\in V$，$d_G(s;t)=d_G(t;s)$。例如，在图 12-2(a)中，节点 A 和 D 之间的路径是 A-B-D 和 A-B-C-D，而最短路径是 A-B-D，因此二者之间的距离 $d(A, D)=2$。如果两节点之间没有路径，它们之间的距离就是无穷大(或没定义)。一个连接图的直径(diameter)是任意节点对之间的最大短线程的长度。它代表最大节点离心率。直径的取值范围是[1, k−1]，当是完全图时，它取最大值 k−1。如果一个图是不连接的，那么它的直径将是无穷大。对于图 12-2(a)所给的图，直径是 2。

上面这些基本定义都是针对无标号的无向图，如图 12-2(a)所示。有向图由一个节点集 N 和一个有向连接集 L 组成，记作 $G(N, L)$。其中每一个连接都对应一个有序节点对(sender, receiver)。由于每个连接都是有向的，因此，图中可能包含 $k(k-1)$个连接。标记图 G 中，每个连接可以带一些值，由 3 组信息组成：$G(N, L, V)$，其中新分量 $V=\{v_1, v_2, \ldots, v_t\}$表示附加到连接上的一组值。图 12-2(b)给出一个有向图，图 12-2(c)给出一个标记图。在建模连接数据时，不同的应用程序应该使用不同类型的图。尽管本章重点是无标号的无向图，但是读者仍然必须知道，存在大量针对有向图或标记图的图挖掘算法。

除了图形的表示之外，每个图还可以表示为关联矩阵(incidence matrix)的形式，其中行是节点索引，列是边索引。如果节点 n_i 与 a、边 l_j 相关，则矩阵位置(i, j)的项的值为 a。图的另外一种矩阵表示形式(在无向无标记图中)是 $k\times k$ 的邻接矩阵(adjacency matrix)，其中行列都是节点。邻接矩阵是数学图论中很常用的图表示形式，图结构化的数据几乎都可以非常容易地转换为邻接矩阵的形式，而不用进行大量的计算。如果节点 n_i 和 n_j 之间有一条边相连接，位置(i, j)上的值为 1；否则它的值是 0，如图 12-4 所示。

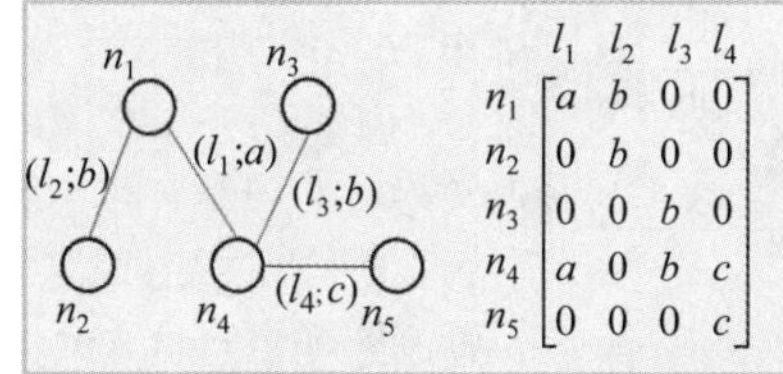

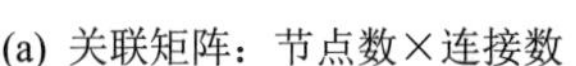
(a) 关联矩阵：节点数×连接数

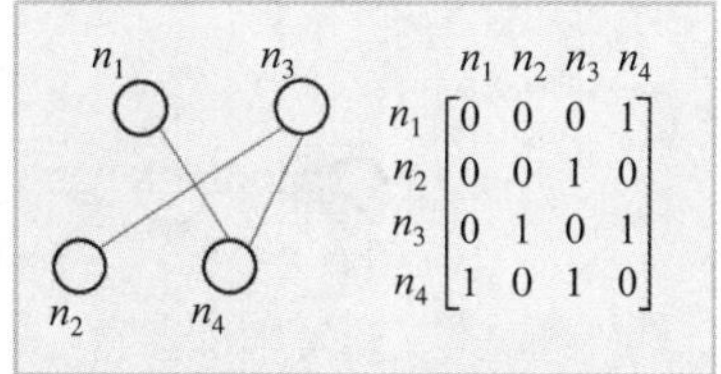

(b) 邻接矩阵：节点数×节点数

图 12-4　图的矩阵表示

如果图中对连接进行了标记，则可以利用下面的转换过程，把连接标记图转换成一个新的节点标记图。这样就减少了邻接矩阵表示中的二义性。给定一对节点(u, v)并且它们之间存在有向或无向边$\{u, v\}$，即，node(u)−link($\{u, v\}$)−node(v)，其中 node()和 link()分别代表节点和连接的标号。我们可以删除 link()标号信息，而由一个新的 node(u, v)来代替，图 12-5 的三角形显示了整个推导过程，其中保留了两节点及它们之间连接的原始信息。

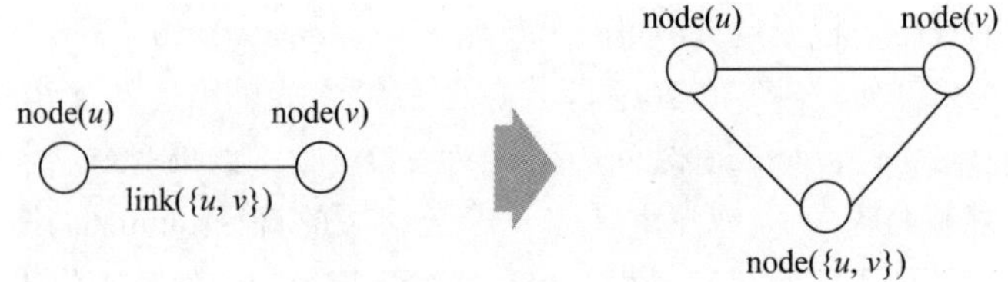

图 12-5 整个推导过程

对原始图的每一个连接进行上述操作可以把图转换成另一种表示形式，尽管新表示形式的边上没有标号，但它却保留了原始图的拓扑信息。

因此，图 12-6(a)中的邻接矩阵可以转换成图 12-6(b)所示的形式。

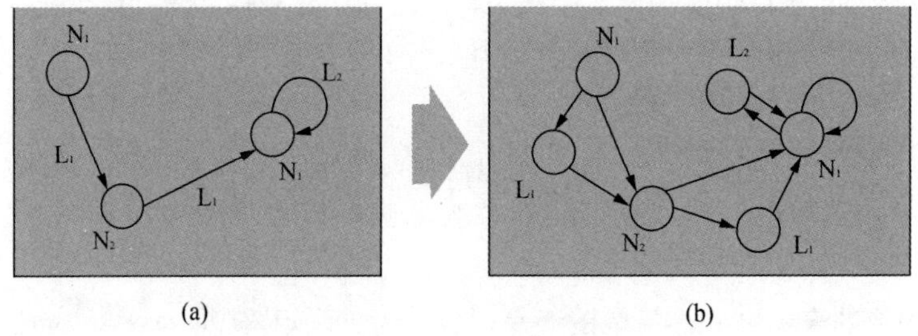

图 12-6 图中标记连接和有环节点的预处理

上述讲解都是针对有向图。我们对无向图也可以采用同样的预处理。不同于有向图的是，无向图的邻接矩阵对角对称。图 12-7(a)的邻接矩阵如图 12-7(b)所示。

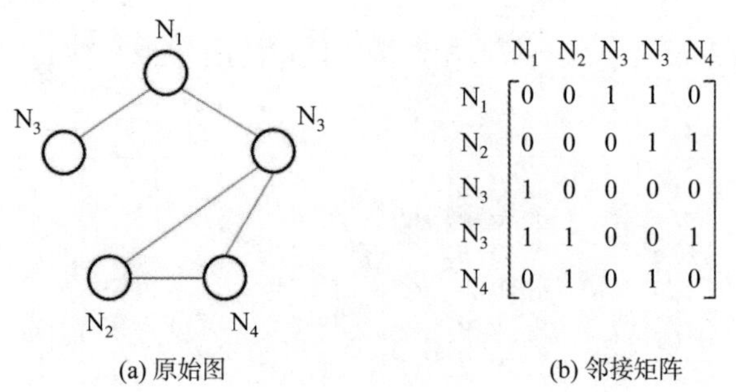

图 12-7 无向图表示

考虑到内存使用效率和图的计算效率，我们定义下面的邻接矩阵编码方式。对于无向图，邻接矩阵的编码 X_k，即 Code(X_k)，可以表示为一个二进制数。我们可以通过按列扫描邻接矩阵的上三角元素直到对角元素(对于无向图而言)来获取这个二进制数。例如，图 12-7(b)的邻接矩阵的编码是：

$$\text{Code}(X_k)=0101100101$$

图论中定义了各种操作，并提出了相应的算法来高效地执行这些操作。这些算法使用了图的图形表示、矩阵表示或编码表示。其中，非常重要的一个操作是图的连接操作，即，把两个图连接为一个新的更加复杂的图。该操作应用于许多图挖掘算法中，其中包括图的频繁模式挖掘(frequent-pattern mining)。图 12-8 中的示例演示了图的连接操作。(d)中给定的邻接矩阵 X_4、Y_4 和 Z_5 分别代表图(a)、(b)和(c)。

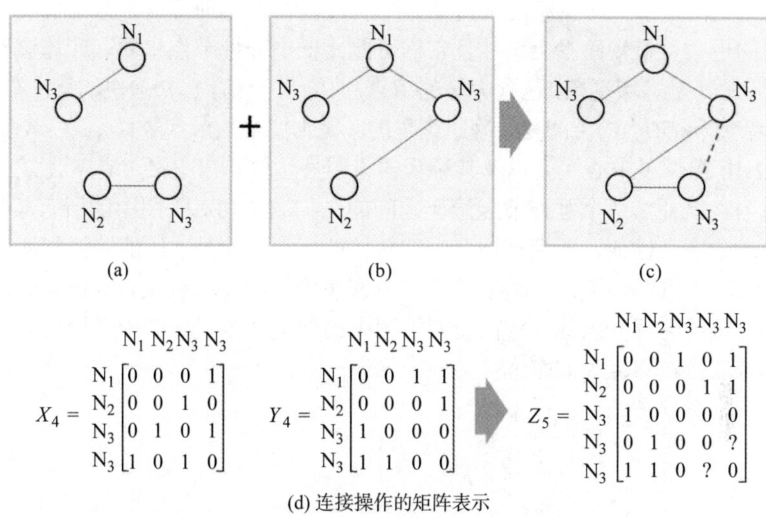

图 12-8　图(a)和图(b)连接操作的示例

图形分析包括大量描述图形重要特征的参数，可以用来作为开发图挖掘算法过程中的基本概念。多年来，根据一个标准或另外一个标准，图挖掘的研究者已经引入了大量用来衡量图中节点重要性的核心指标和方法。

或许最简单的核心方法是度(degree)，它是指一个给定节点拥有边的数量。在某种意义上，度是用来衡量图中节点的“人气”的方法。节点度数越高，就越核心。然而，需要注意的是，这是通过节点最接近的邻居节点来权重的，而不是通过其他邻居，比如，它的两跳或三跳邻居。一个比较复杂的核心方法是紧密度(closeness)，它指一个节点和它可达的所有其他节点之间的平均短程(即最短路径)距离。图 12-9 给出了两种方法的计算示例。紧密度也可以认为是信息从给定节点传播到图中的其他节点所花费的时间。到图中其他所有节点的距离越短，紧密度越高。

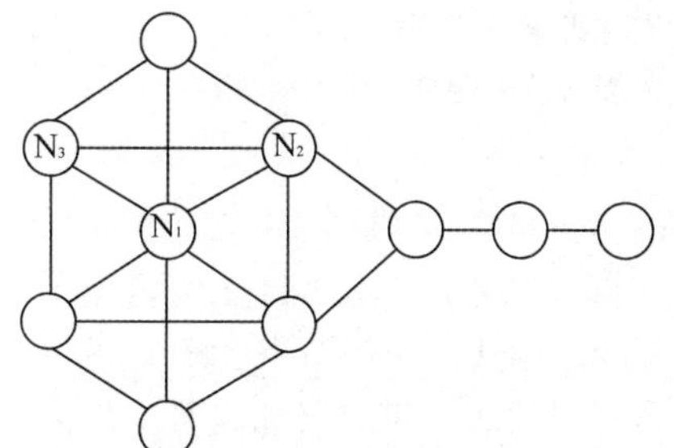

	度	紧密度
N_1	6	15/9 = 1.66
N_2	5	14/9 = 1.55
N_3	4	17/9 = 1.88

图 12-9　图的度和紧密度参数

另一个重要的核心方法类是中介性。中介性用来衡量一个点在其他顶点之间的路径上出现的次数。最简单、应用最广泛的中介性方法是最短路径中介性，或简称中介性。节点 i 的中介性定义为图中任意两点间通过节点 i 的那部分最短路径。从某种意义上说，这是衡量节点对网络连接传播影响程度的指标。拥有高中介性值的节点出现在通过它的更大量最短路径上，并且它们可能比低中介性节点重要。计算该参数的代价非常大，尤其是当图复杂，包含大量的节点和边时。目前，已知最快的算法需要 $O(n^3)$ 的时间复杂度和 $O(n^2)$的空间复杂度，这里的 n 是指图中的节点数目。

图 12-10 提供了中心性度量及其解释的说明性示例。在图中，节点 X 发挥了重要作用，因为它填补了两个互连节点聚类之间的结构洞。相对于图中的所有其他节点，它拥有最高的中介性值，即拥有许多中间转接的机会，此外，还能够控制两个子图之间信息的流动。另外，节点 Y 处于一个节点密集网络的中间位置，为访问临近节点提供了方便简短的路径；因此，Y 在左侧子图中也处于一个良好的中心地位。可以用最高度度量方法描述节点 Y 的特征。

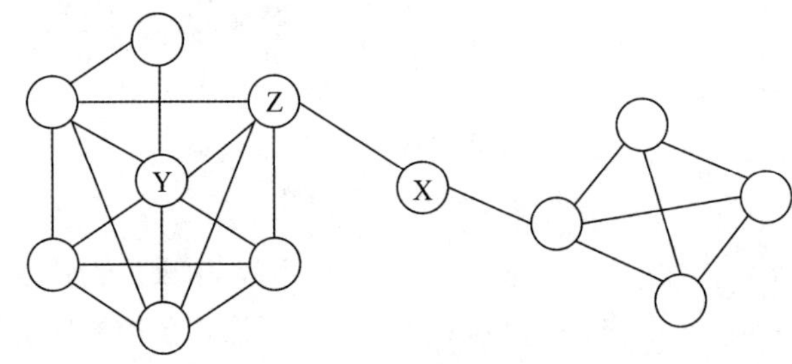

图 12-10　图中节点重要性的不同表示形式

顶点的中介性指标反映了图中一个给定顶点控制其他顶点间交互的程度。另一个衡量中介性的方法关注的是图中的边而不是节点。一条边的中介性与该边在所有顶点间的最短路径上出现的频率有关。网络中给定边的中介中心度通过对图中经过该边的所有节点的边中介性值的总和来确定。拥有最高中介性值的边最可能出现在子图之间，而不是子图的内部。因此，连续地删除拥有最高中介性值的边，将会隔离由那些只与同一子图内部其他节点共享连接的节点集组成的子图。在图聚类算法中，我们需要把大图分隔为规模较小但高度连接的子图，这使得边的中介性指标处于核心地位。传统上，确定边(也称链接)中介性值的过程通常分为如下两个步骤：

(1) 计算通过该边的图中所有节点对之间最短路径的长度和数量；

(2) 对所有链接依赖求和。

链接 v 的总体中介中心度可以通过汇总它的部分中介性值，并在每一个节点使用广度优先策略的基础上采用图转换技术来计算。例如，图 12-11(a)给定一个图，下面开始查找其中所有链接的中介性值。第一步，创建一个用节点 A 开始的“改良”图，并一层一层地指定图中的所有连接：第一层邻居，第二层邻居等。最终结果图如图 12-11(b)所示，这个图只是部分中介性值计算的开始。接下来分别以剩下的节点(即从节点 A 到节点 K 的所有节点)为根节点构建转换图，并计算这些转换图的部分中介性值，最后通过求和这些部分中介性值来计算总的中介性值。

图 12-11(b)中每一个转换图由前期阶段和后期阶段组成，后面会用图 12-11(b)上的活动进行说明。前期阶段一层一层地迭代计算节点 A 到其他所有节点最短路径的数量。例如，初始节点 A 到节点 I 的最短路径的数量根据节点 A 到节点 F 和 G 的最短路径数量来计算。

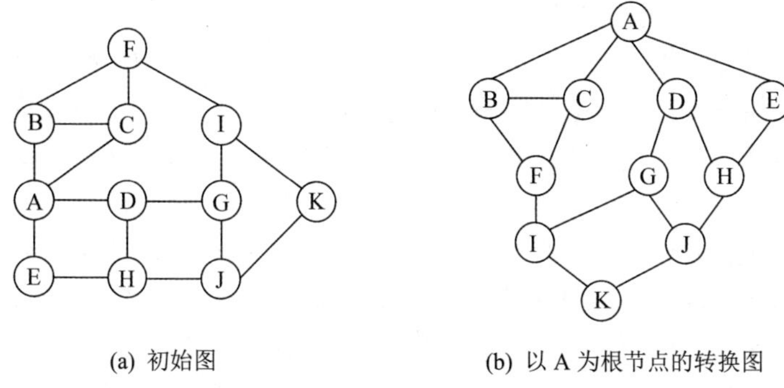

(a) 初始图　　(b) 以 A 为根节点的转换图

图 12-11　部分连接中介性值计算的准备阶段

前期阶段完成的结果如图 12-12(a)所示。每一个节点标注了从根节点 A 到此节点的最短路径数量。例如，节点 J 有 3 条最短路径，其中两条通过节点 H(ADHJ 和 AEHJ)，一条通过节点 G(ADGJ)。

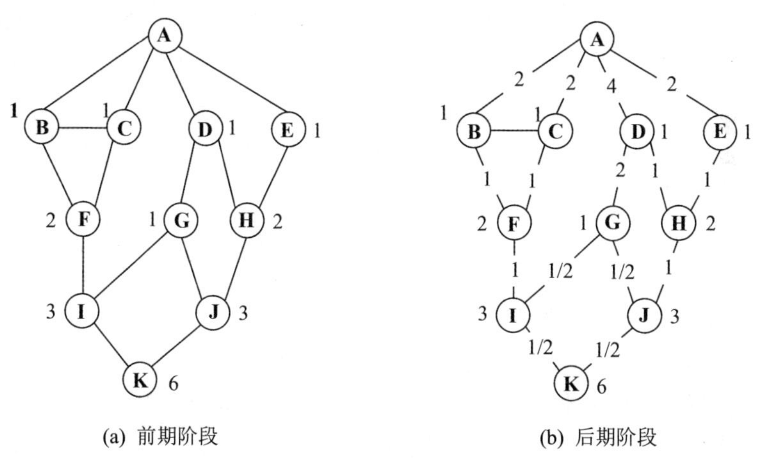

(a) 前期阶段　　(b) 后期阶段

图 12-12　部分连接中介性值的计算

后期阶段从层次结构图的底层开始，在本例中是从节点 K 开始。如果从上一层节点到给定节点存在多条路径，那么分别计算每一条路径的中介性值。比例由到前一层节点的最短路径数量决定。在这些连接之间我们分隔的数量是多少呢？这个数量的计算公式是 1+从下层节点进入该节点所有的中介性值的总和。例如，节点 K 有两条路径通向节点 I 和 J，由于两个节点拥有同样数量的最短路径，都是 3，因此分隔的数量是 1+0 = 1，链接 IK 和 JK 的部分中介性值都是 0.5。同理，可以计算节点 G 的中介性值。分隔的总的中介性值是 1+0.5+0.5=2。G 的上面只有一个节点 D；因此，GD 的连接中介性值是 2。

为图中所有连接计算中介性值时，上面计算过程应该对其他节点重复进行，比如根节点，直到探索完网络中的每一个节点。最后，对由不同图决定的所有部分链接中介性值求和，来决定最终的连接中介性值。

由于底层图的结构性质产生的额外约束，使图挖掘应用程序的实现更富有挑战性。在挖掘事务数据的背景下，频繁模式挖掘问题已经得到了广泛的研究。最近，频繁模式挖掘技术已经扩展到图形数据的情形。它在一组图中尝试挖掘一些有趣且在各个图中都出现的子图。这些模式的发现可能是该系统的唯一目标，或者发现的模式可用于图形分类或图形汇总。相对于其他数据的情形，图形数据挖掘的主要区别在于决定支持的过程大不相同。根据不同的应用领域，该问题有多种定义方式。第一种情形下有一组图，希望能够确定所有支持相应图形一部分的模式。第二种情形下有一个大图，希望能够从中确定所有被该大图支持一定次数的模式。对于这两种情形，都需要在确定一个图是否被另外一个图支持时，考虑图的同构问题。然而，如果允许不同的嵌入重叠，那么支持的定义问题就会更富挑战性。在一个大图或一组图中频繁出现的子图可能代表现实数据中的重要主题。

通过使用一个从 k-模式中产生(k+1)个候选模式的类似逐层策略，可以把先验式算法扩展到在图中挖掘频繁子图的情形。类似于传统的数据挖掘，各种方法被应用于挖掘图中子结构的出现频率。因此需要根据自己的目标，结合挖掘方法的限制来选择具体使用哪种方法。在基于图的数据挖掘中，最流行的度量是“支持”参数，它的定义类似于购物篮分析的支持参数。给定一个图集 D，子图 Gs 的支持参数 $\sup(G_s)$，定义如下：

$$\sup(G_s)=\frac{D\text{中包含}G_s\text{图的数量}}{D\text{中图的总数}}$$

通过指定一个“最小支持”值，即设定一个阈值，支持值大于设定阈值的子图 G_s 将会被选择为最大频率子图的候选子图，或最大频率子图的候选子图的一部分。先验算法实现过程中的主要区别是需要定义两个子图的不同连接过程。如果两个大小为 k 的图拥有大小为(k−1)的共同结构，就可以合并这两个图。结构的大小可以用节点或边的数量来定义。首先，该算法查找所有频繁单或双连接子图，然后，在每一次迭代过程中，它通过扩展在前一迭代过程中发现子图的一条边来生成候选子图，并在完整图或图集中，查找扩展候选子图的出现次数。出现频率低于阈值的候选子图将被删除，最后返回所有出现频率高于设定阈值的子图。从大小 k−1 到 k 的子图扩展，如果采用天真的做法，需要非常大的计算代价，如图 12-13 所示。因此，一个频繁导出子图的候选子图的生成需要一些限制。只有当满足下面的条件时，两个频繁图才能够连接起来生成一个大小为(k+1)的频繁子图的候选子图。假设 X_k 和 Y_k 是两个大小为 k 的频繁

图 $G(X_k)$和 $G(Y_k)$的邻接矩阵。如果 $G(X_k)$和 $G(Y_k)$的邻接矩阵除了第 k 行和第 k 列外的其他元素都相等，那么可以连接这两个图，生成邻接矩阵 Z_{k+1}，来表示大小为 $k+1$ 的候选子图。

$$X_k=\begin{pmatrix}X_{k-1} & x_1\\ x_2^{\mathrm{T}} & 0\end{pmatrix},Y_k=\begin{pmatrix}X_{k-1} & y_1\\ y_2^{\mathrm{T}} & 0\end{pmatrix},Z_{k+1}=\begin{pmatrix}X_{k-1} & x_1 & y_1\\ x_2^{\mathrm{T}} & 0 & z_{k,k+1}\\ y_2^{\mathrm{T}} & z_{k+1,k} & 0\end{pmatrix}$$

在这个矩阵表示中，X_{k-1} 是大小为 $k-1$ 图的共同邻接矩阵，而 x_i 和 y_i 是$(k-1)\times 1$ 列向量。这些列向量代表了准备进行连接操作的两个图之间的区别。

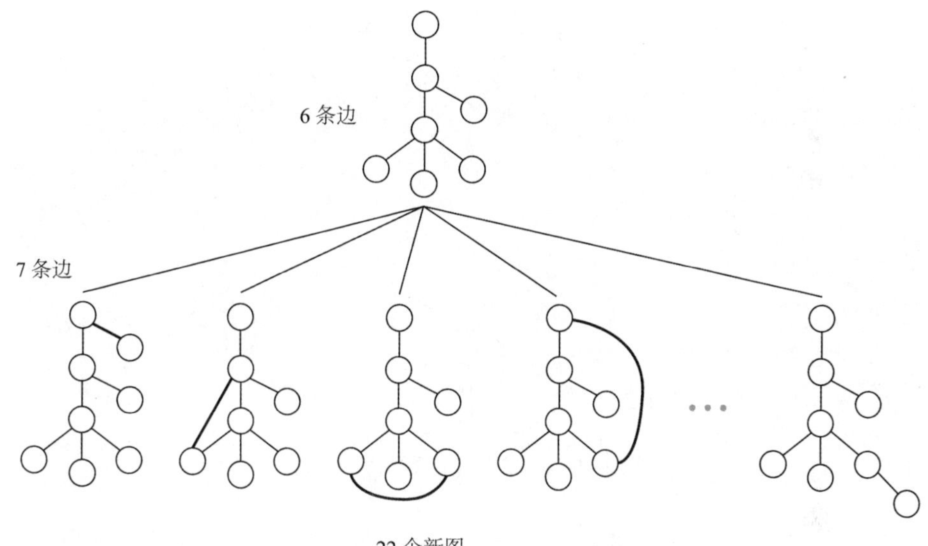

图 12-13　图的自由扩展

当图形变得非常大时，上述计算过程会变得非常棘手。子图同构问题以及 NP 的复杂性是图形匹配中的核心问题。此外，在图的情形下，所有频繁模式可能不均等相关。特别地，高度连接的模式(即密集子图)是强相关的。这些额外的分析需要更多的计算。频繁子图挖掘的一个可能应用是较大、复杂图的概括表示。提取共同子图之后，可以通过把这些共同子图压缩成一个新的节点来简化大图。图 12-14 给出了一个说明性的示例，其中图集中 4 个节点的子图用 1 个节点代替。结果图集代表初始图集的概括表示。

近年来，研究人员的注意力都集中在万维网(WWW)、在线社交网络、通信网络、引用网络(citation networks)和生物网络等网络的结构属性上。纵观这些大型网络，它们都有一个重要的特点，它们都可以用基础图和子图来表示，通常都是采用聚类技术从中挖掘信息。图聚类问题缘于两个不同的背景：单一大图或小图的大集合。在第一种背景下，我们希望在一个大图中确定密集节点的聚类，以使固定数量聚类间的相似度最小化。这个问题出现在大量的应用中，比如，图分区(graph partitioning)和最小割问题。从社交网络和 Web 页面概括的不同应用的角度来说，图中密集区域的确定是一个关键环节。自上而下的聚类算法与中心性分析的概念密切相关，因为中心点通常是网络中的关键成员，它与社区中的其他成员密切关联。中心性分析也可以用来决定信息流中的中心点。因此，同类的结构分析算法会导致对图的不同见解。例如，按照连接的最大中介性值进行分割，图 12-15(a)可能会被分割成图 12-15(b)中的 6 个子图。在这个示例中，链接(7,8)的中介性值最大是 49，删除该连接后，就可以在最高层次定义两个聚类。然后连接(3, 7)、(8, 9)、(6, 7)和(8, 12)都同样地拥有最大中介性值 33。在第二层级上删除这些链接后，图被分解成 6 个聚类节点的密集子图。

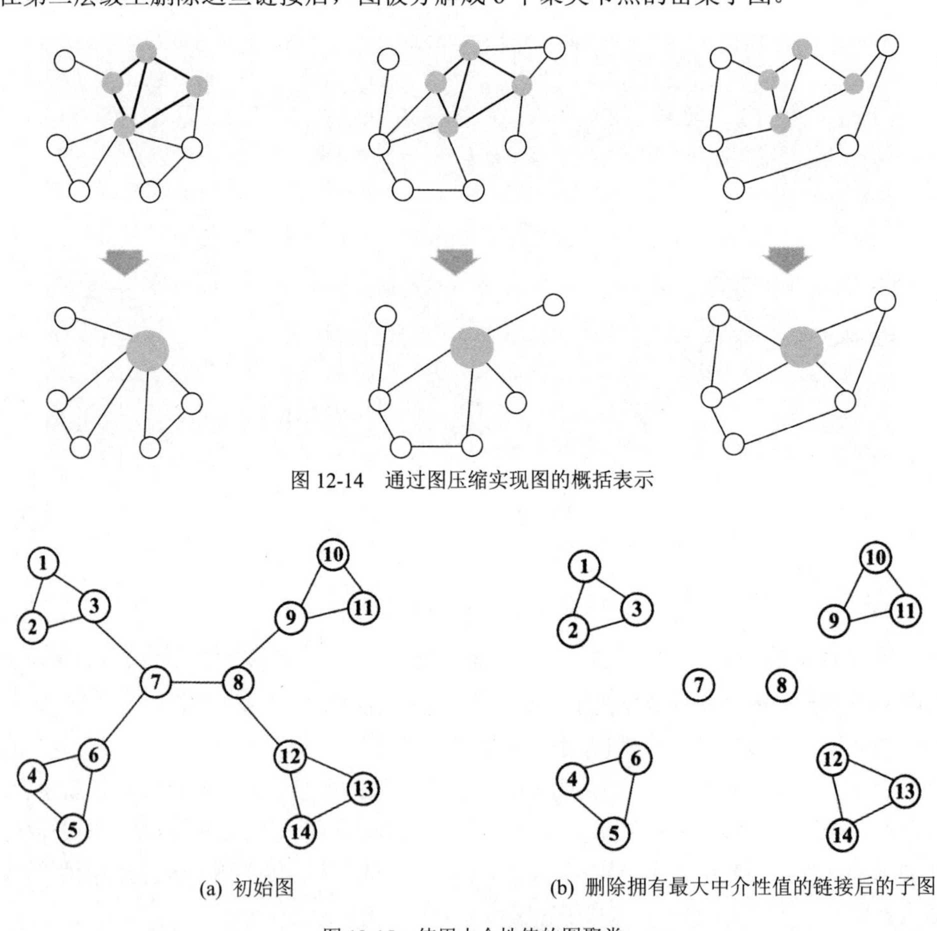

图 12-14 通过图压缩实现图的概括表示

(a) 初始图

(b) 删除拥有最大中介性值的链接后的子图

图 12-15 使用中介性值的图聚类

聚类分析的第二种情形是，假设拥有很多个图，而每一个图大小适中，我们的目标是根据这些图的基本结构行为对它们进行聚类分类。由于需要匹配基础图的结构，并用这些结构进行聚类，因此实现这个目标富有挑战性。其主要思想是，我们希望把图聚类为对象，图之间的距离根据结构相似函数(比如编辑距离)来定义。该聚类方法使得这种情形成为科学数据探索、信息检索、计算生物学、网络日志分析、验证分析和博客分析等应用领域的理想技术。

最近随着信息技术的发展，使得大型网络的挖掘逐渐成为可能，链接分析成为一个重要的研究课题，吸引了一大批研究人员的注意力。当然，它的基本数据结构仍然是一个图，但分析的重点是链接及其特征：有标记或无标记，有向或无向。由于很多领域都用到了“链接”这一术语，因此它存在二义性，尤其是当和具有数据库研究背景的人讨论时更是如此。在数据库领域，特别是使用著名的实体关系(ER)模型的子领域，一个“链接”表示的是数据库中两个不同表中记录之间的链接。数据库领域术语“链接”的意义不同于情报和人工智能(AI)研究领域。“链接”在情报领域和人工智能领域指的是两个实体之间的现实连接。利用图中连接结构最著名的示例或许就是利用连接来改善信息检索的结果。著名的 PageRank 方法和集线器，以及权威的分数就是基于 Web 网络的链接结构。链接分析应用于法律实施、情报分析和欺诈检测等相关领域。因为连接图展示了人物、地点、事件和事物之间的联系，是这些领域的宝贵工具，所以通常用“连接点”的比喻来描述连接分析技术。

12.2　时态数据挖掘

时间是数据的一个基本属性。现实生活中的许多数据都是描述在特定时间点上某个对象的属性或状态。今天在各个应用领域，时间序列的数据在各个应用领域正以空前的速度增长，例如股市的每日波动、动态过程和科学实验的追踪、医学和生物实验观察、从传感器网络获得的各种数据、Web 日志、计算机网络通信和基于位置服务的移动对象的位置更新等。时间序列(或更通俗的说法，时态序列)自然地出现在各种不同的应用领域，从工程到科学研究、金融、医药等。其中，在工程应用领域，时间序列通常出现在基于传感器的检测，如电信控制，或基于日志的系统监控。在科研领域，它们通常出现在空间任务或遗传学领域等。在医疗保健领域，时态序列已经应用数十年，通过复杂的数据采集系统(如心电图)或简单点儿的数据采集系统(如测量病人的体温和治疗效果)等系统采集的数据。例如，超市交易数据库记录用户在某一时间点购买的商品。在这样的数据库中，每一个事务记录都有一个记录事务发生的时间戳。在电信数据库中，每一个信号都与一个时间关联。在股票市场数据库中，股票的价格不是常量，而会随着时间而改变。

时态数据库捕获的是其值随时间而改变的属性。时态数据挖掘关注的是这些大数据集的数据挖掘。与这种数据库中出现的时态信息相关联的示例需要与静态示例区别对待。挖掘技术引入时间的调节提供了一个挖掘事件时间序列的窗口，此外，还提供了当时态属性数值被忽略或作为一个简单的数值属性对待时，表明忽略原因和影响的能力。不仅如此，相对于那些描述某一时间点对象状态的简单挖掘规则来说，时态数据挖掘还可以挖掘对象的行为模式。由于时态数据挖掘可以挖掘对象活动而不仅仅挖掘对象状态，此外，还可以推断上下文和时态邻近的关系，其中有些可能是指因果关系的关联，因此，它是挖掘技术的一项重要扩展。

时态数据挖掘关注的是大顺序数据集的挖掘。这里顺序数据指的是按照某个指标排过序的数据。例如，由按照时间先后顺序排序的记录组成的时序数据。其他的顺序数据还包括文本、基因序列、蛋白质序列、Web 日志和一盘国际象棋的移动列表。虽然这里没有用到时间的概念，但是记录之间的顺序是非常重要的，它是数据描述/模型的中心。顺序数据包括：

(1) 时态序列(Temporal Sequences)。它们代表来自一个特定字母表的标称符号的有序序列。例如，Web 日志文件中大量的相对短的序列，或者少量的但极长的基因表达序列。这种类型数据有序，但没有时间戳标记。序列关系包括前、后、满足和重叠。

(2) 时间序列(Time Series)。它代表一个连续的实值元素的时间戳序列，例如，少量的多传感器数据的长序列，或数字医疗设备的监控录像。通常情况下，关于时间序列的大部分现有工作都假设时间是离散的。正式地，时间序列数据定义为一系列的数据对 $T = ([p_1, t_1], [p_2, t_2], \ldots, [p_n, t_n])$，其中 $t_1 < t_2 < \ldots < t_n$。每个 p_i 表示 d 维数据空间的点，每个 t_i 表示 p_i 发生时的时间戳记。如果时间序列的采样率是不变的，那么可以忽略时间戳，而将序列作为一个 d 维数据点序列处理。这种序列称为时间序列的原始表示。

由于原始数据中存在噪声、缺失值或不正确的记录，因此，传统的时态数据分析方法需要使用一个统计方法。其中包括(1)长期趋势估计；(2)周期变化，如商业周期；(3)季节性模式；(4)代表异常点的不规则运动。图 12-16 列举了一些示例。时态数据中的关系发现需要更加重视以下 3 个步骤中的数据挖掘过程：(1)用合适的形式表示数据序列模型；(2)序列间相似性度量的定义；(3)实际挖掘问题的各种新模型和表示方法的应用。

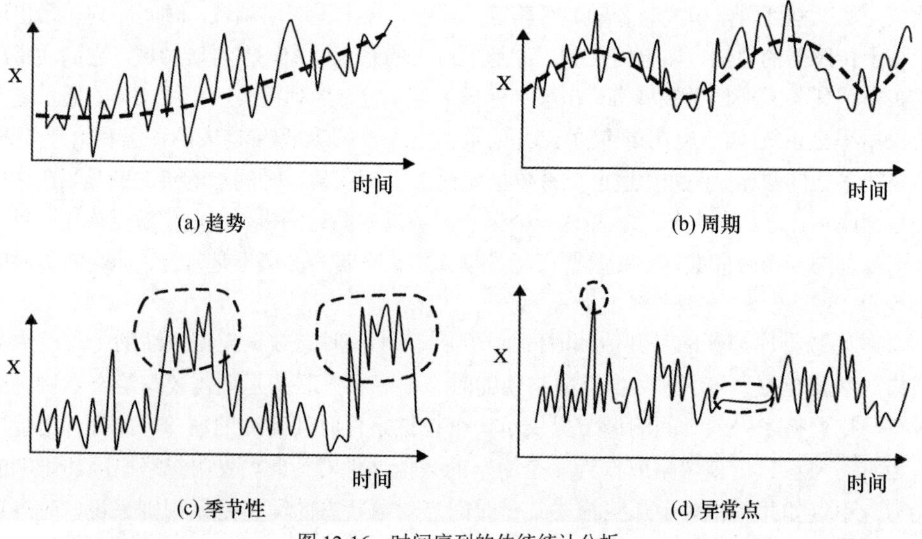

图 12-16 时间序列的传统统计分析

12.2.1　时态数据表示

由于以高效的方式直接处理连续的高维数据极其困难，因此时态数据的表示非常重要。下面讲解处理这一问题的几种方法。

原始数据或用最少的预处理

使用那些没有或拥有很少预处理的数据。当建立模型时，保留每个数据点的特征。但是当构建的数据挖掘模型拥有数以百万计的时态数据记录，并且每个记录都拥有不同的值时，它的效率极其低下，这也正是它的主要缺点。

窗口和分段逼近

有一个非常著名的心理学论据，人眼可以把光滑的曲线分割成分段的直线。基于这一理论，研究人员提出了很多方法来分隔代表时间序列的曲线。图 12-17 展示了一个简单的示例，即用若干个分段的线性函数来代替原始的非线性函数。如图所示，原始的真实数据元素(时间序列)被分隔成若干片段。找到能完美代表原始序列的片段数并不难。一种容易的方法就是预定义片段的数量。比较现实的方法是，当在原始序列中检测到变化的点时才定义片段。另一种技术也基于同样的思想，不过它是通过反复合并两个相似的片段来分隔原始序列。使用平方误差最小的原则来选择要合并的片段。尽管这些方法可以减小原始序列中噪声的影响，但是它们不能容易地处理现实应用中(例如，序列匹配)的振幅(缩放)差异及时间轴的扭曲。

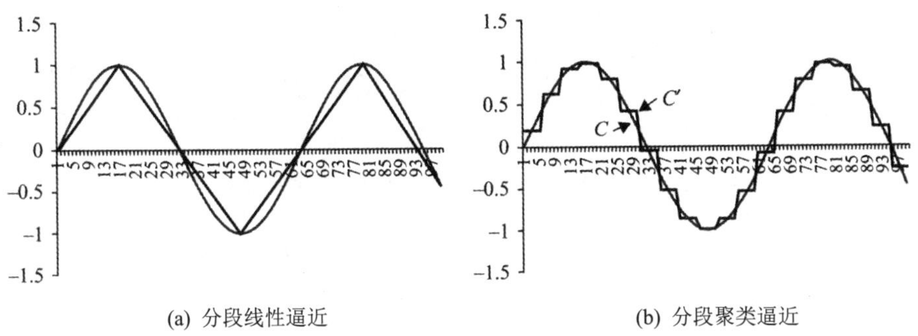

(a) 分段线性逼近　　(b) 分段聚类逼近

图 12-17　时态数据的简化表示

为克服这些缺点，研究人员引入了分段聚类逼近(Piecewise Aggregate Approximation，PAA)技术。它通过把序列分割成长度相同的部分，并记录这些部分的平均长度来逼近原始数据。例如，一个长度为 n 的时间序列 C，记作 $C=\{c_1, c_2, \ldots, c_n\}$。它的目标就是用 $w(w<n)$维空间中 C'来表示 C，这里 C'是 w 个相同大小的片段的 $c_i s$ 的平均值。C'中的第 i 个元素就是片段中所有值的平均值：

$$C'_i = \sum_{j=w\times(i-1)+1}^{w\times i} c_j^i \quad 其中，1\leqslant i\leqslant 片段数$$

例如，如果原始序列为 $C = \{-2, -4, -3, -1, 0, 1, 2, 1, 1, 0\}$，这里 $n = |C| = 10$。我们决定用两个相同长度的部分来表示 C，如下：

$$C' = \{\text{mean}(-2, -4, -3, -1, 0), \text{mean}(1, 2, 1, 1, 0)\}$$

$$C' = \{-2, 1\}$$

通常情况下，PAA 被可视化表示为基本函数的线性组合，正如图 12-17(b)所示，其中用每个间隔的 10 个离散平均值来代替一个连续的函数。

符号聚类近似(Symbolic Aggregate Approximation，SAX)是一个改进的 PAA 算法，它假设原始标准时间序列 C 的 PAA 值服从高斯分布。SAX 在生成同样大小区域的高斯曲线里定义“断点”。正式地说，断点就是指一个数字的有序列表 $B = \beta_1, \beta_2, \beta_3, ..., \beta_{\alpha-1}$，以使高斯曲线上从 β_i 到 β_{i+1} 的区域等于 $1/\alpha$，这些区域是不变的。α 是方法的一个参数，它表示间隔的数量。这些断点可在一个统计表中决定。例如，图 12-18 列举了 α 值从 3～10 的断点。

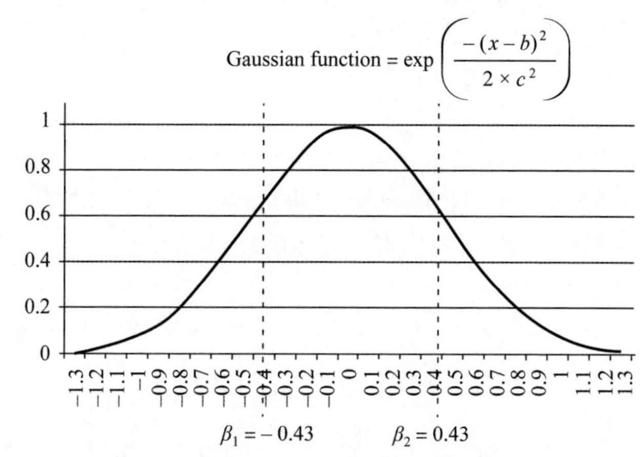

(a) 当α=3时，高斯曲线($b = 0, c^2 = 0.2$)上的断点

β_i \ a	3	4	5	6	7	8	9	10
β_1	−0.43	−0.67	−0.84	−0.97	−1.07	−1.15	−1.22	−1.28
β_2	0.43	0	−0.25	−0.43	−0.57	−0.67	−0.76	−0.84
β_3		0.67	0.25	0	−0.18	−0.32	−0.43	−0.52
β_4			0.84	0.43	0.18	0	−0.14	−0.25
β_5				0.97	0.57	0.32	0.14	0
β_6					1.07	0.67	0.43	0.25
β_7						1.15	0.76	0.52
β_8							1.22	0.84
β_9								1.28

(b) SAX查看表

图 12-18 SAX 查看表

一旦为每一个间隔定义了断点和对应的编码符号，序列就会被离散化，如下：

(1) 计算时间序列的 PAA 平均值。

(2) 用一个特定的符号编码给定间隔(β_i, β_{i+1})的所有 PAA 平均值。例如，如果 α=3，那么所有小于最小断点(−0.43)的 PAA 平均值被映射为“a”。所有小于第二个断点但大于第一个断点(−0.43, 0.43)的 PAA 系数映射为“b”，所有大于第二个断点(0.43)的平均值映射为“c”。图 12-19 展示了这一过程。

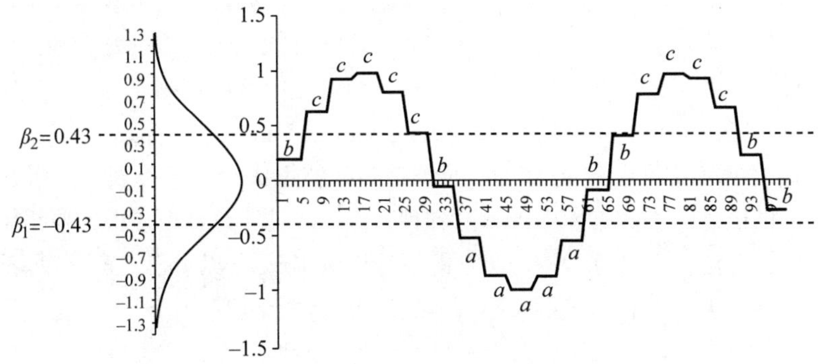

图 12-19　PAA 到 SAX 的转换

假设符号 a、b 和 c 是时间序列表示中相似的等概率符号。原始序列可以被表示为这些符号的链接形式，即一个“单词”。例如，从 PAA(C')到单词 C''的映射可表示为 C''= (*bccccc baaaaabbccccbb*)。SAX 方法的主要优势在于原始离散时间序列 C 中的 100 个不同的离散数据首先使用 PAA 方法被缩减为 20 个不同(平均)值，然后再使用 SAX 算法，把这 20 个不同的值转换成 3 个不同的分类值。

$$C=\{c_1, c_2 \ldots, c_{100}\} \rightarrow C''=\{c'_1, c'_2, \ldots, c'_{20}\} \rightarrow C''=f(a,b,c)$$

SAX 方法不但简单直观，而且是一个简化表示时间序列中大量不同值的强大方法。它可以快速地计算和支持不同的距离度量。因此，它可以运用于不同数据挖掘技术的数据规约步骤。

基于变换的表示

基于变换技术的主要思想是把原始数据映射到更容易管理域中的点。其中使用最广泛的方法就是离散傅里叶变换(Discrete Fourier Transformation，DFT)。它可以用来把时间域上的一个序列转换为频率域上的一个点。这可以通过选择前 K 个频率最高的序列，并用 K 维空间的一个点来表示每一个对应序列来实现。傅里叶系数是一个值得注意的重要属性，它在转换的过程中不改变。但是 DFT 存在的一个缺陷是它容易丢失时间本地化的重要特征。过去为了有效地避免这个问题，研究人员提出了分段傅里叶变换(Piecewise Fourier Transform)，但是分段傅里叶变换又引入了新的问题：片段大小的选择问题。片段太大会减弱多分辨率的能力，但是小片段低频率的模型又不能总是给出期望的表示。最终，引入的离散小波变换(Discrete Wavelet Transformation，

DWT)克服了 DFT 的缺陷。类似于快速傅里叶变换，DWT 变换技术把一个长度为 N 的函数值离散向量转换成一个长度为 N 的小波系数向量。小波变换是一个线性操作，通常用递归方法来实现。使用 DWT 的一个优势是它拥有信号多分辨率表示的能力，并有时间频度本地化属性。因此，小波变换表示的信号比 DFT 的信号承载更多的信息。

在一些应用中，我们需要从一些波形的数据库中检索对象。趋势可以通过指定感兴趣的波形，比如陡峰，或向上向下的改变来反映。例如，在股市数据库中，我们可能想检索收盘价格包含一个头肩格局的股票，这样就能表示和识别这个波形。模式发现可以通过一个基于模板的挖掘语言来驱动，通过使用这些挖掘语言，分析家指定要查找的波形。提出的形状定义语言(Shape Definition Language，SDL)可以用来把在历史数据中出现的有实际价值元素表示的最初序列转换成给定字母表中字母组成的序列。SDL 可以描述关于数据库中形状的各种查询。而且还允许用户根据原语中复杂的模式创建自己的语言。更有趣的是，它能很好地运用于近似匹配，在近似匹配中，用户只关心序列的大体形状，而不关心具体的细节。表示过程的第一步是定义符号字母表，然后把原始序列转换成这些符号的序列。这一转换可以通过考虑样本到样本的转换，并对每个转换分配描述字母表的一个符号来实现。

另一个显著不同的方法是通过聚类把一个序列转换成离散表示。一个宽度为 w 的滑动窗口用来从原始序列中生成子序列。然后考虑这些子序列之间的模式相似性，并使用一个合适的聚类方法(例如，k 最近邻算法)来聚类这些子序列。最后为每一个聚类分配一个不同的符号。可以使用相应子序列的群集身份(cluster identities)来获得时间序列的离散版本。例如，原始的时间序列定义为给定时间的整数值：(1, 2, 3, 2, 3, 4, 3, 4, 3, 4, 5, 4, 5)，如图 12-20(a)所示。由 3 个连续的值来定义窗口的宽度，并通过时间序列来收集原语样本。简化聚类之后，3 个“频繁”原始形状的最终集合代表了聚类的重心，如图 12-20(b)所示。为这些形状 a_1、a_2 和 a_3，分配符号表示，这个序列的最后符号表示是(a_3, a_2, a_1, a_1, a_3, a_2)。

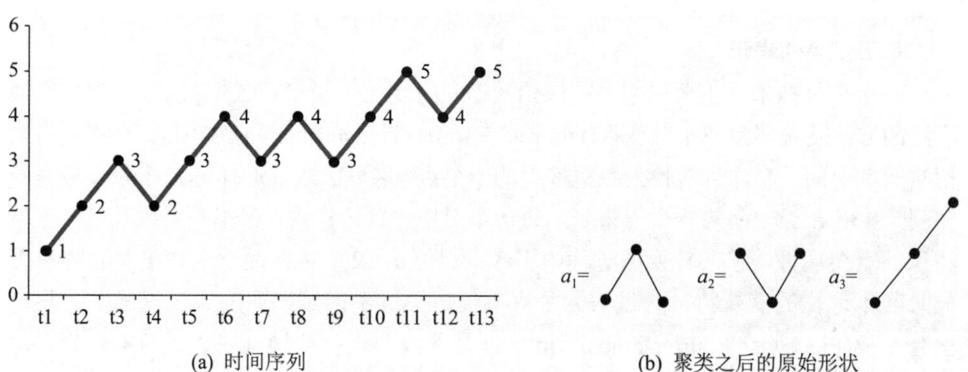

(a) 时间序列　　(b) 聚类之后的原始形状

图 12-20　原始形状挖掘中的聚类方法

12.2.2 序列之间的相似性度量

序列的单个元素可能是实值向量(例如，在涉及语言和音频信号处理的应用中)，或者是符号数据(例如，在涉及基因序列的应用中)。在用合适的形式表示每一个序列之后，下面为了决定两序列是否相匹配，定义序列间的相似性度量是很有必要的。给定两个序列 T_1 和 T_2，需要定义一个合适的相似度函数 Sim，用来计算 T_1 和 T_2 的相似度，记作 Sim(T_1，T_2)。通常情况下，相似性度量用逆距离度量来表示，针对不同类型的序列和应用，采用不同的距离度量。在度量两个序列之间相似性的过程中，一个重要的问题就是处理外围点、数据中的噪声、振幅差异造成的缩放问题以及存在的间隙和其他时间扭曲问题。时间序列最简单的距离度量方法是基于 Lp-规范的欧几里得距离及其变种方法。它通过查看每一个带有作为 R_n 中一个点的 n 个离散值的子序列而用在时间域的连续表示。除了简单直观之外，欧几里得距离及其变种方法还有一些其他的优势。评估这些度量方法的复杂度是线性的；很容易实现，可索引任何访问方法，而且不需要参数。幸运的是，欧几里得距离相对于其他更复杂的方法更具竞争力，尤其当训练集/数据库中数据量非常大时。然而，由于两个时间序列的点之间的映射是固定的，因此，这些距离度量方法对噪声和时间的失调非常敏感，而不能处理本地时间的转移，即得出的相似片段不协调。

当序列用字母表中的离散符号表示时，两个序列之间的相似性大多通过比较其中一个序列中的元素与另一个序列中的相应元素来获得。这种距离度量方法中最著名的便是最长公共子序列(LCS)相似性度量方法，它利用正在比较的两个序列的 LCS 和较长序列的长度来计算相似性。例如，如果给定两个序列 X 和 Y，X={10, 5, 6, 9, 22, 15, 4, 2}，Y={6, 5, 10, 22, 15, 4, 2, 6, 8}，那么它们的 LCS 为

$$\text{LCS}(X, Y)=\{22, 15, 4, 2\}$$

规范化相似性度量为

$$\text{LCS}-\text{similarity}\ (X,Y)=\frac{\text{LCS}(X,Y)}{\max\{|X|,|Y|\}}=\frac{4}{9}$$

为了处理噪声、缩放、近似值和转换问题，我们对 LCS 方法进行了简单的改进：进行一些线性变换之后，再判定两序列的公共子序列。其中线性变换需要一个线性函数 f，以使一个序列可以大致地映射到其他序列。在大多数涉及序列对之间相似性判定的应用中，应用的序列长度往往不同。在此类情形下，盲目地累加序列对应元素之间的距离是不可行的。这带来了序列匹配的第二个方面，即序列对齐(sequence alignment)。从本质上说，需要在两个序列之间合适地插入“间隙”，或判定哪些应该是两序列对应的元素。在现实的很多应用中都会遇到这样的符号序列匹配问题。例如，许多生物序列，比如基因序列和蛋白质序列，都可以被看成一个有限字母表上的序列。由于相关的生化机制，当这样的两个生物序列相似时，可以假定它们对应的生物实体

功能也相同。针对离散符号的字符串，这种方法包含一个基于编辑距离概念的序列相似性度量，能够处理不同的序列长度和存在的间隔。这种编辑距离反映了将一个序列转换为另一个序列所需要的工作量，能够处理不同的序列长度和存在的间隔。典型的编辑操作包括插入、删除和替换，在转换过程中，它们可能包含在拥有相同或不同权值(代价)的度量方法中。两个字符串之间的编辑距离被定义为其中一个字符串转换为另一个字符串的过程中，编辑操作所需要花费的最小代价。例如，如果给定两个序列：$X = \{a, b, c, b, d, a, b, c\}$和 $Y = \{ b, b, b, d, b\}$，下面的操作可用于把 X 转换成 Y：delete(a)，replace(c, b)，delete(a)，delete(c)。该示例中，操作的总数是 4，它表示两个序列间的非规范化距离度量。

12.2.3 时态数据模型

模型通常是一个全局性的、高层次的、抽象的数据表示。一般情况下，模型通过一组模型参数来确定，其中的模型参数根据给定的数据集来估计。根据模型执行的任务不同，可以把模型分为预测型和描述型。与(全局)模型结构相比，时态模式是一个局部模型，它对一些具有时效性的数据样本进行了具体说明。例如，令人感兴趣的实值时间序列模式 Spikes。同样地，在符号序列中，正则表达式可以代表定义完善的模式。在生物信息学中，基因在非编码 DNA 之间作为零散的局部模式出现。这样的模式匹配和发现不仅仅在生物信息学中有用，在其他的应用领域中也非常有用。由于它们的结构易于解释，因此，模式在数据挖掘领域起主导作用。目前已有很多技术用来建模全局或局部时态事件。下面只介绍一些最流行的建模技术。

有限状态机(Finite State Machine，FSM)由一组状态和一组转换组成。如果满足转换条件，一个状态可以转换到其他多个状态。FSM 必须有一个由箭头指向的初始状态，它是模型的入口。这里模型的输入数据是符号序列，序列中的符号就是一个状态转换到另一个状态的触发器。接受状态，也称为终止状态，通常在图的表示中用双圆图形表示。当机器成功执行程序时，它就会到达终止状态，在示例中，是成功识别一个序列模式。FSM 通常使用状态转换表或状态转换图来表示。图 12-21(a)、图 12-21(b)展示了一个识别偶数长度二进制串的模型的两种表示形式。当转换不精确时，FSM 就不能很好地发挥作用，以及当表示序列的符号集合非常大时，FSM 不能很好地扩展。

马尔可夫模型(Markov Model，MM)扩展了 FSM 的基本思想。FSM 和 MM 都是使用有向图来表示。和 FSM 一样，MM 总是有一个当前状态。开始和结束节点只是为了说明，不需要画出来。与 FSM 不一样的是，它的转换与具体的输入值无关。弧上标有从一个状态转换到另一个状态的概率值。例如，从状态“Start”转换到“S1”的概率值是 0.4，而停留在“Start”状态的概率值是 0.6。每个节点的概率值的总和应该是 1。MM 只显示概率值大于 0 的转换。如果一个转换没有显示，那就假设它的概率值为 0。联合各转换概率以决定 MM 生成模式的最终概率值。例如，图 12-22 展示的 MM，MM 从开始节点到 S2，沿水平路径转换的概率值是 $0.4 \times 0.7 = 0.28$。

条件	当前状态	
	S1	S2
输入0	S1	S2
输入1	S2	S1

(a) 状态转换表

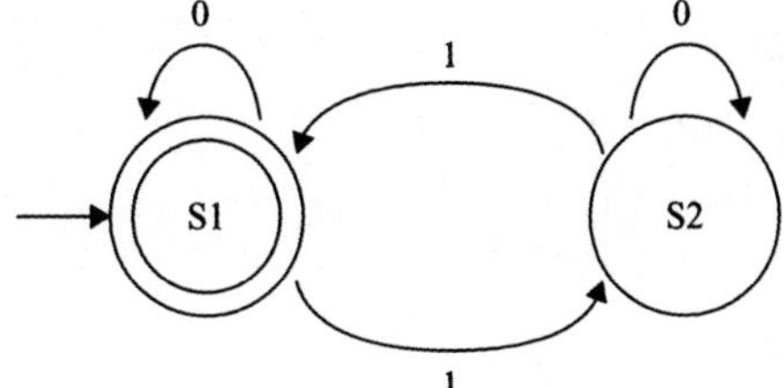

(b) 状态转换图

图 12-21　有限状态机

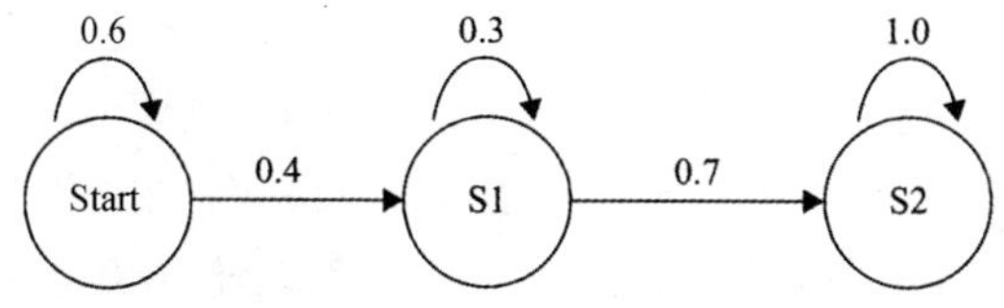

图 12-22　一个简单的马尔可夫模型

MM 基于无记忆的假设。也就是说，给定系统的当前状态，系统未来的发展不依赖于它以前的历史。MM 已经被广泛应用于语音识别和自然语言处理等领域。

隐马尔可夫模型(Hidden Markov Model，HMM)是 MM 的扩展。与 MM 相似，HMM 由一组状态和转换概率组成。在一个正常的 MM 中，状态对观察者是可见的，状态转换概率是仅有的参数。在 HMM 中，每个状态与状态概率分布相关。例如，假设给定抛硬币过程中的一个事件序列：O = (HTTHTHH)，其中 H = Head，T = Tail。但是更多的必要信息还是未知的。我们不知道是用一个硬币还是用两个硬币生成的该序列。根据以上定义，图 12-23 展示了两种可能的模型。图 12-23(a)假定只抛一个硬币。可以使用拥有两个状态的 MM 模型为这个系统建模，其中 Head 和 Tail 两个状态的初始概率相同。序列 O 的概率是 $P(O) = 0.5 \times 0.7 \times 0.3 \times 0.7 \times 0.3 \times 0.7 \times 0.7 = 0.0108$。

解释观察到序列的另一种可能的模型如图 12-22(b)所示。在这个模型中也有两个状态，每个状态对应一个将要抛出的独立有偏的硬币。每个硬币有它自己的 Head 和 Tail 分布，因此，模型表示为 HMM。显而易见，在这个模型中，有多条“路径”来决定该序列的概率。换言之，可以选择抛其中一个硬币，也可以选择抛另外一个硬币，然后继续这种选择。当然所有这些情况的复合概率是不同的。在这种情形下，在 HMM 中查找 O 序列的最大概率。HMM 可以正式定义为一个有向图，其中有 V 个顶点和 A 个弧。集合 $V=\{v_1, v_2, \ldots, v_n\}$表示状态，矩阵 $A=\{a_{ij}\}$表示转换的概率分布，其中 a_{ij} 是状态 i 转换到状态 j 的转换概率。对每一个状态 v_i，给定一个可能观察的集合 $O=\{o_1, o_2, \ldots, o_m\}$，在序列中每一个观察结果的概率是 $B_i=\{o_{i1}, o_{i2}, \ldots, o_{im}\}$。初始状态分布用 σ 表示，它决定 t=0 时刻模型的开始状态。

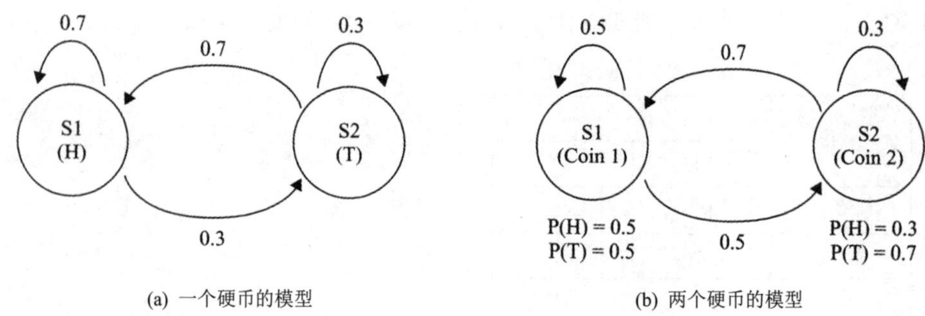

(a) 一个硬币的模型　　(b) 两个硬币的模型

图 12-23　马尔可夫模型与隐马尔可夫模型

12.2.4　挖掘序列

时态数据挖掘任务包括预测、分类、聚类、搜索和检索，以及模式发现。其中前 4 个任务在传统的时间序列分析、模式识别和信息检索领域中被深入地研究。本节重点描述针对大型数据库的模式发现算法实例，这些算法涉及最新的研究来源并展现出广阔的应用前景。模式发现问题涉及在数据中发现并评估所有“有趣的”模型。对什么是构成数据中的模式的定义方法很多，本节主要讨论一些一般性的方法。目前针对模式有趣性还没有统一的概念。然而，数据挖掘中有关频繁模式的概念非常有用。频繁模式是指在数据中多次发生的模式。大多数数据挖掘文献关注构成有用的模式结构并开发有效的算法用于发现在数据中频繁出现的所有模式。

模式是数据库中的局部结构。在序列模式框架中，将给出序列的集合，任务是发现被称为序列模式的项的序列，序列模式出现在足够多的序列中。在频繁序列分析中，数据集合可能以单一长序列或者短序列大集合给出。事件序列定义为$\{(E_1, t_1),(E_2, t_2),\ldots,(E_n, t_n)\}$，其中 E_i 从事件类型 E 的有限集合取值，t_i 是一个整数，表示第 i 个事件的时间戳。序列按照事件戳排序，由此可知，$t_i \leqslant t_{i+1}$，i=1, 2, …, n。下面是一个包含 10 个事件的事件序列 S 的实例。

$$S=\{(A, 2), (B, 3), (A, 7), (C, 8), (B, 9), (D, 11), (C, 12), (A, 13), (B, 14), (C, 15)\}$$

序列是部分有序事件的集合。当一个序列中事件的顺序完整时，称该序列为串行序列。如果根本不存在顺序，则该序列被称为并行序列。例如，$(A\rightarrow B\rightarrow C)$是包含 3 个节点的串行序列。标注中的箭头用于强调整个顺序。而并行序列从某种意义上说与项集类似，因此，可以采用事件类型 A、B、C 表示 3 个节点的并行事件为(ABC)。

如果在序列中存在与预定义的序列具有完全相同顺序的部分，称该序列存在于此事件序列中。例如，事件实例$(A, 2),(B, 3),(C, 8)$构成了串行序列$(A\rightarrow B\rightarrow C)$，而事件$(A, 7),(B, 3),(C, 8)$不能。因为对该串行序列，$A$ 必须发生在 B、C 之前。但上述两个事件集合，对并行事件(ABC)来说都是有效的。因为对并行事件来说，对事件发生的顺序没有限制。设 α 和 β 是两个序列，如果出现在 β 中的所有事件类型都出现在 α 中，并且 β 中事件类型的偏序关系与 α 中对应事件类型的偏序关系相同，则称 β 是 α 的子序列。例如，($A \rightarrow C$)是串行序列($A \rightarrow B \rightarrow$C)的两节点子序列，而($B \rightarrow A$)不是。在并行序列情况下，没有针对顺序的约束。

序列模式挖掘框架通过时间顺序对频繁项集思想进行了扩展，频繁项集思想在前面有关关联规则的章节中讨论过。项集数据库 D 不再是一些无序的事务集合。D 中每个事务具有一个时间戳及客户 ID。每个事务仅仅是项的集合。与单个客户有关的事务可以被视为按照时间排序的项集序列，D 中每个客户包含一个对应的事务序列。考虑一个包含 5 个客户的数据库示例，其对应的事务序列如表 12-1 所示。

表 12-1　事务序列

客户 ID	事务序列
1	$(\{A, B\}\{A, C, D\}\{B, E\})$
2	$(\{D, G\}\{A, B, E, H\})$
3	$(\{A\}\{B, D\}\{A, B, E, F\}\{G, H\})$
4	$(\{A\}\{F\})$
5	$(\{A, D\}\{B, E, G, H\}\{F\})$

每个客户的事务序列在因括号内给出，而单一事务中包含的项包含在圆括号中。例如，客户 3 4 次光顾超市，在其第 1 次光顾超市时，仅购买了商品 A；在第 2 次光顾时，购买了商品 B 和 D，以此类推。

兴趣时态模式是一个项集的序列。序列 S 的项集定义为$\{s_1\ s_2 \ldots s_n\}$，其中 s_j 是一个项集。由于 S 包含 n 个项集，因此，称 S 为 n-序列。以下情况称序列 $A=\{a_1\ a_2 \ldots a_n\}$ 被包含于序列 $B=\{b_1\ b_2 \ldots b_m\}$：存在整数 $i_1<i_2<\ldots<i_n$，使得 $a_1 \subseteq b_{i1}, a_2 \subseteq b_{i2}, \ldots, a_n \subseteq b_{in}$。也就是说，如果在 b 中存在长度为 n 的子序列，其每个项集都包含 a 对应的项集，则称 n 序列 A 包含于序列 B 中。例如，序列$\{(A)\ (BC)\}$包含于序列$\{(AB)\ (F)\ (BCE)\ (DE)\}$中，但不包含于$\{(BC)\ (AB)\ (C)(DEF)\}$中。此外，如果一个序列包含任何其他序列，则称该序列为最大序列集。在上述的客户事务序列示例集合中，除客户 4 的序列外，所有其他序列都是最大序列(关于给定的序列集)。客户 4 被包含于客户 3 和客户 5 的事务序列中。

除了支持度定义稍有差别外，前面讨论的 Apriori 算法可用于发现频繁序列。前面的描述中，项集的支持度定义为包含该项集的所有事务的比例。对任意序列 A 的支持度是包含 A 的客户事务序列在数据库 D 中所占的比例。参考给出的示例数据库，序列$\{(D)\ (GH)\}$的支持度为 0.4，在所有 5 个事务序列中，有两个序列包含它(客户 3 和客户 5)。由客户定义最小支持度阈值，任何支持度大于或等于阈值的项集序列称为大序列。如果序列 A 是大序列并且是最大的，则称其为序列模式。频繁序列发现的过程采用的是 Apriori 类型的迭代算法，首先发现频繁 1 元素序列。之后合并形成候选 2 元素序列，通过计数它们的频度，建立频繁 2 元素序列。重复该过程直到发现所有长度的频繁序列。序列挖掘的任务就是要系统化地发现数据库 D 中所有的序列模式。

并行项集频率的计数是直接的，可以通过频繁项集检测的传统算法加以描述。另一方面，对串行项集的计数则需要更多的计算资源。例如，与并行项集不同，需要使用有限状态自动机识别串行序列。具体来说，可以使用一个适当的1-状态自动机识别1节点串行序列的出现。例如，对序列($A \rightarrow B \rightarrow A \rightarrow A$)，可以给出一个如图12-24的5状态自动机(FSA)。在获得事件类型A后，自动机从其初始状态转移，然后等待，获得类型B的事件后转移到下一个状态，如此继续。通过采用自动机方式对每个序列进行频率计数。

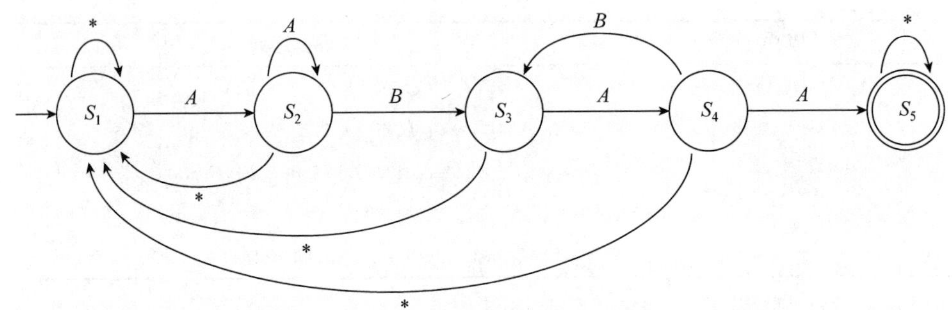

图12-24 序列 $A \rightarrow B \rightarrow A \rightarrow A$ 的FSA，其中*表示任意其他符号

在讨论使用挖掘客户事务序列数据库实例用于构建时态购买模式时，序列模式的概念具有一般性，也可用于许多其他环境。利用该框架，确实可以方便地解决蛋白质序列数据库中的主题发现问题。另一个实例涉及Web导航挖掘。数据库包含用户通过每个浏览会话导航的Web网站序列。序列模式挖掘可用于发现频繁访问的Web网站序列。时态关联特别适合用于时态关联的医疗数据的因果规则分析，例如患者医疗诊断的历史。患者与静态属性(如性别)以及时态属性(如年龄、症状或当前治疗记录)等关联。采用该方法处理时态信息会产生一些不同的方案。一个可能的扩展是为典型的关联规则 $X \geqslant Y$ 赋予新的含义。表明如果 X 发生，则 Y 将在时间 T 内发生。以此方式表示规则可以在一定的时间间隔内，控制一个事件发生对另一个事件发生的影响。在序列模式框架下，一些新的泛化被提出来用于合并序列模式中连续元素之间最大和最小的时间差约束。

对连续数据流的挖掘是一个与时态数据挖掘有关的新的研究领域，目前得到广泛的关注。术语“数据流”涉及在一段时间内，以接近连续的方式获得的数据。数据流通常是具有大量多维数据的快速变化的流(见图12-25)。数据在来源附近获得，例如传感器数据，因此通常具有较低的抽象级别。在流数据挖掘应用中，由于其以流的方式出现，因此数据通常仅可供挖掘一次。这种情况带来了一些挑战性的问题，包括如何聚类数据，在海量、异构、非静态数据环境下如何获得传统分析的扩展能力，以及如何将增量学习合并到数据挖掘过程中。在商业数据挖掘工具中，线性一遍扫描算法仍然比较缺乏，并且仍然是研究领域需要解决的具有挑战性的问题。许多应用，例如网络监控、电信应用、股票市场分析、生物监测系统和分布式传感器等都迫切需要对数据流的有效处理和分析。例如，目前正在开发针对数据流的频繁项集挖掘算法。该方法基于增量算法以维护 FP 流，FP 流是用树表示的一种数据结构，用于表示频繁项集和它们随时间动态变化的情况。

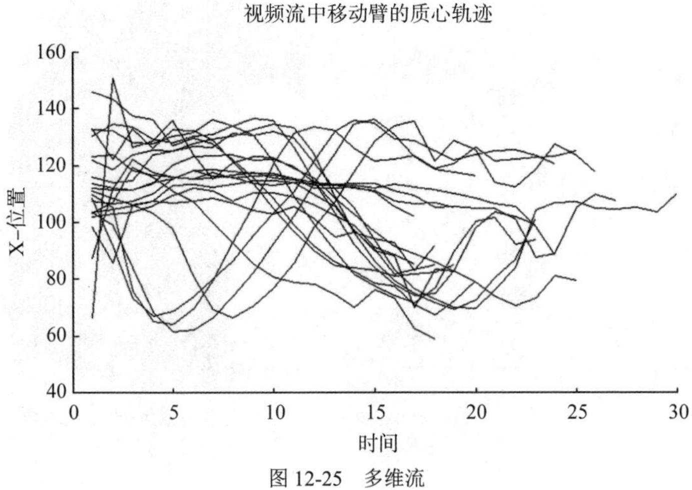

图 12-25　多维流

普适数据挖掘(UDM)是另外一个新领域，定义了对移动、嵌入式、普适设备数据进行分析的过程。这一领域的研究表明，下一代数据挖掘系统将支持移动用户需要的智能和时间关键的信息，并且能够在“任何时间、任何地点”方便地开展数据挖掘工作。这也是普适计算环境下自然需要采取的步骤。UDM 系统的基本关注点是在移动环境中实现计算密集型挖掘的技术，移动环境受到计算资源和频繁变化的网络特性的制约。其他的技术挑战包括：如何在数据挖掘过程中最小化移动设备的能源开销，如何在较小的屏幕上展现挖掘结果，如何在受到带宽限制的无线网络上传输数据挖掘结果。

12.3　空间数据挖掘(SDM)

SDM 是从大的空间数据集中发现有趣的、先前未知的、潜在有用的信息的过程。空间数据包含拓扑和距离信息。通常在数据库中，该类数据是按照空间索引结构组织并且按照空间访问方式存取。SDM 应用包括地理营销、环境研究、风险分析、遥感、地理信息系统(GIS)、计算机制图和环境规划等。例如，在地理营销中，一个商店可以构建其贸易区，也就是说，其客户所处的空间范围，然后基于客户的属性和他们所居住的地理区域分析这些客户的概况。对 SDM 结果的简单描述如图 12-26 所示，其中图 12-26 (a)表明火通常发生在干燥树木附近，以在邻近的房屋上看到鸟类，图 12-26(b)强调通过观察慕尼黑发现一个显著的趋势，远离城市的地方，平均租金有规律地下降。开发许多空间数据挖掘应用的主要原因之一是目前可以相对低的价格获得大量的空间数据。高性能的空间和光谱分辨遥感系统和其他环境监测设备收集了大量地理参照的数字图像、视频和声音。空间数据和固有空间关系的复杂性限制了传统数据挖掘技术在获取空间模式方面的应用。

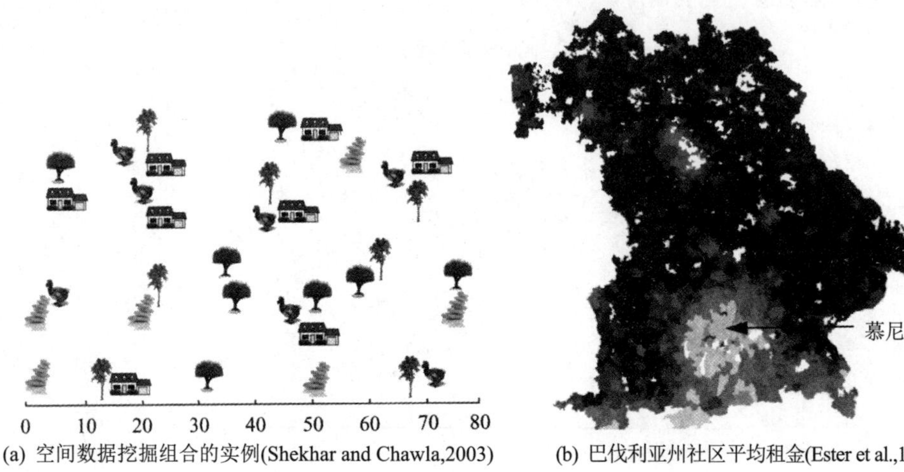

(a) 空间数据挖掘组合的实例(Shekhar and Chawla,2003)

(b) 巴伐利亚州社区平均租金(Ester et al.,1997)

图 12-26 描述数据空间挖掘结果的实例

数据挖掘分析中一个基本的假设是，数据样本是独立产生的。然而在分析空间数据时，样本独立产生的假设往往是不正确的。事实上，空间数据存在高度的自相关性。鉴于空间数据类型、空间关系和空间自相关的复杂性，从空间数据集中获取有趣和有用的模式比从传统的数字和分类数据中获取对应的模式要难得多。空间对象的空间属性常常包含与空间位置有关的信息，例如，纬度、经度、高度及形状等。在数据输入时，非空间对象的关系是明确的。例如，算术关系、排序存在实例、子类、成员等关系。而空间对象之间的关系通常是不明确的，例如重叠、交叉、靠近、在背后等。可以利用高度通用的术语定义近似性，包括距离、方向和/或拓扑。由于多数空间过程是局部的，因此有关位置观察的变量往往存在空间异构性或非平稳性。忽略空间邻近的项比空间位置分离的项具有更多相似性的事实，在空间数据分析终将会产生不一致的结果。总之，空间数据具有的特殊性阻碍了通用数据挖掘算法的使用，这些特殊性包括：丰富的数据类型(例如，扩展的空间对象)；变量间隐含的空间关系；观察不是独立的；属性之间的空间自相关(见图 12-27)。

	传统数据挖掘	**空间数据挖掘**
输入	简单数据类型 关系明确	复杂数据类型 隐含关系
统计基础	独立的样本	空间自相关
输出	基于集合的兴趣度量 例如，分类精度	空间兴趣度量 例如，空间精度

图 12-27 传统数据挖掘与空间数据挖掘的主要区别

处理不明确空间关系的方法之一是将复杂关系物化为传统数据输入，然后采用经典数据挖掘技术。然而，该方法可能会导致信息丢失的情况发生。另一种获取隐含的空间关系的方法是开发模型或技术，将空间信息合并到空间数据挖掘过程中。统计学领域中存在一个有助于分析空间关系的概念是空间自相关。知识发现技术忽略了空间自相关，通常不能很好地处理空间数据。

空间框架中的空间关系位置通常采用邻接矩阵来建模。简单的邻接矩阵可使用邻接度表示邻居关系。图 12-28(a)展示了一个包含 4 个位置 A、B、C 和 D 的网格状空间框架。4 种邻居关系的二元矩阵表示如图 12-28(b)所示。该矩阵的行规格化表示被称为邻接矩阵，如图 12-28(c)，基本思想是利用交互的关联强度定义相互影响的位置对。

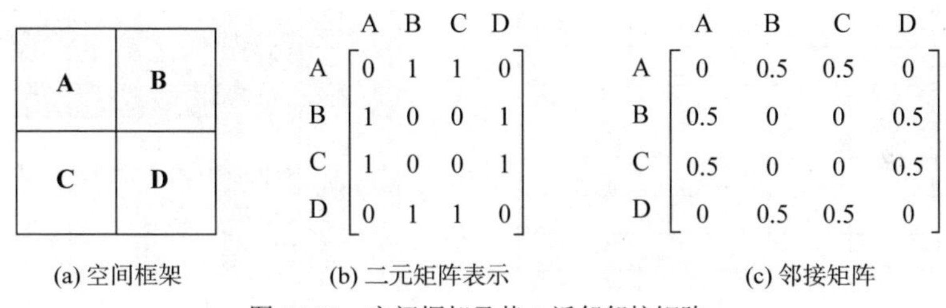

图 12-28　空间框架及其 4-近邻邻接矩阵

SDM 包含获取知识、空间关系和其他存储在数据库中不明确的属性。SDM 用于发现隐含的规律、空间数据和/或非空间数据之间的关系。从效果来看，空间数据库构成了一个空间连续领域，其中某个特定位置的属性一般按照与其连接的近邻的属性解释。本节将介绍 SDM 的两个重要特性以及常用技术：(1)空间自回归建模；(2)使用变云图技术检测空间异常点。

(1) SAR 模型是一种将分类器分解为两个部分——空间自回归和逻辑转换的分类技术。采用逻辑回归分析框架建立空间依赖模型。如果空间独立的值 y_i 相互之间存在关联，则传统的回归等式可做如下修改：

$$y = \rho Wy + X\beta + \varepsilon$$

其中 W 是邻接矩阵的近邻关系，ρ 参数反映了空间中依赖变量的元素之间的空间依赖强度。在引入修正项 ρWy 后，可以认为残差向量的分量 ε 来自于独立和相同的标准正态分布。在分类回归情况下，上面的等式将通过二元依赖变量的逻辑函数进行转换，称该等式是 SAR 模型。注意当 ρ=0 时，上面的等式表示的是传统的回归模型。如果空间自相关系数是一个很大的数字，SAR 将量化分类模型中的空间自相关的形式。指明依赖变量(y)的变量被平均的近邻观测值影响的程度。

(2) 空间异常点是一个空间参考对象，其非空间属性值与其空间近邻中其他参考对象具有显著的差别。这类异常点显示出局部非空间属性值的不稳定性。它表明空间参考对象的非空间属性与其近邻是高度关联的，即使属性可能与整个群体没有显著的差别也同样如此。例如，在不断发展的都市里、在老房子之间建筑新房屋，若基于非空间属性“房屋的建筑年代”，则它是一个异常点。

变云图技术通过近邻关系展示相关的数据点。对每对样本，给出了属性值之间绝对差的平方根以及位置之间的欧几里得距离。数据集表现出非常强烈的空间依赖，随着属性位置的增大，属性差的方差会增加。尽管位置接近，但存在较大的属性差别，则可能表明存在空间异常点，即使被检验的非空间数据集的两个位置非常接近也同样如此。例如，如图 12-29(a)所示，空间数据集表示为 6 个五维样本，由于样本数量太小，传统非空间分析不会发现异常点。然而，当应用变云技术后，假定前两个属性是 X-Y 空间坐标，其他三个是样本特性，结论会发生明显的变化。图 12-30 显示对数据集采用变云技术的结果，可以发现有些点对与公共距离的主密度区域有明显的差别。

样本	X–C	Y–C	AT–1	AT–2	AT–3
S1	1	2	8	4	1
S2	3	4	2	6	4
S3	2	1	4	2	4
S4	5	3	3	2	5
S5	2	2	7	4	2
S6	1	1	6	5	1

(a) 空间数据集

比较的样本	空间距离	样本距离
S3-S6	1.0	4.69
S3-S5	1.0	4.12
S1-S3	1.41	5.39

(b) 变云图的关键样本关系

图 12-29 变云图示例

作为变量图技术的一部分，计算空间距离和样本距离显示存在一个样本，空间上靠近其他样本(小空间距离)，但在非空间属性上与其他样本存在较大的距离。样本 S3 就是这样的样本，空间上它与 S1、S5、S6 相邻。样本及相应的距离如图 12-29(b)所示。选择 S3 作为异常点的候选对象。将样本之间的这些关系及其他关系通过变云图图形化，可以获得同样的结果。

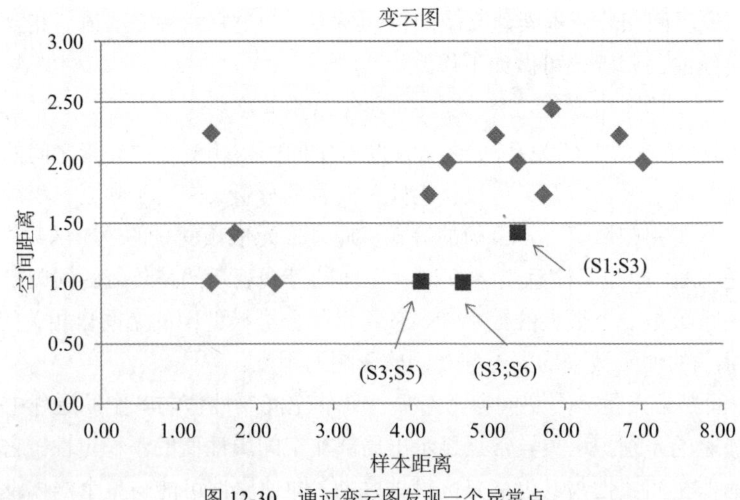

图 12-30 通过变云图发现一个异常点

12.4　分布式数据挖掘(DDM)

海量数据的涌现使得利用分布式系统对海量数据开展跨地理区域的分析的需求不断增长。为海量数据驱动的知识发现，以及潜在的科学与商业理解带来了史无前例的发展机会。在高性能分布式计算平台上(而不是集中式计算模型上)实现数据挖掘，其驱动力来自于技术和组织两个因素。某些情况下，集中处理方式难以实现，因为需要长距离传输大量的 TB 级数据。另外，集中方法违背了隐私规则，暴露了商业秘密，并带来其他一些社会问题。这些问题的典型实例常见于医疗行业，其相关数据往往存在于多个组织商业机构中，例如制药公司、医院、政府实体(如美国食品和药物管理局)和非政府组织(如慈善和公共健康组织)。每个组织都具有法律限制，例如隐私法规，有关专利信息的公司需求会给竞争对手带来巨大的商业利益。因此既需要开发算法、工具、服务和基础结构用于实现分布式跨组织的数据挖掘，同时也需要考虑隐私保护问题。

这样一种朝着分布式、复杂环境发展的变化扩大了数据挖掘挑战的范围。分布式数据所带来的新问题明显增加了数据挖掘过程的复杂性。通过有线和无线网络，许多分布式计算环境，在计算和通信方面获得了进展。这样的处理环境多数都涉及包含大量数据的分布式数据源、多个计算节点和分布式用户社区。对这些分布式数据源进行监视和分析需要新的用于分布式应用的数据挖掘技术。DDM 领域处理这些问题——通过细致分析分布式源，挖掘分布式数据源。除数据分布外，网络的发展产生了大量复杂数据，包括自然语言文本、图像、时间序列、传感器数据、多关系及对象数据类型。更复杂的是，包含分布式流数据的系统需要增量或在线挖掘工具，无论何时底层数据发生变化，都需要完整地处理过程。由于系统变化频繁，应用于如此复杂环境的数据挖掘技术必须适应巨大的动态变化，否则将会对系统的性能带来不良影响。对所有这些特性提供支持的 DDM 系统需要有创新的解决方案。

Web 架构(包含分层协议和服务)提供了合理的框架用于支持 DDM。新框架接受“融合通信和计算”的新趋势。DDM 接受数据可能自然地分布于不同的松耦合节点上的事实，这些分布的数据往往是通过网络连接起来的异构数据。DDM 提供的技术通过分布式数据分析来发现新知识，使用最小数据通信进行建模。同时，分布式系统交互需要以可靠、稳定、可扩展的方式实现。最后，系统必须向用户隐藏技术方面的复杂性。

目前，能够通过 e-services 处理的商品不仅局限于类似电器、家具、机票等实体。Internet 及 WWW 的发展包含了软件、计算能力或有用的数据集这类资源。这些新资源能够通过网络以服务的形式售卖或租赁给网络用户。直观上看，数据挖掘适于作为一种 e-service 发布，因为该方法减少了为设置和维护基础架构以支持该方法的高昂开销。为实现在 WWW 上高效及有效地发布数据挖掘服务，可采用 Web 服务技术在已经存在的软件系统之上提供抽象层次和标准。这些层次能够类似 Web 那样与任何操作系统、硬件平台或程序语言交互。这些服务自然可以扩展到网格计算领域。网格作为一种分布式计算机基础架构能够在动态变化的个体、协会和资源等组织之间协调资源共享。网格计算的主要目标是赋予组织和应用开发人员建立能够按需使用计算资源的分布式计算环境的能力。网格计算能够利用大量服务器、台式机、群集和其他类型硬件的计算能力。因此，网格能够通过减少数据处理时间，优化资源及分布计算负载，帮助提高效率并减少计算网络的开销。网格可帮助用户在面对复杂操作时，以更低的开销，更快地获得结果。最近的开发和应用表明，网格技术代表了高性能 DDM 和知识发现的关键基础架构。该技术特别适于处理大量分布式数据，例如零售业务、科学仿真或电信数据等在传统机器上不能以可接受的时间处理的数据。随着网格在科学和行业领域成为广泛接受的计算基础架构，将能提供更通用的数据挖掘服务、算法和应用。网格计算框架有助于分析人员、科学家、组织和专业人员利用网格能力，利用高性能分布式计算能力，以分布方式解决数据挖掘问题。基于数据和计算网格，建立所谓的知识网格。旨在满足商业、科学、工程等复杂的数据挖掘场景，对能力和抽象的不断增加的需求。

不仅分布式数据挖掘基础架构由于通过 Web 服务以及网格技术提供新方法而发生改变，基本数据挖掘算法也需要改变以适应分布式环境。多数现存数据挖掘系统都是按照应用于单一集中式环境设计的。它们通常将相关数据下载到集中的位置，然后执行数据挖掘操作。这一集中式方法在许多分布式、普适、可能包含隐私敏感的数据挖掘应用中未能很好地工作。DDM 算法的主要目标是获得与采用集中式方法的数据挖掘方法相同或相似的数据挖掘结果，而不需要将数据从其原始位置集中到某个位置。分布式方法假定局部计算在各自节点上完成，要么采用一个集中的位置通过与其他节点通信用于计算全局模型，要么采用点对点的架构。在后一种情况下，各个节点与邻近节点在异步网络上发送消息，进行通信，以完成大多数任务。参考示例是通过特殊方式相互连接的独立和智能传感器网络。分布式挖掘包含的一些特性如下：

- 系统包含多个计算和数据的独立节点。
- 节点通过其他节点交换结果，通常通过消息传递。
- 节点之间的通信代价高昂，通常成为瓶颈。
- 节点资源存在约束，例如分布式传感器系统的电池能源。
- 节点需要考虑隐私和/或安全。
- 系统应该具有能够扩展的能力，因为当前的分布式系统可能包含数百万个节点。
- 系统应该具有在局部节点失效、丢失或出现不正确数据时还能够正确运行的能力。

显然，DDM 算法的重点是本地计算和通信。DDM 的本地算法广义上可以划分为以下两类：

- **精确本地算法**。该类算法能够保证始终得到与集中式算法一致的结果。精确本地算法显然是令人满意的，但开发非常困难，在某些情况下几乎是不可能的。
- **近似本地算法**。此类算法不能保证获得与集中式算法同样精确的结果。需要在解决方案质量与系统响应之间权衡。

对本地算法类型的选择依赖于数据挖掘的问题和应用领域，涉及数据量及数据量的动态特性。一般来说，当精度和有效性之间的权衡非常重要，站点之间的通信成为瓶颈时，选择使用近似方法。下面将描述用于许多数据挖掘应用的简单近似算法中，本地计算与通信之间的权衡考虑。例如，如果希望比较不同节点观察获得的数据向量，集中式方法将汇集这些向量到主计算机，然后利用适合于该领域的度量比较向量。DDM 技术通过使用简单的随机技术为该问题提供更有效的解决方案。

分布式站点 A、B 各自给出的向量为 $a=(a_1, a_2, \ldots, a_m)$和向量 $b=(b_1, b_2, \ldots, b_m)$。需要获得它们之间近似的欧几里得距离，希望通过传输少量的消息，减少站点之间的数据传输量。集中式方法需要将一个向量传输到另一个站点上，也就是说需要传输一个向量的 m 个分量。如何能实现传输比 m 少的数据但能获得同样的结果呢？注意，计算一对向量 a 和 b 的欧几里得距离的问题可以表示为计算如下所示的内积问题：

$$d^2(a, b)=(a \cdot a)+(b \cdot b)-2(a \cdot b)$$

其中$(a \cdot b)$表示定义为向量 a 与向量 b 的内积，定义为$\sum a_i b_i$；$(a \cdot a)$表示内积的特例，表示向量 a 量值的平方。读者可以方便地检查先前的关系。例如，如果向量 a 和 b 分别是 $a=(1, 2, 3)$和 $b=(2, 1, 2)$，则其欧几里得距离为：$d^2 =14+9-2\times10=3$。而积$(a \cdot \mathrm{a})$和$(b \cdot b)$可以在本地计算获得，每个计算结果为单一值，核心问题是开发一个算法用于实现分布式内积的计算。计算两个不同站点的两个向量内积的一个简单、通信高效的随机技术可以包含以下步骤：

(1) 向量 a 和 b 处于两个不同的站点，A 和 B。站点 A 向站点 B 发送随机数生成器种子(此为一个传递的消息)。

(2) 站点 A 和 B 共同生成一个随机矩阵 R，维度为 $k\times m$，其中 $k \ll m$。矩阵 R 中的每个项是独立生成的，并符合同一个均值为 0 的固定分布以及有限方差。

(3) 基于矩阵 R，站点 A 和 B 计算各自的本地矩阵积：$\hat{}a=Ra$ 和$\hat{}b=Rb$。

新的本地向量$\hat{}a$ 和$\hat{}b$ 的维度是 k，显然其长度比最初的 m 小。

(4) 站点 A 给站点 B 发送得到的向量$\hat{}a$ (会发送 k 个消息)。

(5) 站点 B 计算近似内积$(a \cdot b)=(\hat{}a^{\mathrm{T}} \cdot \hat{}b)/k$。

因此，该算法仅向其他站点发送一个$(k+1)$维向量(k 是用户定义的参数)，而不是发送一个 m 维向量，其中 $k \ll m$。向量内积仍然可以低的通信开销精确地估算。

在相关 DDM 文献中，对于如何将数据跨站点分布的问题可以采用两种假设之一：(1)同质或水平划分；(2)异质或垂直划分。上述两种观点认为，位于不同分布站点的数据表是单一全局表的划分。需要强调的是，全局表的观点是概念化的。没必要要求该表物理分布于所有站点上。在同质情况下，全局表被水平划分。每个站点上的表是全局表的子集。这些子集具有完全一样的属性。图 12-31(a)描述了同质分布的情况，其示例为一个天气数据，其中每个子表具有相同的 3 个属性。异质情况下，全局表被垂直划分，其中每个子表包含列的一个子集，意思是每个站点所包含的子表不一定包含相同的属性。然而，每个站点的示例要求包含一个相同的标识符以方便匹配，图 12-31(b)描述了这种情况。处于分布站点的表有不同的属性，示例通过唯一的标识符 Patient ID 来连接。

站点 1

City	Humidity	Temperature
Louisville	85%	83°F
Cincinnati	77%	81°F
Nashville	89%	85°F

站点 2

City	Humidity	Temperature
Seattle	67%	73°F
Miami	77%	91°F
Huston	56%	95°F

(a) 水平划分数据

站点 1

Patient ID	Temperature	Hearth rate
1	97°F	75
2	98.3°F	68
3	99.9°F	72
4	101°F	80

站点 2

Patient ID	Red Cells	White Cells
1	4.2×10^3	4×10^9
2	6.2×10^3	7.2×10^9
3	6.7×10^3	6.1×10^9
4	5.1×10^3	4.8×10^9

(b) 垂直划分数据

图 12-31　水平划分数据与垂直划分数据

DDM 技术支持包括分类、预测、聚类、购物篮分析和异常点检测等不同的数据挖掘任务。对每个任务的解决方案可以使用不同类型的 DDM 算法。例如，分布式 Apriori 有多个版本用于在分布事务数据库中生成频繁项集，通常需要多个同步和通信步骤。多数这类实现假定平台是同质的，因此数据集在站点间是均匀分布的。然而，实际应用中，数据集和处理平台往往是异质的，利用多个不同的系统和工具。这可能会导致数据分布和负载的不平衡，从而在实现中产生其他问题。

最近的发展趋势之一是利用在线挖掘技术监视分布式传感器网络。因为随着硬件的进步和软件支持的增加，使大规模分布式传感器网络的部署成为可能。在线数据挖掘，也称为数据流挖掘，重点关注的是模式的获取，异常点的检测，或从类似传感器网络生成的连续数据流获得系统行为的动态模型的开发。由于数据的海量性和产生数据的速度，传感器网络中的许多数据挖掘应用需要在线处理(如聚合)来减少样本大小和通信开销。传感器网络的在线数据挖掘遇到了许多额外的挑战，主要包括：

- 受限的通信带宽
- 本地计算资源的约束
- 受限的电源供应
- 对容错的需求
- 网络的异步特性

显然，数据挖掘系统在很短时间内从由单一算法构建的独立程序、对整个数据库知识发现过程的有限支持，发展到融合多个挖掘算法、多用户、通信和各种异质数据格式和分布式数据源的集成化系统。尽管在多种应用中开发并部署了许多 DDM 算法，限于篇幅，本书仅通过列举一个分布式聚类算法示例来呈现趋势。

分布式 DBSCAN 聚类

分布式聚类假设被聚类的样本驻留在不同的节点上。与集中式方法将所有样本传送到中心节点上，应用标准聚类算法分析本地数据的方法不同，分布式聚类方法在不同的节点上开展聚类工作。然后，中心节点将基于下载的局部模型建立全局聚类模型，也就是说，汇总对局部数据的表示。分布式聚类按照两个不同的层次执行，本地层次和全局层次(见图 12-32)。在本地层次，所有节点独立地执行聚类，然后与中心节点通信，以确定一个全局模型，来反映算法复杂性和精确度的最优权衡结果。

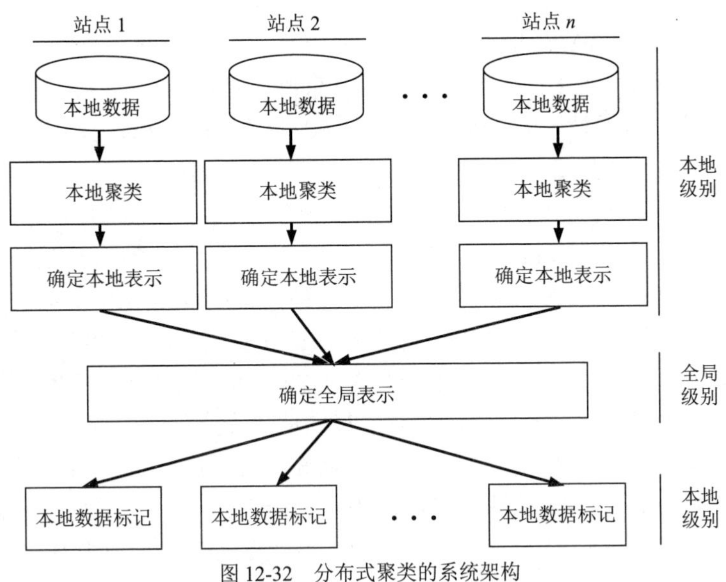

图 12-32　分布式聚类的系统架构

局部模型包含一系列表示，用于表示局部获得的聚类。表示是对驻留在对应本地节点的样本的正确近似。局部模型被传送到中心站点，中心站点将局部模型融合以构成全局模式。局部模型的表示应该足够简单以减少通信负担。同时，局部模型应该包含足够的信息以支持高质量的近似全局聚类。全局模型的建立是通过分析和集成局部代表获得的。在过程结束时，建立的全局模型将发送回所有的局部站点。

在实现特定的聚类算法时，上述全局-分布式框架可以被更加精确地定义。基于密度的聚类算法 DBSCAN 是较好的候选算法，因为该算法能可靠地处理异常点，易于实现，支持对不同形状的聚类，并且允许增量、在线实现。第 9 章对算法的主要步骤进行过介绍，其步骤可以应用于此。为发现局部聚类，DBSCAN 从任意核心对象 p 开始，p 尚未被聚类，检索所有从 p 密度可达的对象。密度可达对象的检索采用迭代方法实现，直到将所有局部样本都被分析过为止。本地数据聚类完成后，需要少量的表示来精确地描述局部聚类结果。为确定聚类的适当代表，引入了特定核心点的概念。

设 C 为给定的 DBSCAN 参数 ε 和 $MinPts$ 的局部聚类。另外，令 $Cor_c \subseteq C$ 是属于该聚类的核心点集。称 $Scor_c \subseteq C$ 为特定核心点 C 的全集，当且仅当下列条件为真时：

- $Scor_c \subseteq Cor_c$
- $\forall s_i, s_j \subseteq Scor_c: s_i \notin Neighborhood_\varepsilon(s_j)$
- $\forall c \in Cor_c, \exists s \in Scor_c: c \in Neighborhood_\varepsilon(s)$

点的 $Scor_c$ 集包含少量的描述聚类 C 的特定核心点。例如，如图 12-33(a)所示，

站点 2 和 3 仅有一个特定核心点。而站点 1，因为其聚类的形状，有 2 个特定核心点。为进一步简化局部模式的表示，特定核心点的数量$|Scor_c|=K$被用作下一步的本地“聚类步骤”的输入参数，采用适当版本的 K 平均值。对每个由 DBSCAN 发现的聚类 C，k 均值使用 $Scor_c$ 点作为起点。结果得到 $K=|Scor_c|$子聚类并且重心在 C 内。

每个局部模型 LocalModel_k 包含 m_k 对集合：表示 r(完全特定核心点)和 ε 半径值。从每个节点 k 传送的 m 对的数量由在节点 k 上发现的聚类 C_i 的数量 n 确定。这些(r, ε_r)对表示位于对应本地聚类的样本的子集。显然，需要检查是否能够将两个或更多这样的从不同节点上发现的聚类融合到一起。该工作是全局建模部分的主要任务。为获得这样的全局模型，算法将继续使用基于密度的聚类算法 DBSCAN，但仅用于局部模型的集成表示。由于这些表示点的特性，参数 $\text{MinPts}_{\text{global}}$ 设置为 2，半径 $\varepsilon_{\text{global}}$ 值的设置通常接近 $\varepsilon_{\text{global}}=2\varepsilon_{\text{local}}$。

如图 12-33 所示，描述了设置 $\varepsilon_{\text{global}}=2\varepsilon_{\text{local}}$ 的分布式 DBSCAN 示例。图 12-33(a)表示独立地检测站点 1、2、3 的聚类。图 12-33(b)所示，站点 1 的聚类，采用 k 均值，表示为 R_1 和 R_2，而站点 2 和 3 的聚类仅包含一个表示。图 12-33(c)表示来自所有不同站点的 4 个本地聚类融合为一个大的聚类。集成是通过使用 $\varepsilon_{\text{global}}=2\varepsilon_{\text{local}}$ 参数获得的。图 12-33(c)清楚表明，采用 $\varepsilon_{\text{global}}=\varepsilon_{\text{local}}$ 获得全局聚类是不够充分的。全局模式获得后，将模型分布到站点上，与先前获得的局部模型进行正确性比较。例如，局部聚类的某些点可以被当成异常点，但对于全局模型来说，这些点可能被集成到经修改的聚类中。

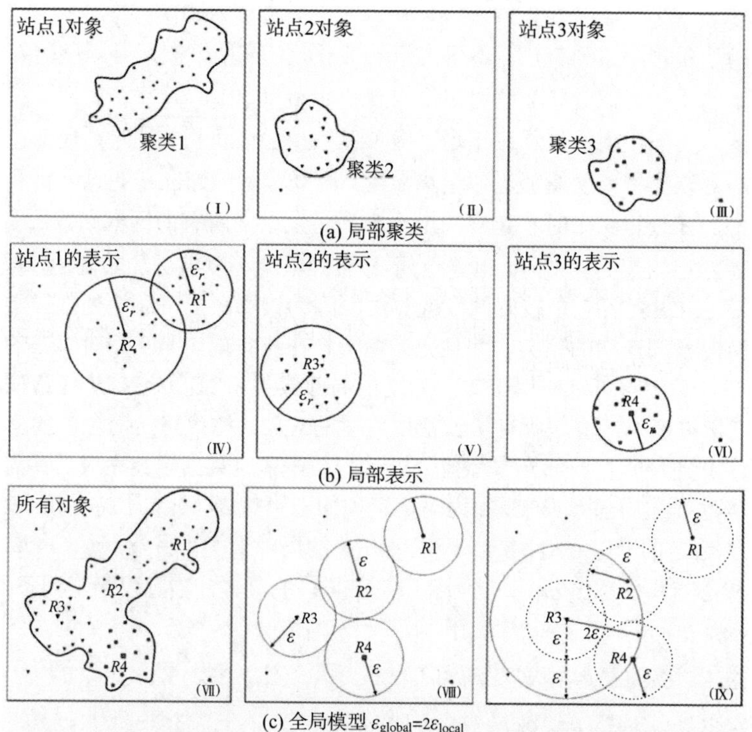

图 12-33　分布式 DBSCAN 聚类(Januzaj 2003)

12.5　关联并不意味着存在因果关系

关联概念是指任何能够根据观察变量的基于频度的联合分布来定义的关系，而因果关系是指不能仅由分布加以定义的关系。即使是简单的示例也显示关联判断标准对因果关系的证实既不必要，也不充分。例如，数据挖掘可能确定收入在 50 000～65 000 美元的男性，他们订阅某种杂志，可能会购买你希望卖出的产品。而你可以利用这一模式，将销售市场定位于适合该模式的人群，但不能认为这些因素(收入、杂志类型)与他们购买产品具有因果关系。通过数据挖掘获得的预测关系未必导致某一活动或行为。

在保健、社会、行为科学等领域开展的研究工作并不是统计结果，而是存在天然的因果关系。例如，在给定的人群使用给定药物的效果如何？通过采用给定的策略，以往犯罪的那些部分可以被避免？该类研究的主要目标是确定相关变量之间的因果效应关系。例如，治疗—疾病或策略—犯罪存在条件—结果关系。为了以数学方法表示因果假设，需要对标准统计数学语言进行扩展，在主流文献和教育中，并未重视这些扩展。

标准统计分析的目标(典型的包括回归和其他评估技术)通常需要借助具有该类分布的样本获取分布的参数。利用这些参数，可以推断变量间的关系，或者评估过去和未来事件的可能性。只要实验条件保持一致，通过标准统计分析可以很好地完成这些任务。因果分析更进一步，其目标是推测数据构建过程的各个方面。关联刻画了统计条件，而因果分析处理变化的条件。有关症状和疾病的联合分布并未告诉我们，治愈以前的患者就能够或不能够治愈未来的患者。

从类比到视觉透视，包含在概率函数中的信息类似于三维对象的几何描述，对于预测从对象外以任何角度观察对象获得的情况来说是充分的，但如果由于外部力量处理或压缩导致对象变形时，预测对象的情况就变得不够充分。此时做出预测需要额外的信息，例如对象的弹性或灵活性，类似因果假设所提供的信息那样。这些考虑暗示“关联并不意味着因果关系”这一认识可以转化为一个有用的原则：即使处于总体层次上，也不能仅仅通过关联证实因果关系。每个因果结论的背后都必然存在一些通过观察研究无法检验的因果假设。

应用于因果分析的数学方法都需要新概念用于表达因果假设和因果断言。为方便描述，概率计算的语法不能表达类似“症状不能导致疾病”这样的简单事实。更不用说从这些事实中获取数学结论。只能说两个事件是依赖的——意味着如果发现了一个，可能会得到另外一个。但不能辨别统计依赖，定量地根据因果依赖描述概率 P(疾病/症状)，得不到用标准概率计算获得的表达式。对“导致疾病的症状”关系的符号表示和“与疾病有关的症状”关系的符号表示是有区别的。

由于需要接触新概念，并且这些新概念并不属于概率理论学术领域，使很多受过统计方面训练的人很难理解，部分原因是要适应新的语言一般来说是比较困难的事情，部分原因是因为统计学家(包括本书作者)习惯于认为所有现象、过程、思想以及推理模型可以通过概率理论的功能强大的语言获得。因果规范需要采用新的数学机制开展原因-效果分析，对包括诸如“路径图”“受控分布”“因果结构和因果模型”这类反事实的概念的分析需要采用一种规范的基础。

贝叶斯网络

图形化模型的一个强有力的方面是特定的图可以为范围广泛的分布类构建概率陈述。为促进使用有向图描述概率分布，首先考虑 3 个变量 a、b、c 的一个任意联合分布 $p(a, b, c)$。通过利用概率的乘积规则，可以将联合分布写成如下形式：

$$p(a, b, c) = p(c|a, b)p(a, b) = p(c|a, b)p(b|a)p(a)$$

现在以简单的图模型表示等式右边部分。首先，为每个随机变量 a、b 和 c 建立一个节点，每个节点对应等式右边的条件分布。然后，为每个条件分布增加有向边。图中的箭头从对应变量的节点指向条件分布的节点。即对因子 $p(c|a, b)$，建立由节点 a 和 b 指向节点 c 的有向边。而对于因子 $p(a)$，则没有进入边，如图 12-34(a)所示。如果存在从节点 a 到节点 b 的边，则称节点 a 是节点 b 的父节点，称节点 b 是节点 a 的子节点。

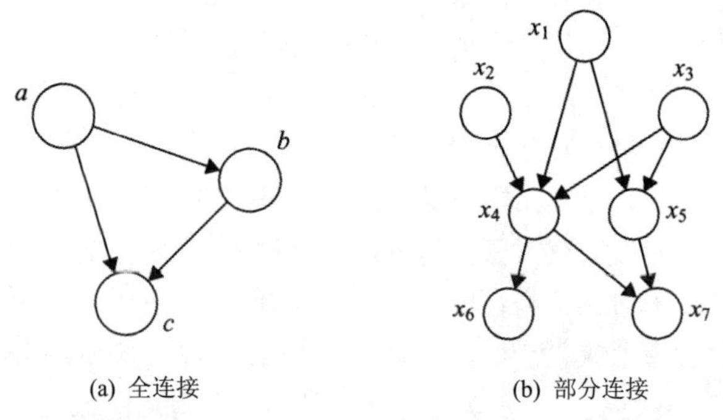

(a) 全连接　　(b) 部分连接

图 12-34　表示变量集联合概率分布的有向图模型

给定 K 个变量，仍然可以使用 K 个节点的有向图表示联合概率分布，每个条件分布由一个节点表示，有进入边的每个节点都是由更低号码的节点指向的。我们称该图是全连接的，因为每个节点对之间都存在连接。考虑图 12-34(b)，该图不是全连接图，因为从节点 x_1 没有到 x_2 的连接，从节点 x_3 没有到节点 x_7 的连接。可以将此图根据图中每个节点的条件分布的乘积转换为对应的联合概率分布表示。所有 7 个变量的联合分布如下表示：

$$p(x_1, x_2, \ldots, x_7) = p(x_1)\, p(x_2)\, p(x_3) p(x_4|x_1, x_2, x_3) p(x_5|x_1, x_3)\, p(x_6|x_4)\, p(x_7|x_4, x_5)$$

所有联合分布可以采用对应的图模型表示。图中没有相关的连接来传达图中表示的有关分布类属性的有趣信息。可以通过表达观察数据引发的过程来解释该模型，许多情况下，可以根据概率分布得出有关新样本的结论。使用的有向图涉及一个重要的限制，即不可存在有向环。换句话说，在图中不能存在封闭的路径，以确保不能出现从开始节点按照连接边，经由节点，最后重新回到开始节点的情况。此类图通常又称为有向无环图(DAG)。

涉及多变量概率分布的一个重要概念是条件独立。考虑 3 个变量 a,b,c，考虑 a 的概率分布，给定 b 和 c，如果 a 不依赖于 b，则可得：

$$p(a|b,c)=p(a|c)$$

称 a 在给定 c 的情况下，与 b 不存在依赖关系，即独立于 b。可以对此进行扩展，考虑稍有差别的情况。考虑 a 和 b 与 c 为条件的联合分布，可表示为如下形式：

$$p(a,b|c)=p(a|b,c)p(b|c)=p(a|c)p(b|c)$$

a 与 b 的联合分布，条件为 c，可以分解为 a 的边缘分布与 b 的边缘分布(同样，条件为 c)的乘积。即给定 c 情况下，变量 a, b 是统计独立的。这种独立性可以由图 12-35(a)的图形化方式表示。其他类型的联合分布也可以被图形化解释。图 12-35(b)所示的分布可如下表示：

$$p(b,c|a)=p(c|a)p(b|c)$$

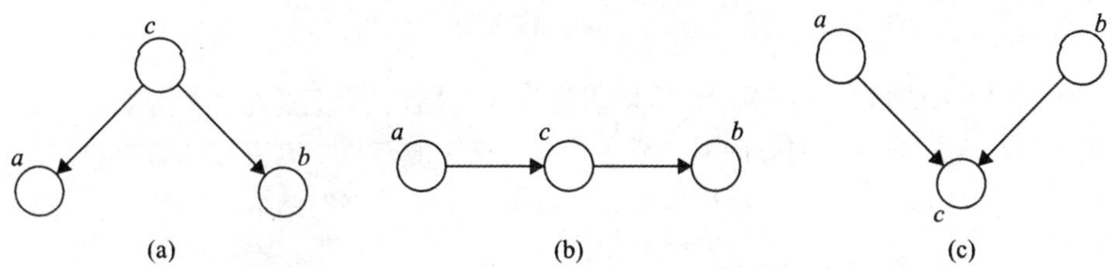

图 12-35 联合概率分布展现出变量 a, b, c 之间的不同依赖关系

对于图 12-35(c)，概率 $p(c|a, b)$存在假设，变量 a 和 b 是独立的，即 $p(a,b)=p(a)p(b)$。

一般来说，在生成观察数据时，图模型可以获取因果过程。因此，这类模型通常被称为生成模型。可以通过引入针对所有输入变量(涉及那些没有输入边的节点)适合的先验分布 $p(x)$来构建图 12-34 中的模型。对于图 12-34(a)，涉及 a，对于图 12-34(b)涉及 x_1、x_2 和 x_3。实际应用时，从生成模型上建立综合观察可以验证由该模型表示的概率分布形式的有效性。

上述对联合概率分布的基本分析引导我们进入贝叶斯网络(BN)。一些文献将 BN 称为信念网络或概率网络。BN 中的节点表示相关变量(例如设备的温度、患者的性别、产品的价格、事件的发生等)，连接边表示变量间的依赖关系。每个节点存在状态，或者说每个变量包含可能取值的集合。例如，天气可能是 cloudy 或 sunny，敌方部队是 near 还是 far，疾病的症状是 present 或 not present，垃圾处理是 working 或 not working。用箭头连接的节点表示因果关系，同时也表明影响的方向。这些箭头被称为边。依赖通过每个节点与其父节点之间的条件概率加以量化。图 12-36 表示一些没有包含概率分布的 BN 架构。一般而言，在遵守下列条件的情况下，可以形式化地将 BN 网络描述为一个图。

(1) 随机变量集合构成了网络中的节点。

(2) 有向边集合连接节点对。直觉上，从节点 X 到节点 Y 的一个箭头意味着 X 对 Y 产生直接影响。

(3) 每个节点包含一个条件概率表(CPT)，用于量化父节点对该节点的影响。节点 X 的父节点是所有那些具有指向 X 的边的节点。

(4) 图没有有向环(是 DAG)。

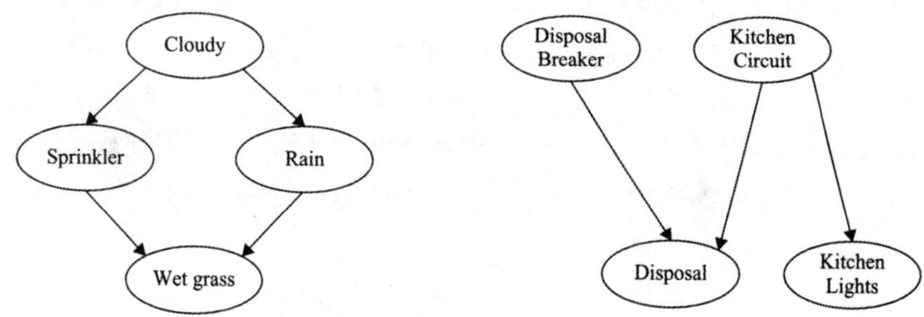

图 12-36　贝叶斯网络架构的两个示例

BN 网络上的每个节点对应一个随机变量 X，并且包含变量的概率分布 $P(X)$。如果有从节点 X 到节点 Y 的有向弧，则意味着节点 X 对节点 Y 有直接的影响。此影响由条件分布 $P(Y|X)$定义。节点和相关的弧定义了 BN 网络的结构。概率是该结构的参数。

现在返回到利用图模型推理的问题上，图中的一些节点与观察值关联，期望计算其他节点的一个或多个集合的后验分布。给出了有关其他子集的证据，网络就支持计算变量的任何子集的概率。可以利用图形化结构发现有效的推理算法并透明地构建这些算法的结构。确切地讲，许多基于推理的算法可以根据围绕图的局部概率的传播来表示。BN 网络可被视为一种概率图，概率知识通过网络拓扑和每个节点的条件概率表示。建立有关概率的知识的主要目的是利用它开展推理工作，即用于计算领域相关的特定示例的答案。

例如，可以设定下雨会导致草地变湿。图 12-37 所示的因果图及对应的概率解释了这些变量之间的因果关系。如果给定 $P(\text{Rain}) = P(R) = 0.4$，这也意味 $P(\neg R) = 0.6$。注意到图中给出的条件概率之和并不等于 1。如果仔细分析概率之间的关系就会发现，$P(W|R)+P(\neg W|R) =1$，而且 $P(W|\neg R)+P(\neg W|\neg R) =1$，并非给定概率的和。在这些表达中，$R$ 表示 Rain，W 表示 Wet grass。基于给定的 BN，可以计算 Wet grass 的概率：

$$P(W) = P(W|R)P(R)+P(W|\neg R)P(\neg R) = 0.9\times0.4+0.2\times0.6=0.48(\text{或 }48\%)$$

贝叶斯规则允许转换依赖，基于图中子节点的概率获得父节点的概率。在许多应用场合下，这样的转换是非常有用的，例如确定基于症状诊断的概率。例如，考虑基

于图 12-36 的贝叶斯网络，可以确定条件概率 $P(\text{Rain}|\text{Wet grass}) = P(R|W)$。已知

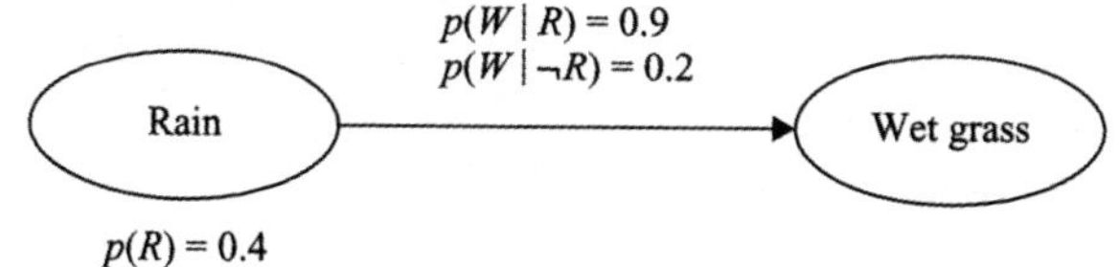

图 12-37 简单因果图

$$P(R,W) = P(W|R)P(R) = P(R|W)P(W)$$

由此得出

$$P(R|W) = \frac{[P(W|R)P(R)]}{P(W)} = \frac{[P(W|R)P(R)]}{[P(W|R)P(R) + P(W|\neg R)P(\neg R)]}$$

$$= 0.9*0.4/(0.9*0.4+0.2*0.6) =0.75$$

现在考虑更复杂的情况，如图 12-38 所示的复杂贝叶斯网络。此例包含 3 个节点，存在顺序关系。这类关系通常被称为 3 个事件的首尾连接关系。其中事件 Cloudy 带有 yes 和 no 值，是网络的起点。R 节点成为连接 C 到 W 的中间点，并将它们分开。如果去掉 R 节点，则不存在从 C 到 W 的路径。因此，图中条件概率之间的关系可以如下给出：

$$P(C, R, W) = P(C) * P(R|C) *P(W|R)$$

基于图 12-38 的 BN，可以确定并使用先前 BN 表示的“前向”和“后向”条件概率。如下所示：

$$P(W|C) = P(W|R) * P(R|C) + P(W|\neg R) * P(\neg R|C) = 0.9*0.8 + 0.2*0.2 = 0.76$$

为反向条件概率使用贝叶斯法则：

$$P(C|W) = \frac{[P(W|C) * P(C)]}{P(W)} = 0.65\ (P(W)\text{需要详细计算获得})$$

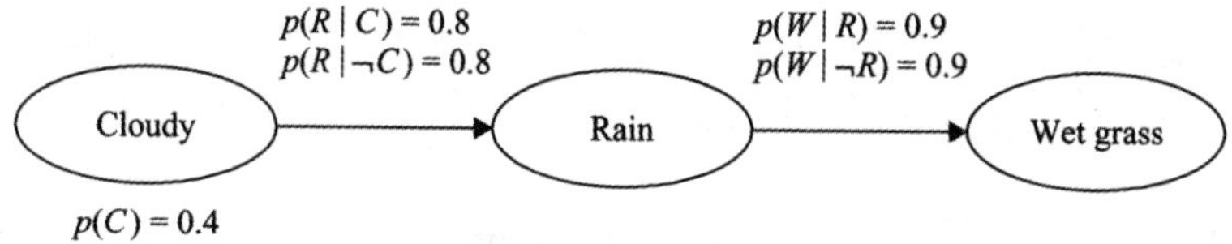

图 12-38 扩展的因果图

可以利用 BN 分析更复杂的连接情况。如图 12-39 给出了图结构和输入参数。

图模型的参数是由条件概率分布表示，每个节点的条件概率分布采用 CPT 表给出，其值与给出的父节点有关。CPT 表是形式化分布最简单的形式，非常适合节点是离散值的情况。图 12-38 中所有节点都表示为状态的离散集合，对应每个 CPT。例如，

Sprinkler 节点(*S*)可能处于 on 和 off，在 CPT 表中用 *T* 和 *F* 值表示。生成的 Sprinkler 的 CPT 表包含了节点“Cloudy”(*C*)输入的离散值。BN 分析的许多算法可以通过图的概率传播表示。

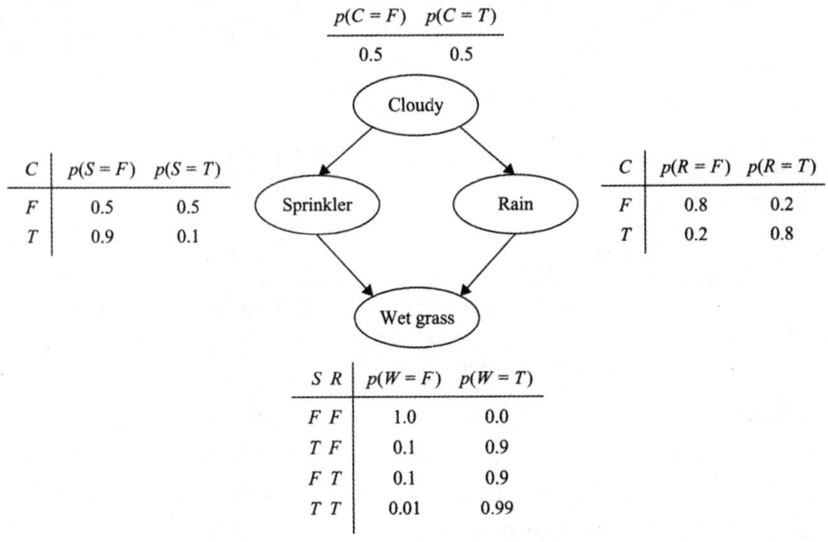

图 12-39 包含 4 个节点的贝叶斯网络架构

所有概率模型，无论如何简练和准确，包括贝叶斯网络在内，描述了可能观察事件的分布情况，但是都没有提到在确定事件发生时将会发生什么情况。例如，如果打开洒水设备会发生什么情况？在不同季节会产生何种效果？在湿润与滑溜之间会产生何种效果？因果网络是一种具有增加属性的贝叶斯网络，这一属性是每个节点的父节点是其直接原因。在此类网络上，干预的结果是明显的。Sprinkler 节点被设置为 on，季节与洒水设备的因果连接被去掉。所有其他因果联系和条件概率保留不变。增加的属性可以让因果网络表示和响应外部或自然的变化。例如，要表示图 12-39 中不使用 Sprinkler，可简单地从网络上删除所有与 Sprinkler 连接的事件。为表示如果下雨则关闭 Sprinkler 的策略，可以在 Rain 与 Sprinkler 之间增加一个连接关系。如果网络没有按照因果指向构建，则这类变化可能会需要大量的重建模工作。具备这种重建模的灵活性通常被认为是即时管理新情况的重要手段，不需要训练或适应模型。

12.6 数据挖掘的隐私、安全及法律问题

工业革命的重要问题之一是产生了能深远地影响我们道德观念的新技术。面对当前的信息革命，我们努力使道德标准适应网络空间中各种各样的观念。最近，随着大型数据库以及与其关联的数据挖掘工具的出现，引起了对另外一些道德挑战的考虑。数据挖掘技术的快速普及迫切需要验证它们的社会影响。比较明确地是数据挖掘本身

不会带来社会问题。但当使用它处理带有个人属性的数据时将会产生道德方面的问题。例如，对制造业数据的挖掘不会导致任何带有令人反感的个人属性的结果。然而，挖掘从 Web 用户获得的点击流数据将引发一系列道德和社会问题。也许其中最重要的问题是对隐私的侵犯，但它不是唯一的问题。

由于数字技术和网络的发展，存储设备的容量以及并行处理技术的进步，减少了开销和物理尺寸，大量隐私记录被更广泛地连接和共享，存储时间比以往任何时间都长。而且往往个体消费者毫不知情或未经其允许。随着越来越多的活动被在线发送，数字记录包含越来越多有关个人行为的详细信息，零售商的数据记录不再仅仅包含客户购买什么和如何支付其消费的信息，还包含我们查看、阅读的书籍、观看的电影、欣赏的音乐、玩过的游戏、访问的地点等细节信息。这些记录的可靠性难以保证，并且不限于涉及商业事务的设置。越来越多的计算机用于每时每刻跟踪员工。电子邮件和语音邮件均以数字化方式保留；即使是电话交谈的内容也可能被记录。电子考勤和门禁记录了物理移动情况。计算机存储工作产品、文本信息、Internet 浏览记录——包含不断键入的细节，通常用于监视员工的行为。

收集数据、分析和观察等无处不在的特性并不仅限于工作场所。用于付费的数字设备、汽车引擎中的计算机诊断设备和全球定位服务使乘客每时每刻的驾驶情况都被记录在案。移动电话和个人数字助理不仅记录了呼叫和约会信息，而且也能够定位，并将这些信息发送给服务提供商。Internet 服务提供商(ISP)记录这些在线活动，数字有线电视和卫星记录我们观看的内容及观看时间；报警系统记录我们何时回到和离开家；所有这些数据都归第三方所有。有关我们浏览习惯的信息，雇主和 ISP 都能知道。如果某个雇员通过在线旅行服务，例如 Travelocity 或 Expedia，购买了机票。那么至少雇主、ISP、旅行服务提供商、航空公司、支付系统的提供商都可以获得相关的信息。

所有迹象表明这一切仅仅是开始。宽带网络进入家庭不仅大大增强了我们的在线活动能力，而且也催生了远程计算机备份和在线相片、电子邮件和音乐存储服务的繁荣。随着 IP 电话服务的推行，数字电话难以从数字文件中分辨出来：它们都可以实现远程存储和访问。全球定位技术应用到越来越多的产品上，无线射频识别标签已经开始用于识别高端用户的礼品、宠物甚至是人员。

许多人并未意识到个人数据被政府机构、私人公司、研究实验室存储、分析和使用的程度。通常，只有当个人在行使其权利获取数据出现问题时，以及试图消除或修改时才能意识到。对许多人来说，并不知道其数据被数据挖掘访问过的情况，也许永远都不会发现，因为这一切没有受到犯罪指控。但我们知道数据挖掘使公司能够积累和分析有关我们情况的大量信息，这些信息足够充分，借助数据挖掘技术，可用于建立所谓对象性格或生理“拼图”。进入信息时代的结果之一是匿名官僚(在公司中，在政府中，无处不在)将能够编纂任何人、所有人的档案，无论有无理由。即使不会常见，但可能产生的结果是这些信息可能以某种方式被利用，对我们造成伤害。或将这些信息透露给其他人，可能会对我们的行动带来令人恐惧的影响。

从这些数据中通过数据挖掘获取的信息和数据对任何组织来说都是一笔价值非凡的资源。所有数据挖掘从业者都能意识到，但很少有人关注数据挖掘可能对隐私和围绕个人数据隐私的法律所带来的影响。最近的调查报告显示，数据挖掘从业者"更愿意关注 Web 数据挖掘带来的好处，而不太关注对潜在危险的讨论"。这些从业者提出的理由是 Web 数据挖掘不会侵犯隐私。人们可能想知道为什么从业者没有意识到或关注对其工作的可能存在的误用，而这些误用可能会对社会和个人带来伤害。部分原因在于一些从业者并不关心对其工作的误用以及可能由此带来的伤害，其解释为"他们首先是技术从业者，总会有其他人来关心这些社会和法律问题的"。但数据挖掘合理的规则取决于对其衍生物和潜在危险的理解。因此，技术从业人员应该成为解决隐私问题的成员之一，甚至是主导成员。

挖掘个人数据的主要道德问题在于：

(1) 人们通常没有意识到他们的个人信息被收集。

(2) 通常不知道建立这些数据将被用于何处。

(3) 通常未允许对此类数据进行收集和使用。

为缓和对数据隐私的关注，最近提出了一系列技术，用于以隐私保护方式执行数据挖掘任务。这些执行数据挖掘隐私保护的技术来源于广泛的主题，例如加密和信息隐藏。多数隐私保护数据挖掘方法使用转换方法来降低将基本数据应用于数据挖掘方法或算法的效果。事实上，在隐私和精确方面存在自然的权衡策略，尽管这些权衡策略受到用于隐私保护的特定算法的影响。隐私保护数据挖掘这一领域的主要方向如下。

- **隐私保护数据发布：**这类技术趋向于研究与隐私相关的不同转换方法。关注受到干扰的数据如何能被常见的数据挖掘算法使用。
- **改变数据挖掘应用到隐私保护的结果：**该类技术关注数据挖掘结果的隐私，其中一些结果被修改以便保护隐私。此类技术的典型案例是关联规则隐藏方法，其中一些关联规则被取消，以达到保护隐私的目的。
- **分布式隐私的加密方法：**如果数据分布于多个节点，在不同节点之间通信时使用一系列加密协议，通过执行安全函数计算，达到不泄露敏感信息的目的。

最新研究趋势表明隐私保护的问题，曾被看成数据访问问题，被重新概念化为数据使用问题。从技术角度考虑，这需要完善法律和技术机制，在数据挖掘过程的访问控制中采用透明和可说明的数据的新机制。当前技术解决方案对数据挖掘隐私的影响逐渐关注于限制对集合或存储数据的访问。多数工作关注应用加密技术和统计技术来构建精细可调整的访问限制机制。即使隐私保护数据挖掘技术证明是可行的，仍然不足以公开保证数据挖掘推理遵守法律约束。而在一些环境的确需要隐私保护数据挖掘技术，如果没有透明性和可说明性，则这些技术不能提供有效的隐私保护。

长远来看，仅仅采用访问限制来保护隐私或确保可靠的结论是不够的。这些问题的最好示例是 Web 和 Web 挖掘技术。从边界分明的企业数据库进入开放、无边界的

Web 世界，数据使用者需要一类新的工具来证实他们所看到的结果所基于的数据来源可靠，并且按照制度允许的和合法的需求使用。针对诸如 Facebook、Myspace 或 Twitter 等数字社会网络的数据挖掘的意义是巨大的。除非这些信息被设计用于可以被所有人使用的公共记录，或者描述可由陌生人观察到的活动，否则存储的信息很少被家庭之外所知悉，更难以被社会网络所知悉。从社会网络的角度看，对此类信息及其衍生产品在网络上仍旧是“私隐”的期望不再是一种合理的假设。产生此类争议的主要问题之一是缺乏清楚的法律标准。30 年前缺乏相关法律是可以理解的：技术在不断创新，它们具有的能力尚难预料，可能由其带来的法律问题的类型不断翻新。今天，损害隐私和安全是难以理解和充满威胁的。因此，必须针对跨分布式数据源的海量挖掘制定技术、法律和策略基础。尚处于开发状态的语义 Web 的政策意识将会给用户提供与资源相关的可获取的、可理解的政策观念。

下列涉及隐私关注的问题有助于在数据挖掘过程中保护个人隐私：

- **是否对程序需要收集的个人信息有清楚的描述，包括收集的信息如何服务于程序？**换句话说，数据挖掘项目的意图尽早透明。首先清楚指明数据挖掘能够获得的商业利益。提供从不同来源合并信息的通告。在类似 Walmart 或 Kroger 这样的公司中，都将其大量的业务和客户数据存储在大型数据仓库中。其客户并不知道有关他们的信息在数据仓库中积累的情况，也不了解这些数据将被保留的时间长度、数据用于何处以及其他哪些用户要共享这些数据。
- **是否根据某一目的收集的信息会在未来某种情况下被用做他用？**保证某个项目的新目标能够与项目的原始目标保持一致。保持对数据挖掘项目的监督并建立审计机制。
- **是否在开发早期阶段就在系统中考虑隐私保护问题？**项目开始时考虑隐私问题，在开始阶段就让所有利益相关方参与。包括隐私提倡者，并获得他们的输入。保证数据条目的准确性。
- **根据数据挖掘过程中发现的信息将采取什么类型的行动？**如有必要，使个人信息匿名化。限制在数据挖掘中采用未经证实的发现活动。
- **是否存在适当的反馈系统，以便个人检查、更正已收集和维护的个人信息，以避免数据挖掘程序的“误识”？**确定是否个人对信息收集有所选择，并向个人提供他们的信息被收集的通告。建立能够确保不正确的个人信息得到纠正的系统。
- **是否具有适当的处理过程，用于处理已收集和取得的不相关的个人信息？**

一些专家建议对在数据挖掘中出现的隐私问题应该通过技术手段，而不是法律和政策手段解决。但即使是最好的技术方案，仍然需要可操作的法律框架，缺乏这一法律框架不仅会减缓开发和部署工作，而且难以使用。尽管在宪法中并未明确关于个人数据隐私保护的权利，立法院和法院在制定有关隐私的决策时，通常基于第 1、第 4、第 5 和第 14 修正案。除医疗保健、财经组织和有关儿童的数据外，没有针对商业企业收集和使用的个人数据保护性法律。因此，完全是由每个组织自行确定如何使用从客户那里收集并积累的个人数据。早在 2005 年 3 月，黑客从 LexisNexis 数据库盗走大约 32 000 人的个人数据。被盗窃的数据涉及社会安全号码和财务信息。尽管 LexisNexis 的首席执行官宣称，其收集的信息受到美国公平信用报告法案的控制，部分国会成员并不赞同。考虑到上述问题以及近年来发生的其他大量身份盗窃案件，国会正考虑制定新法律，解释公司能够收集和共享哪些个人数据。例如，国会正考虑制定法律，禁止销售社会安全号码。

然而，9·11 恐怖袭击事件以来，美国政府机构迫切希望采用数据挖掘方法来抓获罪犯和恐怖主义分子。尽管其操作的细节尚未公布，自 2001 年来，许多此类程序被曝光。司法部通过联邦调查局，收集电话记录、银行记录和其他个人信息，这些有关大量美国人的信息不仅与反恐工作有关，而且促进了一般性法律的实施。政府办公室发表于 2004 年的报告(U.S. General Accounting Office, *Data Mining*: *Federal Efforts Cover a Wide Range of Uses*[GAO-04-548], May 2004, pp.27-64)表明，42 个联邦部门(包括响应 GAO 调查的内阁办事处)从事或计划从事大约 122 个涉及个人信息的数据挖掘项目。最近，美国政府意识到合理调整数据挖掘依赖于理解其差异和其潜在的伤害，多数数据挖掘项目将被重新评估。在英国，对此问题的解决由更广泛的信息研究基金会来处理，该基金会是独立的组织，由其检验信息技术和社会的交互，目标是判定技术开发所带来的显著社会影响，研究公共政策的替代方法，促进公众理解在英国和欧盟的技术人员与政策制定者之间的对话。它由技术人员和对社会影响感兴趣的人组成，利用强大的媒体参与并传播其结论，并对公众提供教育。

有关数据挖掘还存在一个法律挑战。目前有关隐私的法律和指导方针，主要是用于保护清楚的、可信的、数据库之间可交换的数据。然而，并没有法律和规范用于保护不清楚的、不可信的、不可交换的数据。数据挖掘可能会从非敏感的数据和元数据通过推理方法，暴露出敏感信息。数据挖掘收集的信息，其数据通常包含隐含的模式、模型或异常点。问题在于目前的隐私法规主要是针对传统的、确定的数据制定的。

除数据隐私问题外，数据挖掘还会带来其他社会问题。例如，一些研究者指出，在一些公司中，数据挖掘和消费者资料的使用实际上可能从全体市场参与者中排除了部分客户分组，并限制他们对信息的访问。

随着数据挖掘越来越多地影响到反歧视法保护领域的决策，人们对通过算法来度量和确保该领域的公平非常感兴趣。数据挖掘模型是公平的还是非歧视的意味着什么？答案并不简单，但基本思想是，这些模型是用反映社会偏见的数据训练的，而算法放大了这些偏见。尽管依赖的数据和定量措施可以帮助量化和消除一些现有的偏见，但最新研究警告称，数据挖掘算法也可能引入全新的偏见，或使现有偏见永久化。

最近的社会研究和众多媒体，包括备受尊敬的《自然》杂志，都指出了大量的轶事证据，表明数据挖掘算法的决策可能会无意中歧视人们。例如，如果一个天真的算法基于之前的雇佣数据训练模型，来筛选简历，并找到最合格某些工作的候选人，即使算法明确指示忽略“受保护的属性”，如种族或性别；结果也可能带有种族或性别偏见。结果表明，种族和性别与其他“不受保护的”信息(如姓名)相关，而天真算法可以使用这些信息。当哈佛大学教授 Latanya Sweeney 自己的名字输入搜索引擎时，她收到了一则广告，上面写着“Latanya Sweeney，被捕?”，并为背景调查付费。背景调查的结果是，Sweeney 博士没有任何被捕记录，而这则广告的最初触发显然对 Sweeney 博士极不公平，而且带有歧视性。搜索那些名字表明他们更有可能是黑人的人，比如 Latanya，更有可能产生这种“被捕？”广告。如果潜在雇主将 Sweeney博士的名字输入搜索引擎，他们可能会在看到广告后立即将她删除。

在数据挖掘中，缺乏一种经过审查的方法来避免对受保护属性的歧视。最初的想法是基于天真的方法，要求数据挖掘算法忽略所有受保护的属性，如种族、肤色、宗教、性别、残疾或家庭状态。然而，这种“不自觉的公平”是无效的，有时它本身就是歧视的来源。在计算机科学、法律和社会研究的交叉领域出现了一个全新的领域。从长远来看，有必要加深基本的科学理解，以确保在社会中使用数据挖掘的透明度和可靠性。在这一目标下，保证算法的公平性是关键问题之一。当前的公平数据挖掘方法通常侧重于数据准备、模型学习或包括调优后处理阶段的干预。虽然公平的数据挖掘算法已经被提出，但是从计算的角度来理解这种歧视是如何发生的机制还没有被科学地理解。我们需要从理论上理解算法如何变得具有歧视性，并建立基本的机器学习原理来进行预防。当前的公平数据挖掘应该从启发式的修复走向主动的、理论上的预防。

好的隐私保护不仅有助于支持数据挖掘和其他工具增强安全能力，而且有助于使这些工具更加有效。尽管如此，随着数据挖掘和机器学习行业在执行日常生活中的各种任务和操作方面取得了重大进展，人们对这些实时应用程序中的伦理、责任和人员参与提出了质疑。下面举一个更小的、本地开发的应用示例，而不是高度宣传和讨论自动驾驶汽车的应用程序。它们也很重要，尽管它们并不总是受到足够的社会关注。这些新的应用常常会在所收集数据的吸引力和有用性；智能决策和隐私、合法性、甚至公平之间有权衡问题。

作为技术设计人员，我们应该提供一种数据基础结构，帮助社会更好地确保数据挖掘的能力仅能合法地使用，而且从数据中获取个人结果的推理所用的数据来源于准确的、许可的、合法有效的数据。未来的数据挖掘解决方案要结合考虑所有的社会问题，不仅能够应用于始终变化的技术环境，而且能够应对特定环境和争论。

12.7　基于 Hadoop 和 Map/Reduce 的云计算

现代信息社会是由庞大的数据仓库定义的，包括公共的和私有的数据仓库，新一代的应用程序必须能够扩展以调整大数据框架。当前存储、通信和计算方面的技术进步能及时捕获大数据，且具有成本效益。大数据为云计算平台提供更强大的计算能力。按照国家标准与技术委员会的定义，“云计算是一个模型，允许对可配置的计算资源(如网络、服务器、存储、应用和服务)共享池进行无处不在、方便的按需网络访问，该共享池可以快速予以配置和发布，且管理工作或与服务提供者的交互最少。”云计算的发展使业务能够转变成基于服务的新 IT 解决方案，克服在 IT 基础设施上耗费巨大投资的困难。云可以被看成一个市场，在那里可以根据需要租用云的存储和计算能力。

云计算为企业和用户提供了高可伸缩性、高可用性和高可靠性，提高资源利用效率，降低企业信息化建设、投资和维护成本。随着来自 Amazon、谷歌、Microsoft 等专业公司的公共云服务变得更加成熟和完善，越来越多的公司正在向云计算平台迁移。

云计算模型的核心是一种新的并行计算体系结构，通常称为集群计算。它组织成大量的计算节点(带有处理器、中央存储器和磁盘的标准处理模块)，这些节点一起存储在机架上，通常每个机架上有 8-64 个节点。单个机架上的节点由千兆以太网网络连接。可以有多个机架、多个节点，机架通过一个特殊的高速网络或交换机由另一层网络连接。图 12-40 显示了大型并行计算系统架构的主要组件。

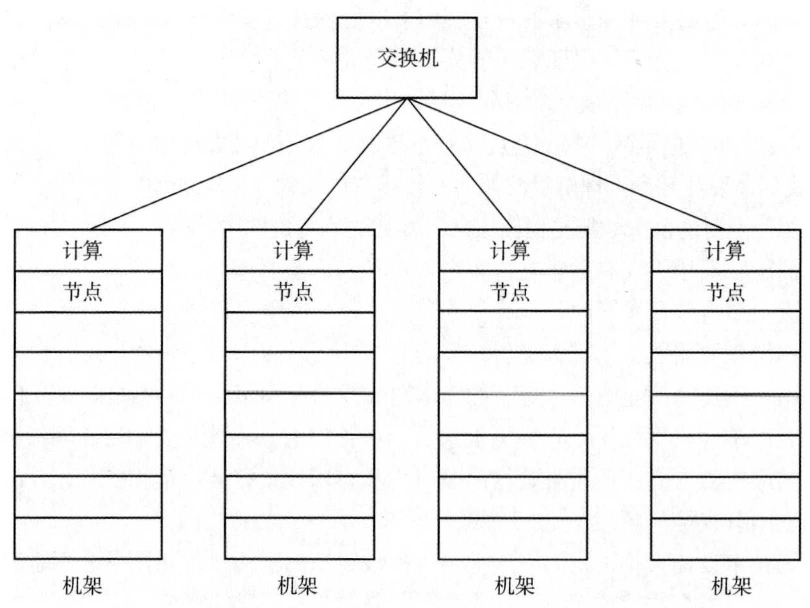

图 12-40 计算节点组织到机架中，机架通过一个交换机进行互连

这些新的计算设施产生了新一代的编程系统，它们利用并行的能力，同时避免由数千个独立组件组成的计算硬件出现的可靠性问题。谷歌系列产品开启了海量数据存储的大门，以谷歌为技术领导者的云计算成为大数据领域事实上的标准。虽然谷歌的技术不是开源的，但雅虎是第一个提供开源软件框架的公司，这个框架是为支持数据密集型的 Hadoop 应用而设计的。

Hadoop 不再依赖昂贵的私有硬件来存储和处理数据，而是支持在大型的商品服务器集群上对大量数据进行分布式处理。与之前开发的其他架构相比，Hadoop 有很多优势，特别适合大数据的管理和分析，因为：

- **高可伸缩性**——Hadoop 允许硬件基础结构的伸缩，而不需要更改数据格式。系统将自动重新分配数据和计算任务，以适应硬件的变化。
- **成本效率**——Hadoop 将大规模并行计算引入商品服务器中，导致每 TB 的存储成本大幅降低，因此，大规模并行计算对于不断增长的大数据量来说是负担得起的。
- **容错**——在大数据分析中，数据丢失和计算失败是很常见的。Hadoop 可以恢复由节点故障或网络拥塞引起的数据和计算故障。

Hadoop 的基础是 Hadoop 分布式文件系统(HDFS)。这个模块负责存储和检索数据。它是为处理大量数据而设计和优化的。文件由大约 64MB 的块组成，每个块在不同的计算节点或机架上复制几次，从而支持 HDFS 保护机制。HDFS 是 Hadoop 框架中唯一必需的模块，所有其他组件都是可选的。代表 Hadoop 核心模块的第二个重要组件是 MapReduce，它对云上的大数据应用至关重要。

MapReduce 是一个功能强大的编程框架，它支持计算应用程序在大型商用机器集群上的自动并行和分布。它提供了一种在大数据可用时解决特定问题的方式。MapReduce 最重要的优点之一是，它提供了一些抽象，可以向程序员隐藏许多实现细节。MapReduce 可以看作新抽象的第一个突破，它允许在整个集群上组织计算，而不是在单个机器上。此外，MapReduce 还可以提供强大的容错能力，这对于处理大型数据集非常重要。MapReduce 的核心思想是先将海量数据分割成小块，然后并行、分布式地处理这些小块，生成中间结果。通过汇总所有中间结果，得到最终结果。

MapReduce 将这种处理大型数据集的通用“方法”分为两个阶段。在第一个所谓的 Map 函数中，用户指定的计算应用于数据集中的所有输入记录。它接收一个输入对象集合，并将每个对象转换成零个或多个键-值对。键值不一定是唯一的。这些映射操作并行进行，并产生中间输出，然后由第二个名为 Reduce 的函数聚合这些输出。Reduce 任务也是并行的，它们通过应用用户编写的函数来组合每个键-值列表中的元素。所有 Reduce 任务产生的结果形成了 map-reduce 流程的聚合输出。这种 MapReduce 编程模型在 Hadoop 集群中跨数百或数千台服务器实现了真实应用程序巨大的可伸缩性。

MapReduce 过程的一个说明性示例可以解释框架的所有优点。假设数据库中有大量的文本文档，任务是统计每个不同的单词在文档语料库中出现的次数。图 12.40 说明了 MapReduce 过程中执行所需任务的基本步骤。为了简化说明，我们选择处理只有 3 个文档的数据库，假设有 3 个 Map 函数服务器和 2 个 Reduce 函数服务器。当然，解决方案的可伸缩性允许将问题扩展到包含数百万文档、云中有数百甚至数千个 Map 和 Reduce 服务器，而示例仅演示了 MapReduce 框架的本质。

在一个简单的示例中，因为只有 3 个文档和 3 个 Map 服务器，每个文档(在图 12-41(a)中)都分配到一个单独的服务器，Map 函数将文档文本分解成一组不同的单词(见图 12-41(b))。Map 阶段的最终结果是所有文档的键-值对的集成列表。在本例中，它是一个包含所有单词的列表，每个文档中都有单词的计数(见图 12-41(c))。Map 阶段的结果现在分布在 Reduce 服务器之间。在本例中，已排序的单词列表分布在两个 Reduce 服务器之间。Reduce 阶段累计不同文档中重复出现的单词，Reduce 聚合产生最终的单词计数结果(见图 12-41(d))。最终的输出是在分布式文件系统中编写的，每个文件对应一个 Reducer，其中每个文件包含的单词数量大致相同。

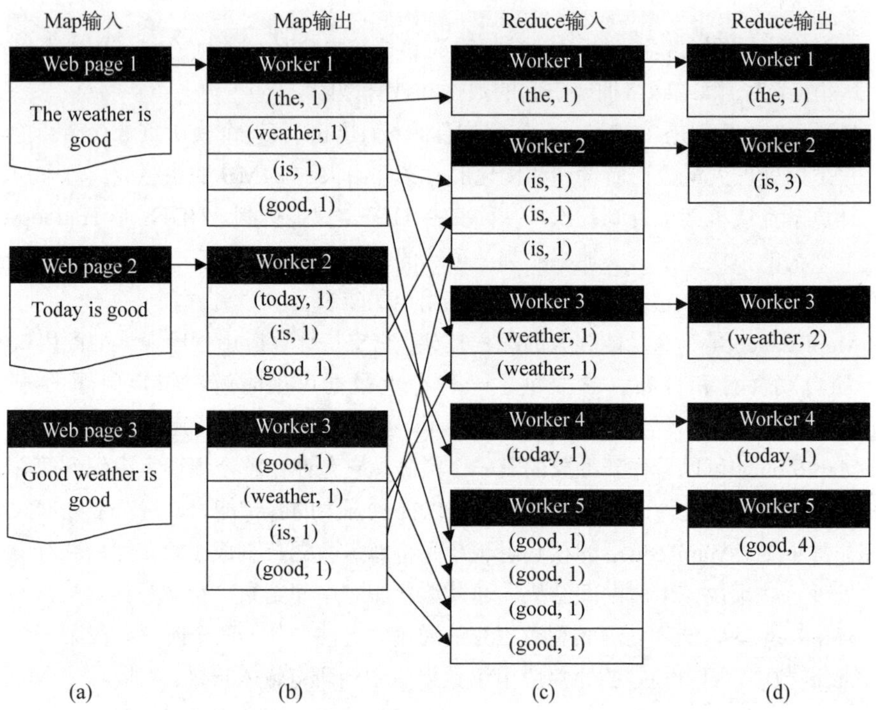

图 12-41　MapReduce 处理字数问题。基于 Jeff Dean & Sanjay Ghemawat slides[Google inc.]

尽管两阶段的 MapReduce 处理结构可能看起来非常受限，但许多有趣的算法可以非常简洁地表达出来，特别是如果将复杂的算法分解成一系列 MapReduce 作业。一个说明性的示例是谷歌的 PageRank 算法。一定要认识到，许多算法也不能简单地表示为一个 MapReduce 作业。考虑一下，如果任务是找出大量数值的平均值，会发生什么。对于与同一键关联的值的任意子集，Mapper 会计算其平均值，而 Reducer 计算这些(平均)值的平均值。一个具体的示例是知道：

$$\text{Mean}(1; 2; 3; 4; 5) \neq \text{Mean}(\text{Mean}(1; 2); \text{Mean}(3; 4; 5))$$

这就意味着 MapReduce 框架的简单实现对于这个问题是不适用的。

基于云的解决方案的可用性极大地降低了存储成本，并支持新的业务模型，该模型支持 Internet 上随需应变、按需付费和可伸缩的 IT 服务。云提供不同资源使用级别的服务：

- **软件即服务(SaaS)模型**允许软件提供商根据需要授权使用和购买软件应用程序。应用程序可以通过网络从各种客户端(Web 浏览器、移动电话等)访问。应用程序不需要客户端安装，只需要一个浏览器或其他客户端设备和网络连接。

- **平台即服务(PaaS)模型**为开发人员提供了一种服务，可以用来管理软件开发的完整生命周期，包括规划、设计、构建应用程序、部署，一直到最后的测试和维护。
- **基础设施即服务(IaaS)**侧重于支持技术。云消费者直接使用云提供商支持的基础设施组件(存储、网络、防火墙等)。

"一切即服务"的趋势影响了许多学科，包括机器学习和数据挖掘。机器学习即服务(MLaaS)是一个自动化和半自动化云平台的集成框架，涵盖了数据挖掘过程中所需的大部分基础设施，包括数据预处理、模型培训、模型评估和机器学习模型在真实环境中的应用。获得的预测结果可以与公司其他 IT 基础设施进行对接。信息治理、安全和系统管理支持每个处理阶段，以确保在数据挖掘过程中使用或派生的所有数据的规则和策略。对法规的遵循情况进行跟踪，以确保对交付预期结果的控制。

Amazon Machine Learning 服务、Microsoft Azure Machine Learning 和 Google Cloud AI 是最早三个提供云 MLaaS 服务的领先框架，这些服务支持快速模型开发和部署，几乎不需要数据挖掘经验。用于分类、回归、聚类、异常检测、排序和推荐系统的工具在这 3 个框架中都可用，它们具有不同级别的自动化和图形界面。这些平台还包括一些 API，可以执行文本、语音和图像识别、主题提取、语音序列化、情绪分析等。除了完全集成的平台之外，还可以使用高级 API 在云环境中执行特定的机器学习任务。这些服务具有经过简单训练的模型，可以将数据输入这些模型并获得结果。API 根本不需要机器学习的专业知识。目前，主要供应商提供的 API 包括文本识别、文本翻译、文本分析、情绪分析、面部识别、图像注释和视频识别等应用程序。

12.8　强化学习

强化学习(RL)是一类机器学习算法，目的是让一个代理学习如何在一个环境中表现。RL 代理具有行动的能力，这种与环境的交互使代理能够通过反复试错来学习。环境中的每个动作都会影响代理的未来状态。代理某个行为的成功是由一个标量奖励信号来衡量的，它代表来自环境的唯一反馈。一般来说，RL 过程的主要目标是选择适当的行为，以便在多代理-环境交互中获得最大的回报。代理必须通过执行操作和分析结果来探索环境。对环境的影响是通过对每个代理行为的奖励获得的，而反馈是机器学习过程的核心。代理的目标是执行一组动作，从长期来看，这些动作会最大化奖励信号。

无模型的 RL 算法并不依赖完美模型的可用性。相反，它们依赖与环境的交互，并通过这些交互逐步学习。因为模型是未知的，学习者必须尝试不同的行动，以看到他们的结果，并评估潜在的奖励。代理-环境交互中的每一步都会生成一个学习样本。这些样本会带来一些与即时回报相一致的价值，也用来估计下一个状态的价值。

RL 可以表示为一个框架，它根据(1)状态(2)动作和(3)奖励来定义学习代理与其环境之间的交互。主要组件及其相互作用如图 12-42 所示。该框架是 RL 过程的基本特征和主要动态的简化表示。代理要参与到学习过程中，必须有一个与环境状态相关的单一目标或替代目标，并且必须能够从自身的经验中学习。除代理和环境外，还有 3 个元素参与 RL 活动：策略、奖励函数和值函数。

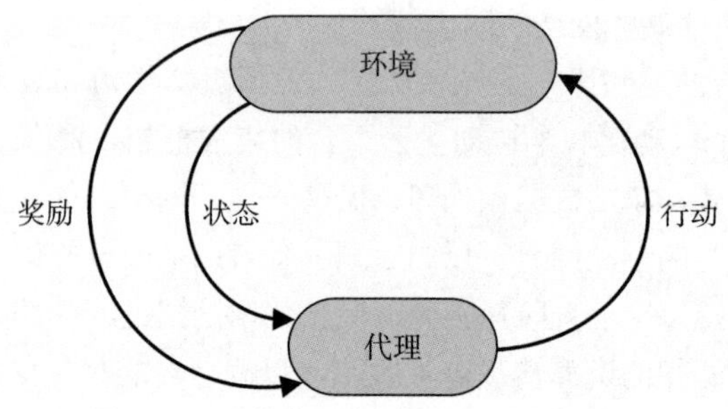

图 12-42　强化学习过程中的主要组成部分

策略定义了学习代理在给定时间内的行为方式。它是一个映射函数，从环境的感知状态映射到代理处于这些状态时要采取的操作。奖励函数突出了 RL 问题的主要目标；它指定对处于给定状态或在某个状态中执行某些特定操作的代理的奖励。环境向 RL 代理发送单个数字，作为每个学习样本中每一步的奖励。奖励信号直接表明什么是正确的，而价值函数指定正确的含义，作为长期学习过程的解决方案。代理的主要目标是最大化它在多个学习样本上获得的总报酬。RL 的核心挑战之一(在其他类型的机器学习中不是必需的)是探索和利用过程之间的权衡。为获得最高的回报，代理必须利用它已经知道的东西，但它也必须使用新的样本探索未知的路径，以便在未来做出更好的操作选择。

最基本、最流行的 RL 方法之一是 Q-learning。Q-learning 的基本思想是基于通过奖励所表达的反馈和之前代理的 Q-value 函数，增量地估计所有新动作的 Q 值。Q-learning 对探索不敏感。这意味着无论遵循何种探索策略，学习过程都将收敛于最优策略。唯一需要的假设是，每个状态-动作对都被访问了无限次，或者在实践中访问了足够多的次数。

通过一个相对简单的示例来说明 Q-learning 算法的基本思想和组成部分。假设有一个环境表示一个建筑，它由门连接的 5 个房间组成。该建筑的布局如图 12-43(a)所示，房间编号从 0 到 4，5 号代表外部空间。请注意，房间 1 和 4 的门通向“房间”5(外部)，而其他的门位于常规房间之间。可以把每个房间(包括室外)称为环境的“状态”，而代理从一个房间到另一个房间的移动应该称为“动作”。在图 12-43(b)的图形表示中，“状态”表示为图中的一个节点，而“动作”表示为状态之间的箭头。建筑的结构用相应的图形来表示，只有当相应的房间之间有直接的门时，两个状态之间的动作才会表示出来。

为了演示 Q-learning 过程，代理最初可能位于任何房间，它应该学习如何从那个房间移动到目标——建筑空间之外的 5。要设置这个“房间”5 作为目标，必须要将奖励值与图中的每扇门或每一个动作联系起来。假设从 1 号房间和 4 号房间直接通往目标 5 的门，会立即获得最高奖励 100。它包括“房间”5 反馈给自己的回路，奖励值是 100。在 Q-learning 中，目标是达到奖励最高的状态，这样如果代理达到了目标，它应该永远停留在那里。

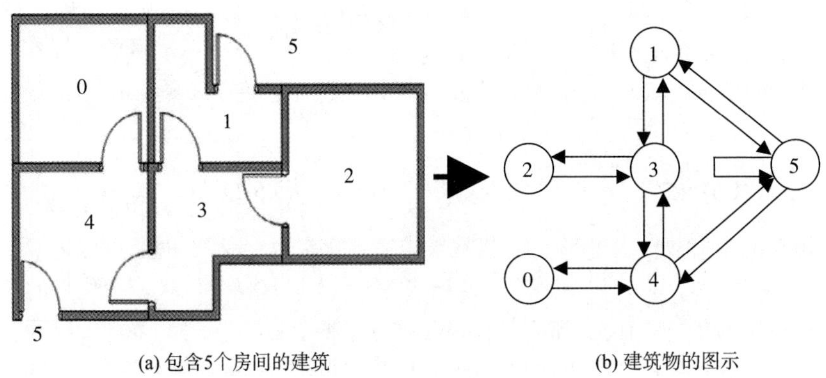

(a) 包含5个房间的建筑　　(b) 建筑物的图示

图 12-43　说明 Q-learning 的框架

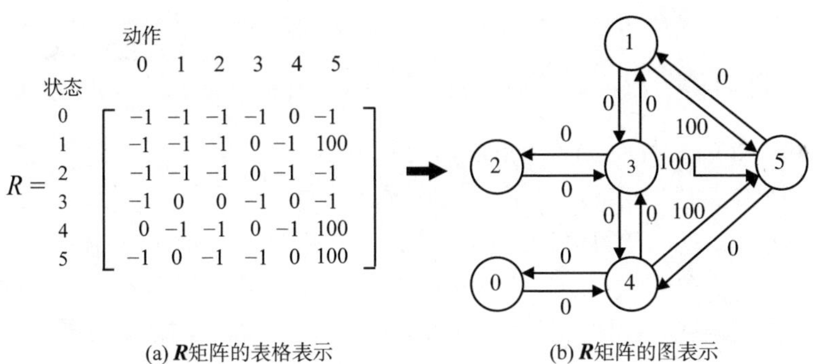

$$
R = \begin{bmatrix} -1 & -1 & -1 & -1 & 0 & -1 \\ -1 & -1 & -1 & 0 & -1 & 100 \\ -1 & -1 & -1 & 0 & -1 & -1 \\ -1 & 0 & 0 & -1 & 0 & -1 \\ 0 & -1 & -1 & 0 & -1 & 100 \\ -1 & 0 & -1 & -1 & 0 & 100 \end{bmatrix}
$$

(a) ***R***矩阵的表格表示　　(b) ***R***矩阵的图表示

图 12-44　五室建筑环境的奖励函数

在图 12-44(a)的奖励矩阵 ***R*** 中，值(−1)表示相应的房间(状态)之间没有链接(门)。奖励值 0 赋予所有现有的门，它们都不通向目标，即外部状态 5。奖励矩阵可以转换成图 12-44(b)中的图形，其中仅指定了现有的链接/动作，并指定了相应的奖励 0 或 100。

代理开始了学习活动，一开始的假设是代理一无所知。因此，矩阵 ***Q*** 初始化为 0。Q-learning 的主要转换规则由两个简单的公式表示：

$$Q_{\mathrm{LEARNED}}\,(\text{state, action}) = R(\text{ state, action}) + \gamma^{*}\mathrm{Max}[\ Q_{\mathrm{OLD}}\,(\text{next state, all actions})]$$

$$Q_{\mathrm{NEW}}\,(\text{state, action}) = (1-\alpha)\ Q_{\mathrm{OLD}}(\text{ state, action}) + \alpha Q_{\mathrm{LEARNED}}(\text{ state, action})$$

其中 α 是学习速率($0\leqslant\alpha\leqslant1$)，$\gamma$ 是折扣因子($0\leqslant\gamma\leqslant1$)。

这些公式将基于初始奖励矩阵 $\boldsymbol{R}$ 和当前状态下代理的当前探索，来计算新矩阵中的新 Q 值，把它与当前动作联系起来。代理在学习时没有老师，而是基于经验和每个新动作来学习。探索过程通过剧集进行分析，每一集都包括代理从初始状态移动到目标状态的过程，相当于一个训练阶段。每次代理到达目标状态，学习过程就进入下一集。将更多的训练结果应用到 Q 方法中，得到了更优化的矩阵 $\boldsymbol{Q}$。

下面从简单的学习过程开始：假设学习参数 α，折扣参数 $\gamma = 0.8$，初始状态是随机选择的房间 1。在本例中，$Q_{\mathrm{NEW}} = Q_{\mathrm{LEARNED}}$。当前状态 1 有两种可能的操作：(1)转到状态 3，或(2)转到状态 5。代理没有任何初始知识，它随机选择到房间 5 作为动作。在这种情况下，$\boldsymbol{Q}$ 矩阵中的校正计算如下：

$$Q_{\mathrm{NEW}}(1,5) = R(1,5) +0\ 8*\mathrm{Max}[Q(5,1), Q(5,4), Q(5,5)] = 100 + 0\ 8*0 = 100$$

初始 $R(1, 5)$值取自 $\boldsymbol{R}$ 矩阵，而状态 5 转换到状态 1、4 和 5 的所有可选 Q 值在当前 $\boldsymbol{Q}$ 矩阵中均为 0。因为代理到达了目标状态 5，所以这一集结束，优化后的 $\boldsymbol{Q}$ 矩阵只有一个新值 $Q(1,5) = 100$。所有其他值保持 0 不变。

对于下一集，代理从随机选择的初始状态 3 开始。根据矩阵 $\boldsymbol{R}$，有 3 种可能的操作：进入状态 1、2 或 4。在没有其他信息的情况下，代理使用随机选择的状态 1 作为动作。$\boldsymbol{Q}$ 矩阵中的改正量计算为

$$Q_{\mathrm{NEW}}(3,1) = R(3,1) +0\ 8*\mathrm{Max}[Q(1,3),Q(1,5)] =0+0.8*\mathrm{Max}(0,100) =80$$

这一次，$R(3,1)$和 $Q(1,3)$的值都是 0，而 $Q(1,5) = 100$ 是从上一集学到的值。矩阵 $\boldsymbol{Q}$ 变成有两个修正值的矩阵，如图 12-45(a)所示。每一集都会在 $\boldsymbol{Q}$ 矩阵中引入新的值或修改之前的值。随着学习情景的增多，矩阵 $\boldsymbol{Q}$ 经常变化，矩阵中的值可能会变得非常高。通过将所有非零项除以矩阵中最大的数字，矩阵 $\boldsymbol{Q}$ 可以归一化，并转换成百分比。如果读者在随机选取的几集后进行 $\boldsymbol{Q}$ 矩阵的计算，得到的结果与图 12-45(b)中的归一化矩阵相似。

$$\boldsymbol{Q}=\begin{array}{c} \\ 0\\1\\2\\3\\4\\5 \end{array}\begin{array}{c} \begin{array}{cccccc} 0&1&2&3&4&5 \end{array} \\ \begin{bmatrix} 0&0&0&0&0&0\\ 0&0&0&0&0&100\\ 0&0&0&0&0&0\\ 0&80&0&0&0&0\\ 0&0&0&0&0&0\\ 0&0&0&0&0&0 \end{bmatrix}\end{array} \rightarrow \boldsymbol{Q}=\begin{array}{c} \\ 0\\1\\2\\3\\4\\5 \end{array}\begin{array}{c} \begin{array}{cccccc} 0&1&2&3&4&5 \end{array} \\ \begin{bmatrix} 0&0&0&0&80&0\\ 0&0&0&64&0&100\\ 0&0&0&64&0&0\\ 0&80&51&0&80&0\\ 64&0&0&64&0&100\\ 0&80&0&0&80&100 \end{bmatrix}\end{array}$$

(a) 两个事件序列之后的 $\boldsymbol{Q}$ 矩阵　　(b) $\boldsymbol{Q}$ 矩阵已经学过这个问题

图 12-45　$\boldsymbol{Q}$ 矩阵随着每个事件序列发生的动态变化

一旦矩阵 $\boldsymbol{Q}$ 足够接近收敛状态，该代理就已经学习了在给定环境下到达目标状态的最优路径。当矩阵 $\boldsymbol{Q}$ 不随任何附加事件发生显著变化时，可以确定收敛状态。代理

学习到足够多的信息，并通过跟踪最佳状态序列在环境中行动；它本质上是一个简单的过程，在每个状态下都遵循最高 Q 值的动作。

RL 方法在 AlphaGo 系统中广为人知。数十年来，中国古老的围棋游戏一直在挑战人工智能研究人员。在其他游戏(如扑克和象棋)中获得人类水平技能的方法，在产生强大的围棋程序方面并不成功。谷歌的 DeepMind 团队开发了一个名为 AlphaGo 的程序，通过结合深度学习神经网络和 RL，打破了围棋学习的这一障碍。在备受瞩目的比赛中，该系统击败了世界上最优秀的人类选手。但是 RL 方法显示了构建更高级的学习系统的能力，在这些系统中应用的领域比游戏要广泛得多。RL 技术在无人驾驶汽车中的类人行为是一项很有前途、广泛报道的应用。今天的无人驾驶汽车变得越来越复杂；不过，在仍然需要与人类驾驶员进行交互的复杂情况下，它们往往会出现问题。

许多工业机器人制造商正在测试 RL 方法，将其作为一种不需要人工编程就能训练机器执行新任务的方法。RL 在包括机器人在内的高维控制问题中的应用一直是学术界和工业界研究的主题，而初创企业也开始使用 RL 来构建新一代工业机器人产品。谷歌与 DeepMind 集团合作，使用 RL 使其数据中心更节能。很难计算出数据中心中的所有元素将如何影响能源使用，但 RL 算法可以从整理的数据和模拟实验中学习，从而建议如何以及何时操作冷却系统。

在金融领域有几种利用 RL 评估交易策略的解决方案。结果表明，RL 是一种稳健的方法，用于培训系统以优化财务目标。它在股票市场交易中有主要的应用，Q-learning 算法能够通过一个简单的指令学习最优交易策略：最大化用户投资组合的价值。此外，个性化 Web 服务，如新闻文章或广告的传递，是提高用户对 Web 站点的满意度或增加营销活动收益的一种方法。这是 RL 的自然域。RL 系统可以根据用户的反馈调整推荐策略。获取用户反馈的一种方法是通过网站满意度调查，但是为了实时获取反馈，通常将用户点击作为对链接感兴趣的指标进行监控。

尽管 RL 最初取得了成功，但是一些有经验的用户和研究人员警告说，RL 要想成功，需要大量的数据。虽然可以通过大量的仿真得到一些解决方案，但研究人员意识到，当处理高维状态和动作空间的高度复杂问题时，RL 的效率会降低。一些人认识到，结合不同的机器学习方法能得到潜在的解决方案，如 RL 与深度学习技术的集成。

12.9 复习题

1. 采用图结构建立社会网络模型的优势是什么？可以采用何种类型的图？
2. 给定无向图 G：
   (1) 计算图的度和变化参数
   (2) 找出图 G 的邻接矩阵
   (3) 确定图的二进制码

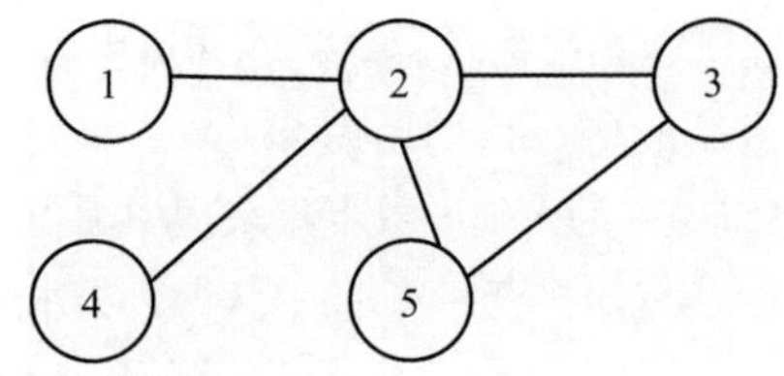

(4) 找出封闭参数或图的每个节点

(5) 求出节点 2 的中间度量

3. 对问题 2 给出的图，利用从节点号码为 5 开始的修改图找出局部的中介度中心点。

4. 给出现实世界中使用时态数据传统分析方法的示例(例如，趋势、循环、周期性模式、异常点等)

5. 给定时间序列 $S=\{1\ 2\ 3\ 2\ 4\ 6\ 7\ 5\ 3\ 1\ 0\ 2\}$：

(1) 找出将序列分为 4 部分的 PAA；

(2) 确定解决方案(1) $\alpha=3$ (2) $\alpha=4$ 的 SAX 值；

(3) 找出将序列分为 3 部分的 PAA；

(4) 确定解决方案(1) $\alpha=3$ (2) $\alpha=4$ 的 SAX 值。

6. 给定序列 $S=\{$A B C B A A B A B C B A B A B B C B A C C$\}$

(1) 找出频率≥3 的最长子序列

(2) 为(1)获得的子序列构建有限状态机

7. 为表 12-2 有关美国城市的表找出标准邻接矩阵。

表 12-2　几个美国城市

Minneapolis	Chicago	New York
Nashville	Louisville	Charlotte

假设表中仅相邻城市(水平或垂直)是接近的。

8. 对图 12-39 的贝叶斯网络，求：

(1) $P(C, R, W)$

(2) $P(\urcorner C, \urcorner S, W)$

9. 阅读 Internet 上最新的有关隐私保护数据挖掘的文章。讨论该领域的发展趋势。

10. Internet 上最大的无意识构建的个人数据的数据源是什么？如何增强 Web 用户有关其 Web 上的数据可能被用于多种数据挖掘活动的意识？

11. 讨论在数据挖掘过程中实现一种透明和可说明的机制。利用现实世界数据挖掘的实例来描述其思想。

12. 给出可使用 DDM 方法开展数据挖掘应用的实例，解释原因。

13. 开发并解释反向文件索引的 MapReduce 过程的所有步骤。输入是文本文档。输出应该是文档中使用的单词列表，其中每个单词与键列表相连接，键列表表示包含单词的每个文档。

14. 为(1)及(2)项的“文件”(或简单文本)找出 2 字母组：

(1) ABRACADABRA

(2) BRICABRAC

(3) 有多少个 2-字母组是相同的?

15. 对于下图：

```
   C -- D -- E
  /           \
 A             B
  \           /
   F -- G – H
```

计算每条边的中介度。

16. 以下描述了风暴、窃贼和猫的行为以及房屋警报之间的因果关系：

暴风雨之夜是罕见的。入室盗窃也很少见，如果是一个暴风雨的夜晚，窃贼很可能待在家里(窃贼不喜欢在暴风雨中出门)。猫也不喜欢暴风雨，如果有暴风雨，它们喜欢到屋里去。如果一个窃贼潜入房屋，房屋警报就会触发，但有时猫进入房子，也可以引发警报。有时即使窃贼闯入房屋，也可能不会触发警报(警报可能是错误的，或窃贼可能是好人)。

定义一个贝叶斯网络的拓扑结构，来编码这些因果关系。

17. 考虑时间序列(−3, −1, 0, 3, 5, 7, *)，其中，末尾缺失的条目被标记为*。

(1) 在大小为 3 的窗口上，使用线性插值法，缺失项的估计值是多少?

(2) 若时间序列中少了第四个值，而以相同的窗口大小计算，估计值是多少?

第 13 章

遗 传 算 法

本章目标

- 认识为大型数据集所描述的优化问题求出近似解的有效算法。
- 比较用遗传算法表达的自然演变和仿真演变的基本原则和概念。
- 用图例描述遗传算法的主要步骤。
- 解释标准和非标准遗传算子，如改进解的机制。
- 讨论带有通配符值的图式概念及其在近似优化上的应用。
- 将遗传算法应用于旅行推销员问题及分类规则的优化。

有一大类有趣的问题，它们的合理快速算法没有开发出来。这些问题的大部分是应用中常见的优化问题。优化的基本方法是设计一个标准的度量——成本函数——来总结决策的效能或价值，并反复地选择可选方案，来提高效能。大多数经典的优化方法都是基于成本函数的梯度或高阶统计，产生一连串确定的试探解。总的来说，任何有待完成的抽象任务都可以考虑成问题的求解，把求解看成在潜在的解空间上搜索。既然是在寻求“最佳”解，就可以把这个任务看成优化过程。对小型数据空间而言，通常经典的穷举搜索法就足够了；对大型数据空间而言，就必须采用特殊技术。在一般条件下，求解技术可表示为生成解序列，这些解序列渐进收敛为最优解，在某些情况下，它们的收敛速度快到呈指数级。但是，在待优化函数上加入随机扰动时，这种方法就不能正常运行。而且，在现实条件中，局部最优解常常是不适合的。尽管有这些所谓的“难优化问题”，但常可以找到一种有效的算法来计算出近似最优解。在这些方法中，有一种是以遗传算法为基础，遗传算法是根据自然演变法则开发出来的。

自然演变是一种基于群体的优化过程。在计算机上对这个过程进行仿真，产生了随机优化技术，在应用于解决现实世界中的难题时，这种技术常胜过经典的优化方法。生物学中已经解决的问题具有混沌、机会、暂时性和非线性交互的特点，而经典优化方法难以处理的问题就具备这些特征。因此，在仿真演变研究中的主要出路就是遗传算法(GA)，它是一种新的、迭代式的优化方法，强调自然演变的某些方面。遗传算法依靠自然随机算法逼近问题的最优解，这些随机算法的研究方法为一些自然现象建立模型，如遗传的继承和达尔文的生存竞争。

13.1 遗传算法的基本原理

遗传算法(GA)是不需要求导的(derivative-free)随机优化方法，它以自然选择和演变过程为基础，但是联系又是不牢靠的。它们最早由密歇根大学的 John Holland 在 1975 年提出并进行研究。许多生物学家在用计算机对自然遗传系统进行仿真时，都揭示了遗传算法的基本思想。在这些遗传系统中，一个或多个染色体组合成了构造和运转有机体的总遗传法则。染色体由基因构成，基因可以取大量的值，称为等位基因(allele)值。基因的位置(位点)根据基因的功能来独立地识别。例如，可指明动物眼睛颜色基因的位点是 10，等位基因值是蓝色。

后面几节将详细介绍遗传算法的应用，本节讨论遗传算法的基本原理和组成部分。遗传算法把参数空间或解空间的每个点都编码成一个二进位串，称为染色体。这些 n 维空间点并不像本书开头定义的那样表示样本。在其他数据挖掘方法中，样本是提前给出的用于训练和检验的数据集，遗传算法中的 n 维点集是遗传算法的一部分，并在优化过程中反复地生成。每个点或二进位串都表示所求问题的一个潜在解。在遗传算法中，优化问题的决策变量编码为一个或多个串的结构，这与自然遗传系统中的染色体类似。编码后的串由一些类似于基因的特征构成。特征位于串中不同的位置，串中每个特征都有自己的位置(位点)和一个确定的等位基因值，这个值的计算遵循所提议的编码方法。染色体中的串结构执行类似于自然演变过程的各种操作，以获得更好的替代解。根据“适合度”值来评估新染色体的质量，而这个适合度值可以看成优化问题的目标函数。自然演变和遗传算法的基本关系在表 13-1 中给出。遗传算法用一个点集作为群体，而不是一个单点。点集反复地演化，以便获得更好的总适合度值。遗传算法在每一代中都使用遗传算子(如交叉和突变)来构造出一个新的群体。成员的适合度越高，其存活和参与交叉或突变运算的可能性就越大。

表 13-1 遗传算法中的基本概念

自然演变中的概念	遗传算法中的概念
染色体	串
基因	串中的特征
位点	串中的位置
等位值	位置值(通常为 0 或 1)
基因型	串结构
表型	特性(特征)集合

遗传算法是一种多用途的优化工具，它已走出了学术界，在很多地方获得了重要应用。对于分析方法不适用的难优化问题，遗传算法往往非常有效。它已经成功地应用在线路敷设、调度、适应控制、博弈、交通问题、旅行推销员问题、数据库查询优化、机器学习等领域。在过去几十年中，由于许多大规模组合优化问题和高约束工程问题只能求得近似解，优化问题的重要性显得越来越突出。遗传算法的目标就是解决这些复杂问题。它们属于概率算法一类，但和随机算法大不相同，因为它们组合了定向搜索和随机搜索两类元素。基于遗传的搜索方法的另一个属性是它们可以得到一组潜在解，而所有其他的方法都只处理搜索空间的一个点。由于这些特性，遗传算法比已有的定向搜索方法更可靠。

遗传算法很流行，是因为它们不依赖于函数求导，它们具有以下特性：

(1) 遗传算法是并行搜索方法，它能在并行处理机上执行，极大地提高了运行速度。

(2) 遗传算法可应用于连续型优化问题和离散性优化问题。

(3) 遗传算法是随机的，陷入局部小点的可能性较小，而在实际优化应用中，其他方法不可避免要陷入局部小点。

(4) 遗传算法的灵活性便于识别复杂模型中的结构和参数。

遗传算法原理解释了为什么对已知问题的表述可收敛于最优点。但实际应用未必遵循这条原理，主要原因如下：

(1) 对问题的编码常常使遗传算法未在原问题的空间中运行。

(2) 理想的迭代(遗传算法中的代)次数不限，而实际上却是有限制的。

(3) 理想的群体大小不限，而实际上是有限的。

这表示，在某些条件下，遗传算法无法找出最优点，甚至找不到近似最优解。这样的失效通常因为遗传算法过早地收敛于局部最优点。请注意，该问题不仅在其他优化算法中很常见，在其他数据挖掘技术中也很普遍。

13.2 用遗传算法进行优化

首先要注意，在不失一般性的情况下，可以假设所有优化问题都仅能分析为一个求最大值问题。如果优化问题是求函数 $f(x)$的最小值，就等价于求函数 $g(x)=-f(x)$的最大值。而且，还可假设目标函数 $f(x)$在定义域内取正值。否则，就用某个正常量 C 将函数转化成正值，如：

$$\max f^*(x)=\max\{f(x)+C\}$$

如果每个实数变量 x_i 都编码成长度为 m 的二进位串，则初始值和编码信息的关系为：

$$x_i=a+\text{decimal}(\text{binary-string}_i)\left\{\frac{[b-a]}{2^m-1}\right\}$$

式中变量 x_i 的取值范围是 D_i=[a, b]，m 是使二进位码具有所需精度的最小整数。例如，取值范围为[10, 20]的变量 x 是一个二进位编码的串，其长度等于 3，代码为 100，代码的范围在 000～111之间。那么已编码的变量 x 的实数值是多少？此例中 m=3，相应的精度为：

$$\frac{[b-a]}{[2^m-1]}=\frac{(20-10)}{(2^3-1)}=\frac{10}{7}=1.42$$

这是两个连续 x_i 的值之差，差值可以作为候选极值进行检验。最后，代码为 100 的属性的十进制值为：

$$x=10+\text{decimal}(100)\times1.42=10+4\times1.42=15.68$$

把待优化问题中所有特征的二进位码串接起来，就表示一个染色体，作为一个潜在解。染色体的总长 m 是所有特征的代码长度 m_i 的总和：

$$m=\sum_{i=1}^{k}m_i$$

式中 k 是问题中特征或输入变量的个数。介绍了构建代码的基本原则后，就可以解释遗传算法的主要步骤了。

13.2.1 编码方案和初始化

遗传算法首先为所给问题设计其解的表述。在这里，解是指可以作为可评估的正确解的任何候选值。例如，要使函数 $y=5-(x-1)^2$ 最大，x=2 是一个解，x=2.5 也是一个解，x=3 则是此问题的正确解，它使 y 最大。遗传算法的每个解的表述由设计者负责，它依赖于每个解的形式，以及哪个解的形式便于应用遗传算法。最常见的表述是一个字符串，也就是特征表述的一个代码串，串中的字符来自于固定的字母表。字母表越大，串中每个字符可表示的信息就越多。因此，要编码指定的信息量，串中的元素必须较少。但在大多数现实世界的应用中，遗传算法通常使用二进制编码方案。

编码过程把特征空间中的点转化成位串形式。例如，在三维特征空间中的点(11, 6, 9)，其每一维的取值范围是[0, 15]，这个点可以用一个串接起来的二进位串表示：

$$(11, 6, 9)\Rightarrow(101101101001)$$

其中，每个特征的十进制值通过二进制编码，成为一个四位的基因。

也可以使用其他编码方案，如格雷码，必要时还可以编码负数、浮点数或离散值。编码方案提供了一种把问题专用的知识直接转化成遗传算法框架的方法。这个过程在确定遗传算法的性能时起着重要的作用。而且，遗传算子可以而且应该和编码方案一起设计，用于具体问题。

所有特征的值编码成一个位串后，就代表一个染色体。在遗传算法中，处理的不是一个染色体，而是一个染色体集合，称为群体。要对群体初始化，可以简单地随机设定染色体群体的大小。群体大小也是遗传算法用户要面对的最重要的选择之一，在很多应用中可能是至关重要的：能得到近似解吗？如果能，速度有多快？如果群体数量太小，遗传算法就可能收敛太快，而只得到一个局部最优解；如果群体数量太大，遗传算法可能浪费计算资源，等待改进的时间也可能太长。

13.2.2 适合度估计

在建立起群体后，下一步是计算群体中每个成员的适合度(fitness)值，因为每个染色体都是最优解的候选。对求最大值的问题来讲，第 i 个成员的适合度 f_i 通常是目标函数在这个成员处(或参数空间中的点)的估计值。解的适合度可以比较不同的解，以确定哪个解更合理。适合度值可以用复杂的分析公式、仿真模型来确定，或者参照实验观察值或日常问题的设定来确定。如果牢记目标函数的选择是高度主观的、主要取决于问题，恰当地确定适合度值可以使遗传算法正确地工作。

适合度通常为正值，因此，如果目标函数不是严格为正，就必须进行某种数据缩放和/或平移操作。另一个方法是使用群体中成员的等级作为适合度值。这种方法的优点是目标函数不需要很精确，只要它能提供正确的等级信息即可。

13.2.3 选择

在这个阶段，必须从当前的代中建立一个新的群体。选择(Selection)操作确定哪个父染色体会参与繁殖下一代。通常，成员参与选择的概率与成员的适合度值成正比例。实现这种方法最常见的方式是设定选择概率 p 等于：

$$p_i = \frac{f_i}{\sum_{k=1}^{n} f_k}$$

式中 n 是群体大小，f_i 是第 i 个染色体的适合度值。这种选择方法的作用是让适合度高于平均值的成员进行繁殖，并取代适合度低于平均值的成员。

对选择过程来说(按照适合度的概率分布选择一个新群体)，可使用根据每个染色体的适合度来决定其槽(slot)大小的轮盘赌。轮盘的建立如下：

(1) 计算每个染色体 v_i 的适合度值 $f(v_i)$。

(2) 求出群体的适合度之和。

$$F = \sum_{i=1}^{\text{pop-size}} f(v_i)$$

(3) 计算每个染色体 v_i 的选择概率 p_i。

$$p_i = \frac{f(v_i)}{F}$$

(4) 计算每个被选中的染色体 v_i 的累积概率 q_i。

$$q_i = \sum_{j=1}^{i} p_i$$

式中 q 取值从 0 到最大值 1。取 1 表示群体中的所有染色体都包含在累积概率中。

选择过程的基础是旋转轮盘的次数和群体数目相同。每次都为新群体选择一个染色体。群体数目多大，就重复执行步骤(1)和步骤(2)多少次：

(1) 生成区间[0, 1]内的随机数 r。

(2) 如果 $r<q_1$，选择第一个染色体 v_1；否则选择第 i 个染色体 v_i，使 $q_{i-1}<r\leqslant q_i$。

显然，一些染色体可能被选择多次。这与理论是一致的。遗传算法会维护一组潜在解，进行多维搜索，并促使生成优质解。群体在进行仿真演变——在每一代中“较好”的解会繁殖下去，而“较差”的解死亡。目标函数或评价函数可用来区分不同的解，这些函数担任着环境的角色。

13.2.4 交叉

遗传算法的长处是结构化信息可与高度适合的个体进行交叉(crossover)组合，因此，交叉算子必须能开发染色体之间重要的相似性。交叉概率 PC 参数定义了期望执行交叉操作的染色体数目——PC • pop-size。可用下面的迭代过程来定义当前群体中的染色体交叉过程。所有染色体必须重复执行步骤(1)和(2)：

(1) 生成区间[0, 1]内的随机数 r。

(2) 如果 $r<$PC，选择指定的染色体进行交叉。

如果 PC 设为 1，群体中所有的染色体都会进行交叉操作；如果 PC=0.5，只有一半染色体会进行交叉，另一半将不变，直接包括到新群体中。

为了利用当前基因库的潜能，可以用交叉算子生成新染色体，这些新染色体将会保留前一代的好特征。交叉通常应用于父母对的选择。

单点交叉是最基本的交叉算子，它根据遗传代码随机选择一个交叉点，两个父母染色体在这点相互交换。在两点交叉中，选择两个点，然后把这两点之间的染色体串对换，生成新的一代。单点交叉和两点交叉如图 13-1 所示。

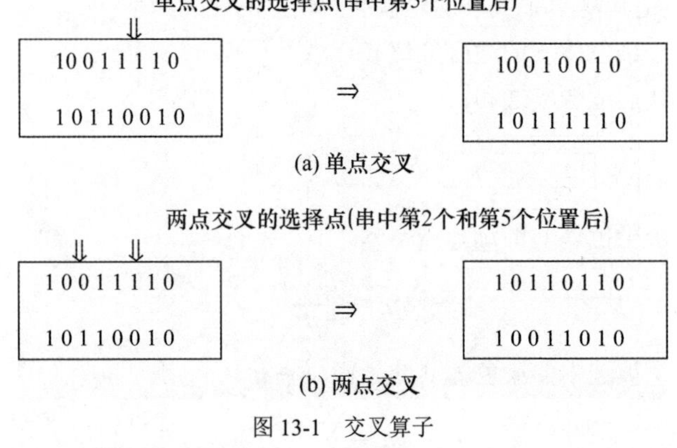

图 13-1　交叉算子

同样，可以定义 n 点交叉，在 1 点、2 点、3 点、4 点直到最后 n−1 点和 n 点之间对换染色体串。交叉的作用与自然演变过程中的交配类似，在自然交配中父母把他们的染色体段传给子女。因此，如果一些孩子获得父母的“优良”基因或基因特点，就能胜过父母。

13.2.5　突变

交叉利用了已有基因的潜力，但如果群体不包含解决特定问题所需的所有编码信息，再多的基因混合都不能得出令人满意的解。因此，能自发产生新染色体的突变(Mutation)算子就加入进来了。实现突变的最常见方式是以很低的指定突变率(MR)为概率，来反转染色体中的一位基因。突变算子可以防止任何一位基因在遍历整个群体后收敛于一个值。更重要的是，它可以防止群体收敛并停滞于局部最优点。突变率通常很低，因此通过交叉获得的好染色体不会丢失。如果突变率高(例如大于 0.1)，遗传算法的效果接近于原始随机搜索。图 13-2 列举了一个突变的示例。

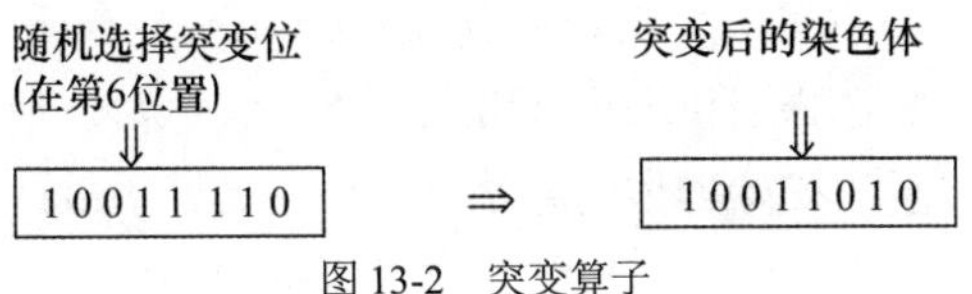

图 13-2　突变算子

在自然演变过程中，选择、交叉和突变会同时出现，以繁衍出后代。这里将它们分割成连续的阶段，以方便遗传算法的实现和实验。注意，本节只大体描述了遗传算法的基础。遗传算法的详细实现区别非常大，但是主要的阶段和迭代过程是一样的。

在本节末尾，可将遗传算法的主要组成部分概括成编码方案、适合度估计、父母选择以及交叉算子和突变算子的应用。这些阶段交迭执行，如图 13-3 所示。

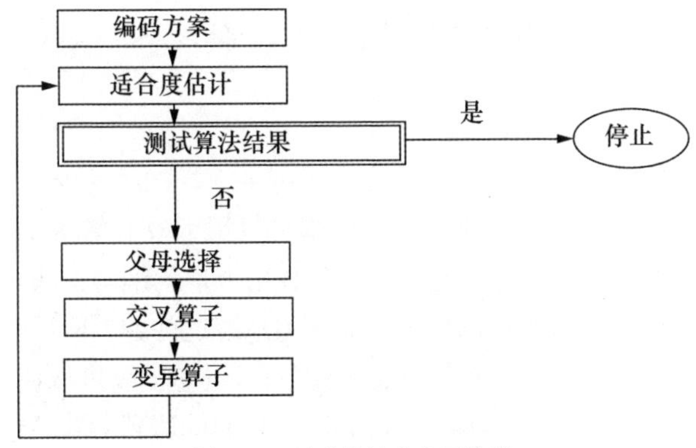

图 13-3　遗传算法的主要阶段

在演变过程中，跟踪最好的个体染色体相对容易。在遗传算法的实现中，按惯例是在独立的位置上存储“曾经是最好”的个体。这样，算法就可以上报在整个过程中找到的最佳值，它刚好在最后的群体中。

约束条件下的优化也属于用遗传算法求正解的一类问题。遗传算法的约束处理技术可以分成几类。一种方法是通过违反约束来处理遗传算法的候选解，即先在不考虑约束的情况下生成潜在的解，然后通过减少评价函数的适合度，对解进行“惩罚”(penalize)。换句话说，就是把所有违反约束的情况和惩罚联系起来，把有约束的问题转换成无约束的问题。这些惩罚放入评价函数中，实现方式有许多种。一些惩罚函数指定一个约束作为惩罚措施。其他惩罚函数则依赖于约束的违反程度：违反程度越严重，惩罚力度越大。根据违反的程度，惩罚函数的增长可以是对数的、线性的、二次方的、指数的等。在本章的参考书目中介绍了遗传算法在约束条件下优化的几种实现方式(13.9 节)，以便于深入学习。

13.3 遗传算法的简单例证

要对某个问题应用遗传算法，必须定义或选择以下 5 个部分：

(1) 为问题的潜在解选择遗传表述或编码方案。

(2) 一种创建潜在解的初始群体的方法。

(3) 一个评价函数，它扮演着环境的角色，根据“适合度”对解进行评级。

(4) 改变后代成分的遗传算子。

(5) 遗传算法使用的不同参数值(群体大小、应用算子的比率等)。

下面列举一个简单的示例来讨论遗传算法的主要特征。假设要优化一个简单的单变量函数。此函数定义为：

$$f(x) = x^2$$

任务是在取值范围[0, 31]内找出使函数 $f(x)$最大的 x。选择这个问题是因为很容易对函数 $f(x)$进行优化分析，用遗传算法比较分析优化的结果，并找到近似的最优解。

13.3.1 表述

遗传算法的第一步是以编码串的形式表示可供选择的解(输入特征的值)。这个串一般是一系列具有值的特征；每个特征的值都可以用离散值集(称为等位集)中的一个值来编码。根据问题的需要来定义等位集，而找出合适的编码方法是遗传算法的使用艺术的一部分。编码方法必须最简单，但能完整地表述问题的解。本例使用一个二进制向量作为一个染色体，来表示单个变量 x 的实值。向量的长度取决于所要求的精度，本例中，所选精度为 1。因此，为了在取值范围[0,31]内达到所要的精度，至少需要五位代码(串)：

$$\frac{(b-a)}{(2^m-1)} \leqslant \text{要求的精度}$$

$$\frac{(31-0)}{(2^m-1)} \leqslant 1$$

$$2^m \geqslant 32$$

$$m \geqslant 5$$

本例中，用下面的关系式来定义从实数到二进制编码的映射(因为 a=0)：

$$\text{编码}=\text{二进制}(x_{\text{十进制}})$$

而从二进制编码到实数值的逆映射也是唯一的：

$$x=\text{十进制}(\text{编码}_{\text{二进制}})$$

它只用于检查优化的中间结果。例如，要把 x=11 转化成二进制串，相应的代码就是 01011。相反，代码 11001 表示十进制值 x=25。

13.3.2 初始群体

初始化过程非常简单：随机创建一个指定长度的染色体(二进制码)群体。假设群体中串的数目等于 4，那么随机生成的一个染色体群体是：

$$CR_1=01101$$

$$CR_2=11000$$

$$CR_3=01000$$

$$CR_4=10011$$

13.3.3 评价

表示染色体的二进制向量的评价(evaluation)函数和初始函数 $f(x)$是等价的，在 $f(x)$中，给定的染色体表示实数值 x 的二进制码。如前所述，评价函数扮演着环境的角色，它根据“适合度”对潜在的解进行评级。在本例中，4 个染色体 CR_1 到 CR_4 对应输入变量 x 的值：

$$x_1(CR_1)=13$$

$$x_2(CR_2)=24$$

$$x_3(CR_3)=8$$

$$x_4(CR_4)=19$$

于是，评价函数对它们进行评级如下：

$$f(x_1)=169$$

$$f(x_2)=576$$

$$f(x_3)=64$$

$$f(x_4)=361$$

对初始生成的染色体的评价结果可以采用表格的形式给出，如表 13-2 所示。期望繁殖这一列展示了初始群体中染色体的“评价质量”。染色体 CR_2 和 CR_4 参与下一代繁殖的可能性比 CR_1 和 CR_3 更大。

表 13-2 初始群体的评价

CR_i	代码	x	$f(x)$	$f(x)/\Sigma f(x)$	期望的繁殖：$f(x)/f_{av}$
1	01101	13	169	0.14	0.58
2	11000	24	576	0.49	1.97
3	01000	8	64	0.06	0.22
4	10011	19	361	0.31	1.23
Σ			1170	1.00	4.00
平均值			293	0.25	1.00
最大值			576	0.49	1.97

13.3.4 交替

在交替(alternation)阶段，根据前一次迭代中评价的群体来选择新的群体。显然，本例中染色体 CR_4 是 4 个染色体中最好的，因为它的评价返回值最高。在交替阶段，依赖其目标函数值或适合度值来选择个体。对最大值问题来讲，个体的适合度越高，它参与下一代繁殖的可能性也就越大。在选择阶段可以使用不同的方案，在前面提出的简单遗传算法——轮盘选择技术中，根据为每个个体计算出的选择概率来随机选择个体。选择概率是用个体的适合度值除以群体的适合度之和，这些值都在表 13-2 的第 5 列中给出。

下一步将设计轮盘，对于本例，轮盘如图 13-4 所示。

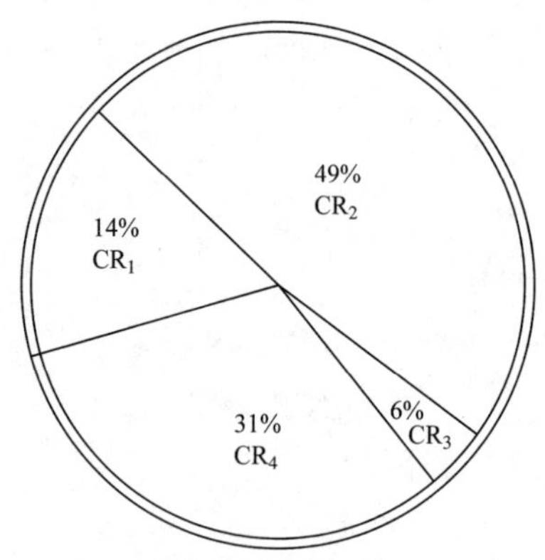

图 13-4 选择下一代群体的轮盘

可用轮盘选择下一代群体的染色体。假设为下一代群体随机选择的染色体为 CR_1、CR_2、CR_2、CR_4 (染色体的选择要与表 13-2 中第 6 列的期望繁殖相一致)。在下一步中，这 4 个染色体要进行遗传操作：交叉与突变。

13.3.5 遗传算子

交叉未必应用于所有已选的个体对。可根据一个特定的概率 PC(交叉概率)来选择要交叉的个体对，典型的交叉概率为 0.5～1，如果没有进行交叉(PC=0)，后代就只是父母对的复制品。对交叉过程来讲，确定要进行交叉的个体占群体的百分比是必不可少的。对于本例，用下面的遗传算法参数：

(1) 群体大小 pop-size=4(这个参数已经使用了)。

(2) 交叉概率 PC=1。

(3) 突变概率 PM=0.001(在突变操作中将用到这个参数)。

交叉概率为 1 表示进行 100%的交叉——所有染色体都会进行交叉操作。

在遗传算法的这个阶段，第 2 个参数集是随机选择要进行交叉操作的父母和在串中进行交叉的位置。假设 CR_1-CR_2 和 CR_2-CR_4 是随机选择的染色体对，两对的交叉位置都在第 3 个位置后。选择的串

第 1 对

$$CR_1 = 01101$$
$$CR_2 = 11000$$
$$\Uparrow$$

第 2 对

$$CR_2 = 11000$$
$$CR_4 = 10011$$
$$\Uparrow$$

在交叉后，会变成一个新群体：

$$CR_1' = 01100$$
$$CR_2' = 11001$$
$$CR_3' = 11011$$
$$CR_4' = 10000$$

第 2 个可应用在遗传算法的每次迭代中的算子是突变。在本例中，突变算子的概率为 0.1%，意思是对 1000 个转换后的位，突变只执行一次。由于只转换了 20 位(把一个 4×5 位的群体转换成另一个群体)，出现突变的概率非常小。因此，可假设串 CR_1' 到 CR_4' 在第一次迭代的突变操作中将保持不变。每 50 次迭代期望发生一位突变。

在遗传算法的第一次迭代中，最终处理步骤就是如此。其结果是新群体 CR_1' 到 CR_4'，下一次迭代将会从评价处理开始，其中会用到新群体。

13.3.6 评价(第二次迭代)

在新群体中重复评价过程。其结果在表 13-3 中给出。

表 13-3 第二代染色体的评价

CR_i	代码	x	$f(x)$	$f(x)/\sum f(x)$	期望的繁殖：$f(x)/f_{av}$
1	01100	12	144	0.08	0.32
2	11001	25	625	0.36	1.44
3	11011	27	729	0.42	1.68
4	10000	16	256	0.14	0.56
$\sum$			1754	1.00	4.00
平均值			439	0.25	1.00
最大值			729	0.42	1.68

在遗传算法的其他迭代中，优化过程可依照表 13-3 继续进行。本例的计算步骤就到此为止，并对结果进行一些分析，以深入理解遗传算法。

虽然遗传算法中使用的搜索技术是基于一些随机参数的，但它们能利用每个群体中最好的选择方案，从而获得更好的解。比较表 13-2 和表 13-3 中的总和、平均值和最大值：

$$\sum\nolimits_1 = 1170 \Rightarrow \sum\nolimits_2 = 1754$$

$$\text{平均值}_1 = 296 \Rightarrow \text{平均值}_2 = 439$$

$$\text{最大值}_1 = 576 \Rightarrow \text{最大值}_2 = 729$$

这些比较说明新的第二代群体更接近函数 $f(x)$的最大值。前面两次迭代中评价出的最佳染色体是 CR'_3=11011，它对应于特征的值 x=27(理论上 $f(x)$的最大值是已知的，就是当 x=31 时，$f(x)$=961)。并不是遗传算法的每次迭代都可以获得这样的增长，但平均来看，经过多次迭代后，最终群体将更接近于解。迭代次数是遗传算法的一个可行的终止条件。其他可能的终止条件是两次连续迭代的结果之差小于指定的阈值，或者获得了恰当的适合度，或者计算时间有限，都可以终止遗传算法的计算。

13.4 图式

遗传算法的理论基础是解的二进制表述，以及图式表示法。图式是指允许在染色体之间进行相似度探测的一个模板。为简要介绍图式的概念，必须先定义一些相关的术语。搜索空间 Ω 是可行染色体或串的完整集合。在一个长度固定为 l 的串中，每一位(基因)都在大小为 k 的字母表 A 中取一个值，得到的搜索空间大小为 k^l。例如，在二进制编码串中，串长为 8，搜索空间大小为 2^8=256。在群体 S 中，串用向量 $x \in \Omega$ 表示。因此，前面的二进制编码串示例中，x 是$\{0, 1\}^8$的一个元素。图式就是一个相似模板，它定义了串的一个子集，该子集在某些位置有固定的值。

可以通过向基因字母表中引入一个通配符(*)来建立图式。图式中的每个位置都取字母表中的一个值(固定位置)或取一个“通配符”。例如，对于二进制，长度为 1 的图式定义为$H \in \{0, 1, *\}^l$，图式表示除了在“*”位置之外，在其他所有位置都匹配的所有串。换句话说，图式表示搜索空间的一个子集，或者这个搜索空间中的一个超平面划分。例如，考虑长度为10的串和图式。图式

$$(*111100100)$$

匹配两个串

$$\{(0111100100),(1111100100)\}$$

图式

$$(*1*1100100)$$

匹配4个串

$$\{(0101100100), (0111100100), (1101100100), (1111100100)\}$$

当然，图式

$$(1001110001)$$

只代表一个串，图式

$$(**********)$$

代表所有长度为10的串。总之，可行图式的总数为$(k+1)^l$，式中k是字母表中的符号数，l是串的长度。在长度为10的二进制编码串示例中，有$(2+1)^{10} = 3^{10} = 59049$个不同的串。显然，每个二进制图式刚好匹配$2^r$个串，其中，$r$是图式模板中通配符的个数。反过来，每个长度为$m$的串都有$2^m$个不同的图式与其匹配。

在优化定义域为[0,31]的函数$f(x) = x^2$时，可以用图来表示五位代码的不同图式。每个图式代表此二维问题空间的一个子空间。例如，图式1****减少了图13-5(a)中子空间上的解的搜索空间。图式1*0**相应的搜索空间如图13-5(b)所示。

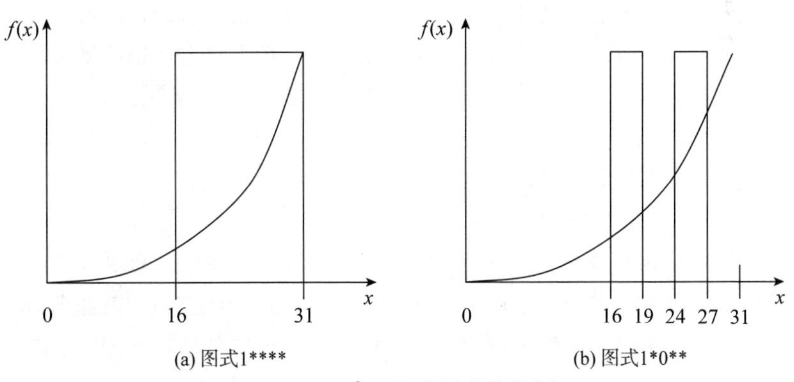

(a) 图式1****　　(b) 图式1*0**

图13-5 $f(x)=x^2$：不同图式的搜索空间

不同图式具有不同的特性，其中有3个重要的属性：顺序(O)、长度(L)和适合度(F)。图式S的阶数用$O(S)$表示，是图式中0和1位置的个数，也就是图式中表示的固定位置的个数。这个参数的计算非常简单：模板长度减去通配符的个数。例如，下面是长度均为10的3个图式：

$$S_1=(***001*110)$$
$$S_2=(*****0**0*)$$
$$S_3=(11101**001)$$

它们的阶数分别是：

$$O(S_1)=10-4=6，O(S_2)=10-8=2，O(S_3)=10-2=8$$

图式 S_3 是最特殊的一个，而 S_2 是最一般化的一个。图式的阶数符号可用于计算图式在突变中的存活概率。

图式 S 的长度表示为 $L(S)$，它是第一个和最后一个固定串位置之间的距离。它定义了图式中信息的紧密度。例如，上述图式 S_1 到 S_3 的长度参数值为：

$$L(S_1)=10-4=6，L(S_2)=9-6=3，L(S_3)=10-1=9$$

注意，只有一个确定位置的图式，其长度为 0。图式的长度参数 L 可用于计算图式在交叉中的存活概率。

图式 S 的另一个属性是它在时刻 t 的适合度 $F(S, t)$(用于指定的群体)。它定义为群体中匹配此图式 S 的所有串的平均适合度。假设在 t 时刻群体中与图式 S 匹配的串有 p 个串$\{v_1, v_2,\cdots, v_p\}$，那么：

$$F(S,t)=\frac{\left[\sum_{i=1}^{p} f(v_i)\right]}{p}$$

本书给出的图式构建的基本原则解释了一个问题(但没有证据)：即短的(高阶数)、低顺序(低长度)、大于平均数(高适合度)的图式在遗传算法的下一代中匹配的串会呈指数级增长。这个原则的一个直接后果就是遗传算法用短的、低顺序的图式来探索搜索空间，这些图式在后来的交叉和突变操作中用于交换信息。因此，遗传算法通过分析这些图式，来寻求近似最优点的过程，称为搭积木。但要注意，搭积木方法只是一个经验结果，没有任何证据，对一些现实世界的问题来说，很容易违反这些规则。

13.5 旅行推销员问题

本节解释如何将遗传算法用于求解旅行推销员问题(TSP)。简单地说，旅行推销员必须亲自访问一次自己所负责区域的每个城市，然后回到起点。若在所有城市之间的旅行费用已知，该如何计划旅行路线，才能尽量降低旅行的总费用？TSP 是一个组合优化问题，出现在大量的应用中。求解这个问题的算法有几种，如分支界限算法、逼近算法和试探式搜索算法。近几年，人们多次尝试用遗传算法逼近 TSP 的解。

TSP 的描述基于数据的图形表述。该问题可以定义为：给定一个不定向的加权图，找出最短的路径，即每个顶点都要访问一次的最短路径，但起点和终点相同。图 13-6 是这种图及其最优解的一个示例。A、B、C 等是要访问的城市，线边的数字是城市间的访问费用。

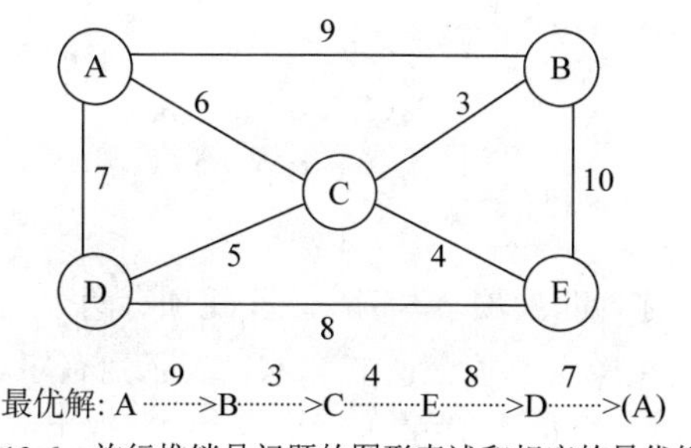

图 13-6 旅行推销员问题的图形表述和相应的最优解

即使解并不是一个最优解，用城市的排列来表示此问题的每个解是很自然的。最后的城市可以去掉，因为它总与出发城市相同。但在计算每次旅行的总距离时，都要计算到最后城市的距离。

用城市的排列表示每个解时，每个城市都必须访问一次。但并非每个排列都代表一个有效解，因为一些城市没有直接连接(如图 13-6 中的 A 和 E)。一个实用的方法是为没有直接相连的城市人为指定一个很大的距离。这样，就会去除含有连续的、不毗连的城市的无效解，所有的解都可接受。

本问题的目标是尽量减小每次旅行的费用，这个目标可以选择不同的适合度函数来表示。例如，如果总距离为 s，要使适合度函数最小，$f(s)$就是简单的 $f(s)=s$；要使适合度函数最大，可以选择 $f(s)=1/s$、$f(s)=1/s^2$、$f(s)=K-s$，式中 K 是使 $f(s)\geqslant 0$ 的正常量。设计最好的适合度函数没有通用公式，但是，若没有在适合度函数中恰当地反映出解，就无法找到最优解或近似最优解。

在处理城市的排列时，简单的交叉操作会产生无效解。例如，对图 13-6 中的问题而言，两个解的串在第 3 个位置之后的位进行交叉：

$$\Downarrow$$

A D E B C

A E C D B

$$\Uparrow$$

会得到新串

A D E D B

A E C B C

这两个串都是无效解，因为它们并不代表串中初始元素的排列。要避免这个问题，引入一种修正交叉操作，它直接操作城市的排列，仍然得到一个排列。这就是部分匹配交叉(PMC)操作。它不仅能应用于旅行推销员的问题，也能应用于用排列来表述解的其他问题。下面列举一个示例来说明 PMC 操作的效果。假设两个解用相同符号的不同排列来表示，且 PMC 是两点操作。应用 PMC 操作过程的第一步是选择两个串和两个随机交叉点。

⇓⇓

A D E B C

A E C D B

⇑⇑

交叉点之间的子串称为匹配项。本例中，匹配项有两个元素：第一个串中为 E B，第二个串中为 C D。交叉操作要求交换 E 和 C，表示为有序对(E, C)，同样，B 和 D 也要交换，用(B, D)表示。PMC 操作的下一步是在两个串中交换这两个元素的排列。换句话说，必须在两个串中交换有序对(E, C)位置和(B, D)的位置。在第一个串中，(E, C)交换后的结果为 A D C B E，在进行第二对(B, D)的交换后，最终结果为 A B C D E。对第二个串进行同样的操作，第一次交换后变为 A C E D B，最后变成 A C E B D。如果分析这两个经过 PMC 操作后的串：

⇓⇓

A B C D E

A C E B D

⇑⇑

可以看到，两个串的中间部分像标准交叉操作那样进行了交换，但是得到的两个新串仍然是有效排列，因为实际上每个串中的符号都进行了交换。

用于解决旅行推销员问题的遗传算法的其他步骤都保持不变。基于以上算子的遗传算法要优于对 TSP 的随机搜索，但是，这种算法仍然有很大的提升空间。在解决 100 个随机生成的城市的 TSP 时，这种算法在经过 20 000 代后，得出的结果高于最小值 9.4%。

13.6 使用遗传算法的机器学习

优化问题是遗传算法最常见的一种应用。一般说来，优化问题试图确定一个解，例如确定机构的最大利润，或者确定生产过程所选特征的值，来计算产品成本的最小值。遗传算法的另一个常见的应用领域是为通常比较复杂的已知系统确定输入-输出映射，这也是所有的机器学习算法要解决的问题。

输入-输出映射的基本观点是得出一个形式合理的函数或模型，该形式往往比原始映射要简单，而原始映射通常用一个输入-输出样本集来表示。函数是这种映射的最好描述方式。“最好”这个词的测度要依赖特定的应用。常见的测度是函数的精度、可靠性和计算效率。通常，要找到一个满足所有这些标准的函数并不容易。所以，遗传算法要确定一个“优秀”的函数，此函数可以成功地应用于模式分类、控制和预测。映射过程可以是自动的，这种使用遗传算法的自动化代表了另一种为归纳型机器学习建模的方法。

本书前面的章节描述了机器学习的不同算法。根据某个已知的样本集开发新模型

(输入-输出的抽象关系)也可以在遗传算法领域内实现。有好几种基于遗传算法的学习方法。本节将解释基于图式的技术的基本原理，及其应用于分类问题的可能性。

本节列举一个简单的数据库作为示例。假定训练或学习数据集使用属性集合来描述，每个属性都有自己的类别取值范围：一个可行值的集合。这些属性在表 13-4 中给出。

表 13-4 已知数据集 s 的属性 A_i 和可能的值

属性	值
A_1	x, y, z
A_2	x, y, z
A_3	y, n
A_4	m, n, p
A_5	r, s, t, u
A_6	y, n

一个分类模型有两类样本 C_1 和 C_2，该模型可用 if-then 的形式来表示，左边是输入特征值的布尔型表达式，右边是相应的类：

$$((A_1=x)\wedge(A_5=s))\vee((A_1=y)\wedge(A_4=n))\Rightarrow C_1$$

$$((A_3=y)\wedge(A_4=n))\vee(A_1=x)\Rightarrow C_2$$

这些分类规则或分类器都可以用更一般的方式来表示：如指定字母表中的一些串。若数据集有 6 个输入和一个输出，则每个分类器的形式为：

$$(p_1, p_2, p_3, p_4, p_5, p_6): d$$

式中 p_i 表示表 13-4 中域的第 i 个属性值($1\leqslant i\leqslant 6$)，d 是两类中的一种。要用指定的形式描述分类规则，必须在每个属性的值集中加入通配符“*”。例如，属性 A_1 的新值集合为$\{x, y, z, *\}$。对其他属性也进行类似的扩展。前面为类 C_1 和 C_2 指定的规则分解成几段(这些段可以使用 AND 逻辑运算连接起来)，表示为：

$$(x{*}{*}{*}s{*}): C_1$$

$$(y{*}{*}n{*}{*}): C_1$$

$$({*}{*}yn{*}{*}): C_2$$

$$(x{*}{*}{*}{*}{*}): C_2$$

要简化此例，可假设此系统只分两个类：C_1 和非 C_1。任何系统都很容易扩展，来处理多个类(多重分类)。对只有一个规则 C_1 的简单分类来说，d 只接受两个值：d=1(类 C_1 的成员)和 d=0(不是 C_1 的成员)。

假设在学习过程的某些阶段，分类器 Q 在系统中有一个随机生成的小群体，每个分类器的力度 s 为：

$$Q_1 \quad ({*}{*}{*}ms{*}): 1, \quad s_1=12.3$$

$$Q_2 \quad ({*}{*}y{*}{*}n): 0, \quad s_2=10.1$$

Q_3 (*xy*****): 1， s_3=8.7

Q_4 (**z*****): 0， s_4=2.3

力度 s_i 是根据可用的训练数据集计算出来的参数，它们表示规则对训练数据集的适合度，和规则所支持的数据集的百分比成比例。

这里使用遗传算法的基本迭代步骤以及相应的算子，根据训练数据集规则的适合度函数来优化规则集。在这个学习技术中也要使用交叉和突变算子。但是必须对突变做一些修正。第一个属性 A_1 的取值范围为{*x*, *y*, *z*,*}。因而，在突变时，会把突变字符(码)变成其他 3 个概率相同的字符之一。其后代的力度通常和父母一样。例如，如果在随机选择的位置 2 上对规则 Q_3 进行突变，用一个随机选择的值*替代值 *y*，则突变后的新分类器为：

Q_{3M} (*x******): 1， s_{3m}=8.7

交叉操作不需要做任何修正。利用所有分类器的长度相等这个特点，把选出来的父母进行交叉。假设有 Q_1 和 Q_2：

⇓

Q_1 (****ms**): 1

Q_2 (***y****n*) : 0

则先生成一个随机交叉位置的点，假定在串中标示的第 3 个字符后进行交叉，则后代为：

Q_{1c} (******n*) : 0，

Q_{2c} (***yms**): 1

后代的力度是父母的力度的(可能是加权)平均值。现在，系统准备继续进行学习过程：开始另一次循环，进一步从训练数据集中接受正的或负的样本，并修正分类器的力度，作为适合度的测度。注意，训练数据集是通过估计每次迭代的图式力度而引入学习过程中的。分类器应收敛于一些力度很高的规则。

这种算法的一种可能的实现方法是 GIL 系统，这种系统使遗传算法更接近符号水平——主要是定义操作二进制串的专门算子。前述的符号分类器都转换成二进制串，对每个属性都产生一个固定长度的二进制串。长度等于指定属性的值的个数。在串中，有要求的值设为 1，其他则设为 0。例如，如果属性 A_1 的值为 *z*，用二进制串 001 表示(两个 0 表示 *x* 和 *y*)。如果属性的值为*，意味着此属性可能取任何值，在二进制串中所有位置都取 1。

前面的示例中有 6 个属性，所有属性加起来共有 17 个不同的值，分类器用符号表示为：

(*x*****r**)∨(*y****n***)：1

转换成二进制表述：

(100|111|11|111|1000|11∨010|111|11|010|1111|11)

在表达式中，每个属性之间用竖线分开。GIL 系统的算子是根据归纳推理来建模的，它包括各种归纳算子，如规则交换(RuleExchange)、规则复制(RuleCopy)、规则概化(RuleGeneralization)、规则特化(RuleSpecialization)、规则分割(RuleSplit)、SelectorDrop、ReferenceChange、ReferenceExtension 等。下面依次讨论其中一些算子。

13.6.1 规则交换

规则交换算子与经典遗传算法的交叉算子极其相似，因为它将两个父染色体中被选择的复合体相互交换。例如，两个父体(规则)：

⇓

(100|111|11|111|1000|11∨010|111|11|010|1111|11)和

(111|001|01|111|1111|01∨110|100|10|010|0011|01)

⇑

交换后生成后代(新规则)：

(100|111|11|111|1000|11∨110|100|10|010|0011|01)和

(111|001|01|111|1111|01∨010|111|11|010|1111|11)

13.6.2 规则概化

此一元算子概括出复合体的一个随机子集。例如，对于父体：

(100|111|11|111|1000|11∨110 100 10 010 0011 01∨010|111|11|010|1111|11)

选择第二和第三个复合体进行概化，将它们按位或运算，生成后代为：

(100|111|11|111|1000|11∨110|111|11|010|1111|11)

13.6.3 规则特化

此一元算子特化了复合体的一个随机子集。例如，对于父体：

(100|111|11|111|1000|11∨110|100|10|010|0011|01∨010|111|11|010|1111|11)

选择第二和第三个复合体进行特化，将它们按位与运算，生成后代为：

(100|111|11|111|1000|11∨010|100|10|010|0011|01)

13.6.4 规则分割

此算子对单个复合体进行操作，把它分割成很多个复合体。例如，对于父体：

(100|111|11|111|1000|11)

= = =

⇑

它可以产生后代(算子对第二个选择器进行了分割)

(100|011|11|111|1000|11∨100|100|11|111|1000|11)

GIL 系统是一个基于遗传算法原理的复杂归纳学习系统。它需要大量参数，如应用每个算子的概率。它也是一个迭代过程。每次迭代时，所有染色体按照它们的完整度、一致性和适合度标准演变，形成一个新群体，较好的染色体更有可能出现在新群体中。然后把这些算子应用于新群体中，再循环下去。

13.7 遗传算法用于聚类

人们花费了许多精力，用遗传算法替代传统的聚类算法来提供更好的解。其重点是适当的编码方案、特定的基因算子和对应的适合度函数。还专门为数据聚类提出了几个编码方案，其中 3 个主要类型是二进制、整数和实数编码。

二进制编码方案通常表示为长度为 N 的二进制串，其中 N 是数据集样本的数量。二进制串中的每个位置都对应一个样本。若第 i 个样本是聚类的原型，第 i 个基因的值就是 1，否则为 0。例如，表 13-5 中数据集 s 可以编码为串[0100001010]，其中样本 2、7、9 是类 C_1、C_2 和 C_3 的原型。在该串中，1 的个数等于预先定义的聚类的数量。显然，这个编码方案会得到基于中心点的表示，类的原型匹配数据集中有代表性的样本。用二进制编码方案表示某个数据分区还有另一种方法：使用 $k \times N$ 维的矩阵，其中行表示类，列表示样本。采用这种方法时，若第 j 个样本属于第 i 个类，就给 (i, j) 基因型赋予 1，而同一列上的其他元素均为 0。例如，使用这种表示法，表 13-5 中的数据集就编码为 3×10 矩阵，如表 13-6 所示。

表 13-5 为给定的数据集 s 定义的 3 个聚类

样本	特征 1	特征 2	聚类
1	1	1	C_1
2	1	2	C_1
3	2	1	C_1
4	2	2	C_1
5	10	1	C_2
6	10	2	C_2
7	11	1	C_2
8	11	2	C_2
9	5	5	C_3
10	5	6	C_3

表 13-6 表 13-5 中给出的数据集 s 的二进制编码

1	1	1	1	0	0	0	0	0	0
0	0	0	0	1	1	1	1	0	0
0	0	0	0	0	0	0	0	1	1

整数编码使用 N 个整数位置的向量，其中 N 是数据集样本的数量。每个位置都对应一个样本，即第 i 个位置(基因)表示第 i 个数据样本。假定有 k 个聚类，则每个基因

都取字母表{1, 2, 3, … , k}中的一个值。这些值定义了类标记。例如，整数向量[1111222233]表示表 13-5 中的聚类。采用整数编码方案表示分区的另一种方式是使用只有 k 个元素的数组为数据集提供基于中心点的表示。采用这种方法时，每个数组元素都表示样本的索引 x_i，$i = 1, 2, \dots, N$ (按照样本在数据集中的顺序)，该索引对应于给定类的原型。例如，数组[1 6 10]可以表示一个分区，其中 1、6、10 是表 13-5 中数据集的类原型(中心点)的索引。整数编码的计算效率通常高于二进制编码方案。

实数编码是第三种编码方案，其基因型由实数组成，表示类重心的坐标。在 n 维空间中，前 n 个位置表示第一个重心的 n 维坐标，接下来的 n 个位置表示第二个重心的 n 维坐标，以此类推。例如，基因型[1.5 1.5 10.5 1.5 5.0 5.5]编码了 3 个重心，分别是表 13-5 中类 C_1、C_2、C_3 的(1.5, 1.5)、(10.5, 1.5)和(5.0, 5.5)。

将遗传算法应用于聚类时，第二个重要决策是选择合适的遗传算子。人们提出了许多交叉和突变算子，来解决遗传算法中与环境无关的重要问题。在聚类问题中使用传统的遗传算子时，它们通常只操作基因值，而没有考虑它们与其他基因的关系。例如，图 13-7 中的交叉操作说明，两对父母表示聚类问题的相同解(标记不同，但整数编码相同)，它们生成的后代表示的聚类解不同于其父母表示的聚类解。而且，假定类的数量提前指定为 $k = 3$，则只有两个类的解就无效。因此，必须为聚类问题专门开发遗传算子。例如，交叉算子应重复应用，或者不定期地进行突变操作，直到得到有效的后代为止。

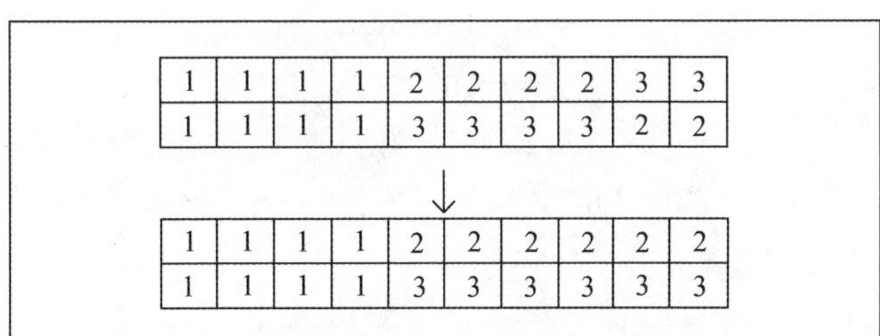

图 13-7　相同的父母通过交叉运算得到不同的后代

不同的聚类验证条件可用作适合度函数，以演变出聚类问题中的数据分区。它们主要取决于编码方案和所选的遗传算子集。这里仅列举聚类适合度函数的一个示例：使用基于中心点的实数编码方案时，适合度函数 f 要最小化样本与其类平均值的欧几里得距离的平方和。该适合度函数 $f(C_1, C_2, \dots, C_k)$用公式表示为：

$$f(C_1, C_2, \dots, C_k) = \sum_{j=1}^{k} \sum_{x_i \in C_j} |x_i - z_j|^2$$

其中{$C_1, C_2, \dots, C_k$}是编码为基因型的 k 个聚类，x_i 是数据集中的一个样本，z_j 是类 C_j 的重心。注意，只有类的数量 k 预先指定，且它使类内距离最小，使类间距离最大，这个条件才成立。一般情况下，适合度函数基于样本与类重心或中心点之间的距离。尽管这类函数应用广泛，但它们通常倾向于发现球形的类，这显然不适合许多实际应用。也可以采用其他方法，包括基于密度的适合度函数。实际上，要成功应用遗传算法解决聚类问题，很大程度上取决于如何根据编码方案、算子、适合度函数、选择过程和初始群体来设计遗传算法的应用方式。

13.8 复习题

1. 已知一个二进制串，它表示 4 个属性值的串联：

{2, 5, 4, 7}={010101100111}

用此例解释遗传算法的基本概念以及它们在自然演变中的等价概念。

2. 如果用遗传算法优化函数 $f(x)$，x 要求精确到 6 位小数，取值范围为[−1, 2]，则二进制向量(染色体)的长度是多少？

3. 如果两个染色体 v_1=(00110011)和 v_2=(01010101)，交叉点随机选在第 5 个基因后，得出的两个后代应该是多少？

4. 已知图式(*1*00)，它匹配哪些串？

5. 图式(********)可匹配多少个串？

6. $f(x) = -x^2+16x$ 是定义在区间[0, 63]上的一个函数，用遗传算法的两次迭代，求出 $f(x)$最大值的近似解。

7. 对题 6 中的函数 $f(x)$，比较 3 个图式的阶数(O)、长度(L)和适合度(F)

S_1 = (*1*1**)

S_2 = (*10*1*)

S_3 = (**1***)

8. 已知父染色体(1 1 0 0 0 1 0 0 0 1)，若采用如下突变概率，此染色体可能的后代是什么？(举出示例)

(1) p_m=1.0

(2) p_m =0.5

(3) p_m =0.2

(4) p_m =0.1

(5) p_m =0.0001

9. 解释搭积木假设的原理以及其潜在的应用。

10. 在两个串 $S1$ 和 $S2$ 上进行部分匹配交叉(PMC)操作，随机选择交叉点如下：

$S1$ = {A C B D F G E}

$S2$ = {B D C F E G A}

↑ ↑

11. 在 Web 上搜索基于遗传算法的公用或商业软件工具，找出其基本特性，记录搜索结果。

第 14 章

模糊集和模糊逻辑

本章目标

- 用正式定义阐述模糊集在连续域和离散域中的概念。
- 分析模糊集和模糊集运算的特征。
- 描述模糊推理的基本机制，这是一个扩展规则。
- 讨论语言模糊的重要性，并在决策制定过程中利用它们进行计算。
- 构造用于多因子评价和从大型数值型数据集中抽取基于模糊规则的模型的方法。
- 理解为什么模糊计算和模糊系统是数据挖掘技术的一个重要组成部分。

前面的章节讨论了许多分析大型数据集的不同方法。但其中大多数方法都假定数据是精确的。也就是说，数据得到了确切的测量，可进行更深入的分析。在历史上，事物或者事件通常会有精确、清晰的描述，就像经典的数学那样。用数值或者分类值来表述现象，就得到了这种精确性。但在大多数(不是全部)实际情况下，不可能获得绝对精确的值，总会有点不确定。但由于这种模糊性，经典数学可能遇到很大的困难。在很多实际状况下，这种模糊是实际存在的，而清晰或精确的描述只是一种简化和理想化。在现代信息处理系统的开发中，模糊与精确的这种对立是一个很大的矛盾。而模糊集理论就是解决这个矛盾的一种行之有效的办法，它是连接模糊事务的高精确性和高复杂性的桥梁。

14.1 模糊集

模糊这个概念来源于现实世界中常见的模糊现象。例如，下雨是一种难以精确描述的常见自然现象，因为它可能会发生在任何地方，有不同的强度，可以是毛毛小雨，也可能是瓢泼大雨。既然“下雨”这个词不能恰当、精确地描述任何下雨事件的不同总量和不同强度，“下雨”就是一种模糊现象。

通常，人脑感知、认知和区分自然现象而形成的概念是模糊的。这些概念之间的界限是含糊不清的。因此，由这些概念而形成的判断和推理也是模糊的。例如，为描述雨的强度，降雨可分为小雨、中雨和大雨。遗憾的是，很难判断它究竟是小雨、中雨还是大雨，因为它们之间的界限都没有定义。“小”“中”“大”这些概念本身就是模糊概念的典型示例。为解释模糊集的原理，下面首先讨论古典集合理论的基础知识。

在组织、总结和概括对象的知识时，经常出现集合的概念，甚至可以推测出任何人对任何环境的差异性信息进行组织、排列和系统归类的本质。对象封装到一个组里，组内的元素都自然而然地共享一些普通属性，这就是集合的概念。我们经常并总是无意识地使用集合这个概念，例如一组偶数、正温度、个人计算机和水果等。例如，大于 6 的实数这个古典集合 A 就是一个具有清晰边界的集合，它可以表示为：

$$A=\{x \mid x>6\}$$

其中，6 是一个清晰明确的边界，只要 x 大于这个数，x 就属于集合 A，否则 x 就不属于这个集合。虽然经典的集合有比较好的应用，并且是数学和计算机科学的一个重要工具，但它们没有反映出人脑中的概念和思维的本质，而概念和思维都是抽象、不精确的。例如，在数学上，可以把高个子的集合表示为身高大于 6 英尺的人的集合。如果设 $A=$“高个子的人”，$x=$“身高”，这就是前面公式所表达的集合。但是，与通常所说的“高个子的人”相比，这种表达方法比较勉强，也不大合适。古典集合的这种一分为二的特点，将身高为 6.001 英尺的人归为“高个子”，而身高为 5.999 英尺的人却不是。这种差别从直觉上来说是不合理的。包含在集合中和不在集合中之间的突然转变就产生了这种缺点。

相对于古典集合，顾名思义，模糊集没有明确边界的集合。也就是说，从“属于某个集合”到“不属于某个集合”的转换是渐变的。这种平稳转变的特征是，隶属函数通常使用像“水是热的”或者“温度很高”等语言表达方式来建模，使集合具有灵活性。下面介绍模糊集的基本定义以及它们的表现形式。

设 X 是一个对象空间，x 是 X 中一个普通的元素。古典集合 A，$A \subseteq X$，定义为元素或对象 $x(x \in X)$的集合，每个 x 要么属于集合 A，要么不属于 A。给 X 中的每个元素 x 定义特征函数，古典集合 A 就可用一组有序对$(x, 0)$或$(x, 1)$来表示，这分别代表 $x \notin A$ 或 $x \in A$。

与上述古典集合不同，模糊集表示某个元素属于某个集合的程度。模糊集的特征函数允许取 0 和 1 之间的值，代表给定集合中元素的隶属度。如果 X 是对象(一般用 x 表示)的集合，那么 X 中的模糊集 A 可以定义为一组有序对：

$$A=\{(x, \mu_A(x)) \mid x \in X\}$$

其中，$\mu_A(x)$称为模糊集 A 的隶属函数(MF)。隶属函数将 X 中的每个元素映射到 0 和 1 之间的隶属级(或者隶属值)。

显然，模糊集的定义只是对古典集合定义的一个简单扩展，它的特征函数允许取 0 和 1 之间的数。如果隶属函数$\mu_A(x)$的值限定为 0 或者 1，A 就归约为古典集合，而 $\mu_A(x)$是 A 的特征函数。为了清晰起见，古典集合也称作一般集合、清晰集合、非模糊集合，或简称为集合。

通常 X 称为论域，简称为域，它由离散(有序或者无序)的对象，或者连续的空间组成。下面举例说明。设 X={旧金山，波士顿，洛杉矶}是某人可以选择居住的城市集，模糊集 C＝“理想的居住城市”就可以描述如下：

设 C = {(旧金山, 0.9)，(波士顿, 0.8)，(洛杉矶, 0.6)}

论域 X 是离散的，它包含无序的对象：美国的 3 个大城市。可以看到，上面列出的隶属度都非常主观，每个人都可以根据自己的偏好给出 3 个不同但合理的值。

下面的示例设 $X=\{0,1,2,3,4,5,6\}$是一组某个家庭可能会选择拥有孩子的数目。那么模糊集 A＝“某个家庭中切合实际的孩子数目”可以描述如下：

$$A=\{(0,0.1),(1,0.3),(2,0.7),(3,1),(4,0.7),(5,0.3),(6,0.1)\}$$

本章采用如下表示方法：

$$A=0.1/0+0.3/1+0.7/2+1.0/3+0.7/4+0.3/5+0.1/6$$

这里的论域 X 是离散的，模糊集 A 的隶属函数如图 14-1(a)所示。另外，这个模糊集的隶属度显然都是主观的。

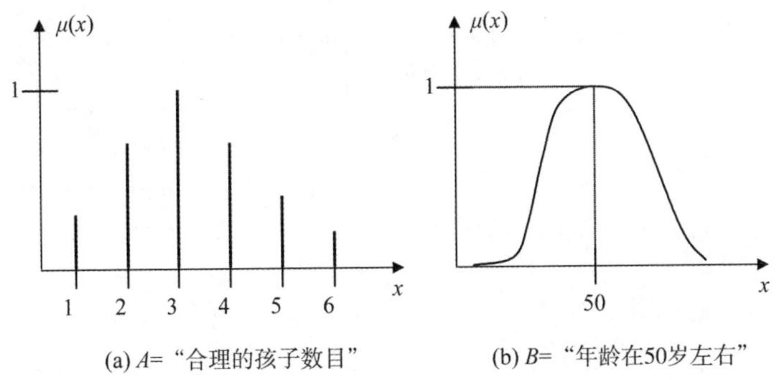

(a) A=“合理的孩子数目”　　(b) B=“年龄在50岁左右”

图 14-1　给定模糊集的隶属函数的离散和连续表示

最后，设 $X=\mathrm{R}^+$是人的可能年龄集。那么模糊集 B＝“年龄在 50 岁左右”可以表示为：

$$B=\{(x, \mu_B(x)) \mid x\in X\}$$

其中

$$\mu_B(x)=\frac{1}{\left(1+((x-50)/10)^4\right)}$$

如图 14-1(b)所示。

如前所述，模糊集的特征完全通过它的隶属函数来体现。因为所用到的许多模糊集的论域 X 都由实数组成，所以在定义隶属函数时，把所有的有序对都列出来是不切实际的。定义隶属函数更简便的方法是用数学表达式来表示。这种方法会给出一组带参数的隶属函数。在模糊集的实际应用中，隶属函数的形状通常由一组特定的函数限制，这些函数可用几个参数来指定。最常见的有三角函数、梯形函数和高斯函数。图 14-2 显示了这些常用隶属函数的形状。

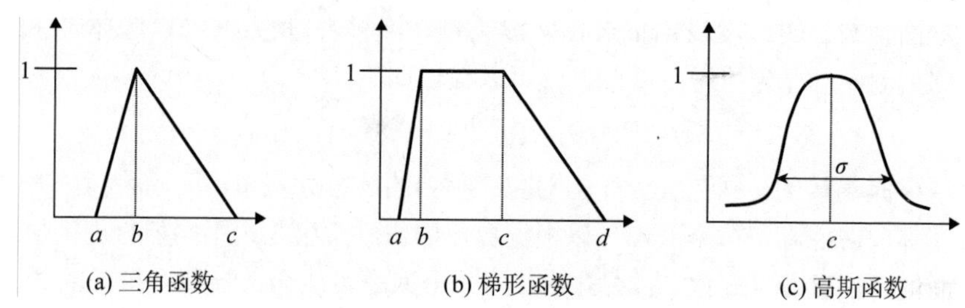

图 14-2　最常用的隶属函数的图形

由 3 个参数{a, b, c}描述三角隶属函数，如下所示：

$$\mu(x) = \text{triangle}(x, a, b, c) = \begin{cases} 0 & x \leqslant a \\ (x-a)/(b-a) & a \leqslant x \leqslant b \\ (c-x)/(c-b) & b \leqslant x \leqslant \text{c} \\ 0 & c \leqslant x \end{cases}$$

参数{a,b,c}(其中，$a<b<c$)决定了基本三角隶属函数的 3 个顶点的 x 坐标。

梯形隶属函数由 4 个参数{a,b,c,d}指定，如下所示：

$$\mu(x) = \text{trapezoid}(x, a, b, c, d) = \begin{cases} 0 & x \leqslant a \\ (x-a)/(b-a) & a \leqslant x \leqslant b \\ 1 & b \leqslant x \leqslant c \\ (d-x)/(d-c) & c \leqslant x \leqslant d \\ 0 & d \leqslant x \end{cases}$$

这些参数{a, b, c, d}(其中，$a<b\leqslant c<d$)决定了基本梯形隶属函数的 4 个顶点的 x 坐标。三角隶属函数可以看成梯形函数在 b=c 时的特例。

最后，高斯隶属函数由两个参数{c, σ}描述：

$$\mu(x) = \text{gaussian}(x, c, \sigma) = \text{e}^{-1/2((x-c)/\sigma)2}$$

高斯隶属函数可完全由 c 和 σ 确定。c 代表隶属函数的中心，σ 决定了隶属函数的宽度。图 14-3 描述了这三类带参数的隶属函数。

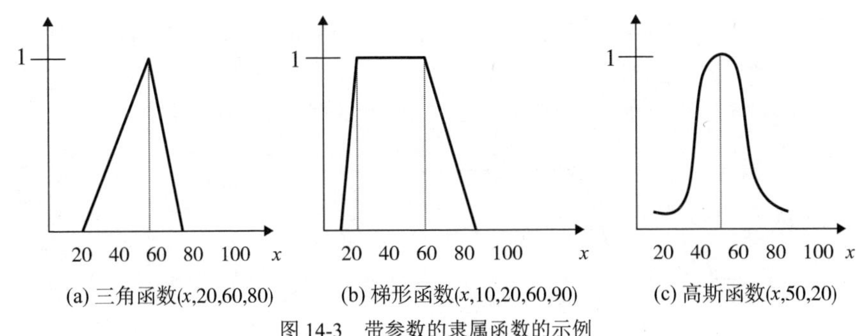

(a) 三角函数(x,20,60,80)　(b) 梯形函数(x,10,20,60,90)　(c) 高斯函数(x,50,20)

图 14-3　带参数的隶属函数的示例

从前面的示例看，很显然，模糊集的结构取决于两个方面：恰当的论域和合适的隶属函数。对隶属函数的描述是主观的，这意味着不同的人描述同一个概念(比如，“某个家庭中合理的孩子数目”)，得出的隶属函数可能大不相同。这种主观性来源于个人在感知和表达抽象概念时的差异，而不是因为随机的缘故。因此，模糊集的主观性和非随机性是模糊集和概率论之间的主要区别，后者是对随机现象的客观处理。

在一些模糊集运算和模糊集推理系统中，隶属函数有几个常用的参数和特征。这里只定义最重要的参数和特征：

(1) 支集——模糊集 A 的支集是论域中满足$\mu_A(x)>0$ 的所有点 x 的集合：

$$\text{Support}(A)=\{x|\mu_A(x)>0\}$$

(2) 核——模糊集 A 的核是指 X 中满足$\mu_A(x)=1$ 的所有点 x 的集合：

$$\text{Core}(A)=\{x\mid\mu_A(x)=1\}$$

(3) 正规化——如果某个模糊集 A 的核不是空集，A 就是正规的。也就是说，总是可以找到一个满足$\mu_A(x)=1$ 的点 $x\in X$。

(4) 基数——在限定的论域 X 内给定一个模糊集 A，那么它的基数(记为 Card(A))，定义为：

$$\text{Card}(A)=\sum\mu_A(x)\quad 其中\ x\in X$$

通常，Card(X)称为模糊集 A 在数量上的基数或 A 的总和。比如，在论域 $X=\{1, 2, 3, 4, 5, 6\}$上，模糊集 A=0.1/1+0.3/2+0.6/3+1.0/4+0.4/5 的基数 Card(A)=2.4。

(5) α-截集——模糊集 A 的 α-截集或 α-水平集是如下定义的确切集合：

$$A_\alpha=\{x\mid\mu_A(x)\geqslant\alpha\}$$

(6) 模糊数——模糊数是一种特殊类型的模糊集，其隶属函数的可能类型有如下限制：

(a) 隶属函数必须是正规的(即，核是非空的)和单一的。于是，在模糊集的核中存在一点，能给模糊数的典型值建模，这个点称为模态值。

(b) 隶属函数必须在核的左边单调递增，而在核的右边单调递减。这就保证了隶属函数只有一个峰值，因此，只存在一个典型值。支集所延伸的区域(比如，模糊集的非零区域)描述了模糊数所表达的不精确度。

这些基本概念如图 14-4 所示。

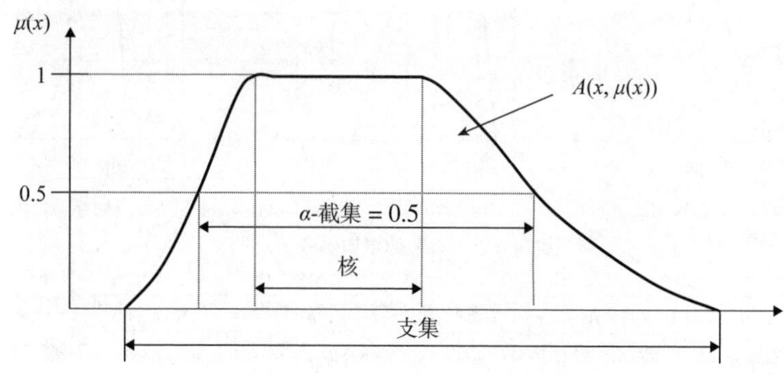

图 14-4 模糊集 A 的核、支集和α-截集

14.2 模糊集的运算

在古典集合中，并、交和补是最基本的集合运算。与一般集合的运算一样，模糊集也有自己的运算，这些运算最初是模糊集理论的创始人扎德(Zadeh)定义的。

两个模糊集 A 和 B 通过并运算，得到模糊集 C，记做 $C=A\cup B$ 或者 $C=A\ OR\ B$，其隶属函数$\mu_C(x)$与 A 和 B 的隶属函数都有关：

$$\mu_C(x) = \max(\mu_A(x), \mu_B(x)) = \mu_A(x) \vee \mu_B(x), \quad \forall x \in X$$

对于两个模糊集 A 和 B 的并集，更直观的等价定义是，同时包含 A 和 B 的“最小”模糊集。也就是说，如果 D 是既包括 A 又包括 B 的任意模糊集，那么它也包括 $A\cup B$。

模糊集的交运算也可以做类似的定义。两个模糊集 A 和 B 通过交运算，得到模糊集 C，记做 $C=A\cap B$ 或者 $C=A\ AND\ B$，其隶属函数$\mu_C(x)$与 A 和 B 的隶属函数都有关：

$$\mu_C(x)=\min(\mu_A(x), \mu_B(x))=\mu_A(x) \wedge \mu_B(x), \quad \forall x \in X$$

与前面的并集示例一样，很明显 A 和 B 的交集就是既包含在 A 中也包含在 B 中的“最大”模糊集。如果 A 和 B 都不是模糊的，这个交运算就简化为一般的交运算。

模糊集 A 的补集，记为 A'，是由下面的隶属函数定义的：

$$\mu_{A'}(x)=1-\mu_A(x), \quad \forall x \in X$$

图 14-5 描绘了这 3 个基本的运算：图 14-5(a)是两个模糊集 A 和 B，图 14-5(b)是 A 的补集，图 14-5(c)是 A 和 B 的并集，而图 14-5(d)是 A 和 B 的交集。

设 A 和 B 分别是域 X 和 Y 中的模糊集，那么 A 和 B 的笛卡儿积，记为 $A\times B$，是乘积空间 $X\times Y$ 上具有如下隶属函数的模糊集：

$$\mu_{A\times B}(x, y) = \min(\mu_A(x), \mu_B(y)) = \mu_A(x) \wedge \mu_B(y), \quad \forall x \in X \quad \forall y \in Y$$

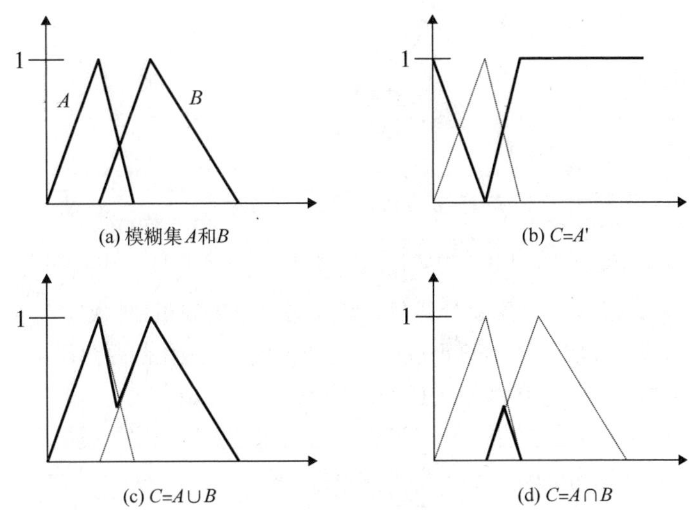

图 14-5　模糊集的基本运算

如何应用这些简单的模糊运算来计算数字，可以用离散论域 S 上的一个简单示例来说明。设 $S=\{1,2,3,4,5\}$，模糊集 A 和 B 如下：

$$A=0/1+0.5/2+0.8/3+1.0/4+0.2/5$$

$$B=0.9/1+0.4/2+0.3/3+0.1/4+0/5$$

就有：

$$A\cup B=0.9/1+0.5/2+0.8/3+1.0/4+0.2/5$$

$$A\cap B=0/1+0.4/2+0.3/3+0.1/4+0/5$$

$$A^C=1/1+0.5/2+0.2/3+0/4+0.8/5$$

模糊集 A 和 B 的笛卡儿积是：

$$\begin{aligned}A\times B &= 0/(1,1)+0/(1,2)+0/(1,3)+0/(1,4)+0/(1,5)\\&+0.5/(2,1)+0.4/(2,2)+0.3/(2,3)+0.1/(2,4)+0/(2,5)\\&+0.8/(3,1)+0.4/(3,2)+0.3/(3,3)+0.1/(3,4)+0/(3,5)\\&+0.9/(4,1)+0.4/(4,2)+0.3/(4,3)+0.1/(4,4)+0/(4,5)\\&+0.2/(5,1)+0.2/(5,2)+0.2/(5,3)+0.1/(5,4)+0/(5,5)\end{aligned}$$

可用不同的方法比较通过隶属函数定义的模糊集。即使比较的主要目的是表示两个模糊数的匹配程度，只用一种方法也几乎是不可能的。相反，为达到这个目标，现在可列举出好几类方法。一种方法是距离测度，它考虑的是模糊集 A 和 B 的隶属函数之间的距离函数，并把它看成这两个数之间接近程度的指标。用比较距离测度的方法来比较模糊集，从集合论的角度来看，不会进行匹配的过程。通常，在同一个论域 X(其中，$X\in R$)中定义模糊集 A 和 B 的距离时，可以用 Minkowski 距离来定义：

$$D(A,B)=\left\{\sum\left|A(x)-B(x)\right|^{p}\right\}^{1/p},x\in X$$

其中，$p\geqslant 1$。在应用中一般会遇到几个特例：

(1) 汉明距离(p=1)

(2) 欧几里得距离(p=2)

(3) 契比雪夫距离(p=∞)

例如，给定模糊集 A 和 B 之间的欧几里得距离是：

$$D(A,B)=\sqrt{(0-0.9)^2+(0.5-0.4)^2+(0.8-0.3)^2+(1-0.1)^2+(0.2-0)^2}=1.39$$

如果是连续的论域，则用积分代替总和。这两个模糊集越相似，它们之间的距离函数值就越小。有时，将距离函数正规化会更加方便，正规化的距离函数记为 $d_n(A, B)$，可以直接利用这种距离函数的余数 $1-d_n(A, B)$来表示相似性。

另一种比较模糊集的方法是利用可能性测度和必要性测度。模糊集 A 与模糊集 B 之间的可能性测度记为 Pos(A, B)，定义如下：

$$\text{Pos}(A, B)=\max[\min(A(x), B(x))],\ x\in X$$

A 与 B 之间的必要性测度 Nec(A, B)，定义如下：

$$\text{Nec}(A,B)=\min[\max(A(x),1-B(x))],\ x\in X$$

对于给定的模糊集 A 和 B，这些比较模糊集的测度计算如下：

$$\begin{aligned}\text{Pos}(A, B)&=\max[\min\{(0,0.5,0.8,1.0,0.2),(0.9,0.4,0.3,0.1,0)\}]\\&=\max[0,0.4,0.3,0.1,0]=0.4\\\text{Nec}(A, B)&=\min[\max\{(0,0.5,0.8,1.0,0.2),(0.1,0.6,0.7,0.9,1.0)\}]\\&=\min[0.1,0.6,0.8,1.0,1.0]=0.1\end{aligned}$$

这些测度引出一个有趣的解释。可能性测度量化了 A 和 B 之间的重叠程度。从上述定义来看，这种测度对于 A 和 B 是对称的。另一方面，必要性测度描述了 B 包含在 A 中的程度。从定义来看，这个测度是不对称的。图 14-6 是这两种测度的图示。

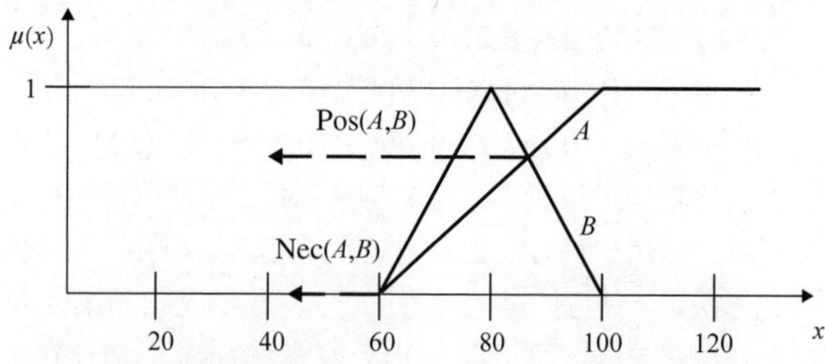

图 14-6 表述语义词组的模糊集之间的比较，A＝“高速”，B＝“速度为 80km/h 左右”

也可以在模糊集中执行许多简单而有用的运算。这些运算都是一元映射，因为它们都应用在一个隶属函数上。

(1) 正规化——这种操作用 A 中最小值到最大值的高度来除原始的隶属函数，把非正规的非空模糊集转换成正规的模糊集。

$$\text{Norm}A(x)=\{(x,\mu_A(x)/\text{hgt}[x]=\mu_A(x)/\max\mu_A(x)),\ x\in X\}$$

(2) 集中——如果模糊集集中了，它们的隶属函数就会取相对较小的值。例如，隶属函数平方之后，会更集中于某一点，并且有很高的隶属度：

$$\text{Con}A(x)=\left\{\left(x,\mu_A^2(x)\right),\text{where } x\in X\right\}$$

(3) 扩张——扩张是集中的逆运算，它通过指数小于 1 的指数变换来改变隶属函数：

$$\text{Dil}A(x)=\left\{\left(x,\mu_A^{1/2}(x)\right)\text{where } x\in X\right\}$$

上面这 3 个运算的基本结果如图 14-7 所示。

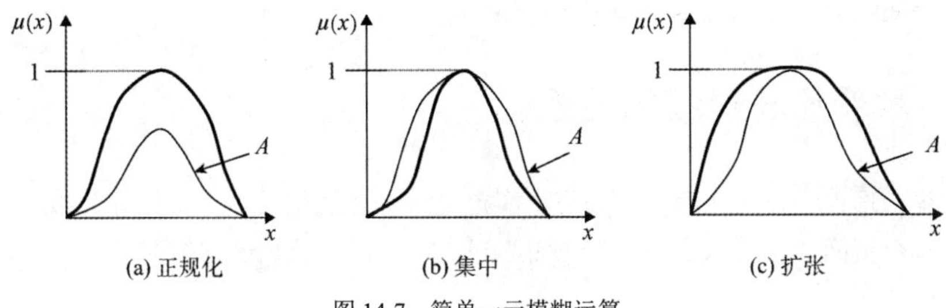

图 14-7　简单一元模糊运算

在实际中，论域 X 是一个连续空间(实数轴或其子集)时，通常用几乎一致的方法，把 X 分到隶属函数能覆盖 X 的几个模糊集中。这些模糊集称为语言值或语言标志，它们的名字通常是形容词，并且遵循日常语言习惯，比如“大”“中”“小”等。因此，论域 X 经常称为语言变量。下面列举几个简单示例。

假定 $X=$“age”，则分别用隶属函数$\mu_{\text{young}}(x)$、$\mu_{\text{middleaged}}(x)$和$\mu_{\text{old}}(x)$来定义模糊集 young、middle aged 和 old。变量能设为不同的值，语言变量 age 也能设为不同的语言值，比如这个示例中的 young、middleaged 和 old。如果 age 设为 young，就得到表达式 age is young，age 也可以是其他值。图 14-8 描述了这些语言值的典型隶属函数，整个论域 X 被这 3 个隶属函数完全覆盖，而这 3 个隶属函数之间的变换也是平滑的、渐变的。一元模糊运算中的集中和扩张运算，可分别用语言上的修饰词“非常”和“或多或少”来解释。

语言变量是通过5个部分$(x,T(x),X,G,M)$来描述的。其中，x 是变量名，$T(x)$是 x 的词语集——它的语言值集合，X 是论域，G 是产生 $T(x)$中词语的语法规则，M 是一种语义规则，它把每个语言值 A 和它的含义 $M(A)$相关联，这里的 $M(A)$表示 X 中某个模糊集的隶属函数。例如，如果 age 解释为一个语言变量，它的词语集合 $T(\text{age})$就是

$$T(\text{age})=\begin{cases}\text{very young, young, not very young, not young, ..., middle aged, not}\\\text{middle aged, not old, more-or-less old, old, very old}\end{cases}$$

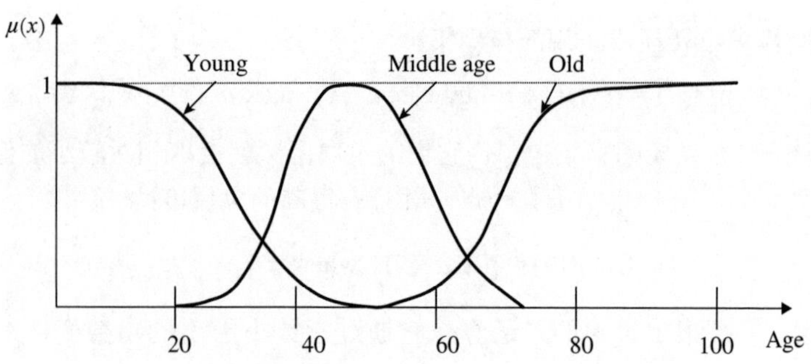

图 14-8 语言值的 young、middle aged 和 old 的典型隶属函数

其中，*T*(age)中的每个词都由论域 *X*=[0, 100]中的某个模糊集来描述。语法规则是指在词语集合 *T*(age)中语言值的产生规则，而语义规则定义了词语集合 *T*(age)中每个语言值的隶属函数，比如图 14-8 中的语言值。

14.3 扩展原理和模糊关系

在集合理论中，可在两个模糊集之间定义一些普通的关系，比如等价和包含。对于在同一个空间 *X* 上定义的两个模糊集 *A* 和 *B*，当且仅当(iff)它们的隶属函数完全相同，它们才相等：

$$A = B \quad \text{iff} \quad \mu_A(x) = \mu_B(x), \forall x \in X$$

同样，也要定义内含(containment)的概念，它在普通集合和模糊集中都起着重要的作用。当然，内含的这个定义是对普通集合的自然扩展。当且仅当所有的 *x* 都满足 $\mu_A(x) \leqslant \mu_B(x)$，模糊集 *A* 才内含在模糊集 *B* 中(或者，*A* 是 *B* 的子集)。用符号表示如下：

$$A \subseteq B \Leftrightarrow \mu_A(x) \leqslant \mu_B(x), \forall x \in X$$

图 14-9 描述了 $A \subseteq B$ 的概念。

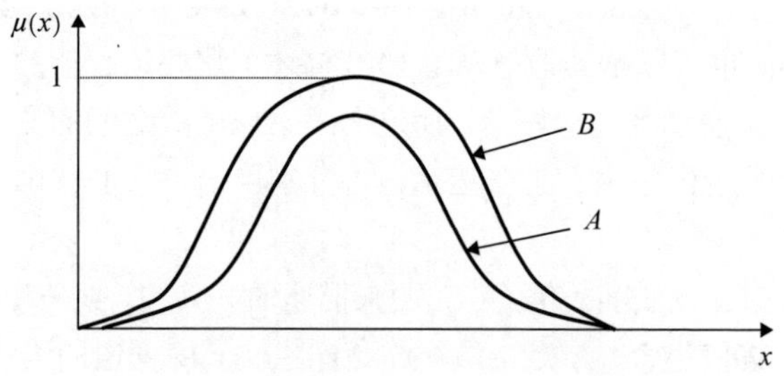

图 14-9 $A \subseteq B$ 的概念，*A* 和 *B* 是模糊集

若模糊集 *A* 和 *B* 定义在一个有限的论域 *X* 中，并且 *X* 中每个 *x* 都满足 $\mu_A(x) \leqslant \mu_B(x)$ 的条件是不严格的，就可以定义子集度 DS：

$$\mathrm{DS}(A, B)=\left(\frac{1}{\mathrm{Card}(A)}\right)\left\{\mathrm{Card}(A)-\sum \max[0, A(x)-B(x)]\right\}, x \in X$$

DS(*A*, *B*)给出了一种衡量违反不等式$\mu_A(x) \leqslant \mu_B(x)$的程度的正规化测度。

现在，有了足够的背景知识，就可以解释模糊推理过程的正式化中一个最重要的概念。扩展原理定义了模糊集理论的一种基本变换，给出了将数学表达式的精确域扩展到模糊域的一般程序。它归纳了函数 *f* 在模糊集之间的点到点的一般映射。扩展原理在将基于集合的概念转换到相应的模糊概念时起到了重要作用。本质上，扩展原理就是利用函数转换模糊集的。设 *X* 和 *Y* 是两个集合，*F* 是从 *X* 到 *Y* 的映射：

$$F: X \rightarrow Y$$

设 *A* 是 *X* 中的一个模糊集。扩展原理规定，*A* 在这个映射下的像是 *Y* 中的模糊集 $B=f(A)$，这样，对于每个 $y \in Y$ 都有：

$$\mu_B(y)=\max \mu_A(x),\ \text{并且}\ x \in X, y=f(x)$$

图 14-10 描述了扩展原理的基本概念。扩展原理很容易归纳为如下有许多变量的函数。设 X_i，$i=1, \ldots, n$，Y 是论域，并且 $X=X_1 \times X_2 \times \ldots \times X_n$ 组成了 X_i 的笛卡儿积。考虑 X_i 中的模糊集 $A_i, i=1, \ldots, n$ 和映射 $y=f(x)$，其中，输入是 *n* 维向量 $x=(x_1, x_2, \ldots x_n)$，$x \in X$。于是，模糊集 $A_1, A_2, \ldots, A_n$ 通过 *f* 进行变换，得到论域 *Y* 中的模糊集 $B=f(A_1, A_2, \ldots, A_n)$，其中对于每个 $y \in Y$：

$$\mu_B(y)=\max_x\{\min[\mu_{A1}(x_1), \mu_{A2}(x_2), \ldots, \mu_{An}(x_n)]\}$$

并且有 $x \in X$ 和 $y=f(x)$。实际上，在上面的表达式中，min 运算只是一组称为三角范数的运算符中的一种。

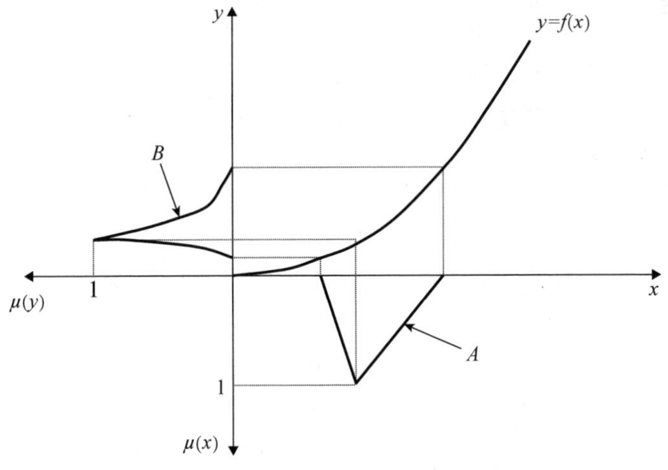

图 14-10　扩展原理的基本概念

更具体地说，假设 *X* 和 *Y* 是离散的论域，*f* 是从 *X* 到 *Y* 的一个函数，*A* 是定义在 *X* 上的一个模糊集：

$$A=\mu_A(x_1)/x_1+\mu_A(x_2)/x_2+\mu_A(x_3)/x_3+\ldots+\mu_A(x_n)/x_n$$

那么按照扩展原理，模糊集 A 在映射 f 下的像就可用模糊集 B 表示如下：

$$B=f(A)=\mu_A(x_1)/y_1+\mu_A(x_2)/y_2+\mu_A(x_3)/y_3+\ldots+\mu_A(x_n)/y_n$$

其中，$y_i=f(x_i), i=1,\ldots,n$。换句话说，模糊集 B 可通过函数 f 在映射值 x_i 中定义。

下面用一个示例分析扩展原理。假设 $X=\{1, 2, 3, 4\}$和 $Y=\{1, 2, 3, 4, 5, 6\}$是两个论域，变换函数是 $y=x+2$。对于 X 中给定的一个模糊集 A=0.1/1+0.2/2+0.7/3+1.0/4，需要利用扩展原理通过函数 $B=f(A)$在 Y 中找到相应的模糊集 $B(y)$。在这个示例中，计算过程很简单，变换后的模糊集是 B=0.1/3+0.2/4+0.7/5+1.0/6。

另一个需要说明的问题是，计算过程并不总是只有一步。假定 A 如下：

$$A=0.1/-2+0.4/-1+0.8/0+0.9/1+0.3/2$$

函数 f 如下：

$$f(x)=x^2-3$$

按照扩展原理，得到：

$$\begin{aligned}B&=0.1/1+0.4/-2+0.8/-3+0.9/-2+0.3/1\\&=0.8/-3+(0.4\vee 0.9)/-2+(0.1\vee 0.3)/1\\&=0.8/-3+0.9/-2+0.3/1\end{aligned}$$

其中，$\vee$代表函数 max。对于在连续的论域 X 上定义的模糊集，步骤也是类似的。

除了在扩展原理的应用中很有用之外，一些一元和二元关系在模糊推理过程中也是非常重要的。二元模糊关系是指在 $X\times Y$ 中将 $X\times Y$ 的每个元素都映射到 0 和 1 之间的某个隶属度上的模糊集。设 X 和 Y 是两个论域。那么：

$$R=\{((x, y), \mu_R(x, y)) \mid (x, y)\in X\times Y\}$$

就是 $X\times Y$ 中的一个二元模糊关系。注意，$\mu_R(x, y)$实际是一个二维的隶属函数。例如，设 $X=Y=R^+$(正实数轴)，模糊关系是 R=“y 远大于 x”。这个模糊关系的隶属函数可主观地定义为：

$$\mu_R(x,y)=\begin{cases}(y-x)/(x+y+2), & \text{if } y>x\\ 0 & \text{if } y\leqslant x\end{cases}$$

如果 X 和 Y 是一组有限的离散值，如 $X=\{3, 4, 5\}$，$Y=\{3, 4, 5, 6, 7\}$，那么用关系矩阵很容易表示这个模糊关系 R：

$$R=\begin{bmatrix}0 & 0.111 & 0.200 & 0.273 & 0.333\\ 0 & 0 & 0.091 & 0.167 & 0.231\\ 0 & 0 & 0 & 0.077 & 0.143\end{bmatrix}$$

其中第 i 行第 j 列的元素是 X 中第 i 个元素与 Y 中第 j 个元素之间的隶属度。

常见的二元模糊关系如下：

(1) x 接近 y(x 和 y 都是数字)。

(2) x 依赖 y(x 和 y 都是分类数据)。

(3) x 和 y 相似。

(4) 若 x 大，则 y 小。

不同乘积空间中的模糊关系可用合成运算结合起来。对模糊关系已经给出了不同的合成运算，最著名的是扎德提出的 max-min 合成运算。设 R_1 和 R_2 分别是定义在 $X\times Y$ 和 $Y\times Z$ 上的两个模糊关系。对 R_1 和 R_2 的 max-min 合成得到如下模糊集：

$$R_1\circ R_2=\{[(x,z),\max_y\min(\mu_{R1}(x,y),\mu_{R2}(y,z))]\mid x\in X, y\in Y, z\in Z\}$$

或写为：

$$R_1\circ R_2=\vee_y[(\mu_{R1}(x,y)\wedge\mu_{R2}(y,z))]$$

其中，$\vee$和$\wedge$分别代表 max 和 min。

R_1 和 R_2 表示为关系矩阵时，$R_1\circ R_2$ 的计算类似于矩阵乘法运算，只不过运算符$\times$和$+$分别用$\vee$和$\wedge$代替了。

下面的示例示范了如何在两个关系上应用 max-min 合成运算，并解释得出的模糊关系 $R_1\circ R_2$。设 R_1= “x 与 y 相关”，R_2= “y 与 z 相关” 分别是定义在 $X\times Y$ 和 $Y\times Z$ 上的两个模糊关系，其中 $X=\{1, 2, 3\}$, $Y=\{\alpha, \beta, \gamma, \delta\}$, $Z=\{a, b\}$。假定 R_1 和 R_2 表示为μ值的关系矩阵，如下：

$$R_1=\begin{bmatrix}0.1 & 0.3 & 0.5 & 0.7\\ 0.4 & 0.2 & 0.8 & 0.9\\ 0.6 & 0.8 & 0.3 & 0.2\end{bmatrix}$$

$$R_2=\begin{bmatrix}0.9 & 0.1\\ 0.2 & 0.3\\ 0.5 & 0.6\\ 0.7 & 0.2\end{bmatrix}$$

模糊关系 $R_1\circ R_2$ 可以解释为基于 R_1 和 R_2 的一个衍生关系 “x 与 z 相关”。下面仅对所得模糊关系中的一个元素$(x, z) = (2, a)$进行详细的 max-min 合成运算。

$$\begin{aligned}\mu_{R1\circ R2}(2,a) &= \max(0.4\wedge 0.9, 0.2\wedge 0.2, 0.8\wedge 0.5, 0.9\wedge 0.7)\\ &= \max(0.4, 0.2\ 0.5\ 0.7)\\ &= 0.7\end{aligned}$$

同样，可以完成其他元素的计算，最终的模糊矩阵 $R_1\circ R_2$ 是：

$$R_1\circ R_2=\begin{bmatrix}0.7 & 0.5\\ 0.7 & 0.6\\ 0.6 & 0.3\end{bmatrix}$$

14.4　模糊逻辑和模糊推理系统

可以通过模糊逻辑以非常直接、自然的方式来处理不确定的事务。除了能使不精确的数据规范之外，还能用模糊集进行算术和布尔运算。此外，它可以描述基于模糊规则的推理系统。模糊规则和模糊推理过程是基于模糊集理论的最重要的建模工具，是任何模糊推理系统的主要部分。通常，每个模糊规则都有条件命题的一般格式。模糊 if-then 规则，也叫模糊蕴含式，假定为下面的形式：

如果 x 是 A　那么 y 是 B

其中，A 和 B 分别是由论域 X 和 Y 中的模糊集定义的语言值。通常“x 是 A”称为前提或假设，而“y 是 B”称为结果或结论。这种模糊 if-then 规则的示例在日常的语言表达中非常普遍，比如：

(1) 如果压力大，体积就小。

(2) 如果路滑，驾车就会很危险。

(3) 如果西红柿变红了，那就熟了。

(4) 如果速度太快，就要捏一下闸减速。

用模糊 if-then 规则建模和分析模糊推理过程之前，先要规范表达式“如果 x 是 A，那么 y 是 B”的含义，有时这种表达式也简写为 $A \rightarrow B$。本质上，这个表达式描述了两个变量 x 和 y 之间的某种关系。模糊 if-then 规则最好定义为乘积空间 $X \times Y$ 上的二元模糊关系 R。R 可以看作具有二维隶属函数的模糊集：

$$\mu_R(x, y) = f(\mu_A(x), \mu_B(y))$$

可以把 $A \rightarrow B$ 解释为“若 A，则必须 B”，它也可以采用其他不同的形式。下面的公式基于标准的逻辑解释来应用：

$$R = A \rightarrow B = A' \cup B$$

注意，这只是对模糊蕴含式的众多可能解释中的一种。$A \rightarrow B$ 的公认含义是用 if-then 模糊规则解释模糊推理过程的基础。

模糊推理，也称为近似推理，是一种从一系列模糊规则和已知事实(也称为模糊集)中推导出结论的推理过程。在传统的二值逻辑中，推理的基本规则是演绎推理，根据这个规则，可以从命题 A 为真推断出 B 为真，以及蕴含式 $A \rightarrow B$。然而，人类在许多推理过程中，演绎推理是用近似的方法应用的。例如，如果规则是“如果西红柿变红了，那就熟了”，并且“西红柿差不多变红了”，就能推出“西红柿差不多熟了”。这类近似推理可以表示如下：

事实：　　x 是 A'

规则：　　如果 x 是 A，那么 y 是 B

结论：y 是 B'

其中，A'近似于 A，B'近似于 B。若 A、A'、B 和 B'都是某个近似域里的模糊集，上述推理过程就称为近似推理或模糊推理。因为有演绎推理这样一个特例，所以也称广义演绎推理。

运用推理的合成规则，可以写出模糊推理过程的公式。设 A，A'和 B 分别是域 X，

X 和 Y 上的模糊集。假定模糊蕴含式 $A \to B$ 表示为 $X \times Y$ 上的模糊关系 R。那么由 A' 以及 $A \to B$ 导出的模糊集 B' 如下：

$$\mu_{B'}(y)=\max_x \min[\mu_{A'}(x), \mu_R(x, y)]$$
$$=\vee_x[\mu_{A'}(x) \wedge \mu_R(x, y)]$$

下面是模糊推理过程的一些典型特征和这类推理的一些有效结论：

(1) $\forall A, \forall A' \to B' \supseteq B$ （或 $\mu_{B'}(y) \geqslant \mu_B(y)$）

(2) if $A' \subseteq A$（或 $\mu_A(x) \geqslant \mu_{A'}(x)$）$\to B' = B$

下面列举一个简单示例来分析模糊推理过程的计算步骤。给定的事实是 A'= “x 高于平均身高”，模糊规则是“如果 x 高，那么他的体重也大”，它可以表述为模糊蕴含式 $A \to B$。初始给定的模糊集 A、A' 和 B 的某个离散表述(基于主观的试探)如表 14-1 所示。

表 14-1　离散表述

A':	x	$\mu(x)$	A:	x	$\mu(x)$	B:	y	$\mu(y)$
	5′6″	0.3		5′6″	0		120	0
	5′9″	1.0		5′9″	0.2		150	0.2
	6′	0.4		6″	0.8		180	0.5
	6′3″	0		6′3″	1.0		210	1.0

$\mu_R(x, y)$ 可以用不同的方法计算出来，比如：

$$\mu_R(x, y)=\begin{cases}1 & \mu_A(x) \leqslant \mu_B(y) \\ \mu_B(y) & \text{其他情形}\end{cases}$$

或者用 Lukasiewicz 范式：

$$\mu_R(x, y)=\{1 \wedge (1-\mu_A(x)+\mu_B(y)\}$$

这两种定义对模糊蕴含式的解释大不相同。对集合 A 和 B 的数值表示，运用 $\mu_R(x, y)$ 的第一种关系，这个二维隶属函数是：

$$\mu_R(x, y)=\begin{bmatrix}1 & 1 & 1 & 1 \\ 0 & 1 & 1 & 1 \\ 0 & 0.2 & 0.5 & 1 \\ 0 & 0.2 & 0.5 & 1\end{bmatrix}$$

然后，用推理过程的基本关系，可以得到：

$$\mu_{B'}(y)=\max_x \min[\mu_{A'}(x), \mu_R(x, y)]$$

所得的模糊集 B' 可以用下面的表来表示：

B'	y	$\mu(y)$
	120	0.3
	150	1.0
	180	1.0
	210	1.0

或者用语言类似地解释：“x 的体重差不多也很大”。图 14-11 比较了模糊集 A、A'、B 和 B'的隶属函数图形。

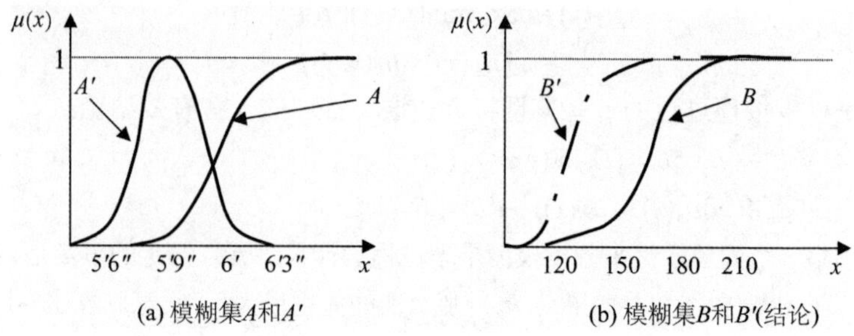

图 14-11 近似推理结果 B'与初始给定的模糊集 A'、A 和 B 以及模糊规则 $A \rightarrow B$ 之间的比较

为了在近似推理(一组带有隶属函数用数字表述的语言值)中使用模糊集，系统设计者的主要任务是：

(1) 根据代码本 A 来表述任一模糊数据，给出其语言值。

(2) 在各种通信和处理步骤中使用这些代码值。

(3) 在近似推理的最后，用同样的代码本 A 将计算结果变换回它原来的格式(语言格式)。

这 3 个基本任务通常称为编码、传送和处理、解码(这些词来源于通信理论)。编码过程在传送器上进行，而解码过程在接收器上进行。图 14-12 描述了利用代码本 A 编码和解码的过程。电路的功能如下：任何输入信息，无论其属性如何，都按照代码本的元素进行编码(表述)。以这种内部格式编码的信息无论是否经过处理，都在电路中传送。输出的信息用同样的代码本在接收器上解码。

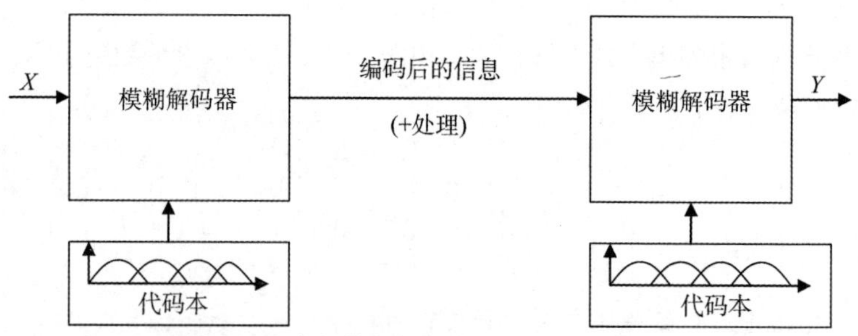

图 14-12 能够模糊编码和解码的模糊通信电路

通常，模糊集的文献分别用术语“模糊化”和“清晰化”来表示编码和解码。遗憾的是，这些都是令人误解的没什么意义的术语，因为它们掩盖了在模糊推理中进行的处理的本质。它们既不涉及任何设计标准，也没有提供任何度量标准，来给用模糊电路完成的编码和解码信息确定质量。

下面两节列举利用模糊逻辑和模糊推理进行决策的一些示例，里面用到的数据集都是模糊的。这些应用包括多因子评价，和从大型数字数据集中提取基于模糊规则的模型。

14.5　多因子评价

多因子评价是应用模糊集理论进行决策的一个好示例。多因子评价的目的是，在具有多个因子的模糊决策环境中，对与一个对象相关的另一个对象提供综合评价。设 $U=\{u_1, u_1, \ldots, u_n\}$ 是一组要评价的对象，$F=\{f_1, f_1, \ldots, f_m\}$ 是在评价过程中用到的一组基本因子，$E=\{e_1, e_2, \ldots, e_p\}$ 是用于评价的一组评判度或者定性度。对每个对象 $u\in U$，都有一个 $m\times p$ 的单因子评价矩阵 $R(u)$，它通常是一次评判的结果。这个矩阵可以解释和用作模糊关系 $F\times E$ 的二维隶属函数。

有了上述 3 个元素 F、E 和 R，就可以用基本的模糊处理程序得到给定对象 $u\in U$ 的评价结果 $D(u)$：通过 max-min 合成得到模糊关系的乘积，如图 14-13 所示。另一个输入是评价因子的权向量 $W(u)$，可以看成给定输入 u 的一个模糊集。多因子评价的具体计算步骤将通过两个示例详细解释。

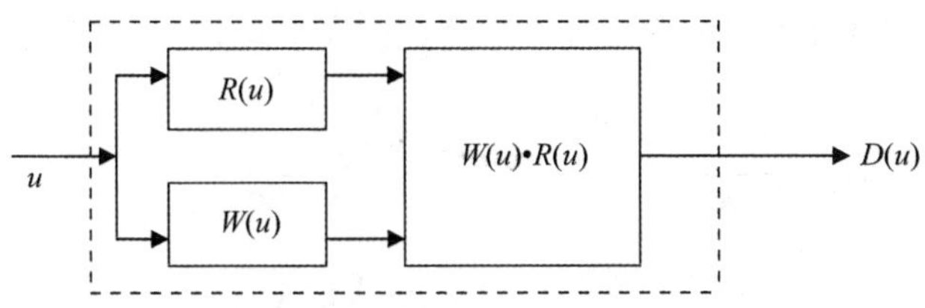

图 14-13　多因子评价模型

14.5.1　选择布料的问题

假定在布料的选择中，相关的基本因素有：f_1=样式、f_2=质量和 f_3=价格，即 $F=\{f_1, f_2, f_3\}$。用于选择的评语有：e_1=很好、e_2=好、e_3=一般和 e_4=差，即 $E=\{e_1, e_2, e_3, e_4\}$。对于某块布料 u，专家和顾客可以进行单因子评价。例如，如果对“样式”因子 f_1 的评测结果是，60%认为很好，20%认为好，10%认为一般，10%认为差，那么单因子评价向量 $R_1(u)$是：

$$R_1(u)=\{0.6,0.2,0.1,0.1\}$$

同样可得到 f_2 和 f_3 的单因子评价向量：

$$R_2(u)=\{0.1,0.5,0.3,0.1\}$$

$$R_3(u)=\{0.1,0.3,0.4,0.2\}$$

基于单因子评价结果，可以构造下面的评价矩阵：

$$R(u)=\begin{bmatrix} R_1(u) \\ R_2(u) \\ R_3(u) \end{bmatrix}=\begin{bmatrix} 0.6 & 0.2 & 0.1 & 0.1 \\ 0.1 & 0.5 & 0.3 & 0.1 \\ 0.1 & 0.3 & 0.4 & 0.2 \end{bmatrix}$$

如果顾客对这 3 个因子的权向量是：

$$W(u)=\{0.4, 0.4, 0.2\}$$

就可以用多因子评价模型给布料 u 计算评价结果了。矩阵 $W(u)$和 $R(u)$的乘法按照模糊关系的 max-min 合成法来进行，其评价结果以模糊集 $D(u)=[d_1, d_2, d_3, d_4]$的形式给出：

$$D(u)=W(u)\cdot R(u)=\begin{bmatrix}0.4 & 0.4 & 0.2\end{bmatrix}\cdot\begin{bmatrix}0.6 & 0.2 & 0.1 & 0.1\\ 0.1 & 0.5 & 0.3 & 0.1\\ 0.1 & 0.3 & 0.4 & 0.2\end{bmatrix}$$

$$=[0.4\ \ 0.4\ \ 0.3\ \ 0.2]$$

例如，d_1 是通过下面的步骤计算出来的：

$$\begin{aligned} d_1 &= (w_1 \wedge r_{11}) \vee (w_2 \wedge r_{21}) \vee (w_3 \wedge r_{31}) \\ &= (0.4 \wedge 0.6) \vee (0.4 \wedge 0.1) \vee (0.2 \wedge 0.1) \\ &= 0.4 \vee 0.1 \vee 0.1 \\ &= 0.4 \end{aligned}$$

可采用同样的方式计算出 d_2、d_3 和 d_4 的值，其中$\wedge$和$\vee$分别代表 min 和 max 运算。由于 $D(u)$中 $d_1 = 0.4$ 和 $d_2 = 0.4$ 同时最大，因此这块布料得到的评价就介于“很好”和“好”之间。

14.5.2　教学评估的问题

假定影响学生对老师的评价的基本因子有：f_1= 清晰易懂、f_2= 讲课熟练、f_3= 生动激励和 f_4=板书整洁清楚，即 $F = \{f_1, f_2, f_3, f_4\}$。设 $E = \{e_1, e_2, e_3, e_4\}$={极好，很好，好，差}是评语值集合。下面评价一个教师 u。选择一组合适的学生和教员，让他们给出每个因子的得分，就得到了单因子评价结果。像上面的示例一样，把单因子评价结果合并成一个评价矩阵。假设最后的矩阵 $R(u)$如下：

$$R(u)=\begin{bmatrix}0.7 & 0.2 & 0.1 & 0.0\\ 0.6 & 0.3 & 0.1 & 0.0\\ 0.2 & 0.6 & 0.1 & 0.1\\ 0.1 & 0.1 & 0.6 & 0.2\end{bmatrix}$$

指定的权向量 $W(u)=\{0.2, 0.3, 0.4, 0.1\}$描述了教学评估各因子 f_i 的重要性，使用多因子评价模型很容易就能得到：

$$D(u)=W(u)\cdot R(u)=\begin{bmatrix}0.2 & 0.3 & 0.4 & 0.1\end{bmatrix}\cdot\begin{bmatrix}0.7 & 0.2 & 0.1 & 0.0\\ 0.6 & 0.3 & 0.1 & 0.0\\ 0.2 & 0.6 & 0.1 & 0.1\\ 0.1 & 0.1 & 0.6 & 0.2\end{bmatrix}$$

$$=\begin{bmatrix}0.2 & 0.4 & 0.1 & 0.1\end{bmatrix}$$

分析评价结果 $D(u)$，由于 d_2=0.4 是最大的，因此对教师 u 的结论是“很好”。

14.6　从数据中提取模糊模型

在各种不同的数据挖掘分析中，如何从数据集中自动获得模糊模型是很受关注的。在预测、分类和所有的其他数据挖掘工作中，是否易懂是最重要的，因为得到的模糊模型应给出对潜在系统的深入解释。为达到这个目的，出现了许多不同的方法。下面介绍一种用输入输出空间的全局粒化方法来构造网格规则集的通用技术。

网格规则集通常通过语言值的一个小集合为每个输入变量建模。所得的规则库要为每个变量使用这些语言值的所有或部分组合，将特征空间全局粒化为方形的区域。图 14-14 在二维空间中描述了这种方法：第一维 x_1 有 3 个语言值(低、中、高)，第二维 x_2 有 2 个语言值(年轻、年老)。

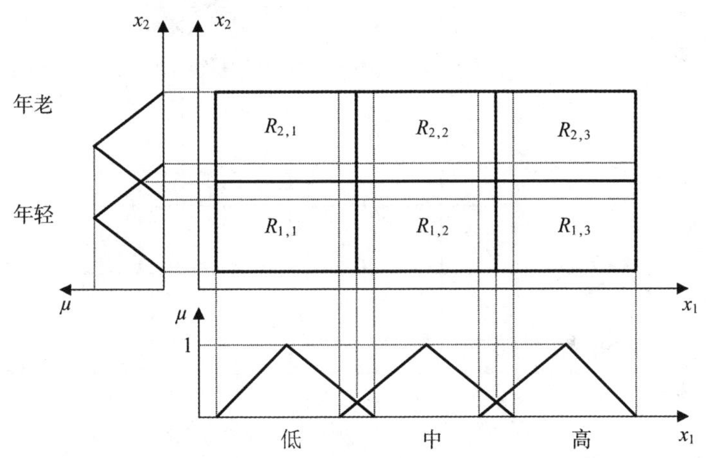

图 14-14　某个二维空间的全局粒化，其中 x_1 有 3 个隶属函数，x_2 有 2 个隶属函数

输入粒化固定后，也就是预先定义好所有规则的前提后，从数据中提取网格模糊模型就很简单。然后，只要给每个规则找到一个匹配的结论即可。这种利用固定网格的方法，通常称为 Mamdani 模型。在预定义了所有输入变量和输出变量的粒化后，就扫描整个数据集，并确定离每个规则的几何中心最近的实例，指定输出到相应规则的最接近的模糊值。下面的示例在二维空间里用图示的方法来演示这个程序的完整步骤。这个示例只有一个输入 x 和一个输出 y。即使是多于一个输入/输出的情况，也很容易说明正式分析的过程。

(1) **粒化输入和输出空间。**把每个变量 x_i 分成 n_i 个等距离的三角隶属函数。在这个示例中，输入 x 和输出 y 都用同样的 4 个语言值进行粒化：低、中等偏低、中等偏高和高。输入-输出的粒化空间如图 14-15 所示。

(2) **在粒化过的空间中分析整个数据集。**首先，在粒化空间中输入一个数据集，然后找到离粒化区中心最近的点。给这些点以及该粒化区的中心作上标记。在本例中，输入了所有的离散数据之后，选定的中心点(与数据最接近)另外用 x 作上标记，如图 14-16 所示。

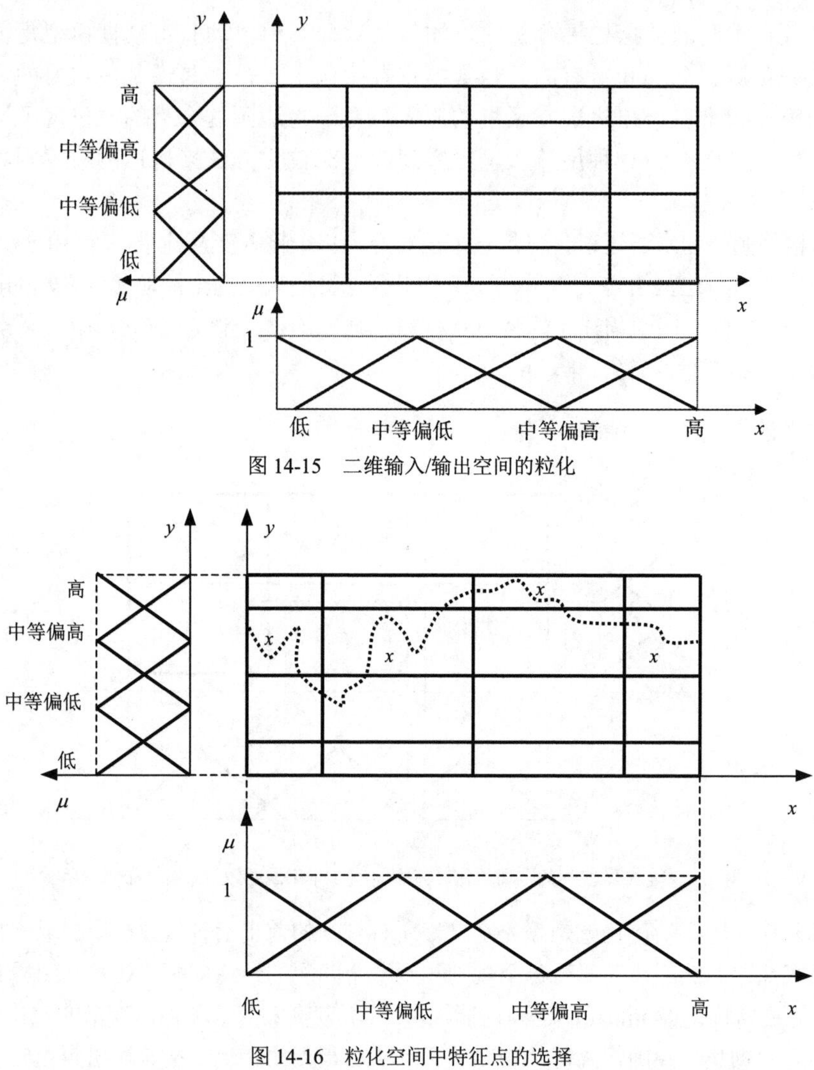

图 14-15　二维输入/输出空间的粒化

图 14-16　粒化空间中特征点的选择

(3) 从给定的数据中产生模糊规则。典型的数据可直接选择粒化空间中的区域。这些区域可以用相应的模糊规则来描述。在本例中，选择了 4 个区域，每个输入的模糊语言值都对应一个，在图 14-17 中用相应的近似值(区域中的一条粗线)代表。这些区域是模糊规则的图示。这些规则也可以用一组 IF-THEN 结构语言来表述：

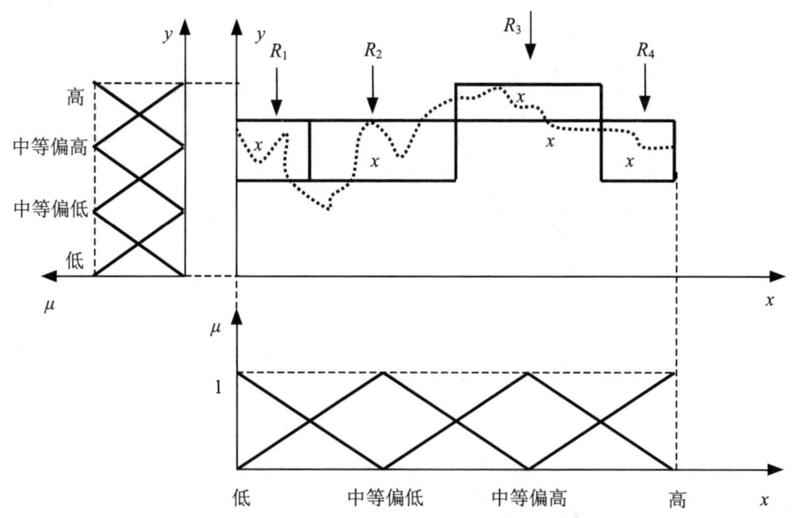

图 14-17　一般模糊规则和结果清晰近似值的图示

R_1: IF x 低　　THEN y 中等偏高
R_2: IF x 中等偏低　　THEN y 中等偏高
R_3: IF x 中等偏高　　THEN y 高
R_4: IF x 高　　THEN y 中等偏高

注意，得到的模型忽略了离现有的规则中心很远的端点。如果发生这种情况，是因为每个规则只用一个模式来决定这个规则的结果。甚至是复合的方法都非常依赖这种预定义的粒化结果。如果要建模的函数在一个规则里就有很高的方差，那么得到的模糊规则模型就不能很好地建模这个状态。

然而，对于实际的应用，利用这个预定义的、固定的网格很显然会得到一个模糊模型，但它不能很好地拟合基本的函数，而且由于进行了很小的粒化，它会包含大量的规则。因此，下面介绍一些新方法，这些方法能根据给定的数据集自动地确定输入和输出变量的粒化程度。我们将用前面示例中的数据集和应用程序的图示来解释其中一个算法的基本步骤。

(1) 起初，每个输入变量都只用一个隶属函数来建模，输出变量也是如此，产生一个覆盖整个特征空间的大规则。然后，在具有最大误差(数据点和得到的清晰近似值之间的最大距离)的点上加入新的隶属函数。图 14-18 描述了第一步，其中清晰的近似值用一条实线表示，而选定的最大误差点则用一个箭头表示。

(2) 对于所选定的最大误差点，给输入和输出变量都引入新的三角模糊值。进行粒化处理，以空间区域和清晰近似值的形式确定模糊规则，在第二步中对其他的输入和输出模糊值重复上述操作，这意味着输入输出变量都会有两个模糊值。在本例中，第二步的最终结果如图 14-19 所示。

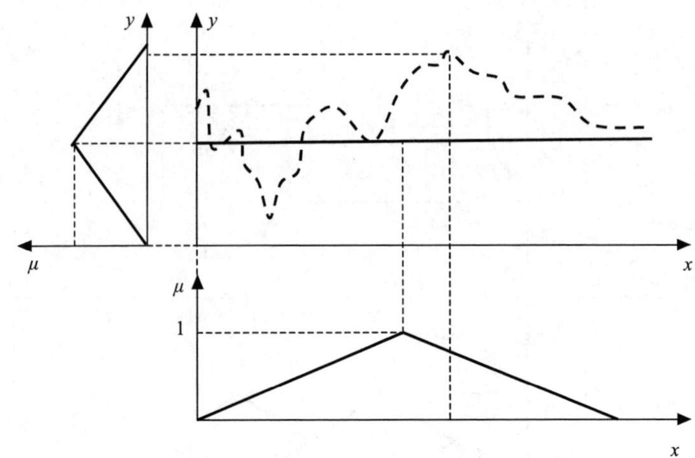

图 14-18 自动确定模糊粒化度的第一步

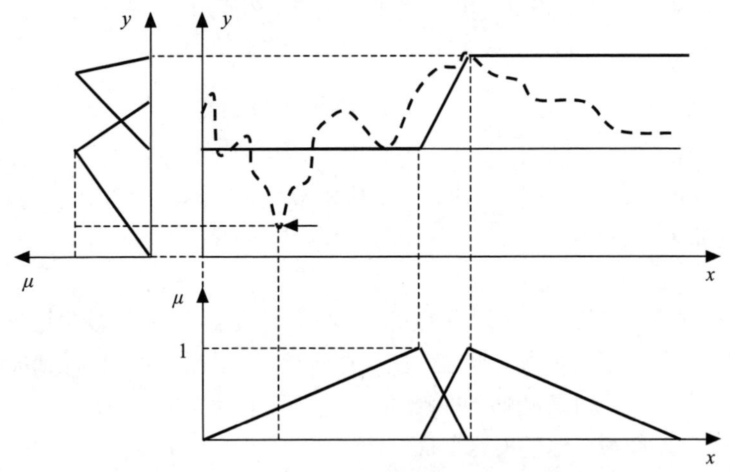

图 14-19 自动确定模糊粒化度的第二步(第一次迭代)

(3) 直到这种分割(模糊值)的数目达到了最大值，或者近似值的误差低于某个极限值，第二步的循环才停止。图 14-20 和图 14-21 表示某个数据集用这种算法的另外两次迭代。这里，当每个变量产生了最多 4 个隶属函数时，粒化过程就停止。显然，与前面使用固定粒化度的算法相比，这种图算法能更好地模拟端点。同时，它非常注重端点和异点。对于输入和输出变量，用动态创建的模糊值 A_x 到 D_x 和 A_y 到 D_y，最终得到的一组模糊规则是：

R_1: IF x is A_x THEN y is A_y.

R_2: IF x is B_x THEN y is B_y.

R_3: IF x is C_x THEN y is C_y.

R_4: IF x is D_x THEN y is D_y.

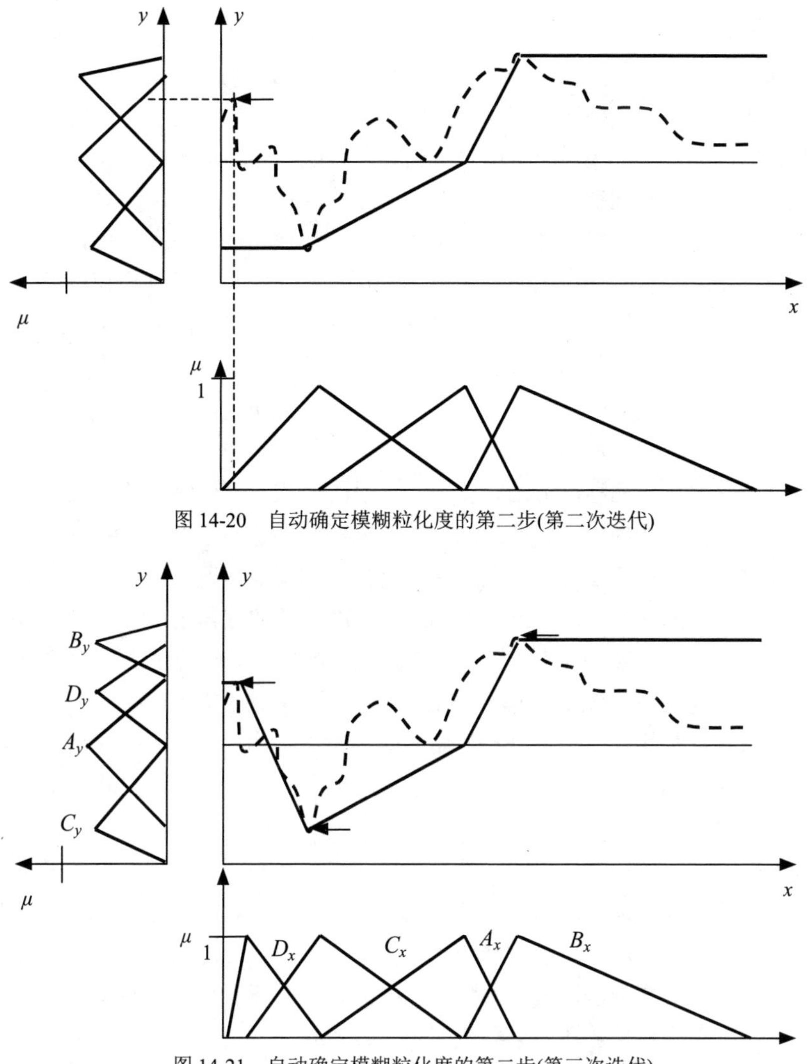

图 14-20　自动确定模糊粒化度的第二步(第二次迭代)

图 14-21　自动确定模糊粒化度的第二步(第三次迭代)

14.7　数据挖掘和模糊集

在数据挖掘领域，模糊集技术的重要性越来越明显。在数据挖掘过程中，发掘出的模型、学习到的概念或相关的模式常常是模糊的，没有清晰的边界。可惜，循序渐进的表述常常阻止数据挖掘的应用，尤其是与学习预测模型相关的数据挖掘应用。例如，神经网络常常用作数据挖掘方法，但它们的学习结果(数值的加权矩阵)常常难以理解，这与标准定义相悖：可理解模型的目标常常被忽视。实际上，循序渐进不仅有利于表述概念和模式，而且有利于建模高质量的属性和关系。当然，正确、完整和高效在数据挖掘模型中很重要，但为了管理越来越复杂的系统，人们越来越要求问题的解在概念上简单、易于理解。如果现代技术采用的方法和推导出的模型容易理解，所得结果可以通过人类的直觉来检验，该技术就能更快地得到认可。

显然，学习任务的复杂性导致了一个问题：从信息中学习时，必须确定是选择效能较高的定量方法，还是选择能给用户解释复杂系统的运转情况的定性模型。模糊集理论生成的模型更容易理解、复杂度更低、更健壮。模糊信息的粒化似乎适用于平衡数据挖掘模型的精确性、复杂性和可理解性。另外，模糊集理论和概率论结合起来，非常有助于对实际大型系统中的各种不确定、不完整的信息进行建模和处理。

利用模糊集理论开发的工具和技术能支持知识发现过程的所有步骤。模糊方法尤其适用于数据挖掘过程的数据预处理和后期处理阶段。特别是，它已经用于数据选择阶段，例如根据模糊集给模糊数据建模，把几个清晰的观察值“浓缩”为一个模糊数据，或者创建数据的模糊汇总。

可以扩展数据挖掘的标准方法，以相当一般的方式包含模糊集的表述。在数据挖掘中得到关注是很重要的，因为要考虑的属性和值太多了，这可能导致组合爆炸。大多数无指导的数据挖掘方法为了得到关注，会尝试识别最有趣的结构及其特征，即使其中仍有某种程度的模糊也是如此。例如，在标准的聚类过程中，每个样本都以独特的方式赋予一个类，结果，各个类之间用清晰的边界区分开。实际上，这种边界常常不大自然，甚至是违反直觉的。单个类的边界和不同类之间的转换通常“很平滑”，而不是很粗糙。这是将基本模糊理论扩展到聚类算法中的主要动力。在模糊聚类中，一个对象可能同时属于不同的类，至少在某种程度上，它属于某个类的程度用隶属度来表示。

在数据挖掘中，模糊集理论的最常见应用与采用基于规则的预测模型相关。这没有什么可惊讶的，因为基于规则的模型一直是模糊系统的基石，是该领域的一个主要研究方向。模糊规则集可以表示分类和回归模型。它们不是把定量属性分为固定的区间，而是利用语言值来表示所发现的规律。因此，不需要用户提供的阈值，可以直接从规则中推导出来定量值。语言学的表述可以发现很自然的、更容易理解的规则。

决策树归纳包含著名的算法，例如 ID3、C4.5、C5.0 和 CART(分类回归树)。决策树归纳的模糊变体已经开发出来，备受关注。实际上，这些方法为标准预测方法的“模糊化”提供了一个典型示例。对于决策树而言，它主要是用于确定划分属性的“清晰”阈值，例如在内部节点中，size＞181。这个阈值很难确定输入空间中的决策边界，即略微改变某个属性(例如把 size=181 改为 size=182)，就会把样本赋予另一个完全不同的类。通常，即使所考虑的样本似乎同时属于几个类，也必须确定该样本属于哪个类标记。而且，若训练样本的小变化会导致归纳决策树的剧烈变化，学习过程就是不稳定的。为了使决策边界“比较模糊”，一种显而易见的方法是在决策树的节点上应用模糊预测，例如 size=LARGE，其中 LARGE 是一个模糊集。在这种情况下，样本不会以独特的方式明确地赋予某个后续节点，而是可能同时赋予几个后续节点。另外，在模糊分类的解中，所得到的各个规则通常是用单个模糊集表示的一个类。于是，评估基于规则的模型就很简单，只需要找出“最大匹配”，即搜索对每个类的支持程度最大的规则。

在模糊系统领域，一个非常重要的趋势是把模糊集理论和其他方法(如神经网络)合并起来的混合方法。在神经-模糊方法中，要点是在神经网络中编码模糊系统，应用标准方法，如反向传播，以便训练这个网络。这样，神经-模糊系统就合并了模糊系统的重要优点、神经网络的灵活性和自适应性。模糊隶属性的解释包括相似性、倾向和不确定性。一个主要的动力是在数值范围和符号范围(通常由语言值组成)之间提供一个接口。因此，模糊集可以把定量的数据和用自然语言表述的定性的知识结构结合起来。一般而言，由于使用模糊方法得到的解接近人类的推理方式，因此很容易理解和应用。这就为用户提供了全面的信息，还常常包含数据的汇总，以便掌握从复杂系统的大量信息中发现的基础性知识。

14.8　复习题

1. 在日常生活中找出一些模糊变量的示例。
2. 用图说明为什么在模糊集理论中是不遵守矛盾律的。
3. 某个模糊集的隶属函数定义如下：

$$\mu_A(x)=\begin{cases}1 & 0<x<20\\ \dfrac{(50-x)}{30} & 20\leqslant x<50\\ 0 & x\geqslant 50\end{cases}$$

(1) 如果 x 是年龄，如何用语言描述模糊集 A？

(2) 如果 B 是模糊集“年龄接近 60 岁”，给出 $\mu_B(x)$ 的解析描述。

4. 假设已知房间温度是华氏 70 度左右。如何表达这个信息？

(1) 用一般集合来表示

(2) 用模糊集合来表示

5. 考虑模糊集 A、B 和 C，它们定义在区间 $x=[0, 10]$ 上，相应的 μ 函数是：

$$\mu_A(x)=\frac{x}{(x+2)}\quad \mu_B(x)=2^{-x}\quad \mu_C(x)=\begin{cases}\dfrac{x^2}{24} & x\in[0,4.89]\\ 1 & 其他情形\end{cases}$$

分别用解析法和图示法确定以下集合：

(1) A' 和 B'

(2) $A\cup C$ 和 $A\cup B$

(3) $A\cap C$ 和 $A\cap B$

(4) $A\cup B\cup C$

(5) $A \cap C'$

(6) 若 α=0.2，α=0.5，α=1，分别计算 A、B 和 C 的 α-截集。

6. 考虑具有三角隶属函数的两个模糊集 $A(x, 1, 2, 3)$和 $B(x, 2, 2, 4)$。用图示法找出它们的交集和并集，并通过 min 和 max 运算用解析法表示它们。

7. 如果 X={3, 4, 5}，Y={3, 4, 5, 6, 7}，二元模糊关系 R= “Y 比 X 大得多”，其隶属函数如下：

$$\mu_R(X,Y)=\begin{cases}\dfrac{(Y-X)}{(X+Y+2)} & Y>X \\ 0 & Y\leqslant X\end{cases}$$

R 的关系矩阵是什么(对所有离散的 X 和 Y 值)?

8. 对下面的模糊集运用扩展原理：

$$A= 0.1/-2+0.4/-1+0.8/0+0.9/1+0.3/2$$

其中映射函数是 $f(x)=x^2-3$

(1) 所得的像 B 是什么，其中 $B=f(A)$?

(2) 画出这个变换的图示。

9. 假设给定命题“如果 x 是 A，y 就是 B”，其中 A 和 B 是模糊集：

$$A=0.5/x_1 + 1/x_2 + 0.6/x_3$$

$$B=1/y_1 + 0.4/y_2$$

已知命题“x 是 A^*”，其中

$$A^* = 0.6/x_1+0.9/x_2+0.7/x_3$$

用广义演绎推理规则推导出形式为“y 是 B^*”的结论。

10. 用下列给出的条件解第 9 题

$$A=0.6/x_1+1/x_2+0.9/x_3$$

$$B=0.6/y_1+1/y_2$$

$$A^* =0.5/x_1+0.9/x_2 +1/x_3$$

11. 表 14-2 给出了 3 个学生的测验得分：

表 14-2　测验得分

学生	数学	物理	化学	语文
亨利	66	91	95	83
露茜	91	88	80	73
约翰	80	88	80	78

用多因子评价法找出成绩最优秀的学生，设各科的权向量 W=[0.3,0.2,0.1,0.4]。

12. 在 Web 上找一些基于模糊集和模糊逻辑的公用或商业软件工具，总结出它们的基本特征，并报告搜索结果。

第 15 章 可视化方法

本章目标

- 认识人类的可视化感知分析的重要性，以便找到合适的数据可视化技术。
- 区别科学可视化和信息可视化技术(IVT)。
- 了解大型数据集的可视化中，几何、基于图像、面向像素和分层技术的基本特征。
- 解释 n 维数据集的平行坐标和放射性可视化方法。
- 分析数据挖掘中对高级可视化系统的需求。

人类如何区别几百张脸？什么是人类处理视觉或其他感觉时的"频道宽度"？人类能精确地区分多少不同的可视化图像和方向？在设计可视化技术时，为了避免得出不明确的或容易引起误解的信息，把这些认知的限制计算在内是很重要的。分类为一项著名的认知技术——"分块"现象——打下基础。一个人可以把信息分成多少块？人与人之间是不同的，但是一般的范围是"不可思议的 7±2 块"。把大量的数据重新组织成一些小块，每个小块比原来有更多的信息，这个过程在认知科学中称为"重新编码"。人类在增强综合能力时，会把问题重新格式化为多维或多个块序列，或者用相关的判断重新定义问题。

15.1 感知和可视化

感知是人类认识和了解世界的主要方式；图像是这种理解在脑海中产生的画面。与艺术一样，感知也是由各个部分彼此间的关系建立起来的一个有意义的整体。我们在事物中找出模式并把各个部分整合为一个有意义的整体的能力是我们思考和感知的钥匙。当我们观察环境时，实际上是在执行一项非常复杂的任务：从独立的、不同的感官元素中提取出有意义的信息。眼睛不像照相机，它不是一个捕捉图像的机器，而是一个复杂的处理单元，它能检测到变化、形式、特征，有选择地准备好让大脑解释的数据。我们感知的图像是一种心理图像，眼睛扫视环境时，所得的图像会保持不变。当我们观察周围的三维环境时，一些属性(如轮廓、质地和规律)让我们区分不同的物体，并把它们看成固定不变的。

人类在正常情况下不会根据数据来思考；他们受图像的启发并根据图像来思考，这种图像是已知情形的心理图像，人们从可视化图像中吸取信息比从文本或表格中吸取信息更快、更有效。人类的视觉仍然是过滤不相关信息和检测重要模式的最强有力的方式。这种方法的效果基于画面的一些子特征(形状、颜色、亮度、运动、向量、质地)，把抽象的信息描述为综合了信息的不同方面的可视化文法，用 2D 或 3D 环境中的图形隐喻来形象地表达抽象信息，提高了人把数据的多个维度消化为一种广泛的、易于立即理解的形式的能力。它把信息的各个方面转化为我们的感觉和头脑可以理解、分析和遵循的形式。

我们都曾多次听过“眼见为实”这个词，虽然光看是不够的。只有理解了看到的东西时，才会相信它。最近，科学家们发现，看和理解合在一起能使人们从大量的数据中以更深刻的见解发现新知识。这种方法综合了人脑的探测能力和计算机的庞大处理能力，形成了一个强大的、能综合利用这两方面的长处的可视化环境。基于计算机的可视化技术不应仅把计算机集成为一种工具，而应用作交流媒介。可视化对开发人类认知方面的力量既是一个挑战，也是一个机遇。挑战是要避免观察出不正确的模式，以免错误地决策和行动。机遇是在设计可视化时运用人类认知的知识。可视化在认知激励和用户认知之间建立起一个反馈环。

可视化数据挖掘技术建立在可视化和分析过程的基础之上，许多学科包括科学可视化、计算机图形学、数据挖掘、统计学和具有定制扩展的机器学习(交互式处理极大的多维数据集)，都在开发这种方法。这种方法以刻画结构和显示数据的功能，以及人类感知模式、例外、倾向和关系的能力为基础。

15.2 科学可视化和信息可视化

可视化在词典中定义为“心理图像”。在计算机图形学领域，这个术语的意义非常特殊。从技术角度看，可视化将其自身和行为的显示联系起来，特别是和人眼可理解的复杂行为状况联系起来。确切地讲，计算机可视化就是用计算机图形和其他技术来考虑更多的样本、变量和关系。其目标是清晰地、恰当地、有见解地思考，以及有着坚定信念的行动。可视化有别于介绍，它一般是交互式的，而且往往很生动。

随着技术的快速发展，存储在数据库中的数据量也迅速增长。这证明传统的关系数据库以及复杂的 2D 和 3D 多媒体数据库[存储图像、CAD(计算机辅助设计)图纸、地理信息和分子生物结构]是合理的。我们提到的很多应用都要用到很大的数据库，这些数据库有几百万种数据对象，这些数据对象的维度达到几十甚至几百。当面对如此复杂的数据时，用户就会遇到一些棘手的问题：应该从哪里开始？哪些东西比较有趣？是否漏掉一些东西？其他的求解方法是什么？还有其他可用的数据吗？人们在寻求突破时，要反复地思考，并询问复杂数据的专门问题。

根据这些大型数据集和数据库进行的计算，会产生一些内容。可视化使计算过程和计算内容可被人类理解。因此，可视化数据挖掘用可视化加强数据挖掘处理。一些数据挖掘技术和算法让决策者难以理解和使用。可视化可以使数据和挖掘结果更容易理解，允许对结果进行比较和检验。可视化也能用于控制数据挖掘算法。

对数据可视化进行分类是有用的，不仅因为它使杂乱脱节的技术变得井井有条，而且它澄清并解释了这些技术的观念和意图。分类可以激发我们合并已有技术或发现全新技术的想象力。

可以采用很多方式来分类可视化技术。可以按照它们的焦点是几何还是符号来分，按照激励是 2D、3D 还是 *n*-D 来分，或者按照显示是动态还是静态来分。很多可视化任务都要检测数据的差值，而不是绝对值。众所周知，韦伯氏定律(Weber's Law)规定，检测的可能性和图形属性的相对变化成比例，而不是绝对变化。总的说来，可视化可用于探测数据，确定假设或操控视图。

在探测性可视化中，用户不一定知道他正在寻找什么。这就创建了动态的场景，在这种情景中，交互是至关重要的。用户在搜寻结构或倾向，并试图获得一些假设。在证实性可视化中，用户有一个假设，只需要检验这个假设。这种情景更稳定，更可预测。系统参数常常是预先确定的，用户要想确认或反驳此假设，可视化工具是必不可少的。在操控性(产量)可视化中，用户有一个已验证的假设，确切地知道会得到什么结果，因此，他的主要任务是细化可视化，优化所表述的内容。这种类型是所有可视化中最稳定和最可预测的。

本书所接受的分类主要基于不同类型的源数据产生可视化的不同方法。根据是否包括物理数据，可视化技术大致分为两类：科学可视化和信息可视化。

科学可视化主要集中在物理数据上，如人体、地球和分子等。科学可视化也可处理多维数据，但为了达到可视化的目标，这个领域使用的大多数数据集都利用数据的空间属性；例如，有计算机辅助层析 X 射线摄影法(CAT)和计算机辅助设计(CAD)。另外，很多地理信息系统(GIS)也用笛卡儿坐标系或一些修正地理坐标来完成合理的数据可视化。

信息可视化集中在抽象的、非物理数据上，如文本数据、分层数据和统计数据。数据挖掘技术主要用于信息可视化。对非物理数据来说，所面临的挑战是设计多维(维度大于 3)样本的可视化表述。多维信息可视化所显示的信息不是无限制的或空间的。一维、二维、三维信息和临时信息的可视化方案都可以看成多维信息可视化的一个子集。一种方法是把非物理数据映射到一个虚拟对象上，如锥形树，以便像物理对象那样操作它。另一种方法是把非物理数据映射到点、线和面的图形属性上。

以历史上的开发作为标准，可将信息可视化技术(IVT)分成两个大类：传统的 IVT 和新 IVT。传统的 2D 和 3D 图形方法为信息可视化提供了机遇，但这些技术常常用于科学可视化中物理数据的表述。传统的可视化隐喻用于单个或小维度数据，它们包括：

(1) 显示聚合和频数的条形统计图。

(2) 显示变量值分布的柱状图。

(3) 了解走向顺序的折线图。

(4) 总体的各部分可视化的饼图。

(5) 二元分析的散点图。

颜色编码是最常见的传统 IVT 方法之一，它用于展示一维值集，集合中的每个值都用不同的颜色表述。当维数为实数时，这种表述成为多种连续色调的颜色。正常情况下，选择从蓝色到红色的色谱，表示物体从“冷”到“热”的自然变化，换句话说，则是从最小值到最大值的变化。

随着大型数据仓库的发展，数据立方体成为一种非常流行的信息可视化技术。数据立方体，即多维数据库的原始数据结构，将信息按照一个分类序列进行组织。这些分类变量称为维度。数据就称为尺度，它沿着已知的维度存放在单元中。立方体维度组成层次结构，并且通常包括一个代表时间的维度。时间维度的分层标准可以是年、季度、月、天和小时。也可以为数据仓库中给出的其他维定义相似的层次结构。现代数据仓库中的多维数据库通过层维度自动聚合这些尺度；它们支持分层导航，扩展或折叠维度，上钻(drill-up)、下钻(drill-down)和钻过(drill-across)，方便按时间进行比较。在数据库的事务信息中，立方体维度可以是产品、储备、部门、顾客数、地区、月、年。维度是立方体单元中预定义的索引，单元中的尺度是事务的上卷(roll-up)或聚合。它们通常是总和，但可能也包括平均、标准差、百分比等函数。

例如，数据库中维度的值可为：

(1) 地区：北、南、东、西

(2) 产品：鞋、衬衫

(3) 月份：一月、二月、三月、……、十二月

那么，对应于[北、衬衫、二月]的单元就是二月份北方地区衬衫的总销售额。

新信息可视化技术可以在一个屏幕上同时表述有一定维数的大型数据集。这些新技术的一些可能的分类是：

(1) 几何投影技术

(2) 基于图像的技术

(3) 面向像素的技术

(4) 分层技术

几何投影技术的目标是发现多维数据集中的有趣投影。后面会举出这些技术的一些示例。

散点矩阵技术是在新数据挖掘软件工具中非常有效的一种技术。2D 散布点的栅

格是把标准 2D 散点扩展到高维的标准方式。如果有十维数据，就用一个 10×10 的散点阵列来表示每一维与其他维之间的可视化。查看维度间所有可能的双向交互和相关性是很有用的，但只有两个维度之间的正相关和负相关容易看到。标准显示对极大的维度数来说很快就显得不够了，有效解释散点需要缩放和平移用户交互。

测量图是在线图中扩展 n 维数据点(样本)的一种简单技术。样本的每个维都在一个单独的轴上表示，轴上每个维度的值都是与轴中心成比例的线段，这种表示方法的原理在图 15-1 中给出。

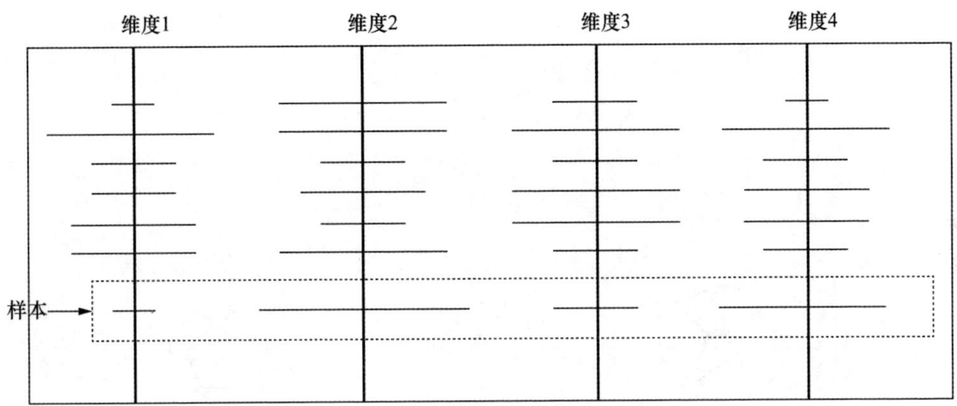

图 15-1　四维测量图

n 维数据的可视化图形可以显示两个变量之间的相关性，在数据按照特定的维度分类时尤其如此。在用颜色表示不同类别的样本时，有时可以用一个排序操作来查看哪一维最适用于给数据样本分类。这种技术在不同的机器学习数据集中评估过，显示出在样本集中提取 IF-THEN 规则的能力。

安德鲁斯曲线技术把每个 n 维样本绘制成一条曲线。这种方法与数据点的傅里叶转换相似。它用时间域 t 的函数 $f(t)$，把 n 维点 $X=(x_1, x_2, x_3, \ldots, x_n)$转换为一个连续的图形。这个函数通常在$-\pi \leqslant t \leqslant \pi$区间绘制。转换函数 $f(t)$的一个示例如下：

$$f(t) = x_1/1.41+x_2 \sin(t)+x_3 \cos(t)+x_4 \sin(2t)+x_5 \cos(2t)+\cdots$$

这种可视化的一个好处是它可以表示很多维，缺点是需要花费时间计算，以展示大数据集中的每个 n 维点。

这种几何投影技术也包括探测性统计学，如主成分分析、因子分析和多维缩放。平行坐标可视化技术和放射可视化技术也属于这类可视化，参见下一节。

另一类可视化数据挖掘技术是基于图像技术或图像显示技术。其要点是把每个多维数据项映射为一个图像。线条图技术就是它的一个示例，它把两个维度映射到显示维度中，剩下的维度映射为线条图像的角度或分度长度。这种技术限制了可进行可视化的维度数目。人们开发了很多专门的符号，用于同步传输同一样本中的几个维度变量。在 2D 显示中，包括 Chernoff 脸谱图、符号图、星图和色彩图。符号图用复杂的符号表示样本，这些符号的特征是数据的函数。认为符号是一种独立于位置的样本表述。但为了成功地应用符号，常需要一些有启发性的布局，因为这种可视化技术主要比较符号的形状。如果用符号增强散布点，散点就取代了布局函数。图 15-2 展示了另一个基于图像的技术，称为星型展示，它应用于测量不同州的生活质量。7 个维度分别用一个圆的 7 个等距半径来表示：每个样本都用一个圆表示。每个维度都经过标准化，使其位于[0, 1]区间，0 是圆心，1 就在相应半径的端点。这种表述方法在维数大而样本少时极其方便，通常用于样本的对比分析，也可作为更复杂可视化的一部分。

图 15-2　3 个州的 7 个生活质量测度的星型展示

还有一种基于图像的形状编码技术，它可对任意维数的数据进行可视化。这种方法使用的图像把每个维映射到一个小的像素阵列中，并把每个数据项的像素阵列排列成一个正方形或矩形。对应于每个维度的像素都根据维度的数据值映射到灰度上或颜色上。然后将对应数据项或样本的小正方形或矩形连续排列成多行。

第 3 种多维数据的可视化技术旨在把每个数据值映射到有色像素中，并在不同的窗口中表示属于每个属性的数据值。既然在面向像素的技术中，每个数据值只有一个像素点，这种技术可以对目前所陈列的最大量的数据(至多约 1 000 000 个数据值)进行可视化。如果一个像素点代表一个数据值，主要问题就是如何在屏幕上排列这些像素。这些技术针对不同的目标使用不同的排列。最后，可视化中的分层技术对 k 维空间进行细分，并以分层的方式表示子空间。例如，最低标准是 2D 子空间。分层技术的常见示例是维度层积表述。

维度层积是一种递归可视化技术，用于表示高维数据。每个维都离散化为少量的箱，陈列区域分成一个子图像栅格。子图像的数目取决于箱的数目，这些箱与用户指定的两个“外部”维度相关。子图像根据另外两个维度的箱数进一步分解。分解过程按递归方式进行，直到所有维都被指定完毕为止。

一些合成了数据可视化技术的新可视化隐喻已经成为高级可视化工具的组成部分，它们包括：

(1) **Parabox**，组合了盒子(boxes)、平行坐标和起泡图(bubble plots)来可视化 n 维数据。它既能处理连续数据，也能处理分类数据。合成盒子、平行坐标和起泡图的原因在于它们各自的长处不同。盒图(box plots)适用于显示分布概括，平行坐标主要用于显示高维度异常点和带有异常值的样本。这类可视化技术详见 15.3 节。

(2) **数据星座，**这是可视化有几千个节点和链接的大型曲线图的一个组成部分。用两个表确定数据星座的参数，一个对应于节点，另一个对应于链接。不同的布局算法动态决定节点的位置，使模式显现出来(异常点、类等的可视化解释)。

(3) **数据表单，**一种动态的可滚动文本的可视化，在文本和图像间建立起桥梁。用户可以调整缩放比例，逐步显示越来越小的字体，最后转到单像素表述。这个过程称为碎化(smashing)。

(4) **时刻表，**这是一种显示数千个时间标记事件的技术。

(5) **多景观，**用 3D“摩天大楼”对 2D 景观信息进行编码的景观可视化。

图 15-3 列举了这些新可视化方法的一个示例，用数据星座技术通过一种可行的图形布局算法，将大型曲线图可视化。

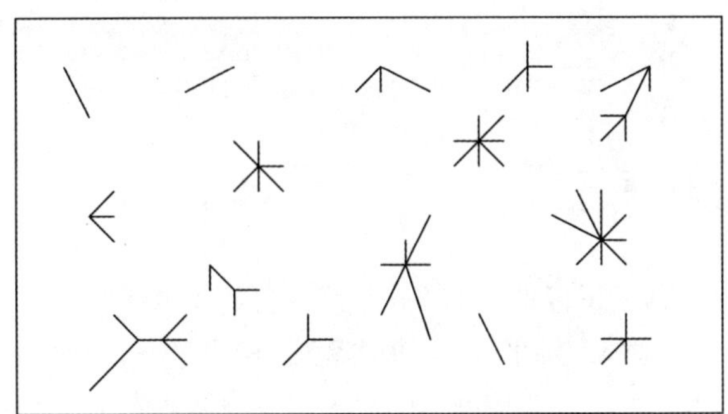

图 15-3　新可视化隐喻中的数据星座

对于大多数基本的可视化技术(用于显示数据集中的每一项)，例如散点或平行坐标，海量的数据项会使可视化技术超载，导致可伸缩性问题，阻止用户理解其结构和内容。提出新可视化技术，就是为了解决数据超载问题，并引入抽象化方法，以减少显示在数据空间或可视化空间中的数据量。该方法基于数据空间中的耦合聚集，并把该聚集的可视化表述为图形空间中的一个可视化实体。这个可视化聚集可以传达基本内容的额外信息，例如平均值、最小值、最大值，甚至数据分布。

在数据空间中进行可视化表述的抽象化，可以创建出可视化的简化版本，同时仍保留一般性概述。通过动态地改变抽象参数，用户还可以检索出所需的细节。在可视化过程中进行数据聚集有几个算法。例如，已知一组数据项，分层聚集就会自上而下或自下而上地反复建立一个聚集树。每个聚集项都包含一个或多个子项，这些子项是原始数据项(叶)或聚集项(节点)。树根是一个表示整个数据集的聚集项。散点图的一个主要可视化聚集是将数据分层聚集到一些壳体中，如图 15-4 所示。壳体是表示聚集的长方框的变体和扩展。它们使用二维或三维凸壳(而不是与轴对齐的方框)作为有限制的可视化度量，来改进所显示的维度。显然，数据聚集层次和对应的可视化聚集的优点是，所得的可视化可以满足人类用户的需求，也可以突破可视化平台的技术限制。

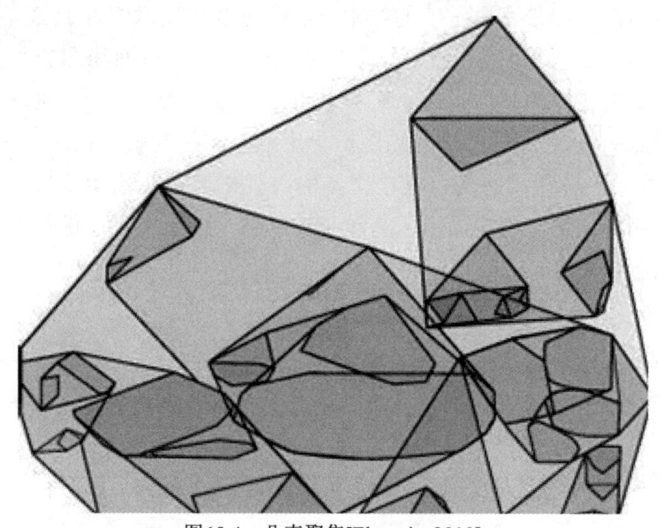

图15-4 凸壳聚集[Elmquist 2010]

15.3 平行坐标

几何投影技术包括了平行坐标可视化技术，它是现代可视化工具中最常用的技术之一。其要点是用和一根显示轴平行的 k 根等距轴把 k 维空间映射成两显示(two-display)维度。轴对应于维度，并且与相应维度的最大值、最小值成线性比例。每个数据项都用一条折线来表示，折线和每根轴交点对应于此维度的值。

假设有一个六维样本，如表 15-1 所示，这是一个小型关系数据库。要对这些数据进行可视化，必须确定每个维度的最大值和最小值。如果这些值是根据存储的数据库自动确定的，那么数据的图形表示就如图 15-5 所示。

表 15-1 有 6 个数值特征的数据库

样本编号	维度					
	A	*B*	*C*	*D*	*E*	*F*
1	1	5	10	3	3	5
2	3	1	3	1	2	2
3	2	2	1	2	4	2
4	4	2	1	3	1	2

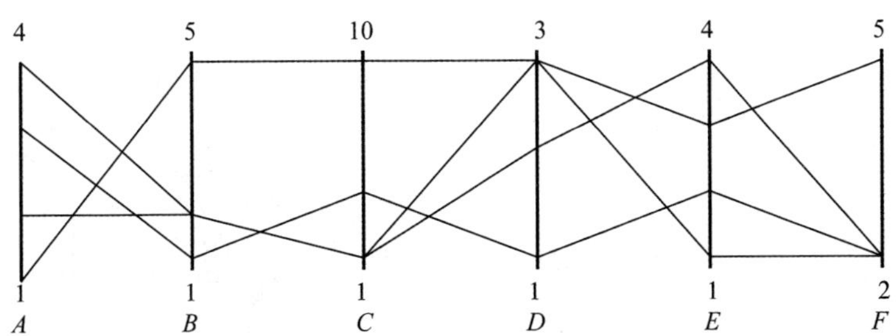

图 15-5　使用平行坐标可视化技术图形表示表 15-1 的数据库中的六维样本

锚定可视化透视图(anchored-visualization perspective)可显示任意维度的数据，例如显示维度在 4 和 20 之间的数据，它运用并组合了一些多维可视化技术，如加权 Parabox、起泡图和平行坐标。这些方法处理连续数据和分类数据。组合它们的原因在于它们各自的长处不一样。盒图(box plots)适用于显示分布概括，平行坐标主要用于显示高维度异常点和带有异常值的样本。起泡图用于分类数据，泡中圆的大小表示样本数目和各样本的值。按照一系列的平行轴来组建维度，就如平行坐标图。在泡(bubble)和盒子之间画线，将每个可用样本的维度连接起来。这些技术的组合产生了一个可视化部件，它优于用单一方法建立的可视化表述。

表 15-2 列举了多维锚定可视化的一个示例，这个示例针对的是一个简单的小型数据集。总维数为 5，其中两维是分类型，三维是数值型。分类维度用起泡图表示(一个泡表示一个值)，数值维度用盒子表示。泡中的圆形象地表示已知值在数据库中的百分比。盒子中的直线表示数值维度的平均值和标准差。图 15-6 的最终表述显示了全部 6 个五维样本，虽然表 15-2 中的数据库很小，但是通过锚定表述仍然可以看出，其中一个样本不管在数值型还是分类型维度上都是异常点。

表 15-2　要进行可视化的数据库

样本编号	维度				
	A	*B*	*C*	*D*	*E*
1	低	低	2	4	3
2	中	中	4	2	1
3	高	中	7	5	9
4	中	低	1	3	5
5	低	低	3	1	2
6	低	中	4	3	2

圆坐标法是平行坐标法的一个简单变化，轴从圆心放射到圆周上。圆外部分的线段越长，表示数据值越大；反之，朝向圆心的内部维度值就更凌乱。这种可视化实际上就是对重叠数据的星型图和符号图可视化。由于较低(内部)数据值和较高数据值之间不对称，利用这种可视化方法更容易发现某些模式。

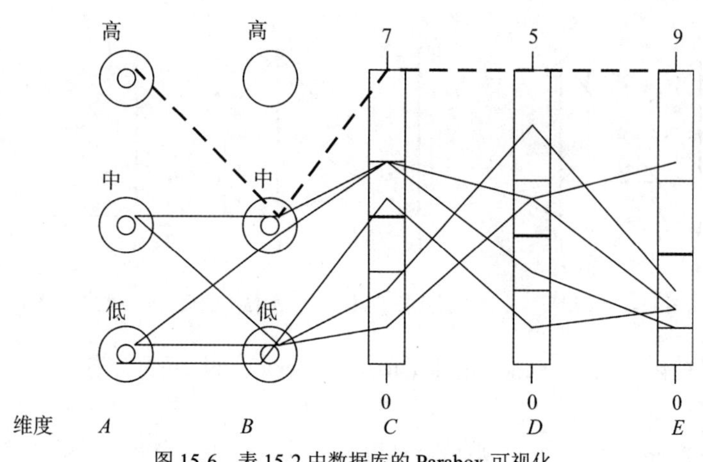

图 15-6 表 15-2 中数据库的 Parabox 可视化

15.4 放射性可视化

放射性可视化是一种多维数据的表述技术，这里的维数远大于 3。数据维作为以平均间隔分布在圆周上的点。例如，在八维空间中，维的分布如图 15-7 所示。

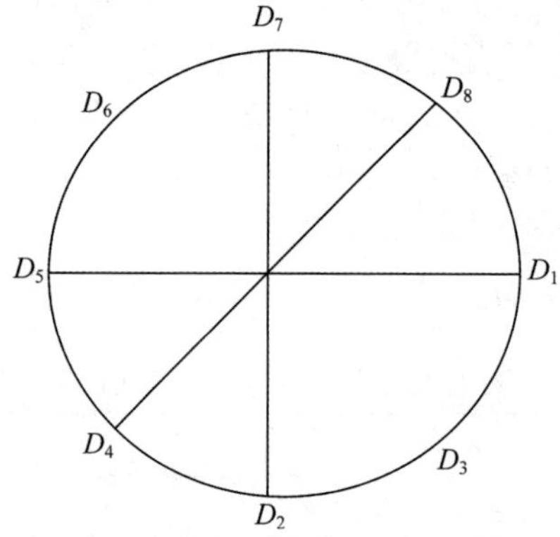

图 15-7 八维空间的放射性可视化

使用一个弹簧模型来表述点。n 个弹簧的一个端点(每个维度就是一个弹簧)连在 n 个圆周点上，另一端则连着数据点。弹性系数可用来表示所给点的维度值，弹性系数 K_i 等于所给 n 维点的第 i 个坐标值，其中 i=1, …, n。所有维度的值都经过标准化，使其位于区间[0, 1]中。然后，在弹力合力为 0 的条件下，每个数据点以 2D 形式显示。图 15-8 对一个有相应弹力的四维点 $P(K_1, K_2, K_3, K_4)$进行放射性可视化。

使用基本的物理法则，可在 n 维空间的坐标和 2D 表述之间建立起一种关系。对图 15-8 的 4D 表述来讲，点 P 受 4 个力 F_1，F_2，F_3，F_4 的作用。每个力都可以用弹性系数和拉伸距离的乘积来表示，或者表示成一个向量形式：

$$F=K\cdot d$$

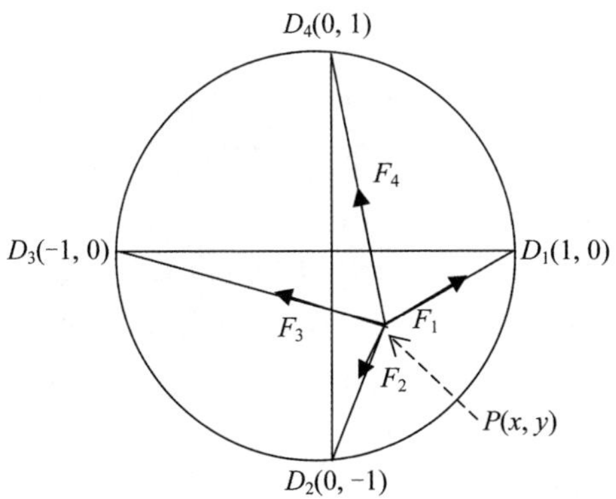

图 15-8　已知 P 点的弹力之和等于 0

已知点的力是可以计算出来的，例如，图 15-8 中的力 F_1 是弹性系数 K_1 与点 $P(x, y)$和点 $D_1(1, 0)$之间的距离向量的乘积：

$$F_1 = K_1 \cdot [(x-1)i + yj]$$

F_2、F_3、F_4 的分析也是一样。使用力之间的基本关系：

$$F_1 + F_2 + F_3 + F_4 = 0$$

得到：

$$K_1[(x-1)i+yj]+K_2[xi+(y+1)\ j]+K_3[(x+1)i+yj]+K_4[xi+(y-1)j]=0$$

上述向量的 i 和 j 分量都必须等于 0，所以：

$$K_1(x-1)+K_2x+K_3(x+1)+K_4x=0$$

$$K_1y+K_2(y+1)+K_3y+K_4(y-1)=0$$

或者

$$x = \frac{(K_1 - K_3)}{(K_1 + K_2 + K_3 + K_4)}$$

$$y = \frac{(K_4 - K_2)}{(K_1 + K_2 + K_3 + K_4)}$$

这就是用放射性可视化技术在 2D 空间 $P(x, y)$表述四维点 $P^*(K_1, K_2, K_3, K_4)$的基本关系式。转换其他 n 维空间的数据时，可采用相似的步骤。

下面分析 n 维点在转换并用两维表述后的行为。例如，如果全部的 n 个坐标值相同，数据点将恰好位于圆心。在四维空间的示例中，如果初始点为 $P_1^*(0.6, 0.6, 0.6, 0.6)$，根据 x 和 y 的关系式，点的表述应为 $P_1(0, 0)$。如果 n 维点的一个维度是一个单位向量，那么投影点将刚好位于圆周上的一个固定点(此维度的弹簧是固定的)，点 $P_2^*(0, 0, 1, 0)$就可以表示为 $P_2(-1, 0)$。放射性可视化表示的是对数据的非线性转化，这种转换保留了某些对称性。该技术强调的是维度值之间的关系，而不是各个绝对值之间的关系。放射性可视化还包括其他一些特征：

(1) 各个坐标值近似相等的点接近圆心，例如，$P_3^*(0.5, 0.6, 0.4, 0.5)$在 2D 空间中

的坐标为 $P_3(0.05, -0.05)$。

(2) 有一两个坐标值远大于其他坐标值的点靠近这一两个维的原点，例如，$P_4^*(0.1, 0.8, 0.6, -0.1)$的 2D 表述是 $P_4(-0.36, -0.64)$，在第三象限中靠近 D2 和 D3，D2 和 D3 点的第二维和第三维的弹簧分别是固定的。

(3) n 维空间的直线也会映射成直线，在特殊情况下，会映射成一个点。例如，点 $P_5^*(0.3, 0.3, 0.3, 0.3)$、$P_6^*(0.6, 0.6, 0.6, 0.6)$和 $P_7^*(0.9, 0.9, 0.9, 0.9)$在四维空间中是一条线，但在转换到二维空间以后，3 个点都成了点 $P_{567}(0, 0)$。

(4) 球体映射为椭圆。

(5) n 维平面映射为有界多边形。

梯度可视化(Gradviz)方法是放射性可视化的一个简单扩展，它把维度锚放在一个矩形栅格中，而不是放在圆周上。弹力以同样的方式工作。Gradviz 方法的维度标注比较困难，但是和放射性可视化相比，它的可显示维数大大增加了。例如，在典型的放射性可视化中，在圆周上显示 50 个点是合理的。但在 Gradviz 技术所支持的栅格布局中，很容易在同一区域放入 50×50 个栅格点或维度。

15.5 使用自组织映射进行可视化

自组织映射(SOM)是一种前景广阔的技术，常常通过高维数据的可视化进行探究分析。它通常会把高维数据空间的数据结构可视化为二维或三维几何图形。实际上，自组织映射是主成分分析的一种非线性形式，与多维缩放技术的目标相似。与自组织映射相比，主成分分析的计算速度要快得多，但也有缺点：不能保留更高维空间的拓扑结构。

数据集在 n 维空间中的拓扑结构是由自组织映射来捕获的，并反映在输出节点的顺序中。这是自组织映射的一个重要特征，它允许数据投影到低维空间上，同时大致保留了数据在原空间中的顺序。接着，所得的自组织映射用图形表述来可视化。自组织映射算法可使用不同的数据可视化技术，包括单元或 U 型矩阵可视化(距离矩阵可视化)、投影(网眼可视化)、构成面的可视化(在多链接视图上)、距离矩阵的二维和三维平面图等。这些表述使用添加到映射元素的位置属性上的可视化变量(大小、值、质地、颜色、形状、方向)，这样就可以研究样本之间的关系。坐标系统可确定距离和方向，从中可以推导出其他关系(大小、形状、密度、排列方式等)。多层细节可以在不同的缩放级别上研究，创建出数据项的分层组合、区域化和其他类型的一般化。自组织映射中的图形表述用于表示从数据集中发掘出的结构和模式，以理解和构建知识。在图 15-9 的示例中，自组织映射检测出了线性和非线性关系。

多年来，主数值数据的可视化可使用饼图、有色图、时间图、多维分析、柏拉图等来完成。数值数据的反面就是非结构化的文本数据。文本数据出现在许多地方，但

Web 上最普遍。非结构化的电子数据包括电子邮件、邮件附件、PDF 文件、电子表格、PowerPoint 文件、文本文件和文档文件。在这个新环境中，最终用户面对的非结构化文档非常多，常常有数百万个。最终用户不可能阅读所有文档，尤其是无法手工组织或汇总它们。非结构化的数据是组织中不大正规的部分，而结构化的数据是较正规的部分。在非结构化的环境下做出的商业决策与结构化环境一样多，这是一个很好的假设，在许多实际应用中已得到证实。

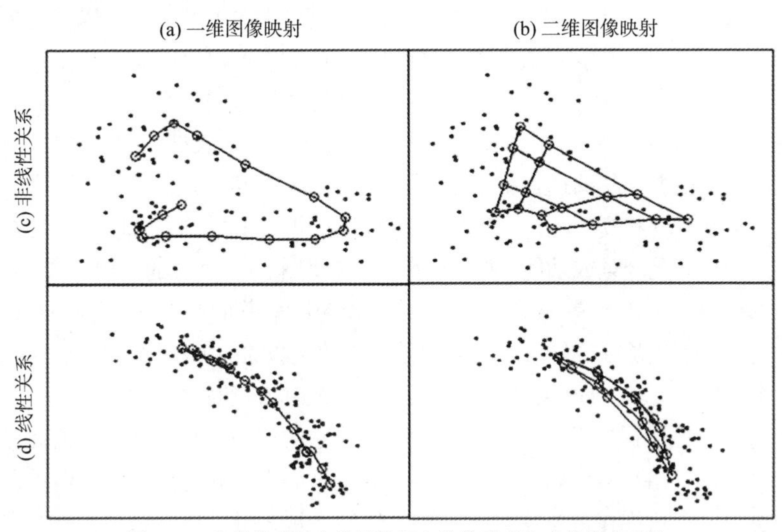

图 15-9　自组织映射在检测数据中的关系时生成的输出映射

自组织映射是文档的非结构化可视化和非结构化数据问题的一个有效解决方案。采用构建合适的自组织映射，可以逐字分析上百万个非结构化文档，把它们合并为一个自组织映射。自组织映射不仅可以处理单个的非结构化文档，也可以处理文档之间的关系。自组织映射可以指出，某个文本与另一个文本相关。例如，在医学领域，处理病人记录时，这个关联能力就非常重要。自组织映射还允许分析员查看很大的图像，同时下钻详图。自组织映射会深入到各个文本级别，其精确度与文本处理一样高。所有这些特征都使自组织映射可视化技术越来越流行，甚至可以帮助以可视化的方式检查复杂的高维数据。对于最终用户而言，自组织映射算法的灵活性是通过许多参数定义的。在正确配置网络，调整可视化输出的情况下，用户定义的参数包括网格维度(二维、三维)、网格形状(矩形、六边形)、输出节点数、邻近函数、邻近大小、学习率函数、网络中的初始权重、学习方式和迭代次数，以及输入样本的顺序。

15.6　数据挖掘的可视化系统

许多机构，尤其是商业界的机构，都在商业信息的搜集、存储以及转换成可用成果等方面投入巨资。但是，除了核心报表和制图功能以外，商业“智能软件”的一般实现对大多数用户来说都过于复杂。用户要求多维分析、出色的数据粒度和多样化数据源同时达到 Internet 的速度，这就需要众多的专家参与推广利用。其结果就导致报告的极速增长：几百篇预定义的报告迅速生成并在整个机构中推广，每篇报告又新生成一篇报告，而且表述越来越复杂，数据量越来越大。最好的机会和最重要的决策常常是最难看到的。这与第一线决策者和知识工作者的需要直接发生了冲突，需要他们参与分析过程。

在一个鼓励对连锁事件进行探索的环境下，形象化地表述信息可以获得更有深度的见解和更多可遵循的结果。在过去 10 年中，对信息可视化的研究集中在开发特殊的可视化技术上。下个时期的基本任务是将这些方法综合成一个更大的系统，使它通过 3 个基本组成部分：寻觅数据、思索数据、作用于数据，来支持信息的交互式处理。

可视化数据挖掘系统的远景基于以下原则：简单性、可见性、用户自主性、可靠性、可重用性、可获得性和安全性。可视化数据挖掘系统在语法上必须简单，以方便使用。简单并不意味着无足轻重或功能不强，简单对于学习来说是直观的使用方式、友好的输入机制，以及自然的、易于解释的输出知识；对于应用来说是人和信息之间有效的对话；对于检索或调用来说是指方便进行快速有效搜索的定制的数据结构，对于执行来说是获得结果所需的最少步骤。简而言之，简单意味着最小的，但功能完善的系统。

真正的可视化数据挖掘系统不把知识强加给它的用户，而是指导他们通过数据挖掘过程得出结论。用户应当研究可视化所提取出来的内容并得出见解，而不是接受自动得出的结果。在可视化分析中，一个重要的能力称为可见性，它是指集中在特定区域上的能力。有两个方面的可见性：拒绝数据和恢复数据。拒绝过程从显示中去除不想要的数据项，只显示选中的数据。恢复过程则返回所有数据，使原来不可见的数据变成可见的。

可靠的数据挖掘系统必须能在挖掘过程的每一步中提供估计误差或预计信息的精度。误差信息可以补偿数据可视化可能造成的不精确分析。可重用的可视化挖掘系统必须能适应各种各样的环境，以减少定制工作，提供有保障的效能，提高系统的可移植性。实用的可视化数据挖掘系统必须是普遍适用的，无法设计人们如何发掘出新知识，如何从已有的知识中得出更深入的见解，它要求通过物理的或电子的方式，使从一个领域中得到的知识适用于另一个领域。由于各种社会问题，完整的可视化挖掘系统必须包含安全措施，以保护数据、新发现的知识和用户身份。

通过数据可视化，可以对整个或部分的 n 维数据有深入理解或总体认识，并分析一些特例。多维数据的可视化帮助决策者：

(1) 把信息切割成多种维度，并使用不同的粒度标准来表示信息。

(2) 观察趋向，开发出历史跟踪程序，以显示随时间的推移执行的操作。

(3) 生成指向跨越多种维度的协同指针。

(4) 提供异常分析并识别孤立(干草堆中的针)可能性。

(5) 监控竞争对手的能力和发展。

(6) 建立加倍努力指示器。

(7) 进行数据集中变量的假设分析(What-If)和交叉分析(Cross)。

可视化工具把原始实验数据或仿真数据转化成人们能够理解的形式。根据原始数据的本质和要提取的信息，它们的表述可以采取不同的形式。但可视化过程由现代可视化软件工具支持，它一般可以细分为 3 个阶段：数据预处理、可视化映射和呈现。可视化工具必须通过这 3 个步骤回答如下问题：图中应该显示什么？如何运用这些图？如何组织这些多样化的图？

数据预处理包括不同的操作，如插入不规则数据、原始数据的过滤和平整，以及导出测量或仿真值的函数。可视化映射是最关键的阶段，包括已过滤数据的设计和适当表述，以有效地传达相关的、有意义的信息。最后，把表述呈现给用户进行信息交流。

数据可视化对理解多维空间的概念是必需的。它允许用户以不同的方式和不同的提取标准浏览数据，找出恰当的细节标准。因此，高度交互、允许直接操作、响应时间短的技术是最有用的。分析者必须能驾驭数据，改变它的粒度(分辨率)和表述(符号、颜色等)。

宽泛地讲，目前信息可视化工具所解决的问题和对新一代工具的要求可分为以下几类：

(1) **表述图**——包括条形统计图、饼图和线图，容易填充静态数据，形成打印报表或报告。下一代的表述图用三维或 n 维信息的投影景象来丰富静态数据的显示。用户可以浏览这些景象，并激活它们，来显示面向时间的信息。

(2) **信息访问的可视化界面**——主要是使用户可以透过复杂的信息空间来定位和检索信息。所支持的用户任务包括搜索、后退和历史记录。用户界面技术试图保持用户环境并支持位置之间的平稳过渡。

(3) **完整的可视化发现和分析**——这些系统组合了表述图所传达的见解，有能力探查、下钻、过滤和操纵显示，来回答“为什么”和“是什么”。回答这两种问题的区别涉及一个交互式操作。因此，除可视化技术外，有效的数据探测需要使用一些交互技术和失真技术。交互技术让用户和可视化之间直接交互。这种技术的示例有交互式映射、投影、过滤、缩放、交互式链接和刷洗(brushing)。这些技术允许可视化依照探测对象发生动态变化，也允许联系并组合多个独立的可视化。注意，通过链接和刷洗等技术把多种可视化连接起来，获得的信息比独立考虑这些可视化组件要多。失真技术有助于交互式探测过程，它提供了一种集中的方式，同时保持了数据的概貌。失真技术以高细节级别显示一部分数据，而另一部分数据则以低且多的细节级别显示。

用这些新的可视化工具进行数据探测有 3 个基本任务：

(1) **找出完形(Gestalt)**——局部和全局的线性和非线性、不连续性、类、异常点、异常组等，都是完形特征的示例。通过个人观点聚焦是用可视化获得数据的定性探测的基本要求。聚焦确定了将看到什么样的数据完形。聚焦的方式主要取决于所选的可视化技术的类型。

(2) **提出查询**——在发现初始完形以后，用户需要查询标识和特征鉴定技术，任务自然就是提出查询了。查询既涉及个别的案例，也可能涉及案例的子集。其目标实质上就是发现数据的可理解部分。在图形化数据分析中，提出图形化查询是很自然的。例如，熟悉的刷洗技术包括对数据的一个子集着色或者加亮，这表示提出对这个子集的查询。提出查询的视图需要和表示查询响应的视图链接起来。理想情况下，查询的响应应该是即时的。

(3) **进行对比**——实际中经常使用两种比较，第一种是变量或投影的比较，第二种是数据子集的比较。第一种比较中，是"从不同的角度"比较视图，而第二种比较是基于数据的"不同片断"来比较。每一种比较都可能产生大量的图，因此，必须组织这些图，以得出有意义的比较结果。

可视化在数据挖掘中按惯例是一种表示工具，产生初始视图，操纵结构复杂的数据，传达分析结果。一般而言，分析方法本身不牵涉可视化。在今天绝大多数的可视化挖掘技术中，可视化和分析式数据挖掘技术之间的联系并不紧密。这种分析方法和图形可视化相交织的夹层(process-sandwich)方式，使两种方法都受到另一种方法的不足和缺陷的影响。例如，由于分析方法不能分析多媒体数据，我们不得不放弃可视化方法的一个长处：在可视化数据挖掘环境中研究电影和音乐。一种更强大的方法可以将可视化和分析方法紧密联系起来，形成一种新的数据挖掘工具。让可视化参与到决策过程和分析过程中仍是一个很大的挑战。分析过程中的某些数学步骤可以用人类根据可视化制定的决策来替代，使该过程可以分析更广阔的信息。可视化支持人类进行不再能自动制定的决策。

例如，可视化技术可用于"可视化聚类"的有效过程。这种算法的基础是找出一个投影集合 $P=[P_1, P_2, \ldots, P_k]$，这个集合用于把初始数据划分成类。每个投影代表投影空间中点密度的柱状图信息。投影的最重要信息是它是否含有精心划分的类。注意，一个投影中精心划分的类可以从原始空间的多个类中得出。图 15-10 展示了这些投影的一个示例。可以看到，轴的平行投影并没有很好地保留聚类所需的信息。而投影 A 和 B 在初始数据集中定义了 3 个类。

为在聚类过程中获得好的分离器(separator)，可视化技术必须保存数据集的一些特性。和维归约方法(如主成分分析方法)相比，可视化方法不要求单个投影保留所有类。在投影方法中，一些类可以重叠，因此是不可区分的，如图 15-10 中的投影 A。这种算法不划分任何类，只需要投影把数据集分成至少两个子集。然后可以用其他的投影来提炼子集，可能根据其他投影的分离器进一步划分子集。根据投影的可视化表述，可能发现一些具有未预料到的特性(形状、相关性)的类，而通过调整自动聚类算法的参数设定是很难或者不可能发现这些类的。

模型可视化和探测数据分析(EDA)通常是可视化技术起重要作用的数据挖掘任务。模型可视化过程是使用可视化技术将发现的知识变成人类可理解、可解释的形式。这种可视化技术范围很广，简单的有散点图和柱状图，复杂的有多维可视化和动画技术。

这些可视化技术不仅可以给最终用户传达更容易理解的挖掘结果，还帮助他们理解算法的工作原理。而探测数据分析通常是数据集的图形表示的交互式探测，不大依靠预定的假设和模型，因此可能识别出有趣的、以前未知的模式。可视化数据探测技术利用了人类强大的可视化能力，它们可以支持用户形式化数据的假设，这些假设可能在挖掘过程的其他阶段发挥作用。

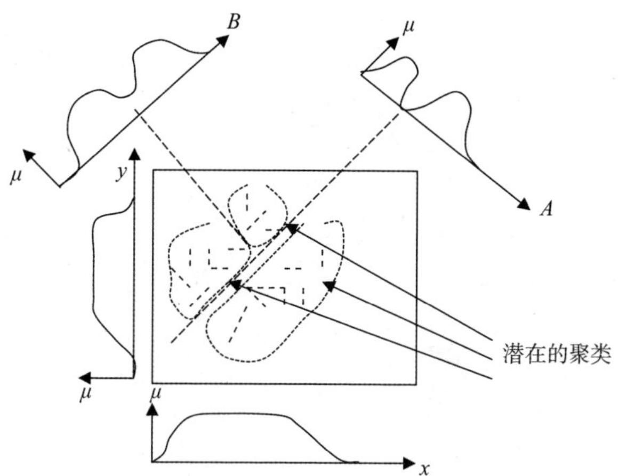

图 15-10　需要不平行于轴的一般投影来改进聚类过程

15.7　复习题

1. 对 n 维可视化作为一种数据挖掘技术的能力做出解释。数据可视化支持数据挖掘的哪个阶段？

2. 在人类感知中建立有效可视化工具的基本经验是什么？

3. 解释科学可视化和信息可视化的区别。

4. 数据集 X 如表 15-3 所示：

表 15-3　数据集 X

X:	年	*A*	*B*
	1996	7	100
	1997	5	150
	1998	7	120
	1999	9	150
	2000	5	130
	2001	7	150

虽然本书没有对下面的可视化技术进行详细解释，但请你用早期学到的统计知识

和其他课程介绍的知识创建 2D 表述：

(1) 画出变量 A 的条形统计图。

(2) 画出变量 B 的柱状图。

(3) 画出变量 B 的线图。

(4) 画出变量 A 的饼图。

(5) 画出变量 A 和 B 的散点图。

5. 解释数据立方体的概念，以及它在大型数据集可视化的什么地方使用。

6. 举例说明基于图像和面向像素的可视化技术的区别。

7. 已知七维样本，如表 15-4 所示：

表 15-4　七维样本

X_1	X_2	X_3	X_4	X_5	X_6	X_7
A	1	25	7	T	1	5
B	3	27	3	T	2	9
A	5	29	5	T	1	7
A	2	21	9	F	3	2
B	5	30	7	F	1	7

(1) 用并行坐标技术对样本作图形表述。

(2) 所给数据集中存在异常点吗？

8. 推导放射性可视化的公式。

(1) 三维样本

(2) 八维样本

(3) 用(1)中推导出来的公式表示样本(2, 8, 3)和样本(8, 0, 0)。

(4) 用(2)中推导出来的公式表示样本(2, 8, 3, 0, 7, 0, 0, 0)和(8, 8, 0, 0, 0, 0, 0, 0)。

9. 实现一种支持放射性可视化技术的软件工具。

10. 解释在高级可视化技术中对完整可视化发现的需求。

11. 在 Web 上搜索，找出 n 维样本可视化的通用或商业软件工具的基本特性。记录搜索结果。

附录 A

数据挖掘工具

附录 A 汇总了一些公认的期刊、会议、博客网站、数据挖掘工具和数据集，用于帮助读者与其他数据挖掘技术用户进行交流，获得有关本领域趋势和新应用的信息。对于那些刚开始从事数据挖掘研究工作，试图发现适合的信息或解决当前针对课堂任务的学生特别有用。本附录所列信息并未刻意支持任何特定的 Web 网站，读者应该意识到所列内容仅是网络上一小部分可用的资源而已。

A.1 数据挖掘期刊

1. Data Mining and Knowledge Discovery (DMKD)

https://link.springer.com/journal/10618

DMKD 是数据挖掘与知识发现领域最重要的技术出版物，提供了常用相关方法和技术的资源集合，并为不同组织的研究团体提供了一个联系的论坛。该杂志发表原创性文章，不仅涉及研究领域，而且还涉及实践方面的数据挖掘与知识发现的综述、一些重要领域和技术的指南以及一些重要应用的详细描述等。DMKD 范围主要包括：(1)理论和基础性问题，涉及数据和知识表达、不确定性管理、算法复杂性以及针对海量数据集的方面；(2)数据挖掘方法，例如分类、聚类、概率建模、预测与评估、依赖分析、搜索及优化等；(3)空间、文本、多媒体挖掘的算法，大数据库的扩展性、并行与分布式数据挖掘技术、自动发现代理等；(4)知识发现过程，包括数据预处理、评估、合并，以及对所发现知识的解释，数据与知识的可视化，交互式数据探索与发现；(5)应用问题，例如应用示例研究，数据挖掘系统与工具、KDD 成功及失败的经验，Web 资源/知识发现，隐私与安全等。

2. IEEE Transactions on Knowledge and Data Engineering (TKDE)

https://ieeexplore.ieee.org/xpl/RecentIssue.jsp?punumber=69

IEEE TKDE 是一种以月刊形式出版的归档类杂志。杂志发表的信息主要面向研究者、开发者、管理人员、策略规划师、用户，及其他对有关知识和数据工程领域最新和实践活动感兴趣的人士。该刊物重点关注定义良好的对知识和数据的获取、管理、存储、知识及数据的简化有潜在影响的明确的理论结果和实践学习方法，也提供有关知识和数据的服务。具体的主题很多，其中包括：(1)人工智能技术，包括语言、声音、图形、图像和文档；(2)知识及数据工程工具和技术；(3)并行及分布式处理；(4)实时分布；(5)系统结构、集成和建模；(6)数据库设计、建模与管理；(7)查询设计与实现语言；(8)分布式数据库控制；(9)数据与知识管理算法；(10)算法及系统的性能评价；(11)数据通信；(12)系统应用与经验；(13)知识库及专家系统；(14)完整性、安全性及容错。

3. Knowledge and Information Systems(KAIS)

http://www.cs.uvm.edu/~kais/

KAIS 是 Springer 出版的一种由同行评议的归档性杂志。为研究者和专家提供了一个国际论坛，来共享知识并报告有关知识系统和高级信息系统所有主题的最新进展。该刊关注知识系统和高级信息系统，包括它们的理论基础、基础架构、使能技术及新应用。除归档论文外，也以短文方式发表一些正在开展的重要研究工作，在“前景和发展方向”栏目中还包括更简短的文章。

4. IEEE Transactions on Pattern Analysis and Machine Intelligence (TPAMI)

http://computer.org/tpami/

IEEE TPAMI 是以月刊形式出版的学术性归档期刊。其编辑委员会关注当前符合 TPAMI 研究范围的最重要的研究结果。包括所有的计算机视觉、图像理解、模式分析与识别、有选择的机器学习领域。机器学习、搜索技术、文档和字体分析、医学图像分析、视频和图像序列分析、基于内容的图像和视频检索、脸部和表情识别，相关特定硬件或软件结构也包括在内。

5. Machine Learning

https://link.springer.com/journal/10994

机器学习是研究学习计算方法的一种国际性论坛。该杂志发表的文章主要报告将范围广泛的学习方法应用于各种学习问题的大量研究结果。文章的特点定位于描述研究问题和方法、应用研究、研究方法问题，对学习问题或方法通过试验研究、理论分析或心理现象进行比较。展示应用学习方法解决重要应用问题过程的应用类文章。如何利用机器学习方法指导改善研究方法的文章。要求所有文章描述的支持证据要能够被其他研究者验证并模拟。文章还需要详细描述学习部件并讨论有关知识表示和性能问题的假设。

6. Journal of Machine Learning Research (JMLR)

http://www.jmlr.org/

JMLR 是一个国际性论坛，出版相关于机器学习所有领域的高质量的电子版和纸质版学术文章。所有出版的文章都可以在网上免费获取。JMLR 承诺文章将被严格快速地审查。JMLR 为机器学习领域的新算法、理论、心理学或者生物学辨识提供了场所；实验与/或理论的学习提供了对设计和智能系统学习行为的新见解；现有技术的应用阐明了方法的优缺点，新学习任务(例如新应用环境)的形式化，以及取得这些任务的性能。开发新的分析框架以促进对实验学习方法的理论研究；来自行为和神经系统的自然学习系统的数据计算模型；或是对现有工作的完善综述。

7. ACM Transactions on Knowledge Discovery from Data (TKDD)

https://tkdd.acm.org/index.cfm

ACM TKDD 是关于知识发现和各种形式数据分析的全方位的研究平台。相关主题包括数据挖掘和数据仓库的可伸缩且有效的算法，以及数据流挖掘、多媒体数据挖掘、高维数据挖掘、文本挖掘、网络、半结构化数据、空间及时态数据挖掘、社区构建数据挖掘、社会网络分析、图结构数据、数据挖掘中的安全和隐私问题、可视、交互性在线数据挖掘、数据挖掘的预处理和后处理，还包括可靠性和量化统计方法、数据挖掘的语言、数据挖掘的基础、数据库知识发现框架和过程以及利用数据挖掘的新应用和基础结构。

8. Journal of Intelligent Information Systems (JIIS)

https://link.springer.com/journal/10844

JIIS：集成人工智能与数据库技术。该刊物的主要目标是促进和发表有关集成 AI 与数据库技术以建立下一代信息系统-智能信息系统的相关文章。JIIS 为学者、研究人员、实践人员提供了一个论坛，用于发表高质量、原创性和最新的描述理论研究、系统结构、分析与设计工具及技术、实现智能信息系统的实践经验等方面内容的文章。JIIS 上发表的文章包括研究报告、特邀报告、会议、研讨会论文和会议通告、报告、综述、指导论文以及书评。主题包括数据、信息和知识模型的基础和理论，IIS 分析、设计、实现、验证、维护和评估的方法学等。

9. Statistical Analysis and Data Mining

https://onlinelibrary.wiley.com/journal/19321872

统计分析与数据挖掘主要涉及广泛的数据分析领域，包括数据挖掘算法、统计方法及实践应用。主题包括超大海量复杂数据集，基于创新数据挖掘算法和最新统计方法的解决方案，以及对分析和解决方案的客观评价。尤其请关注那些描述分析技术并讨论其应用于现实问题的文章，跨科学、商业、工程的领域专家阅读这些文章后将获益匪浅。

10. Intelligent Data Analysis

http://www.iospress.nl/html/1088467x.php

智能数据分析提供了一个论坛，供访问者分析人工智能技术在各个学科的数据分析方面的研究和应用。这些技术包括(但不限于)数据可视化的所有领域、数据预处理(融合、编辑、转换、过滤、取样)、数据工程、数据库挖掘技术、工具和应用，还包括数据分析中领域知识的使用、演化算法、机器学习、神经网络、模糊逻辑、统计模式识别、知识过滤和后期处理。特别推荐你阅读讨论人工智能相关的新数据分析结构、方法学和技术以及它们在各种领域的应用的文章。该刊发表的文章通常侧重应用，发表的文章中大约有 70%的文章是面向应用的研究文章，另外 30%的文章更多地涉及理论研究。

11. Expert Systems With Applications

https://www.journals.elsevier.com/expert-systems-with-applications

《专家系统与应用》是一份国际性的参考期刊，其主要内容是交换与世界范围内工业、政府和大学中应用的专家和智能系统相关的信息。该杂志的主旨是发表关于专家和智能系统的设计、开发、测试、实现和/或管理的论文，并为这些系统的开发和管理提供实用的指导。该期刊发表的论文关于专家和智能系统领域的技术和应用，包括(但不限于)：金融、会计、工程、市场营销、审计、法律、采购和承包、项目管理、风险评估、信息管理、信息检索、危机管理、股票交易、战略管理、网络管理、电信、空间教育、智能前端、智能数据库管理系统、医学、化学、人力资源管理、人力资本、商业、生产管理、考古学、经济学、能源和国防。在多代理系统、知识管理、神经网络、知识发现、数据和文本挖掘、多媒体挖掘和遗传算法等领域的论文也发表在期刊上。

12. Neurocomputing

https://www.journals.elsevier.com/neurocomputing/

《神经计算》发表的文章描述了最近在神经计算领域的基本贡献。神经计算的理论、实践和应用是基本的主题。《神经计算》欢迎旨在进一步理解神经网络和学习系统的理论贡献，包括(但不限于)架构、学习方法、网络动态的分析、学习理论、自组织、生物神经网络建模、感觉运动转换以及与人工智能、人工生命、认知科学、计算学习理论、模糊逻辑、遗传算法、信息理论、机器学习、神经生物学、模式识别等的跨学科主题。

13. Information Sciences

https://www.journals.elsevier.com/information-sciences/

该杂志旨在为研究人员、开发人员、管理人员、策略规划人员、研究生和其他对信息、知识工程和智能系统领域的最新研究活动感兴趣的人服务。读者对信息科学有共同的兴趣，但有不同领域的背景，如工程、数学、统计学、物理学、计算机科学、细胞生物学、分子生物学、管理科学、认知科学、神经生物学、行为科学和生物化学。该杂志发表高质量、有参考价值的文章。它强调理论和实践的平衡。它充分承认并积极促进信息科学学科的广度。

14. ACM Transactions on Intelligent Systems and Technology (TIST)

https://tist.acm.org/index.cfm

《ACM 智能系统与技术交易》是一种学术期刊，以多学科的视角发表关于智能系统、适用算法和技术的高质量论文。智能系统使用人工智能(AI)技术来提供重要的服务(例如，作为一个更大系统的组成部分)，以允许集成系统在现实世界中进行感知、推理、学习和明智的行动。

A.2 数据挖掘会议

1. SIAM International Conference on Data Mining(SDM)

http://www.siam.org/meetings/

该会议为研究人员提供了一个共享平台，在这个平台上，可以基于健全的理论和统计基础，找出从大型数据集中获取知识需要使用复杂、高性能、理论分析技术和算法。通过邀请著名专家以及参加演讲和研讨(在会议注册中)，给研究生或其他刚进入该领域的研究者了解前沿研究提供了一个理想的环境。会议期间举办一系列研讨会。该会议的论文集会以归档形式收藏，在 SIAM 网站上可以获取。

2. The ACM SIGKDD Conference on Knowledge Discovery and Data Mining (KDD)

http://www.kdd.org/

每年举办的 ACM SIGKDD 会议是学术、工业和政府数据挖掘研究人员和从业者之间分享观点、研究结果和经验的一个重要的国际性论坛。特点有主题演讲、论文口述报告、海报式会议、研讨会、辅导会、专门问题小组、展示和示范等。作者可以通过 SIGKDD 研究途径或 SIGKDD 工业/政府途径提交其论文。这些研究途径接收知识发现和数据挖掘领域与机器学习、统计、数据库和模式识别交叉方面的文章。会议接收的文章希望能够对创新思想和解决方法的描述有细致的评价并能很好地展示。政府和工业途径更注重开展知识发现和数据挖掘技术的研究而带来的问题、教训、理念和研究。会议的宗旨是促进研究人员和实验人员在数据挖掘方面的交流。

3. IEEE International Conference on Data Mining (ICDM)

http://www.cs.uvm.edu/~icdm/

IEEE ICDM 是世界范围内数据挖掘领域最主要的研究会议。该会议给原创性研究成果提供了一个展示的论坛，同时可以交流和发布创新、实际开发的经验。该会议覆盖数据挖掘的所有领域，包括算法、软件、系统以及应用。另外，ICDM给研究人员和应用开发人员提供了广泛的关于统计、机器学习、模式识别、数据库、数据仓库、数据可视化、知识系统和高性能计算方面的信息。为了促进创新的、高质量的研究发现，促进对具有挑战性的数据挖掘解决方法的新见解，会议致力于获得最新的数据挖掘进展情况。除技术性程序外，会议还包括研讨会、辅导会、座谈会以及ICDM数据挖掘竞赛。

4. International Conference on Machine Learning and Applications (ICMLA)

http://www.icmla-conference.org/

该会议的目标是将机器学习和应用领域的研究工作集中到一起。会议涵盖理论和实验研究结果这两方面的内容。介绍机器学习应用在医学、生物学、工业、制造业、安全、教育、虚拟环境、游戏和问题解决等领域的论文将被优先接收。

5. The World Congress in Computer Science Computer Engineering and Applied Computing (WORLDCOMP)

http://www.world-academy-of-science.org/

WORLDCOMP是每年一度的将计算机科学、计算机工程和应用计算的研究人员组织在一起的最大规模的会议。会议下设相关的研究会议、研讨会和讨论会，并对这些会议进行协调，在公共场所和公共时间举行研究型会议。计算机科学和计算机工程的各个领域的研究人员可以在这一环境中相互交流。WORLDCOMP由二十多个主要会议组成。每个会议都有自己的会议事项。会议的所有论文集和书籍包含在重要的数据库索引中，以方便人们查看当前科学文献(数据库示例有DBLP、ISI Thomson Scientific、IEE INSPEC)。

6. IADIS European Conference on Data Mining (ECDM)

http://www.datamining-conf.org/

ECDM的目标在于将与数据挖掘相关的领域(例如统计、计算智能、模式识别、数据库、可视化等领域)的研究人员和应用开发人员集中到一起。ECDM促进了数据挖掘领域的最新发展和在现实世界中的各种应用。ECDM还为世界范围内的数据挖掘和机器学习的研究人员提供技术合作的机会。

7. Neural Information Processing Systems (NIPS) Conference

http://nips.cc/

NIPS基金会是一个非营利组织，目的在于促进神经信息处理系统在生物、科技、数学、理论方面的交叉研究。神经信息处理是一个生物、物理、数学和计算科学综合交叉的研究领域。

NIPS基金会的主要目的是在美国和加拿大的不同地方连续召开一系列被称为

Neural Information Processing Systems Conference 的专业会议。

NIPS 会议的特色是其单一方向性，由来自许多知识团体提供。报告的题目包括算法和结构、应用、脑图像、认知科学、人工智能、控制和强化学习、新兴技术、学习理论、神经科学、语言和信号处理以及视觉处理。

8. European Conference on Machine Learning and Principles and Practice of Knowledge Discovery in Databases (ECML PKDD)

http://www.ecmlpkdd.org/

ECML PKDD 是每年在欧洲举办的有关机器学习和知识发现领域的重要学术会议之一。ECML PKDD 是两个欧洲会议 ECML 和 PKDD 合办的会议。2008 年，这两个会议合并，取消了传统的 ECML 主题和 PKDD 主题。

9. Association for the Advancement of Artificial Intelligence (AAAI) Conference

http://www.aaai.org/

AAAI 成立于 1979 年，也就是以前的 American Association for Artificial Intelligence，是一个非营利的科学协会，致力于增进基本思想机制的科学理解、机器智能行为及具体化。同时 AAAI 的目的是要增进公众对于人工智能的理解，进一步培训人工智能领域的从业者，并为那些关注目前人工智能开发的重要性和潜力以及未来研究方向的研究者和投资者提供指导。

AAAI 的主要活动包括组织并发起会议、讨论会、研讨会，为全体会员发行季度期刊、出版书籍、会议论文集和报告以及颁发奖状、奖学金以及其他荣誉。AAAI 会议的目的在于促进人工智能的研究，促进人工智能或者其他相关学科的研究人员、从业人员、科学家、工程师之间开展学术交流。

10. International Conference on Very Large Data Base (VLDB)

http://www.vldb.org/

VLDB Endowment Inc.是在美国成立的非营利组织，目的在于促进世界范围内数据库和其他相关领域的学术研究并促进交流。1992 年来，通过捐赠开始出版季刊，VLDB 季刊。该季刊发表归档研究结果，已经成为数据库领域最成功的期刊。目前 VLDB 杂志与 Springer-Verlag 合作出版该期刊。在各种活动中，捐赠基金与 ACM SIGMOD 紧密合作。

VLDB 会议每年举办一届，是数据管理和数据库研究、供应商、从业人员、应用开发者和用户的国际论坛。会议包含研究讨论、辅导会、演示和研讨会，涉及数据管理、数据库和信息系统研究的最新成果。数据管理和数据库仍是 21 世纪最主要的科技基础之一。

11. ACM International Conference on Web Search and Data Mining (WSDM)

http://www.wsdm-conference.org/

WSDM(发音为“wisdom”)是关于 Web 研究(包括搜索和数据挖掘)的主要会议之一。WSDM 是一个精心选择的会议，包括被邀请人的演讲，以及参考的全文。WSDM 在 Web 和社会 Web 上发布与搜索和数据挖掘相关的原创的、高质量的论文，着重于搜索和数据挖掘的实用而有原则的新模型、算法设计和分析、经济影响，以及对准确性和性能的深入实验性分析。

12. IEEE International Conference on Big Data

http://cci.drexel.edu/bigdata/bigdata2018/index.html

近年来，“大数据”已经成为一个新的无处不在的术语。大数据正在改变科学、工程、医学、医疗保健、金融、商业，并最终改变我们的社会本身。2013 年召开的 IEEE 大数据系列会议，确立了大数据领域顶级研究会议的地位。它为传播大数据研究、开发和应用的最新成果提供了一个重要的论坛。

13. International Conference on Artificial Intelligence and Statistics (AISTATS)

https://www.aistats.org/

AISTATS 是计算机科学、人工智能、机器学习、统计和相关领域交叉的研究人员的跨学科聚会。自 1985 年成立以来，AISTATS 的主要目标一直是通过促进这些领域之间的思想交流，以扩大这些领域的研究。美国新泽西州的人工智能和统计学会是一个非营利组织，致力于促进人工智能和统计研究人员之间的互动。该协会有一个理事会，但没有普通会员。协会的主要职责是维护 WWW 上的人工智能统计主页，维护人工智能统计电子邮件列表，以及组织两年一次的国际人工智能和统计研讨会。

14. ACM Conference on Recommender Systems (RecSys)

https://recsys.acm.org/

ACM 推荐系统(RecSys)会议是介绍推荐系统广泛领域的新研究成果、系统和技术的主要国际论坛。推荐是一种特殊的信息过滤形式，它利用过去的行为和用户的相似点来生成信息项的列表，这些信息项是根据最终用户的偏好定制的。由于 RecSys 汇集了从事推荐系统研究的主要国际研究小组，以及许多世界领先的电子商务公司，它已经成为推荐系统研究最重要的年度会议。

A.3 数据挖掘论坛/博客

1. KDnuggets Forums

http://www.kdnuggets.com/phpBB/index.php

分享经验和提出问题的良好资源。

2. Data Mining and Predictive Analytics

http://abbottanalytics.blogspot.com/

该博客从研究和工业的前景出发，涵盖数据挖掘和预测分析的相关主题。

3. AI, Data Mining, Machine Learning, and Other things

http://blog.markus-breitenbach.com/

该博客重点讨论机器学习，重点关注人工智能和统计领域。

4. Data Miners Blog

http://bolg.data-miners.com/

该博客文章涉及数据分析和可视化在工业领域的应用。

5. Data-Mining Research

http://www.dataminingblog.com/

该博客给数据挖掘技术和应用方面的技术提供了一个交换意见和想法的场所。

6. Machine Learning (Theory)

http://hunch.net/

该博客主要关注机器学习理论以及应用的各个方面。

7. Forrester Big Data Blog

https://go.forrester.com/blogs/category/big-data/

来自公司贡献者的博客聚合，关注大数据主题。

8. IBM Big Data Hub Blogs

http://www.ibmbigdatahub.com/blogs

来自 IBM 思想领袖的博客。

9. Big on Data

http://www.zdnet.com/blog/big-data

Andrew Brust、Tony Baer 和 George Anadiotis 涵盖了大数据技术，包括 Hadoop、NoSQL、数据仓库、BI 和预测分析。

10. Insight Data Science Blog

https://blog.insightdatascience.com/

由 Insight Data Science Fellows Program 的校友撰写的关于数据科学的最新趋势和主题的博客。

11. Machine Learning Mastery

https://machinelearningmastery.com/blog/

作者为 Jason Brownlee，关于编程和机器学习。

12. Statisfaction

https://statisfaction.wordpress.com/

一个由来自巴黎的博士生和博士后共同撰写的博客(U. Paris- Dauphine, CREST)。主要是在日常工作中有用的提示和技巧，链接到各种有趣的网页、文章、研讨会等。

13. The Practical Quant

http://practicalquant.blogspot.com/

O’Reilly Media 首席数据科学家 Ben Lorica 在 OLAP 分析、大数据、数据应用等方面的文章。

14. What's the Big Data

https://whatsthebigdata.com/

由 Gil 出版社维护。Gil 关注大数据领域，并在《福布斯》上撰写关于大数据和商业的专栏。

A.4 数据集

该部分描述了一些数据挖掘算法中可以自由使用的数据集。我们给准备学习数据挖掘的学生或者打算实践传统数据挖掘工作的学生挑选了一些数据集示例。大多数的数据集存储于 UCI Machine Learning Repository。要看更多示例，请查看 http://archive.ics.uci.edu/ml/index.html。另外两个资源是 Stanford SNAP Web 数据库(http://snap.stanford.edu/data/ index.html) 和 KDD Cup 数据集(http://www.kdd.org/kdd-cup)。

A.4.1 分类

Iris Data Set. http://archive.ics.uci.edu/ml/datasets/Iris

Iris Data Set 是一个小型数据集，通常应用于机器学习和数据挖掘。包含了 150 个数据点，每个数据点表示三种不同的 Iris。任务是基于四种不同的量度对 Iris 进行分类。该数据集在 1936 年被 R.A.Fisher 作为判别分析中的一个示例使用。

Adult Data Set. http://archive.ics.uci.edu/ml/datasets/Adult

Adult Data Set 包含了 48 842 个从美国人口普查中提取出来的数据。任务是根据年龄、学历、性别、种族和出生国家等因素分类出每个年收入超过和低于 50 000 美元的个体。

Breast Cancer Wisconsin (Diagnostic) Data Set. http://archive.ics.uci.edu/ml/datasets/Breast+Cancer+Wisconsin+%28Diagnostic%29

该数据集包括一些来源于“乳房肿块细针穿刺的数字图像”的度量方法。包含 569

个样本。任务是将每个数据点区分为是良性的还是恶性的。

Bank Marketing Data Set. https://archive.ics.uci.edu/ml/datasets/Bank+Marketing

这些数据与一家葡萄牙银行机构的直接营销活动有关。营销活动是基于电话的。通常，为了获得产品(银行定期存款)是否被(“是”)认购(“否”)，同一个客户需要多个联系人。分类目标是预测客户是否会认购(是/否)定期存款(变量 y)。

Electricity Market (Data Stream Classification). https://sourceforge.net/projects/moa-datastream/files/Datasets/Classification/elecNormNew.arff.zip/download/

这些数据记录了电力价格在 24 小时内由于供求关系的涨跌。这个数据集包含 45 312 个实例。任务是预测过去 24 小时内价格相对于移动平均值的变化。

Spam Detection (Data Stream Classification). http://www.liaad.up.pt/kdus/downloads/spam-dataset/

这个数据集代表了 9324 个样本的渐进概念漂移。标签是合法邮件或垃圾邮件。两个类的比例是 80:20。

Forrest Cover (Data Stream Classification). https://archive.ics.uci.edu/ml/datasets/Covertype

仅从制图变量(无遥感数据)中预测森林覆盖类型。根据美国林业局(USFS)区域 2 资源信息系统(RIS)数据，确定给定观测(30m×30m 单元)的实际森林覆盖类型。独立变量来源于美国地质调查局(USGS)和 USFS 的原始数据。数据是原始形式(未缩放)，包含定性独立变量(荒野地区和土壤类型)的二进制(0 或 1)列数据。

A.4.2 聚类

Bag of Words Data Set. http://archive.ics.uci.edu/ml/datasets/Bag+of+Words

字数统计来源于以下五个文档资源：Enron Emails、NIPS full papers、KOS blog entries、NYTimes new articles 和 Pubmed abstracts。任务是基于找到的字数对此数据集使用的文档进行聚类处理。同样可将输出聚类和每个文档的来源相比较。

US Census Data (1990) Data Set. http://archive.ics.uci.edu/ml/datasets/US+Census+Data+%281990%29

该数据集是 1990 年公用微观数据样本(PUMS)中的一部分样本。包含 2 458 285 条记录和 68 个属性。

Individual Household Electric Power Consumption Data Set. https://archive.ics.uci.edu/ml/ datasets/Individual+household+electric+power+consumption

这个档案包含在 2006 年 12 月到 2010 年 11 月(47 个月)之间收集的 2 075 259 个测量值。它记录了房子里三个电表的能量使用情况。

Gas Sensor Dataset at Different Concentrations Data Set. https://archive.ics.uci.edu/ml/datasets/Gas+Sensor+Array+Drift+Dataset+at+Different+Concentrations.

该数据集包含来自 16 个化学传感器的 13 910 个测量数据，这些传感器暴露在 6

种不同浓度的气体中。该数据集是气体传感器阵列漂移数据集([Web Link])的扩展，现在提供关于传感器在每次测量中暴露的浓度水平的信息。

A.4.3 回归

Auto MPG Data Set. http://archive.ics.uci.edu/ml/datasets/Auto+MPG

该数据集提供了一系列汽车的属性，这些属性能够预测耗油量(耗费一加仑汽油行驶的里程数)。包含 398 个数据点和 8 个属性。

Computer Hardware Data Set. http://archive.ics.uci.edu/ml/datasets/Computer+Hardware

该数据集提供了一系列 CPU 属性，通过这些属性可以预测相关 CPU 的性能。包含 209 个数据点和 10 个属性。

A.4.4 Web 挖掘

Anonymous Microsoft Web Data. http://archive.ics.uci.edu/ml/datasets/Anonymous+Microsoft+Web+Data

该数据集包含一些浏览 www.microsoft.com 的匿名用户的页面访问次数。任务是基于之前对网页的浏览来预测用户未来浏览的页面类型。

KDD Cup 2000. http://www.sigkdd.org

该网站包含 5 种在称为 KDD Cup 的数据挖掘竞赛中用到的任务。KDD Cup 2000 使用点击流以及从 Gazelle.com 获取的购买数据。Gazelle.com 销售 legwear 和 legcare 产品，同年关闭了其在线网店。该网站提供了各种任务的获胜者的论文和帖子的链接，并概述其有效方法。另外，通过阅读任务描述信息，可深入了解结合使用数据挖掘和点击流数据的原始方法。

Web Page. http://lib.stat.cmu.edu/datasets/bankresearch.zip

包含 11 个类别的 11 000 个网站。

A.4.5 文本挖掘

Reuters-21578 Text Categorization Collection. http://kdd.ics.uci.edu/databases/ reuters21578/reuters21578.html

出现在 1987 年的 Reuters 的一系列新闻。所有新闻都被分类。这些分类给文本分类和聚类方法学的检验提供了机会。

20Newsgroups. http://people.csail.mit.edu/jrennie/20Newsgroups/

这 20 个 Newsgroups 数据集包含了 20 000 个新闻组文档。文档被分成大约 20 个不同的新闻组。与 Reuters 新闻集合类似，这些数据集为文本分类和聚类提供了机会。

A.4.6　时间序列

Dodgers Loop Sensor Data Set. http://archive.ics.uci.edu/ ml/datasets/Dodgers+Loop+Sensor

该数据集提供的是根据传感器每 5 分钟检验一次，检验 25 周的一组汽车数据。该传感器曾用在洛杉矶格兰岱尔市 101 北高速公路匝道上。这组数据的目的是“预测在道奇球场举行一场棒球赛的情况”。

Balloon. http://lib.stat.cmu.edu/datasets/balloon

2001 年气球辐射读数的数据集。数据包含趋势和异常值。

A.4.7　关联规则挖掘的数据

KDD CUP 2009. http://www.kdd.org/kdd-cup/view/kdd-cup-2009

来自法国电信公司 Orange 的数据，用来预测客户更换供应商(流失)、购买新产品或服务(流入)，或购买升级或附加服务以使销售更有利可图(追加销售)的倾向。

Connect-4 Data Set. https://archive.ics.uci.edu/ml/datasets/Connect-4

这个数据库包含在 connect-4 游戏中所有合法的 8 层位置，在这些位置中，任何玩家都还没有赢，并且下一个移动不是强制的。*x* 是第一个玩家，*o* 是第二个玩家。结果类是第一个玩家的博弈论价值。

A.5　商业与公共可用工具

以下简要叙述一些公共的可供使用的商业数据挖掘产品，可以使读者更好地理解能够在市场找到的软件工具，以及它们各自的特点。不是要特意支持或者批评某个产品。潜在的使用者需要根据每个软件的独特应用和数据挖掘的环境自行决定使用哪一种软件。本节可以作为用户得到更多信息的一个开端。市场上的新产品层出不穷，此处不可能将它们全部列出。因为这些工具会经常进行更新，作者建议大家从以下网址所提供的信息中找到最新的工具和它们的性能 http://www.kdnuggets.com。

A.5.1　免费软件

DataLab

发布者：Epina Software Labs(www.lohninger.com/datalab/en_home.html)

DataLab 是具有独特的数据探索过程的完整且强大的数据挖掘工具，关注市场及与 SAS 的交互。针对学生有一种公开的版本。

DBMiner

发布者：Simon Fraser University(http://ddm.cs.sfu.ca)

DBMiner 是可公开使用的数据挖掘工具。是多策略工具，它支持聚类、关联规则、汇总和可视化等方法。DBMiner 使用 Microsoft SQL Server 7.0 Plato 并且运行在多种不同的 Windows 平台上。

GenIQ Model

发布者：DM STAT-1 Consulting(www.geniqmodel.com)

GenIQ Model 使用机器学习来完成回归任务，自动完成变量的选择和新变量的创建，然后指定一些模型等式来优化决策表。

NETMAP

发布者：http://sourceforge.net/projects/netmap

NETMAP 是一个通用的信息可视化工具。对于大型的、定性的、基于文本的数据集最为有效。可在 UNIX 工作站下运行。

RapidMiner

发布者：Rapid-I (http://rapid-i.com)

Rapid-I 给预测分析、数据挖掘和文本挖掘领域提供了软件、解决方案和服务。该公司注重在大型数据中的自动智能的分析，这些大型数据指大量的结构化数据(如数据库系统)和非结构化数据(如文本)。开源数据挖掘软件 Rapid-I 使其他公司能使用最前沿的数据挖掘和商业智能技术。从已有的数据中发现并利用没有使用的商业智能，从而制定更明智的决策并优化过程。

SIPNA

发布者：http://eric.univ-lyon2.fr/~ricco/sipina.html

Sipina-W 是一个公共可用的软件，它包括了不同的传统数据挖掘技术，例如 CART、Elisee、ID3、C4.5 和一些用来生成决策树的新方法。

SNNS

发布者：University of Stuttart (http://www.nada.kth.se/~orre/snns-manual/)

SNNS 是一个公共可用的软件，是一个用于研究和应用的人工神经网络的虚拟环境，适用于 UNIX 和 Windows 平台。

TiMBL

发布者：TilburgUniversity (http://ilk.uvt.nl/timbl/)

TiMBL 是一个公共可用的软件。它包括针对离散数据的基于内存的学习技术。训练集的表示形式明确地存储在内存中，通过探索最相似的实例对新实例进行分类。

TOOLDIAG

发布者：http://sites.google.com/site/tooldiag/Home

TOOLDIAG 是一个公共可用的数据挖掘工具。包含了一些用 C 语言程序编写的多变量数字数据的统计模式识别。该工具主要面向分类问题。

Weka

发布者：University of Waikato (http://www.cs.waikato.ac.nz/ml/weka/)

Weka 是一种软件环境，在公共框架和统一 GUI 中集成了几种机器学习工具。Weka 系统主要支持分类和汇总等主要数据挖掘任务。

Orange

发布者：https://orange.biolab.si/

Orange 是一个面向新手和专家的开源软件。它支持交互式可视化、可视化编程和可扩展性插件。

KNIME

发布者：https://www.knime.com

KNIME 是一个开源软件，它有两千多个模块、数百个示例和大量集成工具。KNIME 支持脚本集成、大数据、机器学习、复杂数据类型等。

OpenStat

发布者：http://openstat.info/OpenStatMain.htm

OpenStat 包含大量参数、非参数、多元、测量、统计过程控制、财务和其他程序。还可以模拟各种数据进行测试、理论分布、多元数据等。一旦获得了这个程序，就会想探索所有这些选项。

A.5.2 具有试用版本的商业软件

Alice d'Isoft

供应商：Isoft (www.alice-soft.com)

ISoft 提供了致力于分析 CRM、行为分析、数据建模和分析以及数据挖掘与数据转换等的完整范围的工具和服务。

ANGOSS'suite

供应商：Angoss Software Corp. (www.angoss.com)

ANGOSS'suite 是由 KnowledgeSTUDIO® 和 KnowledgeSEEKER® 组成的。KnowledgeSTUDIO®是先进的数据挖掘和预测分析套件，适用于模型的开发和部署周期的所有阶段——分析、开发、建模、实现、评分、验证、监督和创建评分卡等，这些都可以在一个性能卓越的可视环境中完成。营销和风险分析师广泛使用 KnowledgeSTUDIO®为商业用户提供功能强大、可伸缩的完整数据挖掘解决方法。KnowledgeSEEKER®是一个基于树方法的单策略桌面或者客户/服务数据挖掘工具。它提供一个良好的建模 GUI，使用户能够探索数据，也允许用户将发现的数据模型以文本、SQL 查询或者 Prolog 程序的形式输出。可运行在所有的 Windows 平台和 UNIX 平台上，接收来自不同数据源的数据。

BayesiaLab

供应商：Bayesia (www.bayesia.com)

BayesiaLab 是一个功能强大的完整的基于贝叶斯网络的数据挖掘工具，包括数据准备、缺失值处理、数据和变量的聚类以及无监督学习和监督学习。

DataEngine

供应商：MIT GmbH (www.dataengine.de)

DataEngine 是一个多战略的数据挖掘工具，用于数据建模、使用模糊逻辑的结合常见的数据分析方法、神经网络和先进的统计技术。用于 Windows 平台。

Evolver™

供应商：Palisade Corp. (www.palisade.com)

Evolver 是一个单战略工具。它使用基因算法技术来解决复杂的优化问题。这个工具可在所有 Windows 平台下使用，并将数据存储在 Excel 表格中。

GhostMiner System

供应商：FQS Poland (https://www.g6g-softwaredirectory.com/ai/data-mining/20154-FQS-Poland-Fujitsu-GhostMiner.php)

GhostMiner，完整的数据挖掘包，包括 *k* 最近邻、神经网络、决策树、模糊神经，SVM、PCA、聚类和可视化。

NeuroSolutions

供应商：NeuroDimension Inc. (www.neurosolutions.com)

NeuroSolutions 把一个模块化的基于图标的网络设计接口与先进学习过程的实现结合在一起，例如循环式反向传播学习和时间反向传播学习，并且解决了一些数据挖掘问题，例如分类、预见和功能近似。其他一些显著特点，例如 C++源程序的生成，DLL 自定义组件、一个完整的宏语言以及使用 Visual Basic 设计的 OLE 动画。这些工具可在所有 Windows 平台上运行。

Oracle Data Mining

供应商：Oracle (www.oracle.com)

Oracle Data Mining (ODM)——是 Oracle Database 11*g* 企业版的一个选项，可以使用户生成预测信息，生成集成的商业智能应用程序。使用 Oracle Database 11*g* 数据挖掘的功能，用户可以找到数据中的模式和细节。开发者可以通过他们的组织很快地自动发现和分发新商业智能——预见、模式和发现。

Optimus RP

供应商：Golden Helix Inc. (www.goldenhelix.com)

Optimus RP 使用 Formal Inference-based Recursive Modeling(基于动态编程的递归分区)来找到数据之间的复杂关系，从而建立更准确的预测和部分模型。

Partek Software

供应商：Partek Inc.(www.partek.com)

Partek Software 是一个多战略的数据挖掘产品。它基于多种方法学，包括统计技术、神经网络、模糊逻辑、基因算法和数据可视化。在 UNIX 平台上运行。

Rialto™

供应商：Exeura(www.exeura.com)

Exeura Rialto™ 是一个价格适中的易用工具，给整个数据挖掘和分析生命周期提供了全面支持。

Salford Predictive Miner

供应商：Salford Systems(http://salford-systems.com)

Salford Predictive Miner(SPM)包含 CART®、MARS、TreeNet 和 RandomForests，还有强大的新自动化和建模的能力。CART®是一个强健的、容易使用的决策树，可自动过滤大型的复杂数据库并查找和隔离有意义的模式和关系。Multivariate Adaptive Regression Splines(MARS)旨在开发和部署准确的、易于理解的回归模型。TreeNet 在回归和分类中表现出优异的性能，并且可在不同规模的从小的到大的数据集中工作，并且可以迅速地对很多列进行管理。Random Forests 非常适合分析嵌入在中小型数据集的复杂数据结构：包含的行数少于 10 000，但允许列数超过 1 000 000。Random Forests 获得许多生物医学和制药的研究者的喜爱。

Synapse

供应商：Peltarion(www.peltarion.com)

Synapse 是神经网络和其他适应系统的开发环境，支持整个开发周期，从数据导入、模型构建的预处理和培训到评估和部署；允许部署为.NET 组件。

SOMine

供应商：Viscovery(www.viscovery.net)

一个基于自组织映射的单个策略数据挖掘工具，具有独特的查看多维数据的能力。SOMine 支持聚类、分类和可视化处理。可用于所有 Windows 平台。

TIBCO Spotfire® Professional

供应商：TIBCO Software Inc. (www.tibco.com)

TIBCO Spotfire® Professional 使在 Web 上建立和部署可重用分析应用、或执行纯粹的 ad hoc 分析更加方便，允许根据自己的知识、直觉和期望回答后面的问题。该软件通过交互查询、可视化、聚集、过滤和钻取任何尺度的数据集完成了这一点。采用该软件可以快速获得见解，了解商业问题和机会，并快速将所有决策建立者放在同一个 Web 页上。

Alteryx

供应商：https://www.alteryx.com/

Alteryx 是一家领先的自动机器学习软件供应商。通过拖放执行机器学习任务，然后在几个小时内通过组织共享结果。

Neural Designer

供应商：https://www.neuraldesigner.com/

神经设计器通过该软件简化了利用神经网络构建应用程序的任务。

Analance

供应商：https://analance.ducenit.com/

自助数据分析软件，易于使用，并支持指导工作流。支持交互式结果的分析和可视化。

Microsoft Azure Machine Learning Studio

供应商：https://azure.microsoft.com/en-us/services/machine-learning-studio/

Machine Learning Studio 是一个基于浏览器，易于使用的机器学习平台。通过拖放可以执行诸如预处理、模型训练和性能测试等操作。

IBM Watson Machine Learning

供应商：https://www.ibm.com/cloud/machine-learning

可在该平台上使用自己的数据来训练模型。

A.5.3 没有试用版本的商业软件

AdvancedMiner

供应商：StatConsulting (www.statconsulting.eu)

AdvancedMiner 是一个数据挖掘和分析平台，特点是建模界面(OOP 描述、最新 GUI 设计、高级可视化)和网格计算。

Affinium Model

供应商：Unica Corp. (www.unica.com)

Affinium Model 包含评估者、分析工具、响应建模者、交叉销售者。Unica 提供了一种创新的市场解决方法，促进对市场的热情以获得商业成功。独特的交互式市场方法使用户和网络分析、集中式决策、多渠道执行和集成市场操作融合到一起。世界范围内有一千多家组织使用 Unica 软件。

IBM SPSS Modeler Professional

供应商：SPSS Inc., 一家 IBM 公司 (https://www.ibm.com/analytics/data-science/predictive-analytics/spss-statistical- software)

IBM SPSS Modeler Professional 包含优化大型数据集的技术，包括 boosting 和 bagging，它用于增强模型的稳定性和精确性。也强化了关键算法的可视化，包括神经网络和决策树。确切地讲，新关键算法的交互可视化和集成模型可以使结果更容易被理解和交流。

DataDetective

供应商：Sentient Information Systems (www.sentient.nl)

DataDetective 是一个强大的易于理解的数据挖掘平台，是荷兰警察局用来分析犯罪的软件。

DeltaMaster

供应商：Bissantz& Company GmbH (www.bissantz.com)

Delta Miner 是一个多策略工具，用来支持聚类、汇总、偏差检测和可视化处理。其中财政控制数据的分析是其常用应用。可在 Windows 平台下运行，在 OLAP 的前端集成了一些新的搜索技术和“商业智能”方法。

EWA Systems

供应商：EWA Systems Inc. (www.ewasystems.com)

EWA 系统提供了企业分析解决方案：数学和统计图书馆、数据挖掘、文本挖掘、优化、可视化处理和规则引擎软件都可从协调资源上获得。EWA Systems 具有处理如此大范围的分析解决方案的能力，意味着用户在购买软件时能获得模块化的效果，并减少了最终的开销。该工具已在世界范围内部署，涉及范围包含财务分析、电子商务、制造和教育，其性能和质量是无以伦比的。不论你使用的是 PC 机还是超级计算机，EWA 系统的很多软件都可以满足你的需求。

FastStats™

供应商：APTECO Limited (www.apteco.com)

FastStats Suite，市场分析产品，包括数据挖掘、客户分析和营销管理。

IBM Intelligent Miner

供应商：IBM (www.ibm.com)

DB2 Data Warehouse Edition (DWE)是一个集成了 DB2 Universal Database™(DB2 UDB)的长处和来自 IBM 的强大商业智能框架的产品包。DB2 Data Warehouse Edition 提供了一个综合性商业智能平台，该平台包含企业和合作伙伴用于配置和建立下一代分析解决方案的工具。

KnowledgeMiner

供应商：KnowledgeMiner Software (www.knowledgeminer.com)

KnowledgeMiner 是一种自组织建模工具，使用 GMDH 神经网络和 AI 技术，可以方便地从数据中获取知识(macOS)。

MATLAB NN Toolbox

供应商：MathWorks Inc. (www.mathworks.com)

MATLAB 的扩充版为神经网络及其设计、模拟以及应用的研究方面提供了工程环境。提供了多种网络框架和不同的学习策略。该工具可以较好地解决分类和功能逼近等典型的数据挖掘问题。可运行在 Windows、macOS 和 UNIX 平台上。

Predictive Data Mining Suite

供应商：Predictive Dynamix(www.predx.com)

Predictive Data Mining Suite 集成了图形和统计数据分析，采用的建模算法包括神经网络、聚类、模糊系统和基因算法。

Enterprise Miner

供应商：SAS Institute Inc.(www.sas.com)

SAS(Enterprise Miner)是一个最全面的数据挖掘方法的集成工具集。也提供不同的数据操作和转换功能。除统计方法外，SAS 数据挖掘解决方法还包含神经网络、决策树以及用于分析 Web 站点流量的 SAS Webhound。可运行在 Windows 和 UNIX 平台上，也提供了用户友好的 GUI 前端用于采样、探索、修改、建模和访问(SEMMA)。

SPAD

供应商：Coheris(www.coheris.fr)

SPAD 提供了一个强大的数据挖掘和探索分析的工具，包括 PCA、聚类、交互式决策树、判别分析、神经网络和文本挖掘等，所有工具都具有用户友好的 GUI。

Viscovery Data Mining Suite

供应商：Viscovery(www.viscovery.net)

Viscovery® Data Mining Suite 旨在全面满足复杂的商业和技术用户的需要，提供了一系列预测分析和数据挖掘软件。工作流支持建立高性能的预测模型，并且该模型可以被实时集成和自动更新。Viscovery Data Mining Suite 包含 Profiler、Predictor、Scheduler、Decision Maker、One(2)One Engine 等模块，用于实现预测分析和数据挖掘应用。

Warehouse Miner

供应商：Teradata Corp. (www.teradata.com)

Warehouse Miner 为 Teradata 数据库管理系统的就地挖掘提供不同的统计分析、决策树方法和回归方法。

A.6　Web 站点链接

A.6.1　一般 Web 站点

Web 站点	说　明
www.ics.uci.edu	一个全面的机器学习站点，由于其知识库很大，包含标准数据集和用于实验性评估的机器学习程序，此站点非常受欢迎
www.cs.cmu.edu/Groups/AI/html	此地址搜集了与人工智能研究相关的文件、程序和出版物
www.cs.reading.ac.uk/people/dwc/ai.html	AI 程序、软件、数据集、参考书目和链接的在线资源
http://archive.ics.uci.edu/ml	重点关注机器学习的科学研究的存储库
www.kdnuggets.com	此站点包括数据挖掘活动的信息，以及过去和当前研究的链接。它维持着一个商业和公用领域的数据挖掘工具的向导。也可链接到一些提供软件、咨询和数据挖掘服务的公司
https://www.webopedia.com/	该站点提供数据挖掘应用方面的新闻、文章和其他有用的站点
www.research.microsoft.com	数据挖掘与知识发现期刊：该期刊整合了知识发现的研究和实践、实施技术调查和应用论文
http://www.kdd.org/	机器学习和数据挖掘会议 KDD 的网站。还托管以前的 KDD Cup 数据集
https://snap.stanford.edu/data/	斯坦福大型网络数据集收集

A.6.2　关于数据挖掘的软件工具的 Web 站点

Web 站点	数据挖掘工具
www.statconsulting.eu	AdvancedMiner
www.unica.com	Affinium Model
www.dazsi.com	AgentBase/Marketeer
www.alice-soft.com	Alice d'Isoft
www.openchannelsoftware.com	Autoclass III
www.bayesia.com	BayesiaLab
www.kmi.open.ac.uk/projects/bkd/	Bayesian Knowledge Discoverer
http://salford-systems.com/cart.php	CART

(续表)

Web 站点	数据挖掘工具
www.spss.com/clementine	Clementine(IBM)
www.oracle.com/technology/documentation/darwin.html	Darwin
www.sentient.nl/?dden	DataDetective
www.datamining.com	Data Mining Suite
www.cwi.nl/~marcel/ds.html	Data Surveyor
www.dbminer.com	DBMiner
www.hnc.com	DataBase Mining Marksman
www.datamind.com	DataMind
www.cirrusrec.com	Datasage
www.neovista.com	Decision series
www.bissantz.de	Delta Miner
www.pilotsw.com	Discovery
www.palisade.com/	Evolver
www.apteco.com	FastStats Suite
www.urbanscience.com	GainSmarts
www.geniqmodel.com/	GenIQ Model
www.goldenhelix.com	Golden Helix Optimus RP
www.software.ibm.com	Intelligent Miner
www.acknosoft.com	KATE Tools
www.ncr.com	Knowledge Discovery Workbench
www.angoss.com	Knowledge Seeker
www.kxen.com	KXEN
www.mathworks.com/products/neuralnet	Matlab neural network toolbox
www.sgi.com	MineSet
www.alta-oh.com	NETMAP
www.neurosolutions.com	Neuro Net
www.neuralware.com/	NeuralWorks Professional II/PLUS
www.nd.com/products.htm	NeuroSolutions v3.0
www.wardsystems.com/	NeuroShell2/NeuroWindows
www.ultranet.com/~unica	PRW
www.printable.com	Powerhouse
www.predx.com	Predictive Data Mining Suite

(续表)

Web 站点	数据挖掘工具
www.rapid-i.com	RapidMiner
www.sas.com	SAS Enterprise Miner
www.cognos.com	Scenario
www.eric.univ-lyon2.fr/~ricco/sipina.html	Sipina-W
www.nada.kth.se/~orre/snns-manual	SNNS
www.spss.com	SPSS
www.spotfire.tibco.com/products/s-plus/statistical-analysis-software.aspx	S-Plus
www.slp.fr	STATlab
www.syllogic.nl	Syllogic
www.mathsoft.com/splus.html	S-Plus
www.fernuni-hagen.de/bwlor/forsch.htm	SPIRIT
www.prevision.com/strategist.html	Strategist
www.eudaptics.co.at/	Viscovery©SOMine
www.incontext.ca	WebAnalyzer
www.mitgmbh.de	WINROSA
www.wizsoft.com	WizWhy

A.6.3　数据挖掘供应商

数据挖掘供应商	地址	Web 站点
Angoss Software International LTC.	34 St. Patrick Street, Suite 200, Toronto, Ontario, Canada M5T 1V1	www.angoss.com
Attar Software USA	Two Deerfoot Trial on Partridge Hill, Harward, MA 01451, USA	www.attar.com
Business Objects, Inc.	20813 Stevens Creek Blvd., Suite 100, Cupertino, CA 95014, USA	www.businessobjects.com
Cognos Corp.	67 S. Bedford St., Suite 200W. Burlington, MA 01803. USA	www.cognos.com
DataMind Corp.	2121 S. E1 Camino Real, Suite 1200, San Mateo, CA 94403, USA	www.datamindcorp.com
HNC Software Inc.	5930 Cornerstone Court West, San Diego, CA 92121, USA	www.hnc.com

(续表)

数据挖掘供应商	地址	Web 站点
HyperParallel	282 Second Street, 3rd Floor, San Francisco, CA 94105, USA	www.hyperparallel.com
IBM Corp.	Old Orchard Road, Armonk, NY 10504, USA	www.ibm.com
Integral Solutions Ltd.	Berk House, Basing View, Basingstoke, Hampshire RG21 4RG, Uk	www.isl.co.uk
Isoft	Chemin da Moulon, F-91190 Gif sur Yvette, France	e-mail: infor.isoft.fr
NeoVista Solutions, Inc.	10710 N. Tantau Ave., Cupertino, CA 95014, USA	www.neovista.com
Neural Applications Corp.	2600 Crosspark Rd., Coralville, IA 52241, USA	www.neural.com
NeuralWare Inc.	202 Park West Drive, Pittsburgh, PA 15275, USA	www.neuralware.com
Pilot Software, Inc.	One Canal Park, Cambridge, MA 02141, USA	www.pilotsw.com
Red Brick Systems, Inc.	485 Alberto Way, Los Gatos, CA 95032, USA	www.redbrick.com
Silicon Graphics Computer Systems	2011 N. Shoreline Blvd., Mountain View, CA 94043, USA	www.sgi.com
SPSS, Inc.	444 N. Michigan Ave., Chicago, IL 60611-3962, USA	www.spss.com
SAS Institute Inc.	SAS Campus Dr., Cary, NC 27513-2414, USA	www.sas.com
Thinking Machine Corp.	14 Crosby Dr., Bedford, MA 01730, USA	www.think.com
Trajecta	611 S. Congress, Suite 420, Austin, TX 78704, USA	www.trajecta.com
Daisy Analysis Ltd.	East Green Farm, Great Bradley, Newmarket, Suffolk CB8 9LU, UK	www.daisy.co.uk
Visible Decisions, Inc.	200 Front Street West, Suite 2203, P. O. Box 35, Toronto, Ont M5V 3K2, Canada	www.vdi.com
Maxus Systems International Inc.	610 River Terrace, Hoboken, NJ 07030, USA	www.maxussystems.com
United Information Systems, Inc.	10401 Fernwood Road, #200, Bethesda, MD 20817, USA	www.unitedis.com/
ALTA Analytics, Inc.	929 Eastwind Dr., Suite 203, Westerville, OH 43081, USA	www.alta-oh.com
Visualize, Inc.	1819 East Morten, Suite 210, Phoenix, AZ 85020, USA	www.visualizetech.com
Data Description, Inc.	840 Hanshaw Road, Suite 9, Ithaca, NY 14850, USA	www.datadesk.com

(续表)

数据挖掘供应商	地址	Web 站点
i2 Ltd.	Breaks House, Mill Court, Great Shelford, Cambridge, GB2, SLD, UK	www.i2.co.uk
Harlequin Inc.	One Cambridge Center, 8th Floor, Cambridge, MA 02142, USA	www.harlequin.com
Advanced Visual Systems, Inc.	300 Fifth Avenue, Waltham, MA 02154, USA	www.avs.com
ORION Scientific Systems	19800 Mac Arthur Blvd., Suite 480, Irvine, CA 92612, USA	www.orionsci.com
Belmont Research, Inc.	84 Sherman St., Cambridge, MA 02140, USA	www.belmont.com/
Spotfire, Inc.	28 State Street, Suite 1100, Boston, MA 02109, USA	www.ivee.com
Precision Computing, Inc.	P. O > Box 1193, Sierra Vista, AZ 85636, USA	www.crimelink.com
Information Technology Institute	11 Science Park Road, Singapore Science Park II, Singapore 117685	jsaic.iti.gov.sg/projects/
NCO Natural Computing	Deurtschherrnufer 31, 60594 Frankfurt, Germany	www.asoc.com
Imagix Corp.	6025 White Oak Lane, San Luis Obispo, CA 93401, USA	www.imagix.com
HelsinkiUniversity of Technology	Neural Networks Research Center, P. O. Box 1000, FIN-02015 HUT, Finland	Websom.hut.fi
Amtec Engineering, Inc.	P. O. Box 3633, Bellevue, WA 98009-3633, USA	www.amtec.com
IBM-Haifa Research Laboratory	Matam, Haifa 31905, Israel	www.ibm.com/java/map uccino
Infospace, Inc.	181 2nd Avenue, Suite 218, San Mateo, CA 94401, USA	www.infospace-inc.com
Research Systems, Inc.	2995 Wilderness Place, Boulder, CO 80301, USA	www.rsinc.com
GR-FX Pty Limited	P. O. Box 2121, Clovelly, NSW, 2031, Australia	www.gr-fx.com
Analytic Technologies	104 Pond Street, Natick, MA 01760, USA	analytictech.com
The GIFIC Corp.	405 Atlantic Street, Melbourne Beach, FL 32951, USA	www.gific.com
Inxight Software Inc.	3400 Hillview Avenue, Palo Alto, CA 94304, USA	www.inxight.com
ThemeMedia Inc.	8383 158th Avenue NE, Suite 320, Redmond, WA 98052, USA	www.thememediacom
Neovision Hypersystems, Inc.	50 Broadway, 34th Floor, New York, NY 10004, USA	www.neovision.com

(续表)

数据挖掘供应商	地址	Web 站点
Artificial Intelligence Software SpA	Via Carlo Esterle, 9-20132 Milano, Italy	www.iunet.it/ais
SRA International, Inc.	2000 15th Street, Arlington, VA 22201, USA	www.knowledgediscovery.com
Quadstone Ltd.	16 Chester Street, Edinburgh, EH3 7RA, Scotland	www.quadstone.co.uk
Data Junction Corp.	2201 Northland Drive, Austin, TX 78756, USA	www.datajunction.com
Semio Corp.	1730 South Amphlett Blvd. #101, San Mateo, CA 94402, USA	www.semio.com
Visual Numerics, Inc.	9990 Richmond Ave., Suite 400, Houston, TX 77042-4548, USA	www.vni.com
Perspecta, Inc.	600 Townsend Street, Suite 170E, San Francisco, CA 94103-4945, USA	www.perspecta.com
Dynamic Diagrams	12 Bassett Street, Providence, RI 02903, USA	www.dynamicdiagrams.com
Presearch Inc.	8500 Executive Park Avenue, Fairfax, VA 22031, USA	www.presearch.com
InContext Systems	6733 Mississauga Road, 7th floor, Mississauga, Ontario L5N 6J5 Canada	www.incontext.ca
Cygron Research & Development, Ltd.	Szeged, Pf.: 727, H-6701 Hungary	www.tiszanet.hu/cygron/
NetScout Systems, Inc.	4 Technology Park Drive, Westford, MA 01886, USA	www.frontier.com
Advanced Visual Systems	300 Fifth Ave., Waltham, MA 02154, USA	www.avs.com
Alta Analytics, Inc.	555 Metro Place North, Suite 175, Dublin, OH 43017, USA	www.alta-oh.com
MapInfo Corp.	1 Global View, Troy, NY 12180, USA	www.mapinfo.com
Information Builders, Inc.	1250 Broadway, 30th Floor, New York, NY 10001-3782, USA	电话号码：212-736-4433
Prism Solutions, Inc.	1000 Hamlin Court, Sunnyvale, CA 94089, USA	电话号码：408-752-1888
Oracle Corp.	500 Oracle Parkway, Redwood Shores, CA 94086, USA	电话号码：800-633-0583
Evolutionary Technologies, Inc.	4301 Westbank Drive, Austin, TX 78746, USA	电话号码：512-327-6994

(续表)

数据挖掘供应商	地址	Web 站点
Information Advantage, Inc.	12900 Whitewater Drive, Suite 100, Minnetonka, MN 55343, USA	电话号码: 612-938-7015
IntelligenceWare, Inc.	55933 W. Century Blvd., Suite 900, Los Angeles, CA 90045, USA	电话号码: 310-216-6177
Microsoft Corporation	One Microsoft Way, Redmond, WA 98052, USA	电话号码: 206-882-8080
Computer Associates International, Inc.	One Computer Associates Plaza, Islandia, NY 11788-7000, USA	电话号码: 516-342-5224

附录 B

数据挖掘应用

许多商业和科学团体目前都采用了数据挖掘技术。随着越来越多的数据挖掘的成功案例广为人知，这些团体的数量也在增加。这里列举一些现实生活中商业界和科学界实现数据挖掘技术的成功示例。同时也指出数据挖掘的一些缺陷，使读者能意识到这种方法需要谨慎运用，并提供了相关知识(包括应用领域的知识和方法方面的知识)，以获得有用的成果。

前面的章节介绍了数据挖掘的原则和方法。因为数据挖掘是一门具有广泛和多变应用的年轻学科，所以在数据挖掘的一般原则和有效应用所需的特定领域的知识之间还存在着非常大的鸿沟。本附录介绍的几个应用领域已成功取得了数据挖掘系统的成果。

B.1 财务数据分析的数据挖掘

大多数银行和金融机构都提供多种银行服务，如核算、存储、商业和个体客户事务、投资服务、信贷、贷款等。在银行和金融行业中搜集到的财务数据往往较为完整、可信、质量也高，这样方便进行系统化的数据分析和数据挖掘，以提高公司的竞争力。

在银行业，数据挖掘大量地应用于信贷欺诈的建模和预测、风险评估、走向分析、收益率分析等领域，也用于参与直销活动。在金融市场，神经网络用于预测股票价格、选择权购买、等级债券、证券管理、商品价格预测、归并和采购分析，也用于预测金融灾难。Daiwa Securities、NEC Corporation、Carl & Associates、LBS Capital Management、Walkrich Investment Advisors 和 O'Sallivan Brothers Investments 是仅有的一些使用神经网络技术进行数据挖掘的金融公司。虽然并不容易检索出其技术细节，但仍有大量成功的商业应用。进行数据挖掘的投资公司和银行的数量比前面列表中提到的要多得多，但这些公司不愿意被提及。通常，它们不允许提及这方面。因此，并不容易找到关于使用数据挖掘的银行公司的文章。但是销售工具并提供服务的一些数据挖掘公司，在其 SEC 报告中提到了 Bank of America、First USA Bank、Wells Fargo Bank 和 U.S. Bancorp 等主顾。

银行业中数据挖掘的广泛使用还没有引起人们的注意。例如，欺诈使该行业损失了几十亿美元，因此人们开发出系统，在信用卡、股票市场和其他金融事务领域与欺诈行为抗争。欺诈对信用卡公司来说是一种非常严重的问题。例如，Visa 和 MasterCard 在 1 年内由于欺诈造成的损失超过 7 亿美元。一种在 Capital One 中实现的基于神经网络的信用卡欺诈检测系统，使该公司由于欺诈产生的损失减少 50%以上。这里解释几个成功的数据挖掘系统，以说明数据挖掘技术在金融机构中的重要性。

“机器人顾问”这个术语在 5 年前还不为人知，但现在在金融领域已经很常见了。这个术语有点误导人，因为它根本不涉及机器人。相反，由 Betterment 和 Wealthfront 等公司开发的智能顾问是一种智能算法，用于根据每个特定用户的目标和风险承受能力来校准金融投资组合。用户输入他们的目标，例如，在 65 岁退休，有 250 000 美元的储蓄，以及年龄、收入和流动金融资产。然后智能顾问算法将投资分散到不同的资产类别和金融工具，以达到用户的目标。系统根据用户目标的变化和市场的实时变化进行校准，始终以找到最适合用户最初目标的方案为目标。机器人顾问在千禧一代的消费者中获得了巨大的吸引力，他们不需要实体顾问就能安心投资，也不太能确认支付给人工顾问的费用。

大数据应用的另一个趋势是从金融行业开始，以区块链技术扩展到许多其他领域。区块链本质上是一个分布式数据库，记录所有已在参与方之间执行和共享的事务或数字事件。公共数据库中的每一笔交易都经过系统中大多数参与者的一致同意进行验证。一旦输入，信息就永远不会被删除。区块链包含一个特定的、可验证的记录，记录了曾经进行的每一次交易。去中心化的点对点(p2p)数字货币比特币(Bitcoin)是使用区块链技术的最流行的示例。数字货币比特币备受争议，但其底层的区块链技术运行良好，在金融和非金融领域都有广泛的应用。

主要的假设是区块链建立了一个在数字在线世界中创建分布式共识的系统。这允许参与实体通过在公共总账中创建一个无可辩驳的记录来确定数字事件的发生。它支持从集中式经济发展成为民主、开放和可扩展的数字经济。这一颠覆性技术有巨大的应用机会，而这一领域的革命才刚刚开始。

随着社会责任和网络安全在互联网上的作用越来越大，区块链技术也变得越来越重要。在使用区块链的系统中，几乎不可能伪造任何数字交易，因此这种系统的可信度肯定会增强。因为金融服务行业对区块链的最初炒作在放缓，我们将看到更多政府、医疗、制造业和其他行业的潜在用例。例如，区块链对知识产权管理产生了巨大的影响，为保护知识产权免受侵犯开辟了新的思路。

U.S. Treasury Department

值得一提的是由 U.S. Treasury Department(美国财政部)的 Financial Crimes

Enforcement Network(FINCEN)开发的 FAIS 系统。FAIS 从大量的大现金交易中检测潜在的洗钱行为。1971 年的 Bank Secrecy Act 要求报告所有超过一万美元的现金交易，这些交易每年大约有一千四百万次，它们是检测令人生疑的财务活动的基础。FAIS 合并了用户的专业知识、系统基于规则的推理、可视化设备和关联分析模块，能发现以前未知的、价值可能很高的现金交易，以进行可能的调查。由 FAIS 应用所产生的报告已经帮助 FINCEN 发现了超过 400 例的洗钱活动，包括超过 10 亿美元的潜在洗钱基金。此外，据报道，FAIS 能发现此领域中会被执法部门遗漏的犯罪活动。例如，案例中的各种关系涉及近 300 人，80 多个前端操作和数千笔现金交易。

Mellon Bank, USA

Mellon Bank 使用现有信用卡顾客的信息来描述他们的行为特征，并预测下一步他们会做什么。使用 IBM Intelligent Miner，Mellon 开发出一种信用卡磨损模型，来预测哪些顾客会在以后几个月中停用 Mellon 的信用卡。根据预测结果，银行会进行促销活动，确保顾客继续使用 Mellon 的信用卡。

Capital One Financial Group

财务公司是数据挖掘技术最大的用户之一，一个用户就是 Capital One Financial Corp，它是国家最大的信用卡发行者之一。它提供 3000 种金融产品，包括安全、联合、合作商标和大学生卡。该公司使用数据挖掘技术，试图给 15 亿潜在的顾客销售最适合的财务产品。这 15 亿潜在的顾客记录在公司基于 Oracle 的 2TB 数据仓库中。甚至在顾客注册后，Capital One 仍继续使用数据挖掘技术跟踪每个顾客的利益率和其他特征。使用数据挖掘和其他策略已帮助 Capital One 在 8 年多的时间里将托管贷款从 10 亿美元提高到 1280 亿美元。在 Capital One 中，另一个成功的数据挖掘应用是欺诈检测。

American Express

另一个数据挖掘的示例是 American Express，它同时使用数据仓库和数据挖掘来削减开销。American Express 合并了其世界范围内的购买系统、团体购买卡和团体会员卡数据库，创建了一个单独的 Microsoft SQL Server 数据库。这允许 American Express 找出异常点和模式，来达到成本削减的目标。一个主要应用是贷款应用的过滤。American Express 使用统计方法将贷款应用分为 3 类：肯定应接受的、肯定应拒绝的、需要人类专家来判别的。人类专家只能正确预测出约 50%的贷款会拖欠或不会拖欠。机器学习生成的规则就准确得多——它可正确预测出 70%的贷款会拖欠或不会拖欠——这些规则已立即投入使用。

MetLife, Inc.

MetLife 开发智能文本分析器是为了帮助自动认购公司每年收到的 260 000 份人身保险应用。自动化很困难，因为该应用包含许多自由格式的文本字段。使用关键字或简单的解析技术来理解文本字段是不够的，而应用完全语义的自然语言处理又过于复杂，也不必要，于是该公司使用“信息提取”方法作为一种折中方案，该方法可以快速扫描输入的文本，查找与某个应用相关的特殊信息。该系统目前每个月可以处理 20 000 份人身保险应用，据报告，该系统处理的 89%的文本字段都超过了指定的置信度阈值。

Bank of America (USA)

Bank of America 是世界上最大的金融机构之一，有近 5900 万客户和小企业关系，6000 个零售银行业务办公室，超过 18 000 个 ATM，是世界上领先的财富管理公司、各类资产的合作投资银行交易的全球领头羊。Bank of America 使用 SAS 协会顾问提供的信用风险管理系统，并根据统计学和数据挖掘分析学，在 2 年内吸纳了 4800 万美元(投资回报率是 400%)[“Predicting Returns from the Use of Data Mining to Support CRM,” http://insight.nau.edu/WhitePapers.asp]。它们还识别出最有价值的账户的特征，并派遣公关经理与银行的前 10%客户接洽，以找到机会向他们出售附加服务[“Using Data Mining on the Road to Successful BI, Part 3,” Information Management Special Reports, Oct. 2004]。最近，为了保留住存款，全球财富投资管理部门还使用 KXEN 分析框架，来识别出可能移动资产的客户，再开发出有利于保留存款的服务[“KXEN Analytic Framework,” Information Management Magazine, July/Aug 2009]。

B.2 电信业的数据挖掘

电信业从提供本地和长途电话服务，发展到提供许多其他全面的通信服务，包括声音、传真、寻呼机、便携式电话、图像、e-mail、计算机和 Web 数据传输，以及其他的数据通信。电信、计算机网络、Internet 和大量其他通信方式的综合和计算正在起步。1996 年颁布的美国电信法案允许 Regional Bell Operating Companies 进入长途市场并提供“光缆”服务。European Liberalization of Telecommunications Services 从 1998 年初开始生效。除了取消控制的措施之外，由 Federal Communication Commission(FCC)出售给很多公司的电视广播开创了新的通信方式。随着电信业市场的逐步开放，市场迅速扩大，竞争加剧。

该行业的超竞争属性要求，必须理解顾客、留住顾客、建模销售新产品的有效途径。这就非常需要使用数据挖掘来帮助理解新商务、识别电信模式、发现欺诈行为、更好地利用资源、提高服务质量。总之，电信业需要用数据挖掘应用来回答一些战略问题，如：

- 当竞争者提供特殊服务和降低费用时，如何留住顾客，让他们忠于自己？
- 哪种顾客最可能发生波动？
- 高风险投资有什么特征？如投资新光缆线。
- 如何预测顾客是否会购买附加服务，如便携服务、呼叫等待，或者基本服务？
- 哪些特征可区分我们的产品和竞争对手的产品？

AT&T、AirTouch Communications 和 AMS Mobile Communication Industry Group 等公司已经宣布使用数据挖掘来促进他们的销售活动。Lightbridge 和 Verizon 等公司都使用数据挖掘技术来解决电信业的手机欺诈行为。另一个倾向是用高级可视化技术对无线通信网络进行建模和分析。

通信技术的发展趋势表明，文本通信已成为社会普遍接受的人际交往形式。人们越来越喜欢聊天，而不是私人联系，甚至是打电话。聊天机器人的概念最早出现在 20 世纪 60 年代。但是，只有在过去半个多世纪之后，我们才能确认世界已经准备好将其落实到现实生活中。聊天机器人是一种复杂的计算机程序，它通过书面文本或生成的语音用自然语言进行对话，理解用户的意图，并根据开发聊天机器人的组织的业务规则和数据发送自动响应。

所有的技术领导者，包括微软、Facebook、谷歌、亚马逊、IBM、苹果和三星，都为社会接受聊天机器人创造了开放的平台和界面。Siri 于 2010 年推出，IBM 屈臣氏于 2011 年启动，Bixby 三星语音助手的试用版于 2012 年出现在智能手机上。Alexa 从 2014 年开始学习回答问题，谷歌 Assistant 在 2016 年有了现代的外形。人们对聊天机器人的热情并没有减弱。超过 20 亿的商业相关信息是通过 Facebook Messenger 聊天发送的。

这种成功的部分原因是聊天机器人的易用性和预先加载的服务范围。从 Spotify 上的流媒体音乐，到 Uber 上的打车，再到 WebMD 上的医疗咨询，他们都是通过简单的对话完成的。客服聊天机器人提供了两个额外维度的解决方案：(1)解决方案的可伸缩性，它支持通常在规模上不支持的个性化交互;(2)速度，使客户能够期待即时服务。聊天机器人越来越多地参与到我们的日常生活中：我们的体验——从交谈到娱乐再到购物——将由真正了解用户偏好的人来传递。这样的人能够抢先了解用户的需求、情绪、好恶。他正在成为朋友、知己，有时是医生或法律顾问。

通信领域的新趋势是各种 IT 和其他公司的目标，以下是电信行业数据挖掘应用的一些案例。

Cablevision Systems, Inc.

Cablevision Systems Inc 是纽约一家电缆电视供应商，在允许电信公司进入电缆行业后形成了自己的竞争力。因而，它需要一个中心数据库，以便销售人员能更快捷、更精确地访问数据。通过数据挖掘，Cablevision 的销售人员能在公司 280 万个顾客中辨认出 9 个基本的顾客段。这包括段中可能转向其他供应商的顾客。Cablevision 也关注最有可能购买其新服务的顾客段。该公司用数据挖掘来比较两组目标顾客——买了新服务和没买新服务的顾客。根据比较结果，公司对它发给顾客的信息做一些改变，使签约新服务的目标顾客以 30%的速率增长。

Worldcom

Worldcom 是另一家发现数据挖掘有巨大价值的公司。通过挖掘它的顾客-服务数据库和电话销售数据，Worldcom 发现了销售语音服务和数据服务的新方法。例如，他们发现购买两项或更多服务的人更可能是较为忠实的顾客。他们也发现人们愿意购买产品包如，长话、便携电话、Internet 和其他服务。因此，Worldcom 开始提供更多这样的产品包。

BBC TV

电视节目调度者想知道收看电视节目的可能观众，以及最好的播出时间。观众数据的预测相当复杂。确定观众收看某个节目的因素，不仅包括节目自身的特性和播出时间，也包括其他频道竞争节目的属性。Integral Solutions Limited 使用 Clementine 开发出一个系统，来预测 BBC 的电视观众。据报道，预测精度和 BBC 计划者所获得的最佳结果一样。

Bell Atlantic

Bell Atlantic 开发出了电话技术员派遣系统。当客户向 Bell Atlantic 报告电话问题时，公司就必须决定要派遣哪类技术员去解决问题。从 1991 年开始，这个决定就用一个手工制作的专家系统来做出。但在 1999 年，这个系统被机器学习所创建的另一组规则所替代。这些规则每年都为 Bell Atlantic 节省 1000 万美元以上的资金，因为它们做出的错误决策更少。另外，原来的专家系统也到了该演变的阶段，因为它不能保持其性价比。学习系统在建立时要用样本进行训练，所以它很容易保持其性价比，也很容易根据区域的差别进行调整，并改变成本结构。

B.3 零售业的数据挖掘

微薄的利润使零售商比其他行业更早进入数据仓库阶段。零售商看到改进决策支持过程，就能直接提高存货管理和财务预测的效率。零售商早期采用数据仓库让他们有更好的机会运用数据挖掘。由于零售业搜集大量的销售数据、顾客购物记录、货物运送、消费模式和服务记录等，它是数据挖掘的主要应用领域。尤其是由于可以进行 Web 上交易或电子商务，并流行开来，搜集数据的量迅速增长。沃尔玛推动使用射频识别(RFID)标签进行供应链优化，这是一个伟大的创举故事，昭示了零售业大数据时代的曙光。RFID 是一个机器生成的数据的好示例，这些数据可以收集、组织和分析。今天，由于许多新技术，包括 RFID 标签，世界变得更加仪器化和互联化。RFID 技术与数据挖掘相结合产生大数据的重要示例包括橇层或库存单元(SKU)层的产品跟踪。各种零售数据的来源和类型为数据挖掘提供了丰富的资源。如今，很多商店都有自己的 Web 站点，顾客可以在线购买。但同时也产生了真正的大数据，用于分析客户满意度和零售-客户关系的其他特征。

零售数据挖掘有助于识别顾客购买行为，发现顾客购物模式和倾向，提高顾客服务的质量。获得更好的顾客保持度和满意度，提高货物消费量、设计更有效的货物运送和分布政策，总体上减少交易成本，增加利润。零售业所采用的应用前端是直销应用。数据挖掘在直销业中得到广泛的应用。几乎每一类的零售商都用直销，包括消费者零售连锁店、杂货店、出版商、B2B 市场商人和包装货物生产商。可以说，每个财富五百强企业都在他们的直销活动中使用了某种级别的数据挖掘。大型的零售连锁店和杂货店用大量的“信息丰富的”销售数据。直销者主要关心的是顾客分段，这是一个聚类或分类问题。

随着客户通过互联网交流的数量呈指数级增长，消费者的注意力范围日益缩小，提供个人相关的内容和体验当前已经成为所有组织的营销重点。市场营销中的机器学习个性化提供了一种更可扩展的方式，来为个人(而不是为某些人或全部人口)实现独特的体验。它允许公司利用算法来提供一对一的体验，通常是以产品或内容推荐的形式。在下一代平台上，机器学习个性化还可以应用于推荐类别、品牌和报价，以及动态修改站点导航、搜索结果和列表排序。由于亚马逊(Amazon)和 Netflix 等家喻户晓的公司而流行起来，算法并不只适用于大型电子商务公司。他们可以被任何规模的公司的市场营销人员利用。

零售商创建数据挖掘模型以回答以下问题：

- 获得某种顾客段最好的广告是什么？
- 送包裹的最佳时间是什么？
- 最新的产品趋势是什么？
- 什么类型的产品可放在一起卖？
- 如何留住有利可图的顾客？
- 购买产品的重要顾客段是什么？

数据挖掘有助于建模和识别有利可图的顾客的特性，它也有助于揭示数据中标准查询过程没有发现的“隐藏关系”。IBM 为几个零售商使用数据挖掘，根据销售点(POS)信息来分析顾客在商店中的购物模式。例如，一个零售公司有 20 亿美元的营业收入，300 000 个通用产品代码，在 15 个州有 129 家商店。该公司发现了一些有趣的结果：“我们发现逛商店的人们到商店的左侧购买推销的商品，就不必逛整个商店。”这样的信息用于改变推销活动，并能更好地理解如何布置商店，以获得最佳的销售结果。在零售业中，其他数据挖掘系统的示例如下。

Safeway, UK

杂货连锁店是数据挖掘技术的另一个大用户。Safeway 就是一个超过 10 亿美元销售额的杂货连锁店。它使用 IBM 的 Intelligent Miner，从产品事务数据中不断地发现商业知识。例如，数据挖掘系统发现，消费排行榜的前 25%顾客常常购买一种排在销售额中 200 名以下的特殊奶酪。正常情况下，如果没有数据挖掘结果，这种产品将不再继续供货。但是，所提取的规则显示，不继续供货会使最好的顾客失望。因此 Safeway 继续定购这种奶酪，虽然它在销售榜上排名很低。正是由于数据挖掘，Safeway 应用 Intelligent Miner 的顺序发现功能，为顾客生成定制的邮寄品，使公司保持其竞争优势。

RS Components, UK

RS Components 是英国的一家技术产品批发商，它批发电子电气元件和器具等产品，它用 IBM 的 Intelligent Miner 开发了一个系统，进行交叉销售(当顾客购买一个产品集时，该系统会通过电话建议顾客购买相关产品)和分配仓库产品。该公司在 1995 年以前在 Corby 有一个仓库，并决定在 Midlands 建立一个新仓库来扩展业务。问题是如何把产品分放在这两个仓库中，使部分订单和分段货运的数量最小。注意，在使用系统发现的模式后，分段订单的百分比只有约 6%。远远好于期望值。

Kroger Co. (USA)

Kroger 是美国最大的零售连锁店，40%的美国家庭都拥有一张 Kroger 会员卡。Kroger 试图提高顾客对它的忠诚度，特别是，顾客会因为购买了它们的商品而得到奖励，而不是尝试卖给顾客其他商品。换言之，每个顾客都会收到互不相同的优惠券，而不是相同的优惠券。为了让顾客得到最合适的优惠券，Kroger 使用数据挖掘技术分析顾客的行为。例如，公司要为 95%的接收者定制最近的一个邮件。最近 6 年来，这个通过观察顾客以赢得顾客的商业策略使 Kroger 击败了其最大的竞争对手 Walmart。

Korea Customs Service (韩国)

Korea Customs Service (KCS)是一个政府机构，它通过控制进口和出口，保护国家利益，促进韩国的经济发展，通过控制走私来保护国内企业。它负责进口商品的通关和边境的征税。为了检测出非法的货物，他们实现了一个系统，使用 SAS 进行欺诈侦测，SAS 在数据挖掘领域得到了广泛的应用，有很好的声誉。这个系统能准确地识别出非法货物的种类。例如，可能的非法因子从 77 增加到 163。因此，重要货物的检出率和总检出率提高了 20%。

Bookmark.com (USA)

Bookmark.com 是一个由人工智能支持的 Web 站点构建平台，它使用机器学习来构建自定义 Web 站点。Bookmark 的人工智能技术被称为“人工智能设计助手”(AiDA)，它从客户的姓名、位置和业务类型等少量信息中了解每个用户的独特需求。使用所提供的信息，AiDA 抓取竞争对手的 Web 站点，以及在谷歌、Facebook 和其他社交渠道上发现的关于客户的业务或公共信息。然后，AiDA 确定哪些组件、颜色和布局最适合每个 Web 站点。机器学习帮助 AiDA 改进它构建的每个新网站。除了使用机器学习来创建个性化和吸引人的网站之外，Bookmark 还希望将人工智能应用到购物者服务中。他们的想法是利用机器学习为购物者提供高质量、个性化的支持，通过 Bookmark 的平台明确表达他们的个人体验。

B.4 卫生保健业和生物医学研究中的数据挖掘

卫生保健业拥有大量的信息和话题，更不用说制药业和生物医学研究了，因此数据挖掘在该领域得到了非常广泛的应用，从其结果中所获得的利益也相当大。以电子格式存储病人的记录、开发医学信息系统，产生了大量可在线利用的临床数据。用数据挖掘方法从这些数据中抽取的规律性、趋势和反常事件，有助于临床医生做出明智的决策，从而改进保健服务。

临床医生根据时间估计病人的状况。分析大量与时间相关的数据，为医生提供了疾病状况的重要信息。因此，系统进行临时提取和推断的能力在此环境中至关重要。虽然使用暂时推断方法要求精深的知识，但数据挖掘已经成功地运用在很多医学应用中，包括在特别护理中的数据验证、孩子成长过程中的监管、糖尿病人的数据分析、心脏移植病人的监控以及智能麻醉监控。

数据挖掘广泛地运用在医学行业中。数据可视化和人工神经网络是应用于医学领域中数据挖掘的特别重要的领域。例如，NeuroMedicalSystems 使用神经网络帮助进行半流质食物涂片诊断，Vysis Company 用神经网络来完成药品开发中的蛋白质分析。Rochester Cancer Center 和 Oxford Transplant Center 大学使用的是 KnowledgeSeeker，一种基于决策树的技术，以帮助他们在肿瘤学方面的研究。

过去十年中，从新制药学和癌症疗法的发展到人类基因组的识别和研究，生物医学研究在飞速发展。调查致病基因后的逻辑是一旦确定了疾病的分子基，对该疾病的诊断、预防、治疗的精确定位的医学介入就可以研制出来。在研制抗击许多疾病(例如各种癌症和老年痴呆症等退化疾病)的新药物产品时，人们进行了生物医学研究。

大量的生物医学研究都集中在 DNA 数据的分析上，其结果是发现了一些导致疾病和残疾的基因。基因组研究的重点是 DNA 序列的研究，这些序列形成了所有生物体的基因码的基础。什么是 DNA？脱氧核糖核酸，或者说 DNA，形成了所有生物体的基础。DNA 包含着指令，它告诉细胞如何行动，也是允许我们将基因传递给后代的基本机制。DNA 建立在形成人类基因码的基础的序列中，这是理解基因如何行动的关键。每个基因都包含一系列称为核苷酸的结构单元。当这些核苷酸合在一起时，就形成了很长的、螺旋状的、成对的 DNA 序列或链。从 20 世纪 50 年代人们开始理解 DNA 的结构开始，拆开这些序列就成为一个挑战。如果我们在理论上理解 DNA 序列，就可以识别和预测出基因中有缺陷的、弱的以及其他影响人们生活的基因。更好地领会 DNA 序列，能潜在地改进癌症治疗、出生缺陷和其他病理方法的处理。数据挖掘技术是能理解这类数据的唯一武器，而使用可视化和分类技术在这些研究中也起着至关重要的作用。

据估计，人类有约 100 000 条基因，每条基因都有一个 DNA，编码了专门针对一个功能或一组功能的独特蛋白质。基因能控制血色素的产量、胰岛素的调节和 Huntington 舞蹈病的易感性，这些基因是近年来隔离出来研究的。表面上看，核苷酸有无穷多的排列方法，形成不同的基因。任何一种基因都可能由成百上千种核苷酸以特定的顺序排列而成。而且，用于从细胞和组织中提取基因信息的 DNA 排列过程通常只产生基因片段。用传统的方法很难判断这些片段放在完整序列中的哪个地方。基因科学家面对一个困难的问题：如何解释这些序列，假设它们属于哪一类基因，它们可能控制什么疾病过程。识别好的候选基因序列，以进行进一步的发展和研究犹如在干草堆中找一根针。任何一种疾病都可能有几百条候选基因。因此，公司必须确定哪些序列是最有开发前景的，值得进一步研究。如何确定哪些序列可以获得良好的治疗效果呢？从历史观点看，这很大程度上需要使用试错法。为了使每个基因序列最终能成为成功的制药导向，并在临床环境中取得成效，人们进行了其他很多的研究，但没有达到预期效果。这是一个呼唤改革的研究领域，改革有助于使这些分析过程更高效。既然数据挖掘中的模式分析、数据可视化和相似性搜索技术都已经开发出来了，这个领域就成为在 DNA 序列中进行深入研究和发现的强大基础。我们将描述一种绘制人类基因图的改进方法，Incyte Pharmaceutical 公司已经在 Silicon Graphics 的协作下对此进行了研究。

Incyte Pharmaceuticals, Inc.

Incyte Pharmaceuticals 是一个股份公司，成立于 1991 年，它具有高生产量的 DNA 序列和软件开发、数据库和其他支持基因信息分析的产品。该公司的第一个重要组成部分是一个称为 LiveSeq 的大型数据库，包含了超过三百万条人类基因序列和表示记录。公司的客户订购一个数据库，此数据库每月更新，使其包含所有自上次更新以来识别出来的新基因序列。所有这些序列都可以看成是对未来绘制基因组图很重要的候选基因。这些信息从 DNA 序列中得出，并对从细胞和组织样本中提取的基因片段进行生物分析。组织库包括不同类型的组织，有正常组织，也有患病组织，这些组织对分析和比较来说相当重要。

为了帮助了解 LifeSeq 中所含大量信息的概念化结构，对数据进行编码，并把它们链接到几个级别。因此，根据概化级别，DNA 序列可以分成不同的类别。LifeSeq 的组织方式允许在一个假定的检验模式下比较序列信息的类别。例如，研究者可以比较从有机体中的患病和未患病组织中分离出来的基因序列。LifeSeq 提供的最重要的工具之一是测量从特定来源分离出的序列之间的相似性。如果两个组织的任何序列之间有区别，就意味着这些序列应该更全面地探测。在染病样本中较常见的序列可能反映了疾病过程中的基因因素。另一方面，在未染病样本中较常见的序列可能揭示了保护身体免遭疾病的机制。

LifeSeq 目前对公司和其客户来说非常有价值，而人们已计划和实现一些额外的特征，将 LifeSeq 扩展到如下的研究领域：

- 识别共同出现的基因序列
- 将基因捆绑到疾病阶段
- 用 LifeSeq 预测分子毒理学

虽然 LifeSeq 数据库是一个极具价值的研究资源，对该数据库的查询常常会产生非常大的数据集，难以用文本格式分析。因此，Incyte 开发了 LifeSeq 3D 应用，它提供数据集的可视化，也允许用户聚类或分类并显示基因的信息。3D 版本用 Silicon Graphics MineSet 工具开发，这个版本有一些定制的功能，可以让研究者从 LifeSeq 中检测数据，并发现目标蛋白质函数和组织类型中的异常基因。

Maine Medical Center (USA)

Maine Medical Center 是一家教学医院，也是缅因州波特兰区域的主要社区医院，曾在美国新闻和世界报道的矫形术和心脏保健最佳医院列表上出现过两次。为了以可测量方式提高病人护理的质量，Maine Medical Center 使用记分卡作为重要的性能指示器。该医院使用 SAS 创建了平衡记分卡来测量所有项，从员工遵从洗手规则到充血性心脏病人是否打了流感疫苗，应有尽有。100%的心脏衰竭患者都得到了国家机构指定标准的护理。药物误差减少过程提高了 35%。

2009 年 11 月，Central Maine Medical Group (CMMG)发起了一场预防和筛选活动“通过有证据证明的药物来拯救生命”。该活动鼓励人们重新设计其工作方式，让一组提供商使用数据挖掘技术，确保每个患者都只进行目前医疗文献所识别的、必要的筛选检查。特别是，数据挖掘过程能识别某人可能有未查出的某种健康问题。

B.5 科学和工程中的数据挖掘

科学和工程学中产生了大量数据，例如，宇宙论、分子生物学以及化学工程。在宇宙论中，需要用先进的计算工具来帮助天文学家理解大规模宇宙论结构的起源和天体物理学成分(星系、类星体、星团)的构成和演化。由 Digital Palomar Observatory Sky Survey 搜集到超过 3T 字节的图像数据，它包含 20 亿个太空物体。对天文学家来说，对整个数据集分类是一个有挑战性的任务，也就是说，该数据集包含每个物体在太空的位置记录及其相应的分类，如一颗星或一个星系。于是他们开发了 Sky Image

Cataloguing and Analysis Tool(SKICAT)来自动执行此任务。SKICAT 系统集成了机器学习、图像处理、分类和数据库数据分析等方法，据报道，它能非常精确地对目标分类，代替可视化分类。

在分子生物学领域，新技术应用在分子遗传学、蛋白质序列和前面提到的大分子结构测定等领域。人工神经网络和一些高级统计方法在这些应用中展示出光明的前景。在化学工程领域，使用高级模型描述各种化学过程之间的相互作用，并开发出新工具，将这些结构和过程可视化。下面简述数据挖掘应用在工程问题中的一些重要案例。Pavilion Technologies' Process Insights 是一个集成了神经网络、模糊逻辑和统计方法的应用工具，Eastman Kodak 和其他一些公司将它成功地用于开发化学产品、控制用量以减少污染、提高产品质量和提高工厂生产量等。历史过程数据用于建立工厂行为的预测模型，然后用这个模型改变工厂中的控制设备点，以获得最优点。

DataEngine 是另一个用于各种工程应用的数据挖掘工具，尤其在工艺行业。此工具的基本组成是神经网络、模糊逻辑和高级图形用户界面。它用于化学、钢铁、橡胶等行业的工艺分析，能节省原料投入、提高质量和产量。一些大工业中心和工程环境中获得成功的数据挖掘应用如下：

Boeing

为了改进其生产工艺，波音成功地应用机器学习算法，从工厂数据中发现信息丰富的、有用的规则。他们发现寻找只包含数据子集的简练的预测规则要比生成总的决策树更有益。它们已经提取了多种规则来进行预测，如何时产出的零件可能通不过检测，某台机器何时会出现延期等。找出这些规则后，将更便于识别出较为少见、但非常重要的异常。

R.R. Donnelly

这是数据挖掘技术在印刷机控制上的一个有趣应用。在轮转凹版印刷中，有时印刷滚筒上会出现凹槽，破坏最终的印刷产品。这个现象称为显带(banding)。印刷公司 R.R. Donnelly 向顾问请教如何减轻显带问题，同时使用机器学习方法创建规则，来确定减轻显带问题的过程参数(例如墨水的黏性)。学到的规则优于顾问的建议，因为它们对该工厂的针对性更强，这些规则的训练数据是从该工厂中收集的，并填补了顾问建议的空白，因此更完整。实际上，一个学习规则与顾问的建议矛盾，而且被证明是正确的。十多年来，这些规则每天都用于 Donnelly 在田纳西州 Gallatin 的工厂，把显带现象的发生次数从 538 次减少到 26 次。

Southern California Gas Company

Southern California Gas Company 正在使用 SAS 软件作为其战略销售工具。公司维护着一个称为 Customer Marketing Information Database 的数据集市，它包含内部的

营业额、订单数据和外部的统计人群数据。按照这个公司的说法，他们通过识别并放弃低效的销售业务，节约了几十万美元。

WebWatcher

尽管 Web 设计者尽了最大的努力，网友仍有可能找不到所需的网页。设计低劣的商业 Web 站点常意味着顾客的流失。数据挖掘界的一个挑战就是要创建“适合的 Web 站点”，Web 站点通过从用户访问模式中学习，能自动改进它们的组织和表述。早期的尝试是 WebWatcher，一个 WWW 的操作旅游指南。它学习并预测用户在某个页面上选择什么链接，并将此链接加亮显示；从经验中学习提高给出建议的技巧。这种预测是根据许多以前的访问模式和当前用户的兴趣做出的。据报道，微软准备把一个称为 Intelligent Cross Sell 的电子商务系统也包括在内，此系统可用于分析购物者在 Web 站点上的活动，并自动地调整站点，使其符合用户的偏好。

AbitibiBowater Inc. (加拿大)

AbitibiBowater 公司是加拿大魁北克省蒙特利尔市的一家造纸厂。纸浆和纸是森林产品业的一个重要组成部分，也是加拿大经济的主要贡献者。除了销售纸浆之外，该公司的一些部门也生产新闻用纸、特殊用纸、纸板、建筑板和其他纸制品。它是最大的工业能源消费大户，消耗了加拿大 23%的工业能源。AbitibiBowater 公司使用数据挖掘技术检测制纸过程中的能源消耗高峰和低谷，发现在预热碎片和清理筛查磨浆机的加热塔时，能源消耗是降低的。AbitibiBowater 公司能重建维持蒸汽恢复所需的过程条件，这每天为 AbitibiBowater 公司节省了 200GJ——相当于一年节省 60 万美元。

GJ 是一个度量标准，用于度量能源使用量。例如，1GJ 等于 277.8 kWh 的电力，或者 26.1 m^3 的天然气或 25.8 L 的民用燃料油。

eHarmony

eHarmony 约会服务，并不是根据约会双方指定的条件来查找要约会的两个人，而是使用统计分析，根据从 5000 个成功的婚姻中推导出来的、包含 29 个参数的模型，来找出要约会的两个人。其竞争对手，如 Perfectmatch，则使用不同的模型，例如 Jungian Meyers-Briggs 个性类型技术，对输入数据库中的个人进行参数化。注意，查找约会双方的过程可能仅仅是使用某些复杂的规则进行数据检索，但确定需要哪些规则的过程常涉及复杂的知识发现和挖掘技术。

军事平台的维护

数据挖掘技术可提高另一个领域的效率：军事平台的维护。基于维护的优秀分析程序(F-111 的安伯利老化飞机程序就是一个好示例)可以系统地分析组件失效统计数据，识别出有磨损或其他失效问题的组件。接着，就可以把它们从舰队中卸除，代之以新的或重新建造的、更可靠的组件。这类分析是一个基于规则的简单方法，其规则只是特定组件的失效频率。

B.6 数据挖掘的缺陷

尽管上面提到的案例和其他一些成功案例是供应商和咨询者提出的，展示了数据挖掘带来的利益，但数据挖掘技术存在几个缺陷。若使用不当，数据挖掘就会产生大量的“垃圾”。美国麻省理工大学的一位教授指出：“如果有足够的时间、足够的精力和足够的想象力，几乎任何数据集都能得出结论。”David J. Lainweber 是加利福尼亚州帕萨迪纳城的 First Quadrant 公司的常务董事，他列举了数据挖掘的缺陷的一个示例。他在处理联合国的一个数据集时，发现孟加拉国的黄油产量就是 Standard & Poor 的 500-股票指数的最好的预报器。这个示例和另一个可笑的推断相似，每年的 Super Bowl 时间都会听到这个推断——国家足球联盟球队的胜利意味着股票价格将会上涨。Peter Coy 是 Business Week 的副经济编辑，他警告说数据挖掘有 4 个缺陷：

(1) 它试图找出一种理论来解释数据中发现的异态。

(2) 如果让计算机折腾足够长的时间，就能找到支持任何偏见的证据。

(3) 某个发现如果得到一个似是而非的理论的支持，就会有意义。但是一个具有欺骗性的故事可以掩盖数据的弱点。

(4) 计算机处理的数据集中的特征或因子越多，程序找出相关性的可能性就越大，而不管这些关系是否有效。

数据挖掘涉及大量计划和准备工作，这是非常关键的。只有大量数据并不能保证数据挖掘项目获得成功。以 Oracle 的一位高级产品经理的话来讲：“要准备生成一大堆垃圾，直到得到有意义的结果为止。”

本附录肯定不是一个包括所有数据挖掘活动的列表，但是它提供了今天如何使用数据挖掘技术的一些示例。希望新一代数据挖掘工具和方法将会增加和扩展其应用领域范围。